항공기 동력장치

임종규 · 한재기 지음

BM 성안당
www.cyber.co.kr

무동력 항공기로부터 우주 왕복선 콜롬비아호에 이르기까지 쉴 사이 없이 새로운 기술과 장비가 개발되어 전 세계가 일일 생활권으로 좁혀진 듯한 느낌이 들도록 항공계는 급속도로 발전되고 있다. 또한, 우리나라의 항공기술 수준도 상당히 높아져 항공분야에 종사하는 항공인의 기술도 전문화 및 다양화되었고 항공분야에 대해 관심을 갖고 있는 젊은이들도 점차 늘어가고 있는 추세이다.

그러나 이러한 추세에 뒷받침해야 할 항공분야에 대한 기술서적의 국내 출판이 아직 미흡한 상태여서 필요로 하는 책을 쉽게 구할 수 없는 실정이다.

이러한 점을 참작하여 항공분야 지식보급에 조금이라도 기여하고자 항공인이면 누구나 제일 먼저 알아야 할 항공기 동력장치 계통을 알기 쉽게 이론과 실무를 겸하여 본서를 펴내게 된 것이다.

이 책은 다년간 항공기 실무분야인 항공기 감항 검사관과 정비사 실기 시험관을 하면서 느낀 항공 종사자의 필수적인 숙지사항과, 대학강의를 하면서 느낀 이론과 실무의 중점적인 사항을 발췌하여 상세하게 해설하였으며 권말의 부록 편에는 문제를 통해 자신의 이해도를 검사할 수 있고 항공 종사자의 각종 시험에 대비할 수 있도록 3회에 걸쳐 FAA에서 실시하는 문제와 국내에서 시행하는 문제들과 유사하게 연습문제를 수록하였다.

가능한 한 많은 사진과 충분한 해설로 좋은 참고서를 꾸미고자 노력하였으나 처음 펴내는 책이라 다소의 미비한 점이 있으리라 예상되므로 독자와 관계인 여러분의 제보와 협조로 점차 완벽한 책으로 가꾸어 나갈 것을 약속하는 바이다.

끝으로 이 책이 항공분야에 관심을 갖고 있는 모든 사람의 좋은 길잡이가 되고 반려자가 되어서 국내의 항공발전에 혁신적인 계기가 되기를 기대하면서 이 책이 출간되기까지 적극적으로 협조해 주신 도서출판 성안당의 이종춘 회장님과 편집부 여러분께 깊은 감사를 드린다.

저자 씀

차례

PART I 왕복 엔진

CONTENTS

CHAPTER 10 프로펠러

PART II 가스 터빈 엔진

CHAPTER 01 가스 터빈의 개요

CHAPTER 02 가스 터빈 엔진의 분류

CHAPTER 03 기본구조

CHAPTER 04 연료장치

CONTENTS

PART Ⅲ 부록

왕복 엔진

항공기 내연기관의 원리 및 성능

Internal combustion aircraft engine principles and performance

Section 01 ─ 작동원리

항공기 엔진의 가장 보편적인 두 가지 형식은 왕복 엔진(reciprocating engine)과 가스 터빈 엔진(gas-turbine engine)이다. 여기서 논하고자 하는 항공기용 왕복 엔진은 독일의 August Otto와 Eu-gen Langen에 의하여 1876년에 개발된 4행정으로 작동하는 otto cycle 엔진이다.

4행정 사이클 엔진의 4행정은 흡입행정(intake stroke), 압축행정(compression stroke), 출력행정(power stroke), 배기행정(exhaust stroke)이다.

흡입행정은 흡입 밸브(intake valve)가 열려 있고 배기 밸브(exhaust valve)가 닫힌 상사점에서 시작하여 피스톤이 밑으로 움직일 때 기화기로부터 연료와 공기의 혼합기가 실린더 속으로 흡입된다(그림 1-1).

피스톤이 흡입행정의 하사점에 도달되었을 때 흡입 밸브가 닫히고 피스톤은 실린더 헤드 쪽으로 움직인다. 두 밸브가 닫혀진 이상 연료와 공기 혼합기는 실린더 속에서 압축된다(그림 1-2).

피스톤이 압축행정 상사점 전(BTC) 몇 도의 위치에서 점화가 시작된다. 점화 플러그(spark plug)에 의하여 연료와 공기 혼합기에 점화가 일어나 피스톤에 하향으로 힘을 가하는 열과 압력이 발생한다. 점화가 상사점 전 몇 도에서 일어나게끔 맞춰진 이유는 연료의 완전연소와 최대 압력을 내기 위한 시간을 허용하는 것이다.

만일 점화가 상사점에서 일어난다면 피스톤은 연료가 연소될 때 밑으로 움직일 때이므로 고압력이 발생하지 않는다. 또한, 실린더의 벽을 따라 밑으로 움직이는 연소하는 가스는 실린더 벽에 열을 가할 것이고 엔진은 과도한 고온이 발생될 것이다.

연소압력이 피스톤을 밑으로 힘을 가하는 동안의 행정을 출력행정(power stroke)이라 한다(그림 1-3). 이 행정을 폭발 또는 팽창행정(explosion or expansion)이라고도 한다.

피스톤이 아래로 움직여 크랭크 축을 회전하게 하여 엔진에 의해 구동되는 프로펠러(propeller)를 회전시킨다. 피스톤이 출력행정의 하사점(bottom dead center)에 도착하기 바로 전에 배기 밸브가 열리고 고온 가스는 실린더로부터 배출되기 시작한다. 피스톤에 가해진 압력이 0으로 떨어지면 실린더 속의 잔여 가스는 피스톤이 상사점(top dead center)으로 움직일 때 열려진 배기 밸브를 통하여 압출된다. 이 행정을 배기행정(exhaust stroke or scavenging stroke)이라고 한다(그림 1-4). 흡입 밸브가 실제적으로 상사점 전에 열리기 시작하고 배기 밸브는 상사점 후에 닫힌다. 이것을 밸브 오버랩(valve overlap)이라고 하며 이것은 완전한 배기를 위하여 밖으로 흐르는 배기가스의 관성의 이점을 가지고, 혼합기가 가능한 한 조기에 연소실로 들어오게 하여 체적효율(volumetric efficiency)을 향상시키기 위함이다.

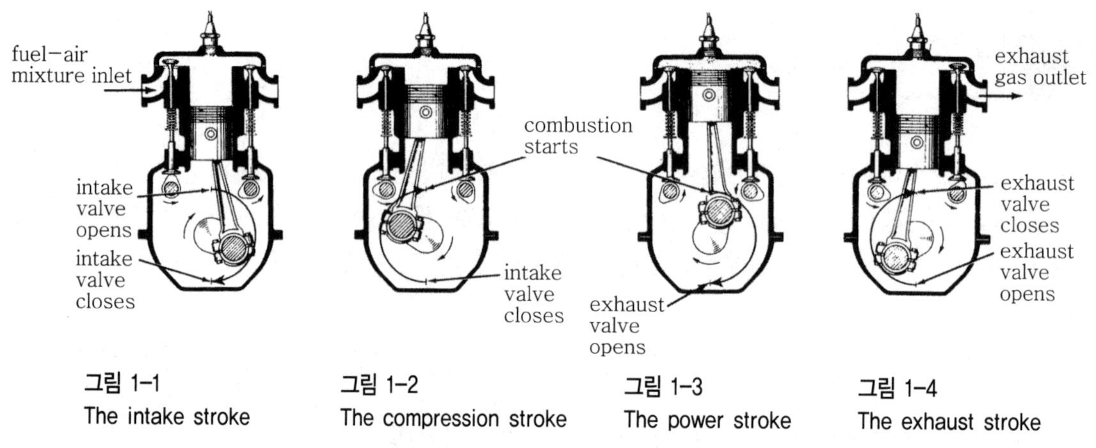

그림 1-1
The intake stroke

그림 1-2
The compression stroke

그림 1-3
The power stroke

그림 1-4
The exhaust stroke

Section 02 — 피스톤 배기량(piston displacement)

피스톤 배기량은 실린더의 한 행정 동안 피스톤이 움직인 거리에 실린더 내경의 단면적을 곱함으로서 얻을 수 있다.

예를 들면 실린더 내경 6″ 행정 6″이면,

단면적(cross-sectional area)$= \pi r^2 = 28.274 \text{in}^2$

배기량(displacement)$= 6 \times 28.274 = 169.644 \text{in}^3$

엔진의 총배기량은 크랭크 축이 1회전하는 동안 전체 피스톤이 배기한 총용적이다. 이것은 하나의 피스톤 배기량에 엔진 전체 실린더 수를 곱한 것과 같다. 전체 피스톤 배기량이 커지면 엔진이 낼 수 있는 최대 마력도 커진다.

> **● 예제**
>
> 실린더 내경 5.5″ 행정 5.5″ 14기통이면 성형 엔진의 총배기량은?
> - 단면적 : $5.5^2 \times 0.7854 = 23.758\text{in}^2$
> - 배기량 : $5.5 \times 23.758 = 130.669\text{in}^3$
> - 총배기량 : $14 \times 130.669 = 1,829.366\text{in}^3$

이 엔진은 R-1830 엔진이라고 부른다.

Section 03 — 압축비(compression ratio)

실린더의 압축비는 피스톤이 행정의 하사점에 있을 때와 상사점에 있을 때의 실린더 공간 체적의 비이다.

예를 들면 피스톤이 행정의 하사점에 있을 때 실린더의 공간체적이 120in^3이고 피스톤이 행정의 상사점에 있을 때의 체적이 20in^3이면 압축비는 120 : 20, 즉 6 : 1이다. 그림 1-5는 이것을 나타낸다.

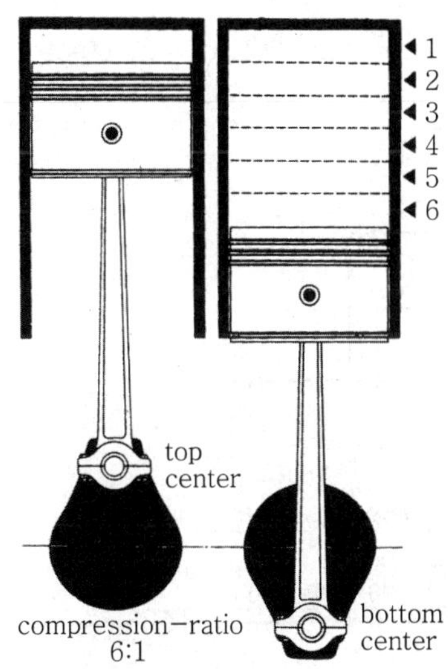

그림 1-5 Top and bottom dead center

압축비는 엔진의 최대 마력을 내는데 기여하는 한 요소이다. 어떤 한계 내에서는 압축비가 증가하면 최대 마력도 증가한다.

그러나 내연기관의 압축비가 10 : 1보다 크면 데토네이션(detonation)이나 조기점화(preignition)

가 일어나 고열현상과 출력이 감소하며 엔진에 손상을 가져온다.

만일 엔진의 압축비가 10 : 1 정도로 높으면 높은 앤티노크성(antiknock characteristic)을 가진 연료를 사용하여야 한다. 엔진의 최대 압축비는 사용하는 연료의 데토네이션 특성에 의하여 제한을 받는다. 데토네이션은 보통 연료와 공기 혼합기가 75~80% 연소될 때 일어나며 잔류 혼합기가 급격히 팽창하여 결과적으로 폭발된다.

엔진의 압축비의 증가는 일정한 연료 소모를 적게 하며 열효율을 크게 한다.

Section 04 — 지압선도(indicator diagram)

지시마력(indicated horsepower)은 그림 1-6에서 보는 바와 같이 지시 카드에 그림의 형태로 기록된 실제 압력과 체적의 비에 의하여 작용한 이론적인 일의 양을 기초로 하는 지압선도이다. 이 지압선도는 압축행정 동안 압력이 상승되어 뒤에 점화가 되고 출력행정 동안 가스의 폭발로 압력이 떨어짐을 보인다. 출력행정(power stroke) 동안 피스톤에 가해지는 힘은 일정하지 않다. 왜냐하면 연료와 공기의 혼합기가 거의 순간적으로 연소되기 때문에 상사점(TDC)에서는 높은 압력이 작용하고 피스톤이 내려갈 때는 낮은 압력이 작용한다. 지시마력에 대한 출력계산은 출력행정을 통하여 피스톤에 작용하는 평균압력을 사용함으로 간단히 구할 수 있다. 이 평균압력을 평균유효압력(mean effective pressure)이라고 하며 지압선도에서 얻을 수 있다.

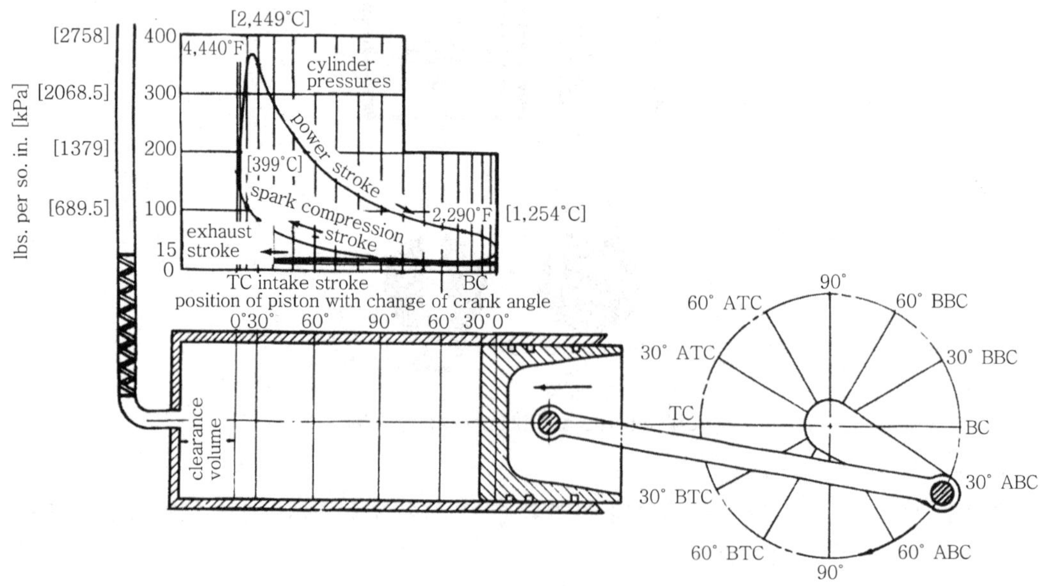

그림 1-6 Cylinder pressure indicating diagram

Section 05 — 지시마력(indicated horsepower)

엔진의 특성을 알고 있다면 지시마력의 정격을 계산할 수 있다.

한 실린더의 피스톤에 작용하는 전체 힘은 지시평균유효압력(indicated mean effective pressure) P와 피스톤 헤드의 면적 A로서 산출된다.

그러므로 엔진의 지시마력은 다음 공식으로 계산한다.

$$\text{ihp} = \frac{PLANK}{33,000}$$

여기서, P : 지시평균 유효압력
       L : 행정의 길이를 ft로 나타낸 것
       A : 피스톤 헤드의 면적
       N : 실린더당 분당 출력행정의 수(rpm)
       K : 실린더의 수

Section 06 — 정미마력(brake horsepower)

정미마력은 엔진에 의하여 프로펠러나 혹은 다른 장치를 구동하기 위하여 얻어지는 실제적인 마력(actual horsepower)이다. 정미마력은 지시마력에서 마찰마력(friction horsepower)을 뺀 마력이다. 즉, bhp=ihp-fhp이다.

대부분의 항공기 엔진의 'bhp'는 지시마력의 85~90%이다.

엔진의 'bhp'는 출력을 정확하게 측정할 수 있는 방법으로 발전기(electric generator)같은 어떤 힘을 흡수하는 장치에 엔진을 연결함으로써 측정할 수 있다.

다이너모미터(dynamometer)는 엔진의 출력을 측정하는 데 사용할 수 있는 힘(force)을 측정하기 위한 한 장치이다. 만일 발전기의 전기 하중과 효율을 알면 발전기를 구동하는 엔진의 'bhp'를 측정할 수 있다.

예를 들면, 엔진이 110V를 발전하는 발전기를 구동하고 발전기의 부하가 50A라고 가정하면 전력은 와트(watts)로 나타내고 이것은 전압을 전류로 곱한 것과 같다. 즉, 110×50=5,500watts이다.

$1\text{hp} = 746\text{W}$이므로 $\dfrac{5,500\text{W}}{746\text{W}} = 7.36\text{hp}$이다.

발전기의 효율이 60%이면 발전기를 구동하는 데 요하는 출력은 12.27hp이다. 그러므로 우리는 엔진이 발전기를 구동하는 데 12.27hp를 요한다고 결정할 수 있다.

정미평균유효압력(brake mean effective pressure)은 다음 식으로 표시된다.

$$\text{bmep} = \text{bhp} \times \frac{33,000}{LAN}$$

여기서, L : 행정 ft
A : 내경의 면적 in^2
N : 분당 출력 행정수(4행정 사이클 엔진에서 N은 1/2rpm에 실린더의 수를 곱한 것)

Section 07 — 출력정격(power ratings)

엔진의 이륙 출력정격(take-off power rating)은 이륙과정 중에 작동되는 엔진 최대 rpm과 MPA(Manifold Pressure)에 의하여 결정된다. 이륙출력은 1분에서 5분까지 제한시간이 정해져 있다. MPA는 흡입 다기관과 기화기 사이 혹은 내부과급기(internal supercharger)와 흡입 밸브 사이의 연료와 공기 혼합기의 압력이다.

rpm이 일정하면 MPA의 증가에 따라 엔진의 출력이 증가한다. 이와 같이 MPA가 일정하면 rpm 증가에 따라 출력도 증가한다.

엔진의 이륙출력(take-off power)은 허용 최대 연속출력보다도 약 10% 이상 크다. 이것은 미국에서 허용되는 출력 증가이고, 영국은 최대 순항 출력의 15% 이상이다.

최대 연속출력은 이륙출력 이외의 최대 출력을 말하며 이것은 METO(Maximum Except Take Off)라는 약자로 표시한다. 정격출력(rated power)은 표준 엔진 정격이라고도 하며 METO 출력(power)과 같다. 최대 출력(maximum power)은 엔진이 어떠한 상태하에서 어떠한 시간에도 낼 수 있는 가장 큰 출력이다.

Section 08 — 엔진 효율(engine efficiency)

1 기계적 효율(mechanical efficiency)

엔진의 기계적 효율은 축출력 혹은 정미마력이 지시마력 혹은 실린더에 의해서 발생되는 출력의 비로서 측정된다.

예를 들면 정미마력대 지시마력의 비가 9:10이면 엔진의 기계적 효율은 90%이다.

2 열효율(thermal efficiency)

열효율은 연료의 열에너지가 기계적인 일로 바꾸는 데 필요한 열의 손실을 말한다.

그림 1-7은 열이 냉각장치에 25%, 배기가스에 의해서 소비되는 열이 40%, 피스톤의 기계적인 마찰에 5%, 프로펠러 축에 이용되는 힘이 30%라는 것을 나타낸다.

엔진의 열효율은 연료의 열에너지를 이용할 수 있는 일로 유용되는 열의 비이다.

$$\text{지시열효율(indicated thermal efficiency)} = \frac{i\,hp \times 33,000}{\text{분당 연소되는 연료의 무게} \times \text{열가}\,[\text{heat value}\,(\text{btu})]} \times \frac{1}{778}$$

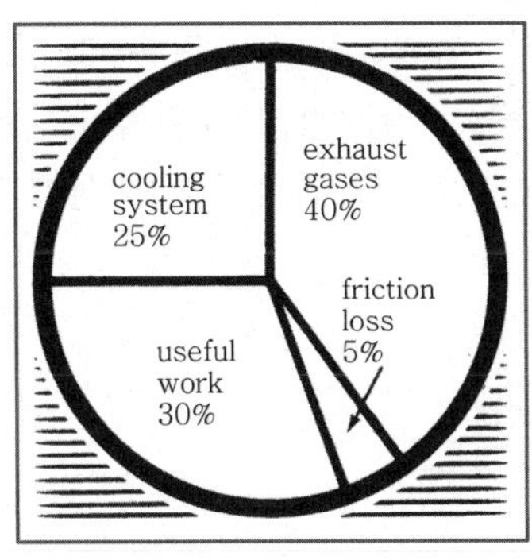

그림 1-7 Thermal efficiency chart

3 체적효율(volumetric efficiency)

엔진 실린더가 표준대기의 압력과 온도의 체적을 가진 연료와 공기의 혼합기를 피스톤 행정체적과 정확히 동등하게 흡입한다면 이 실린더는 100%의 체적효율을 갖추고 있다고 할 수 있다. 같은 방법으로 체적이 95in^{3}의 연료와 공기 혼합기를 100in^3 행정체적인 실린더에 수용하게 되면 체적효율은 95%이다.

체적효율의 공식은 다음과 같다.

$$\text{체적효율} = \frac{\text{대기압 상태의 충진체적}}{\text{피스톤 행정체적}}$$

체적효율을 감소시키는 요소는 밸브의 부적당한 타이밍(improper timing of valves), 너무 작은 다기관 직경, 너무 많이 구부러진 다기관, 고온 공기 사용, 연소실의 고온, 배기행정에서의 불완전한 배기, 과도한 속도 등이다. 근본적으로 엔진으로 흐르는 공기를 느리게 혹은 감소시키려는 어떤 상태는 체적효율을 감소시킬 것이나 밸브의 부적당한 타이밍은 체적효율에 영향을 미친다. 흡입 밸브는 피스톤이 흡입행정을 시작할 때 가능한 한 많이 열려야 하고 배기 밸브는 배기가스의 배출과정이 정지될 때 바로 닫혀야만 한다.

고 rpm 엔진에서는 공기흡입구, 기화기, 흡입다기관, 밸브 입구의 공기에서 발생되는 마찰 때문에 엔진의 체적효율이 감소된다. 공기속도가 증가할 때는 마찰의 영향은 증가한다. 스로틀(throttle)이 부분적으로 닫힐 때는 체적효율은 닫히는 각도에 따라 감소한다. 흡입다기관의 누설은 체적효율을 증가시킨다. 왜냐하면 더 많은 공기가 엔진으로 들어가기 때문이지만 역시 희박한 혼합기의 원인이 된다.

최대 체적효율은 스로틀을 완전히 열 때 엔진이 최대 부하상태에서 작동할 때 얻을 수 있다. 과급기가 없는 엔진은 항상 체적효율이 100% 미만이고 과급기가 있는 항공기 엔진은 체적효율이 100%보다 많게 작동한다. 과급기가 없는 항공기 엔진에 체적효율이 100%보다 작은 두 가지의 중요한 이유는 다음과 같다.

① 흡입장치 안쪽의 구부림, 장애물, 표면이 거칠 때 공기의 흐름이 실질적인 저항의 원인이 된다. 이렇게 하여 흡입 다기관에서 감축된 압력은 대기압보다 낮다.

② 스로틀과 기화기 벤투리는 압력이 저하하게끔 설계되어 있다.

Section 09 — 엔진의 필요조건

엔진이 구비하여야 할 가장 중요한 특성은 ① 무게가 가벼울 것(light), ② 신뢰성이 클 것 (reliability), ③ 경제성 있는 작동(economy of operation), ④ 유연성(flexibility), ⑤ 평형 (balance)이 좋아야 한다.

1 엔진의 중량(weight)

엔진의 무게는 사용될 항공기에 요구되는 출력과 관계가 있다. 그러므로 무게는 매출력 마력당 무게로 한정할 수 있는 출력당 무게비(weight per power ratio)라 불리우는 요소를 포함하고 있다. 만약 엔진이 2,400lbs이고 METO마력이 2,200hp이면 마력당 무게비는 $\frac{2,400}{2,200}$ = 1.09lb/hp이다.

동력장치 무게는 유효하중과 안전율을 많이 가지고 적당한 항공기 총중량(gross weight)을 유지하기 위하여 가능한 한 적어야 한다. 가스 터빈 엔진의 가장 중요한 장점의 하나가 피스톤 엔진에 비하여 추력당 무게비가 우수하다는 것이다.

2 신뢰성(reliability)

신뢰성에 있어서 항공기 엔진은 수명이 길고 최대 TBO(Time Between Overhaul)를 갖추어야 하며 보기류는 오래 사용할 수 있어야 하며 사용시간 후 쉽고 빨리 저렴하게 교환할 수 있어야 한다.

3 경제적인 작동(economy of operation)

항공기 엔진은 기계적으로 신뢰성을 유지하기 위하여 실시하는 계속적인 오버홀과 정비에 요하는 경비보다 운용하는 데 요하는 경비가 적어야 한다. 즉, 연료와 오일의 소모가 적은 것은 비용견지에서 뿐만 아니라 비행에서의 중량 감축에 대한 견지에서도 대단히 중요하다.

연료 소모율(specific fuel consumption)은 연료 소모로 발생되는 출력의 척도이다. 그러므로 연료절약의 척도가 된다. SFC는 시간당 연소되는 연료의 무게를 엔진에 의하여 발생되는 마력으로 나눔으로써 구할 수 있다. 정미연료 소모율(brake specific fuel consumption)은 마력치가 정미마력일 때 사용되는 용어이다. 현용 왕복 엔진의 BSFC는 0.40~0.50lb/hp/hr이다. 제트 엔지의 연료 소모율(SFC)은 시간당 연소되는 연료의 무게를 엔진의 추력(thrust)으로 나눔으로써 구할 수 있다. 이 경우 추력연료 소모율(TSFC : Thrust Specific Fuel Consumption)이란 용어가 사용된다.

터보 프롭 엔진(thrboprop engine)에서 공식의 나누는 수는 동축마력(equivalent shaft horsepower)이다. 이 경우 ESFC(Equivalent Specific Fuel Consumption)란 용어를 사용한다.

4 유연성(flexibility)

유연성은 저속에서 고출력까지 모든 속도에서 요구되는 방법으로 수행되며 대기상태의 모든 변화를 통해서 원활하게 작동하는 엔진의 상태를 나타낸다. 또한, 항공기가 비행하기 위하여 설계된 모든 고도에서 효율적으로 작동할 수 있는 능력의 척도이다.

5 평형(balance)

평형의 중요 요소는 진동이 없어야 하는 것이다. 엔진의 진동(engine vibration)은 부품의 사용시간을 단축시키며 전반적으로 항공기의 수명을 단축시킨다.

또한, 진동은 조종사나 승객들에게 피로를 주며 비행 욕망을 낮춘다. 진동감축의 방법은 실린더 수를 많이 하여 각 실린더에 의해서 오는 맥동 토크(pulsating torque)의 전체 영향을 감소시키고 크랭크 축(crankshaft)과 같은 회전체는 평형추(counterweight), 다이내믹 댐퍼너(dynamic dampeners) 혹은 VTC(Vibratory Torgue Control)를 사용함으로써 평형을 유지한다.

엔진 진동이 엔진 마운트와 항공기 구조부에 전달되는 것을 방지하는 것은 고무나 혹은 인조고무 마운트를 취부하여 진동을 흡수한다.

Section 10 ┤ 성능에 영향을 주는 요소(factors affecting peformance)

엔진 성능에 영향을 주는 것은 전술한 바와 같이 엔진 출력, 평균유효압력, 엔진 rpm, 피스톤 배기량이며, 여기에 몇 가지 더 포함시키면 흡기압력(manifold pressure), 데토네이션과 조기점화(detonation and preignition), 정미연료 소모율(brake specific fuel consumption), 마력당 중량비 등이다. 흡기압력(MAP)은 실린더의 흡입구에 들어오기 바로 전의 연료와 공기 혼합기의 절대압력이다. 절대압력은 psia(pound per square inch absolute) 혹은 inHg (inches of mercury)로 표시한다. 보통 압력 계기에 나타난 압력은 주위 대기압력보다 높은 압력이며 계기압력(gage pressure) 혹은 psig(pounds per square inch gage)라고 부른다. 다기관 압력은(manifold pressure)는 psig 대신 inHg로 많이 표시한다. 그러므로 엔진이 작동하지 않을 때 해면 상에서 다기관 계기는 표준상태일 때 29.92inHg를 지시한다.

엔진이 저회전할 때 계기는 10~15inHg를 지시한다. 왜냐하면 MAP는 스로틀 밸브의 제한에 의하여 대기압보다 훨씬 낮을 것이다. 항공기 엔진을 운용하는 사람은 과도한 MAP, 부적당한 MAP, rpm비로 작동하는 것을 피하여야 한다. 왜냐하면 그러한 작동은 과도한 실린더 압력과 온도를 발생하는 결과가 된다.

심한 실린더 압력은 실린더, 피스톤, 피스톤 핀, 밸브, 커넥팅로드, 크랭크 축 저널 등에 과도한 압력을 가할 것이다. 과도한 압력은 과도한 온도를 초래하고 이 과도한 온도는 데토네이션, 조기점화와 출력손실을 가져온다. 만일 얼마 동안 데토네이션이 계속되면 엔진에 커다란 손상이 온다.

가변 피치 프로펠러를 장착한 엔진은 안전한 작동을 보증하기 위하여 흡기 압력 계기(MAP)를 장착하여야만 한다. 고정 피치 프로펠러를 사용하는 엔진은 흡기 압력 계기가 필요하지 않다.

데토네이션은 연소실의 압축된 혼합기의 온도와 압력이 순간적으로 폭발할만큼 충분히 높아졌을 때 일어난다. 과도한 온도는 높은 흡입압력, 높은 흡입공기온도, 과열된 엔진에 의하여 일어난다.

데토네이션의 주요 원인은 엔진에 맞지 않은 옥탄가의 연료를 사용하여 엔진을 운용하는 것이다.

데토네이션은 실린더와 피스톤의 온도를 더 상승시켜 피스톤 헤드를 녹이는 원인이 되고, 더 연장되면 밸브가 타서 위험한 출력손실을 초래한다.

조기점화는 점화 플러그가 점화하기 전에 실린더의 과열부분이 연료와 공기 혼합기를 점화하였을 때 일어난다. 과열부(hot spot)는 과열된 점화 플러그 전극이나 과열하고 있는 탄소 입자이다.

데토네이션과 조기점화를 방지하기 위하여는 적절한 연료사용과 흡기압과 실린더 헤드 온도(cylinder head temperature)의 적당한 한계 내에서 엔진을 운용하는 것이다.

Section 11 — 엔진 성능 곡선(engine performance curves)

1 흡기압력과 회전수(manifold pressure and rpm)

엔진 출력에 대한 흡기압과 회전수의 영향은 그림 1-8에서 보인다. 이 값들은 해면 표준대기압상태의 continental O-470-K-L 엔진 성능에서 취하였다. 이 차트로부터 엔진의 마력은 rpm과 흡기압의 어떤 정상값으로 결정이 된다.

예를 들면 엔진 MAP 23inHg, 2,200rpm으로 작동되면 구동되는 출력은 약 149hp이다. 2,600rpm 27.9inHg 최대 출력을 위하여는 출력은 230hp이다.

이 차트로부터 1,800rpm 이상으로 증가할 때는 체적효율(VE)이 감소하는 것을 알 수 있다. 1,800rpm일 때 MAP는 29.2inHg까지 상승된다. 그러나 2,600rpm으로 증가할 때 최대 MAP는 27.9inHg까지 감소한다. 즉, 체적효율(VE)은 rpm이 증가함에 따라 감소한다.

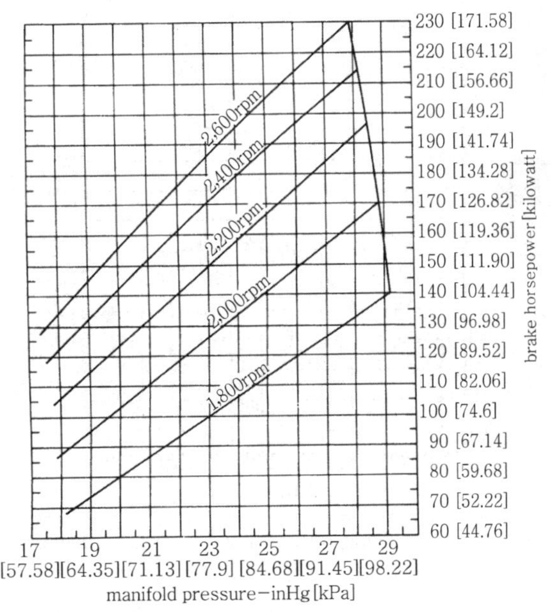

그림 1-8 Bhp vs. intake manifold pressure vs. revolutions per minute

과급기가 없는 엔진에서 최대 체적효율은 100%보다 작다. 최대 출력 때는 약 75%이다. 그러나 체적효율은 밸브 오버랩(valve overlap)에 의하여 많이 증가되었다.

② 프로펠러 부하(propeller load)

프로펠러 부하곡선은 그림 1-9에서 보는 것과 같이 고정 피치 프로펠러를 장비한 엔진이 전 스로틀(full throttle)로 작동할 때 rpm 변화에 따라 흡기압력, 출력(power output), 정미 연료 소모율(BSFC)을 나타낸다.

차트의 상부곡선은 MAP가 전 스로틀일 때 rpm 증가에 따라 감소한다. MPA 20inHg, 1,950rpm으로 환전하고, MPA 22inHg, 2,200rpm, MPA 27.8inHg, 2,600rpm으로 프로펠러가 회전할 수 있다는 것을 알 수 있다.

그래프의 중간곡선으로부터 우리는 엔진 출력이 rpm이 증가함에 따라 증가한다는 것을 알 수 있다. 우리는 이 차트로부터 프로펠러는 142hp을 갖고, 2,100rpm으로 구동할 수 있고, 202hp을 갖고 2,400rpm으로, 248hp로 갖고 2,600rpm으로 구동할 수 있다는 것을 알 수 있다. 즉, 프로펠러는 2,600rpm에서 248hp을 흡수할 수 있다고 말할 수 있다.

그래프의 밑곡선은 rpm과 프로펠러 부하의 여러 상태하에서 연료 소모율을 나타낸다. 프로펠러가 160hp를 흡수할 때 2,200rpm에서 최량 연료 소모를 나타낸다. 이 점의 BSFC는 약 0.52lb/hp/hr이다. 만약 2,200rpm으로 전 스로틀로 작동한다면 BSFC는 0.61lb/hp/hr이다.

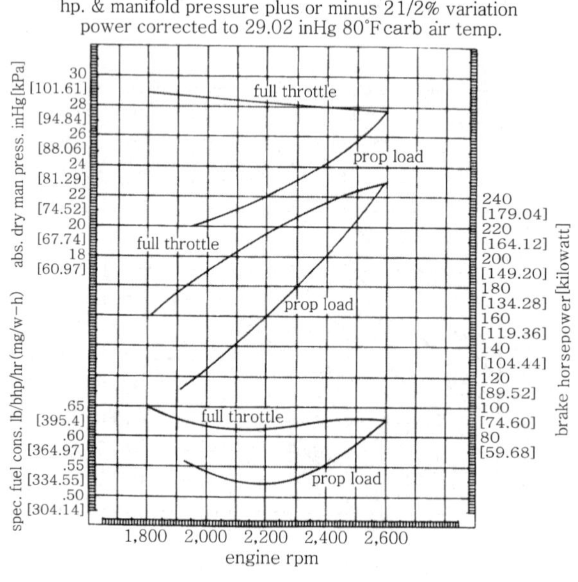

그림 1-9 Bhp, intake manifold pressure and bsfc vs. revolutions per minute

③ 성능에 있어서 고도의 영향(effects of altitude on performance)

공기밀도(air density)는 특정한 rpm과 흡기압에서 엔진의 출력에 영향을 미친다. 공기밀도는 압력, 온도, 습도에 좌우되는 이상 이 요소들은 엔진의 정확한 성능을 결정하기 위하여 고려하여야 할 것이다. 차트로부터 엔진의 출력을 구하려면 어떤 수정을 하여야 할 것인가를 아는 것이 필요하다.

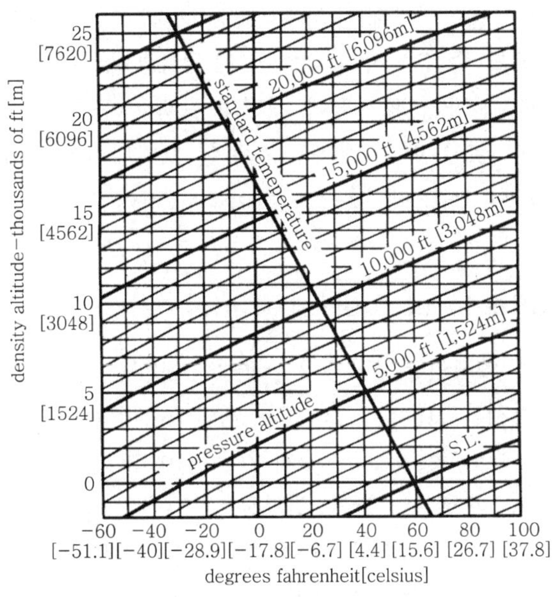

그림 1-10 Chart to convert pressure altitude to density altitude

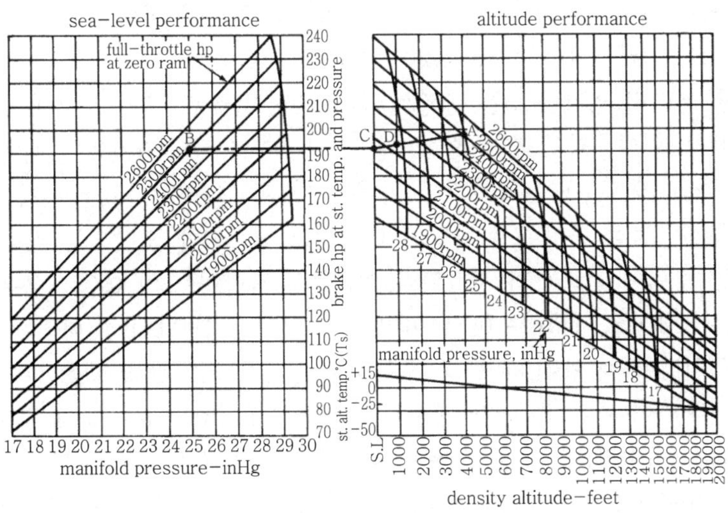

그림 1-11 Finding actual horsepower from sea−level and altitude charts

첫째로 밀도고도(density altitude)는 표준기압계(standard barometer)에 표시한 것과 같이 압력고도에 약간의 수정을 함으로써 결정된다.

기압고도를 밀도고도로 바꾸기 위한 차트는 그림 1-10에서 보인다.

만약 특정한 고도에서 온도가 그 고도에서의 표준온도와 같을 때는 밀도에 대한 수정은 습도의 요소가 없는 이상 필요없다. 그림 1-11의 차트는 continental O-470-M 엔진의 고도에서 출력을 결정하는 데 사용된다.

좌측 차트는 해면표준 상태에서 엔진 출력을 나타내고 우측 차트는 고도의 영향을 나타내며 처음 차트와 연결하여 사용한다. 해면 차트에 표시되어 있는 마력은 고도 차트의 동일한 점 C에 옮겨진다. 그 뒤 고도 수정을 하기 위하여 점 A로부터 점 C까지 일직선을 그린다. 밀도고도선 그림에서 D와 이 선과의 교차점이 엔진의 출력이다.

마력은 표준온도(T_s)보다 낮을 때는 매 6℃ 감소할 때마다 1%를 더하여 수정하고 표준온도(T_s)보다 높을 때는 매 6℃ 증가에 1%를 감하여 수정하여야 한다.

4 혼합비의 영향(effects of fuel-air ratio)

엔진 운용자에게 특별히 관심있는 두 가지 혼합비(fuel-air ratio)는 최대 출력혼합(best power mixture)과 최량 경제혼합(best economy mixture)이다. 각 경우에 실제 혼합비는 역시 엔진 rpm과 MPA에 달려 있다. 그림 1-12의 차트는 여러 다른 출력으로 결정하기 위하여 최대 출력 혼합비를 어떻게 변할 것인가를 설명하는 것이다.

예를 들면 2,900rpm, 0.077에 맞추고, 3,000rpm은 0.082, 3,150rpm에서는 0.091이다. 최량 경제 혼합비는 정미연료 소모율을 위하여 최솟값을 갖기 위한 혼합비이다. 이것은 어떤 양의 연료로 최대 항속거리를 가고자 할 때 조종사에 의하여 보통 사용되는 방법이다. 그림 1-13의 차트는 최량 경제 혼합비와 최대 출력 혼합비의 차이를 설명한 것이다. 이 차트는 일정 rpm, 일정 스로틀 위치이며 변하는 것은 연료 공기비이다.

대단히 희박한 혼합비 약 0.055는 엔진이 140lb/hr의 연료유량으로 292bhp를 구동하고 bsfc는 약 0.48lb/hr이다. 최량 경제 혼합비는 연료공기비가 약 0.062일 때 이루어진다. 이때 bhp는 324hp이고 연료유량은 152lb/hr이며 bsfc는 0.469lb/bhp/hr이다.

연료공기 혼합비가 점점 증가하여 엔진 출력이 절정(peak)에 도달되는 점이 최대 출력 혼합비이고 그 뒤는 출력이 감소하기 시작한다. 이 점의 혼합비는 약 0.075 혹은 1 : 13.3이다. 이 점에서 bhp는 364이고, bsfc는 0.514이며, 연료유량은 187lb/hr이다.

다른 요소들이 일정할 때 엔진 작동 중 혼합비는 성능에 커다란 영향을 준다. 그러나 엔진의 작동온도도 생각하여야 한다. 만약 엔진이 총출력(full throttle), 최대 출력 혼합비(best power mixture)로 작동한다면 그림 1-12의 차트의 위 곡선에서 보이는 것과 같이 실린더 헤드 온도(CHT : Cylinder Head Temperature)가 과도하게 되고 데토네이션의 결과를 자주 초래하게 된다. 이런 이유로, 총출력으로 맞출 때 혼합비는 최대 출력 혼합비보다 농후하여야 한다. 이것은 기화기나 연료조종계통에 이코노마이저(economizer or enrichment valve)의 기능에 의하여 이루어진다. 여분의 연료는 타지 않고 증발하여 연소실에서 발생하는 열을 얼마간 흡수한다. 이때 수동혼합조종(manual mixture control)은 full-rich, or automatic-rich 위치에 놓여 있고 연료와 공기비는 농 최대 출력 혼합비나 그 위일 것이다.

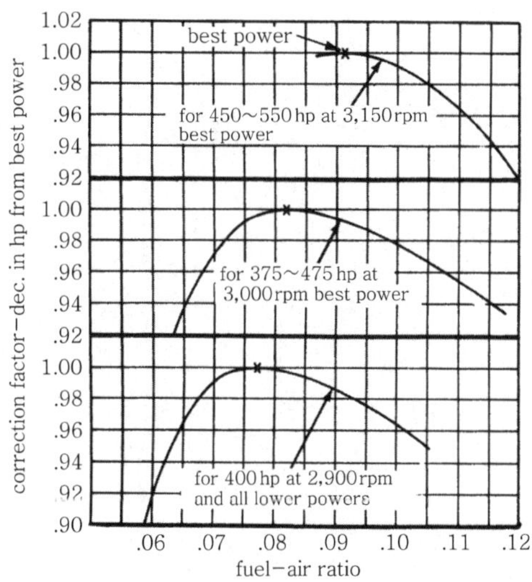

그림 1-12 Chart to show best power mixture for different power settings

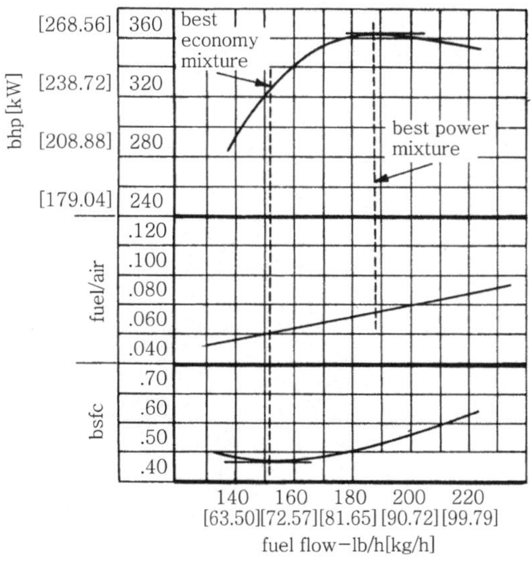

그림 1-13 Best economy mixture and best power mixture at constant throttle and constant rpm

rpm과 흡기압이 순항상태하에서 작동할 때는 연료를 절약하기 위하여 희박 최대 출력값 (lean best power value)에 혼합비를 맞출 수 있다. 이때는 엔진으로부터 순항출력의 최댓값을 가질 수 있다.

만약 이런 특수한 순항상태로 맞출 때 최대 경제연료를 갖기를 희망하면 수동 혼합조정 장치를 최량 경제 혼합비를 위하여 희박한 혼합비를 사용한다. 이것은 연료는 절약되나 출력이 15% 정도 감소한다.

항공기 엔진 작동

Aircraft engine operation

 엔진 작동(engine operation)

엔진 작동 중 점검하여야 할 사항은 다음과 같은 것이 있다.

① 엔진 오일 압력(engine oil pressure)

② 오일 온도(oil temperature)

③ 실린더 헤드 온도(cylinder head temperature)

④ 엔진 회전수(engine rpm)

⑤ 흡기압력(manifold pressure)

⑥ 마그네토 점검 시 마그네토 낙차(magneto drop)

⑦ 정속 프로펠러를 장비한 엔진은 프로펠러 조종에 따른 엔진의 반응

⑧ 배기가스의 온도(exhaust gas temperature) 등

엔진이 작동하지 않을 때는 엔진 오일 압력과 온도가 안전 허용범위 내 있지 않으므로 왕복 엔진은 최대 출력 작동을 시도하기 전에 적당한 난기운전(warm-up)을 하여야 한다. 엔진이 시동되었을 때 오일 압력계통이 안전하게 기능을 발휘하고 있는가를 점검하기 위하여 오일 압력 계기를 관찰하여야 한다. 만약 시동 후 30초 이내에 오일 압력을 지시하지 않으면 엔진을 정지하여 결함 개소를 수정하여야 한다. 이러한 것은 항공기 운용자 지침서(aircraft operator's manual)의 지침에 따라 작동하면 된다. 여기서는 일반적인 사항만 다루는 것이다.

일반적으로 이륙 전에 왕복 엔진은 점화계통과 최대 출력점검(full power test)을 하여야 한다.

마그네토의 점검은 제작회사의 지정에 의한 회전수까지 스로틀을 천천히 앞으로 움직여(증가) 그 점에서 점화 스위치를 'both' 위치에서 'left magneto' 위치로 돌려서 회전계의 rpm낙차를 관찰한 뒤 스위치를 다시 'both' 위치로 되돌린다. 다음 스위치를 'right magneto' 위치로 돌려 회전계의 rpm 낙차를 관찰한 뒤 스위치를 다시 'both' 위치로 되돌린다. 이때 엔진은 단일 마그네토로 2~3초보다 오래 작동하는 것을 허용하지 않는다.

왜냐하면 점화 플러그 'fouling'이 잘 일어나기 때문이다. 가능한 마그네토 낙차 범위는 보통 50~125rpm 사이이고 두 마그네토 낙차의 차이는 50rpm을 넘으면 안 된다. 이것은 그 기종의 지침서(maintenance manual)에 따라야 한다.

정속 프로펠러를 장착한 항공기는 마그네토 점검 때는 완전 고 rpm(low-pitch) 위치에 놓고 수행한다.

마그네토 점검을 하고 난 뒤 잠깐동안 최대 출력점검을 수행한다. 이때는 스로틀을 천천히 앞으로 움직여 최대 rpm이 나오는가 확인한다. 이때 엔진이 유연하게 작동하는가 흡기압이 안전한가를 확인한 후 천천히 저속(idle speed)까지 스로틀을 잡아당긴다.

최대 출력을 점검할 때는 항공기를 언제나 바람과 정풍으로 받는 위치로 하고 조종간은 뒤로 당기고 브레이크는 완전히 고정(parking)하여 행한다.

Section 02 — 출력조정과 조절(power settings and adjustments)

항공기 운항 중 엔진 출력조정(power setting)은 여러 운항형태에 따라 수시로 조정하여야 한다.

주요한 출력조정은 이륙(take-off), 상승(climb), 순항(cruise-from max to min), 하강(letdown), 착륙(landing) 등이다.

출력맞춤은 엔진 형식, 프로펠러 형식, 기화기 형식 등 여러 요소에 의하여 다르다. 그러므로 운용자 지침서(operator's manual)에 준하여 적당한 순서로 한다.

다음은 대부분의 항공기 엔진에 사용되는 일반적인 출력 조정이다.

① 스로틀은 항상 출력을 증가하거나 감소하기 위하여는 천천히(slowly) 작동시킨다.

② 상승출력이 최대 출력보다도 적다면 이륙 후 가능한 빨리 상승출력값으로 출력을 감소한다. 최대 출력(take-off power)으로 계속 상승하면 실린더 헤드 온도(cylinder head temperature)가 과도하게 높아지며 데토네이션이 일어나기 쉽다.

③ 실린더 헤드 온도가 계기의 적색선이나 그 근처까지 상승되었을 때 갑자기 출력을 줄이지 않는다. 출력이 갑자기 줄어질 때 일어날 수 있는 갑작스러운 냉각은 실린더 헤드의 균열을 일으키는 원인이 될 수 있다. 그러므로 하강을 하기 위하여는 온도의 갑작스러운 감소를 없애기 위하여 출력을 서서히 줄이는 것이 좋다.

④ 정속 프로펠러(constant-speed propeller)를 장비한 항공기를 운용할 때는 항상 프로펠러 조종으로 rpm을 감소하기 전에 스로틀로 흡기압(manifold pressure)을 감소시킨다. 즉, 흡기압을 감소시키고 난 뒤 프로펠러로 rpm을 감소시킨다. 반대로 프로펠러 조종으로 rpm을 증가시킨 뒤 흡기압을 증가시킨다. 만약 엔진 rpm의 조정이 너무 적고 스로틀은 앞으로 많이 들어갔다면(흡기압이 높다면) 과도한 실린더 압력은

앞에서 설명한 것과 같이 엔진에 나쁜 영향을 미친다.

스로틀이 앞으로 움직일 때는 프로펠러 블레이드 각(blade angle)과 흡기압(MAP)이 증가하고 rpm은 변하지 않는다.

⑤ 저출력으로(스로틀이 거의 닫힌 위치) 오랫동안 활공(gliding)할 동안은 점화 플러그의 'fouling'을 막기 위하여 가끔 'clear the engine'한다.

이것은 스로틀을 앞으로 밀어 중간출력(medium power) 위치로 몇 초 동안 행하는 것이다. 만약 엔진이 부드럽게 작동하면 출력을 다시 감소시킨다.

⑥ 엔진의 최대 출력(full power)이나 이 근처에서 작동할 때는 수동혼합조종은 항상 'full rich' 위치에 둔다. 이것은 엔진의 과열(overheating)을 방지하는데 도움이 된다. 엔진은 'operator's manual'에 의하여 순항시에만 수동혼합조종을 'lean' 위치에 두고 운용한다. 하강해서 착륙을 준비하기 위하여 출력을 줄일 때는 수동혼합조종(manual mixture control)은 'full rich' 위치에 둔다.

⑦ 착륙을 하기 위하여 하강하려고 출력을 감소할 때 기화기의 빙결(carburetor icing) 가능성이 있으면 기화기 히터(carb heater) 조정을 'heat on' 위치에 둘 필요가 있다.

⑧ 고고도에서는 저고도에서 사용하는 혼합비보다 희박한 혼합비로 맞춘다. 고고도에서의 공기밀도는 저고도보다 작기 때문이다.

만약 엔진이 과급이 되면 고도증가는 과급기의 능력이 초과될 때까지는 특별한 결과가 없을 것이다. 보통 흡기압 계기는 혼합비 조종의 적절한 조절을 위하여 정보를 제공한다. 정확한 배기가스 온도(EGT) 계기는 정상 비행고도에서 순항출력을 위하여 희박 혼합비(lean mixture)를 하기 위하여서는 필수적으로 고려되어야 한다.

Section 03 ─ 항속거리와 속도 차트(range and speed charts)

그림 2-1은 piper PA-23-160 apache aircraft의 차트이다. 좌측 차트는 항속거리(range)에 출력 조정의 영향을 보여주고 오른쪽 차트는 출력조정과 진속도(TAS)와의 관계를 보여준다. 만일 우리가 6,500ft 고도로 900마일의 비행을 원하면 최대 속도 혹은 최대 항속거리를 위한 비행값을 결정할 수 있다.

가능한 짧은 시간 내 비행하기를 원하면 우리는 75%의 엔진 출력을 사용하여야 한다. 이렇게 조정하면(2,400rpm full throttle) TAS는 약 175mph이고 비행시간은 5.14hr이다. 연료소모는 18.8gal/hr이며 비행하는 데는 96.7gal이 소요된다.

만약 이와 반대로 최대로 경제적인 비행을 하려면 엔진 작동이 허용하는 한 희박한 혼합비로 45% 출력으로 운용하면 된다. 이렇게 출력을 조정하면 TAS는 약 128mph이고 연료는 77.7gal이 필요하며 비행에 필요한 시간은 약 7시간이다. 그러나 이것은 극단적인 예이고 실제적으로 경제적이며 항속거리를 크게 하려면 약 55% 출력으로 운용하는 것이 바람직하다.

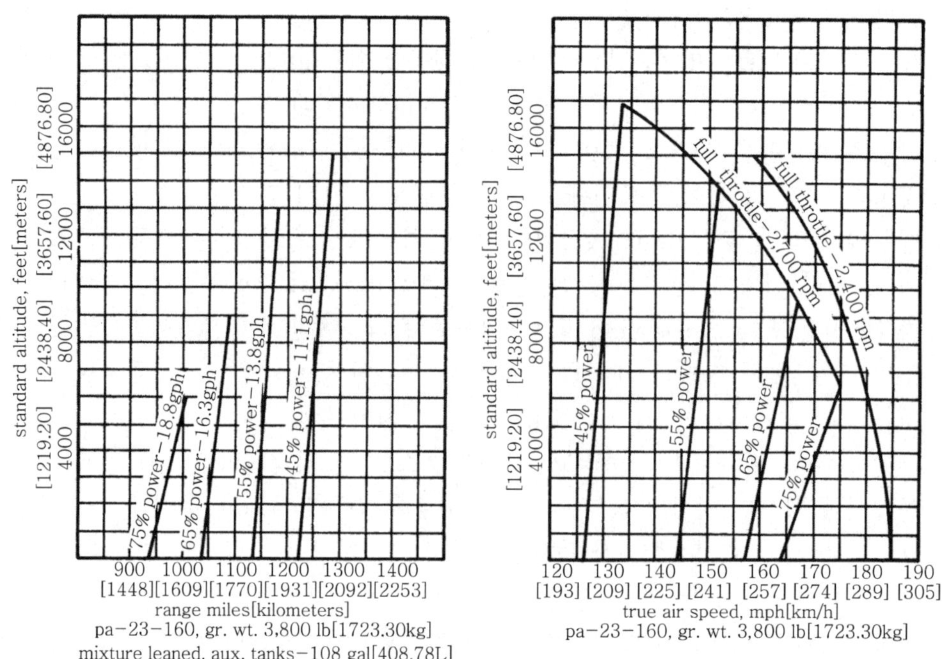

그림 2-1 Charts to show range and airspeed in relation to power settings(Piper Aircraft Co.)

Section 04 ― 출력조정(power settings)

특별한 출력을 위하여 엔진의 조정은 정속 프로펠러를 장비한 항공기일 때는 밀도 고도에 의하여 흡기압과 rpm을 조절한다.

표 2-1은 Lycoming O-320-B 수평대향형 엔진의 출력조정 표이다. 이 표는 밀도고도 (density altitude)대신에 표준온도(T_s)에 기압 고도(pressure altitude)의 사용을 위하여 조절되어 있다.

① 주어진 rpm과 출력조정에 있어서 흡기압은 고도증가에 따라 감소하여야만 한다. 이 것은 공기의 표준온도(T_s)가 감소하기 때문에 밀도는 증가한다. 이렇게 하여 어떤 기 압하에 주어진 공기용량은 고도증가에 따라 더 무거워질 것이며 흡기압은 일정한 출 력을 유지하기 위하여 낮아야만 한다.

② 엔진이 고 rpm으로 작동할 때는 일정한 출력을 유지하기 위하여 흡기압은 낮아야만 한다.

③ 어떤 수평 고도에서 흡기압은 대기압의 감소로 인하여 더 이상 유지할 수 없다. 이것
  이 차트에서 FT(Full Throttle)로 표시한 점이다.

④ 55% 정격출력에 있어서 출력은 15,000ft 기압고도까지 유지할 수 있으며 75% 출력은
  약 7,000ft 기압고도까지만 유지할 수 있다.

⑤ 흡기압의 조정(manifold pressure setting)은 외부공기온도가 차트에 주어진 표준보
  다 높거나 낮으면 특별한 출력을 유지하기 위하여 조절 되어야만 한다.

토크미터(torquemeters)를 장비한 대형기는 표 2-1과 같은 차트는 필요없으며 Pratt &
Whitney R-2800 엔진에 사용하는 공식은 bhp=torque pressure×rpm×torque constant
이다.

표 2-1 Power setting table-lycoming model O-320-B, 160-hp[119.31kW] engine

Press. alt. 1,000ft [304.80m]	Std. alt. temp., °F[℃]	88hp[65.62kW]-55% rated approx. fuel 7gal/h[26.50L/h] rpm & man. press.				104hp[77.55kW]-65% rated approx. fuel 8gal/h[30.28L/h] rpm & man. press.				120hp[89.48kW]-75% rated approx. fuel 9gal/h[34.07L/h] rpm & man. press.		
		2,100	2,200	2,300	2,400	2,100	2,200	2,300	2,400	2,200	2,300	2,400
SL	59[15.0]	22.0	21.3	20.6	19.8	24.4	23.6	22.8	22.1	25.9	25.2	24.3
1	55[12.8]	21.7	20.0	20.3	19.6	24.1	23.3	22.5	21.8	25.6	24.9	24.0
2	52[11.1]	21.4	20.7	20.1	19.3	23.8	23.0	22.3	21.5	25.0	24.3	23.5
3	48[8.9]	21.1	20.5	19.8	19.1	23.5	22.7	22.0	21.2	25.3	24.6	23.8
4	45[72]	20.8	20.2	19.6	18.9	23.1	22.4	21.7	21.0	24.7	24.0	23.2
5	41[5.0]	20.5	19.9	19.3	18.6	22.8	22.1	21.4	20.7	FT	23.7	23.0
6	38[3.3]	20.2	19.6	19.0	18.4	22.5	21.8	21.2	20.5		FT	22.7
7	34[1.1]	19.9	19.3	18.8	18.2	22.2	21.5	20.9	20.2			FT
8	31[−0.56]	19.5	19.0	18.5	18.0	FT	21.2	20.6	19.9			
9	27[−2.8]	19.2	18.8	18.3	17.7		FT	20.3	19.7			
10	23[−5.0]	18.9	18.5	18.0	17.5			FT	19.4			
11	19[−7.2]	18.6	18.2	17.8	17.3				FT			
12	16[−8.9]	18.3	17.9	17.5	17.0							
13	12[−11.1]	FT	17.6	17.3	16.8							
14	9[−12.8]		FT	17.0	16.6							
15	5[−15.0]			FT	16.3							

To maintain constant power, correct manifold pressure approximately 0.15inHg for each 10°F variation in carburetor air temperature from standard altitude temperature. Add manifold pressure for air temperatures above standard; subtract for temperatures below standard.

Section 05 — 엔진 시동과 정지(engine starting and stopping)

1 세스나 310F 항공기 엔진의 시동 절차

① 점화 스위치(ignition switch) ON

② 스로틀 약 1/2in 전개

③ 프로펠러 피치 조정 레버는 high rpm 위치

④ 혼합비 조정 레버는 full rich 위치

⑤ 프로펠러 근처에 장애물 유무 확인

⑥ 보조연료 펌프 스위치 프라임 위치(prime position)

⑦ 연료 유량이 2~4gal/hr에 도달될 때 점화 스위치를 start 위치로 돌린다. 만약 엔진이 더워졌을 때는 점화 스위치를 먼저 start 위치에 두고 그 뒤 보조연료 펌프 스위치를 프라임 위치로 한다.

⑧ 엔진이 시동되자마자 점화 스위치를 원위치로 한다.

⑨ 엔진이 유연하게 작동할 때 보조 연료 펌프 스위치를 off한다. 대단히 더운 날씨일 때는 엔진 작동 중 연료 계통에 증기의 징후(indication of vapor)가 있으면(연료유량이 흔들림) 보조연료 펌프 스위치를 계통이 깨끗하게 될 때까지 on한다.

⑩ 보통 기후에서는 오일 압력 지시가 30초 이내 추운 기후일 때는 60초 이내에 되는가 점검한다. 만일 지시하지 않으면 엔진을 정지하여 고장을 조사해서 수정하여야 한다.

⑪ 외부전력을 사용하였으면 제거한다.

⑫ 엔진을 800~1,000rpm에서 난기운전한다.

2 엔진 정지 절차(stopping procedures)

엔진의 실린더 헤드 온도가 400°F(204.24℃) 이하인가를 확인하고 정지하여야 한다. 만일 엔진이 혼합조종의 idle cut-off를 장비하고 있다면 idle cut-off 위치에 놓음으로써 엔진이 정지된다. 엔진이 정지한 뒤 바로 점화 스위치를 off하고 카울 플랩(cowl flap)이 있으면 엔진이 식을 때까지 전개된 상태로 둔다.

항공기가 만일 hamilton standard counterweight-type propeller를 장비하였다면 프로펠러는 엔진을 정지하기 전에 low-rpm(high-pitch)으로 둔다. 이것은 피스톤이 녹스는 것을 방지하고 피스톤 표면에 먼지와 모래같은 이물질이 축적하는 것을 방지한다. low-rpm 위치, 즉 실린더가 뒤쪽에 와 있어서 실린더의 오일이 엔진으로 되돌려 보내진다. 그러므로서 대단히 찬 기후일 때 실린더에 오일이 응결되는 것을 방지한다.

엔진을 정지하고 난 뒤 조종석의 모든 스위치를 off시킨다. 특히 점화 스위치와 주 배터리 스위치는 대단히 중요한 것이다.

엔진 분류, 구조 및 명칭

Engine classification, construction, nomenclature

Section 01 ─ 엔진 분류(engine classification)

현재까지 사용하고 있는 왕복 엔진(reciprocating engine)의 분류는 여러 가지 특성에 의하여, 즉 실린더 배열(cylinder arrangement), 냉각방식(cooling method), 사이클당 행정수(mumber of stroke per cycle)에 의하여 분류된다. 그러나 가장 만족스러운 분류는 다음과 같은 실린더 배열(cylinder arrangement)에 의한 분류이다(그림 3-1).

① 직렬형(in-line, upright)
② 도립직렬형(in-line, inverted)
③ V형(V-type, upright)
  도립 V형(V-type-inverted)
④ 이중 V형(double-V) 또는 팬형(fan-type)
⑤ 수평대향형(opposed or flat type)
⑥ X형(X-type)
⑦ 성형(radial type)
  ㉠ 단열(single row)
  ㉡ 복열(double row)
  ㉢ 다열(multiple row)

이 중 현재 가장 많이 사용하고 있는 엔진 형식(engine type)은 수평대향형과 성형이다.

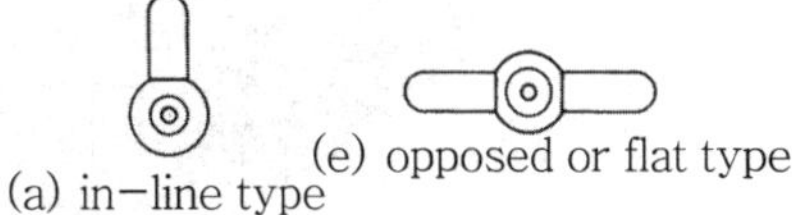

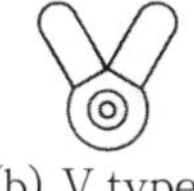

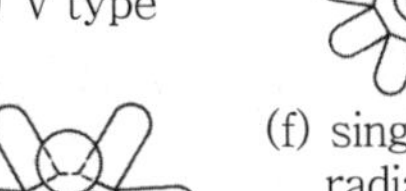

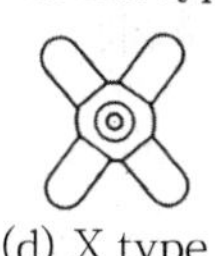

그림 3-1 Engines classified according to cylinder arrangement

1 수평대향형(opposed or flat type engine)

이 형의 엔진은 실린더가 크랭크케이스(crankcase)의 양쪽에 수평으로 배열되어 있다. 현재 경항공기와 헬리콥터에 많이 사용하고 있으며 출력은 65~400hp이 많다.

장점은 유선형(streamline)으로 항공기에 항력(drag)이 작고 진동이 작다(그림 3-2).

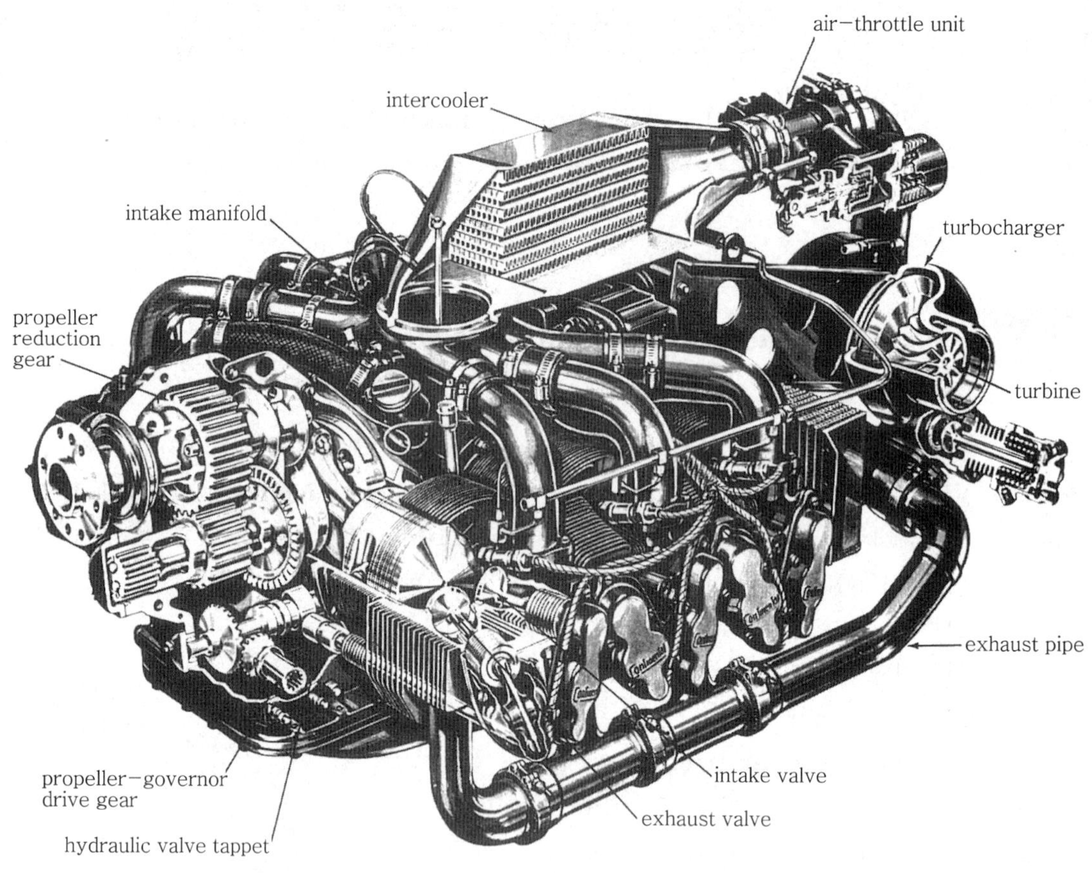

그림 3-2 Teledyne continental model GTSIO-520F engine(teledyne continental)

2 성형 엔진(radial type engine)

성형 엔진의 출력범위는 보통 200~3,500hp(설계에 의한 실린더 수에 의하여 결정된다)
이며 실린더는 단열(single row), 복열(double row), 다열(multiple row) 등이 있다.

(1) 단열(single row)

3, 5, 7, 9와 같이 기수(odd number) 실린더로 구성되어 있으며 실린더는 하나의 원에 고
르게 배열되어 있고 피스톤은 크랭크 축(crankshaft) 360°에 단열로 연결되어 있다. 이렇게
함으로써 작동부품(working parts)의 수를 줄이고 무게를 감소한다(그림 3-3).

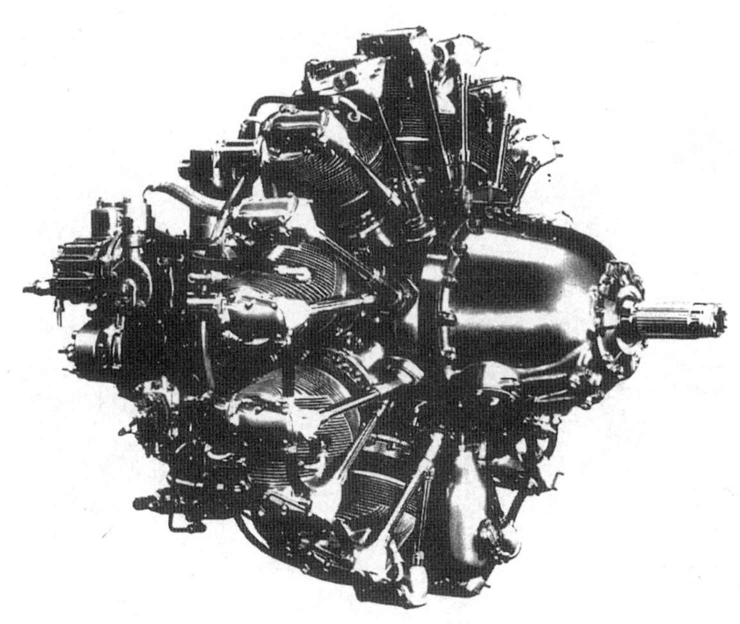

그림 3-3 Single row radial engine

(2) 복열 엔진(double-row engine)

두 개의 단열성형 엔진이 하나의 크랭크 축에 결합되어 있는 것과 비슷하다. 그림 3-4에서 보는 것과 같이 실린더들은 2열의 방사상으로 배열되어 있으며 각 열은 기수(odd number) 실린더 수로 되어 있다.

일반적으로 많이 사용하는 기통수는 14·18기통인데 이것은 7×2=14, 9×2=18로 두 개를 하나의 크랭크 축에 결합한 것과 같이 만들어져 있다.

2열 크랭크 축(tow-throw crankshaft)은 각 열에 있는 실린더들이 크랭크케이스에 엇갈리게 하기 위함이고 이렇게 하므로서 뒷열의 실린더들은 앞열의 실린더 사이 공간 바로 뒤에 위치하게 된다.

이것은 뒷열에 있는 실린더들이 냉각에 필요한 램 공기(ram air)를 받게 한다.

성형 엔진은 다른 어떤 피스톤 엔진보다 마력에 대해 무게가 가장 적다. 즉, 무게에 비하여 마력은 크다.

이 형의 결점은 공기를 받는 면적이 크기 때문에 항력(drag)이 크며 냉각에도 다소 문제가 있다. 그러나 신뢰성과 효율이 좋으므로 왕복 엔진을 장착한 대형 항공기에 광범위하게 사용되고 있다.

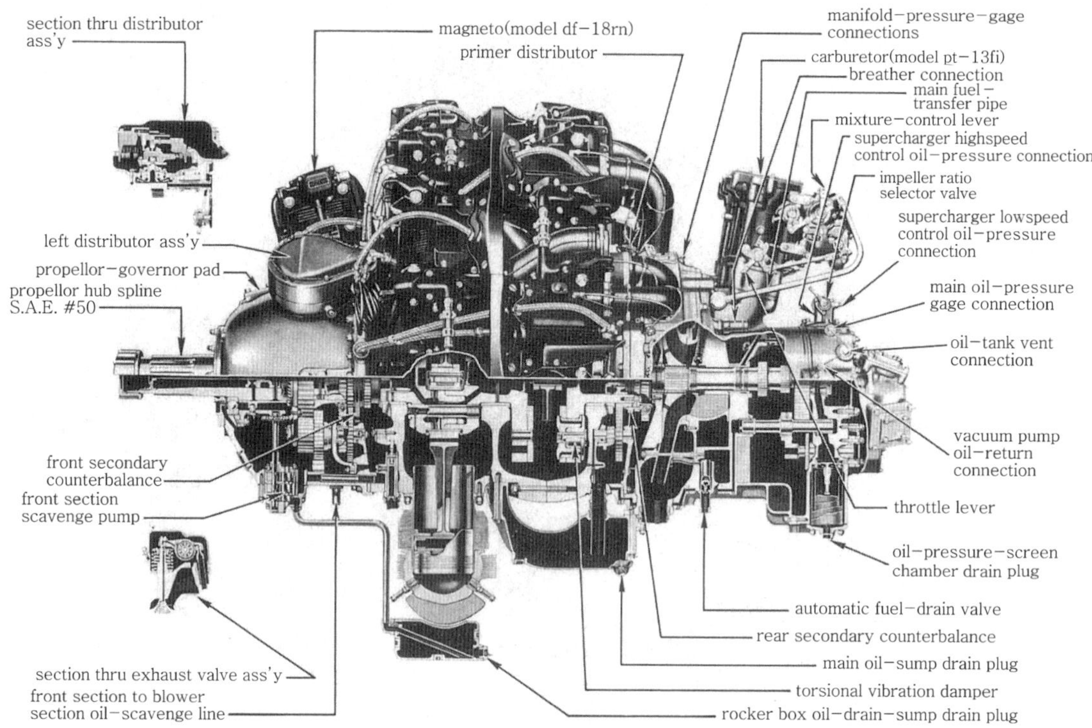

그림 3-4 Double-row radial engine(Pratt & Whitney)

(3) 다열성형 엔진(multiple-row radial engine)

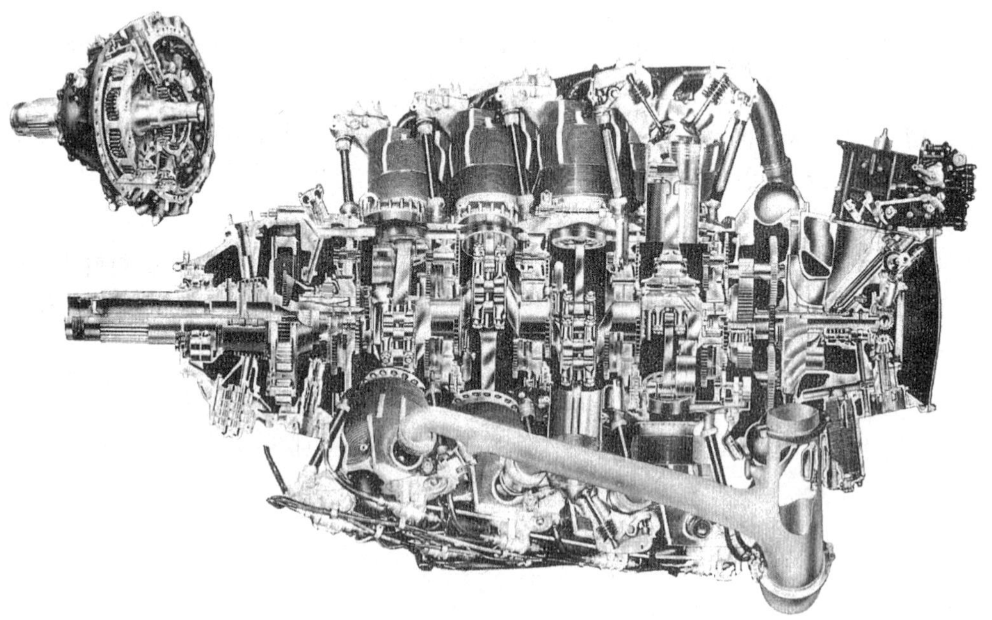

그림 3-5 Pratt & Whitney R-4360 engine(Pratt & Whitney)

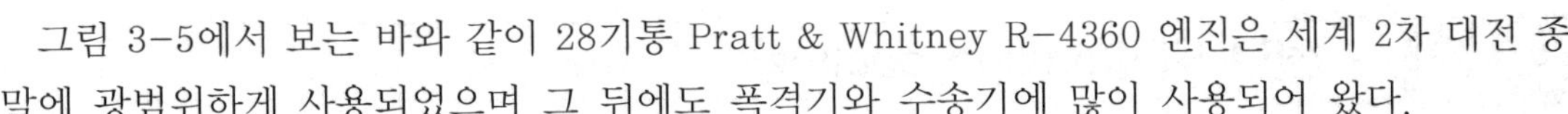

그림 3-5에서 보는 바와 같이 28기통 Pratt & Whitney R-4360 엔진은 세계 2차 대전 종말에 광범위하게 사용되었으며 그 뒤에도 폭격기와 수송기에 많이 사용되어 왔다.

그러나 가스 터빈 엔진(gas turbine engine)의 발달로 대형 피스톤 엔진은 출력이 더 좋고 가벼운 터보 프롭(turbo-prop)과 터보 제트 엔진(turbojet engine)으로 대치되어 왔다.

터보 프롭과 터보 제트 엔진은 피스톤 엔진에 비하여 마찰부가 적고 고장이 적으며 정비비가 적다. 그리고 오버홀 주기(TBO : Time Between Overhaul)가 대단히 크다.

Section 02 — 엔진의 형식과 특성을 나타내는 문자

현재 많이 사용하고 있는 왕복 엔진의 특성과 형식을 나타내는 문자는 다음과 같다.

- T : turbocharged with turbine operated device.
- V : vertical, for helicopter installation with crankshaft in a vertical position.
- H : horizontal, for helicopter installation with crankshaft horizontal.
- A : aerobatic, fuel and oil system designed for sustained inverted flight.
- I : fuel injected, continuous fuel-injection system installed.
- G : geared nose section for propeller rpm reduction.
- S : supercharged.
- O : opposed cylinders.
- R : radial engine, cylinders arranged radially around the crankshaft.

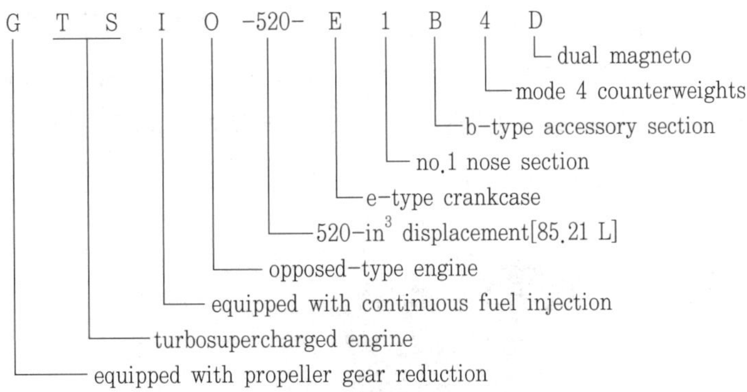

Section 03 — 엔진 냉각(engine cooling)

1 개요

항공기 엔진(aircraft engine)은 공기나 액체에 의하여 냉각된다. 그러나 현재는 수랭식 엔진은 거의 사용하고 있지 않으므로 공랭식 엔진만 다루기로 한다.

엔진의 과도한 열은 다음 3가지 중요한 이유로 인하여 어떠한 내연기관에도 바람직하지 못하다.

① 혼합기의 연소상태에 나쁜 영향을 미친다.

② 엔진 부품의 약화와 수명을 단축시킨다.

③ 윤활을 해친다.

만약 엔진 실린더 내부의 온도가 과도하게 높으면 혼합기가 조기에 열이 가해질 것이며 연소는 적당한 시기 이전에 일어날 것이다. 조기 연소는 데토네이션(detonation), 노킹(knocking) 또 다른 나쁜 원인이 되며 과도한 과열상태로 악화되어 피스톤과 밸브 손상의 결과가 된다. 또한, 과열은 윤활유의 점성을 낮게 하여 유막 형성을 못하게 하며 윤활유의 본 구실을 파괴하여 심하면 엔진 작동을 정지시키는 결과를 유발한다.

1 공랭식(air cooling)

공랭식 엔진에서는 얇은 금속판이 실린더의 벽과 실린더 헤드의 바깥면에 붙어 있다. 공기가 이 얇은 판 위로 흐를 때 실린더로부터 과도한 열을 흡수하여 대기 중으로 방출한다.

그림 3-6과 같이 실린더 주위의 배플(baffle)은 공기의 흐름방향을 최대 냉각 효율을 얻기 위해 장착한 것이다. 즉, 고속공기 흐름을 실린더 가까이 냉각 핀(fin)을 통하여 흐르게 한다. 그러므로 배플(baffle)을 유지하고 있는 나사(screw), 볼트(bolt), 스프링(spring), 훅(hook) 같은 것은 중요한 것이다. 이 배플은 알루비늄판으로 만들어져 있으며 보통 압력 배플(pressure baffle)이라고도 한다.

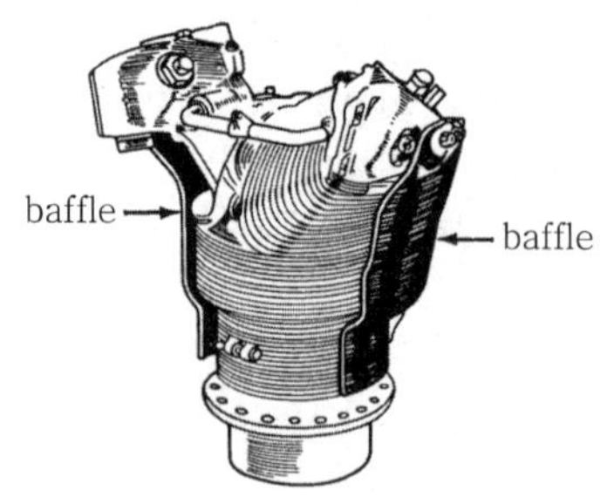

그림 3-6 Cylinder with cooling baffles

엔진의 작동온도는 엔진 카울링에(engine cowling) 붙어 있는 카울 플랩(cowl flap)에 의하여 조종된다. 이 카울 플랩은 전기식 작동 모터로 작동되는 것과 수동으로(기계적으로) 작동되는 것이 있다. 헬리콥터(helicopter)는 램 공기압이 엔진을 냉각시키는 데 충분하지 않다. 특히 호버링(hovering)할 때는 더하다. 그러므로 엔진 구동 냉각 팬(cooling fan)을 장치하고 있어서 이것으로 엔진을 냉각하고 있다.

공랭식의 중요한 이점은 다음과 같다.

① 같은 마력의 수랭식 엔진보다 무게가 가볍다.

② 기온이 낮은 데서 작동하는 데 큰 영향을 받지 않는다.

③ 총격의 공격을 적게 받는다.

Section 04 ─ 수평대양형 엔진 크랭크케이스(opposed-engine crankcase)

그림 3-7은 6기통 수평대향형의 크랭크케이스이다. 엔진 중심선에 수직으로 분할된 두 알루미늄 합금 주조로 구성되이 있으며 스디드(stud)와 니드(nut)로 조여져 있다.

크랭크케이스의 결합된 면은 개스킷(gasket)을 사용하지 않고 조여져 있다.

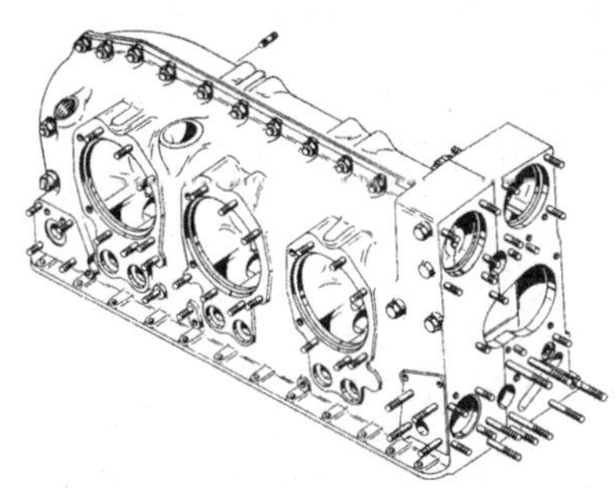

그림 3-7 Crankcase for a six-cylinder opposed engine(Teledyne continental)

Section 05 ─ 성영 엔진 크랭크케이스(radial-engine crankcase)

일반적으로 대표적인 성형 엔진(radial engine)의 크랭크케이스는 그림 3-8에서 보는 바와 같이 주요한 네 부분으로 되어 있다.

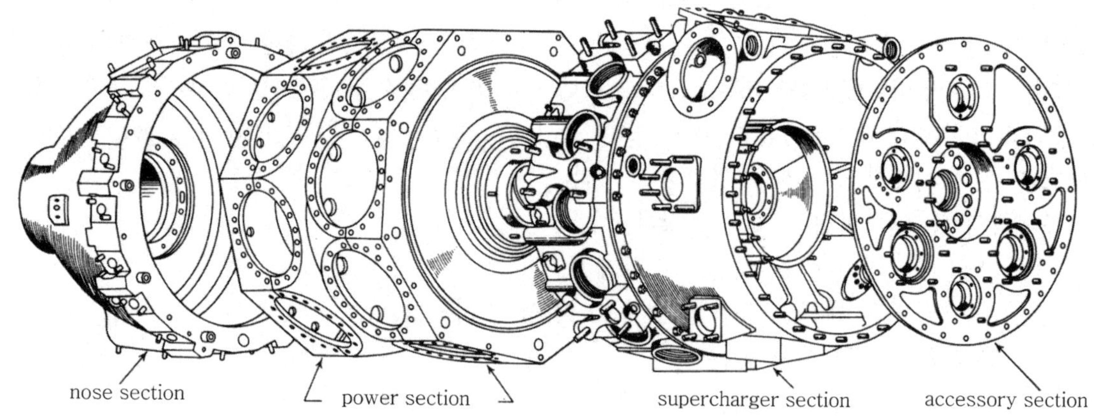

그림 3-8 Crankcase for a radial engine

1 전방부분(front or nose section)

알루미늄 합금으로 만들어 졌으며 종모양과 비슷하고 스터드 너트 혹은 캡나사(cap screw)로 출력부(power section)에 장착되어 있다. 이 부분은 프로펠러 스러스트 베어링(propeller thrust bearing), 프로펠러 조속기 구동축(propeller governor drive shaft), 프로펠러 감속 기어 어셈블리(propeller reduction-gear assembly) 기구를 포함하고 있다. 이 부분은 역시 프로펠러 조속기 조종 밸브(propeller-governor control valve), 크랭크케이스 소기(crankcase breather), 오일 섬프(oil sump) 마그네토 배전판(magneto distributor)을 장착하게 되어 있다. 이 부분에 마그네토(magneto)를 설치한 이점은 보기부분(accessory section)보다 냉각이 잘 되는 것이다.

2 출력부(main or power section)

출력부는 열처리된 알루미늄 합금으로 높은 강도의 단일체 또는 두 조각으로 구성되어 있다. 한 조각 이상인 것은 볼트(bolt)로 결합되어 있다. 캠(cam) 작동기구는 주 크랭크케이스 부분에 의해서 지지되고 있다. 주 크랭크케이스 강성부 중앙이 크랭크 축 베어링 지지부이다. 실린더 고정 패드(cylinder mounting pads)는 출력부의 외부 원주 주위의 방사상으로 위치하고 있다.

실린더는 스터드(stud)와 너트(nut) 혹은 캡 나사(cap screw)로 패드(pad)에 조여진다. 오일 실(oil seal)은 전방 크랭크케이스(front crankcase)와 주 크랭크케이스(main crank-case) 사이에 있으며 이와 유사한 실(seal)들이 출력부와 연료분배 부분 사이에 있다.

3 연료 흡입부와 분배부(fuel-induction and distribution section)

이 부분은 일반적으로 주 출력부 바로 뒤에 위치하고 있으며 한 부분이나 두 부분으로 구성되어 있다. 이 부분의 중요기능이 과급기(blower) 혹은 과급기 임펠러와 디퓨저 베인(super-charger impeller and diffuser vane)이 들어 있으므로 과급기부(blower section)라고 불리운다.

4 보기부(accessory section)

이 부분은 염료 펌프(fuel pump), 진공 펌프(vacuum pump), 오일 펌프(lubricating-oil pump), 회전계 발전기(tachometer generators), 발전기(generator), 마그네토(magneto), 시동기(starter), 과급기 조종 밸브(superchager control valve), 오일 여과망(oil filtering screen), 쿠노 여과기(cuno filter) 등, 기타 부속보기(accessory)가 장착되어 있다. 엔진 출력에 의해서 작동되어지는 보기들을 구동하기 위하여 기어(gear)가 있다.

Section 06 ── 실린더(cylinders)

내연기관의 실린더는 연료의 화학적인 열에너지를 기계적인 에너지로 전환하여 피스톤(piston)과 커넥팅로드(connecting rod)를 통하여 크랭크 축(crankshaft)을 회전하게 한다.

실린더는 연료의 연소로 인하여 발생하는 많은 양의 열을 방출하며, 내부에 피스톤과 커넥팅로드가 있고, 밸브(intake, exhaust valve mechanism)기구와 점화 플러그(spark plug)를 지지하고 있다.

(1) 실린더의 구성요소

① 실린더 배럴(cylinder barrel)
② 실린더 헤드(cylinder head)
③ 밸브 가이드(valve guides)
④ 밸브 로커 암 지지(valve rocker arm support)
⑤ 밸브 시트(valve seats)
⑥ 점화 플러그 부싱(spark plug bushing)
⑦ 냉각 핀(cooling fin)
이 중 가장 중요한 것은 실린더 배럴과 실린더 헤드이다(그림 3-9).

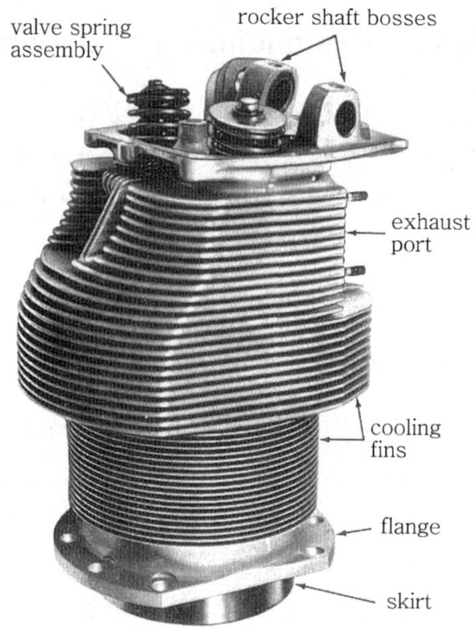

그림 3-9 A cylinder assembley

(2) 실린더의 중요한 구비조건

① 엔진이 최대 설계 하중으로 작동할 때 발생하는 온도의 작용으로 생성되는 내압(internal pressure)에 견딜 수 있는 강도이어야 한다.

② 경량이어야 한다.

③ 열전도성이 좋아서 냉각효율이 커야 한다.

④ 설계가 쉽고 제작과 검사 및 점검의 비용이 적어야 한다.

1 실린더 배럴(cylinder barrel)

내부에 피스톤(piston)이 왕복운동을 하므로 고강도 강합금(steel alloy)으로 만들어 졌으며 경량의 구조로 되어 있다. 고온도하에서 작동하고 있는데 적당한 특성을 가지고 있고 고장력 강도를 가진 좋은 재질로 제작된다.

실린더 배럴은 보통 크롬 몰리브덴강(SAE 4130, SAE 4140) 혹은 크롬 니켈 몰리브덴강으로 만들어져 있다.

실린더 배럴의 내부는 질화물처리(nitriding) 방법으로 표면 경화하고 표면마모가 잘 되지 않게 크롬으로 도금하기도 한다. 실린더의 상사점부분의 내부직경이 스커트 끝보다 작은 것은 실린더 헤드부의 높은 작동온도에 의한 열팽창을 고려한 것이다.

이러한 실린더를 초크보어(chokebored)라고 한다.

도립형 엔진의 실린더와 성형 엔진의 밑 부분의 실린더는 여분의 긴 스커트(skirts)로 되어 있다. 이 스커트는 윤활유의 대부분이 실린더로 떨어지는 것을 방지하며, 이로서 오일 소모를 감소시키고 실린더 헤드에 모여지는 오일의 결과로 일어날 수 있는 하이드롤릭 로크 (hydraulic lock)를 줄인다.

실린더 배럴의 바깥끝은 나사로 되어 있어서 나사로 된 실린더 헤드에 끼워 접합시킨다. 이때 실린더 헤드를 575~600°F(301~315℃)로 가열시켜 냉각시킨 실린더 배럴에 나사로 끼워 접합시킨다.

2 실린더 헤드(cylinder head)

실린더 헤드는 연소실을 둘러싸고 있으며 흡·배기 밸브(intake, exhaust valve)와 밸브 가이드(valve guide), 밸브 시트(valve seat)가 포함되며, 밸브 로커 암(valve rocker arm) 을 장착하는 로커축을 갖고 있다.

점화 플러그(spark plug)가 장착되는 부분은 가장 잘 연소되는 모양으로 설계되어 있고, 설치부는 부싱(bushing)을 수축시켜 실리더 헤드에 접합되어 있으며, 어떤 실린더는 나사산 (threads)에 헬리 코일(heli-coil)이라고 불리는 강철을 끼워 넣어 보강되어 있다. 헬리 코일 (heli-coil)은 교환이 가능하고 실린더 헤드는 고강도이며 경량이어야 하므로 주물로 된 알루미늄 합금(AMS 4220)으로 제작되어 있다. 냉각 핀(cooling fin)은 냉각효율이 가장 좋은 모양으로 실린더의 외부에 주물 및 기계적으로 장착되어 있다. 흡입통로와 흡입 밸브 주위는 실린더로 들어오는 혼합기가 열을 흡수하므로 냉각 핀이 없다(그림 3-10).

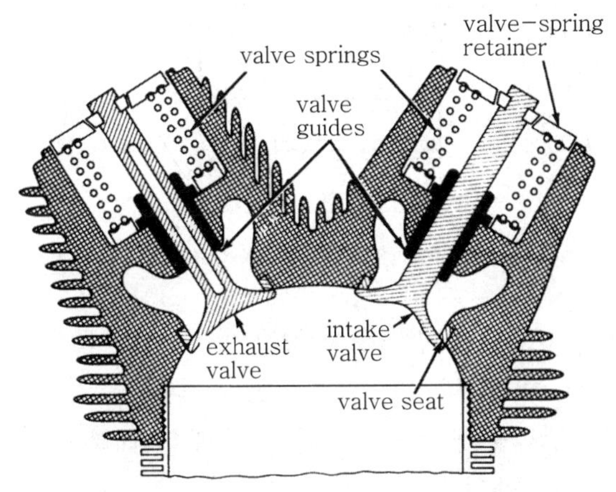

그림 3-10 Installation arrangement for valve guides

밸브 가이드(valve guide)는 0.001~0.0025″로 성크 보어된 보스에 꼭 맞게 장착되어 있다. 밸브 가이드를 장착하기 전에 실린더 헤드에 열을 가하여 밸브 가이드가 장착되게끔 구멍을 팽창시킨다. 가이드는 특수공구(special drift)로 압축하여 자리에 끼우거나 빼낸다. 실린더 헤드가 냉각되면 가이드는 어떠한 심한 온도 상태에도 빠지지 않을 만큼 단단하게 장착되어진다. 실제적으로 밸브 가이드를 신품으로 교환할 때는 전보다 약 0.002″ 큰 것으로 한다.

밸브 가이드의 재질은 알루미늄과 청동합금, 주석과 청동합금, 또는 강으로 제작되어 있다. 어떤 실린더의 배기 밸브 가이드는 강이고 흡입 밸브 가이드는 청동으로 만들어져 있다.

실린더 배럴을 헤드에 접하는 방법은 나사접합(the threaded joint), 수축접합(shrink fit), 스터드 너트 접합(stud and nut fit)이 있다.

현재 가장 많이 사용하는 방법은 나사접합 방법이다. 나사 접합 시에는 압축누설(compression leakage)을 방지하기 위하여 나사 사이에 접합제(jointing compound)를 바른다.

Section 07 — 피스톤(piston)

피스톤은 실린더 내부의 팽창가스 힘을 커넥팅로드(con-rod)를 통하여 크랭크 축(crank-shaft)에 전달한다.

엔진 수명을 최대로 하기 위하여 높은 작동온도(high operating temperature)와 압력에 견딜 수 있어야 한다. 보통 단조로 된 피스톤의 재질은 알루미늄 합금(AMS 4140)이고 주물로 된 피스톤의 재질은 Alcoa 132 합금이다.

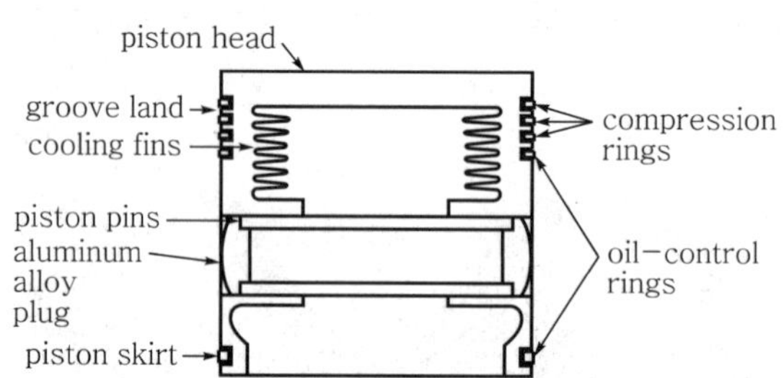

그림 3-11 Cross section of an assembled piston

알루미늄 합금은 무게가 가볍고 열전도성이 높으며, 베어링 특성이 우수하다. 그림 3-11에서 보는 바와같이 피스톤의 내면(內面)은 리브(rib)나 혹은 어떤 다른 방법으로 윤활유가 분사되는 면이 가장 넓게 접촉되게 제작되어 있어서 이 부분에 분사된 윤활유가 피스톤 헤드에 전도된 열의 일부를 빼앗아간다. 홈(groove)은 피스톤 링(piston ring)을 유지하게 피스톤 바깥면(outer sarface) 주위에 기계로 파여져 있다. 홈과 홈 사이를 홈 랜드(groove land) 혹은 랜드(land)라고 한다. 홈은 정확한 치수이어야 하며 피스톤과 중심이 같아야 한다. 피스톤과 링 어셈블리는 실린더 벽과 가능한 한 완전한 밀폐상태가 유지되어야 한다. 엔진 윤활 오일은 피스톤이 밀폐상태를 유지하는 데 도움이 되며 마찰을 감소시킨다. 엔진에 있어서 모든 피스톤의 무게는 평형이 되어야 하며, 이 평형은 엔진이 작동하는 동안 진동을 감소시키는 데 대단히 중요하다. 이것은 각 피스톤과의 무게 차이가 1/4oz[7.09g] 이내이어야 한다. 그림 3-12는 피스톤의 완전한 부품을 표시한 것이다.

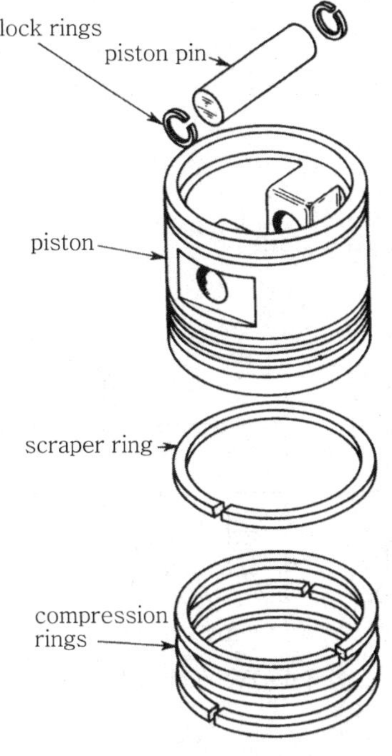

그림 3-12 Complete piston assembly

1 피스톤 온도와 압력(piston temperature and pressure)

항공기 엔진의 실린더 내부 온도는 4,000°F(2,204℃)가 넘으며 작동할 때 피스톤에 작용하는 압력은 500psi 정도이다.

알루미늄 합금은 가볍고 강하며 열전도성이 우수하여 점차 피스톤 재료에 많이 사용하고 있다. 피스톤의 열은 피스톤 바깥쪽을 통하여 실린더 벽에 전도되며, 피스톤 헤드의 안쪽의 리브(rib)를 통하여 크랭크케이스의 엔진 오일로 전달된다. 핀(fins)은 피스톤의 강도를 높이고 공기의 접촉면을 크게 하므로 다른 냉각방법보다도 가장 보편적으로 사용된다.

2 피스톤과 실린더벽 간격(piston and cylinder wall clearance)

피스톤 링(piston ring)은 모든 행정(stroke)동안 피스톤과 실린더 벽 사이에 가스 손실을 방지하기 위하여 밀폐작용으로 사용된다. 피스톤은 실린더보다 천분의 몇 인치 작게 만들어져 있으며, 링은 피스톤과 실린더 벽 사이의 간격을 밀폐하기 위하여 피스톤에 장착된다. 이렇게 하여 피스톤 링은 어떠한 행정에서도 피스톤과 실린더 벽 사이의 가스 손실을 방지하는 역할을 한다.

3 피스톤의 형식(types of piston)

피스톤을 머리모양에 의하여 분류하면 그림 3-13과 같이 5가지로 나눠진다.
　① 평형(flat)
　② 오목형(recessed)
　③ 凹면형(cup, concave)
　④ 볼록형(dome, convex)
　⑤ 끝이 짤린 원추형(turncated cone)

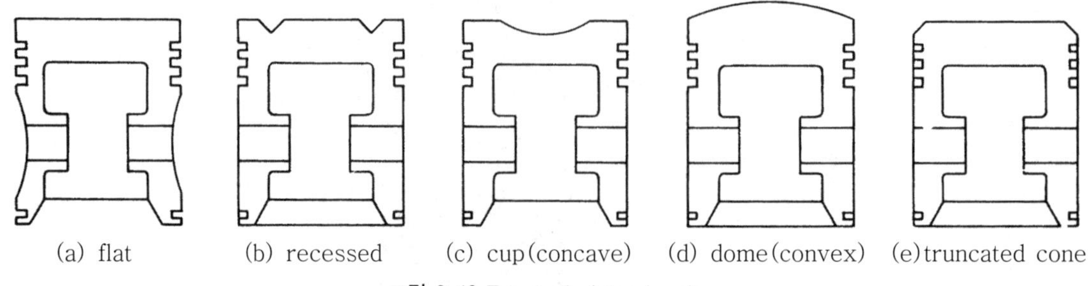

그림 3-13 Types of piston heads

현재 가장 많이 사용하는 형은 평두형(flat head type)이다. 피스톤 스커트는 트렁크형(trunk type)과 슬리퍼형(sliper type)이 있는데 슬리퍼형 피스톤은 현재 항공용 엔진에는 사용하지 않는다. 볼록형 피스톤(domed piston)은 엔진이 주어진 rpm으로 작동할 때, 다른 형식의 피스톤을 사용하는 동일 엔진에 비하여 압축비(compression ratio)와 정미평균 유효압력(bmep)이 증가한다.

Section 08 ── 피스톤 링의 구조(piston ring construction)

피스톤 링은 실린더 벽에 대해서 계속적인 압력을 유지할 수 있게 스프링 작용을 하고 있어서 밀폐작용을 지속하게끔 고급 주철로(high-grade gray cast iron) 제작되었다. 주철링(cast-iron ring)은 높은 온도에 접하더라도 탄성(elasticity)을 잃지 않는다. 링의 표면에 크롬으로 도금한 압축 링(compression ring)은 크롬 도금한 실린더에는 사용할 수 없다.
피스톤 링 간격(piston ring gap)은 그림 3-14와 같은 것이 있으며, 현재 항공기 엔진에 가장 많이 사용하는 것은 버트 조인트(butt joint)이다. 피스톤 링이 실린더에 장착될 때는 엔진이 작동하는 동안 열팽창을 허용하기 위하여 조인트(joint) 끝 사이에 지정된 끝 간격(gap clearance)이 있어야 한다. 이 간격은 엔진에 따라 다르다. 만일 피스톤 링이 충분한 간격이 없으면 피스톤 링이 실린더 벽에 고착되어서 실린더를 긁거나 엔진 손상의 원인이 된다.

피스톤 링의 조인트(joint of piston ring)는 피스톤 원주에 엇갈리게 장착한다. 즉, 360°를 피스톤 링수로 나누어 나온 각도로 장착함으로써 크랭크케이스 속으로 누설되는 가스를 방지한다.

피스톤 홈(piston groove)에 있는 피스톤 링의 측면 간격(side clearance)은 홈에서 링이 자유롭게 움직일 수 있도록 하는 것이 대단히 중요하다. 그러나 압축 가스가 새어 나갈만큼 커서는 안 된다.

여러 가지 링에 대한 측면 간격(side clearance)은 엔진의 한계표에 명시되어 있다.

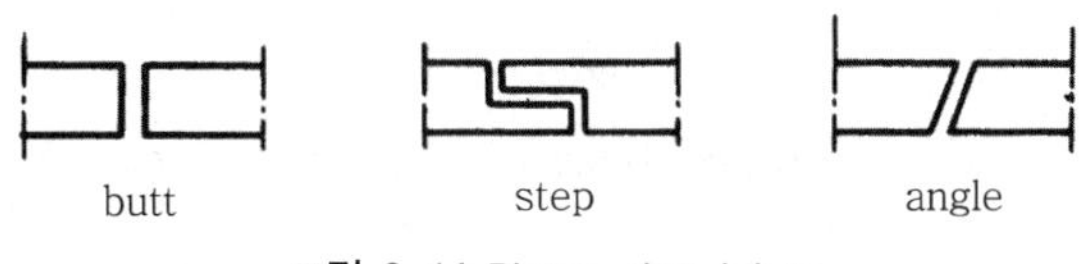

그림 3-14 Piston-ring joints

1 피스톤 링의 기능(functions of piston rings)

① 연소실 내의 압력을 유지하기 위하여 밀폐 역할
② 과도한 윤활유가 연소실로 들어가는 것을 막는 역할
③ 피스톤으로부터 열을 실린더 벽에 전도하는 역할

2 피스톤 링의 형식(types of piston rings)

피스톤 링은 기능에 의하여 압축 링(compression ring)과 오일 링(oil ring)이 있다. 압축 링의 목적은 엔진이 작동할 동안 가스가 피스톤을 지나 누설되는 것을 방지하는 것이다. 압축 링의 수는 엔진 설계자에 의하여 결정되는 것이다. 그러나 대부분의 항공기 엔진은 한 피스톤에 3개 혹은 4개의 피스톤 링으로 되어 있다. 압축 링의 단면은 그림 3-15에서 보는 바와 같이 직사각형(rectangular), 테이퍼형(tapered), 웨지형(wedge-shaped)이다.

오일 링의 두 가지 형식은 오일 조종 링(oil control ring)과 오일 와이퍼 링(oil-wiper ring)이 있다.

오일 조종 링(oil control ring)은 압축 링 바로 밑 홈에 장착되어 있으며, 오일 조종 링의 목적은 실린더 벽에 유막의 두께를 조종하는 것이다. 오일 조종 링 홈은 피스톤 안쪽으로 드릴 구멍이 있어서 여분의 오일을 내보낸다. 드릴 구멍을 통하여 흐르는 오일은 피스톤 핀의 윤활을 도와준다.

만일 많은 양의 오일이 연소실에 들어오면 연소되어 연소실벽, 피스톤 헤드, 밸브 헤드에 탄소로 덮어져 남게 된다. 이 탄소가 밸브 가이드나 링 홈에 들어오면 밸브와 피스톤 링이 고착되는 원인이 되며, 또한 이 탄소는 데토네이션(detonation)과 조기점화(preignition)의 원인이 되고 오일 소모를 증가시킨다.

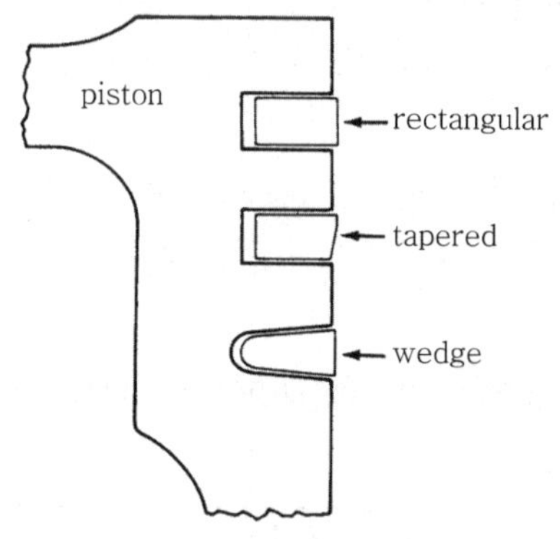

그림 3-15 Cross secitons of compression rings

오일 와이퍼 링 혹은 스크레이퍼 링(oil-wiper or scraper rings)은 피스톤 매 행정 동안 피스톤 스커트와 실린더벽 사이를 빠져 나가는 오일의 양을 조절하기 위하여 피스톤 스커트에 장착되어 있다.

링의 단면은 보통 베벨로 되어 있다. 그림 3-16은 장착된 링의 단면을 나타낸다.

피스톤 링의 장착은 제작회사의 오버홀 지시에 의하여 정확히 장착되어야 한다.

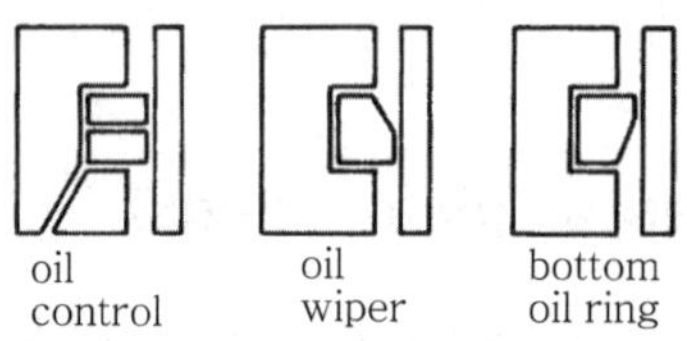

그림 3-16 Oil-ring installations

Section 09 ― 피스톤 핀(piston pin)

피스톤 핀은 리스트 핀(wrist pin)이라고도 한다.

재질은 강(AMS 6274 or AMS 6322)으로 만들어졌으며 가볍게 하기 위하여 속은 비어 있고 마모를 막기 위하여 표면경화나 전체경화를 하였다. 피스톤 핀은 고정식(stationary, rigid), 반부동식(semi-floating), 전부동식(full-floating)으로 분류한다(그림 3-17).

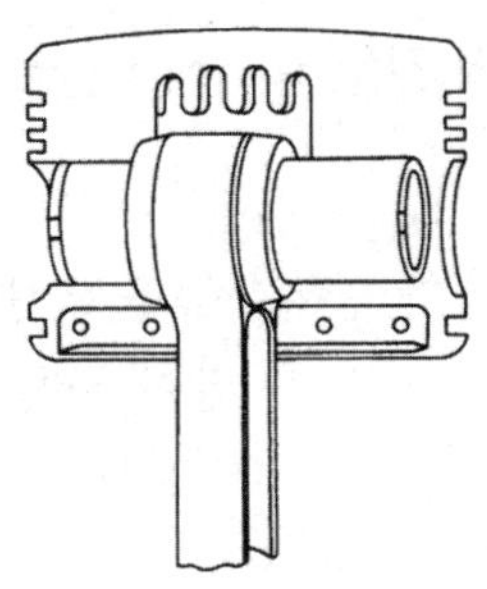

그림 3-17 Piston pin in a piston-pin boss

Section 10 ─ 피스톤 핀 리테이너(piston-pin retainer)

피스톤 핀 끝과 실린더벽 사이의 접촉을 방지하는 기구는 그림 3-18에서 보는 바와 같다.
① 반지형(circlets)은 피스톤 링과 비슷하며 각 피스톤 보스의 외부 끝의 홈에 꼭 끼워진다.
② 스프링 링(spring ring)은 실린더 벽에 대해서 피스톤 핀의 움직임을 방지하기 위하여 피스톤 보스의 외부 끝에 있는 원형 홈에 꼭 맞게 끼워지는 원형 강 스프링 코일(circular spring steel coils)이다.
③ 비철금속 플러그(nonferrous-metal plugs)는 알루미늄 합금으로 만들어졌으며 피스톤 핀 플러그(piston pin plugs)라 부르며 항공기 엔진에 가장 많이 사용하고 있다.

피스톤 핀은 0.001″ 이하의 간격으로 피스톤과 커넥팅로드(con-rod)에 꼭 끼워져 있으며 피스톤 핀을 엄지 손가락으로 밀어서 피스톤 보스에 끼워 넣을 수 있으므로 'push fit'라고 부른다.

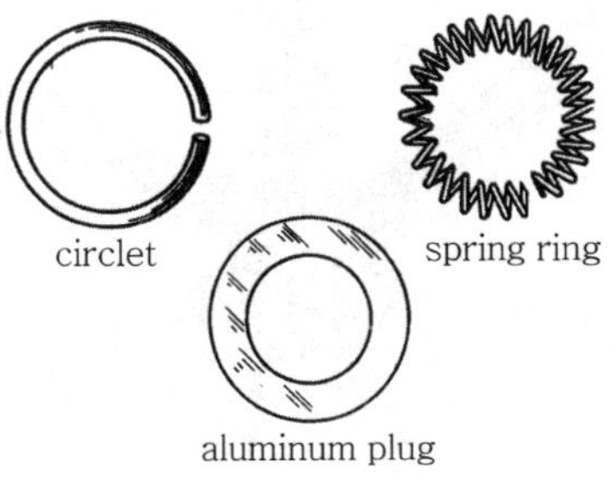

그림 3-18 Piston-pin retainers

Section 11 — 커넥팅로드 어셈블리(connecting rod assembly)

프로펠러를 구동하기 위하여 피스톤의 왕복운동을 크랭크 축(crankshaft)의 회전운동으로 바꾸는 기구로서, 재질은 강합금(SAE 4340)을 많이 사용하나 저출력용으로는 알루미늄 합금도 사용한다.

커넥팅로드(con-rod)의 단면은 H자 모양과 I자 모양이 보통이나 튜브형 단면(tubular)도 있다.

크랭크 축에 연결되는 로드의 끝을 대단부(large end) 또는 크랭크 축 핀 끝(crankshaft pin end)이라고 하고 피스톤 핀에 연결되는 끝을 소단부(small end) 또는 피스톤 핀 끝(piston pin end)이라고 한다.

커넥팅로드의 대표적인 세 가지 형식은 다음과 같다.

① 평형[plain type(그림 3-19)]

② 포크, 블레이드형[fork & blade type(그림 3-20)]

③ 마스트, 아티큘레이트형[mast & articulated type(그림 3-21)]

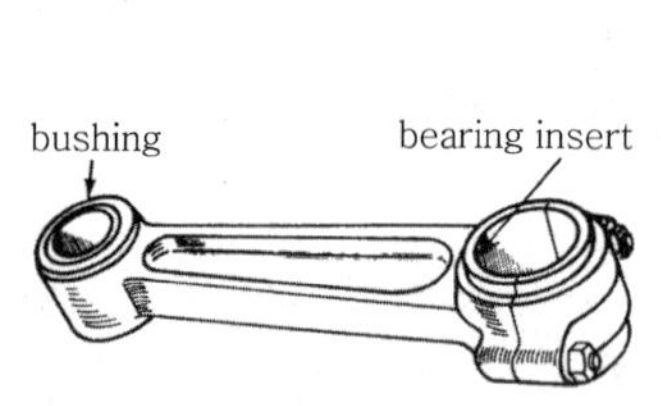

그림 3-19 Plain-type connecting rod

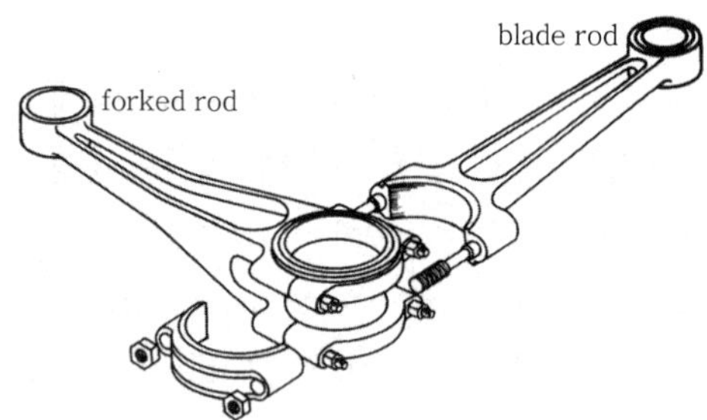

그림 3-20 Fork-and-blade connecting rod

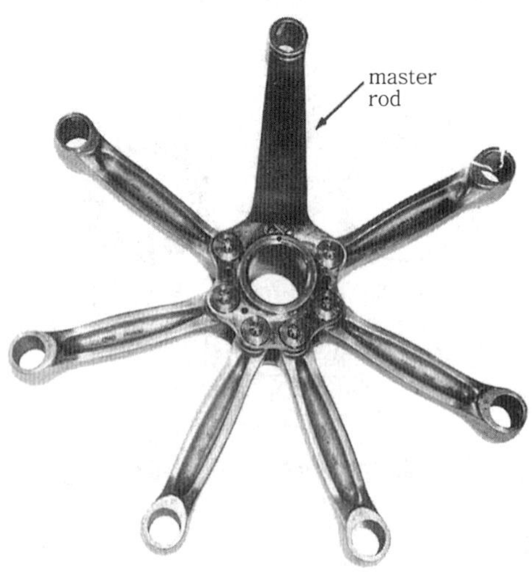

그림 3-21 Mast and articulated rod assembly

1 평형 커넥팅로드(plain connecting rod)

수평대향형 엔진(opposed engine)이나 직렬형 엔진(in-line engine)에 사용되며 소단부 (small end)는 청동 부싱이 끼워져 있고 대단부(large end)는 캠과 두 개의 셸베어링(shell bearing)이 장착되어 있다. 커넥팅로드와 캠은 위치를 표시하기 위하여 숫자가 찍혀져 있다. 즉, 1번 실린더에 대한 로드는 1, 2번 실린더에 대한 로드는 2, 이런 식으로 표시되어 있다.

2 포크, 블레이드 커넥팅로드 어셈블리(fork & blade con-rod assy)

V형 엔진에 일반적으로 사용되고 있다.

3 마스트, 아티큘레이트 커넥팅로드 어셈블리

성형 엔진에 많이 사용되며 마스트 로드와 대단부에 아티큘레이트 로드(articulated rod) 가 장착되어 있는 것 외는 다른 로드와 비슷하며 대단부는 두 조각형(two-piece type)과 한 조각형(one-piece type)이 있다(그림 3-22).

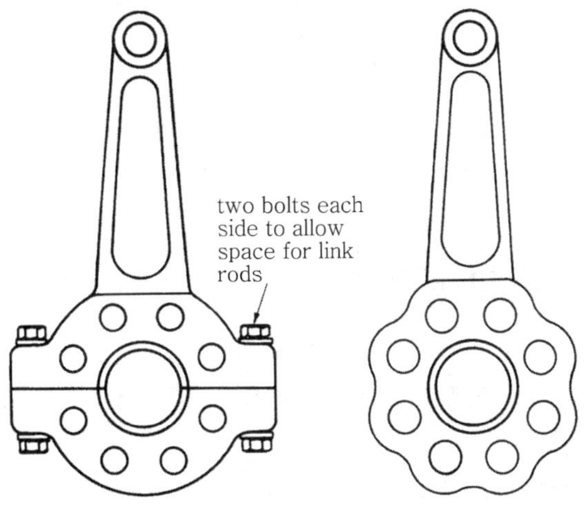

그림 3-22 Types of master rods

만일 마스트 로드 대단부가 두 조각으로 되어 있으면 크랭크 축은 하나의 고정체(one-solid piece)이다. 만약 로드가 한 조각이면 크랭크 축은 두 조각이나 세 조각으로 되어 있다. 마스트 로드 베어링은 일반적으로 평형이고 마스트 로드가 두 조각이냐 한 조각이냐에 따라서 분할형 셸이나 슬리브(split shell or sleeve)로 되어 있다.

실제적으로 베어링 표면은 가능한 한 마찰을 적게 하기 위하여 납으로 도금되어 있다. 베어링이 작동할 동안은 윤활유의 일정한 흐름에 의하여 냉각되고 윤활된다. 그림 3-23에서 보는 바와 같이 아티큘레이트 혹은 링크 로드(articulated or link rod)는 너클 핀(knuckle pin)에 의하여 마스트 로드 플랜지(mast-rod flange)에 힌지(hinge)와 같이 붙어 있다. 각 로드는 비철금속(nonferrous metal)인 청동 부싱을 가지고 있다. 너클 핀(knuckle pin)은 피스톤 핀과 비슷하며 재질은 니켈강(nickel steel)이고 가볍게 하기 위하여 속은 비어 있어서 윤활유의 통로가 되고 마모를 줄이기 위하여 표면경화되어 있다.

너클 핀(knuckle pin)은 마스트 로드 플랜지 구멍에 돌려서 넣을 수 있음으로 전부동형 너클 핀(full floating knuckle pin)이라고 한다. 고정판(lock plate)은 너클 핀이 횡으로 움직임을 방지한다.

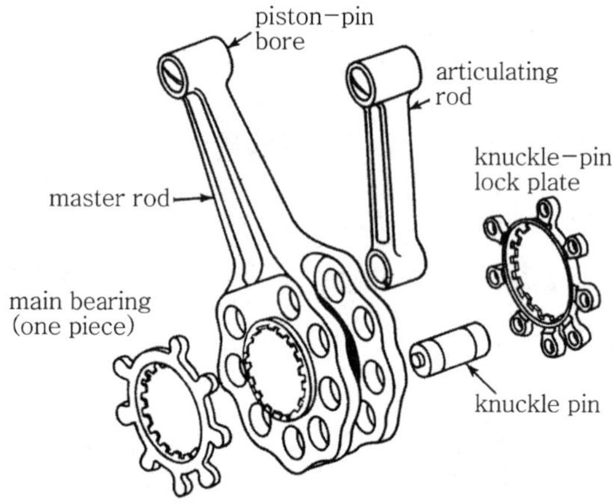

그림 3-23 Knuckle-pin and lock-plate assembly

Section 12 → 크랭크 축(crankshaft)

크랭크 축은 피스톤과 커넥팅로드의 왕복운동을 프로펠러를 회전시키기 위하여 회전운동(rotary motion)으로 전환시킨다.

크랭크 축의 양끝 사이에는 하나 혹은 그 이상의 크랭크(crank) 혹은 열(throw)로 구성된 축이 있다.

크랭크 축은 엔진에서 중추역할을 하고 있으므로 극히 강한 합금강인 크롬 니켈 몰리브덴강(chromium-nickel-molybdenum steel, SAE 4340)으로 제작되어 있으며 주요 부분은 그림 3-24와 같이 4부분으로 이루어져 있다.

① 주 저널(main journal)

② 크랭크 핀(crank pin)

③ 크랭크 칙, 크랭크 암(crank cheek or crank arm)

④ 균형추와 댐퍼(counterweights & dampers)

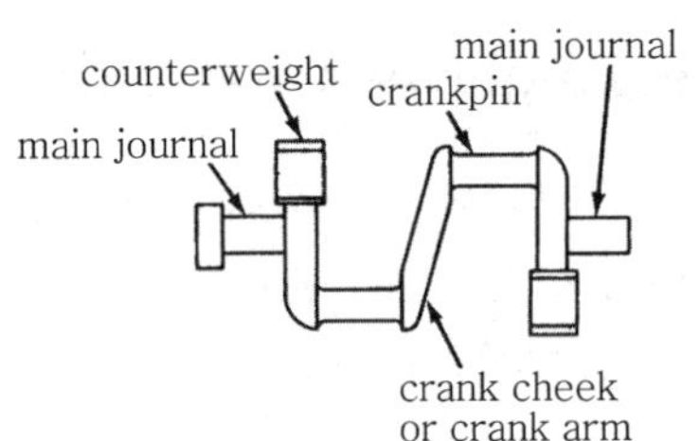

그림 3-24 Crankshaft with nomenclature

1 주 저널(main journal)

주 저널은 주 베어링 속에서 회전하는 크랭크 축의 일부분이다. 그러므로 주 베어링 저널(main bearing journal)이라고도 한다. 저널은 크랭크 축의 회전중심이며 정상 작동하에서 크랭크 축을 일직선되게 하고 있다. 주 저널은 마모를 줄이기 위하여 0.015~0.025″의 깊이로 질화물처리(nitriding)로 표면경화(surface-hardening)하였다.

2 크랭크 핀(crank pin)

크랭크 핀은 커넥팅로드 베어링 저널(con-rod bearing journal)이라고도 한다. 크랭크 핀은 주 저널(main journal)과 중심이 맞지 않으므로 열(throw)이라고도 한다.
　① 크랭크 축의 전체 무게를 줄인다.
　② 윤활유의 통로 역할을 한다.
　③ 탄소침전물, 찌꺼기, 다른 이물질이 쌓이는 방(chamber) 역할을 한다.

이러한 이유로 'sludge chamber'라고 한다.
크랭크 핀 베어링은 주 저널로부터 구멍을 통하여 오는 오일에 의하여 윤활된다.
오버홀(overhaul)시는 모든 오일 통로와 'sludge chamber'는 제작 회사의 지시에 의하여 깨끗이 세척되어야 한다.

3 크랭크 칙(crank cheek)

크랭크 암이라고도 하며 크랭크 핀이 주 저널에 연결되는 크랭크 축의 한 부분이다. 많은 엔진에서 크랭크 칙은 주 저널 넘어까지 뻗어 있어서 크랭크 축의 평형을 유지하는 균형추(counterweight)를 지지하고 있다. 크랭크 칙은 윤활유가 주 저널로부터 크랭크 핀까지 통하는 오일 통로가 드릴구멍으로 뚫어져 있다.

4 균형추와 댐퍼(counterweight and damper)

균형추와 댐퍼의 목적은 크랭크 축의 회전에 의하여 생기는 진동을 경감한다. 즉 균형추의 목적은 크랭크 축에 정적 평형(static balance)을 주기 위한 것이며 만일 크랭크 축이 'two throw' 보다 더 많으면 서로서로 균형이 잡히므로 항상 균형추가 필요한 것은 아니다. 단열 성형 엔진에 사용되는 'single-throw'는 크랭크 축 싱글스로(single throw)의 무게와 커넥팅 로드, 피스톤과 서로 상쇄하기 위하여 균형을 맞추어야 하므로 그림 3-25와 같이 균형추를 달았다. 댐퍼 혹은 동적 균형(damper or dynamic balances)은 크랭크 축의 휘게 하려는 힘 (bending)과 비틀림 진동(torsion)을 상쇄하여야 하므로 그림 3-26과 같이 장착되어 있다.

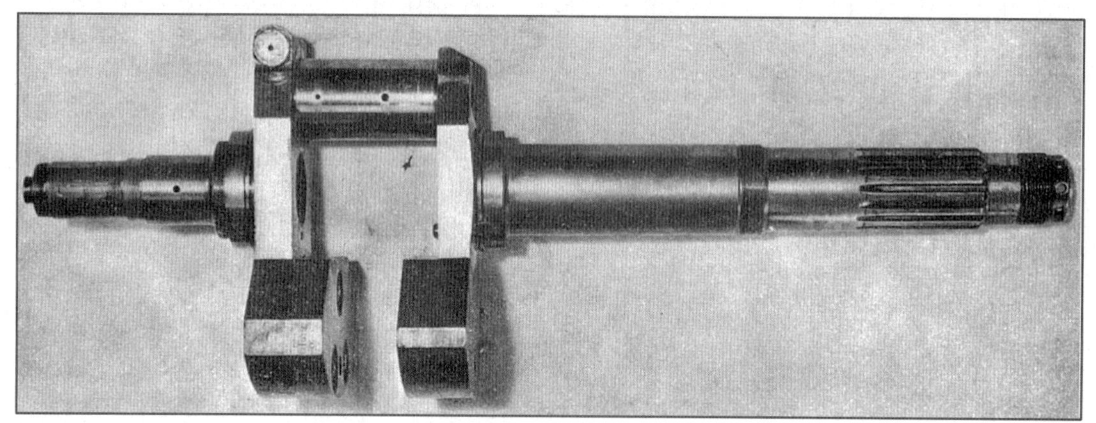

그림 3-25 Single-throw crankshaft with counterweights

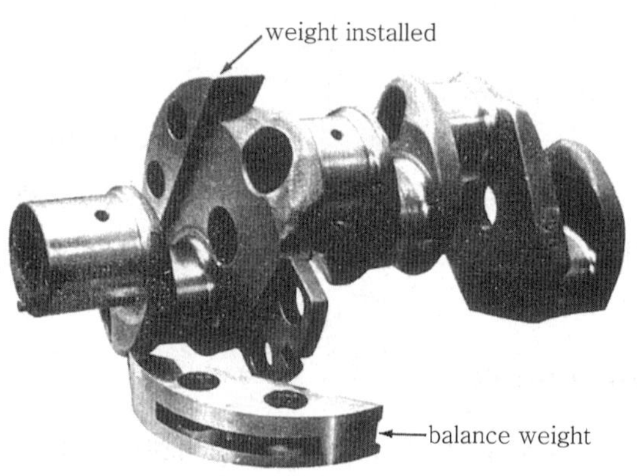

그림 3-26 Dynamic balances

5 크랭크 축의 형식(types of crankshaft)

크랭크 축의 형식은 4가지로 되어 있다.

① 단열 크랭크 축(single-throw crankshaft)
② 복열 크랭크 축(double-throw crankshaft)
③ 4열 크랭크 축(four-throw crankshaft)
④ 6열 크랭크 축(six-throw crankshaft)

크랭크 축의 형식과 크랭크 핀의 수는 엔진의 실린더 배열에 의한다.

그림 3-27에서 보는 것과 같이 단열(single-throw) 혹은 크랭크 축 360° 형식은 단열 성형 엔진(single-row radial engine)에 사용된다.

복열(double-throw) 혹은 180° 크랭크 축은 일반적으로 복열 성형 엔진(double-row radial engine)에 사용된다.

4열(four-throw) 크랭크 축은 4기통 수평대향형이나 4기통 직열 엔진, V-8엔진에 사용된다(그림 3-28).

6열(six-throw) 크랭크 축은 6기통 직열 엔진이나 12기통 V형 엔진 또는 6기통 수평대향형 엔진에 사용된다(그림 3-29).

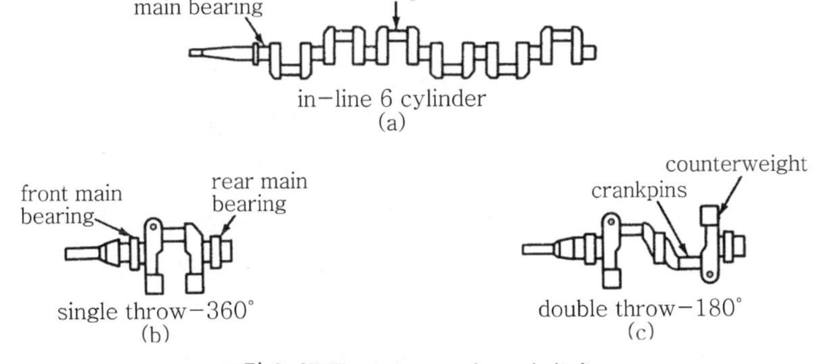

그림 3-27 Three types of crankshafts

그림 3-28 Four-throw crankshaft

그림 3-29 Crankshaft for a six-cylinder opposed engine

Section 13 — 프로펠러 축(propeller shaft)

프로펠러 고정축(propeller mounting shaft)의 3가지 형식은 다음과 같다.
① 테이퍼 축(taper shaft)
② 스플라인 축(spline shaft)
③ 플랜지 축(flange shaft)

과거에 저마력 엔진은 테이퍼 프로펠러 축(taper prop-shaft)을 주로 사용하였다. 축의 앞쪽 끝은 나사로 되어 있어서 프로펠러를 고정해주는 너트(nut)로 조인다(그림 3-28).

스플라인 프로펠러 축을 가진 크랭크 축은 그림 3-25 및 3-29를 참조하면 스플라인은 프로펠러 허브(propeller hub) 내부에 홈(groove)과 맞추기 위하여 축에 직사각형 홈이 파져 있다. 하나의 스플라인 홈(spline groove)은 프로펠러가 정확한 위치에 장착되게 나사(screw)로 차단한다.

프로펠러 허브 내부에 하나의 넓은 홈을 이곳과 맞추는데 이것을 블라인드 스플라인(blind spline)이라고 한다.

스플라인 프로펠러 축은 엔진 마력에 의하여 몇 가지 치수로 만들어져 있다. 즉, SAE 20, 30, 40, 50, 60, 70, 고출력 엔진은 SAE 50~70까지이고 저출력 엔진은 SAE 20~40까지의 치수를 사용한다.

플랜지형 축(flange-type shaft)은 그림 3-30에서 보는 것과 같으며 수평대향형 엔진에 많이 사용하고 있으며 출력이 450hp까지는 이 형이 많이 사용된다. 프로펠러를 장착할 때는 볼트(bolt)와 스터드(stud)에 균일한 힘을 가하는 것이 대단히 중요하다.

그림 3-30 A flange-type propeller shaft

Section 14 — 베어링(bearings)

항공기 엔진에 사용하는 베어링은 최소의 마찰과 최대의 내마모성을 갖출 수 있게 설계되어야 한다. 베어링은 작동하는 부품의 마찰을 감소시켜야 하고 추력 하중(thrust loads)과 방사상 하중(radial loads), 이 두 하중의 합한 힘을 받아야 한다.

추력하중을 받도록 설계된 것을 스러스트 베어링(thrust bearing)이라고 한다.

1 평형 베어링(plain bearing)

방사상 하중(radial loads)을 받게 설계되어 있으며 저출력 항공기 엔진의 커넥팅로드, 크랭크 축, 캠 축 등에 사용하고 있다. 재질은 은(silver), 납(lead), 구리, 안티몬, 주석의 합금으로 만들어졌다. 배빗 합금(babbit alloy)은 청동(blonze)만큼 고압축 압력에 견딜 수 없으나 마찰이 적다(그림 3-31). 은(silver)은 압축압력(compressive pressure)에 견딜 수 있으며 열전도가 대단히 양호하나 마찰은 좋지 않다.

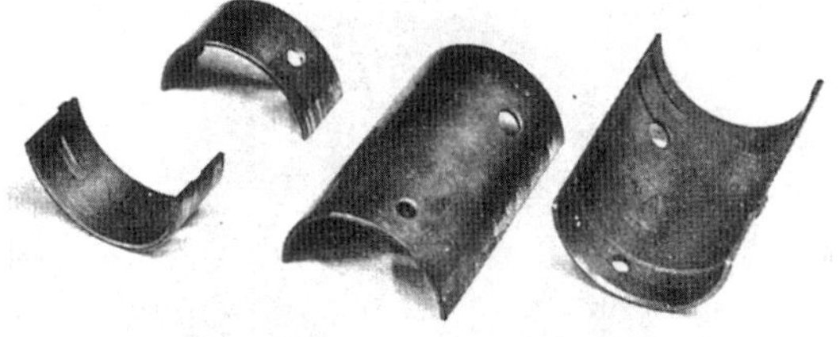

그림 3-31 Plain bearings

2 롤러 베어링(roller bearing)

그림 3-32에서 보이는 것과 같이 롤러(roller)가 마찰을 제거하므로 비마찰 베어링(antifriction bearing)으로 알려져 있다. 이 베어링은 여러 가지 모양과 치수로 제작되어 있으며 방사상 (radial) 추력하중(thrust loads)에 잘 견디고 직선 롤러 베어링(straight roller bearing)은 방사상 하중(radial loads)에만 사용되고 테이퍼 롤러 베어링(tapered roller bearing)은 방사상 및 추력하중에 견딜 수 있다. 롤러 베어링은 고출력 항공기 엔진의 크랭크 축을 지지하는데 주 베어링(main bearing)으로 많이 사용한다.

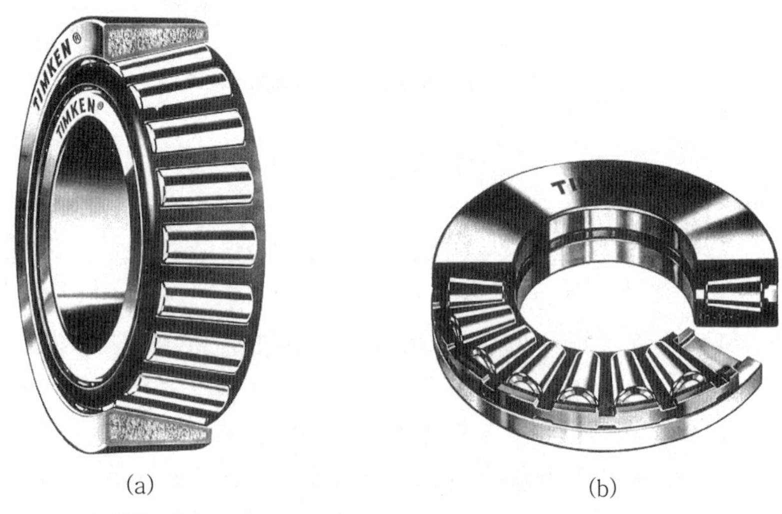

(a)   (b)

그림 3-32 Roller bearings(Timken Roller Bearing Company)

3 볼 베어링(ball bearing)

이 베어링은 다른 형의 베어링보다 마찰이 적다.

그림 3-33에서 보는 것과 같이 이 베어링은 내부 레이스(inner race), 바깥 레이스(outer race), 강철 볼(steel ball), 볼 리테너(ball retainer)로 구성되어 있다. 볼 베어링은 보통 대형 성형 엔진과 가스 터빈 엔진에 추력 베어링(thrust bearing)으로 사용된다.

그림 3-33 A ball-bearing assembly

Section 15 — 프로펠러 감속 기어(propeller reduction gears)

감속 기어의 목적은 엔진이 최대 출력을 내기 위하여 고회전할 때 프로펠러가 엔진 출력을 흡수하여 가장 효율 좋은 속도로 회전하게 하는 것이다.

프로펠러는 선단속도(tip speed)가 표준해면 상태에서 음속에 가깝거나 음속(1,116ft/s, 340m/s)보다 빠르면 효율적인 작용을 할 수 없다.

8′ 프로펠러가 1회전하면 약 25′가 된다. 그러므로 2,400rpm으로 회전하는 프로펠러 선단속도(propeller tip speed)는 1,000ft/s(304.8m/s)가 되며 10′프로펠러가 2,400rpm으로 회전하면 선단속도는 소리속도보다 빠른 1,256ft/s(382.83m/s)가 된다. 프로펠러 길이가 6′인 소형 엔진은 프로펠러에 대한 별다른 문제없이 3,000rpm 이상의 속도로 작동할 수 있다.

IGSO-480 엔진이 최대 3,400rpm으로 작동할 때 0.64 : 1 유성 감속 기어 장치(plane-tary-reduction gear system)에 의하여 프로펠러를 2,176rpm으로 감속시킨다.

T8-450 엔진이 최대 4,400rpm으로 작동할 때 0.5 : 1 스퍼 감속 기어(spur-reduction gear)에 의하여 프로펠러를 2,200rpm으로 감속시킨다. 이 비는 역시 2 : 1이라고도 표시할 수 있다. 프로펠러는 감속 기어를 사용할 때 항상 엔진보다도 느리게 회전한다는 것을 기억하여야 한다.

감속 기어(reduction gear)는 다음과 같이 분류한다.

① 스퍼 기어[spur gear(그림 3-34)]

② 유성 기어(planetary gear)

③ 스퍼 유성 기어(combination spur, planetary gear)

그림 3-35는 유성 기어의 배열을 보여주는 것이다.

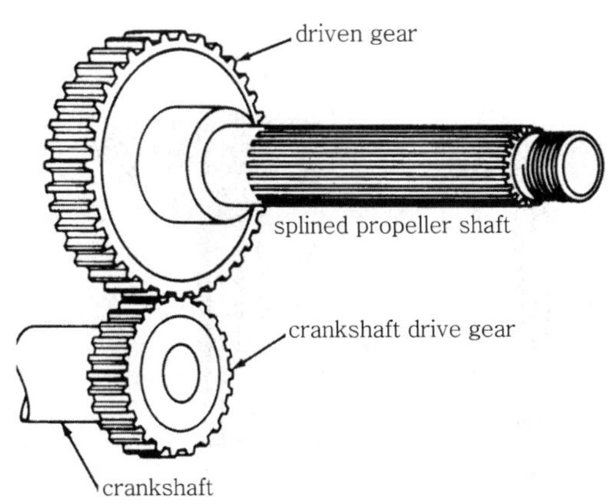

그림 3-34 A spur-gear arrangement

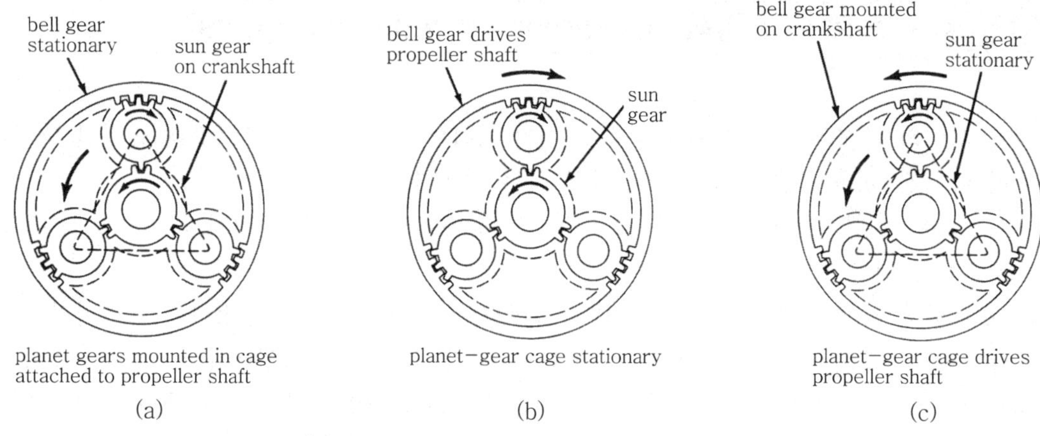

그림 3-35 Different arrangements for planetary gears

Section 16 — 밸브와 관련부품(valves & associated parts)

왕복 엔진에서 밸브의 목적은 엔진 연소실(engine combustion chamber)의 문을 열고 닫고 하는 것이다.

포핏형 밸브(poppet-type valve)는 밸브 헤드(valve head)의 모양에 따라서 그림 3-36에서 보는 것과 같이 4가지로 나뉜다.

① 평두형 밸브(flat-headed valve)

② 반 튤립형 밸브(semitulip valve)

③ 튤립형 밸브(tulip valve)

④ 버섯형 밸브(mushroom valve)

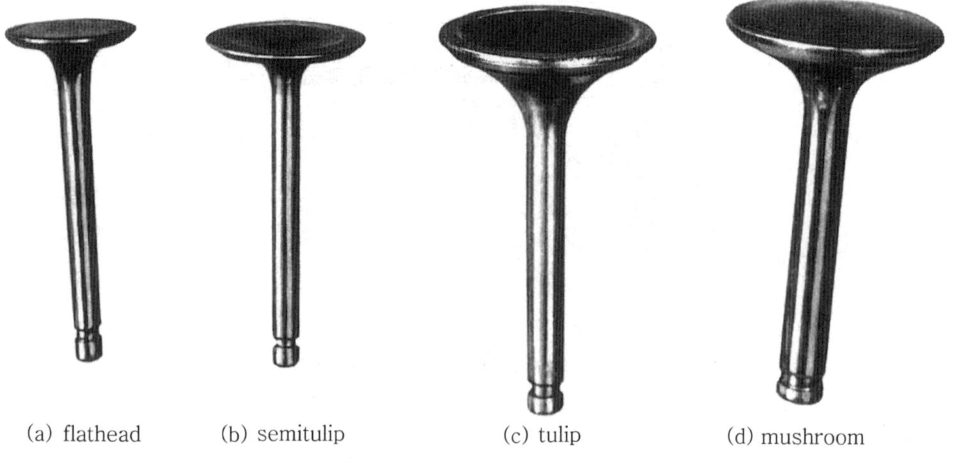

그림 3-36 Types of poppet valves

1 흡입 밸브(intake valve)

흡입 밸브는 배기 밸브보다 낮은 온도에서 작동하므로 재질이 크롬 니켈강(chrome-nickel steel)이고 배기 밸브는 니크롬(nichrome), 실크롬(silchrome) 혹은 코발트 크롬강(cobalt-chromium steel)이다. 밸브 스템(valve stem)은 마모를 막기 위하여 표면경화하였으며 밸브 팁(valve tip)은 경화한 강으로 스템의 끝에 용접하였다.

스템 끝(stem tip)에 홈(groove)을 파서 분할 링 스템 키(split-ring stem key)를 장착하도록 되어 있으며 이 키는 밸브 스프링 리테이닝 와셔(valve spring retaining washer)를 고정해준다.

저출력 엔진의 흡입 밸브는 보통 평두형(flat head)이 많이 사용되며 고출력에는 튤립형(tulip type)이 종종 사용된다.

어떤 밸브의 스템은 안전반지 혹은 스프링 링(safety circlets or spring ring)의 장착을 위하여 로크링 홈(lock-ring groove) 밑에 좁은 홈을 갖고 있는데 이것은 엔진 작동 중 팁이 부러지거나 혹은 장탈(disassembly)과 장착(assembly)의 경우 밸브가 연소실 내로 떨어지는 것을 방지하기 위함이다.

그림 3-37은 성형 엔진에 장착된 포핏 밸브(poppet valve)를 보여주는 것이다.

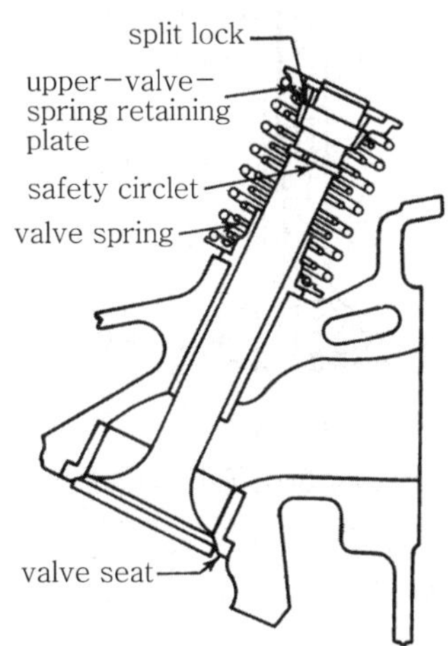

그림 3-37 Poppet-valve installation

2 배기 밸브(exhaust valve)

고온도에서 작동하며 혼합기의 냉각효과를 받지 못하므로 급속히 열을 방출하게 설계되어 있다.

열을 방출하기 위하여 밸브 스템(valve stem)과 버섯형 헤드(mushroom head) 속을 비게 하여 빈 공간에 금속 나트륨(metallic sodium)을 넣어 밸브 가이드(valve guide)로 통하여 실린더 헤드에 열을 방출시킨다. 그림 3-38은 금속 나트륨이 들어 있는 밸브를 보인 것이다.

금속 나트륨(metallic sodium)은 200℉(93.3℃) 이상이면 녹아서 스템의 공간을 왕복하면서 열을 실린더 헤드로 방출한다.

고성능 배기 밸브의 면(face)을 'stellite'라고 부르는 재질을 약 1/16″ 입힘으로써 더 강하게 한다. 이 합금은 밸브의 면에 용접한 뒤 정확한 각도로 연마한다. 'stellite'는 고온부식(high temperature corrosion)에 저항력이 있고 밸브 작동과 관련된 충격과 마모에 잘 견딘다.

밸브의 면은 보통 30°나 45°의 각도로 연마되어 있으며 어떤 엔진에서는 흡입 밸브면(intake-valve face)이 30°의 각도로 되어 있고 배기 밸브면(exhaust-valve face)은 45°로 되어 있다. 30° 각은 공기흐름을 잘하게 하고 45° 각은 밸브로부터 밸브 시트까지 증가된 열의 흐름을 잘 되게 한다.

밸브 스템 끝(tip of valve stem)은 고탄소강이나 혹은 'stellite'로 제작되어 있어서 내마모성이 크다. 밸브 스템의 끝은 밸브를 개폐하는 로커 암(rocker arm)의 충격을 계속적으로 받는다는 것을 염두에 두어야만 한다.

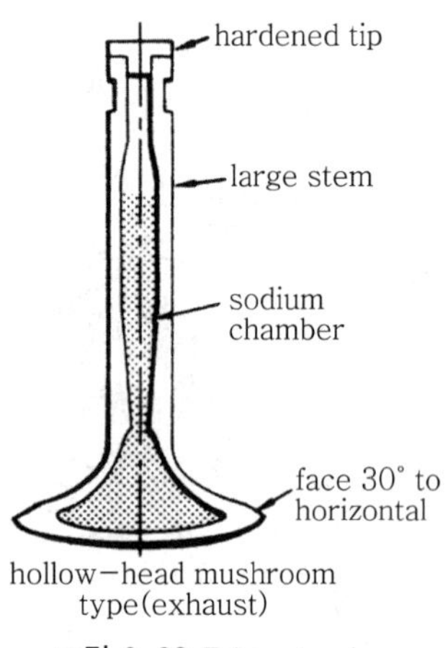

그림 3-38 Exhaust valve

3 밸브 시트(valve seats)

밸브 시트의 재질은 보통 청동(bronze)이나 강(steel)이며 장착은 수축 혹은 나사로 실린더 헤드에 지정된 위치에 한다.

대표적인 6기통 수평대향형 엔진의 흡기밸브 시트(intake valve seats)는 알루미늄 청동(aluminum-bronze)으로 단조되었고 배기 밸브 시트는 크롬 몰리브덴강(chrome-molybdenum steel)으로 단조되었다.

밸브 시트를 장착하기 전에 그의 외경은 시트가 장착될 곳보다 0.007~0.015″ 크다. 시트를 실린더에 장착할 때는 실린더 헤드를 575℉(301℃) 이상 열을 가하고 시트는 드라이 아이스(dry ice)로 차게 해서 장착하여 냉각시킨다(그림 3-39).

밸브 시트는 교환이 가능하며, 밸브 시트 면은 밸브 면과 같은 각도를 가지고 있다. 그러나 어떤 것은 'interference fit'를 주기 위하여 약간 틀린 각도를 주고 있다.

작동온도에서 접촉(seating)을 좋게 하기 위하여 밸브면(valve face)은 밸브 시트의 각도보다 1/4~1° 더 작게 되어 있다.

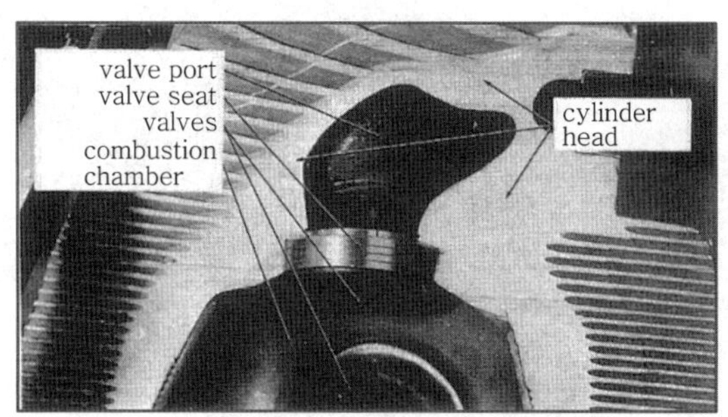

그림 3-39 Valve seat in the cylinder head

4 밸브 스프링(valve springs)

밸브는 헬리컬 코일스프링(helical coil spring)에 의하여 닫혀진다. 스프링은 두 개 혹은 더 많은 스프링으로 구성되며 한 개는 내부에 들어가게 되어 있어서 각 밸브 스템(valve stem) 위에 장착된다. 그림 3-40에서 13과 14는 밸브 스프링이다.

만일 단 하나의 스프링을 각 밸브에 사용한다면 스프링의 자연적인 진동 때문에 파도치는 것과 같은 요동과 튀김이 밸브에 생긴다. 이러한 것을 서지(surge) 현상이라고 한다. 그러므로 두 개 이상의 스프링은 엔진이 작동할 동안 스프링 서지 진동(spring-surge vibration)을 급속히 흡수하여 없앤다. 또한, 둘 이상의 스프링을 사용하는 이유는 열에 의하여 부러질 때 생기는 손상을 줄인다. 즉, 두 개를 장착하였을 때 한 개가 부러지더라도 저회전일 때는 정상작동을 할 수 있으므로 큰 손상은 없는 것이다. 그러나 최대 출력으로 운용할 때는 엔진에 심한 진동(engine vibration)이 오며 출력손실이 온다.

밸브 스프링은 특수한 와셔 모양을 한 강으로 만든 밸브 스프링 리테이너(valve spring retainer)에 의하여 자리에 잡혀져 있다. 밸브 스프링 리테이너는 상부와 하부 두 개가 있는데 그림 3-40에서 하부(15)는 실린더 헤드에, 상부(12)는 스플릿 스템 키(split stem key 그림에서 11)를 잡고 있다.

그러므로 상부, 하부 밸브 스프링 시트(valve spring seats)라고도 한다.

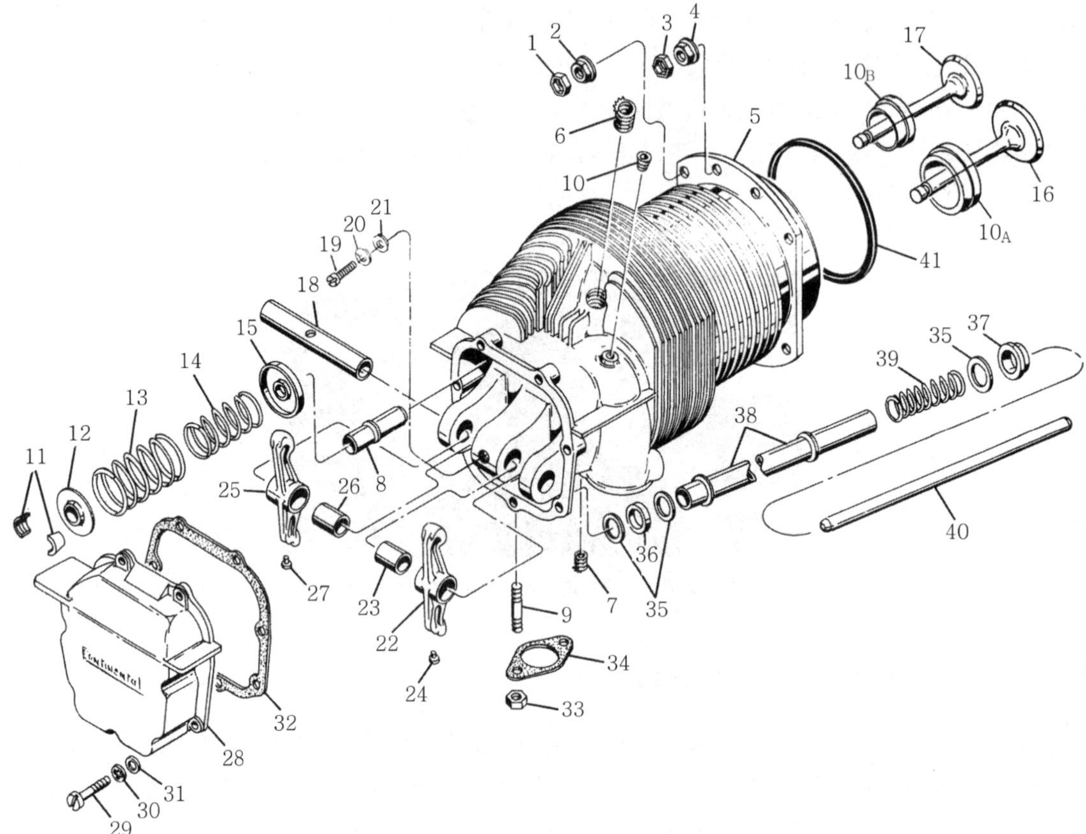

그림 3-40 Cylinder group(models O-470-A, -E, -J and IO-470-J and -K)

Section 17 — 밸브 작동과 기구(valve operation mechanisms)

1 밸브 작동

밸브를 작동하기 위하여 수평대향형 엔진, 직렬형 엔진은 캠 축(cam shaft)이 단일 로브 (lobs)로 되어 있어서 캠 축(cam shaft)은 크랭크 축(crankshaft)이 2회전할 때 1회전 하게 끔 기어로 접속되어 있다. 캠 축과 크랭크 축의 비는 1 : 2이다. 그림 3-41은 수평대향형 엔 진의 캠 축과 크랭크 축을 보인다.

성형 엔진(radial engine)은 밸브를 작동하기 위하여 캠 링(cam ring), 캠 판(cam plate) 을 이용하는데 캠 링에 3 · 4 · 5개의 로브(lobs)를 가지고 있다. 그러므로 캠 링 회전에 대한 크랭크 축의 비는 각각 1 : 6, 1 : 8, 1 : 10이다.

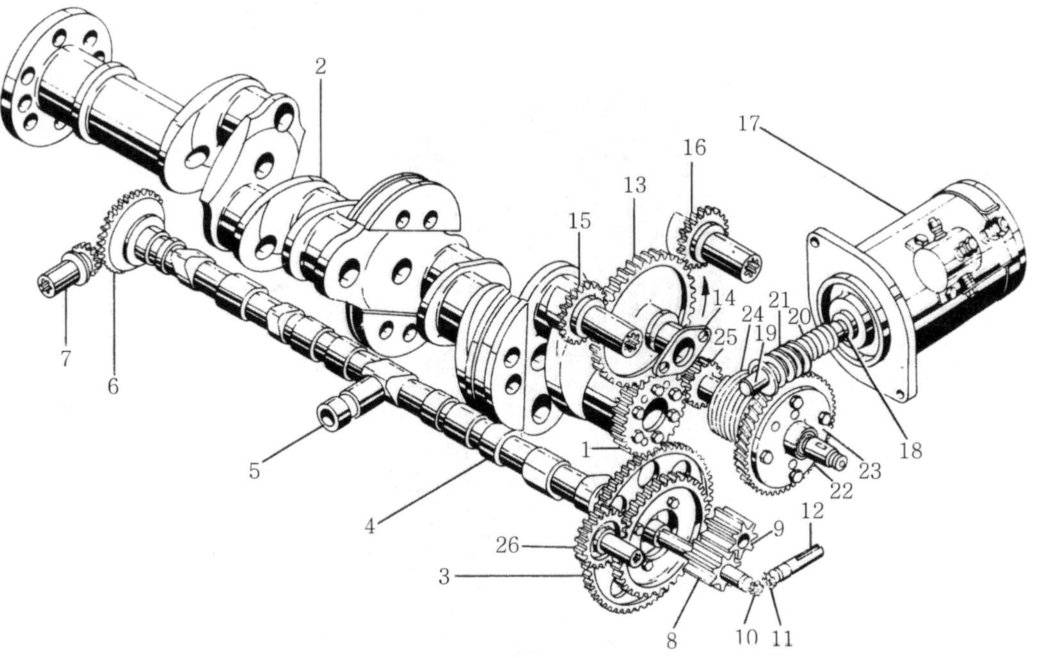

Index No.	Description	Speed ratio
1.	Crankshaft gear	1:1
2.	Crankshaft	1
3.	Camshaft gear	1:0.5
4.	Camshaft	1:0.5
5.	Hydraulic tappet	–
6.	Governor drive bevel gear	1:0.5
7.	Governor driven bevel gear	1:1
8.	Oil pump and tachometer drive shaftgear	1:0.5
9.	Oil pump driven gear	1:0.5
10.	Tachometer drive bevel gear	1:0.5
11.	Tachometer drive bevel gear shaft	1:0.5
12.	Tachometer drive bevel shaft assembly	1:0.5
13.	Idler gear assembly	1:0.652
14.	Idler gear support pin	–
15.	Left magneto drive gear	1:1.5
16.	Right magneto drive gear	1:1.5
17.	Electric starter	48:1
18.	Starter coupling	–
19.	Worm drive shaft	48:1
20.	Worm shaft spring	–
21.	Starter worm gear	48:1
22.	Starter worm wheel	2:1
23.	Starter clutch drum	2:1
24.	Clutch spring	2:1
25.	Starter shaftgear	1:2
26.	Fuel pump gear	1:1

그림 3-41 Gear Train Diagram

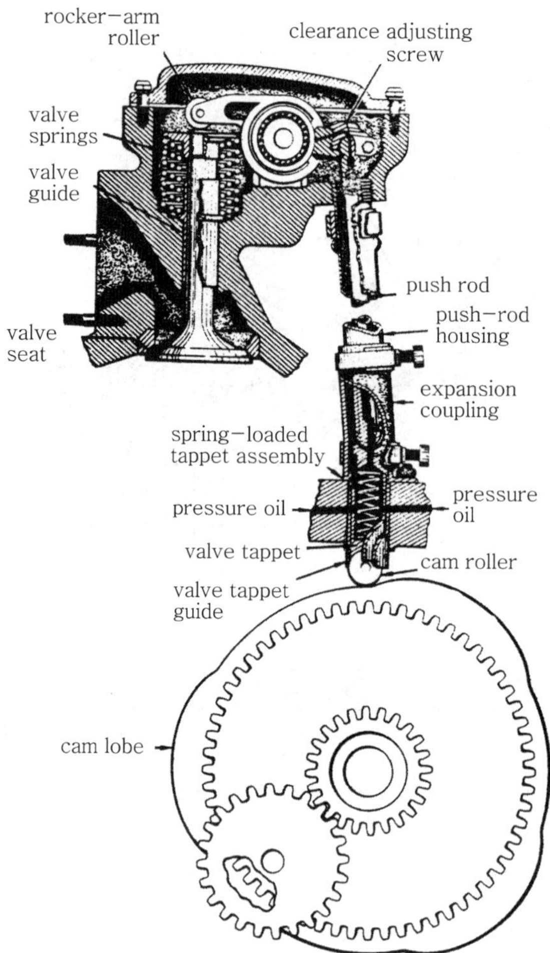

그림 3-42 Valve operating mechanism

▨2 밸브 작동 기구

그림 3-42는 성형 엔진의 밸브 작동 기구를 설명한 것이다. 밸브 타이밍 위치에 대한 약자 (abbreviations for valve timing positions)는 다음과 같다.

① ABC : 하사점 후(After Bottom Center)

② ATC : 상사점 후(After Top Center)

③ BBC : 하사점 전(Before Bottom Center)

④ BC : 하사점(Bottom Center)

⑤ BDC : 하사점(Bottom Dead Center)

⑥ BTC : 상사점 전(Before Top Center)

⑦ EC : 배기 닫힘(Exhaust Closes)

⑧ EO : 배기 열림(Exhaust Opens)

⑨ IC : 흡입 닫힘(Intake Closes)

⑩ IO : 흡입 열림(Intake Opens)

⑪ TC : 상사점(Top Center)

⑫ TDC : 상사점(Top Dead Center)

Section 18 → 엔진 타이밍(engine timing)

1 밸브 오버랩

흡입 밸브(intake valve)와 배기 밸브(exhaust valve)가 동시에 열려 있을 때 이루는 각의 거리를 밸브 오버랩(valve overlap) 또는 밸브랩(valvelap)이라고 한다.

(1) 엔진 타이밍에 대한 명세

그림 3-43은 엔진 타이밍에 대한 다음과 같은 명세를 보인다.

① IO : 15° BTC

② IC : 60° ABC

③ EO : 55° BBC

④ EC : 15° ATC

여기서 흡입 밸브가 15° BTC에 열리고 배기 밸브가 15° ATC에 닫힐 때 밸브 오버랩은 30° 이다.

(2) 밸브 오버랩(valve overlap)을 두는 이유

① 체적효율을 향상(volumetric efficiency increase)시킨다.

② 배기가스를 완전히 배출시킨다.

③ 냉각효과가 좋다.

2 밸브 지연과 밸브 앞섬

흡입·배기 밸브가 상사점이나 하사점 후에 열리거나 닫히는 것을 밸브 지연(valve lag)이라고 하며 흡입·배기 밸브가 상사점이나 하사점 전에 열리거나 닫히는 것을 밸브 앞섬(valve lead)이라고 한다.

밸브 지연과 밸브 앞섬은 크랭크 축의 행정도(degree)를 표시한다.

　예를 들면 흡기밸브가 상사점 전 15°에 열리면 밸브 앞섬은 15°이다. 그림 3-43에서 흡입 밸브가 하사점 후 60°까지 열려 있다. 이것은 피스톤이 하사점을 지난 후 얼마 동안은 혼합 가스가 실린더 속으로 계속 흘러 들어오기 때문에 실린더 속으로 들어오는 연료와 공기 혼합 기의 관성력의 장점을 이용하여 흡입 밸브가 열려 있는 동안 가능한 한 최대 혼합기를 실린 더 속으로 흡입시키게 한다.

　배기 밸브가 하사점 전에 열리는 주요 이유는 다음과 같다.

　　① 실린더를 완전 배기할 수 있다.

　　② 엔진의 냉각이 더 좋아진다.

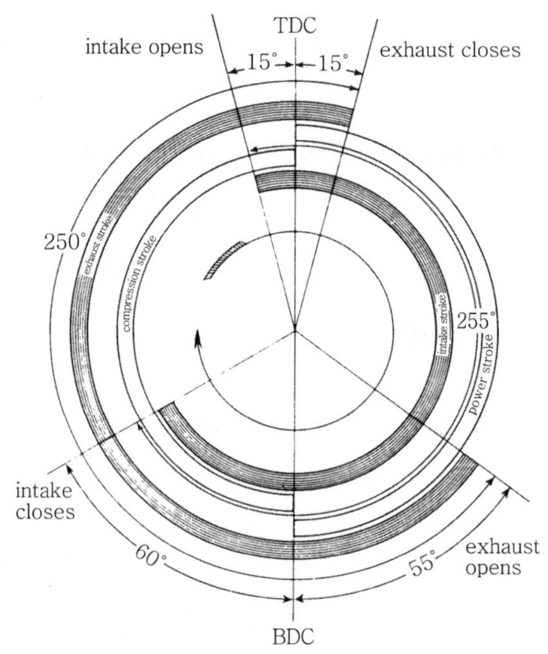

그림 3-43 Diagram for valve timing

Section 19 ─ 점화순서(firing order)

　직열(in-line), V형(V-type), 수평대향형(opposed type) 엔진의 점화순서는 평형이 좋고 진동이 작게 설계되어야 한다. 점화순서는 크랭크 축의 열(throw)위치와 캠 축의 로브(lobs) 의 위치와 관계되어 결정된다.

　그림 3-44(a)는 수평대향형 6기통 엔진의 점화순서를 보인다.

단열 성형 엔진(single-row radial engine)의 점화순서는 항상 실린더를 하나씩 건너서 점화되며 기수 실린더부터 시작한다.

그림 3-44(b)는 9기통 성형 엔진의 점화순서를 보인다.

즉, 9기통일 때는 1, 3, 5, 7, 9, 2, 4, 6, 8이며 복열 성형 엔진(twin-row radial engine)은 각 열에서 하나씩 띄워가며 계속적으로 점화된다.

예를 들면 18기통 엔진은 뒷줄에 기수 실린더 1, 3, 5, 7, 9, 11, 13, 15, 17이 열에서 한 실린더씩 띄우면 1, 5, 9, 13, 17, 3, 7, 11, 15로 되며 앞열은 2, 6, 10, 14, 18, 4, 8, 12, 16으로 된다.

그러므로 점화순서는 1, 12, 5, 16, 9, 2, 13, 6, 17, 10, 3, 14, 7, 18, 11, 4, 15, 8로 된다.

표 3-1 주요 엔진의 점화순서

형 식	점화 순서
4cyl 직열(in-line)	1, 3, 4, 2 · 1, 2, 4, 3
6cyl 직열(in-line)	1, 5, 3, 6, 2, 4
4cyl 수평대향형(opposed)	1, 3, 2, 4 · 1, 4, 2, 3
6cyl 수평대향형(opposed)	1, 4, 5, 2, 3, 6 · 1, 6, 3, 2, 5, 4
9cyl 성형(radial)	1, 3, 5, 7, 9, 2, 4, 6, 8
14cyl 성형(radial)	1, 10, 5, 14, 9, 4, 13 · 8, 3, 12, 7, 2, 11, 6
18cyl 성형(radial)	1, 12, 5, 16, 9, 2, 13, 6, 17, 10, 3, 14, 7, 18, 11, 4, 15, 8

즉, 14기통 성형 엔진에서는 $+9$, -5, 18기통에서는 $+11$, -7의 수를 기억하면 편리하다.

예를 들면 14기통에서 제1번 실린더 다음은 $1+9=10$번 실린더이고 그 다음은 $10-5=5$번 실린더, 다음은 $5+9=15$번 실린더 이렇게 계속하면 된다.

그리고 18기통에서는 제1번 실린더 다음은 $1+11=12$번 실린더이고, 그 다음은 $12-7=5$번 실린더가 되며, 그 다음은 $5+11=16$번 실린더, 그 다음은 $16-7=9$번 실린더 이렇게 계속하면 된다.

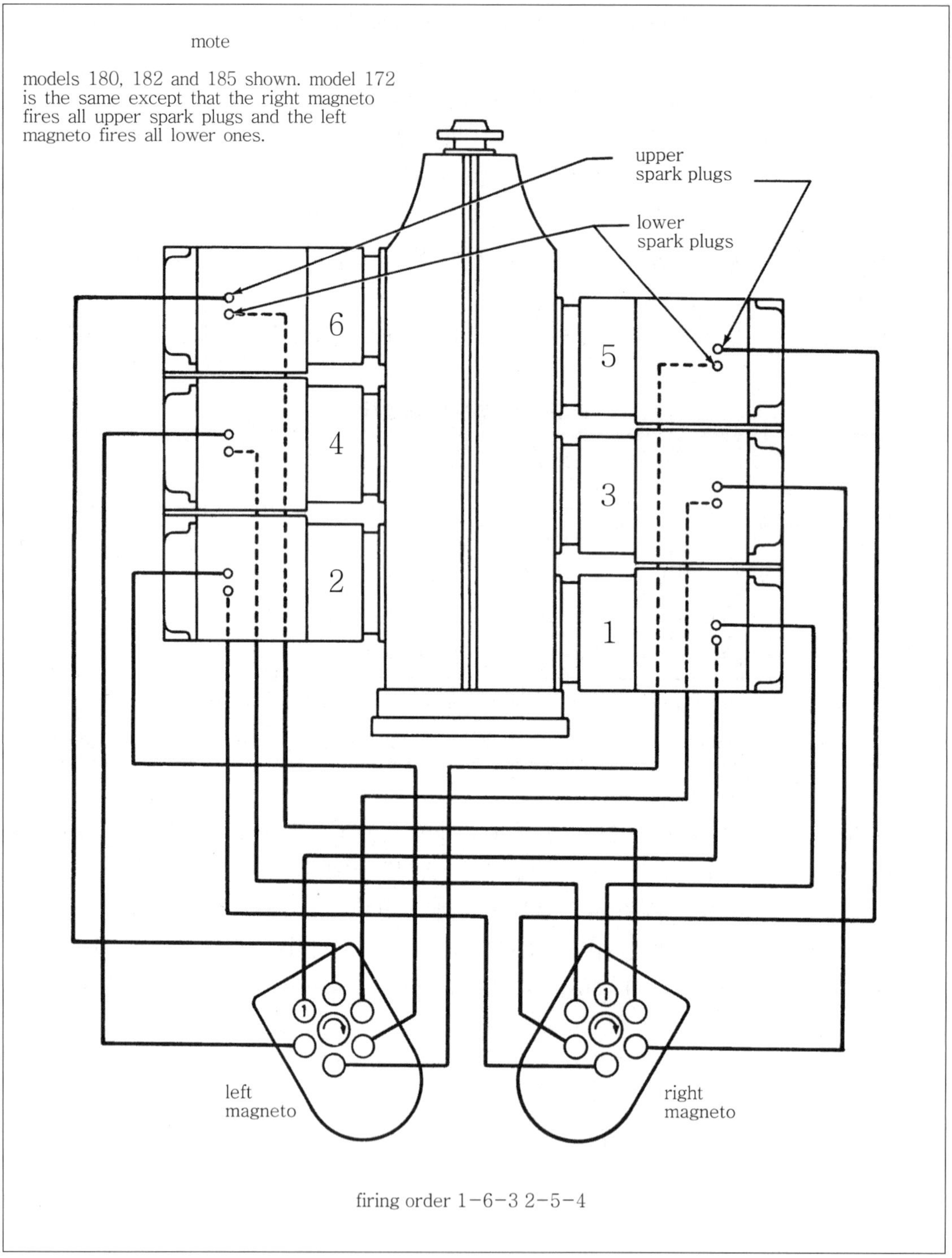

그림 3-44 (a) Model 172, 180, 182 and 185 ignition schematic

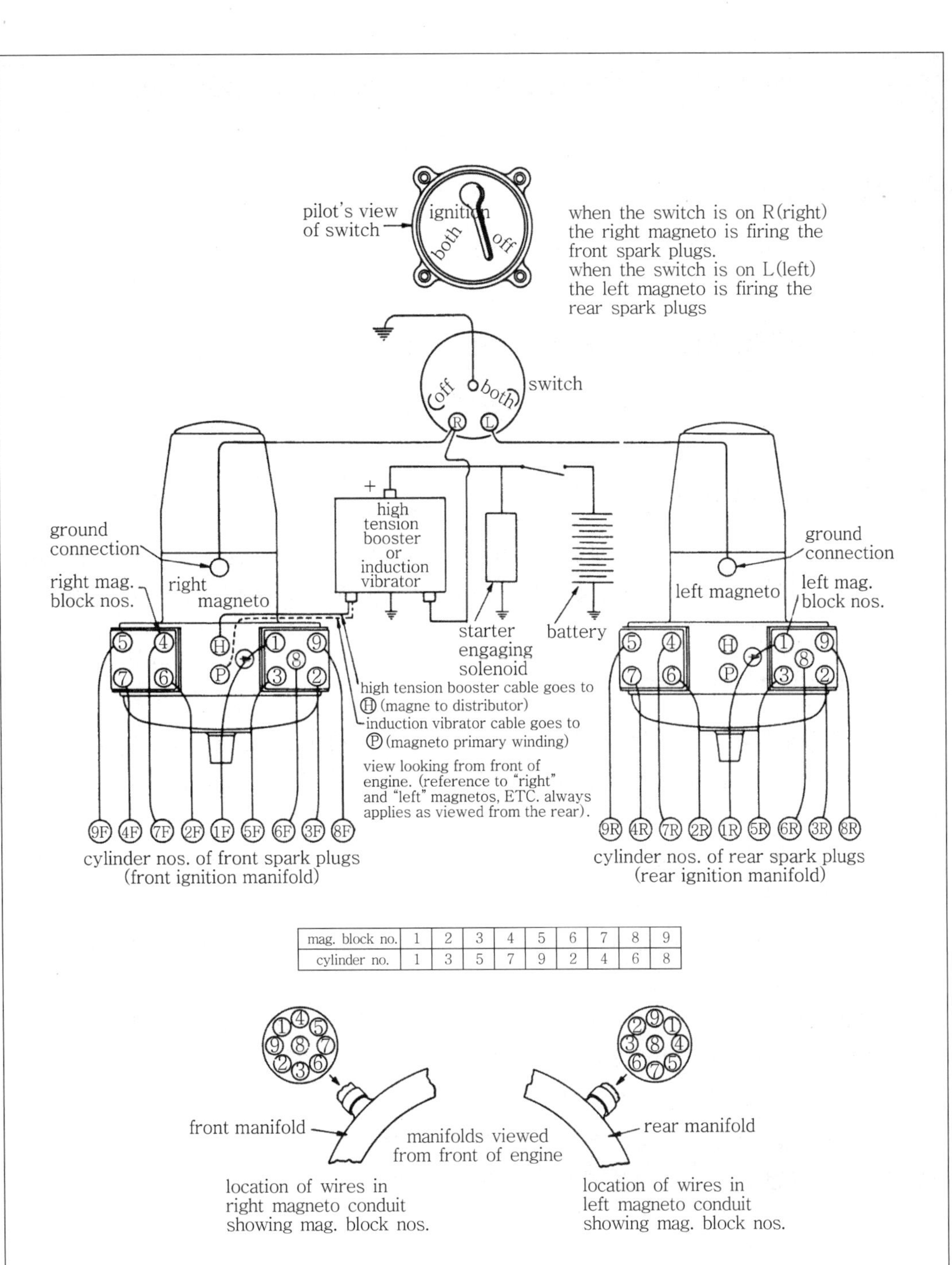

mag. block no.	1	2	3	4	5	6	7	8	9
cylinder no.	1	3	5	7	9	2	4	6	8

그림 3-44 (b) Model 172, 180, 182 and 185 ignition schematic

Section 20 → 밸브 기구 구성품(valve mechanism components)

1 캠(cam)

밸브를 작동시키는 기구를 작동하는 요소이다.

2 밸브 리프터, 태핏(valve lifter or tappet)

캠의 힘을 밸브 푸시 로드(valve push rod)에 전달하는 요소이다.

3 푸시 로드(push rod)

밸브 태핏(valve tappet)의 움직임을 전달하기 위하여 밸브를 작동하는 기구인 로커 암(rocker arm)과 태핏 사이에 있는 강이나 알루미늄 합금으로 된 로드나 튜브(rod or tube)이다.

4 로커 암(rocker arm)

실린더 헤드에 장착되어 있는 피벗(pivot)으로 된 암(arm)으로 밸브를 열고 닫게 한다. 암의 한쪽 끝은 밸브 스템에 접촉되고 다른 쪽 끝은 푸시 로드(push rod)로부터 움직임을 전달받는다.

대표적인 6기통 수평대향형 엔진은 그림 3-45에서 보는 것과 같이 3개의 로브(lob)를 가지고 있는 세 그룹(group)이 있다.

각 그룹의 중앙 로브는 두 상대 흡입 밸브의 밸브 리프터를 작동하는 반면 밖의 로브는 배기 밸브의 리프터를 작동한다.

성형 엔진에서 밸브를 작동하는 장치는 캠 판과 캠 링(cam plate, cam ring)으로, 세 개 혹은 그 이상의 로브를 가지고 있다.

① 5기통 성형 엔진 : 캠 링은 3개의 로브
② 7기통 성형 엔진 : 캠 링은 3개 혹은 4개의 로브
③ 9기통 성형 엔진 : 캠 링은 4개 혹은 5개의 로브

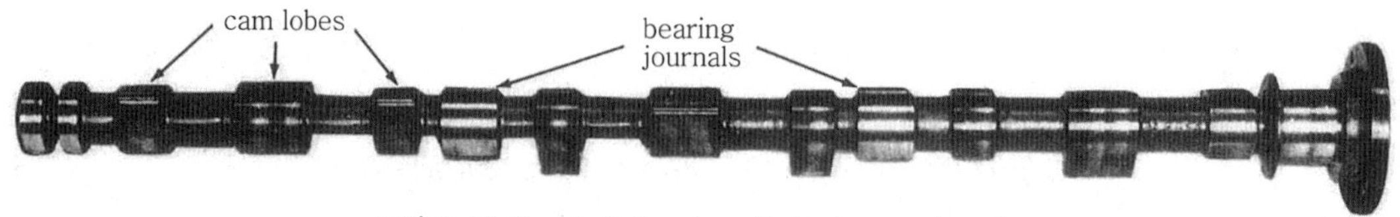

그림 3-45 Camshaft for six-cylinder opposed engine

Section 21 — 수평대항 엔진의 밸브기구(valve mechanism for opposed engines)

그림 3-46은 밸브 작동 기구를 간단히 그린 그림이다.

밸브의 작용은 캠 축 기어(camshaft gear)와 불려 있는 크랭크 축 타이밍 기어(crankshaft timing gear)와 같이 시작된다. 크랭크 축이 회전할 때는 캠 축도 회전한다. 그러나 캠 축은 1/2rpm으로 회전한다. 이것은 각 사이클(cycle) 동안에 밸브는 단 한번 작동하며 크랭크 축은 사이클당 2회전한다. 캠 축의 캠 로브는 그림 3-46에서 보는 바와 같이 캠 롤러(cam roller)를 밀어 올려 캠 롤러에 붙어 있는 푸시 로드를 밀어올린다. 그러나 이 캠 롤러는 수평대향형 엔진에서는 사용하지 않는다.

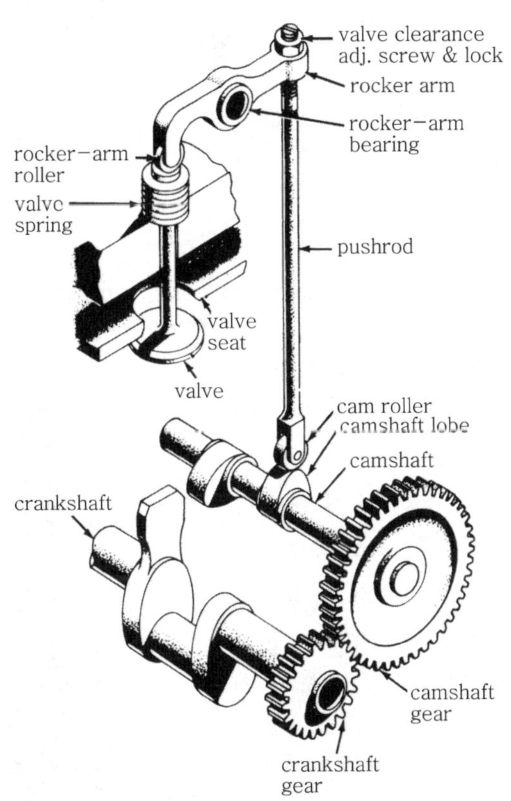

그림 3-46 Valve-operating mechanism

그림 3-47은 수평대향형 엔진의 밸브 작동 기구를 설명하는 것이다. 밸브를 작동하는 기구 구조는 크랭크 축에 있는 기어가 구동함으로써 시작된다. 이 기어는 크랭크 축 타이밍 기어 혹은 액세서리 구동 기어(crankshaft timing gear or accessory drive gear)라고 한다. 캠 축 끝에 있는 것이 캠 축 기어(camshaft gear)이며 캠 축 기어는 크랭크 축 기어의 이(teeth) 수

73

의 두 배를 가지고 있다. 각 캠로브에 인접한 것이 유압 밸브 리프터 혹은 태핏 어셈블리 (hydraulic valve lifter or tappet assembly)의 기초를 형성하는 캠 작동면(cam follower face)이다. 태핏의 바깥 실린더를 리프터 몸체(lifter body)라고 부르고 리프터 몸체 내부는 유압장치 어셈블리(hydraulic unit assembly)이다. 이것은 실린더, 플런저(plunger), 플런 저 스프링(plunger spring), 볼 체크 밸브(ball check valve), 오일 유입 튜브(oil-inlet tube)로 구성되어 있다.

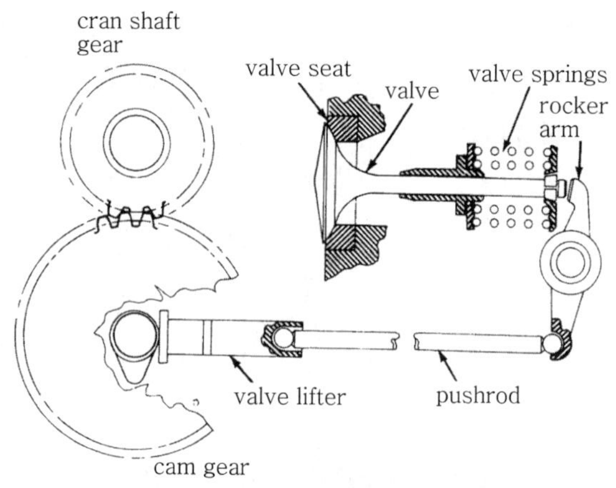

그림 3-47 Valve-operating mechanism for opposed engine

그림 3-48은 완전한 리프터 어셈블리를 설명한 것이다. 작동하는 동안은 압력이 걸려 있는 엔진 오일이 옆 오일 유입구(inlet hole)를 통하여 리프터 몸체(lifter body) 속에 오일이 공급된다. 이 오일이 엔진의 주 오일 통로로부터 직접 압력을 받고 있으므로 볼 체크 밸브를 통하여 오일 유입 튜브(oil inlet tube)와 실린더 속으로 흐른다. 오일의 압력은 푸시 로드 소켓(pushrod socket)을 향하여 플런저(plunger)에 힘을 가하며 밸브 작용 기구에 모든 간격 (clearance)을 갖게 한다. 이런 이유로 이 형의 리프터(lifter)를 무간격 리프터(zerolash lifter) 라고 한다. 즉, 수평대향형 엔진에서는 밸브 간격(valve clearance)을 조절하는 나사가 없으며 푸시 로드의 길이로 조절한다.

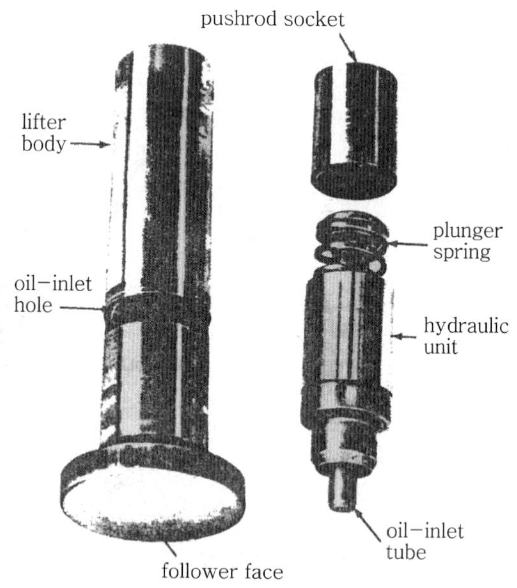

그림 3-48 Hydraulic valve lifter assembly

Section 22 — 성형 엔진의 밸브기구(valve mechanism for radial engine)

성형 엔진의 밸브 작동 기구구조는 실린더 열의 수에 의하여 하나 혹은 두 캠 판(캠 링)에 의하여 작동된다. 하나의 캠 판은 단열 성형 엔진(singlerow radial engine)에 사용되며 2열 캠 트랙(double cam track)이 필요하다.

하나의 캠 트랙은 흡입 밸브를 작동하고 다른 캠 트랙(cam track)은 배기 밸브를 작동한다. 그림 3-49는 캠 판(캠 링)을 구동하기 위한 기어 배열을 설명한 것이다. 이 캠 판은 하나의 트랙에 4개 로브를 가지고 있다. 그러므로 1/8 크랭크 축 속도로 회전할 것이다. 즉, 캠 판이 1회전할 때 크랭크 축은 8회전한다.

이 그림에서 크랭크 축 기어와 큰 캠 감속 기어는 같은 치수이다. 그러므로 캠 감속 기어는 크랭크 축과 같은 rpm으로 회전할 것이다.

작은 캠 감속 기어는 캠 판 기어의 1/8직경이다. 이것이 캠 판이 1/8 크랭크 축 속도로 회전하게 감속하는 것이다.

크랭크 축 속도(crankshaft speed)에 대한 캠 판 속도(cam plate speed)의 법칙은 다음과 같다.

$$\text{캠 판 속도} = \frac{1}{\text{로브의 수} \times 2}$$

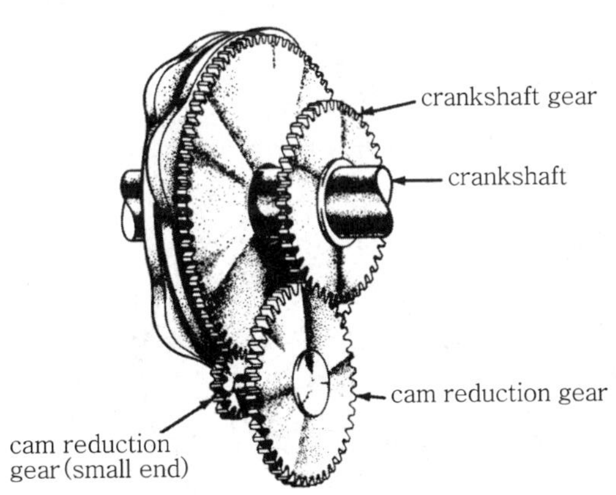

그림 3-49 Drive-gear arrangement for radial engine cam

그림 3-50은 내부 기어(internal gear)에 의하여 구동되는 캠 판을 설명한 것이다. 이 형의 배열에 있어서 캠 판은 엔진 회전과 마주보는 방향으로 회전한다.

크랭크 축으로부터 마주보는 방향, 즉, 반대방향으로 회전하는 4개의 로브(lob)가 있는 캠(cam)은 9기통 성형 엔진에 사용된다는 것을 알 수 있을 것이다.

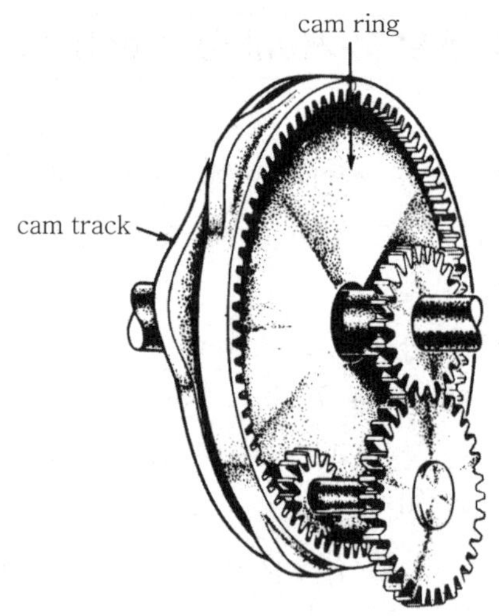

그림 3-50 Cam plate driven by an intermal gear

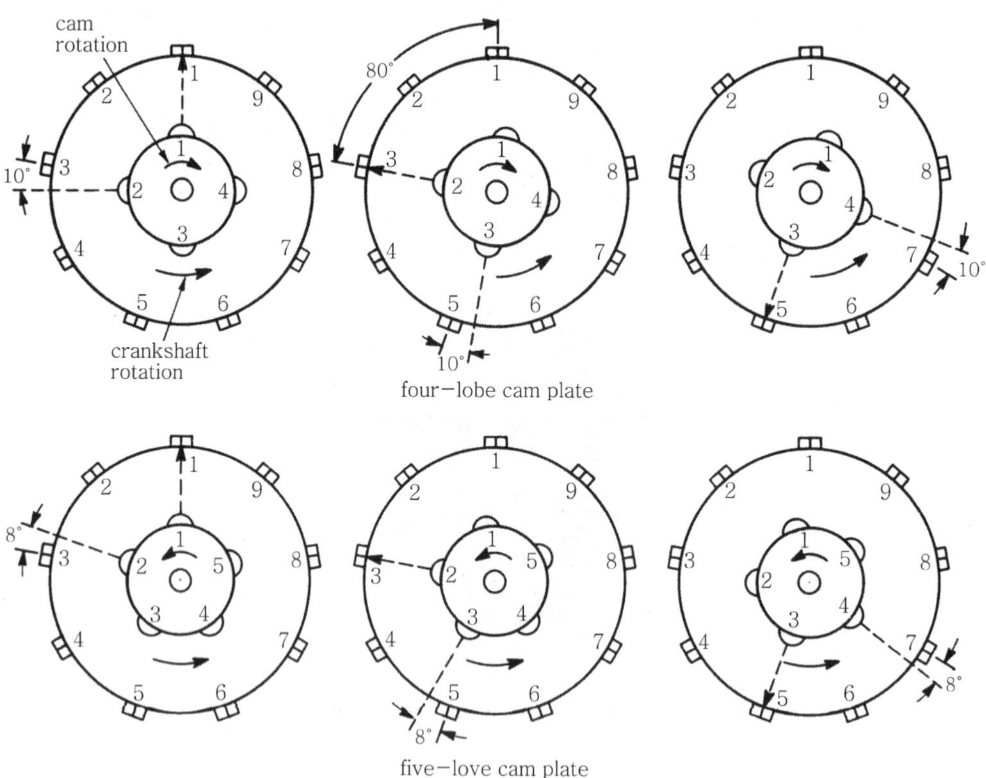

그림 3-51 Diagrams to show cam-plate operation

그림 3-51에서 큰 바깥 링은 9기통 성형 엔진의 실린더를 나타내고 중앙에 작은 링은 캠링을 나타낸다. 이러한 엔진의 점화순서는 항상 1, 3, 5, 7, 9, 2, 4, 6, 8이다.

첫 도표에서 No.1 캠은 맞은편 No.1 실린더에 있고 캠이 No.1 흡입 밸브를 작동한다고 가정할 수 있다. No.1 실린더로부터 점화순서에 있어서 다음 실린더인 No.3 실린더로 움직일 때 크랭크 축이 도표에서 보이는 것과 같은 방향으로 80° 회전하는 동안 10° 움직일 것이다. 이렇게 하여 No.2 캠 로브는 둘째 도표에서 보이는 것과 같이 맞은편 No.3 실린더에 있을 것이다. 크랭크 축이 No.5 실린더의 흡입작용까지 80° 회전할 때는 No.3 캠 로브는 맞은편 No.5 실린더에 있다.

만약 우리가 5개 로브캠을 가진 9기통 성형 엔진의 똑같은 도표를 그리면 캠은 크랭크 축과 같은 방향으로 회전한다는 것을 알 수 있다. 이것은 캠 로브의 각은 72°이고 실린더 점화 사이의 각은 80°이다. 캠 판은 1/10 크랭크 축 rpm으로 회전할 것이다. 그러므로 크랭크 축이 80° 회전할 때 캠 판은 8° 회전할 것이다. 이렇게 하여 다음 작동 캠에 맞게 될 것이다.

그림 3-52는 성형 엔진의 밸브 작동 기구를 보이는 것이다. 밸브 태핏(valve tappet)은 충격을 감소하기 위하여 하중을 받는 스프링이 있으며 캠 트랙(cam track)에 견디기 위하여 캠 롤러(cam roller)로 되어 있다.

밸브 태핏은 속이 빈 푸시 로드를 통하여 로커 암(rocker arm)까지 윤활유의 통로가 되게 드릴 구멍이 뚫어져 있다.

로커 암(rocker arm)은 간격 조절 나사(clearance-adjusting screw)가 있어서 로커 암과 밸브끝(valve tip) 사이의 적당한 간격을 유지할 수 있다. 이 간격은 밸브가 열릴 시기와 얼마나 많이 열릴 것이며 얼마나 오랫동안 열려 있어야 할 것인가를 결정하기 때문에 대단히 중요하다.

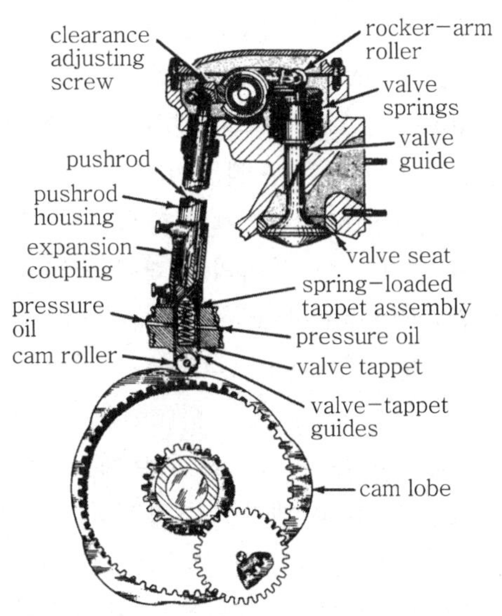

그림 3-52 Valve-operating mechanism for a radial engine

그림 3-53에서 (b), (c)는 수평대향형 엔진에 사용하는 로커 암이며 (a)는 Patt & Whitney R-985 성형 엔진의 로커 암이다.

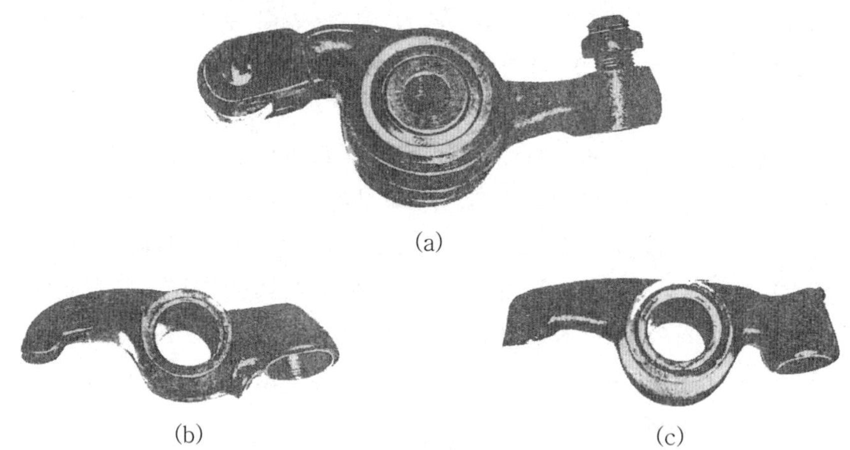

(a)

(b)　　　　　　　　(c)

그림 3-53 Rocker arms

Section 23 — 밸브 간격(valve clearance)

　　모든 엔진은 로커 암(rocker arm)과 밸브 스템(valve stem) 사이에 조금의 여유간격을 갖고 있다. 이 간격이 없으면 밸브가 닫힐 때 밸브 시트(valve seats)에 잘 맞게 붙지 못한다. 그런 결과로 엔진이 불규칙적인 작동을 하여 결과적으로 밸브에 손상이 온다.

　　밸브의 냉간간격(cold clearance)은 일반적으로 열간간격(hot clearance) 혹은 작동간격보다 작다. 열간간격과 냉간간격 차이의 이유는 엔진 실린더는 푸시 로드보다 더 열을 많이 받는다. 그러므로 푸시 로드보다 열팽창이 크다. 이 영향으로 푸시 로드는 열팽창이 적어 푸시 로드와 로커 암 혹은 로커 암과 밸브 스템 사이의 간격이 생긴다. 보통 엔진의 열간간격(hot clearance)은 0.070″이고 냉간간격(cold clearance)은 0.010″이다.

　　그러나 이 간격(clearance)은 엔진에 따라서 다르므로 정비 지침서에 의하여 조절하여야 한다.

　　표 3-2는 R-2800 엔진의 밸브조절표이다. 이 차트에 의하면 밸브조절은 No.1 흡입과 No.3 배기부터 시작한다. No.11 피스톤을 배기행정 상사점에 맞추면 이때 크랭크 축 위치는 No.15 배기 태핏과 No.7 흡입 태핏이 캠 로브의 상사점에 와서 캠 링에 압력을 가한다. 이때 No.1 흡입과 No.3 배기는 적당한 간격으로 조절한다. 이 조절은 엔진이 차가울 때만 한다.

　　현재 수평대향형 엔진 로커 암은 조절하지 않으며 푸시 로드를 교환함으로써 조절된다. 만일 간격이 너무 크면 더 긴 푸시 로드를 사용하고 간격이 너무 작으면 더 짧은 푸시 로드를 장착하면 된다. 간격의 넓은 범위는 엔진이 작동할 때 유압 밸브 리프터(hydraulic valve lifter)가 간격을 흡수하기 때문에 허용된다. 수평대향형 엔진의 밸브 간격은 보통 오버홀 때만 점검한다.

표 3-2 Valve adjusting chart

Set piston at top center of its exhaust stroke	Depress rockers		Adjust valve clearances	
	Inlet	Exhaust	Inlet	Exhaust
11	7	15	1	3
4	18	8	12	14
15	11	1	5	7
8	4	12	16	18
1	15	5	9	11
12	8	16	2	4
5	1	9	13	15
16	12	2	6	8
9	5	13	17	1
2	16	6	10	12
13	9	17	3	5
6	2	10	14	16
17	13	3	7	9
10	6	14	18	2
3	17	7	11	13
14	10	18	4	6
7	3	11	15	17
18	14	4	8	10

연료계통과 부자식 기화기

Fuel systems and float-type carburetor

Section 01 ─ 연료장치의 필요조건(requirement for fuel systems)

　항공기의 완전한 연료계통은 항공기가 어떠한 출력, 고도, 비행자세에서도 연료 탱크로부터 엔진까지 깨끗한 연료가 정압(positive pressure)으로 계속적으로 공급되어야 한다.

　이와 같은 조건을 달성하기 위하여 다음과 같은 필요조건이 있다.

① 중력식 장치(gravity systems)는 연료 탱크가 이륙에 필요한 실제 연료 소모량의 150%의 연료 흐름을 할 수 있게 연료압(fuel pressure)을 유지하여야 하므로 충분한 높이로 기화기 상부에 위치하도록 설계되어야 한다.

② 압력식 혹은 펌프식 장치(pressure or pump systems)는 이륙마력당 0.9lb/h의 연료 흐름을 공급할 수 있게 설계되어야 하거나 이륙 시에 인가된 최대 출력 시 엔진의 실제 이륙 때 연료흐름의 125%를 공급할 수 있게 설계되어야 한다.

③ 승압 펌프(boost pump)는 연료 탱크의 가장 낮은 곳에 위치하며 엔진 시동 시, 이륙, 착륙, 고고도에서 사용하도록 되어 있다. 이것은 또한 엔진 구동 연료 펌프가 고장났을 때는 언제나 엔진 구동 펌프대신 충분한 양의 연료를 공급하여야만 한다.

④ 연료장치는 어떤 엔진까지 연료를 차단할 수도 있고 흐르게도 할 수 있는 밸브가 있어야 한다. 이러한 밸브는 조종사나 기관사 근처에 있어야만 한다.

⑤ 출구가 서로 연결된 연료장치의 경우 한 탱크가 가득 차서 넘쳐 흐를 수 있는 상태에서 항공기가 운용될 때 연료 탱크 배출구(vent)로부터 넘쳐 흐를 수 있는 충분한 양이 탱크와 탱크 사이에서 흐르지 못하게 되어야 한다.

⑥ 다발 항공기 연료계통은 각 엔진이 자신의 연료 탱크 라인과 연료 펌프로부터 공급받을 수 있게 설계되어 있어야 한다. 그러나 비상시에 한 탱크로부터 다른 탱크로 연료를 옮길 수 있고 한 탱크로 두 엔진을 작동할 수 있어야 한다. 이것은 크로스 피드 밸브 혹은 크로스 플로 장치(cross feed valve or cross-flow system)로서 수행한다.

⑦ 중력식 공급장치는 탱크의 공기공간(air space)에 동일한 연료공급이 보장되도록 서로 연결되지 않는 한 한 개 이상의 탱크로부터 어떤 한 엔진에 연료가 공급되지 않아

야 한다.

⑧ 연료 라인은 어떠한 작동하에서도 최대로 필요한 양의 연료가 흐를 수 있는 치수이어야 하며 증기(vapor)의 축적이나 계속적인 증기폐색(vapor lock)의 원인이 될 수 있는 급격한 만곡이 없어야 하고 엔진의 고온부를 피하여야 한다.

⑨ 연료 탱크는 탱크 밑바닥에 축적되는 물과 먼지를 제거할 수 있는 탈수구가 있어야 한다. 탱크는 연료의 흐름을 막아서 엔진이 정지되는 원인이 되는 저압력 발생을 방지할 수 있는 정압계통을 가진 배출구(vent)가 있어야 한다. 연료 탱크는 작동 중 가해지는 모든 하중을 결함없이 견디어야 한다.

⑩ 탱크가 연료의 위치변동에 따라 항공기의 평형에 영향을 미치게 설계되었다면 탱크 내부에 배플(baffle)이 있어야 한다. 연료의 무게가 갑자기 이동함으로써 항공기 조종에 곤란을 줄 수 있는 날개 탱크(wing tank)에도 배플(baffle)이 있어야 한다. 또한, 이것은 증기폐색(vapor lock)의 방지에도 도움이 된다.

Section 02 — 중력식 공급 연료장치(gravity-feed fuel system)

그림 4-1에서 보는 바와 같이 연료를 중력에 의해서만 엔진에 공급하는 것으로서 연료가 기화기(carburetor)에 항상 정압(positive pressure)으로 걸려 있기 때문에 승압 펌프(boost pump)가 필요없다. 연료량 계기는 언제나 탱크의 연료량을 조종사가 볼 수 있어야만 하며 이 계통은 연료 탱크(fuel tank) 연료 라인(fuel line) 여과기(strainer), 섬프(sump), 연료차단 밸브(fuel shut-off valve), 프라이밍 장치(priming system), 연료량 계기(fuel quantity gage) 등으로 구성되어 있다.

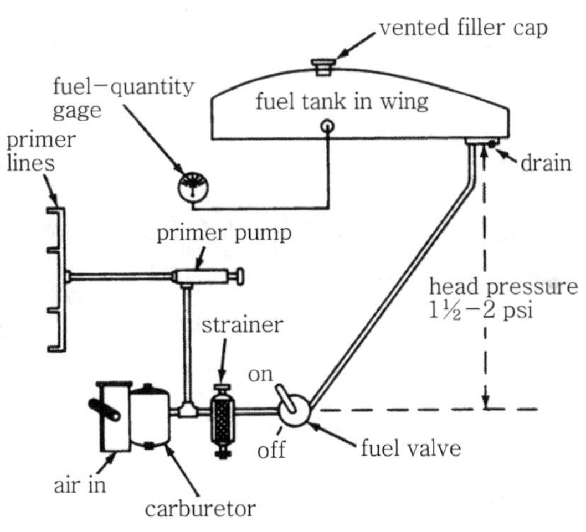

그림 4-1 A gravity fuel system

Section 03 — 압력식 장치(pressure systems)

1 연료 승압 펌프, 엔진 구동 펌프

연료 승압 펌프(fuel boost pump), 엔진 구동 펌프(engine driven pump)로 연료를 공급하는 것으로서 펌프 압력(pump pressure)에 전적으로 의지하는 연료 계통에서 연료 승압 펌프는 연료 탱크의 밑부분에 위치하여야 하며 탱크의 내부와 외부에 장치할 수 있다. 그러나 이 장치의 대부분은 승압 펌프가 탱크의 밑부분 연료에 잠겨져 있다.

2 압력 장치

그림 4-2와 같은 장치에서는 중력이 저장 탱크(reservoir tank)까지 연료를 공급하고 그 뒤 연료 선택 밸브(fuel selector valve)를 통하여 승압 연료 펌프(boost, auxialiary fuel pump)까지 공급된다.

이 장치는 연료분사 미터링 계통(fuel injection metering unit)을 이용하여 중력으로서만 공급할 수 있는 것보다 더 많은 압력이 필요하다.

압력 장치에 있어서는 엔진 구동 펌프(engine driven pump)가 승압 펌프(boost pump)와 직렬이며 연료는 연료 미터링 계통(fuel metering unit)까지 엔진 구동 펌프를 통하여 흘러야 하므로 엔진이 정지하였을 때는 바이패스 밸브(bypass valve)에 의하여 옆으로 돌아갈 수 있게 설계되어야만 한다.

(1) 엔진 구동 펌프

펌프는 과도한 연료(excess fuel)가 펌프의 입구 쪽으로 되돌아서 흘러 들어가게 하는 릴리프 밸브(relief valve)가 있고, 엔진 구동 펌프는 어떠한 작동하에서도 요구량보다 더 많은 연료를 엔진에 공급할 수 있어야 한다.

(2) 연료 승압 펌프

연료 승압 펌프(fuel boost pump)는 엔진 시동 시 연료를 공급하고 고고도 작동 시나 이륙 및 착륙 동안에 적당한 연료압을 유지하기 위하여 작동한다.

이 연료 승압 펌프는 이륙 및 착륙하는 동안 엔진 구동 펌프의 고장의 경우를 고려하기 때문에 특히 중요하다.

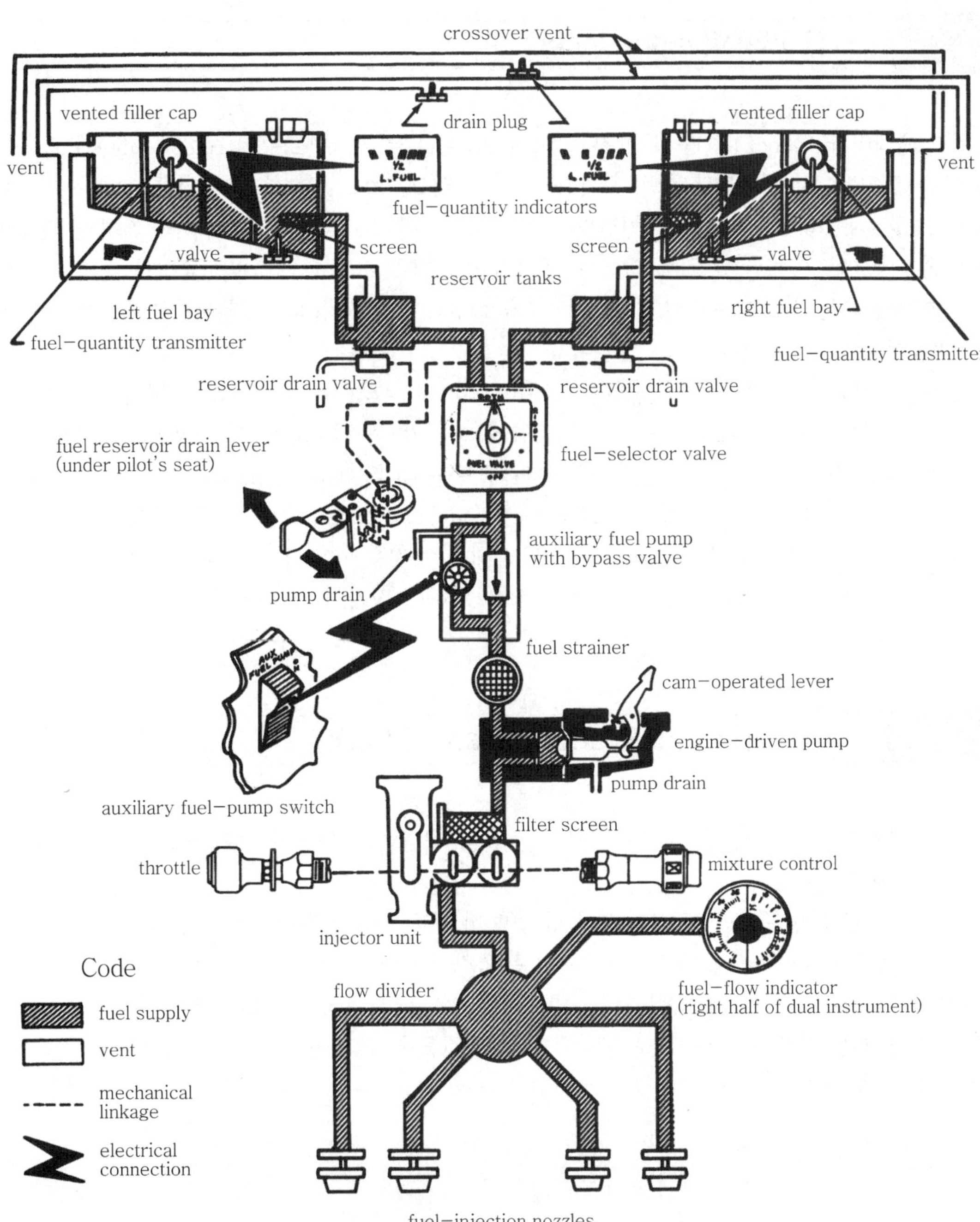

to ensure desired fuel capacity when refueling, place the
fuel-selector valve in either left or right position to prevent
cross-feeding.

그림 4-2 A pressure fuel system

Section 04 — 증기폐색(vapor lock)

증기폐색(vapor lock)은 연료 계통의 여러 가지 부분에서 연료증기(fuel vapor)와 공기가 모여져서 일어나는데 많은 양의 증기가 모이면 펌프, 밸브, 기화기의 연료 미터링부(fuel metering section)의 작동을 방해한다. 증기(vapor)는 고고도에서 대기압의 저하와 과도한 연료온도와 연료의 교란운동에 의하여 생기며 증기폐색(vapor lock)을 없애기 위하여 승압 펌프를 사용하는데 고고도에서 승압 펌프(boost pump)를 작동하는 것은 증기폐색을 방지하기 위함이다.

연료 펌프와 기화기는 종종 증기분리장치(vapor separating devices)를 비치하고 있으며 이 증기분리기(vapor separator)는 어떤 양의 증기가 축적되었을 때 개방할 수 있게 하는 부자식 밸브(float valve)나 혹은 다른 형의 밸브를 갖춘 체임버(chamber)이다. 밸브가 열리면 증기는 라인을 통하여 연료 탱크로 배출된다. 그러므로 증기가 연료 미터링 장치(fuel metering system)로 들어가서 정상작동을 방해하는 것을 미연에 방지한다. 연료 라인(fuel line)은 심한 만곡으로 장착하는 것과 심한 열을 피하여 장착하는 것이 대단히 중요한 일이다.

Section 05 — 연료여과기(fuel strainer and filter)

모든 항공기 연료 계통은 연료로부터 이물질을 제거하기 위하여 여과기(strainer, filter)를 장치하여야 한다.

여과기는 연료 탱크 출구에 장착되어 있으며 비교적 올이 굵은 망(1/8″)으로 되어 있다. 연료 섬프 여과기(fuel sump strainer)는 연료 탱크와 엔진 구동 펌프 사이의 가장 낮은 곳에 있으며 가는 망(1/40″)으로 되어 있다. 연료여과기(fuel filter)는 기화기에 장착되며 다른 연료 미터링 계통은 망(screen)으로 되어 있다. 이것들은 40마이크론(micron)보다 큰 물질을 거를 수 있게 설계되어 있다.

$$1\text{마이크론} = \frac{1}{1,000}\text{mm}$$

이것은 정비지침서에 의하여 점검하여 세척하여야 한다.

Section 06 — 연료장치의 예방조치(fuel system precaustion)

연료 계통을 점검할 때는 화재의 위험과 폭발이 항상 일어날 수 있다는 것을 명심하여야 하며 아래와 같이 예방책을 강구하여야만 한다.

① 점검이나 수리를 하고자 하는 항공기는 적당한 접지를 하여야 한다.

② 엎지러진 연료는 가능한 한 빨리 중화나 제거시켜야 한다.

③ 연료 라인은 마개를 막아야 한다.

④ 소화기를 항상 이용할 수 있게 준비하여야 한다.

⑤ 금속연료 탱크는 연료의 증기를 적당하게 방출하지 않은 상태하에서 용접이나 납땜을 하여서는 안 된다.

Section 07 — 유압(fluid pressure)

내연기관의 기화기 장치에서 액체(liquids)와 가스(gases)를 통틀어 유체(fluid)라고 부른다.

액체의 체적과 밀도는 일정하나 가스(gases)는 주위 상태의 영향으로 팽창과 수축을 한다. 지구를 둘러싸고 있는 대기는 지구 표면을 누르고 있다. 압력(pressure)은 어떤 면적에 작용하는 힘으로 정의한다(그림 4-3).

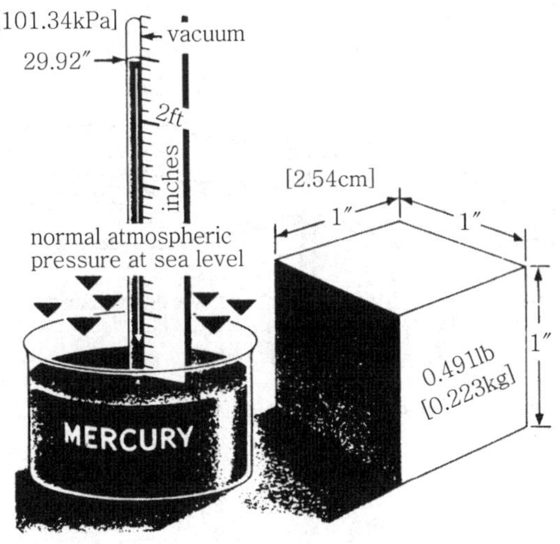

그림 4-3 Measuring atmospheric pressure

압력은 일반적으로 pound per square inch(psi)·inches of mercury(inHg), centimeter of mercury(cmHg) or kilopascals(kPa)로 측정한다.

표준 해면압(standard sea-level pressure)은 14.7psi, 29.92inHg, 76cmHg, 101.34kPa, 1013mb이다.

표준 대기압(standard atmosphere)은 위도 40°N에서 공기는 완전히 건조하고 온도는 15℃(59℉)의 해면에서 760mmHg(29.92inHg)의 압력으로 정의한다.

대기압은 고도에 따라 변한다. 다음은 고도에 따른 대기압의 변화를 보인다.

고 도	기 압
5,000ft	24.89inHg
10,000ft	20.58inHg
20,000ft	13.75inHg
30,000ft	8.88inHg
50,000ft	3.436inHg

Section 08 — 벤투리관(venturi tube)

그림 4-4는 베르누이 원리(Bernoulli's principle)에 기초를 둔 작용을 설명하는 것이다. 공기나 유체가 목부분(throat)을 통과할 때는 속도는 증가하고 압력은 낮아진다. 만일 흡입구의 단면적(cross-sectional asea)이 목부분 면적의 두 배이면 공기는 목부분에서 흡입구나 출구 공기속도의 두 배가 된다.

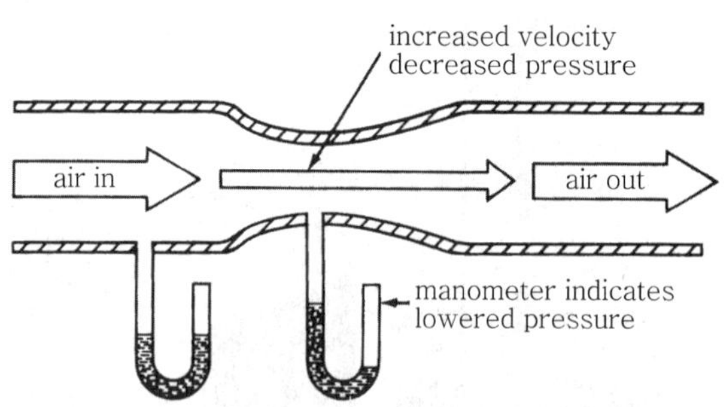

그림 4-4 Operation of a venturi tube

Section 09 — 기화기의 벤투리관(venturi tube in carburetor)

그림 4-5에서 보는 바와 같이 연료방출 노즐(fuel discharge nozzle)이 기화기의 벤투리부에 있다면 연료에 작용하는 영향력은 벤투리를 통하는 공기의 속도에 의할 것이다. 즉 방출 노즐을 통하여 흐르는 연료의 비율은 벤투리를 통하는 공기의 양에 비례한다. 이것은 엔진에 공급되는 필요한 연료와 공기의 혼합기의 양을 결정한다.

연료와 공기의 비율은 어떤 한계 내에서 변할 것이며 그러므로 벤투리형 기화기는 혼합 조종장치(mixture-control system)가 있어야 한다.

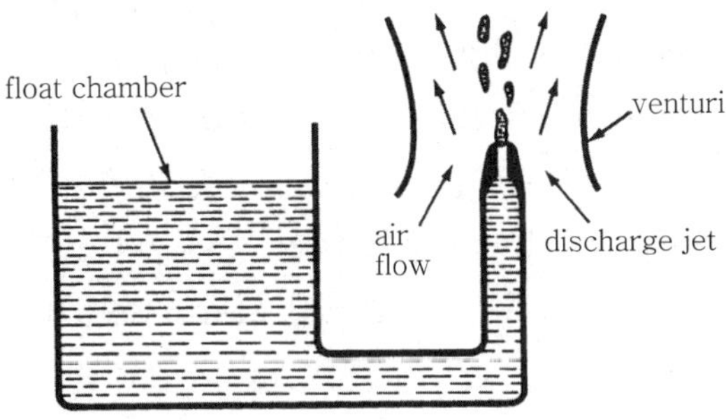

그림 4-5 Venturi principle applied to a carburetor

Section 10 — 연료혼합(fuel mixture)

가솔린과 다른 액체 연료는 액체상태에서는 연소되지 않는다. 그러나 연료가 무화(atomization)로 인하여 공기와 혼합되어 증기가 되면 높은 연소성이 있다.

가솔린은 공기와 연료의 혼합비가 8 : 1~18 : 1 사이이면 실린더 내에서 연소할 수 있다. 혼합비는 무게로 표시하며 이상적인 혼합비는 15 : 1이다.

현 항공기 엔진에서 가장 실제적인 혼합비(fuelair ratio)는 1 : 11.5 농 최량 출력 혼합비(rich best power mixture)에서 1 : 13.5 희박 최량 출력 혼합비(lean best power mixture)까지이다.

혼합비에 관한 명확한 지시는 엔진 작동 지침서에 명시되어 있다. 그러나 농 혼합비(rich mixture)는 보통 고출력(high power output)에 사용하고 희박 혼합비(lean mixture)는 저 순항출력(lower cruising power)에 사용한다.

일정한 연료의 소모로 가장 많은 출력을 낼 수 있는 연료와 공기의 혼합을 최량 경제 혼합비(best economy mixture)라고 하며 연료의 소모를 조금 적게 혼합비를 희박하게 하여 얻을 수 있을 때의 혼합을 희박 최량 출력 혼합비(lean best power mixture)라고 한다.

연료와 공기의 혼합이 희박해질 때는 출력과 연료 소모 모두가 저하한다. 그러나 연료 소모는 최량 경제 혼합비(best economy mixture)가 될 때까지는 엔진 출력보다는 훨씬 빨리 저하한다.

일반적으로 항공기 엔진은 75% 출력보다도 적게 운용하고 있다.

SFC(Specific Fuel Consumption)은 엔진의 경제적인 운용을 지시하는 데 사용하는 용어이다. 즉, SFC는 마력당 시간당 엔진이 소모하는 연료의 양을 표시하는 비이다.

예를 들면 엔진 마력 147hp, 시간당 10.78G/L 소모하면 SFC는 0.44lb/hr/hp가 된다(연료 1G/L : 6lb).

그림 4-6에서 가장 낮은 SFC는 연료와 공기비가 약 0.067이고 최대 출력(maximum power)은 F/A비가 0.074에서 0.087까지 낼 수 있다는 것을 알 수 있다.

이 특수한 엔진의 차트에서 희박 최량 출력(lean best power)은 A점(F/A ratio 0.074)이고 농 최량 출력(rich best power)은 B점(F/A ratio 0.087)이다.

혼합기가 희박할 때는 엔진의 실린더는 과열상태가 될 것이며 엔진이 고출력 시에 과도한 희박 혼합기로 작동하면 데토네이션(detonation)이 일어나기 쉽다. 데토네이션이 계속 되면 피스톤 상부나 피스톤 링에 손상이 일어나 엔진에 커다란 손상을 일으키게 된다.

(1) 후화(afterfiring)

후화는 혼합되지 않은 연료가 흡입 밸브를 통하여 실린더 헤드에 흘러들어와서 배기 밸브로 나가 배기 스택(exhaust stack), 다기관(manifold), 소음기(muffler), 히터 머프(heater muff)로 들어와 연소가 일어나는 것이다. 이 연료는 배기 객실 히터(exhaust cabin heater) 계통에 많은 손상을 줄 수 있는 폭발의 원인이 된다.

(2) 역화(backfire)

아주 희박한 혼합기는 흡입계통을 통하여 엔진에 역화현상을 일으켜 엔진이 완전히 정지하는 수가 있다. 이 역화는 불꽃의 전파속도가 느리기 때문에 일어나는데 이 현상은 연료와 공기의 혼합물이 엔진 사이클이 완전히 끝났을 때도 타고 있기 때문에 흡입 밸브가 열려서 들어오는 새로운 혼합기에 불을 붙혀 주어 불꽃이 흡입계통으로 역으로 전파한다. 불꽃의 전파속도가 저하되는 것은 혼합기가 희박하기 때문인데 역화가 일어나는 것은 흡입 밸브가 열렸을 때도 아직 타고 있을 만큼 희박한 혼합기일 때이다.

(3) 킥백(kick back)

혼합기가 조기점화하여 연소압력(combustion pressure)이 피스톤을 역방향으로 힘을 가해 크랭크 축이 정상방향이 아닌 역방향으로 회전하는 것을 말한다.

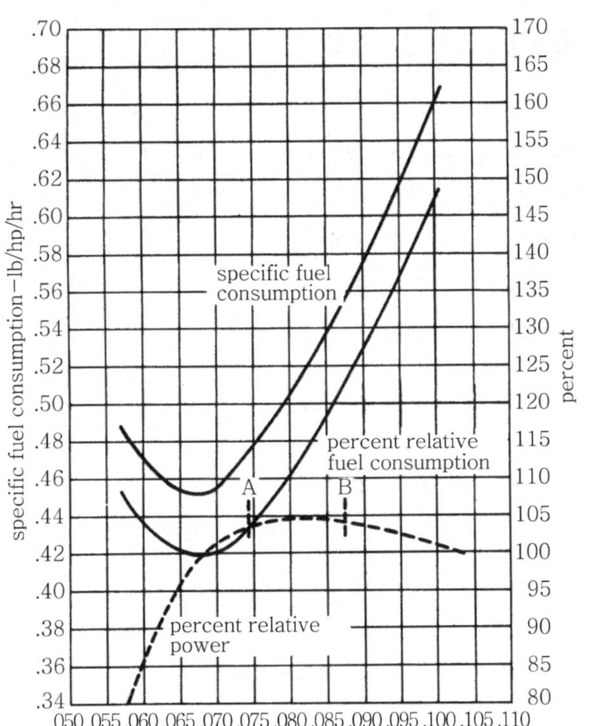

그림 4-6 Effects of fuel-air ratios and power settings on fuel consumption

Section 11 ─ 공기밀도의 영향(effects of vair density)

공기밀도는 압력(pressure), 온도(temperature), 습도(humidity)의 영향을 받는다.

즉, 압력이 증가하면 공기밀도도 증가하고 온도가 증가하면 공기밀도는 감소하며 습도가 증가하면 공기밀도는 감소한다.

연료와 공기비는 공기밀도에 영향을 받는다. 예를 들면 항공기 엔진이 같은 위치에서 추운 날보다 따뜻한 날에 연료가 연소할 수 있는 산소가 적다. 그러므로 혼합기는 온도가 높을 때는 농후할 것이며 엔진은 추울 때만한 출력을 낼 수 없다. 그러므로 고고도에서는 과농을 피해야 한다. 또한, 조종사는 덥고 습도가 많은 날은 춥고 건조한 날보다 출력이 나지 않는다는 것을 알아야 한다.

Section 12 — 공기 블리드(air bleed)

그림 4-7에서 A점에서 흡입(suction)하면 B에서는 공기가, C에서는 물이 빨려 올라와서 주 튜브(main tube)에서 혼합되어 빨려 나온다. 만일 공기 입구 B가 주튜브의 치수에 비하여 너무 크면 물을 빨아올리는 데 이용되는 흡입(suction)이 감소될 것이다. 그러므로 물과 공기의 비는 공기 블리드(air bleed), 주 튜브(main tube), 주 튜브 밑부분의 문 C의 치수를 변경함으로써 공기속도를 수정할 수 있다.

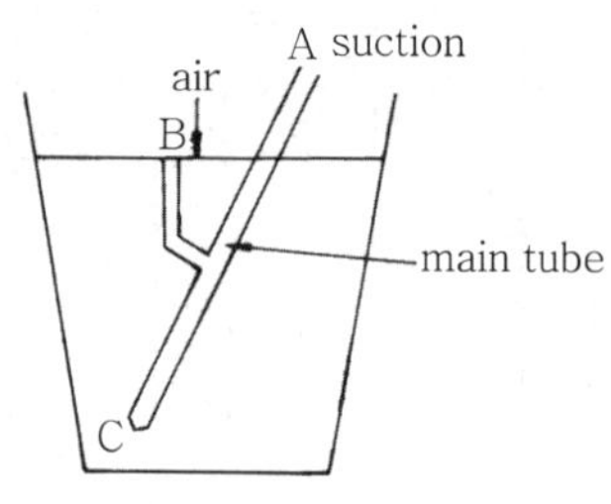

그림 4-7 air bleed

기화기 노즐(carburetor nozzle)은 이와 같은 공기 블리드를 가지고 있다. 그러므로 방출 노즐(discharge nozzle)에서 공기 블리드는 엔진의 모든 작동 속도에서 연료와 공기의 혼합을 좀더 균일하게 하는 데 도움을 준다.

Section 13 — 스로틀 밸브(throttle valve)

스로틀 밸브는 그림 4-8에서 보이는 것과 같이 버터플라이형 밸브(butterfly-type valve)이며 연료와 공기의 배출량을 조절하는 혼합기 덕트(fuel air duct)에 같이 붙어 있다. 스로틀 밸브가 완전히 닫혔을 때는 디스크(disk)의 면이 스로틀 보어의 축과 약 70°의 각을 이룬다. 스로틀 디스크의 끝은 혼합기 통로의 측면에 대하여 꼭 맞게 되어 있다. 밸브가 닫힐 때는 벤투리 튜브를 통하여 흐르는 공기의 양은 감소된다. 이것은 벤투리 튜브의 흡입을 감소시켜 엔진에 공급되는 연료를 감소시킨다. 스로틀 밸브가 열릴 때는 엔진에 흐르는 혼합기가 증가한다. 즉, 스로틀 밸브의 개폐에 따라 엔진의 출력을 조절한다.

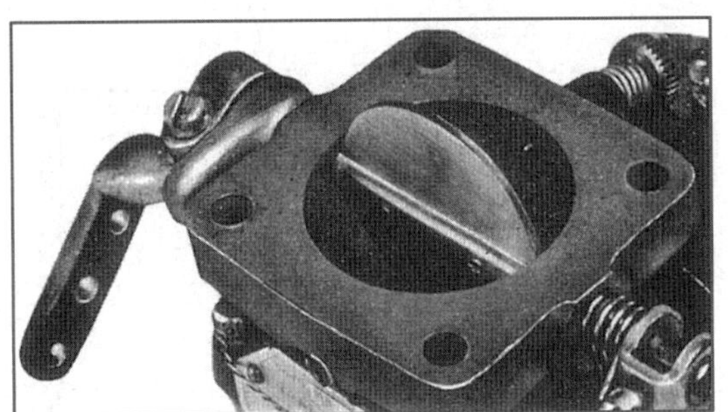

그림 4-8 A throttle valve

Section 14 — 부자식 기화기(float-type carburetor)

기화기의 벤투리를 통하는 공기의 흐름은 벤투리부에서 압력이 저하된다. 이때 방출 노즐(discharge nozzle)에서 연료가 분사되어 혼합기를 만든다.

부자식 기화기의 중요한 부분은 다음과 같다.

① 부자기구 및 부자실(float mechanism and chamber)

② 여과기(strainer)

③ 주 미터링 장치(main metering system)

④ 저속장치(idle system)

⑤ 이코노마이저 장치(economizer system)

⑥ 가속장치(accelerating system)

⑦ 혼합기 조종장치(mixture-control system)

1 부자기구와 부자실(float mechanism and chamber)

그림 4-9에서 보는 바와 같이 부자식 기화기에서 부자는 부자실(float chamber)의 연료 높이를 조종하며 이 유면은 연료흐름을 적당량으로 하기 위하여, 또한 엔진이 정지하고 있을 때 노즐로부터 연료의 누설을 방지하기 위하여 방출 노즐(discharge nozzle) 배출구보다 조금 낮게 유지하여야만 한다. 부자는 피벗(pivot)으로 된 레버에 붙어 있고 레버의 한쪽 끝은 부자 니들 밸브(float needle valve)와 맞물려 있다. 부자가 위로 뜰 때는 니들 밸브는 닫혀서 부자실로 들어오는 연료의 흐름을 차단한다. 이때의 유면이 기화기의 적절한 작동을 위한 적당한 연료높이가 된다.

니들(needle)과 시트(seat) 사이는 잘 밀착되어 방출 노즐(discharge nozzle)로부터 연료가 누설되거나 넘쳐 흐르는 것을 방지한다. 만약 부자실의 유면이 너무 높으면 혼합기는 농후하게 되고 유면이 너무 낮으면 희박하게 된다.

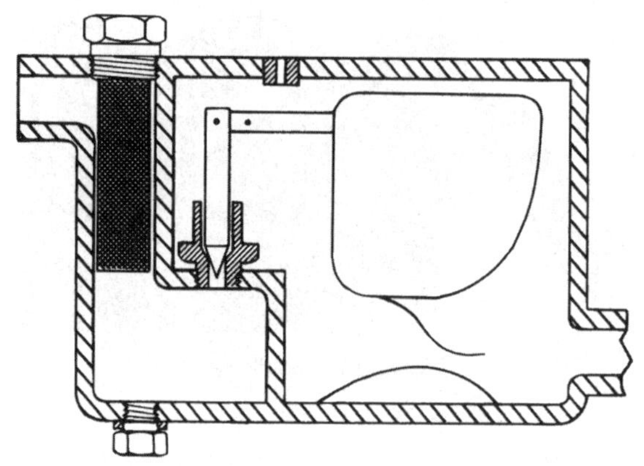

그림 4-9 Float and needle-valve mechanism in a carburetor

이 유면을 조절하기 위하여 부자 니들 시트에 와셔(washer)를 끼운다.

만약 유면을 올리려면 시트로부터 와셔를 제거하고 유면을 낮추려면 와셔를 더 넣으면 된다. 부자의 높이에 대한 명세는 제작회사의 오버홀 매뉴얼(overhaul manual)에 있다. 어떤 기화기의 유면은 부자 암(float arm)을 구부림으로써 조절할 수도 있다. 그림 4-10에서 위 그림은 부자와 밸브가 중앙에 있고 아래 것은 부자와 밸브가 중앙을 벗어나 있다.

모든 기화기에서 연료는 처음 여과실로 공급되어 여과망을 통하여 흘러 들어간다. 그림 4-11에서 보는 것과 같이 여과기는 가는 철사망으로 되어 있어서 이물질을 거르게 되어 있다. 그러므로 점검 때는 이물질을 제거하고 깨끗이 세척하여 장착하여야 한다.

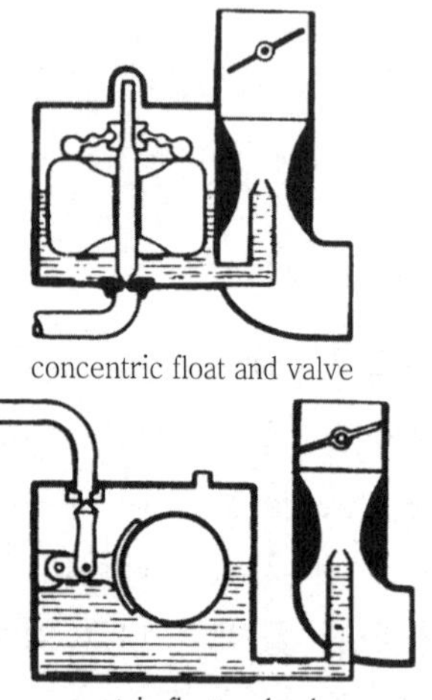

그림 4-10 Concentric and eccentric float mechanisms

그림 4-11 Carburetor fuel strainer

② 주 미터링 장치(main metering system)

(1) 주 미터링 장치(main metering system)의 구성

① 주 미터링 제트(main metering jet)
② 주 방출 노즐(main discharge nozzle)
③ 저속장치(idle system)로 통하는 통로
④ 벤투리(venturi)

(2) 주 미터링 장치의 3가지 기능

① 연료와 공기혼합기의 비율을 맞춘다.
② 방출 노즐에 압력을 저하시킨다.
③ 최대 전개(full-throttle) 시 공기 흐름을 조종한다.

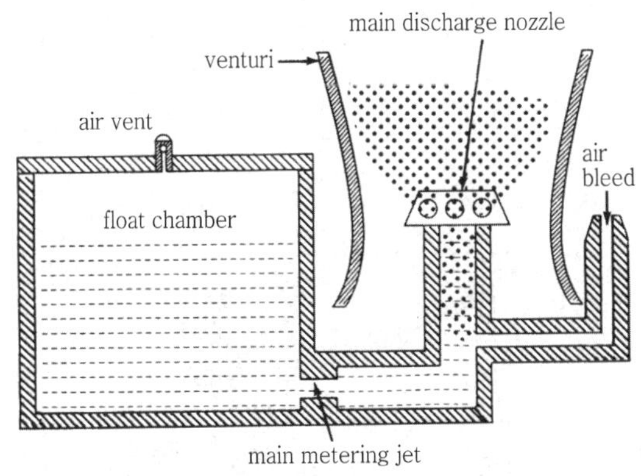

그림 4-12 Location of air-bleed system and main discharge nozzle

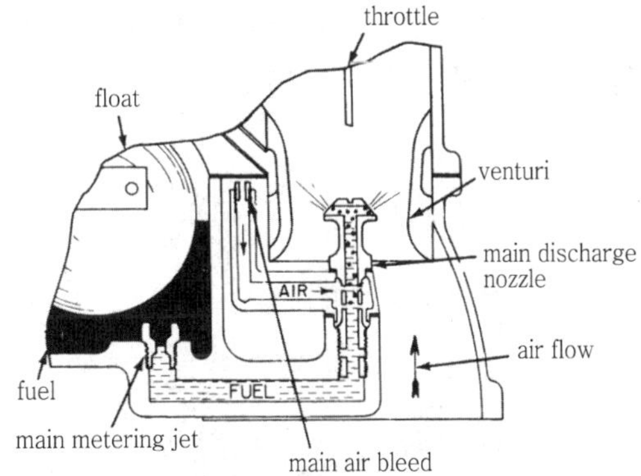

그림 4-13 Main metering system(Energy Controls Division, Bendix Corp.)

그림 4-12는 엔진 작동의 모든 출력범위를 통하여 연료와 공기의 균일한 혼합기를 유지할 수 있게 하는 것이다. 즉, 특수한 기화기에 공기 블리드 원리와 부자실의 유면(fuel level)을 보여 주는 것이다.

대표적인 기화기의 주 미터링 장치(main metering system)를 그림 4-13에서 보여 주고 있다.

③ 저속장치(idling system)

저속에서 기화기의 벤투리를 통하여 흐르는 공기는 너무 느리기 때문에 방출 노즐로부터 충분한 연료를 빨아내지를 못한다. 그러므로 기화기는 엔진이 계속적으로 작동하기 위한 충분한 연료를 공급할 수 없다. 동시에 스로틀은 거의 닫혀 있어서 스로틀 밸브의 끝과 공기 통로의 벽 사이의 공기속도는 높고 압력은 낮다. 더구나 스로틀 밸브의 흡입 쪽에 높은 흡입력이 생긴다. 그러므로 저속장치는 스로틀이 거의 닫히고 엔진이 천천히 회전할 때만 연료를 공급한다.

저속차단 밸브(idle cutoff valve)는 기화기에 저속장치를 통하여 흐르는 연료를 차단하는 것이다. 이것은 엔진을 정지하는데 사용한다.

저속에서 농 혼합비가 사용되는 것은 저속이므로 엔진이 실린더 주위에 적당한 냉각을 위한 충분한 공기가 흐르게 할 수 없기 때문이다.

그림 4-14는 주 방출 노즐(main discharge nozzle), 주 공기 블리드(main air bleed), 주 방출 노즐 스터드(main discharge nozzle stud), 저속 공급통로(idle feed passage), 주 미터링 제트(main metering jet), 가속 웰 스크루(accelerating well screw)로 구성된 세 조각 주 방출 어셈블리(three-piece main discharge assy)를 보이는 것이다. 이것은 상향 부자식 기화기(updraft float type carburetor)에 사용되는 주 방출 노즐 어셈블리의 두 형식 중 하나이다.

그림 4-15는 저속장치를 보여 주는 것이고 그림 4-16은 속도 변화에 따른 부자식 기화기의 작동을 보여 주는 것이다.

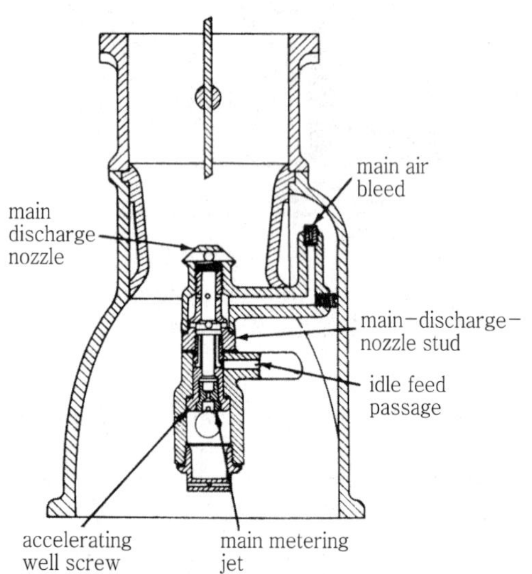

그림 4-14 Three-piece main discharge assembly

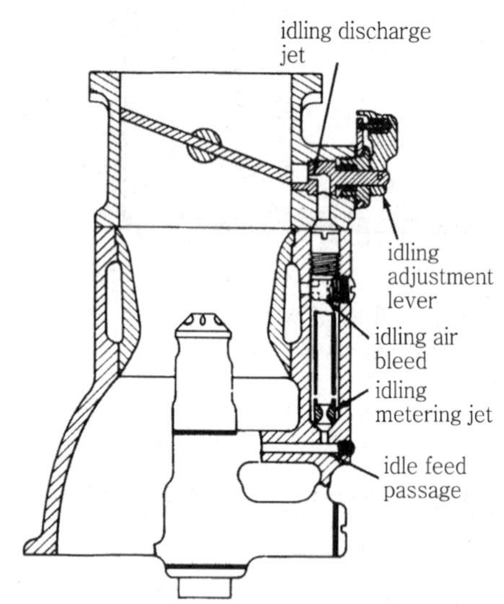

그림 4-15 Conventional idle system

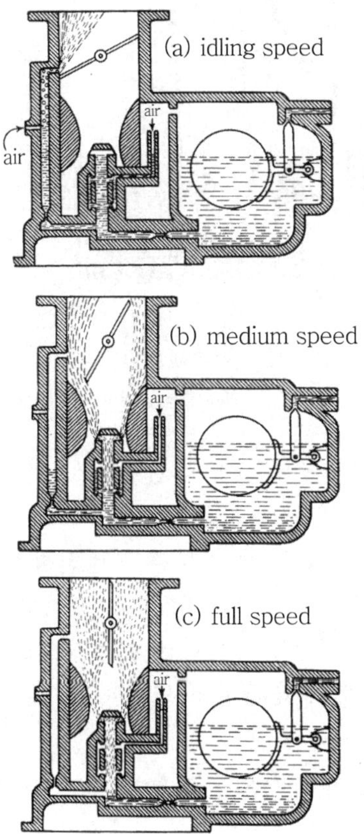

그림 4-16 Float-type carburetor at different speeds

4 이코노마이저 장치(economizer system)

이코노마이저 혹은 출력증가 장치(economizer or power enrichment system)는 저속과 순항속도에서는 닫히고, 고속에서는 연소온도를 감소하고 데토네이션을 방지하기 위해 농 혼합비로 하기 위하여 열리는 밸브이다. 즉, 순항속도 이상의 모든 속도에서 필요한 연료를 공급하고 조절한다.

이코노마이저를 장비한 기화기는 순항속도에서 가장 희박하게 맞추고 고출력 시에 필요한 만큼 농후하게 함으로써 연료 소모가 가장 경제적으로 운용된다.

부자식 기화기에서 이코노마이저의 3가지 형식은 니들 밸브형(needle valve type), 피스톤형(piston type), 흡입압력 작동형(manifold-pressure operated type)이다.

그림 4-17은 니들 밸브형 이코노마이저를 설명하는 것이다. 이 형은 정해진 스로틀 위치에서 스로틀 링키지로 열 수 있는 니들 밸브를 이용한다. 이것은 주 미터링 제트로부터 부가된 연료를 방출 노즐 통로로 들어오는 연료의 양을 조절한다.

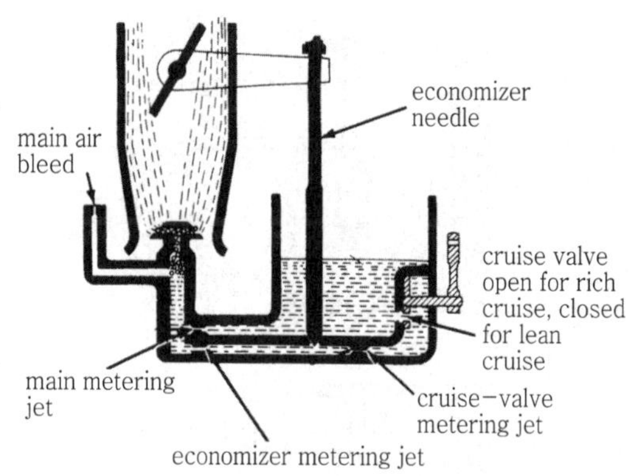

그림 4-17 Needle-type economizer

그림 4-18은 스로틀에 의하여 작동된다. 그림 A에서 밑의 피스톤은 순항속도에서 계통을 통하는 연료의 흐름을 방지하는 연료의 밸브이고 위 피스톤은 공기의 흐름을 허용하는 공기 밸브 기능을 한다. 그림 B에서 고출력 시 스로틀이 완전히 열리면 밑의 피스톤은 이코노마이저 미터링 밸브로부터 연료통로를 열고 위 피스톤은 공기의 구멍을 닫는다. 연료는 이코노마이저 웰(economizer well)에 가득 차서 주 방출 노즐로부터 흐르는 연료에 합쳐져서 기화기 벤투리로 방출된다. 위 피스톤은 연료에 빨아 들여지는 소량의 공기를 허용하여 이코노마이저 장치로부터 흐르는 연료의 분무를 도운다.

이코노마이저의 밑 피스톤의 밑 공간은 스로틀이 열릴 때 가속 웰(accelerating well)로 작동한다.

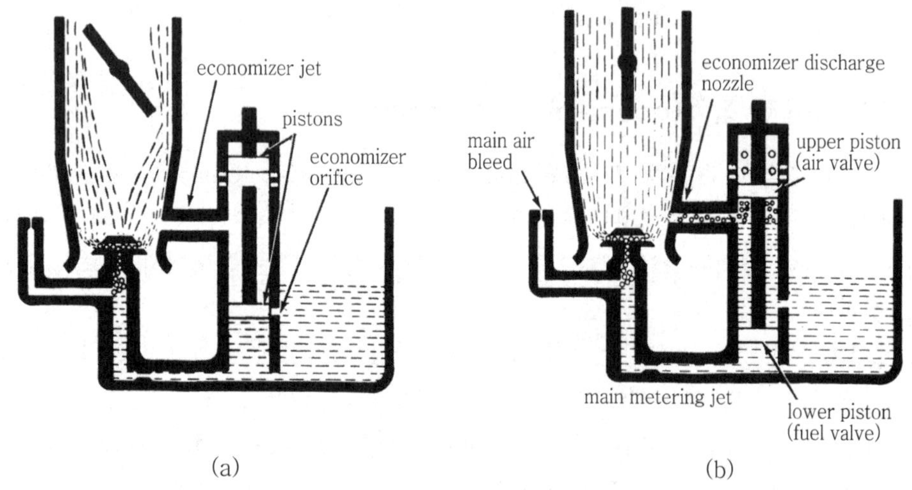

그림 4-18 Piston-type economizer

그림 4-19에서 보는 것과 같이 흡입 압력작동 이코노마이저(manifold-pressure operated economizer)는 엔진 과급기(engine blower)로부터 오는 압력이 벨로스 체임버(bellows chamber)의 압축 스프링보다 크게 작용할 때 압축되는 벨로스가 있다. 엔진 속도가 증가하면 과급기

압력은 역시 증가하여 이 압력이 벨로스를 수축하여 이코노마이저 밸브가 열리게 된다. 이때 연료는 이코노마이저 미터링 제트를 통하여 방출 노즐로 흐른다. 벨로스와 스프링의 작동은 'dashpot'에 의하여 안정되어 있다.

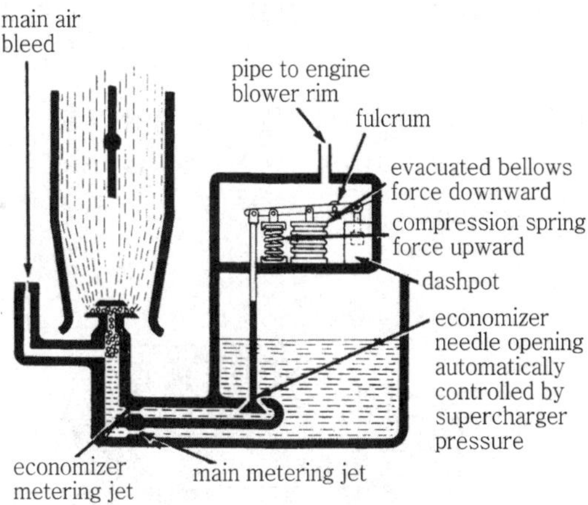

그림 4-19 Manifold-pressure-operated economizer

5 가속장치(accelerating system)

스로틀이 갑자기 열릴 때는 이에 따라 공기의 흐름이 증가한다. 그러나 연료의 관성 때문에 연료의 흐름은 공기흐름에 비례하여 가속되지 않는다.

그러므로 연료지연은 순간적으로 희박한 혼합기가 되어 엔진이 정지되려고 하거나 역화(backfire)가 일어나 출력감소의 원인이 된다. 이것을 방지하기 위하여 기화기에 가속장치를 둔다. 이 장치는 가속 펌프 혹은 가속 웰(accelerating pump or accelerating well)이다. 가속장치의 기능은 스로틀이 갑자기 열릴 때 기화기의 공기흐름 속으로 더 많은 양의 연료를 방출시켜 순간적으로 혼합기를 농후하게 하여 엔진이 무리없이 가속되게 한다. 가속 펌프는 그림 4-20에서와 같이 스로틀에 의하여 작동되는 슬리브형 피스톤 펌프(sleeve-type piston pump)이다.

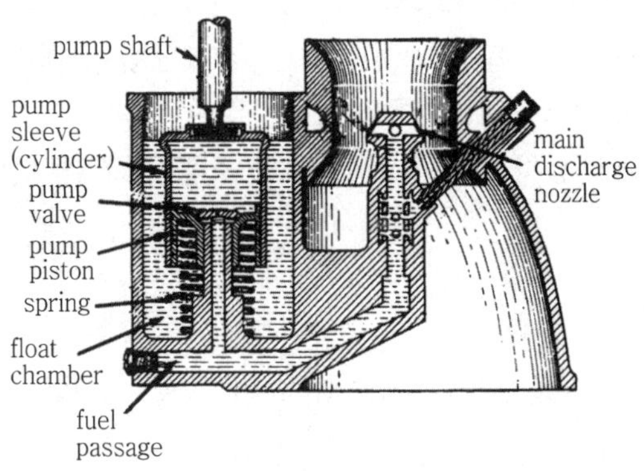

그림 4-20 A movable-piston-type accelerating pump

그림 4-21에서 보는 것과 같이 만일 스로틀이 열리는 위치로 갑자기 움직이면 실린더는 밑으로 힘을 가한다. 증가된 연료압 역시 피스톤이 스템(stem)을 따라 밑으로 움직이게 피스톤에 힘을 가한다.

피스톤이 밑으로 움직일 때 펌프 밸브는 열려서 중공으로 된 스템을 통하여 연료가 주 연료통로로 흐르게 한다.

스로틀이 완전히 열리면 가속 펌프 실린더는 완전히 밑에 오며 스프링이 피스톤을 위로 밀어 연료의 대부분은 실린더 밖으로 밀려난다. 피스톤이 완전히 위에 닿히면 밸브는 닫히고 더 이상 연료가 주 통로로 흐르지 않는다.

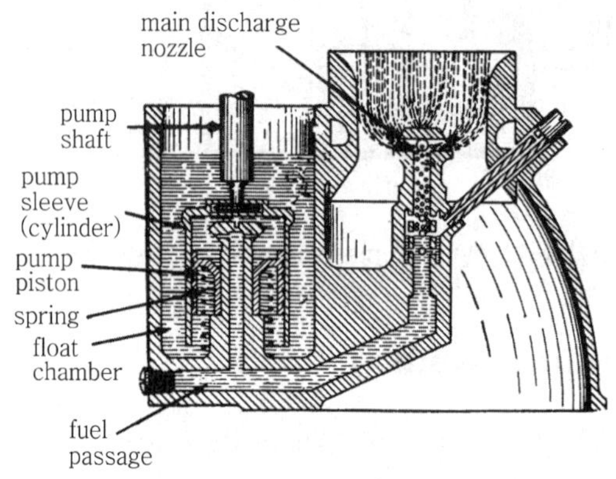

그림 4-21 Accelerating pump in operation

6 혼합 조종장치(mixture-control system)

고고도에서 공기는 기압, 밀도, 온도가 감소한다. 공기밀도가 감소하면 출력은 대략 같은 비율로 감소한다. 공기의 밀도는 온도와 기압에 의하여 변한다. 만일 기압이 일정하다고 하면 공기의 밀도는 온도에 의하여 변하는데 온도가 떨어지면 밀도는 증가한다. 이때는 기화기의 연료공기의 혼합이 희박하게 된다. 고도에 의한 공기압력의 변화는 온도변화에 의한 밀도변화보다도 더 심각한 문제이다. 고도 18,000ft의 공기압력은 해면에 대략 1/2이며 연료흐름도 해면에 대략 1/2 정도 감소하여야 한다.

공기압력과 온도변화를 보상하기 위하여 연료의 흐름을 조절하는 것이 혼합기 조종장치의 주 기능이다.

(1) 혼합기 조종장치의 주 기능

① 고고도에서 혼합기가 과도하게 농후되는 것을 방지한다.
② 실린더 헤드 온도가 희박한 혼합기를 사용함으로 너무 높아지지 않는 저출력 범위 내에서 연료를 절감한다.

(2) 혼합기 조종장치(mixture-control system)의 작동원리에 따른 분류

① back-suction type : 미터링 장치에 유효한 압력을 감소한다.

② needle-type : 미터링 장치를 통하는 연료의 흐름을 제한한다.

③ air-port type : 주방출 노즐과 스로틀 밸브 사이에서 기화기에 들어오는 공기를 더 많이 들어오게 하는 것이다.

그림 4-22는 백석션 혼합기 조종장치를 보여 주는 것으로서, 좌측은 닫혀진 상태의 혼합 조종 밸브를 보여 주는 것이다. 이것은 부자실의 연료상부의 공간과 대기압을 차단하는 것이다. 부자실은 기화기의 벤투리에 저압부분과 연결되어 있는 이상 부자실 연료 위의 압력은 연료가 방출 노즐로부터 더 이상 방출되지 않을 때까지 감소될 것이다. 이것은 저속 차단(idle cutoff)과 같이 작동하며 엔진을 정지한다.

연료의 흐름은 혼합 조종 밸브의 출구를 조절함으로써 변한다. 혼합기를 희박하게 하기 위하여는 밸브를 닫혀지는 위치쪽으로 움직이고 농후하게 하기 위하여는 밸브를 열리는 위치로 움직이면 된다.

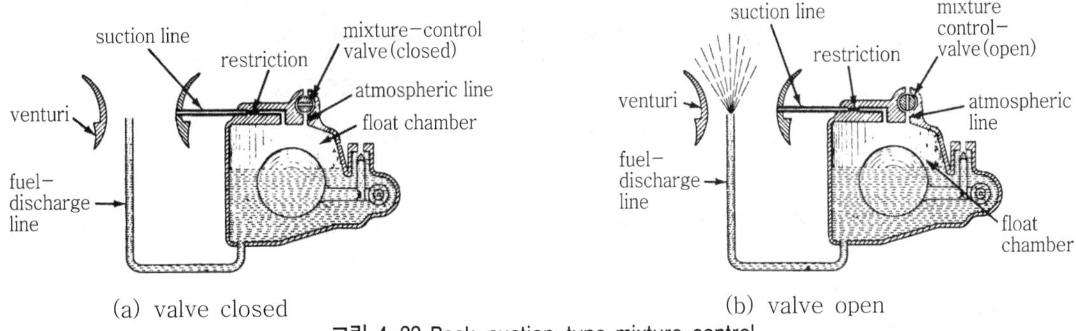

그림 4-22 Back-suction-type mixture control

아래 그림은 풀 리치(full rich) 위치를 보여 준다.

백석션 혼합조종(back-suction mixture control)의 감도를 줄이기 위하여 디스크형 밸브(disk type valve)를 종종 사용한다. 그림 4-23은 디스크형 밸브를 보이며 이것은 고도 조종 밸브 디스크판(altitude-control valve disk and plate)이라고도 한다.

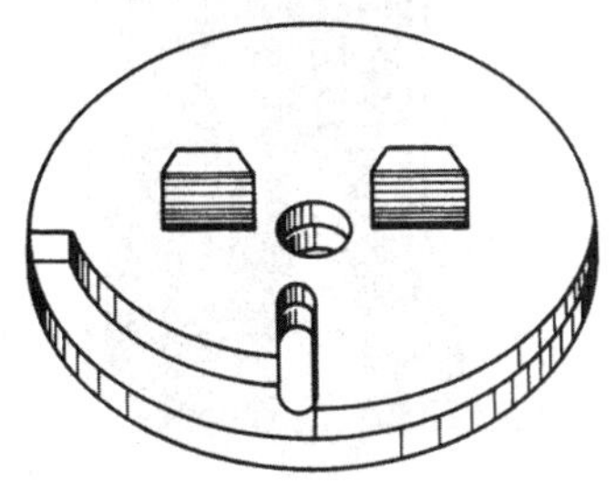

그림 4-23 Disk-type mixture control

그림 4-24는 니들형 혼합조종(needle-type mixture control)을 보여 주는 것이다. 이 조종에서 니들은 주 미터링 제트(main metering jet)를 통과하는 연료통로를 제한하는 데 이용된다. 혼합조종을 풀 리치(full rich)일 때는 니들이 그림에서와 같이 올라와서 연료는 주 미터링 제트에 의하여 적당량이 흐를 것이다. 희박한 혼합기를 하기 위하여는 니들 밸브를 니들 밸브 시트에 앉게 하여 주 방출 노즐에 연료의 흐름을 감소시킨다. 니들 밸브(needle valve)가 완전히 닫히더라도 부자실로부터 연료 통로까지 연료가 흐를 수 있게 조그마한 바이패스 구멍이 있다. 이 구멍의 크기는 조종범위(control range)에 의하여 결정된다.

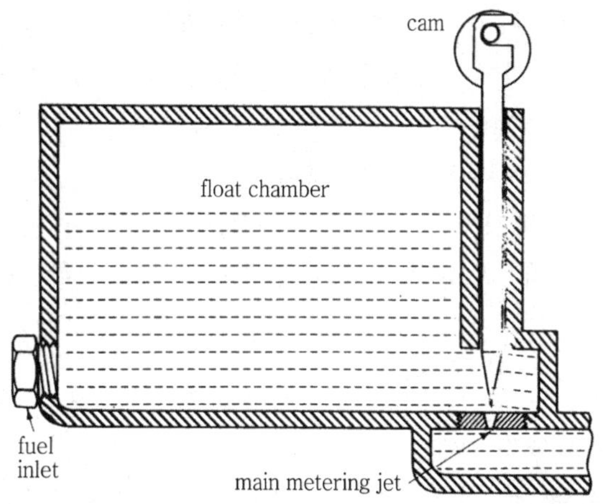

그림 4-24 Needle-type mixture control

그림 4-25는 에어포트형 혼합조종(air-port type mixture control)을 보이는 것이며 이것은 벤투리 튜브와 스로틀 밸브 사이의 영역으로부터 대기압력을 인도하는 공기통로이다. 이 공기통로의 버터플라이 밸브는 조종석에서 조종사에 의하여 수동으로 조종된다. 조종사가 공기통로에 있는 버터플라이 밸브를 열면 연료와 혼합되지 않은 공기가 연료와 공기 혼합기 속으로 분사된다. 그러므로 벤투리 튜브를 통하여 들어오는 공기의 속도가 감소되어 흡입다기관으로 들어오는 연료량을 감소시킨다.

그림 4-25 Air-port-type mixture control

7 자동혼합기 조종장치(automatic mixture-control system)

고도 변화에 따라 혼합기 조종을 자동적으로 하는 장치로서 'back-suction'과 'needle valve' 원리에 의하여 작동되는 자동조종장치는 기계적인 결합장치를 통하여 압력 수감부의 벨로스(bellows)의 팽창과 수축에 의하여 직접 작동된다.

그림 4-26은 대기압과 배출구가 있는 벨로스(bellows)에 의하여 작동된다. 그러므로 연료 흐름은 대기압에 비례한다.

그림 4-27은 백석션 조종장치(back-suction control device)와 같이 기화기에 장착되어 있는 벨로스형 혼합 조종 밸브(bellows type of mixture-control valve)를 나타낸다. 이것은 대기압이 감소하면 벨로스(bellows)는 팽창하여 연료 체임버(fuel chamber)로 들어오는 문을 닫기 시작한다. 이렇게 하여 체임버의 압력이 감소되어 방출 노즐로부터 연료의 흐름을 감소시킨다.

(1) 풀 리치(full rich)

혼합기 조종을 최대 연료흐름의 위치에 맞추는 것

(2) 농최대 출력(rich best power)

스로틀 고정위치에서 rpm 감소 없이 혼합비 조종을 기능한 한 농후하게 함으로써 최대 엔진 rpm을 허용하는 것

(3) 희박 최대 출력(lean best power)

스로틀 고정위치에서 rpm 감소 없이 혼합비를 가능한 한 희박하게 함으로써 최대 엔진 rpm을 허용하는 것

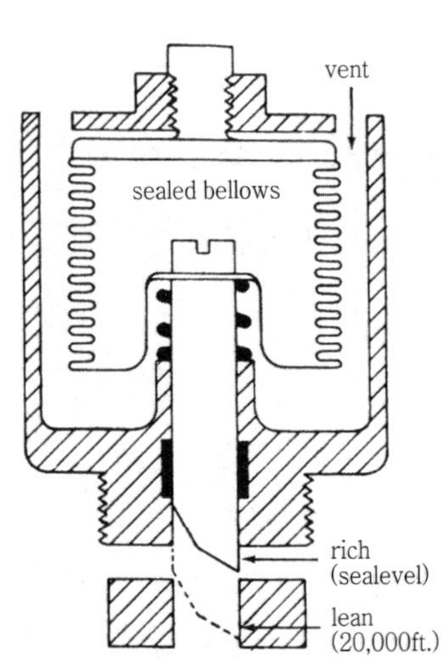

그림 4-26 Automatic mixture-control mechanism

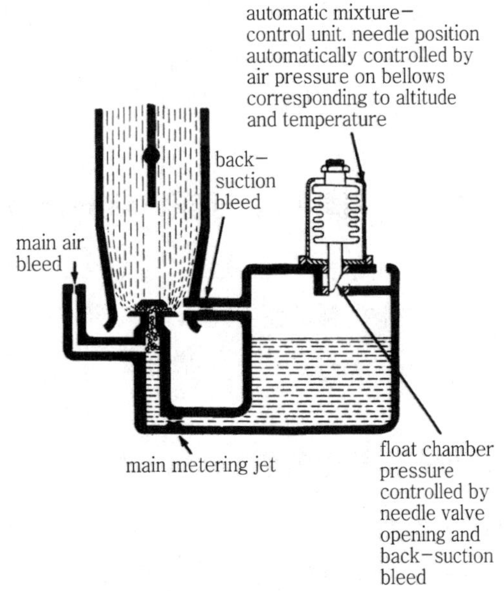

그림 4-27 Automaitc mixture control in operation

8 하향 기화기(downdraft carburetor)

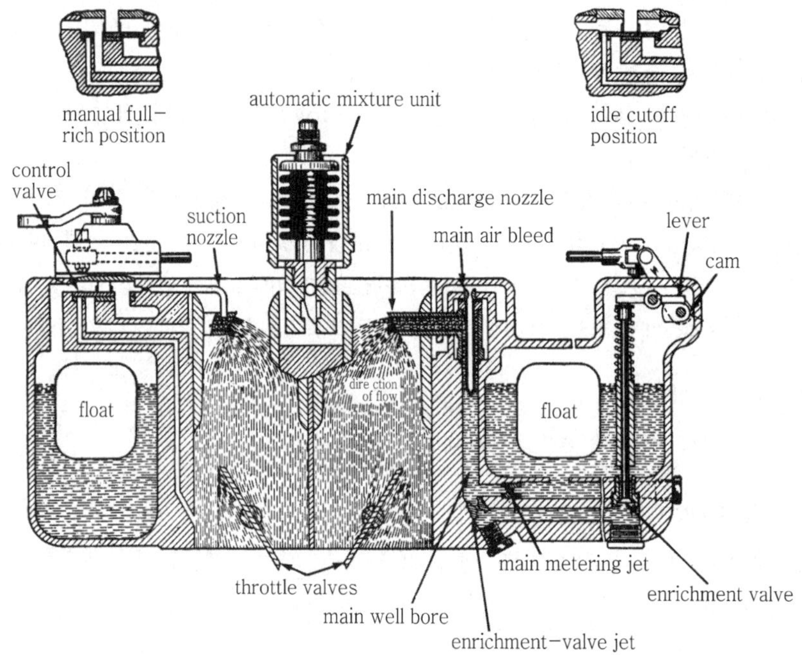

그림 4-28 A downdraft carburetor

'updraft'는 기화기를 통하는 공기가 위쪽으로 흐르는 것을 의미한다. 하향 기화기(down-draft carburetor)는 엔진 위에서 공기를 받아 들여서 기화기를 통하여 공기를 밑으로 흐르게 한다. 그러므로 이 형은 화재의 위험이 작고 실린더에 혼합기 분배가 좋으며 지면으로부터 모래와 먼지를 적게 흡입한다(그림 4-28).

9 부자식 기화기의 단점(disadvantage of float-type carburetor)

① 곡예 비행 시 연료흐름의 교란으로 부자의 기능을 방해하기 때문에 연료의 공급이 불규칙하여 때로는 엔진이 정지한다.
② 기화기에 빙결(icing) 현상이 일어나기 쉽다.

10 기화기 빙결형성(carburetor ice formation)

연료가 기화기 벤투리의 저압력부에 방출될 때는 증발이 빠르다. 이 연료의 빠른 증발은 벤투리부의 공기, 벽, 수증기를 식힌다. 만일 공기 중에 습도가 높고 기화기가 32℉ 이하로 낮아지면 얼음이 형성되어 엔진의 작동을 방해한다. 이 현상으로 연료와 공기의 통로가 막히고 혼합기의 흐름은 감소하게 되어 출력은 떨어진다. 이 상태를 수정하지 않으면 최후에는 출력이 떨어져서 엔진이 정지하게 된다.

기화기 빙결이 일어나면 스로틀 변화없이 엔진 속도(rpm)와 흡입압력(manifold pressure)이 점차로 떨어지는 것을 감지할 수 있다. 빙결의 중요한 영향은 출력감소, 엔진진동, 역화(backfire)가 일어난다.

기화기 빙결에 대한 안전 처리는 세 가지 방법이 있다.

① 이륙 전에 기화기 히터 작동 점검

② 활공이나 착륙하기 위하여 출력을 감소할 때는 기화기 히터를 사용할 것

③ 빙결이 일어날 것이라고 판단될 때는 언제나 기화기 히터를 사용할 것

기화기 빙결의 위험성 때문에 혼합기 서모미터(mixture thermometer or car-air temp-gage)의 감지장치를 기화기와 흡입 밸브 사이에 장착하는 수도 있다. 이 계기는 빙결상태가 되게 하는 벤투리의 저온도를 지시할 뿐만 아니라 기화기 공기 흡입 히터가 데토네이션 조기 점화 출력 감소의 원인이 될 수 있는 과도한 높은 온도를 피하기 위하여 사용될 때는 높은 온도도 지시한다.

빙결이 형성되는 3가지 과정
- fuel ice or fuel evaporation : 연료증발의 냉각효과로 일어나는 것
- impact ice or atmospheric ice : 32°F 이하의 엔진 부품과 접촉하여 들어 오는 대기 중의 증기에 의하여 일어나는 것
- throttle ice or expansion ice : 스로틀이나 스로틀 근처에 공기 중에 모여 진 수증기의 빙결때문에 일어나는 것

11 저속과 저속 혼합기 조절(adjusting idle speed & idle mixture)

부자식 기화기를 장비한 엔진 저속은 스로틀의 개도를 조절하는 나사(screw)를 돌려서 조절한다.

보통 나사를 오른쪽으로 돌리면 저속(idle speed)이 증가하고 왼쪽으로 돌리면 감소한다. 일반적으로 저속은 600±25rpm이다. 그러나 엔진 형식에 따라 조금씩 다르므로 정비지침서의 지침에 의하여 조절하면 된다(그림 4-29, 4-30).

그림 4-29 Marvel-Schebler MA-3 carburetor

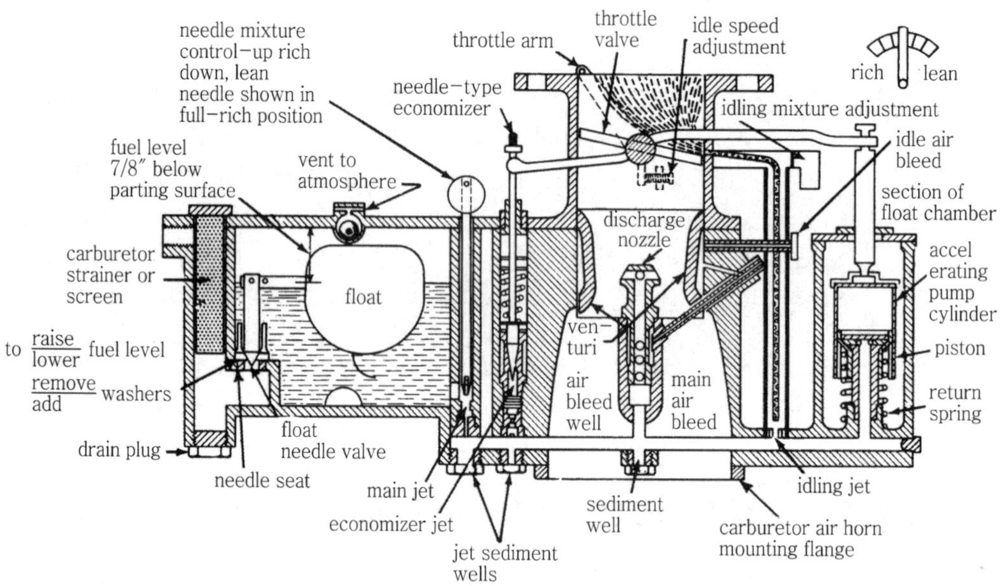

그림 4-30 Drawing of Bendix-Stromberg NAR series carburetor

저속 혼합기의 조절(idle mixture adjustment)은 다음과 같이 한다.

① 정상 작동온도까지 엔진을 작동시킨다.

② 정확한 저속(idle rpm)을 조절한다.

③ 저속 혼합기 조절을 엔진의 진동이 올 때까지 희박(lean) 쪽으로 돌린다.

④ 저속 혼합기 조절을 엔진의 진동이 없을 때까지 농후(rich) 쪽으로 돌린다.

⑤ rpm이 순간적으로 최고 rpm에서 떨어질 때까지 농후(rich)하게 한다.

⑥ 혼합기 조종을 희박 쪽으로 작동하면 rpm이 순간적으로 20rpm 정도 증가했다가 뚝 떨어진다. 이때가 정상이다.

12 고장탐구(trouble shooting)

고장(trouble)	원인(cause)	수정(correction)
(1) 엔진이 정지하고 있을 때 기화기가 샌다.	① 부자 니들 밸브(float needle valve)가 먼지나 오물로 인하여 자리에 잘못 앉았다. ② 부자 니들 밸브가 닳았다.	㉠ 엔진이 작동할 동안 부드러운 나무망치로 기화기 몸체를 탁탁 쳐라. 탈거하여 기화기를 세척하라. 부자의 유면을 점검하라. ㉡ 부자 니들 밸브를 교환하라.
(2) 혼합기가 저속에서 너무 희박하다.	① 연료압(fuel pressure)이 너무 낮다. ② 저속 혼합조종이 잘못 조절되었다. ③ 저속 미터링 제트가 막혔다. ④ 흡입 다기관에서 공기가 샌다.	㉠ 연압을 정확한 수준까지 조절하라. ㉡ 저속 혼합조종을 조절하라. ㉢ 기화기를 분해하여 세척하라. ㉣ 흡입 다기관의 모든 연결부가 단단히 조여졌나 점검하라.
(3) 혼합기가 순항속도에서 너무 희박하다.	① 흡입 다기관에서 공기가 샌다. ② 자동 혼합조종이 잘못 조절되었다. ③ 부자의 유면이 너무 낮다. ④ 수동 혼합조종이 정확하게 맞지 않다. ⑤ 연료여과기가 막혔다. ⑥ 연료압이 너무 낮다. ⑦ 연료 라인이 막혔다.	㉠ 흡입 다기관의 모든 연결부가 단단히 조여졌나 점검하라. ㉡ 자동 혼합조종을 조절하라. ㉢ 부자의 유면을 점검하여 정확하게 하라. ㉣ 수동 혼합조종의 맞춤을 점검하라. 만일 필요하다면 링키지(linkage)를 조절하라. ㉤ 연료여과기를 세척하라. ㉥ 연료 펌프 릴리프 밸브를 조절하라. ㉦ 연료흐름을 점검하고 막힌 곳을 깨끗이 하라.
(4) 혼합기가 최대 출력에서 너무 희박하다.	① 순항 때 희박한 것과 같은 원인이다. ② 이코노마이저의 부적당한 작동이다.	㉠ 순항 때 희박한 혼합비와 같이 수정하여라. ㉡ 이코노마이저의 작동을 점검하라. 필요하면 조절이나 수리를 하라.
(5) 저속에서 혼합기가 너무 농후하다.	① 연료압이 너무 높다. ② 저속 혼합조종이 잘못 조절 되었다. ③ 프리머(primer) 라인이 개방되어 있다.	㉠ 연압을 적절한 수준으로 조절하라. ㉡ 저속 혼합 조절을 하라. ㉢ 프리머 장치가 엔진까지 연료를 공급하지 않는가를 보라.

고장(trouble)	원인(cause)	수정(correction)
⑹ 혼합기가 순항속도에서 너무 농후하다.	① 자동 혼합조종이 잘못 조절되었다. ② 부자 유면이 너무 높다. ③ 수동 혼합조종이 잘못 맞춰졌다. ④ 연압이 너무 높다. ⑤ 이코노마이저 밸브가 열려 있다. ⑥ 가속 펌프가 열려서 고착되었다.	㉠ 자동 혼합조종을 조절하라. ㉡ 부자 유면을 조절하라. ㉢ 수동 혼합조종의 맞춤을 점검하라. 필요하면 링키지를 조절하라. ㉣ 연료 펌프 릴리프를 정확한 압력으로 조절하라. ㉤ 이코노마이저의 정확한 작동점검을 하라. 급격한 가속으로 작동점검하라. ㉥ 엔진의 급격한 가속으로 시트로부터 외부 물질을 제거시켜라.
⑺ 가속이 잘 안 된다. 스로틀을 전개할 때 엔진이 역화나 혹은 실화가 된다.	가속 펌프가 적당하게 작동되지 않는다.	가속 펌프 링키지(linkage)를 점검하라. 기화기를 탈거 분해하여 가속 펌프를 수리하라.

CHAPTER 05

압력분사식 기화기

Pressure-injection carburetor

Section 01 — 장점(advantages)

① 기화기의 몸통에서 연료의 증기(vapor)에 의하여 빙결(icing)되지 않는다.
② 어떠한 형태의 비행에서도 중력과 관성의 영향이 적다.
③ 연료는 고도, 프로펠러 피치, 스로틀 위치의 변화에 관계없이 어떠한 엔진 속도에서
도 정확하게 자동적으로 공급된다.
④ 압력하에서 연료를 분무하므로 엔진의 작동이 유연하고 경제적이다.
⑤ 출력맞춤이 간단하고 균일하다.
⑥ 연료의 비등(boiling)과 증기폐색(vapor lock)을 방지하는 장비가 갖추어져 있다.

Section 02 — 작동원리(principle of operation)

이 기화기의 기본적인 작동원리는 작동되는 압력에 의하여 연료의 흐름을 결정하는데 기화기는 많은 공기 흐름에 비례하여 연료 흐름이 증가하고 기화기의 스로틀과 혼합기의 맞춤에 의하여 적당한 혼합비를 유지한다.

이 형의 기화기의 주요 부분은 그림 5-1에서 보는 바와 같이 3가지 부분이다.

① 스로틀 계통(throttle unit)
② 조종기 계통(regulator unit)
③ 연료조종 계통(fuel-control unit)

기화기가 작동할 때 공기는 스로틀 개도에 의하여 결정되는 양으로 스로틀 계통으로 흐른다. 공기통로의 입구에 유입되는 공기의 속도에 비례하여 압력을 높이는 임팩트 튜브(impact tube)가 있다. 이 튜브로 들어온 공기압력은 조종기 계통(regulator unit)의 체임버 A에 작용한다. 공기가 벤투리를 통하여 흐를 때 공기의 흐름 속도에 의하여 벤투리부의 압력이 감

소된다. 이 감소된 압력은 체임버(chamber) B에 작용한다. 체임버 A의 비교적 높은 압력과 체임버 B의 낮은 압력으로 두 체임버 사이의 막(diaphragm)에는 압력차가 생긴다.

이 압력 차이로서 생기는 힘을 공기 미터링 힘(air-metering force)이라고 한다. 이 압력 차의 힘이 증가할 때는 포핏 밸브(poppet valve)가 열려 연료 펌프에 의해 압력이 걸려 있는 연료가 체임버 D로 흘러 들어오게 된다. 이 미터되지 않은 연료는 포핏 밸브를 닫히게 하는 체임버 D와 체임버 C 사이의 막(diaphragm)에 힘을 미친다. 연료는 연료조종계통(fuel control unit)에 하나 혹은 그 이상의 미터링 제트(metering jet)를 통하여 방출 노즐(discharge nozzle)로 흐른다.

조종기 계통(regulator unit)의 체임버 C는 체임버 C와 D 사이에 있는 막에 작용하는 미터드 연료압(metered fuel pressure)을 마련하는 연료조종계통(fuel control unit)의 출구(out-port)에 연결되어 있다. 이렇게 하여 미터되지 않은 연료압(un-metered fuel pressure)은 막의 D쪽에 작용하고 미터드 연료압(metered fuel pressure)은 C쪽에 작용한다.

이때 연료 압력차이에 의하여 생기는 힘을 연료 미터링 힘(fuel-metering force)이라고 한다.

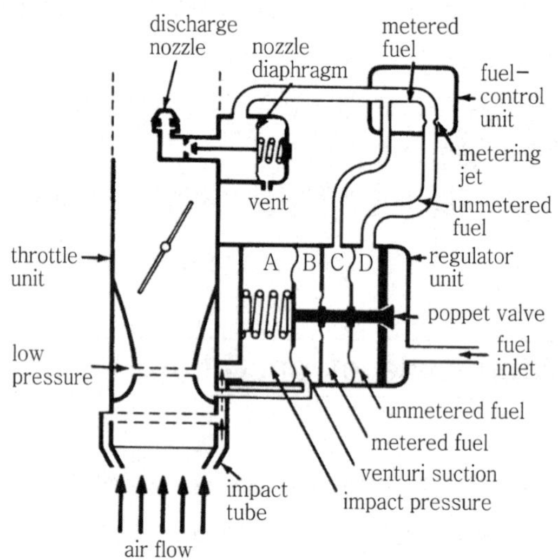

그림 5-1 Simplified diagram of a pressure-injection carburetor

스로틀 개도가 증가할 때는 기화기로 들어오는 공기흐름은 증가하며 벤투리의 압력이 감소하여 체임버 B의 압력도 감소하게 되며 체임버 A의 임팩트 압력(impact pressure)은 증가하여 체임버 A와 B 사이의 막은 공기 미터링 힘(air-metering force) 때문에 오른쪽으로 움직인다. 이 막의 움직임은 포핏 밸브(poppet valve)를 열어 많은 연료가 체임버 D로 들어오게 한다. 이렇게 하여 체임버 D의 압력이 증가하면 막을 움직여 공기 미터링 힘(air-metering force)에 대해서 왼쪽으로 움직이게 한다. 그러나 이 움직임은 체임버 C의 미터드 연료 (metered fuel)의 압력에 의하여 수정된다.

체임버 C와 D의 연료 압력 차는 엔진이 일정하게 작용할 때는 언제나 공기 미터링 힘에 대

해서 평형을 갖는다.

체임버 C의 압력은 스프링 하중과 막에 의하여 작동되는 주 방출 노즐 밸브(diaphragm-operated main discharge nozzle valve)에 의하여 약 5psi의 압력을 유지한다. 이 방출 노즐 밸브(discharge nozzle valve)는 엔진이 작동하지 않을 때 노즐로부터 연료가 새는 것을 방지한다.

스로틀 개도가 감소할 때는 공기 미터링 힘이 감소하여 연료 미터링 힘(fuel-metering force)과 포핏 밸브를 닫히게 한다. 이렇게 되어 공기 미터링 힘에 의하여 다시 평형을 이룰 때까지 연료 미터링 힘을 감소시킨다.

기화기를 통하여 흐르는 공기의 양이 증가하면 연료 조종부(fuel-control section)의 미터링 제트(metering jet)를 지나는 연료 미터링 압력(fuel metering pressure)이 증가하여 많은 연료가 방출 노즐을 통하여 흐른다. 공기흐름의 양이 감소하면 연료흐름도 감소한다. 기화기의 조정기부(regulator section)는 저속에서는 정확하게 연료압력을 조절할 수 없다. 왜냐하면 벤투리 흡입(venturi suction)과 공기 임팩트 압력(air-impact pressure)이 낮을 때는 영향을 받지 않기 때문이다.

그러므로 저속범위에 연료를 미터(meter)하기 위하여 스로틀 링키지(throttle linkage)에 의하여 작동되는 저속밸브(idle valve)가 있으며 압력조정기의 스프링은 포핏 밸브가 완전히 닫히는 것을 막는 것이다.

조정기의 공기와 연료 체임버의 기능을 요약하면 다음과 같다.

(1) 체임버 A

임팩트 공기압력(impact air pressure)을 받아서 이 압력이 주 연료 포핏 밸브(main fuel poppet valve)를 열리게 하여 연료가 조정기(regulator) 속으로 흘러 들어오게 한다.

(2) 체임버 B

기화기의 주 벤투리(main venturi)나 혹은 부스트 벤투리(boost venturi)의 어느 한 곳에서 벤투리 흡입(venturi suction)을 받는다. 이 벤투리 흡입은 체임버 A와 B 사이의 막을 주 연료 포핏 밸브를 열리게 하는 방향으로 움직임을 도운다. 체임버 A와 B의 공기 압력 차에 의하여 생기는 힘은 다같이 포핏 밸브를 열리게 한다.

만일 두 체임버 사이의 막이 파열되면 포핏 밸브는 엔진이 정지할 정도로 충분히 닫히거나 혹은 엔진 출력이 크게 감소된다.

(3) 체임버 C

미터드 연료(metered fuel)가 체임버 D의 압력보다도 약간 낮은 압력(약 1/4psi)으로 체임버 C에 들어온다. 이것은 포핏 밸브가 닫힘으로써 체임버 D의 더 높아지려는 압력을 방지하며 체임버 C와 D 사이의 막에 작은 차압을 유지한다.

(4) 체임버 D

연료 펌프로부터 언미터드 연료(unmetered fuel)가 체임버 D에 들어 온다. 이 연료의 압력은 연료막에 대해서 작용하며 다른 체임버에 의하여 만들어지는 평형힘(balance force)을 제외하면 포핏 밸브를 닫히게 한다.

Section 03 — 압력분사식 기화기의 영식(types of pressure-injection carburetor)

'Energy controls division of the bendix corporation'에서는 왕복 엔진의 모든 모델에 사용하는 기화기를 제작하고 있다.

소형 엔진에 사용하는 기화기는 싱글 배럴(single barrel), 싱글 벤투리(single venturi)로 PS란 문자로 명명되어 있으며 그의 의미는 압력식(pressure type) 싱글 배럴 기화기(single barrel carburetor)라는 것이다.

중형 엔진에 사용하는 기화기는 부스트 벤투리(boost venturi)를 갖고 있는 복식 배럴(double barrel)이며 PD(pressure double)란 문자로 명명되어 있다.

다식 배럴 기화기(triple-barrel carburetor)는 PT, 구형(직사각형) 배럴 기화기(rectangular barrel carburetor)는 PR로 명명되어진다. 그 다음의 숫자, 즉 문자 다음의 숫자는 기화기 내경의 크기를 표시한다.

Section 04 — 작동장치(operating units)

1 스로틀 계통(throttle unit)

기화기를 통하여 엔진에 들어가는 많은 공기흐름을 조종하며 측정한다. 스로틀은 공기의 충격힘과 속도를 감지하므로 연료압력과 혼합비에 영향을 주는데 이용되는 조정힘(regulating force)을 만들어 준다.

2 조정기 계통(regulator unit or pressure regulator unit)

연료 조종계통(fuel-control unit)의 미터링 요소(metering element)에 작용하는 연료의 압력을 자동적으로 조절한다. 이 조절은 공기의 흐름과 연료의 흐름에 따라 막(diaphragm)에 의하여 이루어진다.

３ 연료조종 계통(fuel-control unit)

조정계통(regulator unit)으로부터 여러 가지로 변하는 압력을 가진 연료를 받아서 방출 노즐(discharge nozzle)로 공급한다.

이 계통은 하나 또는 그 이상의 미터링 제트(metering jet)를 가지고 있으며, 또한 수동식 혼합 조종기를 포함하고 있다. 이것을 포함한 계통은 'auto lean', 'auto rich', 'full rich' 작동상태를 위한 제트(jet)를 가지고 있으며 엔진을 정지하기 위한 'idle cutoff'가 있어서 모든 연료의 흐름을 정지시킬 수 있다.

４ 방출 노즐(discharge nozzle)

연료를 공기흐름 속에 분무하는 연료통로이다. 방출 노즐은 아주 낮은 압력에서 연료의 흐름을 방지하기 위하여 밸브를 가지고 있다. 즉, 엔진 정지 시 이 밸브가 연료의 흐름을 막아서 새는 것을 방지한다.

５ 가속 펌프(accelerating pump)

(1) 막형 가속 펌프(diaphragm-type accelerating pump)

(2) 스로틀 작용 피스톤 펌프(throttle-operated piston pump)

그림 5-2는 대표적인 막형 가속 펌프이다. 이 막형 가속 펌프는 연료 체임버와 공기 체임버를 분리하는 막을 가지고 있다. 공기 체임버는 스로틀의 엔진 쪽 스로틀 보어(throttle bore)에 연결되어 있어서 저출력으로 작동할 동안은 펌프의 공기 체임버는 거의 닫혀진 스로틀을 통하는 공기흐름이 제한을 받기 때문에 저압력이다.

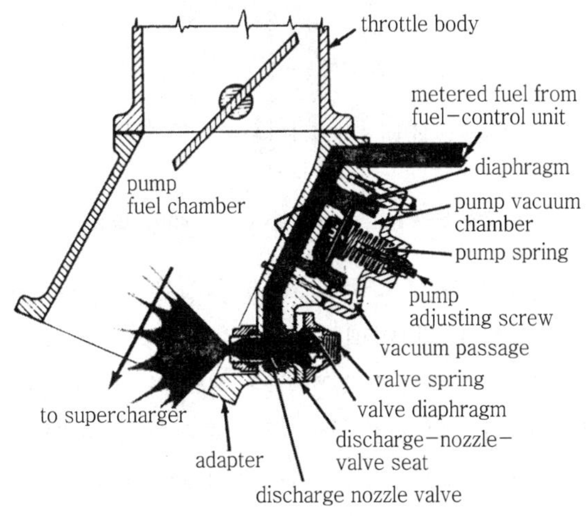

그림 5-2 Discharge nozzle with diaphragm-type

막의 한쪽에 이 저압력과 다른 쪽의 연료압력이 합쳐져서 연료 체임버에 연료를 가득 채우는 방향으로 막을 움직인다. 스로틀이 갑자기 전개될 때 스로틀의 엔진 쪽 압력은 증가하여 이 증가된 압력은 진공통로(vaccum passage)를 통하여 펌프의 공기 체임버에 전달된다. 이 증가된 공기압력과 펌프 스프링 힘이 합쳐져서 연료 체임버에 대하여 막을 움직여 가속 시 여분의 연료공급을 하여 방출 노즐(discharge nozzle)을 통해 방출하게 된다.

6 농후 밸브(enrichment valve)

스로틀을 고출력으로 맞출 때는 여분의 냉각을 고려하여 연료와 공기비를 증가시키기 위해 농후 밸브(enrichment valve)가 자동적으로 열리도록 설계되어 있다. 이 밸브를 'power enrichment valve, fuel-head enrichment valve'라고도 한다.

7 자동혼합 조종장치(automatic mixture-control system)

고도가 높아지면 공기의 압력은 저하하여, 혼합비는 공기압력 저하에 따라 연료흐름이 감소되지 않으므로 농후하게 된다. 그러므로 고도변화를 보상하기 위해 혼합비를 자동적으로 조절하는 것이 자동혼합 조종장치이다. 그림 5-3은 자동혼합 조종장치를 설명하는 그림이다.

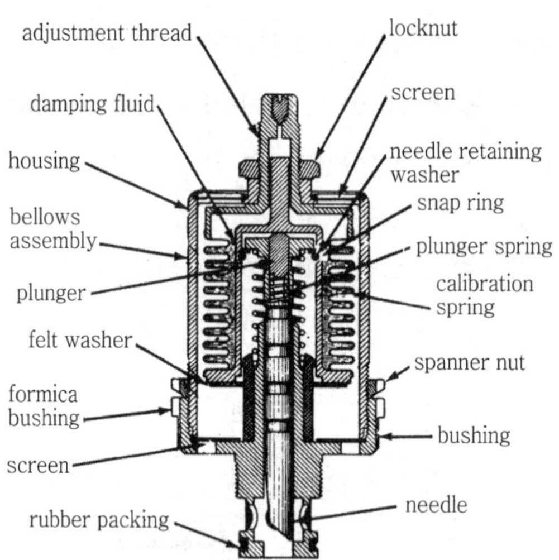

그림 5-3 Automatic mixture-control unit

AMC(Automatic Mixture Control) 장치는 측정된 양에 질소로 충만된 벨로스(bellows)가 있어서 벨로스의 팽창과 수축에 따라 임팩트 튜브로부터 조정기 계통(regulator unit)의 체임버 A까지 공기흐름을 증감하는 밸브를 조절한다. 만약 공기의 흐름이 AMC 밸브의 작동에 의하여 감소되면 체임버 A의 압력이 감소되어 공기막은 연료 포핏 밸브를 닫히게 하는 방향으로 움직일 것이다. 이런 식으로 AMC의 벨로스가 팽창될 때는 공기흐름과 체임버 A에 대한 공기압력이 감소되어 공기 다이어프램은 연료 포핏 밸브의 개도를 감소시키는 방향으로 움직

112

여 미터링 제트에 사용되는 연료의 압력을 감소시켜 방출 노즐로부터 흐르는 연료를 감소하므로 연료공기 혼합기를 희박하게 한다.

그림 5-4, 5는 Continental 0-470계열 엔진에 사용되는 PS-5C 기화기를 보여주는 것이다.

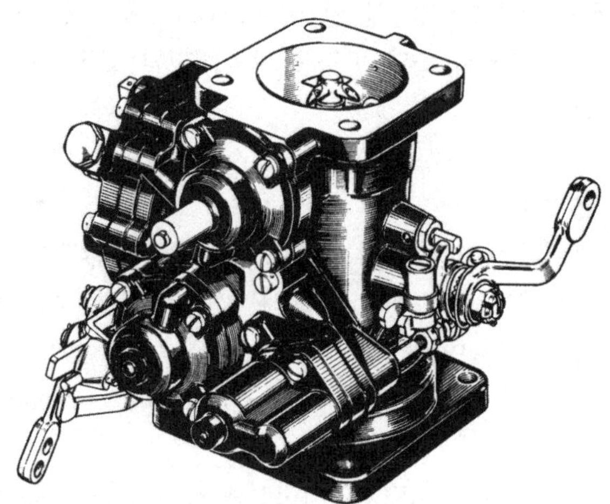

그림 5-4 A Bendix PS-5C pressure carburetor(Energy Controls Div., Bendix Corp.)

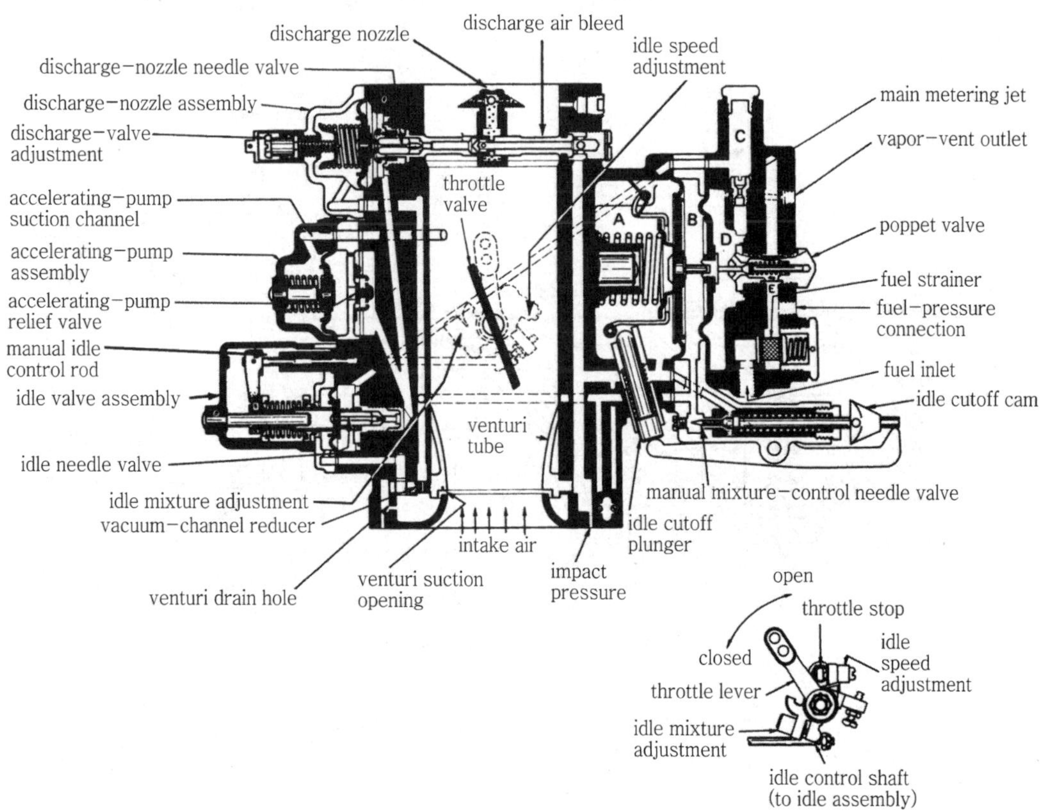

그림 5-5 Schematic diagram of the PS-5C carburetor(Energy Controls Div., Bendix Corp.)

8 물분사(water injection)

물분사는 데토네이션 방지 분사(antidetonant injection) ADI라고 한다. ADI 장치에는 물 대신에 물과 소량의 수용성 오일을 첨가한 알코올(alcohol)을 혼합한 것을 사용한다. 알코올은 차가운 기후나 고고도에서 물의 빙결을 방지하고 오일은 계통 내 부품에 녹스는 것을 방지하는 데 도움이 된다.

물, 알코올, 오일 혼합유(water-alcohol oil mixture)를 데토네이션 방지 유류(antidetonant fluid) 혹은 ADI 유류라고 한다.

물분사는 엔진이 짧은 활주로나 비상시에 착륙을 시도한 후 복행할 필요가 있을 때 이륙에 필요한 최대 출력을 내기 위해여 사용한다. 물분사 없는 엔진은 작동 허용범위를 넘었을 때 일어날 수 있는 데토네이션에 의하여 출력이 제한되어 있다. 혼합기의 물분사는 엔진이 데토네이션 위험없이 더 많은 출력을 낼 수 있게 하는 'antiknock compound'의 첨가와 같은 효과를 낼 수 있다.

물은 혼합기를 냉각하여 더 높은 MAP(MAnifold Pressure)를 사용하게 하고 연료와 공기의 비는 농후 최량 출력 혼합비(rich best power mixture)가 감소하여 연료 소모에 비해 많은 출력을 낼 수 있다. 물분사의 사용으로 이륙마력의 8~15% 증가를 허용한다(그림 5-6).

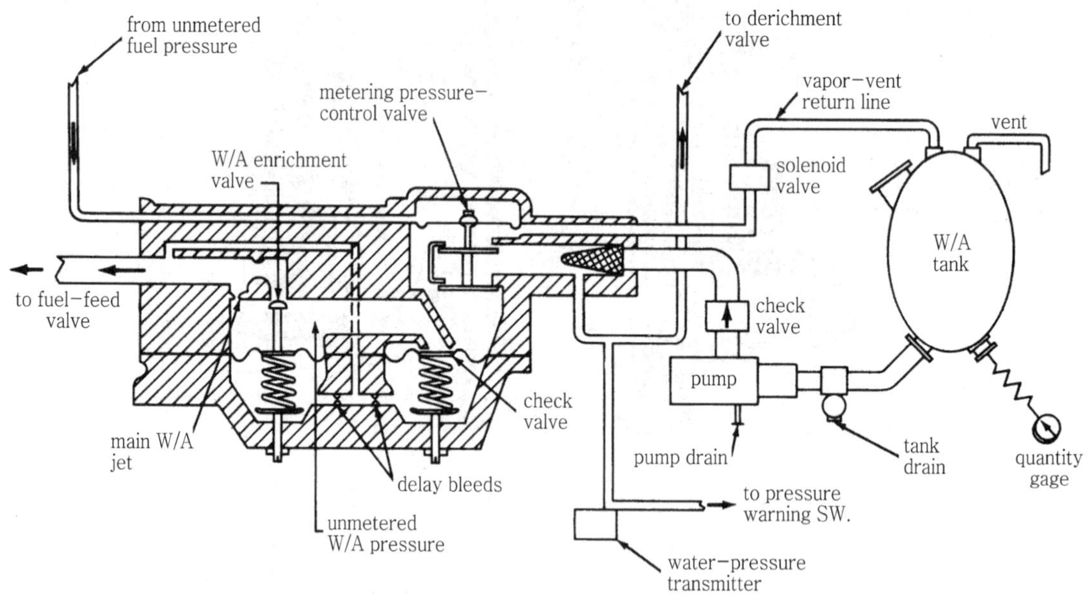

그림 5-6 Schematic drawing of a water-alcohol(ADI) regulator

Section 05 — 저속혼합비와 저속조절(adjusting idle mixture, idle speed)

정비교범(maintenance manual)에 의하여 조절한다. 그러나 일반적인 조절방법은 대략 비슷하다.

저속혼합비는 정확히 맞아야 한다. 만일 너무 희박하면 엔진 시동이 곤란하며, 시동 시 역화가 일어나고 때로는 흡입계통에 화재가 발생되어 손상이 된다.

반면에 저속혼합비가 너무 농후하면 저속으로 작동할 때 점화 플러그 전극에 타지 않은 탄소 침전물이 붙어서 점화 플러그가 더러워져 실화가 되어 출력이 감소하고 연료 소모가 많다.

저속혼합비의 점검은 아래와 같은 방법으로 한다.

① 정상온도까지 난기운전한다.
② 정속 프로펠러를 장비한 엔진은 고 rpm(low pitch)에 둔다.
③ 정확한 저속(idle speed)을 조절하여야 한다.
④ 저속으로 작동하여 혼합비 조종을 천천히 저속차단(idle cut-off)위치로 움직인다.
⑤ MAP는 조금 떨어지며 rpm 감소 직전 rpm이 증가하고 MAP가 증가한다.
⑥ MAP의 감소는 약 1/4inHg이고, rpm은 50~70이 증가한다. 이것은 혼합기가 최량 출력 혼합비(best power mixture ratio)보다 조금 농후한 것을 표시하고 혼합기가 혼합조종기를 저속차단 쪽으로 움직일 때 최량 출력비(best power ratio)를 통과하는 것을 의미한다. 만약 MAP의 감소가 1/4inHg보다 많고 rpm 증가가 100보다 많으면 저속혼합비(idle mixture)는 너무 농후하다.

저속혼합기를 점검할 때 MAP가 떨어지지 않고 rpm의 증가가 없으면 너무 희박한 것을 나타낸다.

Section 06 — 압력식 기기의 결함(malfunction of pressure-type carburetor)

(1) 엔진이 시동되어 저속에서는 정상이나 고회전에서는 꺼진다. 그 원인은 무엇인가?

공기막(air diaphragm)이 찢어져서 포핏 밸브를 열리게 할 힘이 없는 것을 나타낸다.

(2) 혼합조종이 'auto-lean' 위치에 있을 때도 모든 작동 속도에서 과도하게 농후하다. 그 원인은 무엇인가?

연료막(fuel diaphragm)이 파열되었을 것이다.

PS-type 기화기의 연료막이 새거나 파열되면 포핏 밸브가 과도하게 열리게 된다. 이렇게 되면 연료가 막을 통하여 기화기의 체임버 B에 흘러 들어가게 된다. 이것은 결과적으로 농후한 혼합기를 만든다.

(3) 저고도에서는 정상이나 고고도에서 농후하게 된다. 그 원인은 무엇인가?

AMC의 기능이 나쁘다.
AMC 체임버 A와 B 사이의 AMC 공기 블리드가 막혔다.

(4) 스로틀을 갑자기 전개할 때 엔진이 꺼진다. 그 원인은 무엇인가?

가속 펌프의 고장이다.
만일 막형 가속 펌프이면 막이 파열되었을 것이다.

(5) 연료 승압 펌프(fuel boost pump)-ON, 혼합비조종-auto rich일 때 기화기에 연료가 흐르지 않는다. 원인은 무엇인가?

① 포핏 밸브가 열리지 않는다.
② 기화기 여과망이 완전히 막혔다.
③ 만일 여과망이 깨끗했다면 연료 조정계통(fuel regulator unit)의 저속 스프링(idle spring)이 부러졌을 것이다.

연료분사 장치

Fuel-injection system

Section 01 — 연료분사 장치 일반

연료분사 기화기는 연료를 기화기나 기화기 근처에 분사하는 것이고 연료분사 장치(fuel-injection systems)는 흡입 밸브 바로 앞 각 실린더의 흡입관 입구에 연료를 분사하는 것과 각 실린더의 연소실에 직접 분사하는 것이다.

연료분사 장치에는 다음과 같은 장점이 있다.

① 빙결이 생기지 않는다.

② 각 실린더에 균일한 혼합기를 공급한다.

③ 혼합비 조종이 개선되었다.

④ 정비문제가 감소되었다.

⑤ 엔진의 가속이 좋다.

⑥ 엔진 효율이 증가되었다.

Section 02 — 콘티넨털 연료분사 장치(continental fuel-injection systems)

콘티넨털 연료분사 장치는 엔진의 공기흐름에 맞추어 연료의 흐름을 조종하는 다노즐 연속 흐름형(multinozzle continious-flow injection system)이다. 연료는 각 실린더의 흡입구(intake port)에 분사된다.

이 장치의 주요부는 그림 6-1에서 보는 것과 같이 연료분사 펌프(fuel-injection pump), 연료공기 조종부(fuel-air control unit), 연료다기관(fuel manifold), 방출 노즐(discharge nozzle) 등이 있다.

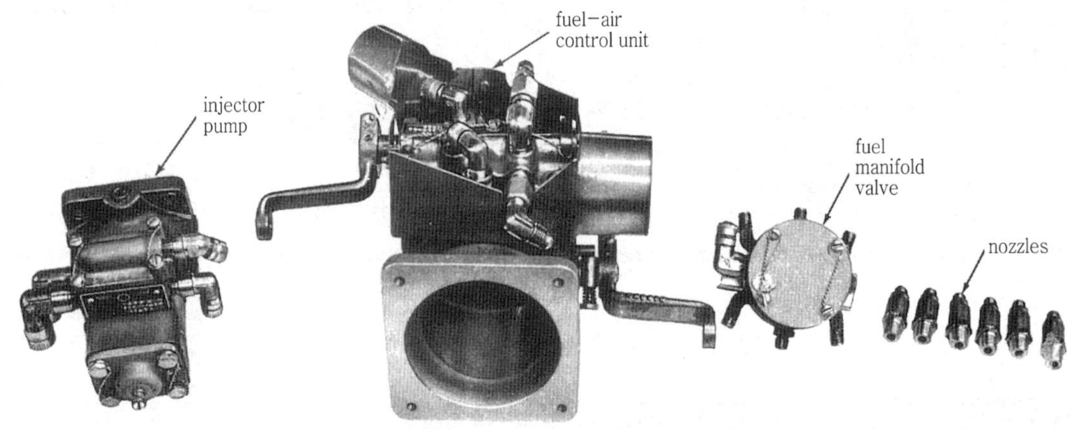

그림 6-1 Units of the Continental fuel-injection system

1 연료분사 펌프(fuel-injection pump)

연료 펌프는 정배수 로터리 베인형(positive-displacement rotary vane type)이다. 그림 6-2에서 보는 바와 같이 압력을 조절하는 막형 릴리프 밸브(diaphragm-type relief valve) 가 있으며 펌프 출구 연료압력은 릴리프 밸브실(relief valve chamber)을 들어오기 전에 구 경이 조절된 구멍을 통하여 엔진 속도에 비례해서 연료공급 압력을 만든다. 펌프에 들어온 연료는 증기분리기(vapor separator)에서 연료 중에 있는 증기는 증기 이젝터(vapor ejector) 에 의하여 분리되고 체임버의 상부에 힘을 가한다.

증기 이젝터(vapor ejector)는 증기를 연료 탱크에 돌려 보내주게끔 증기라인에 공급하는 연료압력 제트이다.

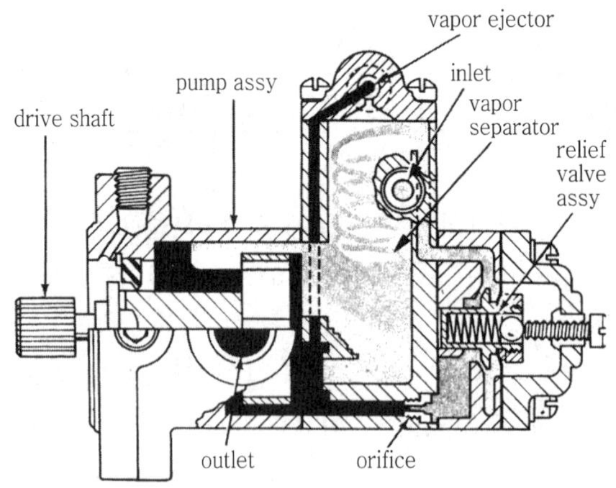

그림 6-2 Fuel-injection pump(Teledyne Continental)

② 연료공기 조종계통(fuel-air control unit)

그림 6-3에서 보는 바와 같이 세 개의 조종요소(control element)로 되어 있는데 공기 스로틀 어셈블리(air throttle assy)에는 공기를 조종하는 것이 하나 있고 연료조종 어셈블리(fuel control assy)에 연료를 조종하는 것이 2개 있다. 공기 스로틀 어셈블리는 축과 버터플라이 밸브(butterfly valve)를 가진 알루미늄 주물로 되어 있다. 주물의 내경은 엔진 크기에 맞추어졌으며 벤투리(venturi)가 없다.

저속조절나사(idle speed adjusting screw)는 공기 스로틀 축레버(air throttle shaft lever)에 장착되어 있다.

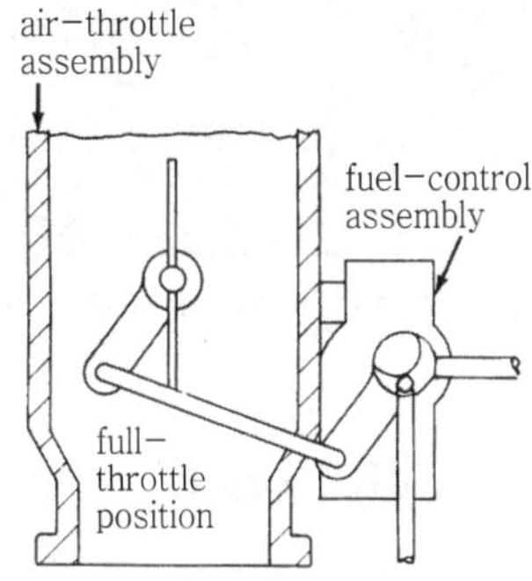

그림 6-3 Fuel-air control unit (Teledyne Continental)

그림 6-4에서 보는 바와 같이 연료 조종 장치(fuel control unit)는 스테인레스강 밸브와 작동이 잘 되게 청동으로 만들어졌다. 중심 보어(central bore)의 한쪽 끝은 미터링 밸브가 있고 다른 쪽은 혼합기 조종 밸브가 있다. 조종 레버(control lever)는 조종석의 혼합조종기에 연결하기 위하여 혼합비 조종 밸브 축에 장착되어 있다. 만약 혼합비 조종이 희박한 위치로 움직이면 혼합비 조종 밸브는 추가된 연료를 리턴 라인(return line)을 통하여 연료 펌프로 흐르게 한다. 물론 이것은 미터링 플러그(metering plug)

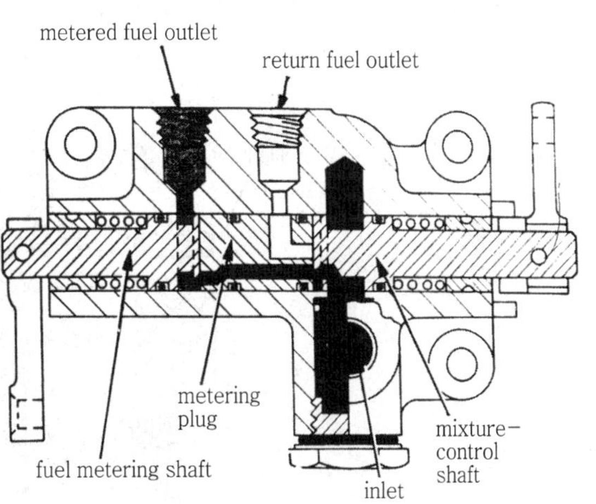

그림 6-4 Fuel-control unit(Teledyne Continental)

를 통하여 미터링 밸브로 흐르는 연료를 감소시킨다. 혼합비 조종을 농후한 쪽으로 움직이면 더 많은 연료를 미터링 밸브로 공급한다. 스로틀 밸브의 움직임에 의하여 밸브가 회전함에 따라서 미터링 플러그(metering plug)로부터의 통로가 열기리도 하고 닫히기도 한다.

그림 6-5에서 보는 바와 같이 연료 미터링 밸브는 스로틀과 연동된다.

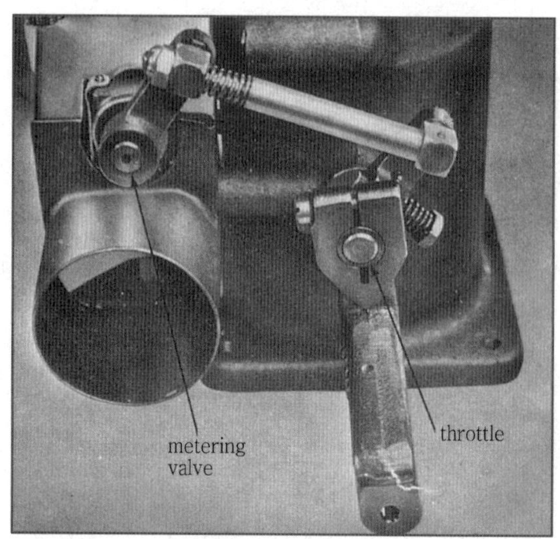

그림 6-5 Linkage from throttle to fuel-metering valve assembly

3 연료다기관 밸브(fuel manifold valve)

그림 6-6은 연료다기관 밸브를 설명한 것인데 연료다기관 밸브 몸체(fuel manifold valve body)는 연료입구(fuel inlet), 막 체임버(diaphragm chamber), 밸브 어셈블리(valve assy), 연료출구(fuel outlet)로 되어 있다.

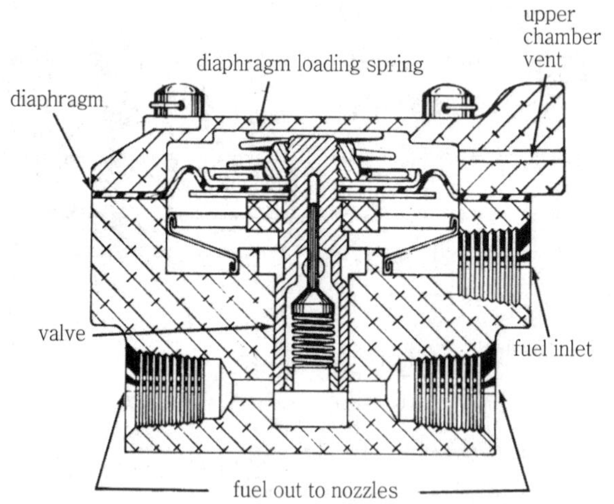

그림 6-6 Fuel manifold valve(Teledyne Continental)

엔진이 작동하지 않을 때는 스프링 압력(spring pressure)이 반대쪽의 막에는 걸리지 않는다. 이때는 밸브가 닫히게 된다. 연료의 압력이 연료입구에 작용할 때는 막이 힘을 받아 비끼게 되어 플런저 시트(plunger seat)로부터 떠서 압력은 플런저 속의 밸브를 열게 하여 연료가 출구로 통하게 한다.

미세한 망이 막에 장치되어 있어서 막에 들어온 모든 연료는 먼지 및 이물질을 여과하기 위하여 망을 통해 엔진으로 흐르게 한다. 점검할 때는 이 망을 깨끗이 세척하여야 한다.

▮4 연료방출 노즐(fuel discharge nozzle)

그림 6-7은 연료방출 노즐을 설명한 것이며 이것은 엔진의 실린더 헤드(cylinder head)에 장착되어 있어서 흡입구에 직접 연료를 방출한다. 노즐의 밑 쪽 끝부분은 분무가 노즐을 떠나기 전에 연료와 공기의 혼합물의 체임버로 이용되며 위쪽은 노즐을 수정하기 위하여 교환할 수 있는 오리피스(orifice)로 되어 있다. 노즐 몸체에 망(screen)이 있어서 노즐 내부에 먼지나 오물이 들어가지 못하게 한다.

노즐은 어떤 범위 내에서 수정할 수 있다. 한 엔진에 장착되는 모든 노즐은 같은 범위이다. 노즐의 조절범위는 노즐 몸체 육각진 곳에 문자로 찍혀져 있다.

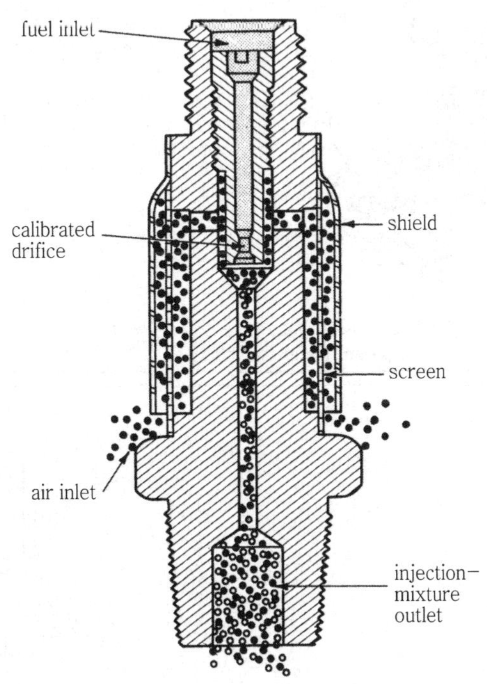

그림 6-7 Fuel discharge nozzle

그림 6-8과 6-9는 콘티넨털 연료분사장치의 전체를 보여 준다.

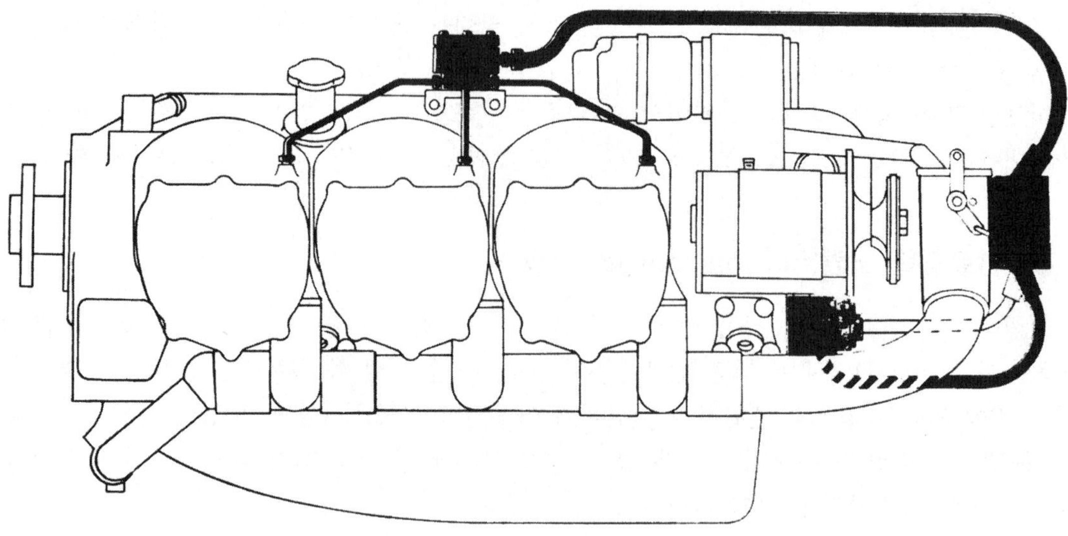

그림 6-8 Continental fuel-injection system installed

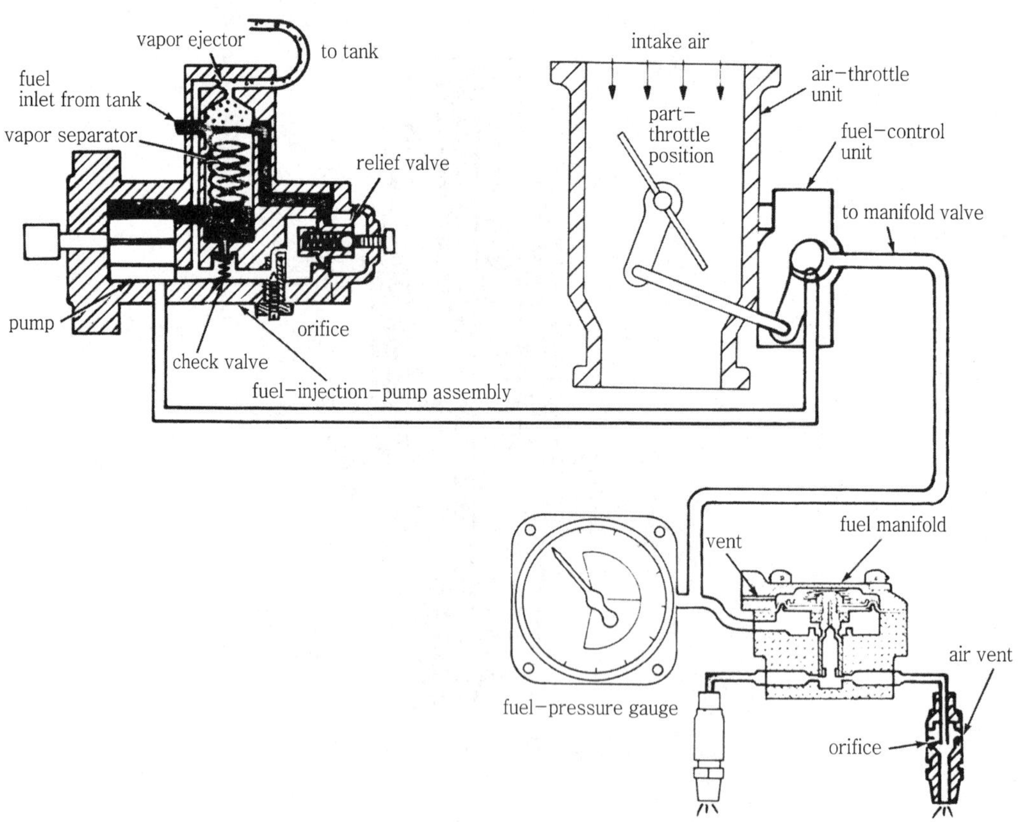

그림 6-9 Schematic diagram of the Continental fuel-injection system(Teledyne Continental)

5 조절(adjustments)

저속조절(idle speed adjustment)은 스프링 가압나사(spring-loaded screw)를 우측으로 돌리면 증가되고, 좌측으로 돌리면 감소된다. 그림 6-10에서 보는 바와 같이 저속혼합조절 (idle mixture adjustment)은 링키지(linkage)를 짧게 너트를 조이면 혼합기(mixture)가 농후하게 되고 반대로 하면 혼합기가 희박하게 된다.

혼합비는 모든 장치에서와 같이 최량 출력(best power)보다 조금 농후하게 조절하여야만 한다.

즉, 혼합기조절(mixture control)을 저속차단(idle cut-off) 쪽으로 천천히 움직이면 엔진 이 정지하기 조금 전에 저속이 증가하고(약 25rpm) MAP는 감소한다.

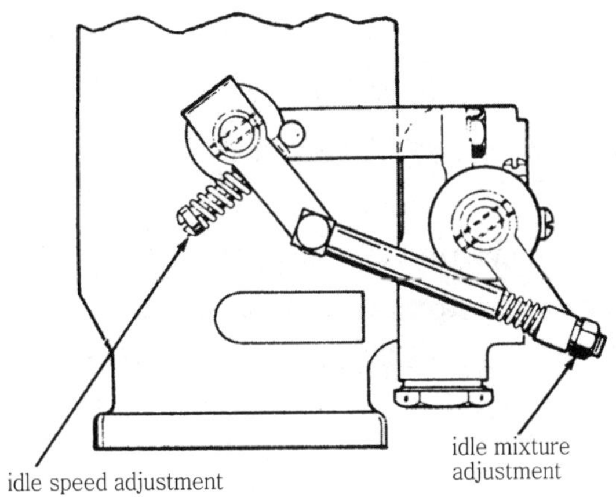

그림 6-10 Idle speed and mixture adjustments

Section 03 — 분사장치의 펌프 압력(pump pressure for injection system)

오리피스(orifice)를 통하는 연료의 흐름이 압력증가에 따라 증가하므로 미터링 계통(metering unit)과 노즐(fuel nozzle)을 통하는 흐름이 정확하려면 엔진 구동 연료 펌프에 의하여 공급 되는 연료 압력이 정확하여야만 한다. 연료 펌프의 조절은 기술교서(manual)나 기술공보 (bulletin)의 지시에 의하여 수행된다.

연료 펌프 압력은 저속(idle speed)과 최대 출력 rpm(full power rpm)에서 조절한다. 압력 계기는 연료 펌프 출구 라인이나 혹은 미터링 계통 흡입 라인(metering unit inlet line)에 티 피팅(tee fitting)에 의하여 연결되어 있다.

다음은 텔레다인 콘티넨털(teledyne continental) 기술공보에서 인용한 대표적인 엔진에 요구되는 연료압력을 설명하는 것이다.

(1) 엔진모델 : IO-346-A, B

① RPM : 600
- ㉠ 펌프 압력(pump pressure) : 7~9psi
- ㉡ 노즐 압력(nozzle pressure) : 2.0~2.5psi

② RPM : 2,700
- ㉠ 펌프 압력(pump pressure) : 19~21psi
- ㉡ 노즐 압력(nozzle pressure) : 12.5~14.0psi
- ㉢ 연료흐름(fuel flow) : 78~85lb/hr, 13~14gal/hr

(2) 엔진모델 : GTSIO-520-C

① RPM : 450
- ㉠ 펌프 압력(pump pressure) : 5.5~6.5psi
- ㉡ 노즐 압력(nozzle pressure) : 3.5~4.0psi

② RPM : 2,400
- ㉠ 펌프 압력(pump pressure) : 30~33psi
- ㉡ 노즐 압력(nozzle pressure) : 16.5~17.5psi
- ㉢ 연료흐름(fuel flow) : 215~225lb/hr, 36~38gal/hr

Section 04 — 작동(operation)

① 시동할 때는 혼합기조절(mixture control)을 저속차단(idle cut-off) 위치에서 조금 다른 위치에 두고 스로틀(throttle)을 조금 전개하고 보조 연료 펌프를 작동시키면 연료가 실린더의 흡입구 속으로 흘러 들어간다. 그러므로 엔진은 보조 연료 펌프를 작동한 후 2~3초 이내에 시동이 된다.
② 엔진은 보조 연료 펌프 없이는 시동이 안 된다.
③ 보조 연료 펌프는 비행 중에는 보통 작동하지 않는다.
④ 이륙할 때는 스로틀을 완전 전개하고 혼합기 조종(mixture control)은 최대농후(full rich)로 한다.
⑤ 순항시는 엔진 rpm을 운용자의 핸드북(operator's hand book)에 의하여 맞춘다. 주의할 것은 혼합기(mixture)가 너무 희박하지 않아야 한다.
⑥ 하강하기 위하여 출력을 줄이기 전에 혼합기는 최량 출력(best power)에 맞춘다. 관제영역(traffic pattern)에서는 혼합기는 최대 농후로 하여 착륙까지 계속 그냥둔다.

⑦ 엔진을 저속에서 잠깐 작동 후 혼합기 조절을 저속차단(idle cut-off)함으로써 엔진이 정지된다. 그 후 모든 스위치(switch)를 off한다.

Section 05 — 고장탐구(trouble shooting)

정비기술교서(maintenance manual)의 고장탐구 차트(trouble shooting chart)에 의하여 결함을 결정하면 편리하다.

CHAPTER 07

흡입계통과 과급기

Induction systems and superchargers

Section 01 — 공기 덕트(air scoop and ducting)

공기 스쿠프(air scoop)는 램 공기(ram air)를 받아들이며 보통 프로펠러 후류에 의하여 증대된다.

공기속도의 영향은 공기를 여압(과급)하여 엔진에 의해 받아들이는 공기의 전체무게를 증대시킨다. 이렇게 하여 5% 정도의 출력을 증가시킨다.

과급기(supercharger)가 없는 엔진에서의 덕팅 장치(ducting system)는 4가지 주요부로 나누는데 그림 7-1에서 보는 것과 같이 4부분으로 나뉜다.

① 공기 스쿠프(air scoop)
② 공기 여과기(air filter)
③ 얼터네이터 공기 밸브(alternator air valve)
④ 기화기 공기가열기(carburetor air heater or muff)

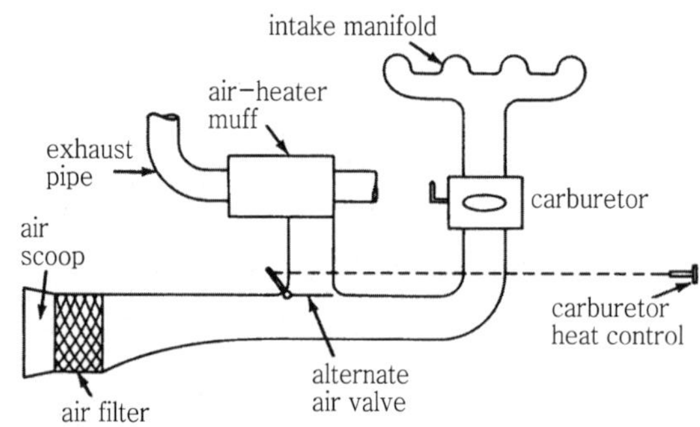

그림 7-1 Diagram to illustate a simple air-induction system

공기 여과기(air filter)는 공기 스쿠프(air scoop) 가까이에 장착되어 공기가 엔진으로 들어오기 전에 먼지, 모래, 외부물질을 제거한다.

일반적으로 금속 공기 여과기(metallic air filter)는 엔진 작동시간 25시간마다 제거하여 세척 후 사용한다. 비금속 공기 여과기(nonmetallic air filter)를 장비한 항공기들이 많은데 이것은 세제로 세척한 뒤 물에 헹궈 100psi 이하의 압력으로 안쪽에서 밖으로 불어서 말린다.

얼터네이터 공기 밸브(alternator air valve)는 조종석에서 기화기 가열조종(carburetor heat control)에 의하여 작동된다. 이 밸브를 ON하였을때 주 공기 덕트(main air duct)를 열게 하는 단순한 문이다. 정상작동할 동안 이 문은 히터 머프(heater muff)로 통하는 통로를 막고 주 공기 덕트(main air duct)를 연다.

히터 머프(heater muff)는 배기관의 주위가 덮개로 씌워져 있다. 여기를 통과한 따뜻해진 공기는 기화기 빙결(carburetor icing)을 막을 필요가 있을 때 사용한다. 그러나 고출력으로 작동할 때 가열된 공기를 사용하면 데토네이션(detonation)이 잘 일어나며 엔진 출력이 감소한다.

Section 02 — 흡입다기관(intake manifolds)

연료와 공기의 혼합기가 오일 섬프(oil sump) 속의 통로를 통하여 흐르게 될 때는 오일로부터 혼합기에 열을 전달받는다.

이 흡입계통의 배열은 두 가지 목적을 달성한다.

① 오일을 다소 냉각시킨다.

② 연료와 공기의 혼합기를 따뜻하게 하여 연료의 기화를 좋게 한다.

Section 03 — 다기관의 압력(manifold pressure)

MAP는 엔진의 흡입 다기관의 압력을 말한다. 실린더에 들어오는 혼합기(fuel-air mixture)의 무게는 MAP와 혼합기의 온도에 의하여 측정된다.

과급기를 작동할 때는 과급기의 조종에 따라서 MAP는 대기압력보다도 클 수도 있고 작을 수도 있다.

정속 프로펠러(constant-speed propeller)를 장착한 고성능 엔진에서는 MAP는 대단히 중요하다. 만일 MAP가 너무 높으면 데토네이션(detonation)과 과열(overheating)이 일어나기 쉬우며 이 상태가 오래 계속되면 엔진에 커다란 손상이 온다. 그러므로 조종사나 기관사는 엔진의 rpm과 MAP의 조종에 주의하여야 한다.

만일 엔진이 특별히 고압축비이면 고도 5,000ft까지는 과급기(supercharger)를 전연 사용할 수 없다. 만일 저고도에서 과급기를 사용하면 연소실의 압력과 온도가 데토네이션과 조기점화(preignition)의 원인이 될 것이다.

Section 04 ─ 과급기(supercharger)

항공기 엔진의 과급(supercharging)의 주 목적은 이륙시의 고출력과 고고도에서의 최대 출력을 지속하기 위하여 대기압 이상 MAP를 증대시키는 것이다.
증대된 MAP는 두 가지 방법으로 출력을 증대시킨다.

(1) 엔진 실린더에 공급되는 혼합기의 무게 증대

일정 온도에서 일정량의 혼합기의 무게는 혼합기의 압력에 의하여 결정된다. 만약 일정량의 가스의 압력이 증가하면 그 가스의 무게는 밀도가 증가하기 때문에 증가한다.

(2) 압축압력의 증대(increase compression pressure)

특정한 엔진에서 압축비는 항상 일정하다. 그러므로 압축 행정 시초에 혼합기의 압력이 크면 압축행정 끝에 혼합기의 압력이 더 커져서 압축 압력은 더 크게 된다. 높은 압축압력은 평균유효압력(mean effective pressure)를 높게 하고 계속적으로 높은 엔진 출력을 내게 한다 (그림 7-2).

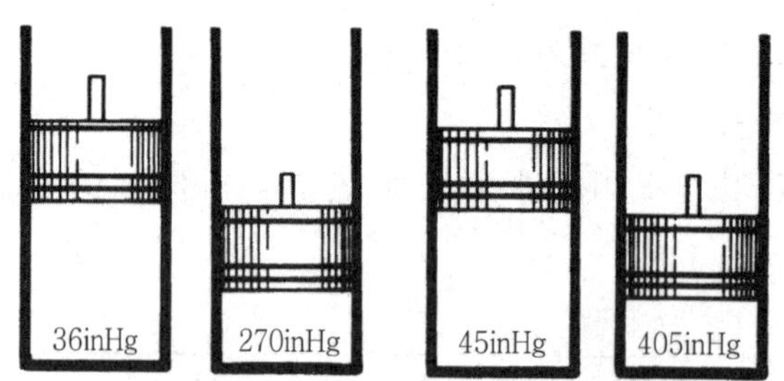

그림 7-2 Effect of manifold pressure

그림 7-3에 의하면 마력과 다기관 압력과의 관계는 과급기를 장착하지 않은 엔진에서 흡입 다기관의 이론적인 최대 압력을 대략 30inHg로 가정한다. 이것은 해면 상의 대기압이고 엔진에 의하여 낼 수 있는 출력은 대략 550hp이다.
그러나 실제적으로는 MAP 30inHg를 얻기란 불가능하다. 왜냐하면 다기관의 마찰손실이 있기 때문이다.

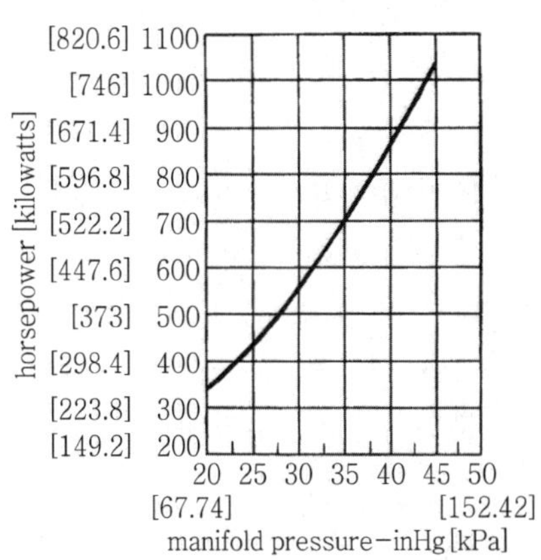

그림 7-3 Relation between horsepower [watts] and manifold pressure

더 많은 출력을 얻기 위하여 단순히 MAP를 증가하면 된다고 하나 과도한 MAP는 항상 엔진 작동에 나쁜 영향을 준다. 즉, 많은 응력, 데토네이션, 고온의 결과로 엔진에 치명적인 영향을 줄 수 있다.

과급기는 항공기의 흡입계통 위치에 의히여 내부형(internal type)과 외부형(external type) 과급기로 분류한다.

그림 7-4와 같이 과급기가 기화기와 엔진 흡입구 사이에 위치하면 내부형 과급기이다. 기화기로 들어온 공기는 기화기에서 연료와 혼합되어 기화기를 지난 혼합기는 대기압보다도 더 큰 압력으로 과급기에서 압축되어 엔진 실린더로 들어간다. 과급기의 임펠러(impeller)를 구동하는 데 필요한 힘은 기어(gear train)에 의하여 엔진 크랭크 축으로부터 전달받는다.

높은 기어 비율 때문에 임펠러는 크랭크 축보다도 더 빨리 회전한다. 만일 기어의 비율을 두 가지의 다른 속도로 조절할 수 있다면 이 과급기는 2속(two-speed) 과급기라고 한다.

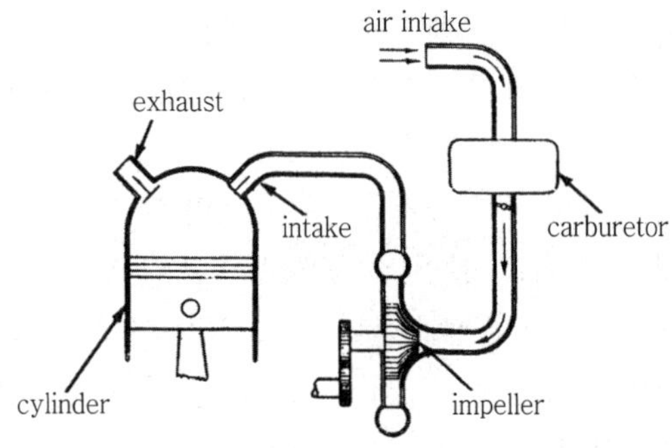

그림 7-4 Intemal supercharger arrangement

그림 7-5에서 보는 바와 같이 외부형 과급기(external supercharger)는 기화기 흡입구에 압축된 공기를 공급한다. 과급기에서 압축되어진 공기는 기화기까지 공기 냉각기(air cooler)

를 통하여 기화기에서 연료와 혼합된다. 외부형 과급기를 구동하는데 필요한 힘은 엔진 배기가스의 작동에 의하여 얻어지므로 터보 과급기(turbo supercharger)혹은 터보 차저(turbo charger)라고 한다.

임펠러(impeller)의 속도는 버킷 휠(bucket wheel)로 향한 배기가스의 양과 압력에 의한다. 그러므로 터보 차저는 다속 과급기(multispeed supercharger)이다. 터빈(turbine)으로 향하는 배기의 양은 웨스트 게이트(waste gate)의 위치에 의하여 결정된다.

과급기는 압력의 증가가 몇 번이나 이루어 지는가에 따라서 1단(single stage), 2단(two-stage), 다단(multis-tage)으로 분류하는데, 여기서 단(stage)은 압력증가를 의미한다.

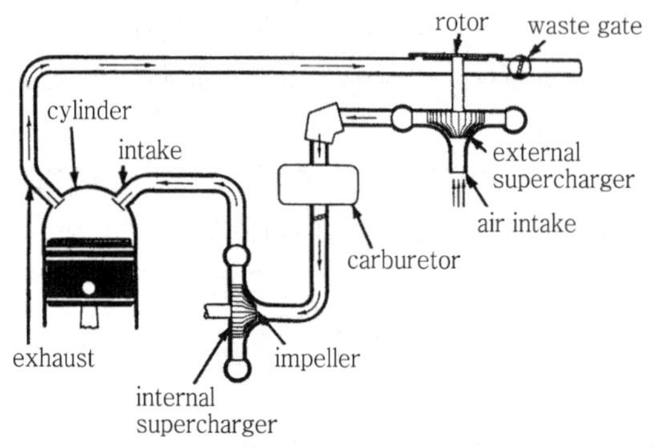

그림 7-5 System showing location of an extemal supercharger

Section 05 ― 엔진 출력에 있어서 고도의 영향(theeffect of altitude an engine power output)

항공기가 지면으로부터 고공으로 상승할 때는 대기압과 밀도가 감소한다. 고공을 비행하는 항공기는 저항을 적게 받는다. 따라서 배기가스의 역압(back pressure)도 감소한다. 고고도에서의 공기는 지구표면 온도보다도 차다. 이러한 요소들은 엔진의 효과를 증대하려는 경향이 있다.

그러나 이러한 장점과 연관하여 고도증가에 따른 불리한 점이 몇 가지 있다. 즉, 고고도에서의 공기는 단위체적당 무게가 적고 실린더 속으로 공기를 밀어 넣는데 이용되는 압력이 적어서 엔진의 출력이 고도증가에 따라 감소한다. 고고도에서 대기압의 감소는 가솔린의 비등점을 낮게 하여 연료 계통에 증기폐색(vapor lock)의 위험이 있으며, 또한 대기의 밀도감소는 전기통로의 저항이 적어져서 점화 플러그(spark plugs)에 점화하기 이전에 점화계통(ignition system)에서 전류가 'leak out'된다.

Section 06 — 성형 엔진의 1속 과급기(single-speed supercharger for a radial engine)

그림 7-6에서 보는 바와 같이 Pratt & Whitney R-985 엔진의 과급기는 후부 케이스 (rear case)바로 앞에 임펠러(impeller)가 붙어 있고 9개의 흡입 파이프에 혼합기를 골고루 분배하는 디퓨저 베인(diffuser vanes)으로 구성되어 있다. 엔진에 의하여 구동되는 임펠러 (impeller)는 크랭크 축 속도의 10배로 회전한다. 이로서 37.5″Hg의 최대 흡입압으로서 450hp의 출력을 낼 수 있다.

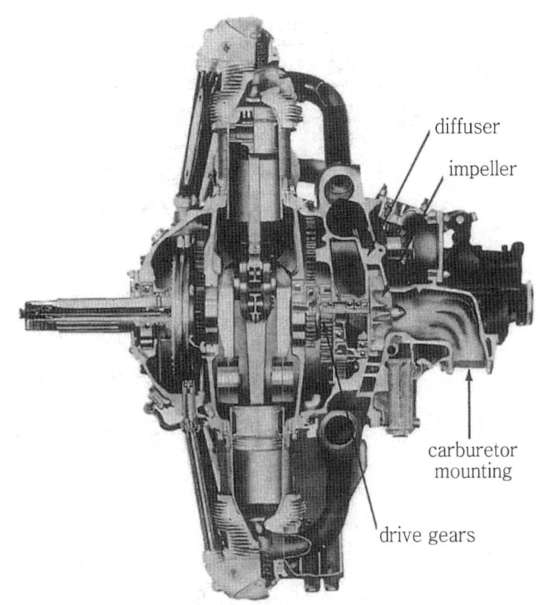

그림 7-6 Supercharger for radial engine

Section 07 — 2속 내부 과급기(two-speed internal supercharger)

이 과급기는 해면 상과 고고도 작동을 위하여 과급하게 설계되어 있다. 대표적인 Pratt & Whitney R-2800 double wasp CB 계열 엔진을 소개하면 과급기의 임펠러는 저비율 클러치 (low-ratio clutch)에 7.29 : 1과 고비율 클러치(high ratio clutch)에 의하여 8.5 : 1로 회전 하게 구성되어 있다.

Section 08 — 터보 슈퍼차저(turbo supercharger)

터보 과급기(turbo supercharger) 혹은 터보 차저(turbo charger)는 그림 7-7에서 보는 바와 같이 엔진 배기로부터 힘을 받을 수 있는 터빈 휠(turbine wheel)에 의하여 구동하게 설계된 외부 슈퍼차저이다.

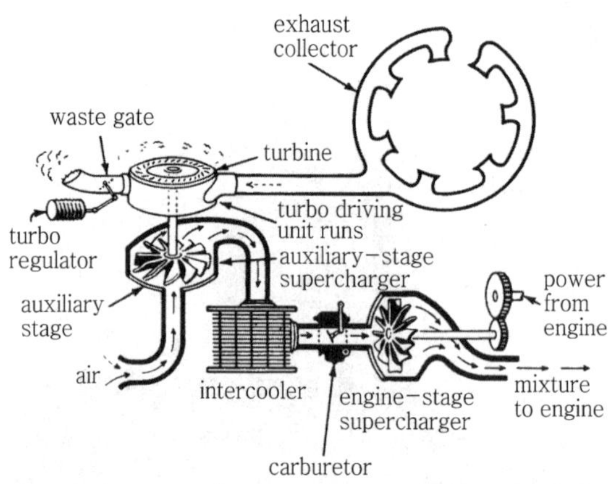

그림 7-7 Turbo supercharger system diagram

램 공기압(ram air pressure) 혹은 얼터네이터 공기압(alternator air pressure)은 터보 압축기의 입구에 작용하여 출구로 나온 공기는 기화기나 연료 인젝터(injector)의 입구에 공급된다.

압축기(compressor)에 의하여 높은 비율로 공기가 압축되었다면 공기온도를 감소시키기 위하여 압축공기를 내부 냉각기(intercooler)를 통하게 한다. 만일 기화기 공기온도가 너무 높으면 데토네이션(detornation)이 일어나기 때문이다.

배기가스는 웨스트 게이트(waste gate)에 의하여 방향이 전환되며 양도 결정된다. 대형 엔진에서의 웨스트 게이트의 위치는 선택된 MAP에 의하여 자동적으로 조종되어 진다. 웨스트 게이트는 배기가스가 터빈(turbine)으로 통과하게 닫혀진다. 닫혀지는 도수는 과급기로부터 얻어지는 공기압력 부스트(air pressure boost)의 양을 결정한다. 터보 슈퍼차저(turbo supercharger)는 설계고도까지 소정의 MAP를 유지하는 데 사용할 수 있다.

MAP가 고도증가에 따라 떨어지기 시작하는 고도 이상을 임계고도(critical altitude)라고 한다. 그러므로 엔진 과급기가 더 이상 최대 출력(full power)을 낼 수 없는 그 이상의 고도로서 임계고도(critical altitude)로 결정한다.

경 항공기 엔진의 터보차저(turbocharger)로서 rajay turbo 200(그림 7-8). piper PA-23-150.160 경항공기에 장착되어 있으며 이 형의 터보차저는 5,000ft 이하에서 과급 없이 최대 엔진 출력을 낼 수 있기 때문에 5,000ft 이상의 고도에서 이용되게 설계되어 있다.

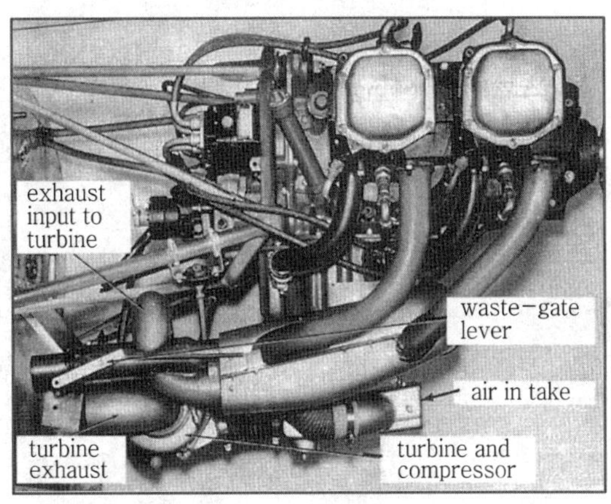

그림 7-8 Tubocharger installation for light airplane engine(Rajay Industries, Inc.)

Section 09 — 터보 콤파운드 엔진(turbo compound engine)

엔진 출력을 증대하기 위한 가스 터빈(gas turbine) 이용의 한 방법을 터보 과급기(turbo supercharger)에서 볼 수 있다. 앞에서 서술한 바와 같이 터보차저(turbo charger)는 압축기를 구동하기 위하여 배기구동 터빈(exhaustdriven turbine)을 사용하여 압축기가 흡입공기압을 증대시켜 많은 양의 연료와 공기의 혼합기를 연소시키기 위하여 엔진에 이용되었다. 이 터보차저(turbo charger)에 터빈(turbine)은 엔진 출력을 증대시키기 위하여 간접적으로 사용되었다.

그러나 가스 터빈(gas turbine)의 방법에 의하여 출력 증가에 직접적인 방법, 즉 배기구동 터빈의 회전을 감속 기어에 의하여 크랭크 축에 전달하는 터보 콤파운드(turbo compound) 엔진에 사용되었다.

가스 터빈의 사용은 엔진 출력 증대에 대단히 효과적이었다. 그러나 그러한 장치의 필요성은 가스 터빈 엔진(gas turbine engine)의 출현으로 사라졌다.

현재 터보 콤파운드 엔진(turbo compound engine)을 장착한 항공기는 douglas DC-7, lockheed super constellation이 있다. 그림 7-9는 터보 콤파운드 엔진을 보여 준다.

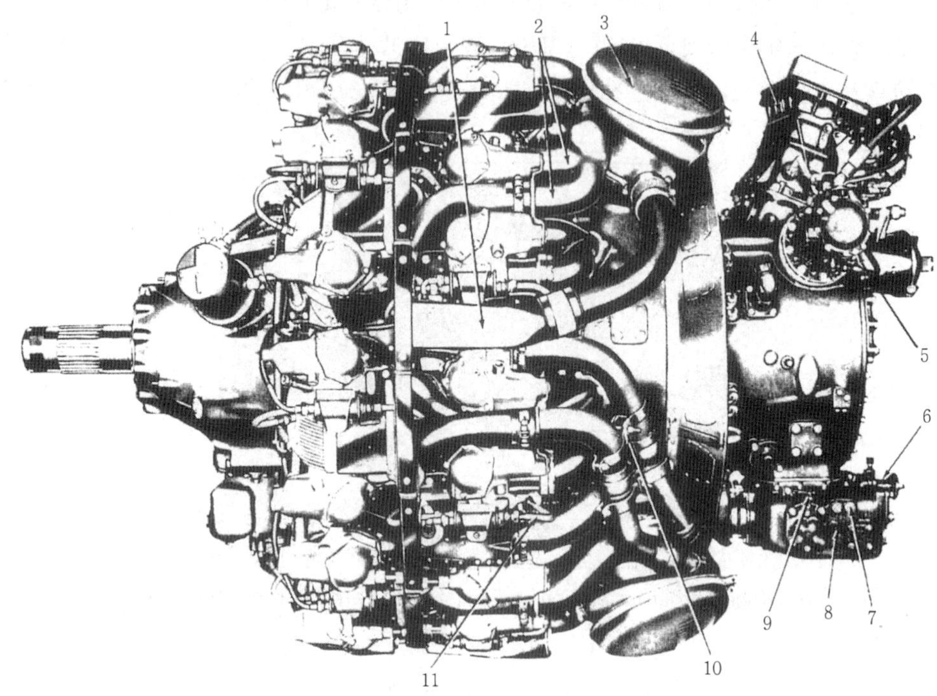

1. power recovery turbine cooling air scoop
2. exhaust pipes to turbine
3. power-recovery turbine and cover
4. master control for direct fuel injection
5. fuel injection pump
6. supercharger clutch control valve
7. oil temperature gage connection
8. pre-oiling connection
9. pre-oiling vent connection
10. exhaust pipe supporting clamp
11. ignition lead

그림 7-9 The Wright turbo compound engine

1. bevel drive gear
2. fluid coupling
3. crankshaft gear
4. diffuser section
5. vibration damper
6. turbine wheel
7. exhaust pipes to turbine

그림 7-10 Power-recovery turbine and coupling units

08 CHAPTER

윤활유와 윤활장치

Lubricants & lubrication system

Section 01 — 윤활유의 분류(classification of lubricants)

윤활유는 작동부품 사이의 마찰을 감소시키며 금속표면의 녹과 부식을 방지하는 데 사용된다. 윤활유는 동물성(animal), 식물성(vegetable), 광물성(mineral or synthetic)으로 분류한다.

1 동물성 윤활유

쇠 기름, 돼지 기름, 돌고래 기름 등이 있는데 평온에서는 대단히 분해하기 어려워 윤활성이 좋다. 그러므로 재봉틀, 시계 등에 많이 사용한다. 특히 돌고래 기름은 고급시계와 정교한 계기 계통에 많이 사용된다.

2 식물성 윤활유

아주까리 기름(castor oil), 올리브 기름(olive oil), 평지 기름(rape oil), 목화씨 기름(cotton seed oil) 등이 있다. 이 오일은 공기 중에 노출되면 산화작용을 일으키려는 경향이 있다. 동물성, 식물성 윤활유는 광물성 오일보다도 마찰계수가 작다.

3 광물성 윤활유(mineral lubricants)

항공기 내연기관의 윤활에 광범위하게 사용된다. 광물성 윤활유는 고체(solids), 반고체(semi solids), 유체(fluid)로 분류한다. 고체 윤활제는 운모(mica), 동석(비누 비슷한 부드러운 돌), 흑연(graphite) 등이 있는데 아주 미세한 분말가루로 만들어 사용한다.

4 합성 윤활제 혹은 인조 윤활제(synthettic lubricants)

엔진 작동에 요구되는 고온도에서 윤활특성을 유지하여야 한다. 이 새로운 윤활제는 천연 오일에는 만들어져 있지 않기 때문에 합성제 또는 인조 윤활제라고 불리운다. 대표적인 합성 윤활제는 type I(MIL-L-7808), type II(MIL-L-23699)가 있다.

Section 02 — 윤활유의 성질(lubricating oil properties)

항공기 엔진 오일의 가장 중요한 성질은 인화점(flash point), 유동점(pour point), 점도(viscosity), 화학적 안정성(chemical stability) 등이다.

1 점도(viscosity)

점도는 유체마찰로서 학술적으로 정의한다. 점도는 오일이 흐르는 데 공헌하는 저항에 관계된다. 점도가 높으면 유동이나 흐름이 느리다. 그리고 점도가 낮으면 유동점 이상의 온도에서 오일 유동이나 흐름이 대단히 자유롭다. 오일의 흐름이 잘 되는 것은 점도가 낮다고 말할 수 있다. 운동에 있어서 오일에 의하여 나타나는 유체 마찰의 양은 오일 점도의 치수이다.

세이볼트 유니버설 비스코시 미터(saybolt universal viscosimeter)는 윤활제를 시험하는 표준 기구이다(그림 8-1). 시험은 보통 100°, 130°, 210°F에서 행한다. 상업 항공 오일(comercial aviation oil)은 210°F에서 행한다.

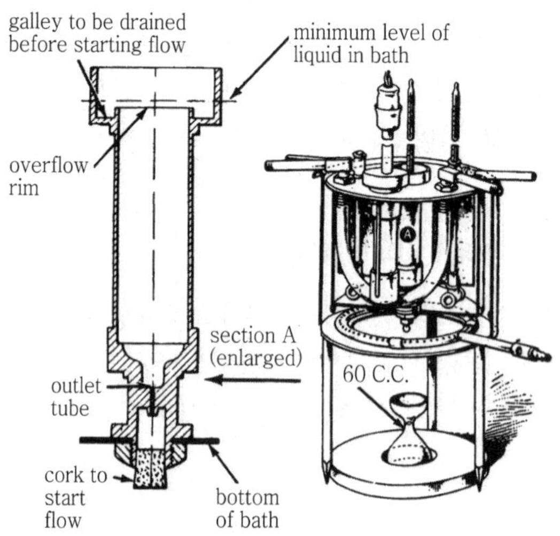

그림 8-1 Saybolt Universal viscosimeter

세이볼트 유니버설 비스코시티(saybolt universal viscosity)는 80, 100, 120, 140과 같은 기호로 구분된다. 이것과 SAE(society of automotive engineers) number와의 관계는 다음과 같다.

commercial aviation NO.	commercial SAE NO.	AN specification NO.
65	30	1065
80	40	1085
100	50	1100
120	60	1120
140	70	

기사들은 ASTM에서 출판한 점도와 온도(viscosity-temperature) 차트를 사용하여 점도와 어떤 두 온도를 알 때는 오일 온도에 의한 점도변화를 빨리 알 수 있다.

점도지수 VI(Viscosity Index)는 온도변화에 오일의 점도 변화율을 나타내는 임의의 방법이다.

2 인화점(flash point)

오일에 열이 가해지면 표면에 가연성 혼합물인 증기가 생성되어서 조그마한 불꽃과 접촉되었을 때 순간적으로 탈 수 있는 최저 온도를 말한다.

오일이 엔진에서 증기가 되는 율은 엔진의 온도와 오일의 등급에 의한다. 만약 증기가 된 오일이 탄다면 엔진은 적당한 윤활을 할 수 없다. 어떤 특정한 엔진의 작동온도는 사용되어야 할 오일의 등급을 결정한다.

윤활유는 ASTM(American Society of Testing Material)의 추천에 의하여 그림 8-2와 같이 클레브랜드 오픈 겁(cleveland open cup)의 방법에 의해 시험할 수 있다.

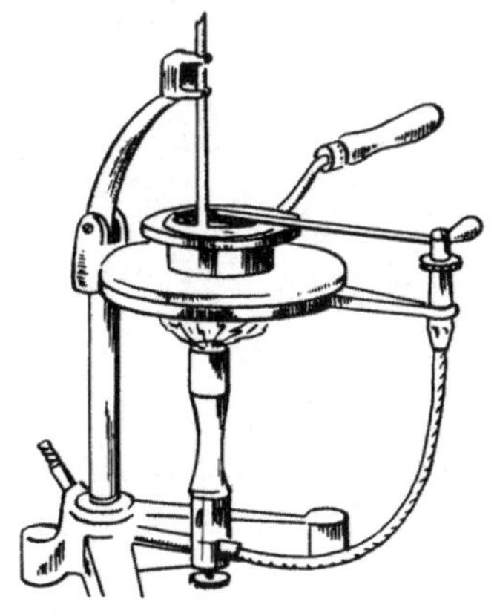

그림 8-2 Cleveland open cup tester

3 유동점(pour point)

오일의 유동점은 오일이 냉각되었을 때 동요없이 오일이 흐를 수 있을 때의 온도이다. 실제적으로 유동점은 오일이 어떤 저항없이 흐를 수 있는 제일 낮은 온도이다.

유동성이 좋으면 엔진이 찬 기후에서 시동했을 때 바로 순환작용을 할 수 있다. 일반적으로 말하면 유동점은 엔진 평균 시동 온도의 5°F 이내여야 한다. 그러나 이것은 오일이 엔진 작동 온도에서 적당한 유막을 형성할 수 있는 충분한 점도가 있어야 하므로 오일의 점성과 관련하여 생각하여야 한다. 그러므로 냉태 시 시동을 위하여 오일은 유동점과 점도를 고려하되 특정한 엔진의 작동지침에 의하여 선택되어야 한다.

Section 03 — 항공기 윤활유의 특성

① 엔진 작동온도에 적당한 점도(viscosity)를 갖추어야 한다.
② 작동부품의 마찰저항을 작게 하는 높은 윤활특성을 갖추어야 한다.
③ 저온도에서 최대의 유동성(fluidity)를 갖추어야 한다.
④ 온도변화에 점성의 최소 변화를 갖추어야 한다.
⑤ 닳지 않는 성질이 높아야 한다.
⑥ 최대 냉각능력이 있어야 한다.
⑦ 산화에 저항이 커야 한다.
⑧ 금속의 녹을 방지하여야 한다.

Section 04 — 엔진 오일의 기능(function of engine oil)

① 윤활작용
  작동부간의 마찰감소
② 냉각작용
  엔진의 여러 부분 냉각
③ 기밀작용
  기통의 벽 사이를 메워서 연소실의 기밀작용을 원활히 하여 피스톤 링을 통하는 압축 손실을 방지한다.
④ 청결작용
  엔진의 운동부분으로부터 불순물을 오일 필터(oil filter)에서 걸러 엔진을 청결하게 한다.

두 물체의 운동부 표면 사이의 접촉은 에너지를 소모하는 마찰을 발생한다. 이 에너지(energy)는 비교적 저온도에서 열로 전환되며 이로서 엔진의 출력을 감소시킨다. 그러므로 윤활유를 사용하면 유막이 마모를 감소시키고 엔진의 출력소모를 감소시킨다.

Section 05 ─ 마찰의 형식(type of friction)

1 미끄럼 마찰(sliding friction)

하나의 표면이 다른 표면 위에 미끄러질 때 각 표면에 맞물리는 금속 미립자는 운동하기 위하여 미끄럼 마찰(sliding friction)이라는 저항이 생긴다. 반듯한 표면도 마이크로스코프(microscope)로 조사하면 요철 부분이 있게 마련이다. 그러므로 두 물체가 서로 미끄러질 때는 튀어나온 부분이 들어간 부분에 잡히게 되어 마찰이 생긴다.

2 구름마찰(rolling friction)

롤러 베어링(roller bearing)을 사용할 때 보다도 볼 베어링(ball bearing)을 사용할 때가 구름마찰(rolling friction)이 작다. 실제적으로 구름마찰(rolling friction)은 미끄럼 마찰(sliding friction)보다 작다.

3 문지름 마찰(wiping friction)

문지름 마찰(wiping friction)은 특별히 기어(gear) 사이에서 일어난다. 웜기어(warm gear)와 같이 설계된 것은 단순한 스퍼 기어 (spur gear)와 같이 설계된 기어보다 문지름 마찰이 크다. 이 마찰은 강도와 운동방향에 있어서 계속적으로 접촉면에 변하는 하중이 합하여 이 결과로 심한 압력을 받게 되며 특별한 윤활유가 필요하다. 이러한 목적의 윤활유를 EP(Extreme-Pressure) lubricants라고 한다.

Section 06 ─ 마찰양을 결정하는 요소(factor determining the amount of friction)

두 고체면 사이의 마찰양을 결정하는 요소로 다음과 같다.
① 한 면이 다른 면에 대하여 접촉하는 속도
② 표면이 만들어진 상태와 재질
③ 접점의 운동 성질

④ 표면에 의하여 운반되는 하중

마찰은 고속에서 보통 작으며 연한 베어링 재질을 단단한 재질과 접속하는 데 사용하면 마찰이 감소한다. 하중이 증가하면 마찰도 증가한다.

Section 07 — 내연기관의 운동부분의 윤활방법

① 압력식 윤활(pressure lubrication)
② 분무식 윤활(splash lubrication)
③ 복합식(combination of pressure & splash)

대표적인 압력 윤활장치(pressure lubrication system)는 펌프가 베어링에 오일을 압송한다. 펌프는 편심 베인형(eccentric-vane type)과 기어형(gear type)이 있는데 현재 기어형(gear type)의 펌프가 광범위하게 사용되고 있다. 오일의 압력을 조절하는 압력 릴리프 밸브(pressure relief valve)는 펌프의 출구 쪽(outlet side)에 있다. 오일은 크랭크 축 속의 윤활유 통로를 통하여 주 베어링(main bearing)으로부터 커넥팅로드 베어링(connecting rod bearing)으로 흘러 캠 축(camshaft)윤활유 통로를 통하여 캠 축 베어링과 캠에까지 공급된다. 엔진의 실린더 벽 표면은 크랭크 축과 크랭크 핀 베어링(crank pin bearing)으로부터 오일이 분사되어 윤활한다.

항공기용 엔진에 사용하는 윤활유의 주된 방법은 압력윤활(pressure lubrication)이다. 분무윤활(solash lub)은 항공기 엔진의 압력윤활에 부가적으로 사용된다. 그러므로 분무윤활은 단독으로 사용되지 않는다.

Section 08 — 오일 용량(oil capacity)

윤활계통의 용량은 엔진을 안전하게 하기 위하여 과도한 오일 온도가 되지 않게 오일의 적당량을 공급하여야 한다. 다발 엔진의 항공기에서는 각 엔진의 윤활계통은 독립되어 있다. 이용할 수 있는 오일 탱크의 용량은 비상작동 상태나 이 상태에서 최대 오일 소모에 안전하게 순환되고 윤활과 냉각이 될 수 있는 적당한 여분을 합하여 항공기의 항속시간에 견딜 수 있는 것보다 적어서는 안 된다. 보통 연료와 오일의 비율은 비축 트랜스퍼 장치(reserve transfer system)를 장치하지 않은 항공기는 30 : 1이고 트랜스퍼 장치(transfer)를 장치한 항공기일 때는 40 : 1의 비율이 안전하다고 한다.

Section 09 — 오일 탱크(oil tank)

드라이 섬프(dry sump) 엔진 윤활장치(lubrication system)는 각 엔진을 위하여 분리된 오일 탱크가 요구된다. 이 탱크는 알루미늄판으로 용접, 리벳 혹은 스테인레스강(stainless steel)으로 되어 있다. 어떤 항공기는 연료 셀(cell)과 같은 인조 고무 탱크(synthetic-rubber tank)로 되어 있는 것도 있다. 탱크의 출구는 보통 비상상태나 지상에서 오일을 완전히 배출(drain)하기 위하여 제일 낮은 부분에 위치하고 있다.

만일 프로펠러 페더링 장치(propeller feathering system)가 장치되어 있는 항공기는 오일 비축이 주 오일 탱크(main tank) 혹은 분리된 저장 탱크(seperate reservoir)에 페더링(feathering)을 위하여 준비되어 있어야 한다. 만일 비축 오일 공급이 주 탱크(main tank) 속에 있으면 보통 출구는 프로펠러(propeller)를 페더링(feathering)하기 위하여 필요할 때 이외는 비축 오일 공급을 탱크로부터 빼낼 수 없게 배열되어 있다.

오일 출구의 직경은 오일 펌프 입구의 직경보다 적으면 안 되고 펌프는 탱크의 출구보다도 큰 용량이면 안 된다. 오일 탱크는 탱크용량의 10%의 팽창면적이 있어야 한다. 비축 오일 탱크는 이떤 엔진에 직접 연결되어 있지 않고 탱크 용량의 2%보다 많은 팽창면직이 있어야 한다. 오일 탱크의 강도는 5psi의 압력에 견뎌야 하고 작동 중 일어나는 진동과 관성, 유체하중에 손상 없이 지지되어야 한다.

오일 탱크의 오일량은 딥스틱(dipstick)에 의하여 알 수 있다. 딥스틱(dipstick)은 보통 필러 넥 캡(filler neck cap)에 붙어 있으며 비행 전에는 육안으로 오일양을 점검하여야 한다.

Section 10 — 오일 온도 조정기(oil-temperature regulator)

오일 온도 조정기의 목적은 엔진으로부터 나오는 오일을 냉각하여 과도하게 높은 오일 온도를 방지한다. 오일 냉각기(oil cooler)와 오일 점성 밸브(oil viscosity valve) 둘이 합하여 오일 온도 조정기 계통(oil temperature regulator unit)을 구성한다. 점성 밸브(viscosity valve)는 오일 온도가 높을 때 온도 조절장치의 조종(thermostatic control)을 통하여 오일 냉각기의 냉각 코어(cooling core)로 통하는 통로가 되며 오일이 엔진을 윤활하는 데 적당한 온도가 되지 않았을 때는 오일이 냉각 코어(cooling core)를 비켜가게 된다.

즉, 오일 온도가 높을 때는 밸브가 닫히고 오일 온도가 낮을 때는 열려서 바이패스(bypass)되게 한다.

Section 11 — 오일 압력 릴리프 밸브(oil pressure relief valve)

오일의 압력은 엔진을 윤활하는 데 충분하여야 하며, 압력이 너무 높으면 오일 계통에 손상이 될 수도 있고 오일 누설이 될 수도 있다. 이 밸브의 목적은 윤활계통과 엔진 각 부분을 어떤 손상없이 적당히 윤활을 하기 위하여 윤활 오일의 압력을 조절하고 제어하는 것이다.

그림 8-3에서 보는 바와 같이 싱글 압력 릴리프 밸브(single pressure-relief valve)는 한쪽 끝에 테이퍼(taper)로 된 밸브를 가진 스프링 가압 플런저(spring-loaded plunger)가 있으며 스프링 장력을 변하게 하는 조절나사(adjusting screw)가 있어서 이것은 고정 너트(lock nut)에 의하여 잠겨지며 펌프로부터의 통로, 엔진까지의 통로 또한 펌프 입구 쪽의 통로도 있다.

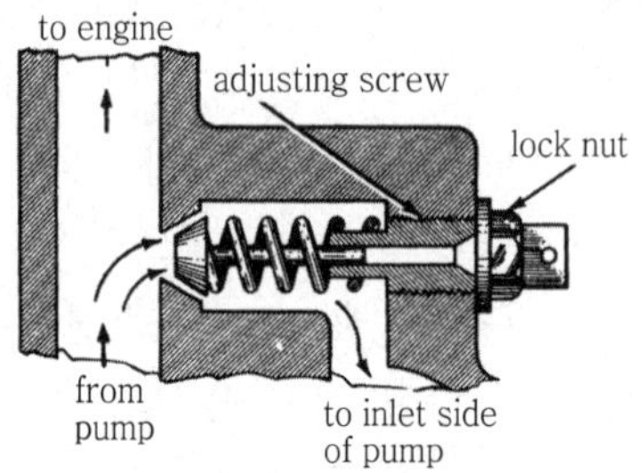

그림 8-3 Single pressure-relief valve

그림 8-4에서와 같이 일반적으로 밸브는 스프링 장력에 의하여 닫혀 있다. 그러나 펌프로부터 엔진까지의 압력이 과도하게 되면 이 과도한 압력이 밸브를 열게 하여 오일이 밸브를 통하여 흘러서 오일 펌프의 입구 쪽까지 바이패스(bypass)된다.

일반적으로 오일 압력 조절은 조절나사를 시계방향으로 돌리면 압력이 증가하고 반시계방향(counterclock wise)으로 돌리면 오일 압력이 떨어진다.

이것은 정비지침서에 정상작동 압력범위를 알아서 조절하면 된다.

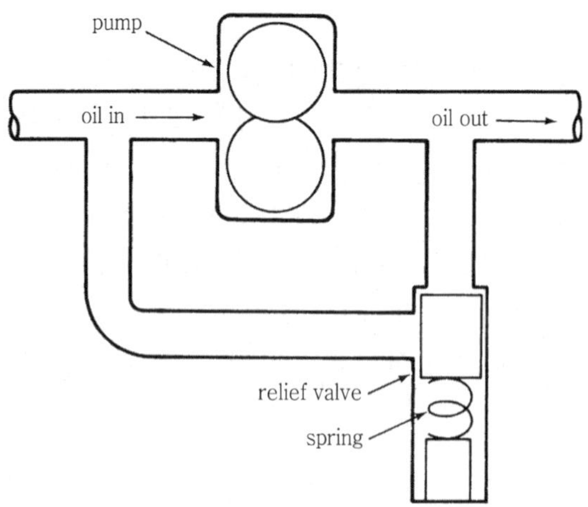

그림 8-4 Oil pressure-relief valve

Section 12 — 스트레이너형 여과기(strainer-type filter)

그림 8-5와 같이 단순한 망으로 된 원통이다.

이 여과기(filter)는 망이 막히면 망이 터져서 계속해서 오일이 흐르게 되어 있으며 다른 것은 망이 막히면 릴리프 밸브(relief valve)가 열려 오일이 계속해서 흐르게 되어 있다.

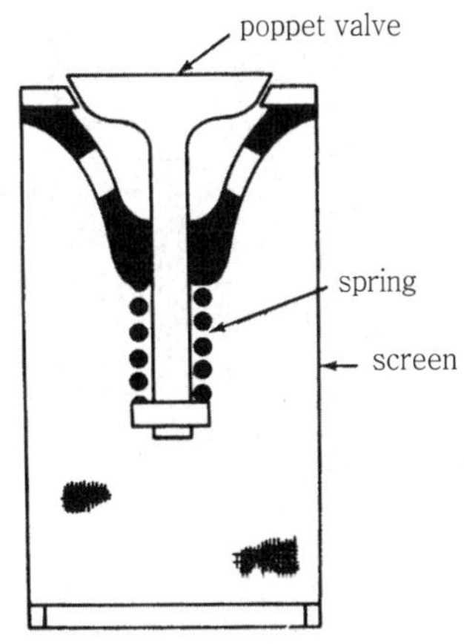

그림 8-5 Oil screen with relief (bypass) valve

Section 13 — 쿠노 여과기(cuno oil filter)

이 필터는 얇은 핀이나 디스크(disk)로 계속되어 있다. 디스크의 한 조각 다른 디스크 사이의 공간에서 회전한다. 오일은 디스크의 밖으로부터 흘러서 디스크 사이의 공간을 통하여 압송된다. 외부 물질은 디스크의 외측 직경에서 정지된다. 이 축적된 물질은 움직일 수 있는 디스크를 회전함으로서 제거되며 이것은 여과기 케이스 밖에서 손으로 할 수 있다. 오랜 시간 뒤 여과기 케이스를 열어서 찌꺼기를 제거한다. 이때는 여과기 전체를 검사하고 세척하며 찌꺼기에 금속 부스러기가 있는가를 조사한다.

Section 14 — 외부 오일 여과기(external oil filter)

그림 8-6은 현재 경항공기에 가장 많이 사용하는 외부 오일 여과기를 넣을 수 있는 통으로 되어 있다.

여과기 어댑터(filter adapter)에는 오일 온도 벌브(oil-temperature bulb)가 있고 서모스 테틱 밸브(thermostatic valve)가 있어서 이 밸브는 오일이 작동온도까지는 냉각기(cooler)로 흐르지 않게 한다. 이 여과기를 정비할 때는 통을 장탈하여 새 여과기 엘리먼트(filter element)로 교환 장착한다. 보통 비행시간 50시간마다 교환한다.

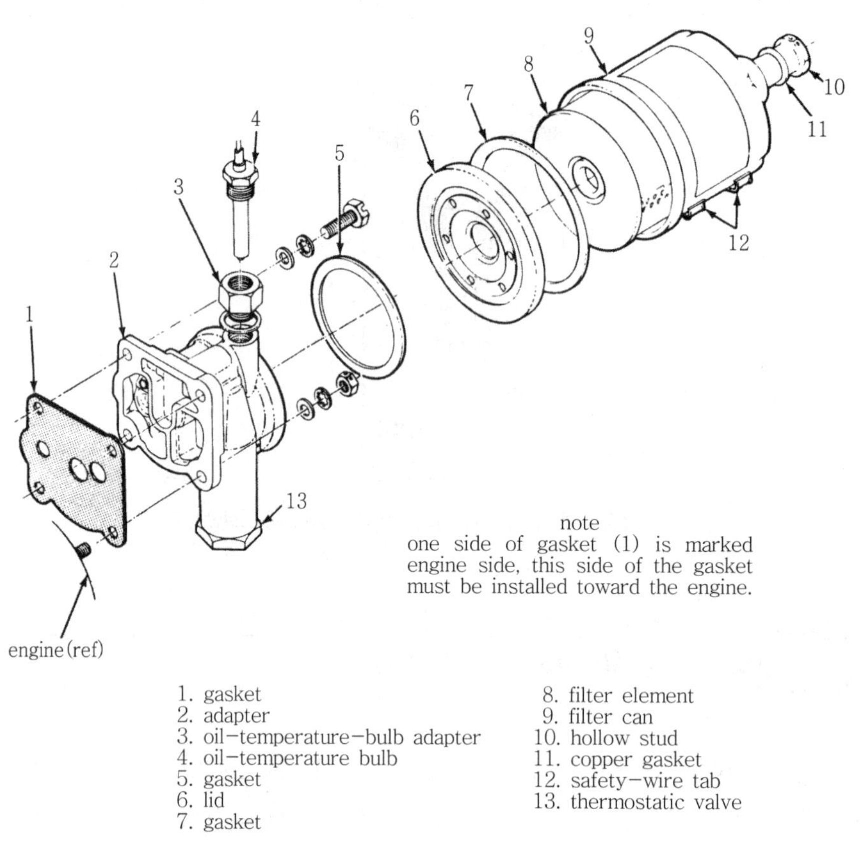

그림 8-6 Extemal oil filter with disposable cartridge

 Section **15** ── **오일 분리기(oil seperator)**

진공 펌프나 공기 펌프(vaccum pump or air pump)로부터 방출 라인에 위치하며, 기능은 방출되는 공기로부터 오일을 분리시켜서 오일은 엔진에 돌아가게 한다.

Section 16 — 오일 압력 계기(oil pressure gage)

보통 버덴 튜브형(burden-tube type)으로 되어 있으며 낮은 압력으로부터 오일 계통에 일어날 수 있는 최대 압력까지 측정할 수 있는 넓은 범위의 압력을 측정할 수 있다. 오일 계기 라인은 엔진 압력 펌프(pressure pump) 출구근처에 연결되어 있고 한냉 시에 엔진을 난기운전 하는 동안 정확한 오일 압력을 지시하기 위하여 낮은 점도의 오일로 채워져 있다. 제한구멍(restricting orifice)이 오일 계기 라인에 있어서 낮은 점도 오일을 견제하며 압력급증에 따른 손상을 방지한다.

만약 높은 점도의 오일을 추운 기후에서 사용하면 계통 내에 발생한 실제압력은 한참 뒤에 표시할 것이다.

Section 17 — 오일 압력 펌프(oil pressure pump)

오일 압력 펌프는 기어형(gear type)과 베인형(vane type)이 있다. 대표적인 기어 펌프 (gear pump)는 그림 8-7에 보이는 것과 같으며 현재 왕복 엔진에서 가장 많이 사용하고 있다.

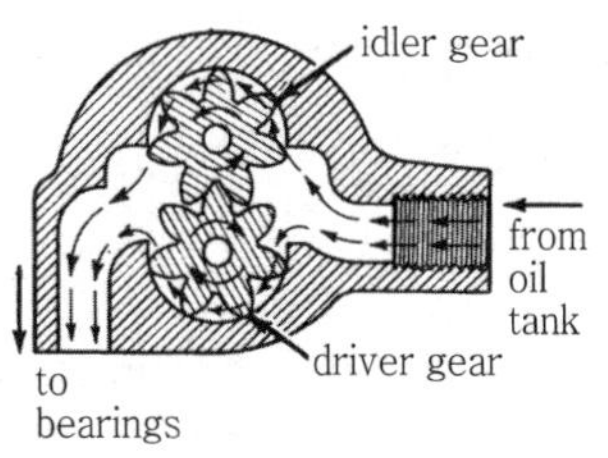

그림 8-7 Gear-type oil pump

Section 18 — 소기 펌프(scavenge pump)

윤활계통을 위한 소기 펌프는 일반적으로 압력 펌프(pressure pump)보다도 용량이 크게 설계되어 있다. 대표적인 엔진에 있어서 기어형 소기 펌프(gear-type scavenge pump)는 압력 펌프와 같은 축에 의하여 구동된다. 그러나 소기 펌프의 기어의 폭이 압력 펌프 기어의 두 배이다. 소기 펌프의 용량이 큰 것은 엔진 내에 흘러 들어오는 오일이 어느 정도 거품이 일게 되어 압력 펌프를 통해 엔진에 들어오는 오일보다 더 많은 체적을 갖게 된다.

Section 19 — 오일의 희석장치(oil-dilution system)

그림 8-8은 연료 계통과 오일 계통 사이의 오일 희석장치의 연결상태를 보여준다. 그림에서 연료펌프의 압력이 걸려 있는 연료 계통에 연료 라인이 오일 희석 솔레노이드(solenoid) 밸브에 연결되어 여기에 Y드레인(drain)까지 연결된다. 만일 Y드레인이 없으면 오일 희석 라인은 엔진 입고 라인(engine inlet line)의 어느 지점에 연결하여야만 한다.

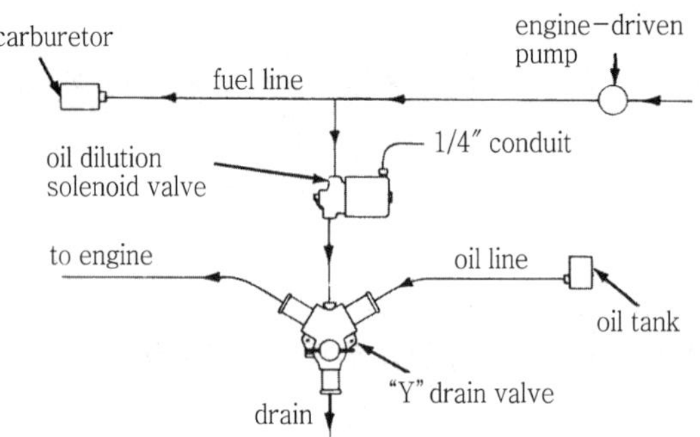

그림 8-8 Diagram of the oil-dilution system

오일 희석 솔레노이드 밸브(oil-dilution solenoid valve)는 조종석의 스위치에 연결되어 있어서 비행 후 엔진을 정지하기 전에 조종사가 오일을 희석시킬 수 있다. 그림 8-9는 솔레노이드 밸브(solenoid valve)이다. 오일을 희석하는 것은 차가운 기후에 오일 점성이 크면 엔진 시동이 곤란하므로 필요시 희석할 수 있다.

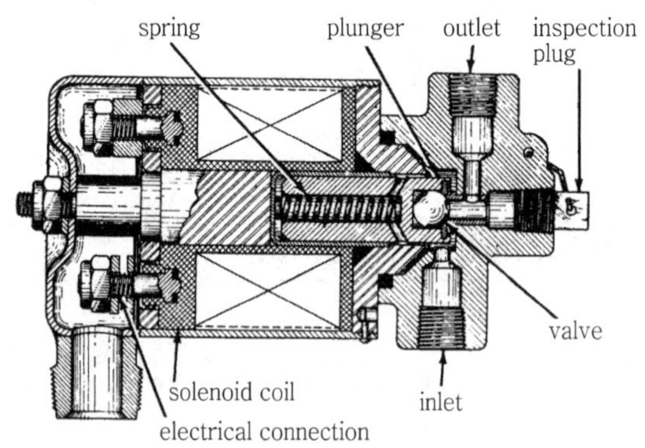

그림 8-9 Solenoid valve

Section 20 — 웨트 섬프 엔진 오일 장치(oil system for wet sump engine)

그림 8-10은 세스나(cessna) 310 항공기에 장착된 콘티넨털 IO-470-D 엔진의 윤활작용을 보여준다.

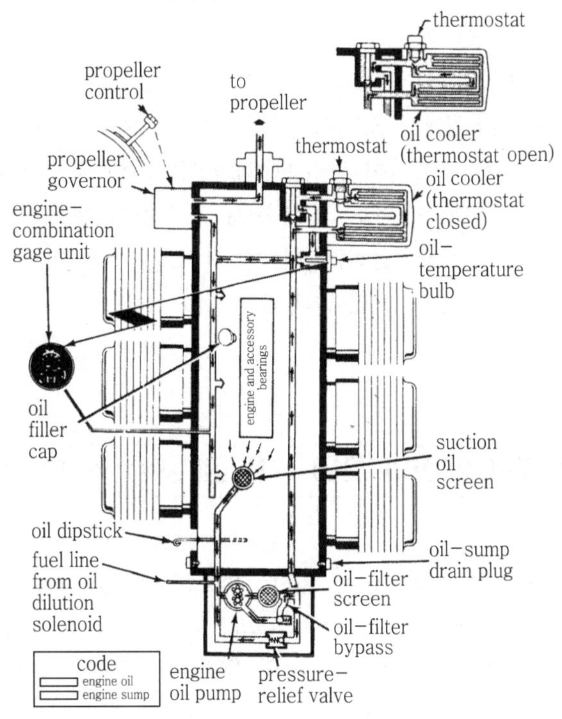

그림 8-10 Diagram of lubricating system for opposed engine(Cessna Aircraft Co.)

엔진을 윤활하는 윤활 오일은 엔진의 밑쪽에 붙어 있는 섬프에 저장된다. 섬프(sump)의 밑 부분에 위치한 흡입 오일 스크린(suction oil screen)을 통하여 섬프로부터 흡입되어진 오일이 기어형(gear type) 오일 펌프를 통과한 후 바로 오일 여과망(filter screen)을 통과하여 오일 냉각기가 위치한 엔진 전반부까지 내부통로를 통하게 된다.

바이패스 체크 밸브(bypass check valve)는 망(screen)이 막혔을 때 오일을 흐르게 하기 위하여 여과망(filter screen) 근처 바이패스 라인(bypass line)이 있다. 압력을 조절할 수 있는 릴리프 밸브(relief valve)가 있어서 과도한 압력을 가진 오일은 펌프의 입 쪽으로 되돌려 보내진다.

오일 온도는 오일 냉각기에 붙어 있는 온도 조절장치(thermostat)에 의하여 조종되는데 오일 온도가 높으면 온도 조절장치 밸브(thermostatic valve)가 닫혀서 냉각기(cooler core)로 통하게 하여 오일 온도를 낮추고 온도가 낮으면 밸브가 열려서 바이패스(bypass)되게 한다.

계통 내 오일은 프로펠러 조속기(governor)를 통하여 크랭크 축 프로펠러까지 가서 프로펠러의 피치, 엔진 rpm을 조종한다.

오일 온도 수감부(oil temperature bulb)는 오일이 오일 냉각기를 통하여 나온 온도를 감지하기 위하여 오일 계통 내 어느 곳에 위치하고 있다. 이렇게 함으로써 오일이 엔진의 온도 높은 곳을 통하기 전의 온도를 오일 온도계기(oil temp, gage)가 지시한다.

오일 압력지시 장치는 No. 2, No. 4 실린더(cylinder) 사이 크랭크케이스의 왼쪽 하부에 피팅(fitting)으로 장착되어 있다.

이 계통의 윤활장치는 오일 희석장치가 되어 있다. 연료 라인은 주 연료 스트레이너 케이스로부터 엔진 방화벽(engine fire wall)에 장착되어 있는 오일 희석 솔레노이드 밸브(oil dilution solenoid valve)까지 연결되어 있다. 솔레노이드 밸브로부터 나온 연료 라인은 엔진 오일 펌프의 흡입 쪽과 연결되는 엔진의 피팅(fitting)까지의 통로가 된다.

오일 희석 스위치가 닫히면 연료 스트레이너로부터 오일 펌프 입구까지 연료가 흐른다. 이 엔진에 있어서 희석하는 데 필요한 연료의 총량은 $4Q/T$이다.

Section 21 ── 드라이 섬프 엔진의 오일 장치(oil system for dry sump engine)

그림 8-11은 드라이 섬프 왕복 엔진(dry sump reciprocating engine)을 장착한 대형 항공기의 윤활장치를 설명한 것이다. 이 장치는 Convair 340의 Pratt & Whitney R-2800 엔진의 장비이다. 이 계통의 오일은 나셀(nacelle)의 뒷부분 상부에 보이는 탱크에 저장된다.

오일을 탱크로부터 방화벽 차단 밸브(shut off valve)를 통하여 엔진 입구까지 공급된다. 여기서 엔진 구동 오일 펌프로 들어가서 가압된 오일이 엔진 속을 순환하게 된다. 순환된 오일은 소기 펌프(scavenge pump)에 의하여 오일 냉각기를 통하여 처음 시작된 공급 탱크로 되돌아온다.

오일 온도 조절장치는 냉각 플랩(cooler flap)이 있어서 오일 온도를 한계값 내로 유지한다. 만일 오일이 차가우면 냉각 플랩은 닫힌다.

그러나 오일 온도가 증가하면 플랩이 열려서 공기가 냉각기를 통하게 되어 요구되는 정상 온도를 유지한다.

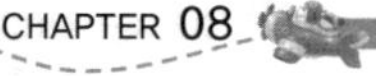

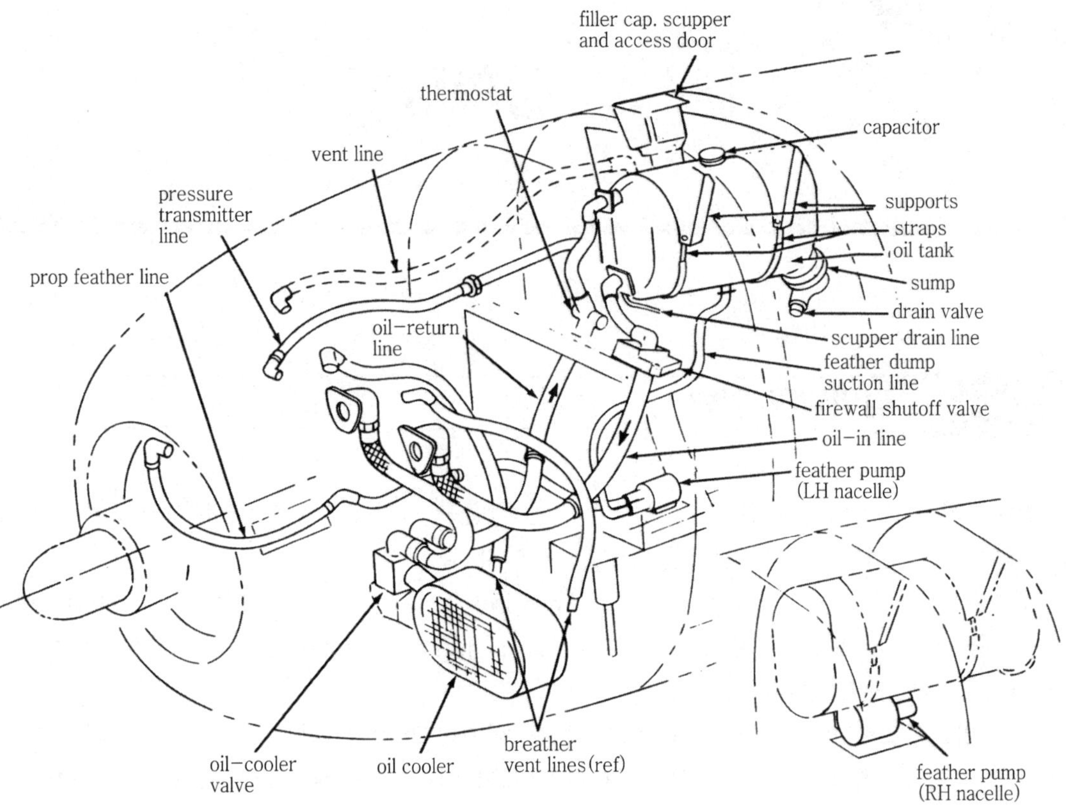

그림 8-11 Oil system for convair 340 airplane

CHAPTER 09

점화장치

Ignition systems

Section 01 — 점화장치 일반

점화장치의 기능이란 엔진 출력 특성에 맞는 적절한 시기에 실린더 내부의 연료와 공기 혼합기에 점화를 하기 위하여 불꽃을 튀기는 것이다.

점화장치는 ① 축전지 점화장치(battery ignition system), ② 마그네토 점화장치(magneto ignition system) 또는 ① 단일 점화장치(single ignition system), ② 복수 점화장치(dual ignition system)로 분류한다.

현용 왕복항공기 엔진은 두 개의 점화장치를 설치하고 있다. 한 실린더에 두 개의 점화 플러그가 있고 한 엔진에 두 개의 마그네토를 가지고 있다. 이렇게 함으로써 연료와 공기의 혼합기가 실린더 내의 두 곳에서 점화되어 고르게 연소할 수 있어서 엔진 작동이 좋으며, 또한 한 개의 마그네토가 작동을 못하더라도 다른 한 개의 마그네토가 작동하므로 안전도가 높다.

Section 02 — 마그네토 점화(magneto ignition)

마그네토 점화는 축전지 점화보다 우수하다. 왜냐하면 고엔진 속도에서는 더 강한 불꽃을 튀기고, 외부 전기적 에너지원에 의존하지 않는 독립된 장비이기 때문이다.

마그네토는 점화목적을 위하여 고압(약 22,000volt)의 교류 전류를 만드는 발전기(generator)의 특수형이다. 항공기 엔진이 시동할 때는 회전이 느리기 때문에 마그네토의 기능을 발휘하지 못하므로 시동 시 점화를 돕기 위하여 부스트코일(boostcoil), 바이브레이팅 인터럽터(vibrating interrupter or induction vibrator), 임펄스 커플링(impulse coupling)을 사용한다.

성형 엔진(radial engine)에서는 우측 마그네토는 전방 점화 플러그에 사용되고, 좌측 마그네토는 후방 점화 플러그에 사용된다. 그리고 수평대향형(opposed or flat type) 엔진에서 우측 마그네토는 우측 실린더의 상부 점화 플러그와 좌측 실린더의 하부 점화 플러그에 사용되면 좌측 마그네토는 좌측 실린더의 상부와 우측 실린더의 하부 점화를 러그에 사용된다.

Section 03 — 코일 어셈블리(coil assembly)

대표적인 코일 어셈블리는 얇은 판의 연철심에 1차 권선(primary winding)과 2차 권선(secondary winding)으로 구성되어 있다. 1차 권선(primary winding)은 절연된 구리선으로 몇 바퀴 감겨져 있고 2차 권선(secondary winding)은 대단히 가는선으로 수천회 감겨져 있다. 이 코일은 제작 회사의 설계요구에 의하여 단단한 고무, 베이클라이트(bakelite), 플라스틱(plastic)의 케이스로 되어 있다.

1차 측전기(primary condenser or capacitor)는 1차 권선과 2차 권선 사이의 코일에 설치되어 있거나 혹은 외부회로에 연결된다.

1차 권선의 한쪽 끝은 보통 코어(core)에 접지되고 다른 한쪽 끝은 접점(breaker point)과 축전기와 병렬로 연결되며 점화 스위치 리드(ignition switch lead)에 연결된다.

접점(breaker point)이 닫혀 있을 때는 코일로부터 접지(ground)까지 진류가 흐르고 완전한 회로에서는 접지에서 코일까지 돌아간다. 흐름의 방향은 자석(magnet)의 회전과 같이 바뀐다.

2차 권선(secondary winding)의 한쪽 끝은 코일 속에 접지되어 있고 다른 끝은 코일의 바깥에 나와 고압이 배전판을 흐를 수 있게 접촉되어 있다.

Section 04 — 마그네토 속도(magneto speed)

그림 9-1은 회전 자석형 마그네토(rotating magnet type magneto)를 사용하는 항공기 점화장치의 설명도이다.

자석축(magnet shaft)의 끝에 있는 캠은 보정되지 않은 캠이므로 자석의 극 수만큼 로브(lobe)를 가지고 있으며 여기서는 4개의 로브(lobe)를 가지고 있다.

엔진 완전회전당 실린더 점화수는 엔진 실린더수 1/2과 동일하다. 그러므로 엔진 크랭크축의 속도에 대한 마그네토 축 속도의 비는 실린더수를 회전자석의 극수에 두 배로 나눈 수와 동일하다.

예를 들면, 보정하지 않은 캠(cam)이 4개 로브를 가졌다면 자석이 4극인 이상 만일 엔진이 12실린더이면,

$$\frac{12\text{실린더}}{2\times 4\text{극}}=\frac{12}{8}=1\frac{1}{2}$$

그러므로 마그네토 속도는 엔진 크랭크 축 $1\frac{1}{2}$ 배이다. 크랭크 축 2회전마다 각 실린더가 한 번씩 점화된다는 것을 기억하여야 한다. 그러므로 우리는 12실린더 엔진은 크랭크 축 매 회전마다 6번 점화할 것이라는 것을 알 수 있다. 그러므로 마그네토는 $1\frac{1}{2}$ 배로 회전하여야만 한다.

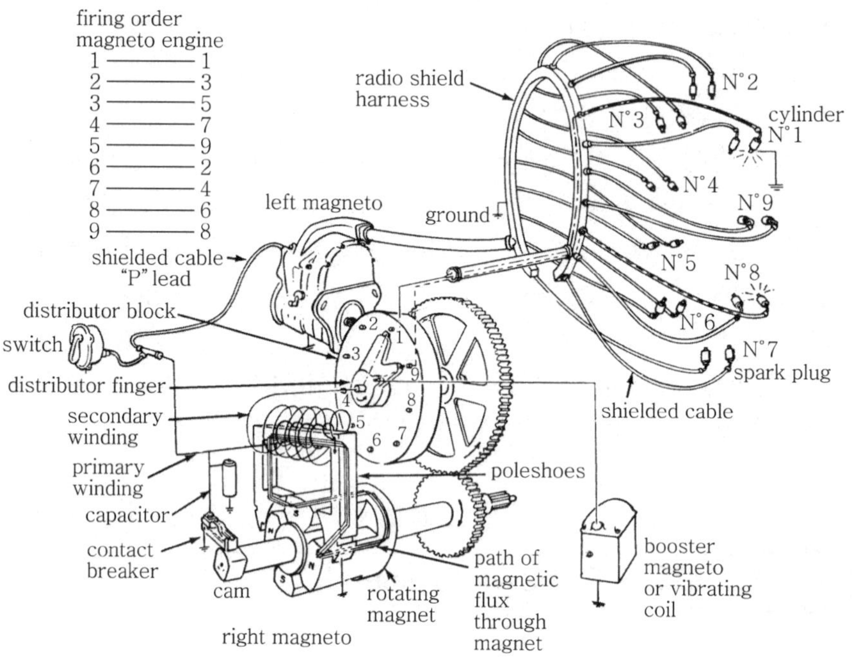

그림 9-1 A high-tension magneto ignition system

Section 05 — 접점 어셈블리(breaker assy)

접점 어셈블리는 회전캠(rotating cam)에 의하여 작동하는 접촉점으로 구성되어 있다. 초기 마그네토는 레버형(lever-type) 혹은 피벗 암에 장착된 움직이는 접점을 가지고 캠 폴로어(cam follower)에 의하여 작동되는 피벗형 접점 어셈블리(pivot-type breaker point assy)였다.

근데 모델은 스프링 위에 움직이는 점을 가진 피벗이 없는 접점 어셈블리(pivotless-type breaker point assy)이다.

이 형은 피벗 베어링(pivot bearing)에 일어나는 마모의 영향을 받지 않는다. 그러므로 오랫동안 정확히 조절되어 있다.

접촉점(contact points)은 백금-이리듐 합금(platinum-iridium alloy)으로 만들어졌거나 다른 열과 마모에 강한 물질로 제작되어 있다.

접촉점이 상태가 좋을 때는 접촉점의 면이 흰색이며 캠과 캠 폴로어는 캠 폴로어에 펠트로 된 패드(felt pad)에 의하여 윤활된다. 이 패드는 접점시기에 윤활 오일로 흠뻑 적신다. 접촉점은 전기적으로 1차 코일(primary coil)을 따라 연결되어 있고 마그네토 접점 구조는 접촉점이 최대의 자속(magnaflux) 위치에서 닫히게끔 배열되어 있다. 이때 자속변화(flux change)는 최소이다.

그림 9-2는 1차 코일에 의하여 유기된 전류에 의하여 만들어진 자장은 전류를 유기하는 자속변화와 반대임을 나타낸다. 이것은 렌츠의 법칙(Lenz's law)에 의하여 기하학적으로 표시한 것이다.

자석이 중립위치로 회전할 때 자속의 양은 감소하기 시작한다. 이 자속의 변화는 1차 권선(primary winding)에 전류를 유도한다. 전류가 흐르는 코일이 그 자신의 자장을 만들기 때문에 1차 권선에 유도된 전류는 그 자신의 자장을 만든다. 이 자장은 자속의 변화와 반대방향이다. 이것은 렌츠의 법칙에 의하여 성립된다.

만약 1차 권선에 전류가 흐르지 않을 때는 코일 코어(coil core)의 자속은 자석이 중립위치로 회전할 때 0(zero)으로 떨어질 것이고 그 뒤 반대방향에서 증가하기 시작할 것이며 그림에서 보이는 것과 같이 점으로, 정시 사속 커브(staticflux curve)로 나타난다. 그러나 1차 전류에 의하여 만들어진 자장은 자속의 변화를 방해한다. 그리고 자속변화를 허용하는 대신 코일 코어(coil core)에 자장을 잠깐동안 가지게 된다. 이것이 resultant-flux curve로 나타나 있다.

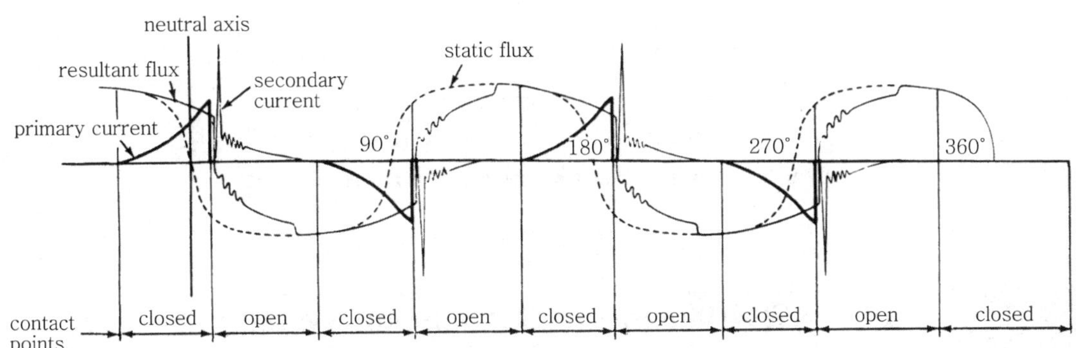

그림 9-2 Flux and current curves for a high-tension magneto

Section 06 — E-gap angle

중립 위치와 접촉점(contact points)이 열리는 위치 사이의 각도를 E-gap 각도 또는 간단히 E-gap이라 한다.

마그네토 제작회사는 각 모델의 회전자석의 극이 중립위치를 지나 얼마의 각도에서 브레이커 포인트(breaker-point)가 떨어지는 순간에 가장 강한 불꽃을 내야한다는 것을 결정한다. E-gap은 제작자와 모델에 따라 5~17°까지 변한다. 그러나 4극 자석(four-pole magneto)은 정확히 E-gap이 12°이다.

Section 07 — 1차 축전기(primary capacitor)

축전기(condenser)는 그림 9-3에서 보는 것과 같이 연결되어 있어서 1차 회로에 흐르는 자기유도 전류(self-induced current)를 흡수함으로써 접촉점의 불꽃(arcing)을 방지한다. 그러므로 축전기는 정확한 용량이어야 한다. 만일 용량이 너무 낮으면 불꽃(arcing)이 발생되어 접점(breaker point)이 타고 2차 선에서의 출력을 약화시킨다. 만약 용량이 너무 크거나 코일과 축전기 사이가 잘못 맞춰지면 전압이 감소되며 불꽃이 약화된다.

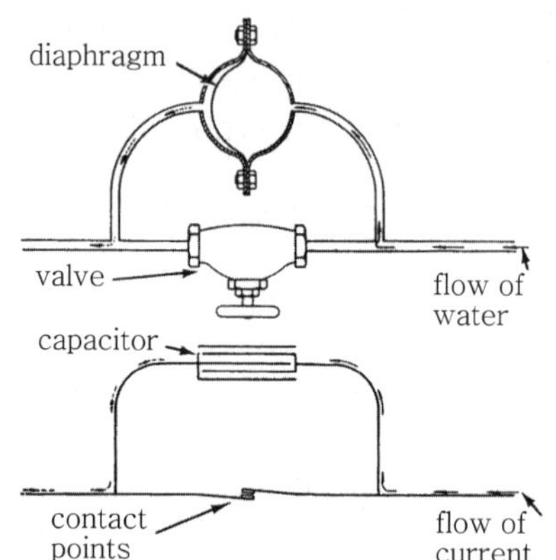

그림 9-3 Diagrams to illustrate operation of a primary capacitor

Section 08 — 고압 점화장치(high-tension ignition system)

그림 9-1은 9기통 성형 항공기 엔진에 대한 고압 점화장치를 설명하는 것이다. 이 장치는

마그네토의 회전자석형 bendix-scintilla를 활용하였다. 이것은 2개의 마그네토(magneto), 라디오 실드 하니스(radio-shield harness), 점화 플러그(spark plug), 부스트 마그네토(boost magneto), 스위치(switch)로 구성되어 있다.

1차 선의 한쪽 끝은 마그네토에 접지되어 있고 다른 끝은 절연된 접촉점에 연결되어 있으며 다른 접촉점은 접지되어 있다. 축전기(capacitor)는 접촉점(contact point) 건너쪽에 연결되어 있다. 마그네토의 접지 터미널(ground terminal)은 절연된 접촉면에 전기적으로 연결되어 있다. 이 선을 P-리드(P-lead)라고 한다. P-리드(P-lead)는 스위치와 같이 각 마그네토에 접지 터미널과 연결되어 있다. 스위치가 OFF 위치일 때 P-리드(P-lead)는 1차 전류가 접지하기 위한 직접회로를 형성한다. 이것은 접점이 단락하는 것이다. 그러므로 접촉점이 열릴 때는 1차 전류를 방해하지 않는다. 이렇게 하여 2차 선에 고압 발생을 방지한다.

2차 선의 한쪽 끝은 마그네토에 접지되어 있고 다른 한쪽 끝은 코일의 고압에서 끝난다. 2차 선에서 승압된 고압 전류는 배전기 핑거(finger)까지 유도되어 배전기의 전극에 작은 공기간극을 건너게 한다.

배전기 블록(distributor block)의 고압 케이블은 엔진 실린더에 방전을 일으키는 점화 플러그까지 고압 전류를 흐르게 한다.

Section 09 — 배전기(distributor)

그림 9-1에서 배전기 핑거(distributor finger)는 회전자석의 구동축에 위치한 더 작은 기어에 의하여 구동되는 큰 배전기 기어에 안전하게 되어 있다. 이 기어의 비율은 배전기 핑거가 엔진 크랭크 축 속도의 $\frac{1}{2}$로 구동된다. 대표적인 항공기 마그네토의 배전기 로터는 배전기의 여러 실린더에 고전압 전류를 분배하는 장치이다. 이 로터는 마그네토 제작자의 판단에 의하여 손가락 모양, 디스크, 드럼(disk, drum) 모양 등으로 되어 있다.

초기의 이 장치는 엔진을 사용할 때 강한 불꽃을 만들기 위하여 부스트 마그네토나 혹은 고압 부스터 코일(high-tension booster coil)을 이용하였다.

Section 10 — 마그네토 점화순서(magneto sparking order)

엔진 1회전에 요하는 점화의 수는 엔진 실린더 수의 $\frac{1}{2}$과 동일하다. 회전자석의 매 회전에서 생성되는 점화의 수는 극의 수와 동일하다. 그러므로 엔진 크랭크 축에 의하여 구동되는 회전자석의 속도비는 항상 엔진에 실린더 수의 $\frac{1}{2}$을 회전자석의 극수로 나눈 것이다.

배전기에 있는 숫자는 마그네토 점화순서이며 엔진의 점화순서는 아니다. 배전기에 1로 표시된 것은 No. 1 실린더에 연결되고, 2로 표시된 것은 점화되어야 할 2번째 실린더에 연결되고 3으로 표시된 것은 점화되어야 할 3번째 실린더에, 이렇게 계속 연결되는 것이다. 어떤 배전기는 숫자가 적혀져 있지 않은 것이 있는데 이런 경우는 No.1 실린더에 연결되는 리드선에 표시되어 있고 회전 방향에 의하여 순서대로 되는 것이다.

Section 11 — 마그네토의 'coming-in speed'

불꽃을 튀기기 위하여 회전자석은 분당 지정된 속도나 그 이상의 속도로 회전하여야만 한다. 그 회전속도는 자속의 변화율이 필요한 1차 전류와 합성 고압 출력을 유도하기 위해서 충분히 높은 속도이다. 이 속도를 마그네토의 'coming-in speed'라 한다. 이 속도는 마그네토의 형에 따라 다르다. 그러나 평균 약 100~200rpm이다.

Section 12 — 하니스 어셈블리(harness assembly)

하니스 어셈블리(harness assembly)는 라디오 간섭(radio interference)의 원인이 될 수 있는 전자파(eletromagnetic waves)의 발산을 방지하기 위하여 실드(shield)로 되어 있다. 그림 9-1에 보이는 성형 엔진에 사용하는 이 형에서는 다기관의 가장 낮은 곳에 습기의 축적을 방지하기 위하여 배출구(drain hole)가 있다. 그러나 어떤 형은 다기관에 점화 케이블(ignition cable)을 장착한 후 플라스틱과 같은 절연물질로 완전히 채워 습기를 방지하고 있다.

점화 케이블이 특히 고고도에서 고압 전류가 누설되어 점화 플러그의 점화를 방해할 때가 있다. 이때는 점화 케이블을 교환하여야 한다.

케이블을 교환할 때는 제거하여야 할 케이블 끝에 적당한 길이의 새 케이블을 납땜한 뒤 제거할 케이블을 천천히 잡아 당기면 새 케이블이 안으로 들어가게 된다. 새 케이블은 운모로 칠해져 있어서 고착되지 않는다.

대향형 엔진의 점화 하니스(ignition harness)는 개개의 고압 리드(high-tension lead)가 배전기에 연결되어 있어서 적당한 순서로 각 점화 플러그(spark plug)까지 연결되어 있다.

Section 13 — 점화 스위치와 1차 회로(ignition & primary circuit)

마그네토의 점화 스위치는 OFF로 하였을 때는 닫힌다. 이것은 스위치의 목적이 마그네토 접점을 합선시키는 것이기 때문이다.

점화 스위치를 장착한 뒤에는 저항기(ohmmeter)나 시험등(test light)으로 시험하여야만 한다. 마그네토로부터 P-리드(P-lead)를 분리하여 테스트 유닛(test unit)의 한쪽 터미널에 연결하고 테스트 유닛(test unit)의 다른 쪽 터미널은 엔진에 접지시켜 점화 스위치를 OFF 하였을 때 시험등에 불이 오며, 점화 스위치를 ON하였을 때는 시험등이 꺼져야 한다.

현재 경항공기에서 가장 많이 사용하는 점화 스위치는 키(key)로 작동하며 off, left, right, both, start의 위치로 되어 있다. 스위치는 start 위치에서 시동 릴레이(starter relay)를 작동하기 위하여 축전지에 연결되어 있다.

Section 14 — 마그네토의 영식(types of magneto)

마그네토의 분류방법은 여러 방법이 있다.
① 저압 혹은 고압(low-tension or high tension)
② 회전자석 혹은 유도자 로터(rotating-magnet or inductor-rotor)
③ 단식 혹은 복식(single or double)
④ 베이스 고정 혹은 플랜지 고정(base-mounted or flange-mounted)

저압 마그네토는 영구자석의 자장에 단 하나의 코일로 감겨진 전기자(amature)의 회전에 의하여 저압으로 전류를 통하는 것이다. 저압 전류는 변압기(transformer)에 의하여 고압 전류로 바꾼다.

고압 마그네토는 고압을 통하고 1차 선과 2차 선을 가지고 있으며 1차 선에서 만들어진 저압은 1차 회로가 끊어질 때 2차 선에 고압 전류를 유도한다.

회전 자석형의 마그네토는 1차 권선과 2차 권선이 같은 철심에 감겨져 있다. 이 코어는 회전자석의 양쪽에 'shoe'가 뻗어 있는 두 극 사이에 장착되어 있다. 회전자석은 보통 4극으로 만들어졌으며 N, S극이 서로 반대로 배열되어 있다. 자석이 회전할 때 처음에는 유도자를 통하여 자장을 코일 코어까지 보내고 마그네토의 반대극까지 돌려 보낸다. 그 뒤의 자석회전은 반대로 자장이 일어난다.

유도자 로터 마그네토는 회전자석 마그네토가 하는 것과 꼭 같이 움직이지 않는 코일을 가지고 있다. 마그네토의 로터가 회전할 때는 자석에서 나온 자속이 로터의 단면을 통하여 극 슈즈와 극(pole shoes, pole)까지, 처음은 한 방향으로 다음은 다른 방향으로 가게 된다.

Section 15 — 마그네토를 표시하는 데 사용되는 부호

마그네토는 문자로 기술적인 표시를 한다. 표 9-1에서 보는 것과 같이 제작회사, 모델, 형식 등을 표시한다.

예를 들면, DF 18RN은 Bendix제이며 시계방향으로 회전하게 설계된 18실린더 엔진에 사용하기 위한 double- type flange-mounted 마그네토이다.

또한 SF 14LU-7은 Bosch제이며 시계반대 방향으로 회전하게 설계된 14실린더 엔진에 사용하기 위한 single-type flange-mounted 마그네토로 7번 수정된 것이다.

표 9-1 마그네토를 표시하는 데 사용하는 부호

Order of designation	Symbol	Meaning
1	S	Single type
	D	Double type
2	B	Base-mounted
	F	Flange-mounted
4, 6, 7, 9, etc.		Number of distributor electrodes
4	R	Clockwise rotation as viewed from drive-shaft end
	L	Counterclockwise rotation as viewed from drive-shaft end
5	G	General electric
	N	Bendix
	A	Delco appliance
	U	Bosch
	C	Delco-remy(bosch design)
	D	Edison-splitdorf

Section 16 — 점화 부스터(ignition boosters)

엔진 크랭크 축이 빨리 회전하지 않은 상태에서는 마그네토의 'coming-in speed'를 만들어 낼 수 없다면 외부 고압 전원이 시동하기 위하여 필요로 한다. 이 목적을 위하여 사용되는 여러 가지 장치를 점화 부스터(ignition boosters)라 한다.

점화 부스터는 1차 전류를 축전지에서 고압 코일, 부스터 마그네토의 형태나 혹은 축전지로부터 직접 마그네토의 1차 선까지 단속 직류(intermittent direct current)를 공급받는 바이브레이터(vibrator)가 있다. 시동하기 위하여 마그네토에 고압을 증가시키는 데 사용되는 또 다른 장치는 임펄스 커플링(impulse coupling)이 있다. 이것은 시동할 동안 마그네토의 로터에 순간적으로 고회전 속도를 주는 것이다.

Section 17 — 부스터 코일(booster coil)

부스터 코일은 작은 유도 코일이다. 이것의 기능은 마그네토가 적절하게 점화할 수 있을 때까지 점화 플러그에 점화를 하게 한다. 이것은 시동(starter) 스위치에 연결되어 있어서 엔진이 시동되었을 때는 부스터 코일과 시동기(starting motor)는 더 이상 필요없게 되어서 둘 다 OFF로 된다. 이것은 구형 항공기에 많이 사용되었다. 현재 항공기의 대부분은 유도 바이브레이터(induction vibrator)나 혹은 임펄스 커플링(impulse coupling)을 많이 사용하고 있다.

Section 18 — 유도 바이브레이터(induction vibrator)

유도 바이브레이터는 시동 솔레노이드(starting solenoid)를 작동하는 회로에 의하여 작동된다. 유도 바이브레이터는 엔진이 시동될 동안만 작동된다. 바이브레이터(vibrator)의 장점은 고고도에서 마그네토의 'flash over'되려는 경향을 감소한다.

이 바이브레이터의 기능은 1차 코일(primary coil)이 시동하기 위하여 2차 코일에 만족한 고압을 유도하는 단속 저압을 공급하는 것이다. 바이브레이터(vibrator)는 정상 마그네토 코일의 1차 선을 통하여 단속된 축전지 전류를 보낸다.

그 뒤 마그네토 코일은 축전지 점화 코일과 같이 작동하여 고압 맥류(high tension impulse)를 만들어 배전기 로터(distributor rotor), 배전기 블록(distributor block), 점화 플러그(spark plug)까지 케이블을 통하여 분배한다. 이 고압 맥류는 마그네토 접촉점(contact point)이 열려 있을 동안은 만들어진다. 접촉점이 닫힐 때는 비록 바이브레이터 혹은 회로의 어느 부분에 손상 없이 마그네토 접촉점을 통하여 단속 맥류를 계속해서 보내더라도 점화를 일으키지 못한다. 점화 스위치(ignition switch)가 ON되고 엔진 시동기가 접속되면 축전지로부터 나오는 전류는 보통 열려 있는 릴레이의 코일을 통하여 보내진다. 그림 9-4는 유도 바이브레이터의 회로이다.

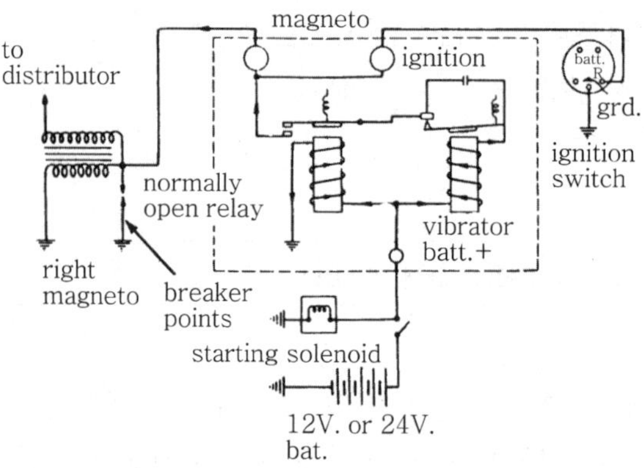

그림 9-4 Circuit for induction vibrator

축전지 전류는 릴레이 접점(relay point)을 닫히게 하여 바이브레이터까지 회로를 완성시켜 바이브레이터가 빠른 맥류를 만들게 한다. 바이브레이터에 의하여 만들어진 빠른 맥류는 마그네토 코일의 1차 권선을 통하여 보내진다.

이 유도에 의하여 마그네토 코일의 2차 권선에 고압이 발생되어 이 고압은 마그네토 접점이 열리는 동안 마그네토와 배전기 블록 전극을 통하여 점화 플러그까지 공급되는 고압 점화를 발생시킨다. 이 과정은 마그네토 접점(magneto contact point)이 떨어질 때마다 반복된다. 왜냐하면 맥류는 마그네토 코일의 1차 권선을 통하여 한 번 이상 흐르기 때문이다. 이 작동은 엔진의 마그네토가 정상 점화를 하고 시동기가 떨어질 때까지 계속된다. 즉, 엔진 점화 스위치를 ON 위치에 돌릴 때는 바이브레이터가 자동적으로 작동을 시작하여 시동기를 접속되게하고 시동기(starter)가 풀리게 되면 바이브레이터가 작동을 정지한다. 그림 9-5는 경항공기 엔진 마그네토에 사용하는 유도 바이브레이터의 간단한 회로이다.

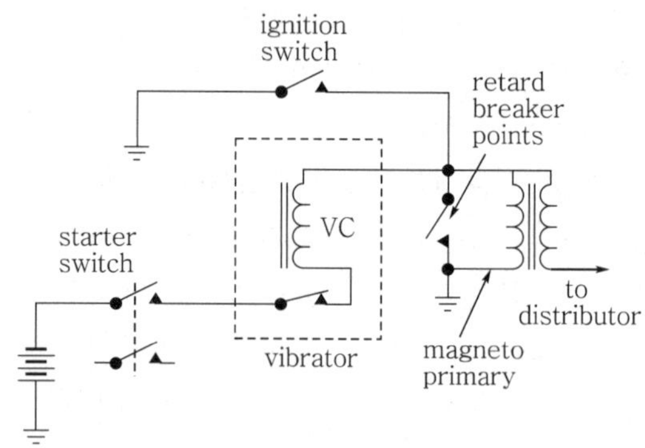

그림 9-5 Induction vibrator circuit for light-aircraft engine magnetos

시동 SW가 닫히면 축전지 전압이 바이브레이터 접점과 좌측 마그네토의 지연접점을 통하여 바이브레터 코일까지 사용된다. 코일이 감응(energize)되면 접점이 열려 전류흐름을 방해한다. 이렇게 하여 코일 VC가 감응이 풀리게(deenergize)된다. 접점이 닫히면 다시 코일이 감응(energize)되어 접점을 열리게 한다. 이렇게 하여 바이브레이터 접점은 마그네토의 주 접점과 지연 접점을 통하여 단속된 전류를 보낸다.

마그네토가 정상 점화위치까지 돌 때는 주 접촉점은 열린다. 그러나 지연접점은 아직 닫혀 있어서 바이브레이터 전류는 이 접점을 통하여 접지까지 흐른다. 마그네토가 미리 맞추어진 지연위치까지 회전되어지면 지연접점은 열리고 바이브레이터 전류는 마그네토의 1차 권선을 통하여 접지까지 흐른다. 이것은 2차 권선에 고압 전류를 유도하여 엔진을 시동하는 데 필요한 지연된 점화를 발생한다.

Section 19 — 경항공기 엔진의 벤딕스제 고압 마그네토 장치(Bendix high-tension magneto system for light aircraft engine)

1 경항공기 점화장치

그림 9-6은 대표적인 경항공기 점화장치로서 구 마그네토, 시동 바이브레이터(starter vibrator), 점화와 시동 스위치, 하니스(harness assy)로 구성되어 있다. 이것은 벤딕스제 S-200계열 마그네토의 관련 부분품이나 다른 벤딕스 제품도 비슷하며 원리도 같다.

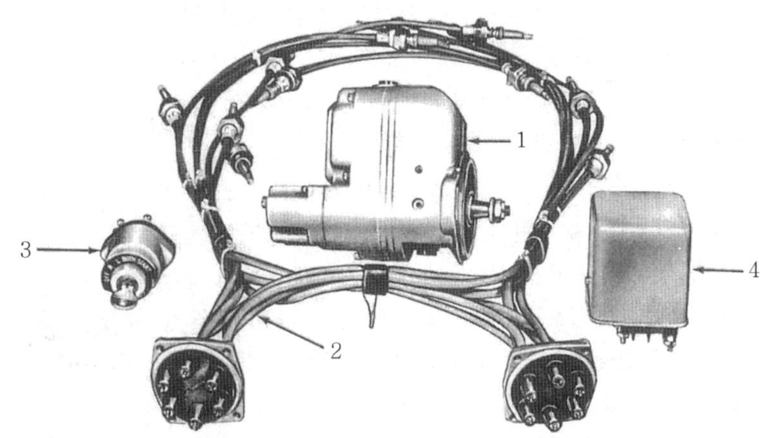

그림 9-6 Components of high-tension ignition system for light-aircraft engine(Bendix)
1. magneto, 2. harness assembly, 3. combination switch, 4. vibrator

2 마그네토 타이밍(magneto timing)

전술한 바와 같이 모든 마그네토는 정확한 순간에 점화를 위한 불꽃을 발생하기 위하여 내부적으로 시간이 맞춰져야만 한다. 마그네토 접점(breaker point)의 자기회로(magnetic circuit)에 자장강도가 가장 클 때 열리도록 시간이 맞아야 한다.

이 점을 E-gap 혹은 'efficiency-gap'이라고 부른다. 이것은 마그네토의 중립위치를 지난 각도로서 측정된다.

마그네토 배전기는 배전기의 적절한 출구 터미널에 고압 전류를 공급하기 위하여 시간이 맞아야 한다. 내부 타이밍(internal timing)순서는 마그네토의 형식에 따라 다르다. 그러나 원리는 어느 경우든 같은 것이다.

그림 9-7은 배전기 구동 기어에 모서리를 죽인 기어와 구동되어지는 기어에 표시되어진 기어와 연결된 것을 보여준다. 이것은 마그네토가 시계방향으로 회전하게 맞춰져 있다. 회전 방향은 축 끝을 향하여 자석축 회전방향을 말한다. 그림과 같이 기어의 치차가 결합되었을 때는 배전기는 회전자석과 접점(breaker point)에 관하여 언제나 정확한 위치가 될 것이다.

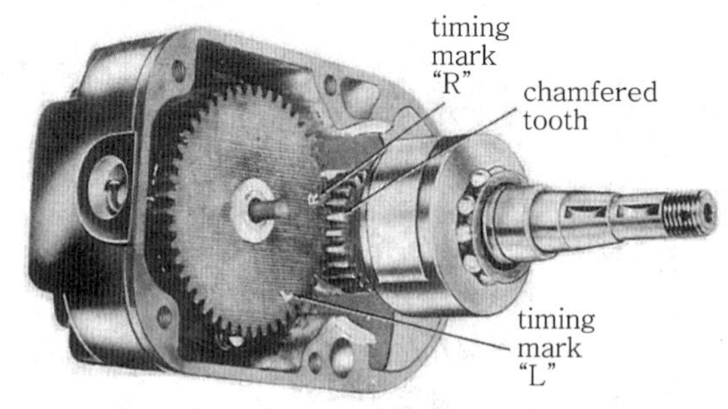

그림 9-7 Matching marks on gears for distributor timing

큰 배전기 기어도 역시 배전기의 No.1 실린더 점화를 위한 위치에 있을 때를 지시하기 위하여 케이스의 위에 타이밍 윈도우(timing window)를 통하여 관찰할 수 있게 표시된 기어를 갖고 있다. 이 표시는 접점의 열릴 시기에 대해서는 정확하지 않다. 그러나 No.1 실린더의 점화에 대한 배전기와 회전자석의 정확한 위치를 보여준다.

다음은 접점(breaker)에 타이밍 표시(timing mark)가 없는 벤딕스(bendix) S-200계열 마그네토의 접점과 조절방법을 소개한다.

① 마그네토의 상부로부터 타이밍 검사 플러그(timing inspection plug)를 제거하고 회전자석을 정상 회전방향으로 배전기 기어에 모서리가 깎인 치차에 페인트 칠이 된 치차가 대략 검사구(inspection window)의 중앙에 올 때까지 회전시킨 후 자석이 중립 위치에 올 때까지 몇 도 반대로 돌린다.

② 그림 9-8에 보이는 것과 같이 타이밍 키트(bendix 11-8150)를 장착하여 포인트를 0 위치에 두어야 한다.

③ 주 접점(main breaker point)을 건너 적당한 타이밍 라이트(timing light)를 연결한다. 자석을 정상회전 방향으로 포인트가 10°를 가리킬 때까지 회전시킨다. 이것이 E-gap 위치이다. 주 접점을 이 점에서 열리게 조절한다.

④ 캠 폴로어(cam follower)가 캠로브(cam lobe)의 가장 높은 점까지 회전자석을 돌려서 접점 사이의 간격을 측정한다. 이 간격(clearance)은 0.018±0.006″가 되어야 한다. 만약 이 간격이 한계 내 있지 않으면 접점을 조절하여야 한다. 만약 접점을 정확한 시기에 열리게 조절할 수 없으면 접점을 교환한다.

162

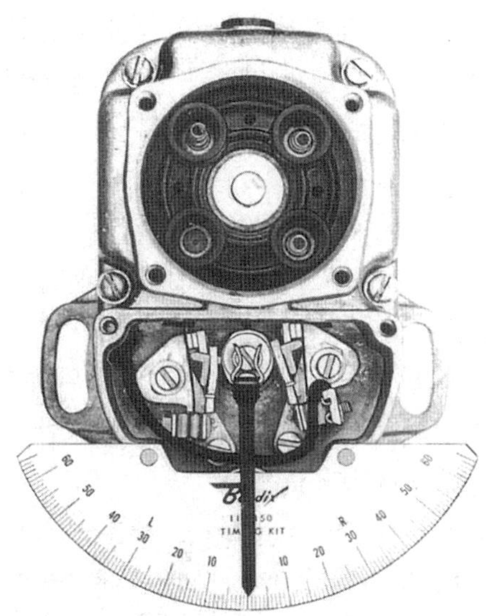

그림 9-8 Use of timing kit

두 개의 접점 마그네토에 있어서 지연접점(retard breaker)은 주 접점이 열린 뒤 미리 결정된 각도에 열리도록 조절한다. 지연접점을 정확하게 맞추기 위하여 주 접점이 열릴 때 타이밍 포인트가 가리키는 도수에다가 접점에 표시되어 있는 지연각을 더하면 된다.

예를 들면 타이밍 포인트가 10°일 때 주 접점이 열린다면 필요한 지연은 30°이다. 그렇다면 30°에 10°를 더해야 한다. 그러므로 회전자석은 타이밍 포인트가 40° 가리킬 때까지 회전하여야 될 것이다. 이때 지연접점이 열려야 한다.

만약 정상작동 상태하에서 20° BTC에 점화를 위하여 설계된 엔진이라면 지연점화(retard ignition)는 정상점화보다 적어도 20° 뒤로 맞춰져야 한다.

이때 피스톤은 TDC 가까이 간다. 그러므로 점화가 일어날 때 'kick back'이 잘 일어나지 않는다.

Section 20 — 저압 점화(low-tension ignition)

고압 점화장치를 사용함으로써 경험한 고장에 대한 주요한 원인을 보면 플래시 오버(flash over), 커패시턴스(capacitance), 습기(moisture), 고압 코로나(high-voltage corona) 등이다.

플래시 오버(flash over)는 항공기나 고고도에서 운용될 때 배전기 내부에서 고압이 튀는(jumping) 것을 묘사하는 용어로서, 고고도에서는 공기의 밀도가 작기 때문에 절연이 잘 안되어 잘 일어난다.

커패시턴스(capacitance)는 전기를 저장하는 도체의 능력이다. 점화가 뛰어 간격을 건너는 통로가 형성될 때는 도선에 저장된 에너지가 전압이 높아질 동안 점화 플러그의 전극에 열로서 발산된다. 에너지의 방전이 비교적 낮은 전압과 높은 전류의 형태이기 때문에 전극이 소손되고 점화 플러그의 수명을 짧게 하는 원인이 된다.

습기(moisture)가 있을 때는 언제나 전도율이 증가되어 고압 전기가 새어나가 생각지도 않은 새로운 통로를 만든다.

고압 코로나(high voltage corona)는 고압이 절연된 도선의 전도체와 도선 근처 금속물체 사이에 영향을 미칠 때 전기의 강도는 절연에서 강해진다. 이 강한 힘이 반복해서 절연체에 작용하면 결국은 손상의 원인이 된다. 이러한 결점들을 보완하기 위하여 고고도에서 운용하는 항공기에 저압 점화장치는 점화 플러그 점화를 위한 필요한 고압을 전체회로의 아주 작은 부분으로 제한하는 방법으로 설계되었다.

이 장치는 저압 마그네토(low-tension magneto), 카본 브러시 배전기(carbon brush distributor), 각 점화 플러그를 위한 변압기(transformer)로 구성되어 있다.

저압 점화장치가 작동할 동안 전기의 급증이 마그네토 발전 코일에서 만들어지며 최고 급증전압은 350V 이상 넘지 않으며 200V 가까이 된다. 이러한 비교적 낮은 전압이 배전기를 통하여 점화 플러그 변압기의 1차 선까지 가게 된다. 변압기에서는 점화 플러그가 점화할 수 있는 고압으로 급승하여 플러그까지 보내진다.

그림 9-9, 9-10은 저압 점화장치의 주요 부분을 표시한 것이다.

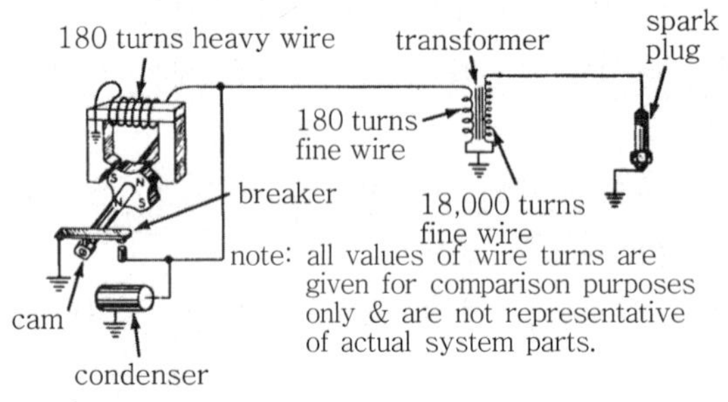

그림 9-9 Diagram illustrating low-tension ignition system

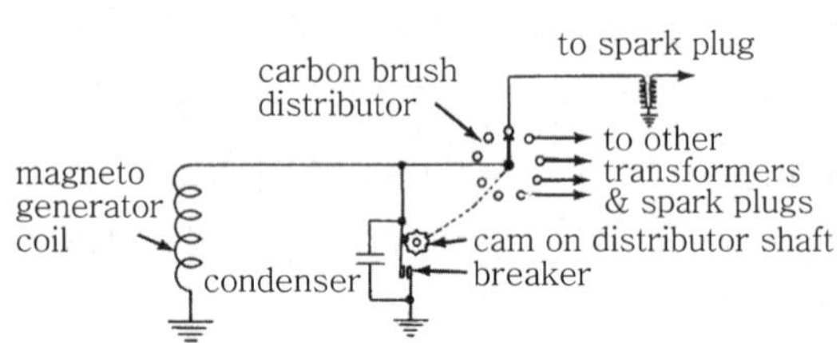

그림 9-10 Low-tension ignition system with distributor

Section 21 — 경항공기 저압 점화장치(low-tension system for light-aircraft engine)

경항공기 엔진에 보통 사용되는 저압 점화장치는 벤딕스(bendix) 회사에서 개발한 S-600 계열이다. 모델 S6RN-600은 이중 접점 마그네토(dual breaker magneto)이고 S6RN-604는 단식 접점 마그네토(single-breaker magneto)이며 이들 마그네토는 그림 9-11에서 보이는 것과 같은 구성품으로 되어 있다. 이 점화장치는 저압 케이블을 통하여 엔진 크랭크케이스에 장착되어 있는 개개의 고압 변압기 코일까지 저압 전류를 만들어 분배하게 되어 있다. 저압은 개개의 변압기 코일에 의하여 고압으로 승압되어지고 그 뒤 짧은 고압 케이블에 의하여 점화 플러그까지 가게 된다.

저압 케이블과 고압 케이블 둘다 무선 간섭(radio inteference)을 방지하기 위하여 실드(shield)로 되어 있다. 변압기 코일의 1차 선의 저항은 15~25Ω이고 2차선의 저항은 5,500~9,000Ω 사이이다.

그림 9-12는 저압 점화장치의 회로이다.

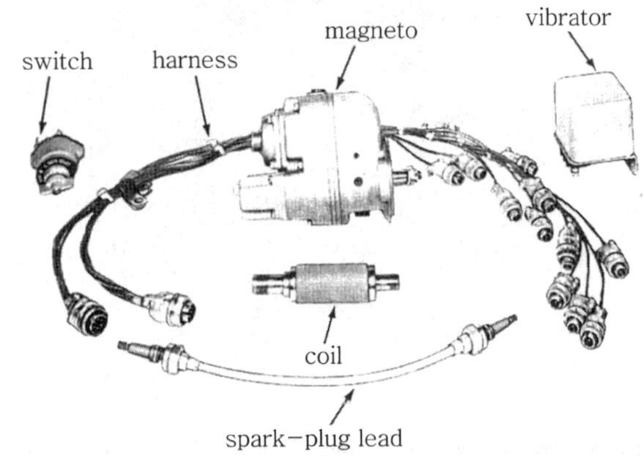

그림 9-11 Components of S-600 low-tension system(Bendix-Scintilla)

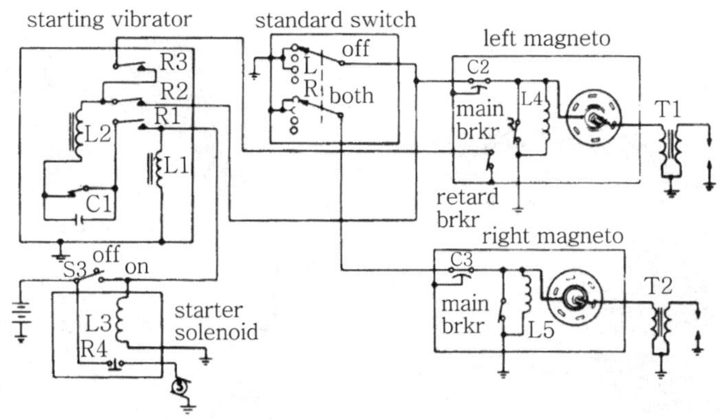

그림 9-12 Circuit for low-tension ignition system

Section 22 — 대형 항공기 엔진의 저압 점화장치(low-tension system for large-aircraft engine)

Pratt & Whitney R-2800 항공기 엔진에 사용하는 저압(low-tension), 고고도 점화장치(high altitude ignition system)를 소개하면 그림 9-13, 9-14, 9-15와 같이 고압 점화장치

와는 외형이 다르다.

　이 장치는 하나의 마그네토, 9개의 분리할 수 있는 1차 도선을 가진 하니스, 두 개의 배전기(two-distributor), 18개의 이중 고압 코일(double high-tension coils), 36개의 고압 도선(high-tension leads)으로 구성되어 있다.

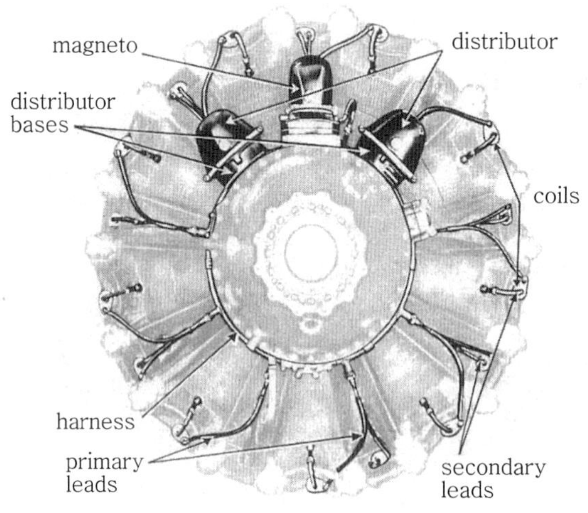

그림 9-13 Low-tension ignition system on R-2800 engine(bendix-scintilla)

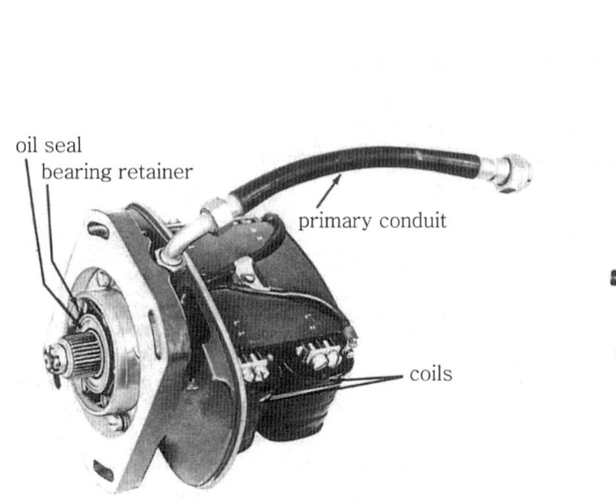

그림 9-14 Low-tension magneto(bendix)

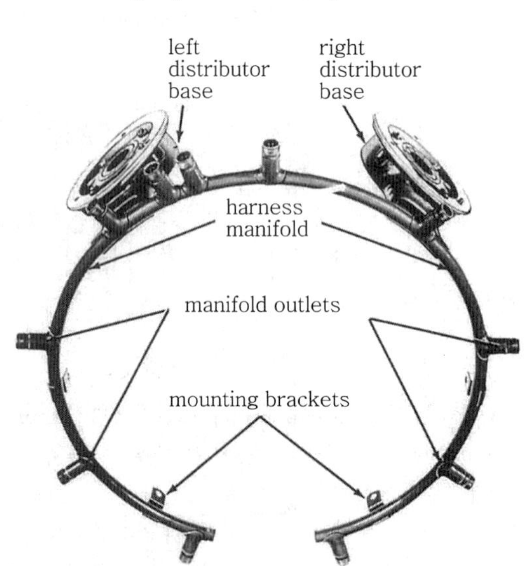

그림 9-15 Distributor base and harness assembly (bendix)

　R-2800엔진의 점화순서(firingo rder)는 1-12-5-16-9-2-13-6-17-10-3-14-7-18-11-4-15-8이며, 그림 9-16에서 보는 바와 같이 18기통 2열 성형 엔진에서 짝수 실린더는 앞열에 있고 홀수 실린더는 뒤열에 있으며 우측 배전기는 각 기통의 전방 점화 플러그를 점화시켜 주고, 좌측 배전기는 후방 점화 플러그(spark plug)를 점화시켜 준다.

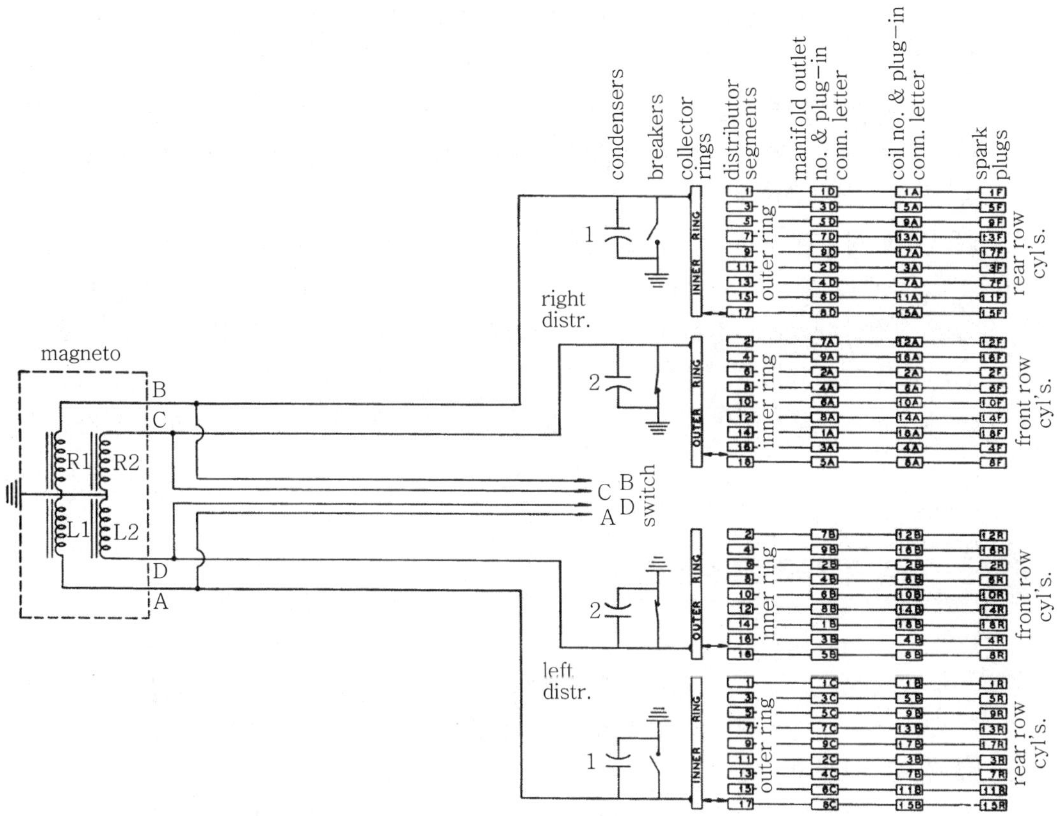

그림 9-16 Chart showing electrical connections for low-tension system

Section 23 — ## 보상 캠(compensated cam)

그림 9-17은 9기통 성형 엔진의 보상 캠(compensated cam)이다.

그림 9-17 A compensated cam

No.1 실린더를 위한 캠 로브는 점으로 표시되어 있으며 회전방향은 화살표시에 의해서 보여주고 있다.

캠을 자세히 검사하면 여러 로브 사이의 거리가 조금 틀린다는 것을 알 수 있다. 이 로브의 거리가 틀리는 것은 피스톤의 균일하지 않은 운동을 보상하기 위하여 캠이 설계되어 있는데 9기통 성형 엔진에서는 40°보다 2.5° 많거나 적을 것이다.

보상 캠은 완전 회전할 동안 각 실린더에 점화를 하여야 되기 때문에 1/2 크랭크 축 속도로 회전한다. 즉, 크랭크 축은 모든 피스톤을 점화하기 위하여 2회전하여야 하며 캠은 1/2 크랭크 축 속도로 회전한다. 보상 캠은 배전기를 구동하는 동일축에 보통 장착되어 있다. 왜냐하면 배전기도 역시 1/2 크랭크 축 속도로 회전하기 때문이다.

그러므로 모든 플러그를 점화시키려면 크랭크 축 2회전에 캠 축은 1회전하면 된다.

Section 24 — 점화 플러그(spark plug)

점화 플러그는 마그네토나 다른 고압 장치(high tension device)에 의하여 만들어진 고압 전류의 전기적 에너지를 실린더의 공기와 연료의 혼합기에 점화하는 데 필요한 열에너지로 바꾸는 점화장치의 한 부분이다.

항공기용 점화 플러그는 기본적으로 그림 9-18과 같이 주요 세 부분으로 구성되어 있다.

  ① 전극(electrodes)
  ② 세라믹 절연체(ceramic insulator)
  ③ 금속 셸(metal shell)

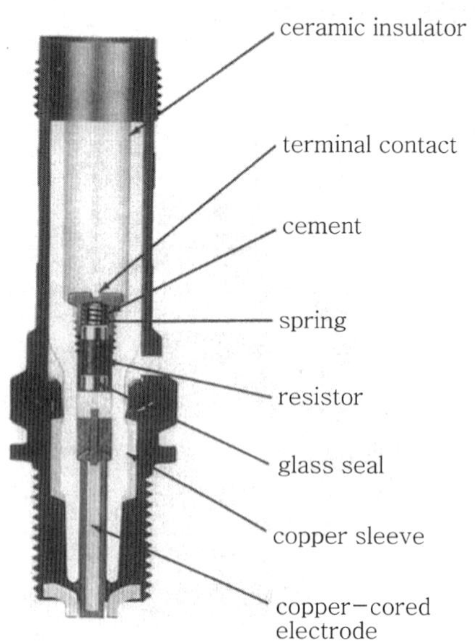

그림 9-18 Shielded spark plug(champion spark plug co.)

저항체형(resistor-type) 점화 플러그는 실드 하니스(shield harness)를 가진 엔진에 전극이 타는 것과 침식을 감소하게 설계되어 있다.

고압 케이블과 실딩(shielding) 사이의 전기용량은 플러그 전극에 비교적 고전류 방전을 할 수 있는 전기적 에너지를 저장하기에는 충분하다. 이 에너지는 연료와 공기혼합기를 점화하는 데 필요한 것보다 상당히 크다. 그러므로 점화 플러그의 수명을 길게 하기 위하여 절연체(resistor)방법으로 에너지를 감소시킨다.

점화 플러그의 셸 나사산(shell thread)은 직경이 14mm와 18mm, 나사산 길이가 'long reach'와 'short reach'로 분류된다.

diameter	long reach	short reach
14mm	1/2in[12mm]	3/8in[9.53mm]
18mm	13/16in[20.67mm]	1/2in[12mm]

점화 플러그는 'hot', 'normal', 'cold'로 분류하는데 이것은 그림 9-19에서 보는 것과 같이 절연체(insulator)의 온도는 조기점화(preignition)와 파울링(fouling) 영역에 관계된다.

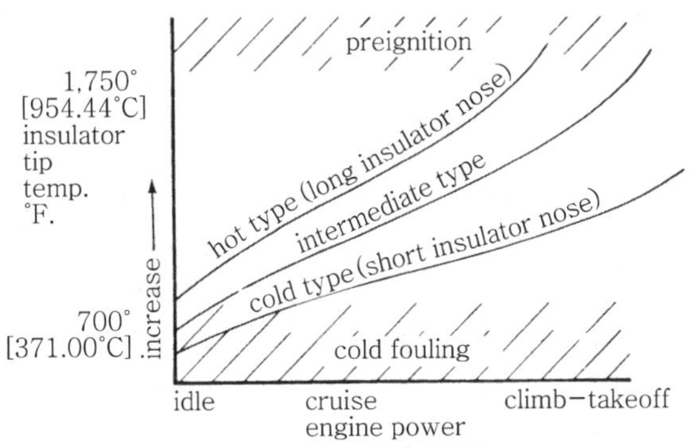

그림 9-19 Chart to show spark-plug temperature ranges

조기점화는 점화 플러그 코어 온도가 1,630°F(888℃) 이상에서 잘 일어나며, 카본 침전물에 의하여 플러그의 'fouling'이나 'shorting'은 절연체 끝 온도가 약 800°F(427℃) 이하로 떨어질 때 잘 일어난다. 그러므로 점화 플러그는 정확하게 결정된 온도 한계 사이에서 작동하여야만 한다. 이런 점으로 보아서 절연체 앞의 작동온도에 의하여 좌우되는 플러그의 성능은 1,000°F와 1,250°F 사이의 온도가 제일 바람직하다.

기본적으로 고온으로 작동하는 엔진은 'cold' 점화 플러그를 요하고 저온도로 작동하는 엔진에는 'hot' 점화 플러그를 요한다.

만약 고온으로 작동하는 엔진에 'hot' 점화 플러그가 장착되었다면 점화 플러그 끝이 과열되어 조기점화(preignition)의 원인이 된다. 반면, 저온으로 작동하는 엔진에 'cold' 점화 플러그가 장착되었다면 점화 플러그 끝에 타지 않은 카본(carbon)이 모아져 플러그의 'fouling' 원인이 된다.

그림 9-20은 'cold'와 'hot' 점화 플러그를 표시한다.

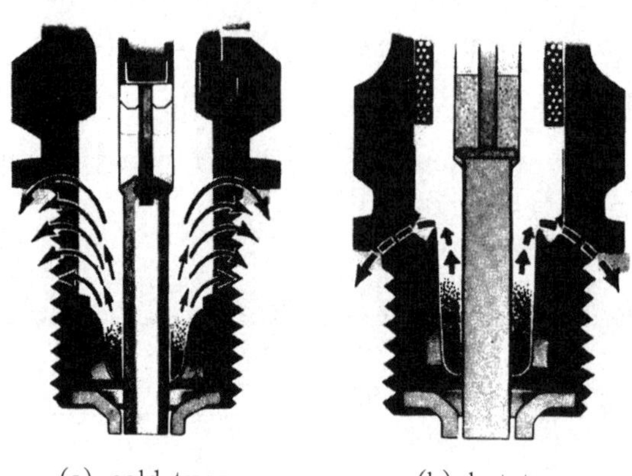

그림 9-20 Construction of hot and cold spark plugs

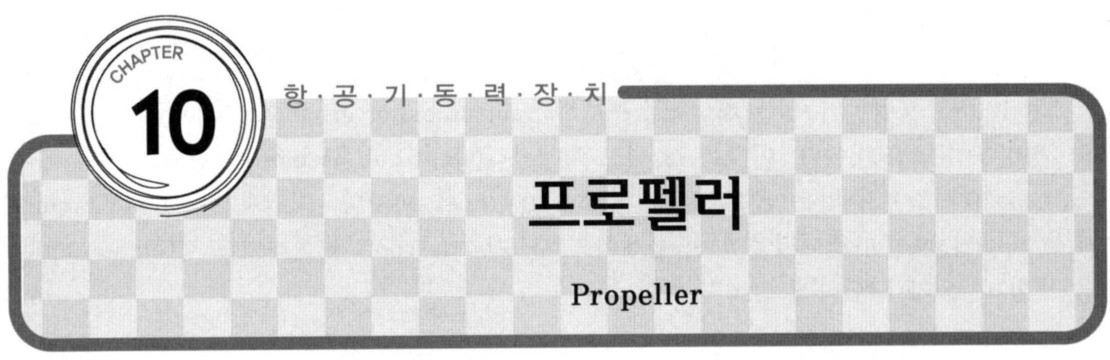

프로펠러

Propeller

 — ## 프로펠러의 명칭(nomenclature of propeller)

그림 10-1은 경항공기(light aircraft)를 위하여 설계된 고정 피치의 한 조각 목재 프로펠러(fixed-pitch one-piece wood propeller)로서, 보통 사용하는 용어는 허브(hub), 허브 보어(hub bore), 볼트 구멍(bolt holes), 넥(neck), 블레이드(blade), 팁(tip), 메탈 티핑(metal tipping)이다.

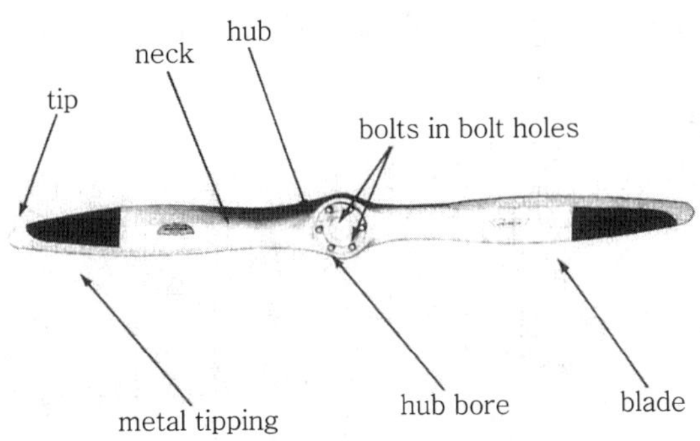

그림 10-1 Fixed-pitch one-piece wood propeller

프로펠러 블레이드(propeller blade)의 단면은 그림 10-2에서 보이는 것과 같이 블레이드의 전연(leading edge)과 후연(trailing edge), 캠버 쪽 혹은 뒷면(camber side or back)과 평평한 쪽 혹은 정면(face)이 있다. 이 그림에서 보는 것과 같이 프로펠러 블레이드(propeller blade)는 항공기의 날개(wing)와 비슷한 익형(airfoil shape)이다.

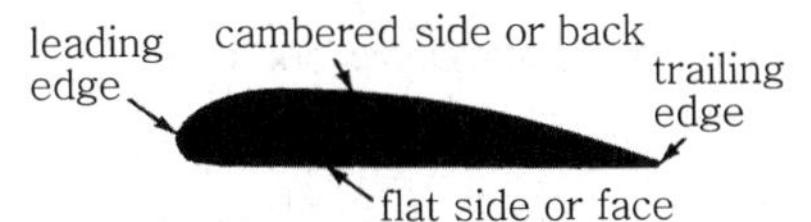

그림 10-2 Cross section of a propeller blade

그림 10-3은 조절할 수 있는 지상조절 프로펠러(adjustable or ground adjustable propeller)의 명칭을 설명한 것이다. 이것은 강 허브 어셈블리(steel hub assembly) 속으로 두 블레이드(blades)가 조여져 있는 금속 프로펠러(metal propeller)이다. 크램핑 링 볼트(clamping ring bolt)가 적절히 조여졌을 때는 블레이드 루트(blade root)가 블레이드 각(blade angle)을 변할 수 없게 단단하게 잡혀져 있다.

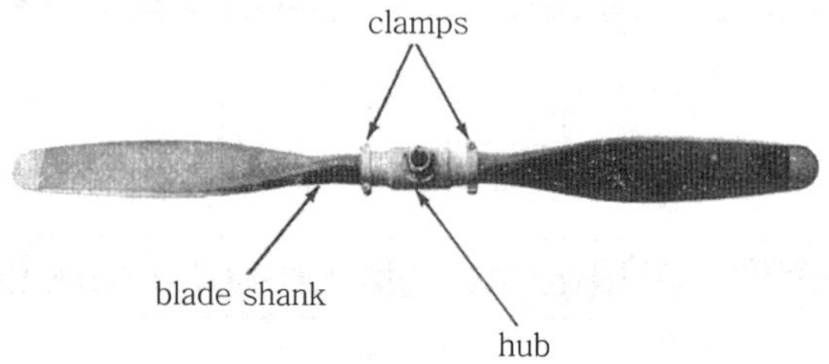

그림 10-3 A ground-adjustable propeller

그림 10-4에서 블레이드 섕크(blade shank)는 블레이드 버트(blade butt)근처 부분으로 강도를 주기 위하여 두꺼우며 허브 배럴(hub barrel)에 꼭 맞게 되어 있어서 이 부분은 추력(thrust)을 내지 못한다. 추력(thrust)을 더 많이 내기 위하여 어떤 프로펠러 블레이드(propeller blade)는 끝(tip)에서부터 허브(hub)까지 전체 블레이드가 에어포일 모양(airfoil shape)이다.

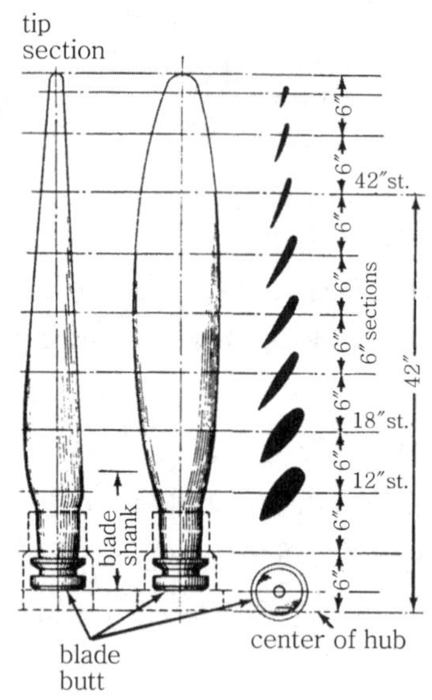

그림 10-4 Propeller blade showing blade construction and sections

또 어떤 설계에 있어서는 그림 10-5와 같이 익형(airfoil shape)인 블레이드 커프스(blade cuffs) 방법으로 허브(hub)까지 되어 있다. 블레이드 버트 (blade butt) 혹은 베이스(base)는 허브 속에 꼭 맞게 하는 단순한 블레이드 끝(blade end)이다.

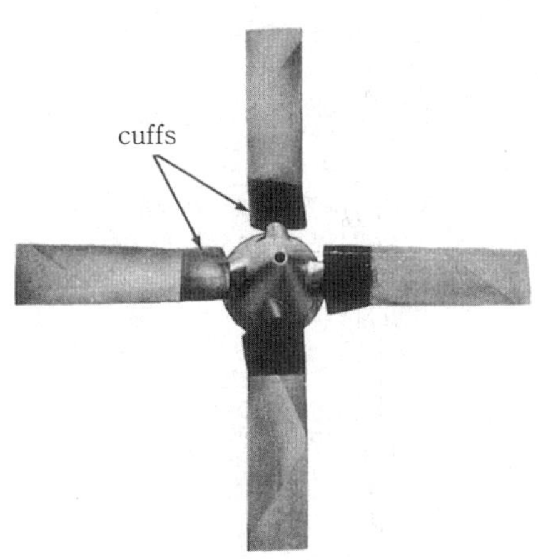

그림 10-5 Propeller with blade cuffs

Section 02 ─ 블레이드 스테이션(blade station)

블레이드 스테이션은 허브의 중앙(center of the hub)으로부터 측정하기 위하여 블레이드를 따라 정한 거리이다. 그림 10-4에서 6″ 간격으로 나누어 졌다면 6″, 12″ 블레이드 단면은 6″와 12″ 스테이션 사이에 있다. 12″, 18″ 블레이드 단면은 12″와 18″ 스테이션(station) 사이이다. 블레이드를 스테이션(station)에 의하여 나누어진 단면으로 분할한 것은 프로펠러 블레이드의 성능, 블레이드 위치 표시, 블레이드 각(blade angle)을 측정하기 위한 적당한 지점을 알기 쉽게 한다.

Section 03 ─ 블레이드 각(blade angle)

블레이드 각은 정면(face)이나 혹은 특정한 블레이드 단면의 코드(chord)와 프로펠러 블레이드(propeller blade) 회전면(plane of rotation)과의 사이에 각도로서 정의할 수 있다. 그림 10-6은 4엽 프로펠러(four-blade propeller)의 그림이나 간단하게 보이기 위하여 두 블레이드(blade)만 완전히 보인다. 이 그림에서, 블레이드 각(blade angle), 회전면(plane of rotation), 블레이드 면(blade face), 종축(longitudinal axis) 그리고 비행기 앞부분(nose of airplane)이 표시되어 있으며 회전면(plane of rotation)은 크랭크 축(crankshaft)에 수직이다. 추력(thrust)을 얻기 위하여 프로펠러 블레이드(propeller blade)는 회전면(plane of rotation)에 어떤 각도로 맞추어져야 한다.

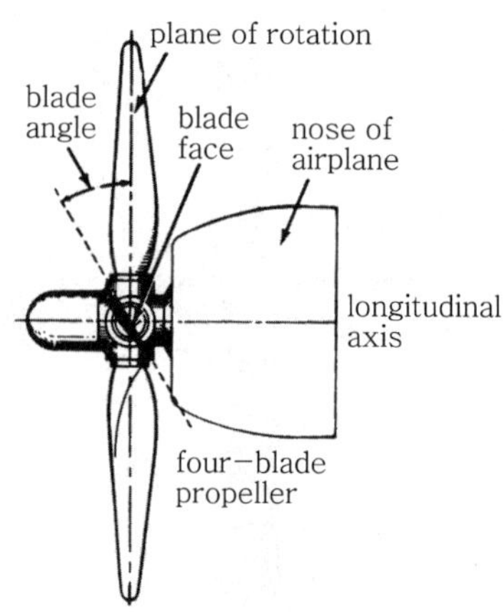

그림 10-6 Four-blade propeller

프로펠러(propeller)가 비행 중 회전할 동안은 블레이드(blade)의 각 부분은 프로펠러의 원형 혹은 회전운동으로 비행기의 전진운동(forward movement)을 하게 된다. 그러므로 블레이드(blade)의 어떤 부분은 그림 10-7에서 보는 것과 같이 나선형(spiral) 혹은 나사모양(corkscrew)과 같은 모양으로 공기 중을 통과하는 통로를 가지며 블레이드 팁(blade tip) 근처 어느 부분의 가상점은 가장 큰 나선형(spiral)을 그리며, 중간부분의 점은 그보다 좀 작은 나선형을 그린다. 블레이드의 섕크(blade shank) 가까운 부분의 점은 모든 나선형 중에서 가장 작은 나선형(spiral)을 그린다.

그리고 블레이드(blade) 1회전에서 블레이드 모든 부분은 같은 거리로 앞으로 움직이며 블레이드 각 점들에 의하여 만들어진 나선형 통로(spiral paths)는 각 부분에 가장 효율좋은 각도로 그려지며 각도(angle)는 블레이드 팁(blade tip) 쪽으로 갈수록 점점 작아지며 섕크(shank) 쪽으로는 점점 커진다. 이와같이 블레이드 부분 각도(blade section angle)가 점점 변하는 것을 피치 분배(pitch distribution)라고 한다.

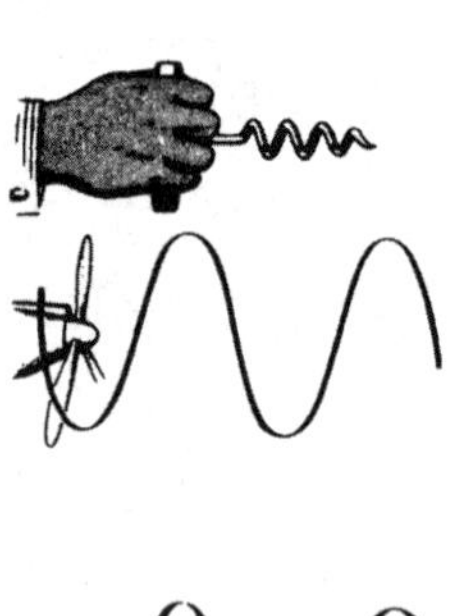

그림 10-7 Path of the propeller through the air

그림 10-8은 프로펠러 블레이드(propeller blade)의 뒤틀림(twist)의 양을 보여주며 블레이드는 실제로 뒤틀린 익형(twisted airfoil)인 이상 특정한 블레이드의 어떤 특정한 부분의 블레이드 각(blade angle)은 같은 블레이드의 어떤 다른 부분의 블레이드 각(blade angle)과 다르다.

블레이드 각(blade angle)은 대단히 중요하여 다만 1°의 블레이드 각(blade angle) 변화로 직접구동 엔진(direct-driven engine)은 60~90rpm의 영향을 받는다.

그림 10-8 Pitch distribution

프로펠러 블레이드 각(propeller blade angle)이 허브(hub)로부터 블레이드 팁(blade tip)까지 변화되는 이유는 그림 10-9를 고찰함으로써 이해할 수 있다.

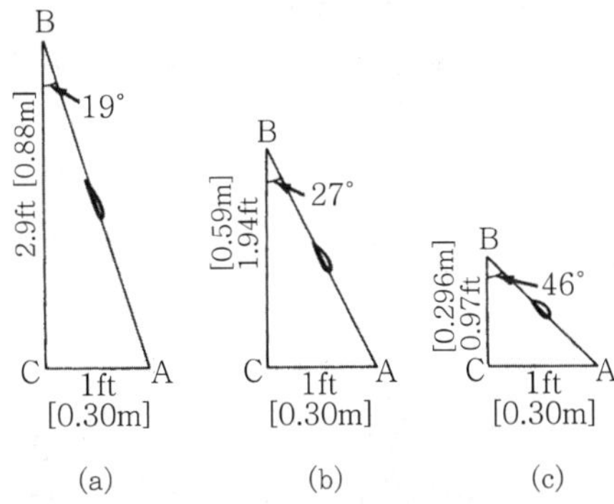

그림 10-9 Demonstrating the reason for a variation of propeller blade angle from root to tip

그림에서 3개의 삼각형은 2,000rpm으로 회전하는 프로펠러(propeller)를 가지고 150mph 속도로 비행할 동안 비행기와 프로펠러 블레이드(propeller blade)의 특정한 부분의 상대적인 움직임(relative movement)을 보여준다.

A에 삼각형은 프로펠러 허브(propeller hub)로부터 36″ 블레이드 부분의 움직임을 나타내며 이 부분이 만드는 지경은 3ft 2π이다. 프로펠러(propeller)가 2,000rpm으로 회전하므로 이 부분은 37,700ft/min 혹은 약 628ft/sec 움직인다.

이때 비행기가 150mph TAS로 비행한다고 하면 220ft/sec로 공기 속을 통하여 움직이고 있는 것이다. 즉, 블레이드 부분이 628ft 움직일 동안 비행기는 220ft 비행한다는 것을 의미한다.

이 데이터(data)로부터 우리는 비행기가 1ft 움직일 동안 허브로부터 36″ 프로펠러 블레이드 부분(propeller blade section)은 2.9ft보다 조금 적게 움직일 것이다.

삼각형 A에 이것이 설명되어 있고 BC로서 회전면(plane of rotation)에 블레이드 부분의 거리를 나타내고 CA로서 비행기 거리를 나타낸다. 프로펠러 블레이드 부분(propeller blade section)의 실제적인 항적(actual track)은 BA이고 상대풍 방향(relative window direction)은 AB선을 따라간다.

프로펠러 블레이드(propeller blade)의 영각(angle of attack)은 회전면(plane of rotation)과 프로펠러 블레이드 각(prop blade angle)에 관하여 AB의 각 사이의 차이이다.

그림 A에서 각 ABC는 19°보다도 조금 크고 블레이드 각이 22°에 맞추어졌다면 블레이드의 영각(angle of attack of the blade)은 3°가 될 것이다.

그림 10-9에서 B삼가형은 비행기가 150mph TAS(True Air Speed)로 비행하고 프로펠러는 2,000rpm으로 회전하고 있을 때 허브(hub)로부터 24″ 블레이드 부분의 움직임을 나타내며 위와 같은 계산법으로 B의 각은 약 27°이고 3°의 영각을 주면 블레이드 각은 30°에 맞추어져야 할 것이다. 같은 방법으로 허브로부터 12″ 블레이드 부분은 삼각형 C에서 보이는 것과 같이 회전면(plane of rotation)으로부터 46°의 각으로 움직일 것이다. 이것은 결국 고정 피치 프로펠러(fixed-pitch propeller)는 좁은 작동범위에서 효율을 낼 수 있다는 것을 나타낸다. 그러므로 현대의 항공기는 넓은 범위의 좋은 효율을 낼 수 있는 정속 프로펠러(constant speed propeller)와 같은 형(type)들이 개발되었다.

Section 04 — 피치(pitch)

유효 피치(effective pitch)는 비행 중 프로펠러(propeller)의 1회전(360°) 동안 비행기가 전진한 실제거리(actual distance)이다. 피치(pitch)는 블레이드 각(blade angle)과 같은 것은 아니고 두 용어(term)는 서로 관계가 밀접하므로 보통 교체하여 사용할 수 있으며 그림 10-10은 두 다른 피치(pitch)를 설명한다.

즉, 블레이드는 각(blade angle)이 작을 때는 피치가 작아(low pitch) 비행기는 프로펠러(propeller) 1회전(revolution)에 멀리 전진하지 못하고 블레이드 각(blade angle)이 크면 피치가 커서(high pitch) 비행기는 프로펠러 1회전에 더 멀리 전진한다. 고정

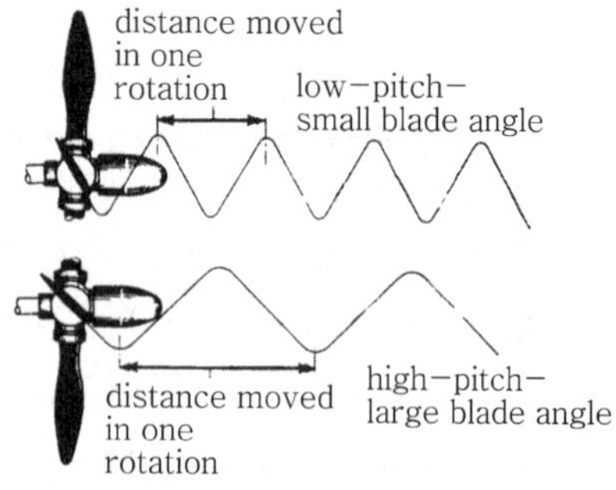

그림 10-10 Low pitch and high pitch

된 블레이드 각 프로펠러(fixed blade angle propeller)를 장착한 비행기가 하강(dives)할 때 비행기의 전진속도는 증가(increase)하며 상대풍(relative wind)의 방향이 바뀐 이상 영각이 적어져 양력(lift)과 항력(drag)이 감소하고 프로펠러(propeller)의 회전속도(rotational speed)는 증가한다. 반면에 비행기가 상승(climb)하면 프로펠러의 회전속도는 감소(decrease)할 것이며 상대풍의 방향이 변하여 영각이 증가하며 양력(lift)과 항력(drag)이 많아지고 비행기의 전진속도(forward speed)는 작아진다.

기하학적 피치(geometrical pitch)는 계산하여야 할 블레이드 위치(blade station)의 반경 r과 2π로서 블레이드 각의 탄젠트(tangent)를 곱함으로써 구할 수 있다.

예를 들면 프로펠러의 블레이드 각(blade angle)이 30″ 위치에서 20°이면 프로펠러의 기하학적 피치(geometrical pitch)를 다음과 같이 구할 수 있다.

$$2\pi \times 30 \times \tan 20° = 2\pi \times 30 \times 0.364 = 68.58''$$

영추력 피치(zero-thrust pitch)는 프로펠러가 추력 없이 1회전에 전진할 수 있는 거리이다. 프로펠러의 피치 비(pitch ratio)는 식경(diameter)에 대한 피치의 비이다.

슬립(slip)은 프로펠러의 기하학적 피치(geometrical pitch)와 유효 피치(effective pitch) 사이의 차이로서 정의한다. 즉, 평균 기하학직 피치(mean geometrical pitch)의 퍼센트(%)로 표시된다.

Section 05 — 비행 중 프로펠러에 작용되는 임(forces acting on a propeller in flight)

1 추력(thrust)

프로펠러에 전체 공기힘의 합성이고 전진방향에 병렬이며 프로펠러에 굽힘응력(bending stresses)을 유발한다.

2 원심력(centrifugal force)

프로펠러의 회전(rotation)에 의하여 생기며 블레이드(blade)를 허브(hub) 중앙으로부터 밖으로 던지는 경향이 있어서 인장응력(tensile stress)을 만든다.

3 비틀림, 비트는 힘(torsion or twisting force)

공기합성력이 프로펠러이 중립축을 통하여 가지 않는 사실에 의하여 생기며 비틀림응력
(torsional stress)이 생긴다.

Section 06 — 고속에서 프로펠러가 받는 응력

그림 10-11은 프로펠러가 고속으로 회전할 때 프로펠러가 받는 일반적인 응력의 형식
(types of stresses)을 설명하는 것이다.

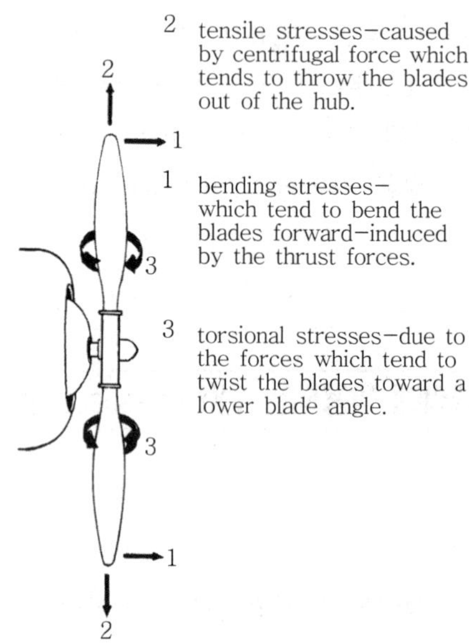

그림 10-11 Forces and stresses on propeller blades during flight

1 굽힘응력(bending stresses)

추력(thrust force)에 의하여 발생되며 이 응력(bending stresses)은 비행기가 프로펠러에
의하여 공기 속을 통하여 움질일때 블레이드(blade)를 전방으로 굽히려는 경향이 있다. 굽힘
응력(bending stresses)은 공기의 저항(resistant)에 의하여 생기는 항력(drag)에 의하여 발
생되기도 한다. 그러나 이것은 추력(thrust force)에 의하여 생기는 굽힘응력(bending stresses)
에 비하면 그다지 중요하지 않다.

2 인장응력(tensile stresses)

이 응력은 프로펠러의 원심력(centrifugal force)에 의하여 생기며, 프로펠러 중앙허브 (central hub)로부터 블레이드(blade)를 밖으로 이탈시키려는 경향을 갖고 있다.

3 비틀림 응력(trosional stresses)

회전하는 프로펠러(prepeller) 블레이드에 두 비틀림 모멘트(twisting moment)에 의하여 발생한다. 이 중 한 응력은 블레이드에 공기반작용(air reaction)에 의하여 발생되므로 공기 역학적 비틀림 모멘트(aerodynamic twisting moment)라 하고 다른 하나는 원심력(centrifugal force)에 의하여 발생되므로 원심력 비틀림 모멘트(centrifugal twisting moment)라고 한다.

프로펠러가 작동할 동안 원심력은 블레이드를 적은 각도로 돌리려는 경향이 있다. 비틀림 응력(torsional stresses)은 rpm의 자승과 같이 증가한다.

Section 07 — 프로펠러의 영식(types of propeller)

1 고정 피치 프로펠러(fixed pitch propeller)

이 프로펠러는 한 조각으로 만들어졌으며 피치가 고정되어 있고 보통 2엽 프로펠러(two-blade propeller)로 목재(wood)와 알루미늄 합금(aluminum alloy), 강(steel)과 같은 재료로 만들어졌으며 경비행기용이다(그림 10-12).

2 조정 피치 프로펠러(adjustable pitch)

피치(pitch)는 엔진이 작동하지 않을 때 지상에서 공구(tool)로서만 조절할 수 있으며 그림 10-12는 블레이드 각(blade angle)을 조절하는 것이다.

이 형은 보통 분할 허브(split hub)이다. 프로펠러를 어떤 비행목적을 위하여 피치(pitch)를 조절할 때는 엔진으로부터 탈거하여 수행하나 탈거하지 않고 수행하는 것도 있다. 이 형은 적어도 2엽(two blade) 혹은 그 이상도 있으며 목재(wood), 강(steel), 알루미늄 합금(aluminum alloy)으로 만들어졌다.

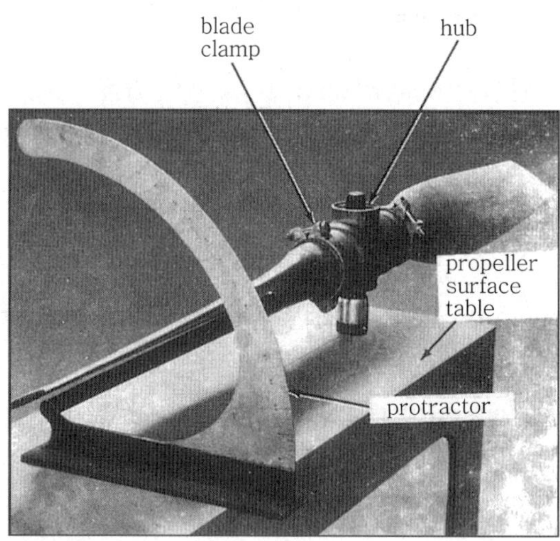

그림 10-12 Adiustment of blade angle on ground-adjustable propeller

3 가변 피치 프로펠러(controllable pitch propeller)

비행 중 조종사는 프로펠러 피치(propeller pitch)를 변경할 수 있고, 또한 피치 변경기구 (pitch-changing mechanism)에 의하여 지상에서 엔진이 작동할 동안 기계적으로(mecha-nically), 유압으로(hydraulically), 혹은 전기적으로(electrically) 작동되며 블레이드는 알루미늄 합금(aluminum alloy), 강(steel), 목재(wood)로 만들어졌다. 그림 10-13은 가변 피치 프로펠러의 설명도이다.

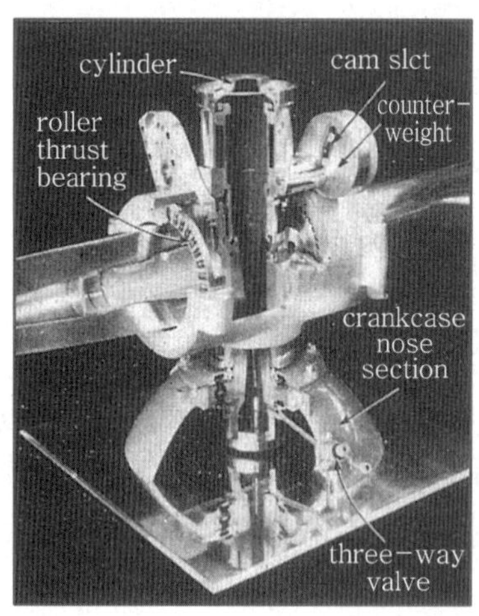

(a) The cylinder is retracted and the blades are in high pitch

(b) The cylinder is extended, rotating the blades to low pitch

그림 10-13 Cutaway of the controllable-pitch propeller

4 정속 프로펠러(constant-speed prepeller)

정속 프로펠러(constant-speed prepeller)는 조속기(governor)에 의하여 조종되는 유압 혹은 전기적으로(hydraulically or electrically) 피치 변경기구(pitch-changing mechanism)를 작동하는 데 이용된다. 조속기(governor)의 조절은 조종석(cockpit)에서 rpm 레버(rpm lever)로 조종사에 의하여 조절되며 작동 중 정속 프로펠러(constant-speed prepeller)는 엔진 속도(engine speed)를 일정하게 유지하기 위하여 블레이드 각(blade angle)이 자동적으로 변한다.

수평 직진 비행 중(straight, level flight) 조종사는 특정한 작동상태에 요하는 엔진 속도를 선택하며 엔진 속도가 증가(increase)하면 블레이드 각(blade angle)이 증가하여 rpm이 일정하게 되며 부가된 출력은 프로펠러가 흡수한다.

그림 10-14는 유압정속 프로펠러(hydraulic constant-speed propeller)의 조속기(governor)의 작동상태를 보여준다.

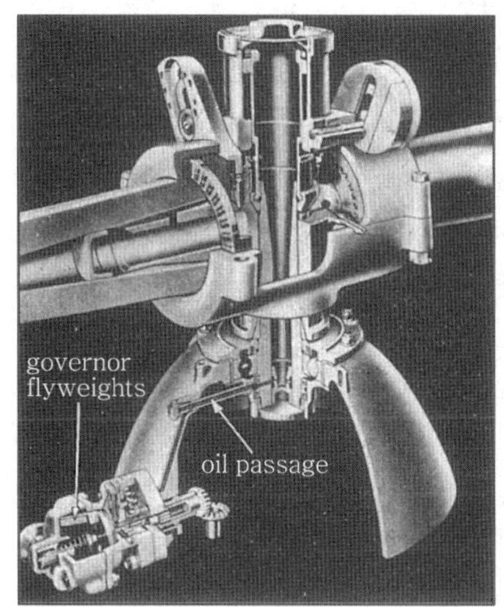

그림 10-14 The governor which controls the flow of oil to and from the constant-speed propeller

유압 정속 프로펠러(hydraulic constant-speed propeller)는 가변 피치 프로펠러(controlable-pitch prepeller)와 거의 동일한 구조이다.

피치 조종(pitch control)은 오일을 프로펠러까지 또는 프로펠러로부터 흐름을 조정하는 파일럿 밸브(pilot valve)를 작동시키는 원심력 조속기(centrifugal governor)로 구성되어 있다. 정속 프로펠러(constant-speed prepeller)와 가변 피치 프로펠러(controlable-pitch prepeller)의 주 차이점은 블레이드(blade)를 고피치(high pitch)로 회전하는 데 평형추(counterweight)를 돕기 위하여 스프링이 피스톤에 위치하고 있는 점이나 피치(pitch)가 조종되는 방법은 완전히 다르다.

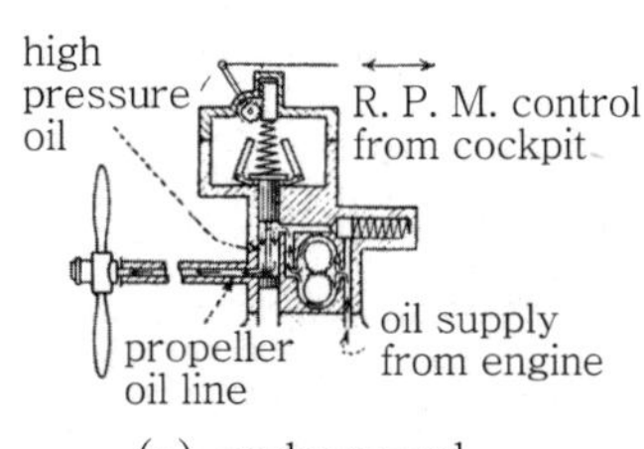

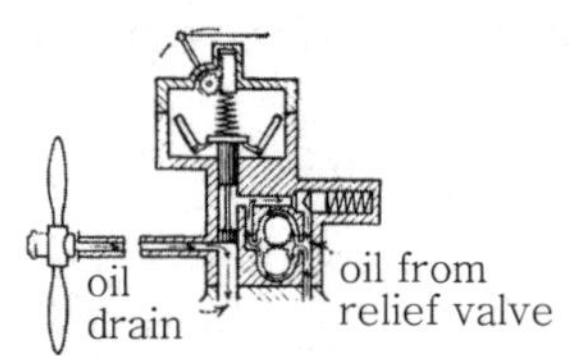

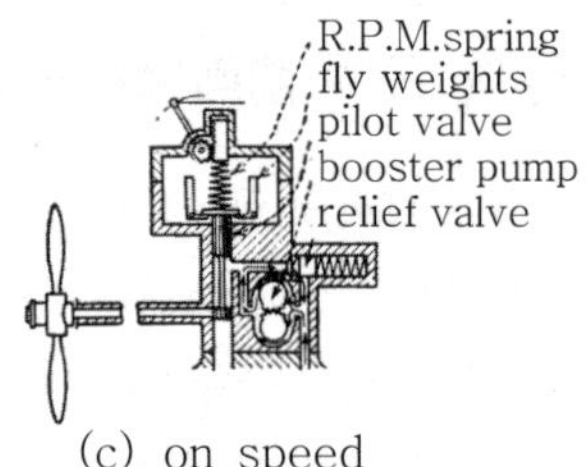

high pressure oil enters propeller line to decrease pitch

oil drains from propeller to increase pitch

pilot valve closes propeller line to maintain pitch

그림 10-15 Schematic diagrams illustrating the manner in which the governor regulates the flow of oil to and from the constant-speed propeller

조속기 오일 펌프(governor oil pump or boost pump)는 약 180~200psi까지 오일 압력을 승압시킨다. 이 압력을 유지하기 위하여 릴리프 밸브(relief valve)가 역시 어셈블리(assembly) 내에 포함되어 있다. 조속기 오일 펌프(boost pump)와 플라이 웨이트 어셈블리(flyweight assy)는 기어(train of gear)를 통하여 크랭크 축(crankshaft)에 의하여 구동된다.

플라이 웨이트(flyweight) 사이에 있는 속도 스프링(speeder spring)은 플라이 웨이트를 안으로 끌어 당기는 경향이 있으며 프로펠러 조종 레버(prop control lever)에 연결된 풀리(pulley)를 회전시킴으로써 속도 스프링(speeder spring)의 장력이 변하게 된다. 그림 10-15(b)에서 보는 것과 같이 엔진 속도가 증가하여 만일 프로펠러가 과속(overspeed)이 되려고 하면 플라이 웨이트(flyweight)는 벌어지게 되어 속도 스프링(speeder spring)을 압축하여 파일럿 밸브(pilot valve)를 올리게 되며 이때 밸브의 위치는 프로펠러로부터 엔진 크랭크케이스로 오일이 돌아가게 되고 평형추(counter-weight)의 작동과 프로펠러 피스톤에 스프링의 작동이 프로펠러 블레이드 각(blade angle)을 증가시킨다. 이 증가된 블레이드 각은 엔진에 더 많은 하중을 주어 속도를 떨어뜨린다. 이와 반대로 그림 (a)에서 보는 바와 같이 엔진 속도가 일정한 프로펠러 회전속도 이하로 떨어질 때는 플라이 웨이트는 중앙으로 움직여 속도 스프링이 퍼지며 파일럿 밸브(pilot valve)를 완전 다운 위치(full down positon)까지 밀어 내린다. 이때의 밸브 위치는 조속기 오일 펌프와 프로펠러 사이의 오일 통로를 개방하여 승압된 오일이 프로펠러 피스톤으로 흘러 들어가서 실린더를 앞으로 밀어 블레이드 피치(blade pitch)를 감소시킨다. 이 감소된 블레이드 피치는 엔진 하중을 덜어주어 속도를 증가시킨다. 결국 이렇게 함으로써 조속기(governor)가 맞추어진 속도로 엔진이 일정한 rpm으로 회전한다. 이때 파일럿 밸브(pilot valve)는 그림 (c)와 같이 중앙 위치에 놓이게 되어 오일이 프로펠러로 들어가서나 혹은 나오는 것을 방지한다. 프로펠러 블레이드 각(propeller blade angle)은 플라이 웨이트(flyweights)의 위치에 의하여 조종되어지며 회전하고 있는 플라이 웨이트는 그것에 작동되는 원심력(centrifugal force)과 조속기 스프링(governor spring)의 장력 사이의 평형에 의하여 결정된다.

5 페더링 프로펠러(feathering propeller)

페더링은 다발항공기(multiengine airplane)가 비행 중 엔진이 고장이거나 엔진을 정지시켜야 될 때 필요하며, 프로펠러의 풍차작용(windmill)으로 고장나나 엔진이 계속 회전하는 것을 방지하며, 프로펠러를 페더링함으로써 프로펠러가 받는 저항(drag)이 작으며 날개(wing)와 미부의 공기흐름의 교란을 작게 하는 이점이 있다.

페더링 프로펠러(feathering propeller)는 그림 10-16에서 보는 바와 같이 블레이드 평형추(counter-weights)가 없으며 실리더는 고정이고 피스톤이 움직인다.

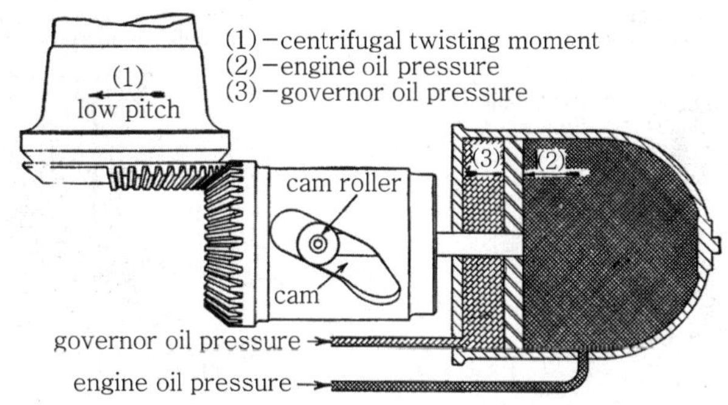

그림 10-16 Schematic diagram showing the operation pitch- changing mechanism of the fullfeathering propeller

블레이드(blade)는 엔진 오일 압력(engine-oil pressure)에 의하여 저피치(low pitch)로 회전하며 블레이드에 작용하는 원심력(centrifugal force)도 저피치로 회전하게 한다. 피스톤이 앞뒤로 움직임으로써 캠 롤러(cam roller)가 캠에 경사진 홈을 따라 움직이면 캠은 회전하면서 프로펠러 블레이드를 고피치와 저피치로 되게 한다.

프로펠러 피치를 조종하는 조속기(governor)는 정속 프로펠러 조속기(constant-speed governor)와 같은 원리로 작동한다. 파일럿 밸브(pilot valve)는 고압 오일(high pressure oil)이 프로펠러까지 또는 프로펠러부터 흐름을 조종하며, 정속 프로펠러(constant-speed propeller)의 조종에 사용되었던 것과 같은 스프링으로 균형잡힌 플라이 웨이트(flyweights)에 의하여 작동된다(그림 10-17).

고압 오일은 조속기를 통하지 않고 엔진 윤활장치로부터 직접 피스톤의 앞쪽(front)에 공급된다.

보조 밸브(auxiliary valve)는 페더링(feathering)이나 언페더링(unfeathering)작동을 위하여 보조압력 공급장치(auxiliary pressure-supply system)로부터 고압 오일이 직접 프로펠러로 통하는 장치에 있다.

프로펠러 페더링(feathering)은 보조 고압 오일(auxiliary high-pressure oil)이 피스톤의 뒤쪽에 공급되므로 피스톤이 완전히 앞으로 움직임으로써 수행되며 캠 롤러(camroller)가 캠(cam)의 가장 꼭짓점까지 움직이게 된다.

프로펠러의 언페더링(unfeathering)은 디스트리뷰터 밸브(distributor valve)의 위치를 바꿈으로서 보조고압 오일(auxiliary high-pressure oil)이 피스톤의 앞쪽으로 공급되어 수행된다.

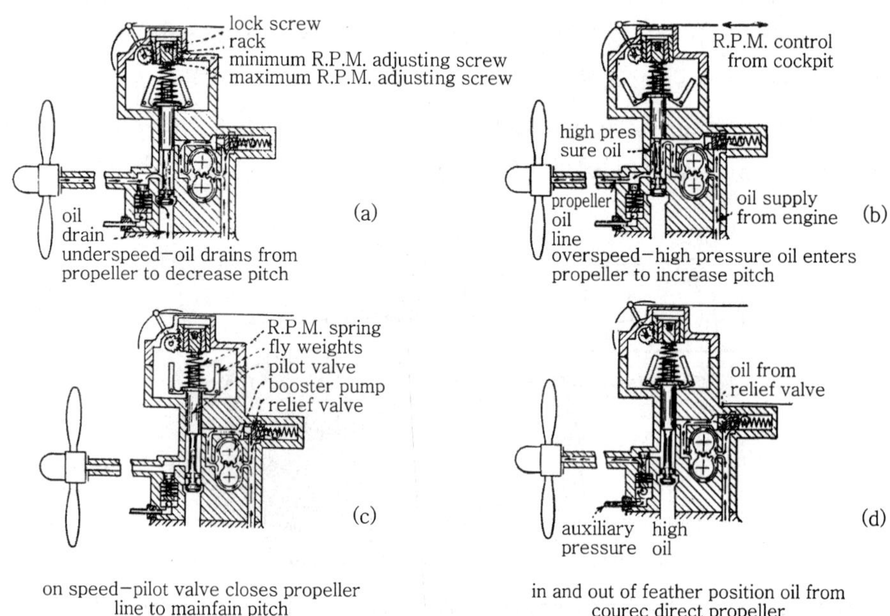

그림 10-17 (a) to (c) Schematic drawing of the governor mechanism which controls the pitch of the full-feathering propeller. (d) The auxiliary high-pressure oil system in operation.

가스 터빈 엔진

가스 터빈의 개요

Gas turbine introduction

오늘날 세계적으로 사용되는 가스 터빈은 주로 터보 팬(turbo fan) 엔진과 터보 제트(turbo jet) 엔진으로 구분이 된다. 이들 엔진의 요소에 대해서 알아 보기로 하자.

Section 01 — 개 요

1차 세계대전 이후로 항공기 제작자들은 엔진 사용에 있어서 주로 왕복 엔진에 치중하였으며 성형 엔진과 수평대향형 엔진 등 항공기에 유용한 실린더 배열 그리고 냉각계통의 선택을 고려하였을 뿐이었다. 사실상 유용한 엔진은 가솔린 엔진뿐이었으며, 일부에서는 디젤 엔진을 사용해 보았으나 출력당 무게비가 크고 냉각의 곤란과 저속에서 진동이 심하였기 때문에 항공기용에는 적합하지 못하였다. 특히 2차 세계대전 후기에는 주로 수냉식 V형 엔진과 성형 엔진이 크게 진보되어 있었다.

터보 콤파운드 엔진 등은 고도성능을 향상시켰으며 출력대 무게비를 크게 감소시켰다. 이때 영국의 Whittle 터보 제트 엔진과 독일의 램 제트(ram jet) 및 펄스 제트(pules jet) 엔진은 항공기 엔진이 다양해짐과 더불어 실험적인 단계를 지나 실질적인 면으로 등장하게 되었다. 나아가 초음속 항공기에 대한 항공역학적 및 구조역학적인 발달은 항공기 범위의 영역을 크게 확장시켰다.

이로 인하여 항공기 제작 및 설계자들은 엔진 선택에 있어서 매우 폭 넓은 부분을 고려하여야 한다.

왜냐하면 광범위한 속도와 고도범위에 대한 성능상 요구가 주어진 엔진의 유용한계를 초과하기 때문이다. 다시 말해서 각 엔진의 장점이 하나의 형으로 합쳐질 수 있다면 문제는 간단하다. 다음 장에 엔진 추진 계통을 설명하겠지만 정상상태의 압축기에서의 고효율의 달성, 고온의 합금방법의 발달, 내식성 합금 등의 발달이 성공적이고 실질적인 가스 터빈의 핵심이다.

1 증기힘을 이용한 회전장치(aeolipile)

이것은 BC 100년경에 이집트 과학자 Hero가 처음으로 제트 엔진(jet engine)을 창안한 것이다.

이 장치를 Hero's aeolipile이라 불렀다.

이것은 보일러(boiler), 물을 공급할 수 있는 용기 등으로 구성되어 있다(그림 1-1).

그림 1-1 Hero's aeolipile

여기서 2개의 파이프는 보일러에서 상부로 나와 있고, 이것이 구(球 ; sphere)를 지지하며 자유로이 회전할 수 있게 되어 있다. 구에 돌출된 작은 2개의 파이프는 구의 회전축에 정확한 각으로 고정되어 있다. 이것이 곧 제트 분출구와 동일한 역할을 한다.

용기의 물이 가열되어 끓기 시작하면 증기가 2개의 작은 파이프로부터 구의 내부로 공급되며, 이 증기가 구에 고정된 2개의 작은 파이프로부터 분출되어 구가 분출된 힘에 의하여 회전한다.

Hero는 이 장치뿐만 아니라 물시계, 유체 오르간 등 일상생활에 이용되는 많은 것을 발명하였으며, 수학, 물리학, 기계 등에 많은 저서를 내었다.

그림 1-2는 제트 추진 증기차를 나타낸 것이다.

그림 1-2 Newton's steam carriage

2 초기 로켓의 발달

고체 연료 로켓(solid fuel rocket)은 A.D 1,100년 이전부터 많은 나라에서 연구 사용되어 왔었다. A.D 1,232년에 중국 전쟁사를 보면 로켓을 무기로 사용하였던 것을 알 수 있다. 이 로켓은 연료로 화약을 사용하였다.

3 터보 제트 엔진(turbo jet engine)의 발달

최초의 제트 항공기는 1939년 8월 27일 독일의 Heinkel 항공기 회사에서 제작을 하였다. 이 항공기는 He 178이라고 칭하였다. 이 항공기의 엔진은 Heinkel-HeS 3 B 터보 제트를 사용했고, 추력은 880~1,100lb급이며, 원심력식형(centrifugal compressor type) 엔진이다. 엔진은 동체의 중앙부에 고정되어 있으며 항공기의 전방부에 흡입구가 있다.

4 미국의 제작 및 발달

2차 세계대전 당시 영국과 미국은 상호 기술협력 및 교환으로 규사적인 면에서 항공기의 발달을 기하였다. 이 협력 아래 1941년 10월 1일 Whittle 엔진이 제작되었다.

여기서 제너럴 일렉트릭(General electric company)은 항공기용으로 적합한 미국표준기준에 맞도록 일치시키는데 공헌하였다. 여기에는 벨 항공기(Bell aircraft company)가 미국의 첫 번째 제트 항공기로 선택되었으며 1942년도에는 GE 1-A 터보 제트 엔진을 장착한 Bell XP-59A가 시험비행에 성공하였다. GE는 원심형(centrifugal compressor) 및 축류형 (axial flow compressor) 제트 엔진을 생산하였으며, GE 엔진 중에서 가장 유명한 것은 한국전에 사용되었던 F-86 세이버 전투기에 장착되었던 J47 엔진이다.

J47 엔진의 뒤를 이어 J73, J79(CJ805), J85(CJ610)가 생산되었으며, 가장 최근에 제작된 엔진으로서는 J93이 있다.

미 해군의 공급원인 웨스팅 하우스(Westing house company)는 1944년에 처음 제작하여, 시험비행하였다. 웨스팅 하우스 제품의 기본형은 축류형 압축기에 애뉼러 연소실(annular combustion chamber)을 장비한 것이었다. J34, J40 그리고 J46형은 대표적인 제품이다. 최근에 가장 많이 사용되는 엔진을 보면 다음과 같다.

제작회사	엔 진	항공기
General Electric	CF6 계열	B747 YC-14
		DC-10 A300B

제작회사	엔 진	항공기
General Electric	CFH56	B707
	TF39	C-5A
	TF34	S-3A A-10
	J79 계열	F-4 계열 RA-5C F-104A B-58 C-2
	J85 계열	F-5 계열 A-37
	CJ805	Convair 880, 990
	CF700	Falcon
	T58 계열	UH-1F UH-2 CH-46 S-62 S-61 107-11
	T64 계열	S-65 XC-142 DHC-5
	F101	B-1
	F404	F-18
	T700	UH-60A AH-64
Detroit Diesel Allison Divison	J33	AT-33
	250-C28	S-76
	J71	B-66
	501-D13	E-2A
	501-D15	Convair C-130 P-3C C-130SS
	250-C20B	Jetranger BO-105C 500MD Long ranger

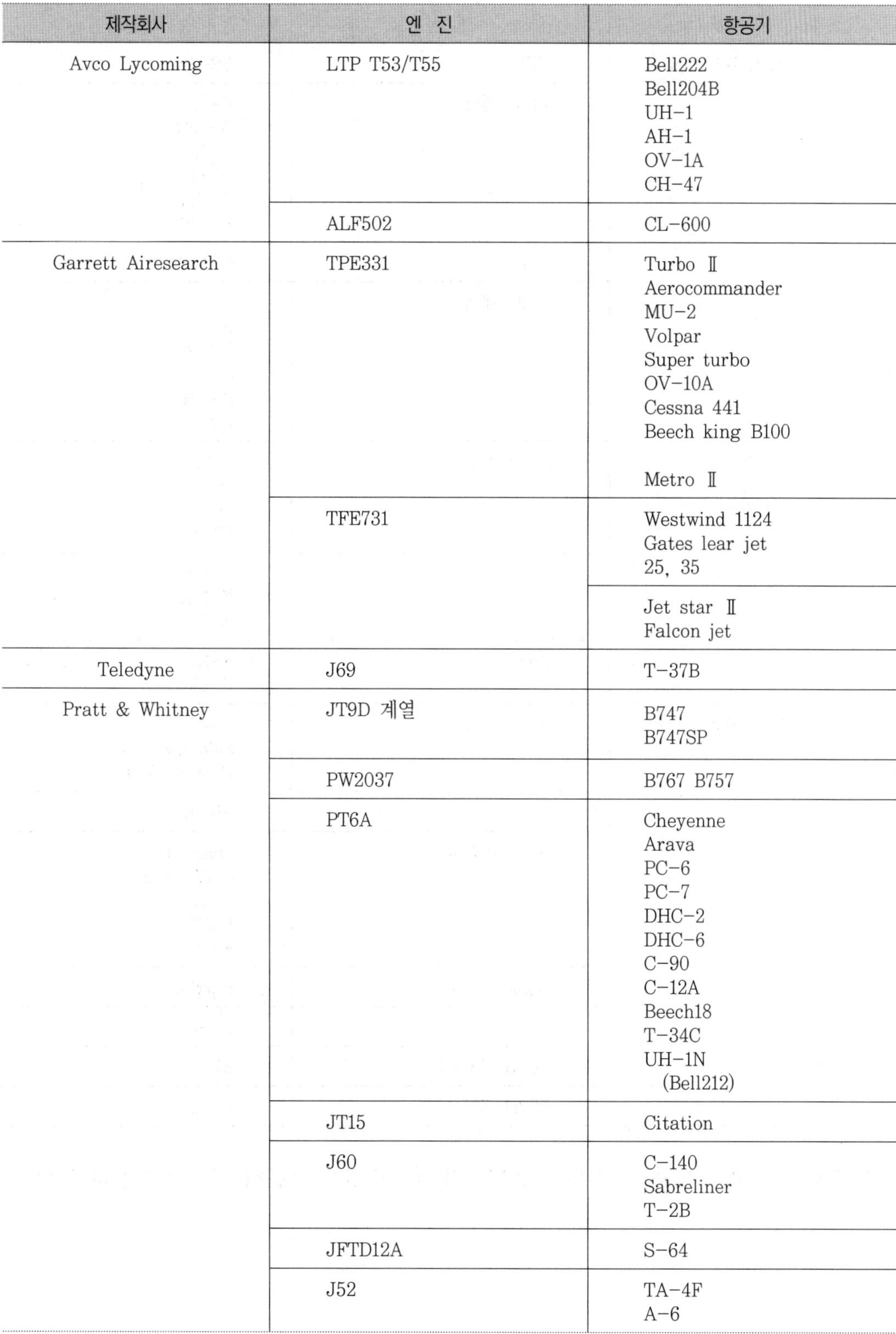

제작회사	엔 진	항공기
Avco Lycoming	LTP T53/T55	Bell222 Bell204B UH-1 AH-1 OV-1A CH-47
	ALF502	CL-600
Garrett Airesearch	TPE331	Turbo Ⅱ Aerocommander MU-2 Volpar Super turbo OV-10A Cessna 441 Beech king B100 Metro Ⅱ
	TFE731	Westwind 1124 Gates lear jet 25, 35
		Jet star Ⅱ Falcon jet
Teledyne	J69	T-37B
Pratt & Whitney	JT9D 계열	B747 B747SP
	PW2037	B767 B757
	PT6A	Cheyenne Arava PC-6 PC-7 DHC-2 DHC-6 C-90 C-12A Beech18 T-34C UH-1N (Bell212)
	JT15	Citation
	J60	C-140 Sabreliner T-2B
	JFTD12A	S-64
	J52	TA-4F A-6

제작회사	엔 진	항공기
Pratt & Whitney	J58	SR-71
	JT3C 계열	F-8E B-52G F-105 RF-101 F-100 F-106A
	T34	C-133
	JT3D 계열	B707 B720 DC-8 C-141 B-52H RB-57
	JT8D 계열	B727 DC-9 YC-15 B737
	TF30	F-111 F-14A A-7A
	F100	F-16 F-15
Rolls-Royce	Dart	F-27 Siddeley 748 Convair 600
	Viper	BH-125
	Olympus593	Concorde Gulfstream Ⅱ A-7D BAC500 F-28
	Pegasus	Harrier
	Tyne	CL-44
	RB211-535E4	B757
	RB211-535C	L1011

또 일반적인 항공기 동력장치의 사용범위와 장·단점을 구분해 본다면 다음과 같다.

형 식	사 용 범 위	속도(mph)	장 점	단 점
피스톤 엔진 (piston engine)	단거리 다속, 경항공기 및 여객기	0~475	저 순항 시 연료소비율이 낮으며 정비수명이 길다.	저고도에서만 작동
터보 프롭 (turbo-prop)	중속 장거리 여객기 및 이륙 중량이 큰 수송기와 경항공기	0~음속	고고도 출력 및 이륙 중량이 큰 항공기에 비하여 연료 소비율이 낮으며 장거리에 사용된다.	프로펠러 효율에 따른 항공기속도제한
터보 팬 (turbo fan)	터보 제트 항공기보다 장거리에 사용	0~음속	고고도에서 고성능 및 고출력을 유지하고, 터보 프롭과 터보 제트 엔진의 중간 특성을 지니고 있다.	연료 소비율에 따른 항속거리 제한
터보 제트 (turbo jet)	고속 및 중거리 전투기에 사용, 여객기에도 사용가능	0~음속	고고도에서 고속의 특성을 갖는다.	저속에서 추력이 낮음 하중 및 운항거리는 연료 소비에 따라 제한됨
로켓(rocket)	미사일 및 고속 유도 물체와 항공기	0~3,500 이상	최대한의 고속을 낼 수 있다.	높은 연료 소비율
펄스 제트 (pulse jet)	항공기 및 유도 무기	0~1,500	구조가 간단하며 제작비가 적게 든다.	높은 연료 소비율 및 진동과 소음수반
램 제트 (ram jet)	무인 항공기와 유도 무기	800~2,600	구조가 간단하며 속도범위가 크다.	다른 동력원에 의해서 작동속도까지 유지시켜야함

Section 02 — 가스 터빈의 추진 이론

1 개 요

가스 터빈(gas turbine)의 여러 형식을 보기 전에 어떻게 추력을 발생하는가에 대하여 연구하기로 하자.

일반적으로 물체의 가속을 발생시키는 매개체, 즉 공기, 가스, 고체 등이 추력발생의 매개체에 속한다. 이 장에서는 이러한 것들에 대하여 설명하고자 한다.

2 뉴턴의 운동법칙

추진 이론은 물체의 속도가 변하였을 때 물체에 반작용이 작용된다. 여기서 물체는 질량과 무게곱이나 공학적인 면에서는 차이가 있다. 해면 상의 표준 상태하에서 질량 1lb는 1lb의 무게이나 공학적으로 질량은 slug로 측정이 된다.

1slug는 해면 상에서 대략 32.21bs와 같다.

뉴턴의 운동법칙은 제트 추력에 관계되며 다음과 같이 나타낸다.

(1) 뉴턴의 운동 제2법칙(가속도의 법칙)

물체에 외력이 작용하면 그 방향으로 가속도가 생기며, 이때 가속도(a : acceleration)는 외력(F : force)의 크기에 비례하고 물체의 질량(m : mass)에 반비례한다.

$$F = ma, \quad a = \frac{F}{m}$$

(2) 뉴턴의 운동 제3법칙(작용, 반작용의 법칙)

한 물체가 다른 물체에 힘을 미칠 때는 항상 다른 물체에도 크기가 같고 방향이 반대인 힘이 같은 작용선 상에 미친다.

이 힘을 작용에 대한 반작용이라 한다.

이상의 위 법칙은 제트 엔진의 추력을 $F = ma$에 적용시키면 추력은 흡입공기(단위시간 당의 질량 m)를 후방으로(가속변화 a로) 가속 분출시킴으로써 그 반작용으로 얻어진다.

그림 1-3은 제트 추진 원리의 이해에 도움이 되도록 응용한 것이다. 이 그림은 밀폐된 용기에 100psi의 압력을 공급하여 내부의 모든 방향에 작용되는 힘이 평형되어 어느 방향으로도 용기가 이동하지 않는다. 이 상태에서 용기의 양변에서 공기를 공급하며, 하부를 개방시킨다면 용기는 전방으로 전진한다. 즉, 반작용의 힘이 작용되는 것이다.

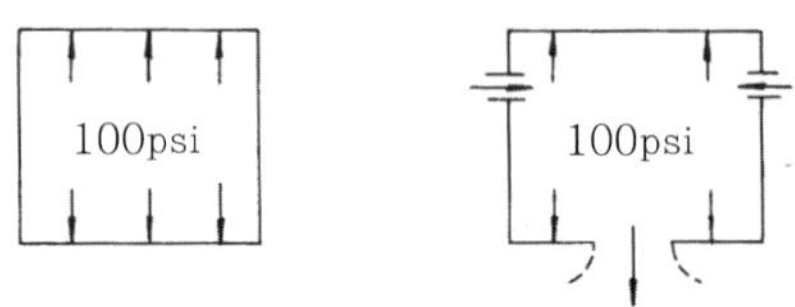

그림 1-3 Principle of jet thrust

Section 03 — 제트 추력의 식

1 개 요

힘의 식은 $F = ma$이며, 여기서 F는 힘, m은 질량(slug), a는 가속도(ft/sec^2)이다. 질량은 무게와 평형되며, 중력 가속도로 나눔으로써 식이 성립된다.

$$F = \frac{W}{32.2} \times a$$

가속도(a)는 최종 속도(V_2)에서 처음 속도(V_1)를 뺀 나머지를 속도 변화에 소요한 시간(t)으로 나눈 것이다.

$$\therefore \ a = \frac{V_2 - V_1}{t}$$

속도가 ft/sec라면 가속도는 ft/sec^{2}이 된다. 그리고 그 식은 $F = \frac{W}{32.2}(a_2 - a_1)$으로 쓸 수 있다.

뉴턴의 제3법칙에 따라 모든 힘은 평형하거나 서로 반대로 작용한다는 것을 추력과 힘으로 나타낼 수 있다.

$$T = \frac{W}{32.2}(V_2 - V_1)$$

예를 들어 제트 엔진의 추력이 180lb/sec로 대기 중을 비행할 때 최대 스로틀(maximun throttle)에서 가스의 속도는 2,055ft/sec이다. 항공기와 엔진의 정지 상태하에서 진 추력(gross thrust)은 다음과 같이 나타낼 수 있다.

$$T = \frac{180}{32.2}(2,055 - 0)$$

또는 $T = 5.59 \times 2,055$

$$T = 11,487\,\text{lbs}$$

■2 추력 마력(thrust horsepower)

제트 엔진의 힘의 척도는 보통 lb로 나타내며 마력(hp : horse power)으로는 표시하지 않는다. 제트 엔진의 추력을 마력에 근접하게 산출하기 위해서 다음과 같은 식을 대입하여 구할 수 있다.

$$\text{thp(thrust horse power)} = \frac{\text{추력} \times \text{항공기속도}}{375}$$

여기서, 375mile-lb/h는 1hp=33,000ft-lb/min

$$33,000 \times 60 = 1,980,000 \text{ft-lb/hr}$$

$$\frac{1,980,000}{5,280} = 375 \text{mile} - \text{lb/hr}$$

● 예제

항공기의 순항속도가 600mph, 추력이 40,000lbs일 때 추력 마력은?

$$\frac{40,000 \times 600}{375} = 64,000 \, \text{thp}$$

Section 04 — 정지 추력 측정

지상 정지 상태하에서 터보 제트 엔진의 추력은 직접 기계에 의해 결정할 수 있다. 즉, 이 측정은 스트레인 게이지(strain gage), 추력 평형 피스톤(thrust balancing piston), 다이너 모미터(dynamometer) 또는 스프링 저울(spring scale)로 할 수 있으며, 이것으로 엔진의 정확한 추력을 구할 수 있다.

다음은 엔진 test cell의 사용과 소음기에 대하여 설명하기로 한다(그림 1-4, 5).

신품(new engine) 또는 오버홀 엔진(overhaul engine) 검사는 정확한 성능을 유지시키는 데 있다. 이 검사는 테스트 스탠드(test stand)에서 행하며 엔진 작동 시는 벨 마우스(bell-mouth air inlet)를 장착한다. 이것을 부착하는 목적은 압축기(compressor) 입구에서의 공기압 손실을 줄여 주며 엔진 내부로 이물질(FOD : Foreign Object Damage)이 흡입되는 것을 방지해 준다.

엔진의 표준 성능은 표준 상태하에서만 발생되며, 이것은 표준 요소에 의해서 결정된다.

$$\delta(\text{압력}) = \frac{P}{P_O} = \frac{P}{29.92}$$

$$\theta(\text{온도}) = \frac{T}{T_O} = \frac{t(°\text{F}) + 460}{519}$$

여기서, P : 수은주(inHg abs)
P_O : 일정한 날의 수은주
T : 온도, $°\text{R}(°\text{F}+460)$
T_O : 일정한 날의 온도 519°R

δ와 θ는 다음과 같은 것에 적용된다.

$$N_2 = \frac{N_2}{\sqrt{\theta t_2}}$$

$$\text{EGT}\,^\circ\text{R} = \frac{\text{EGT} + 460}{\sqrt{\theta t_2}}$$

$$W_f = \frac{W_f}{dt_2\sqrt{\theta t_2}}$$

$$F_n = \frac{F_n + \text{inst} + \text{cell}}{\delta\, t_2}$$

여기서, T_{am} : 대기 온도

P_{am} : 대기압

$N_1\,\text{rpm}$: N_1(저 압축기)

$N_2\,\text{rpm}$: N_2(고 압축기)

EGT : Exhaust Gas Temperature

W_f : 연료 흐름(pph)

F_a : 추력

F_n : 진 추력

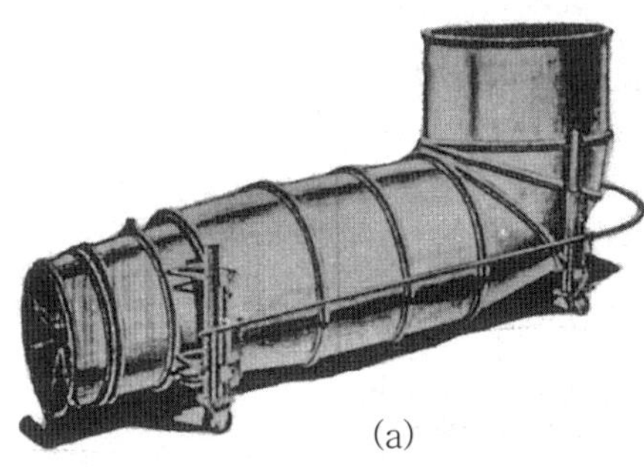

(a)

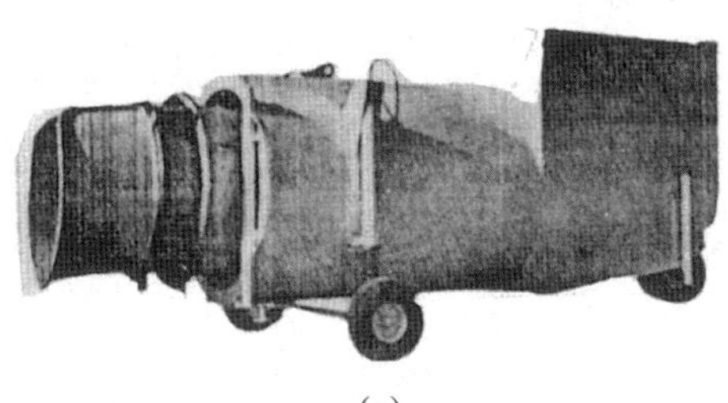

(c)

(b)

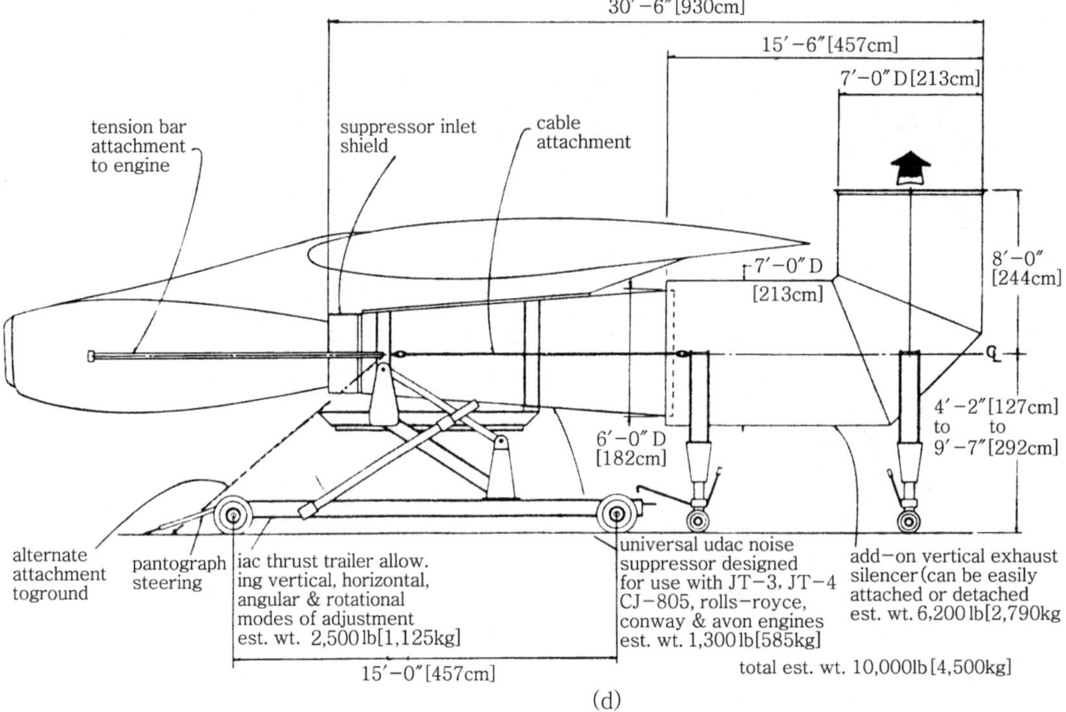

(a) A ground noise suppressor with water ring for cooling.(air logistics corpo-ration)
(b), (c) and (d) suppressors made by industrial acoustics company, inc.

그림 1-4 Various types of ground noise suppressors

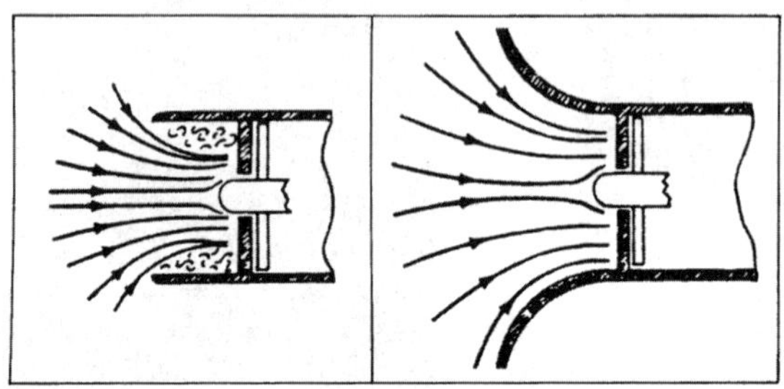

그림 1-5 Effect of a bell-mouth air-intake duct

1 연료 소비율(SFC : Specific Fuel Consumption)

단위 추력당 시간당의 연료 소비율을 추력 소비율 혹은 비연료라 한다. 보통 TSFC(Thrust Specific Fuel Consumption)으로 나타낸다.

$$TSFC = \frac{W_f \times 3,600}{F_n}$$

추력 연료 소비율이 낮을수록 엔진의 효율이 높고 성능이 우수함을 나타내는 척도이기도 하다.

2 추력 중량비(thrust weight ratio)

엔진 단위 중량당의 발생 추력을 추력 중량비라 하며, 이를 F_w로 도시한다.

$$F_w = \frac{F_n}{W}$$

여기서, W는 엔진의 중량(dry weight)으로 kg 또는 lb로 표시되며, 엔진으로부터 연료, 오일, 작동유 등의 액체를 배출한 중량이다. 그러나 이 액체를 포함한 중량을 웨트 중량(wet weight)이라 한다.

3 바이패스 비(by-pass ratio)

터보 팬(turbo fan) 엔진에서는 1차 공기 유량 ω_ρ에 대한 2차 공기 유량 ω_s의 비를 바이패스 비라 하며 보통 BPR로 표시한다(그림 1-6).

$$BPR = \frac{\omega_s}{\omega_\rho}$$

터보 팬을 제외한 나머지 제트 기관의 바이패스 비는 0이다.

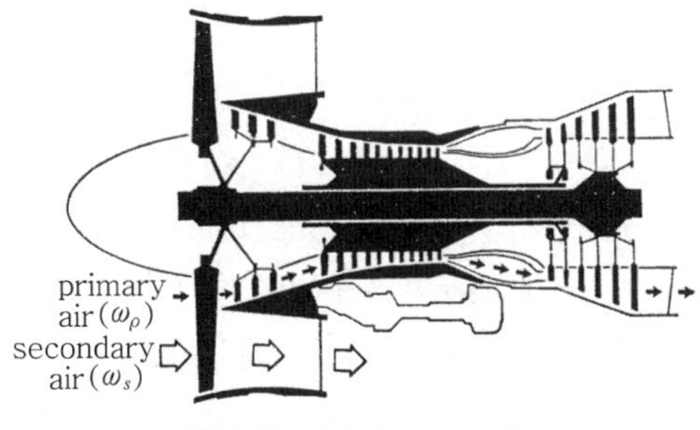

그림 1-6 axial-flow turbofan

Section 05 — 추력에 영향을 주는 요소

1 엔진 rpm

추력은 엔진의 최고 설계속도에 도달하면 급격히 증대한다. 이것은 rpm이 증가함에 따라 압축기와 터빈이 공기 흐름을 증가시키고 흡입공기속도와 제트 노즐 속도 사이의 차이를 증가시키기 때문이다.

2 공기속도

흡입공기속도가 증가하면 흡입공기속도와 배기가스 속도의 차이가 감소하기 때문에 추력이 감소한다. 그러나 비행속도가 증가함에 따라 유입되는 공기는 램 효과(ram effects)에 의하여 유입 압력이 증가하고 공기밀도가 증가되어 추력이 증대된다. 따라서 대기속도까지는 추력이 감소하나 그 후부터는 증가하는 경향을 갖는다.

3 고 도

고도가 높아짐에 따라 대기온도와 대기압력이 저하한다. 따라서 대기온도가 저하되면 밀도가 증가하여 추력은 증가하고, 대기압력이 저하하면 추력은 저하된다. 그러나 대기온도의 저하에서 받는 영향은 대기압력 저하에서 받는 영향에 비해 적기 때문에 결국 고도가 높아짐에 따라 추력은 감소한다. 그러나 고도가 높아짐에 따라서 항공기가 받는 저항이 작기 때문에 총 추력은 저하하나 항공기의 성능은 실제적으로 향상된다. 그런데 고도 약 37,000ft 이상에서 대기온도는 −56.5℃(−69.7℉)로 일정하나 대기압은 그 이상에서도 계속 저하되기 때문에 추력은 37,000ft 이상에서는 급격히 저하된다. 그러므로 37,000ft가 장거리 순항 비행 시 최적의 순항고도가 된다.

4 밀 도

공기의 밀도는 단위 체적당 무게로 표시한다. 즉, $13ft^3$의 공기를 약 1lb로 정의한다. 제트 엔진에 의하여 소모되는 공기의 무게(밀도)가 추력을 결정하는 데 1차적인 요소가 되는 이상 공기밀도에 영향을 미치는 대기온도와 대기압력의 영향이 크다.

일반적으로 밀도는 온도에 반비례한다. 즉, 대기온도가 상승하면 공기의 밀도는 감소하고 반대로 공기온도가 저하하면 추력은 증가한다. 예를 들어 겨울에는 이륙 시 활주거리가 짧고, 여름이나 열대지방에서 활주거리가 긴 것은 이 이유 때문이다.

대기압력과 공기밀도는 비례한다. 즉, 대기압력이 증가하면 공기밀도도 증가한다. 그러므로 동일 흡입공기 체적당 무게가 증가되어 추력이 증가된다.

Section 06 — 공기의 흐름

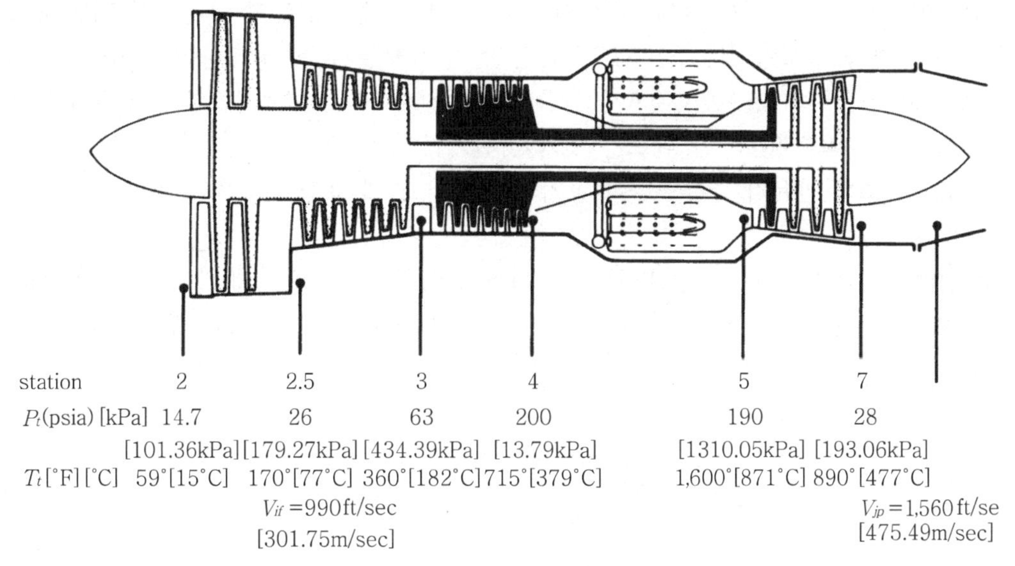

그림 1-7 Pressures and temperatures within a twin-spool turbofan engine(Pratt & Whitney)

엔진에 공기가 통과함으로써 압력, 속도, 온도 등이 변한다. 이러한 변화가 어떻게 이루어지는지 그림 1-7을 보면서 연구하기로 하자.

이 그림은 엔진 구성품을 지나는 공기의 상태변화를 보이고 있다.

엔진으로 흡입되는 공기는 입구부의 난류로 인하여 압력이 조금 감소하나 압축기를 통과함으로써 압력곡선이 급격히 상승된다. 이 압축공기가 연소실을 지남으로써 그 압력은 서서히 감소된다.

그러나 연소실에서는 압축된 공기와 연료와 혼합 연소하여 그 가스의 속도가 증가된다. 터빈(turbine)을 지난 연소 가스는 압력의 감소를 일으키며 대기 중으로 분출된다. 온도는 압축기부에서 약 700°F까지 상승되며, 연소 시에는 약 1,600°F까지 상승된다.

Section 07 — 압축기의 실속(compressor stall)

과거의 수년 동안 가스 터빈 엔진의 압축비는 4.5 : 1에서 12.5 : 1 이상으로 상승되었다. 고 압축비는 엔진 중량 및 연료 소비량 등 제반 사항에 많은 이점이 된다.

오늘날 가스 터빈 엔진은 과거의 어느 엔진보다 동일 중량 및 연료 소비량으로 2배 이상의 출력을 낼 수가 있다.

그러나 엔진의 성능이 향상됨에 따라 여기에 수반되는 문제점들이 나타나게 되었다. 그것 중의 하나가 압축기 실속이다. 압축기 실속은 엔진의 모든 운용 상태하에서 일어나기 쉬운 것들이다. 고 압축비의 엔진일수록 저 압축비의 엔진보다는 실속의 범위가 확대된다. 엔진 실속은 항공기의 비행이론에서 나오는 것과 마찬가지이다.

실속이란 과도한 받음각으로 인하여 공기의 흐름이 날개 표면에서 박리되어 가는 것을 말한다(그림 1-8).

받음각이란 그림 1-8에서 보는 바와 같이 날개의 시위선(chord line)과 상대 바람(relative wind)과의 각을 말한다. 만약에 받음각이 너무 크다면 공기는 날개의 표면으로부터 박리되며 날개의 양력을 감소하게 한다.

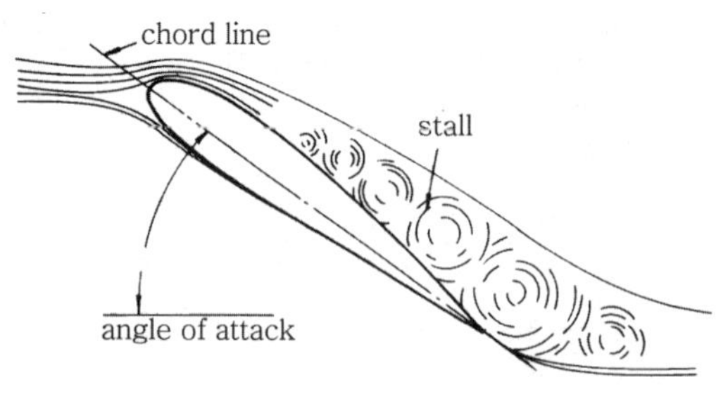

그림 1-8 Speration of airfoil

엔진의 실속은 압축기가 배출하는 압축공기의 반대 압력, 즉 역압력(back pressure)을 밀고 나갈만한 충분한 압축공기를 배출하지 못하기 때문에 발생되는 것이다.

압축기의 로터(compressor rotor)와 스테이터(stator)의 각 블레이드(blade)는 그 엔진의 성능을 낼 수 있는 특정한 모양과 각도, 두께 등을 가지고 있다(그림 1-9).

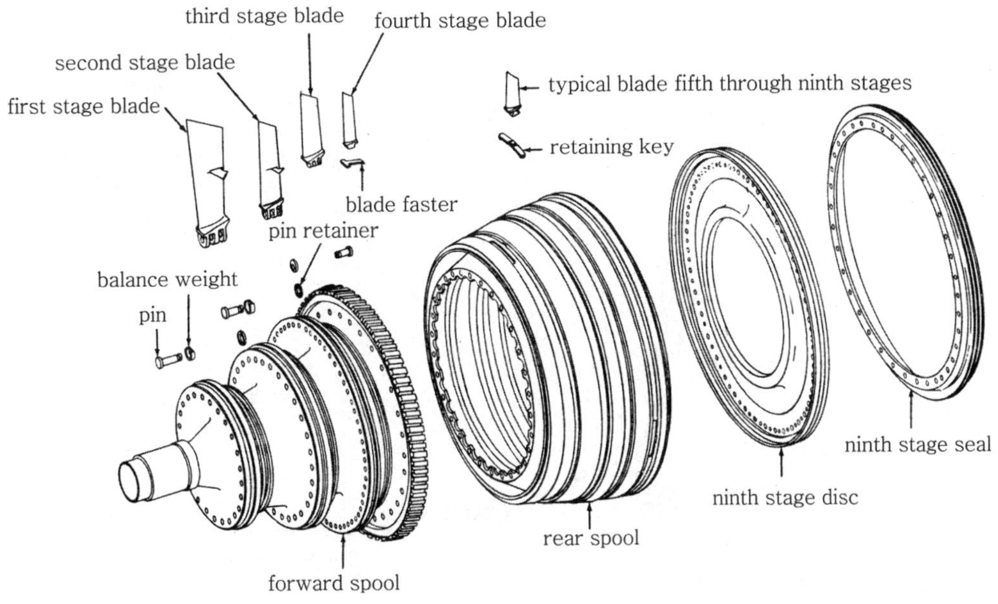

그림 1-9 Compressor rotor components

이 중에서 어느 하나의 블레이드라도 변형이 되었다면 그 블레이드 자체의 성능 상실은 물론 그 만큼 다른 블레이드에 부하가 가해진다. 각 블레이드의 성능은 그 엔진의 특성에 적합한 만큼 성능을 내도록 제작되었으므로 다른 블레이드 부에 추가로 부과되는 공기의 부하는 압축기 전체 블레이드의 성능을 감소시켜 엔진의 실속을 발생시키는 원인이 된다.

즉, 압축기 블레이드에 유입되는 공기의 유입각이 한계를 초과할 때 실속 현상이 발생된다. 만약에 압축기 블레이드에 오물이 끼거나 각도가 변하면 공기의 유입 각도가 변화되므로 공기의 흐름이 맞지 않게 된다.

초기에는 공기흐름의 각도가 서로 일치되지 않더라도 엔진 운용 한계 범위 이내에서 작동하기 때문에 발견되지 않으나, 이것이 점점 심해지면 비행 중 실속이 자주 발생되어 결국 엔진 오버홀(overhaul)을 하는 경우를 초래한다. 베인(vane)과 블레이드(blade)의 간격이 너무 커도 엔진 실속 현상이 나타나며, 로터 블레이드 팁(rotor blade tip) 간격과 압축기 케이스(compressor case)간의 간격이 너무 크면 블레이드 팁 부분에서 압축공기가 고압부에서 저압부로 흘러 들어가 다른 스테이지(stage)에 더 많은 부하를 주어 실속을 초래한다.

압축기 실속은 고고도에서 급가속 시 발생되기 쉽다. 일단 실속 현상이 일어나면 배기가스 온도(EGT : Exhaust Gas Temperature)가 상승되며, 엔진의 진동, 즉 스로틀(throttle)의 진동까지 오게 된다(그림 1-10).

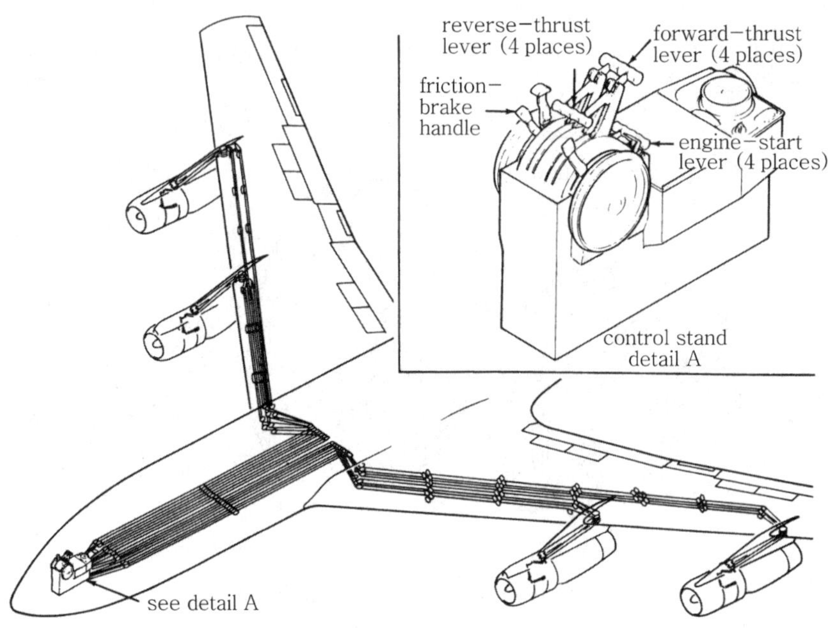

그림 1-10 Throttle system for jet airliner(Boeing Co.)

Section 08 ─ 실속방지

① 현대 항공기 제트 엔진의 실속을 줄이기 위하여 다음과 같은 것들이 사용되고 있다.

    ㉠ 가변안내 베인(variable inlet guide vane)

    ㉡ 가변정익 베인(VSV : Variable Stator Vane)(그림 1-11)

    ㉢ 가변 바이패스 밸브(VBV : Variable Bypass Valve)(그림 1-12)

    ㉣ 다축식 압축기 사용

    ㉤ 블리드 밸브(bleed valve) 사용(그림 1-13)

② 또 실속을 줄이기 위한 또 다른 방법은 엔진 정비 시 다음과 같이 한다.

    ㉠ 압축기 블레이드의 청결 유지 및 파손 수리

    ㉡ 정확한 블레이드 각 유지 및 조절

    ㉢ 터빈 노즐의 한계값 유지

    ㉣ 주 연료 장치(FCU : Fuel Control Unit)의 연료 스케줄(fuel schedule)을 한계값 내로 유지

    ㉤ 가변정익 베인(VSV : Variable Stator Vane)의 작동각도를 한계값으로 유지

다음은 Boeing 747에 사용되는 JT9D 엔진의 실속방지장치에 대하여 알아보자.

JT9D 엔진의 실속방지장치는 가변 정익과 4개의 블리드 밸브 장치로 구성되어 있다. 이들 장치들은 상호작용을 하도록 고안되어 있다.

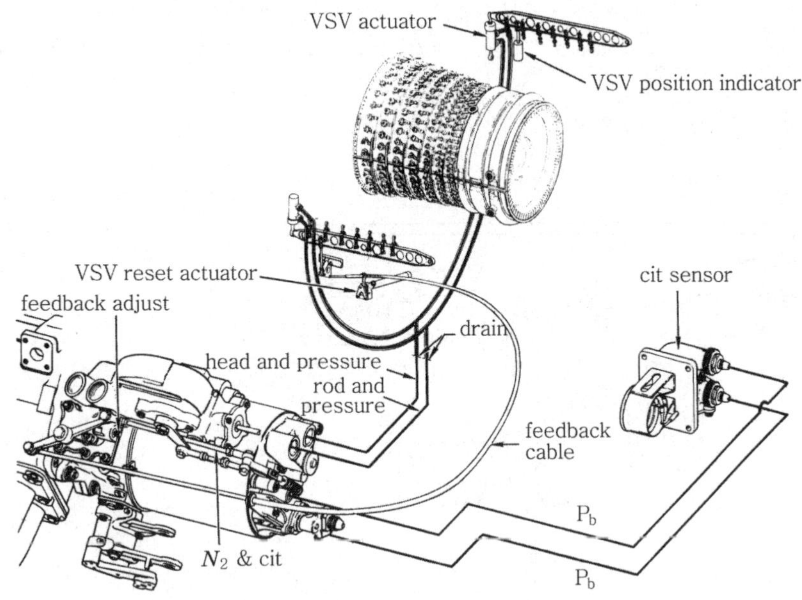

그림 1-11 CF6-50/-45 Variable stator vane system

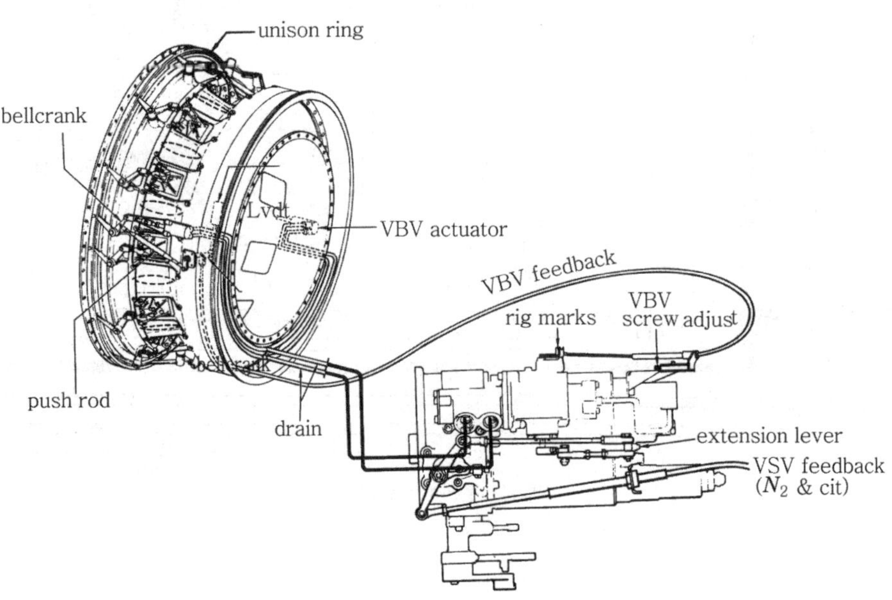

그림 1-12 CF6 Variable bypass valve system

legend

fuel pressures

- P_H : fuel pump hydra ulic stage pressure
- P_{FS} : EVC failsafe and 3.5 bleed close signal from FCU
- P_{DBO} : decel bleed override signal from FCU
- P_{IH} : cooling flow/by-pass return to FCU
- $P_{CB3.0}$: 3.0 bleed close signal pressure
- $P_{CB3.5}$: 3.5 bleeds close signal pressure

air pressures

- P_{BC} : 3.0 bleeds close signal to converter valve
- P_{S4} : diffuser case static pressure
- $P_{S4'}$ (P_{PRBC}) : P_{S4} reduced for PRBC sense $\cong P_{S4}/6$
- P_{BV} : 3.5 bleed valve manifold pressure (closing force)
- P_{FS} & P_{CB} same valve but perform different functions

*note 1. P_{S4} source for the PRBC is from the one o'clock port on the diffuser case on-7 conversion configuration models

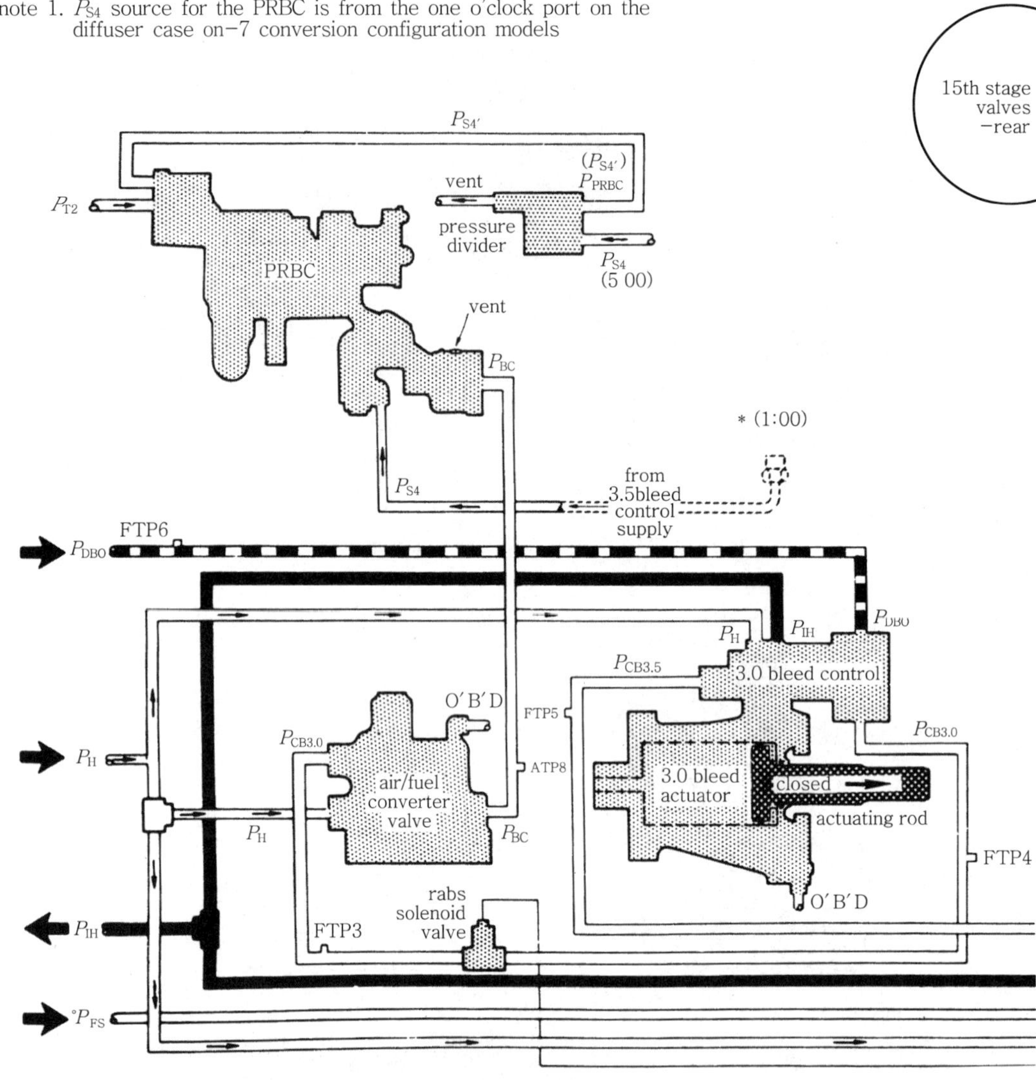

그림 1-13 Bleed system

Pratt & whltney aircraft
JT9D−7 compressor bleed system

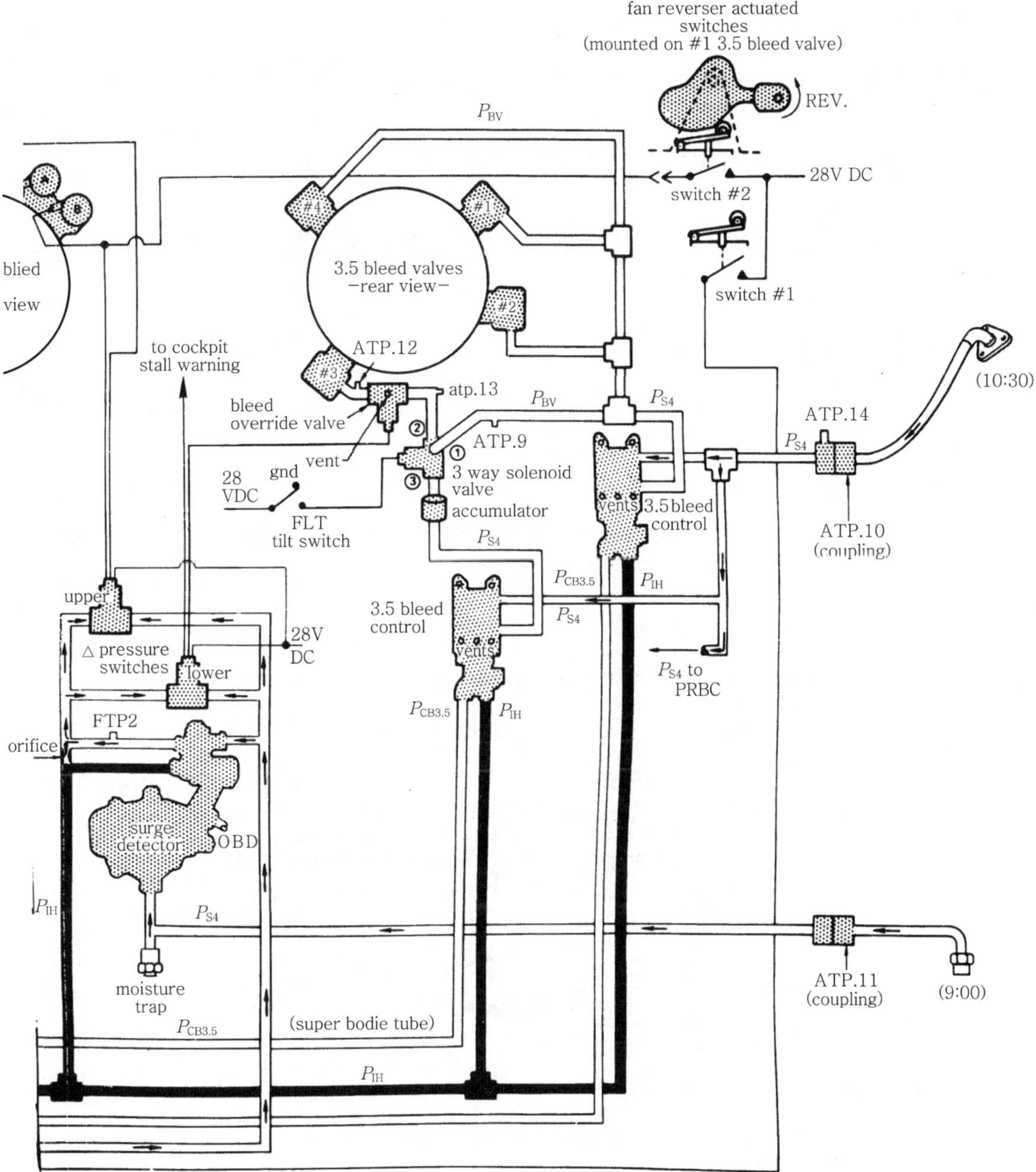

1 3.0 블리드 밸브(intercompressor bleed valve)

(1) 개념

이것은 엔진 스테이션(station) 3.0 위치에 있으며 또는 4단계 압축기 바로 뒷 부분에 장착되어 있어서 엔진이 저회전 시와 감속 시에 압축기의 서지(surge) 현상을 방지하기 위하여 저속 시나 감속 시 공기를 배출시키는 밸브로서, 'surge bleed valve, low compressor bleed valve'라고도 한다.

이 밸브가 열리면 4단계 압축공기는 팬 방출 덕트(fan exit duct)를 통해 밖으로 배출이 된다.

(2) 기능 및 작동

이 밸브는 General electric의 CF6-50〈B747, DC-10, A300B 사용〉 엔진의 가변 바이패스 밸브(VBV : Variable Bypass Valve)의 기능과 유사하다.

이 밸브는 엔진 N_2 rpm 85% 전까지는 열려 있으며, 그 이상에서는 닫힌다.

이것은 PRBC (Pressure Ratio Bleed Control)에 의해서 작동된다(그림 1-14, 1-15).

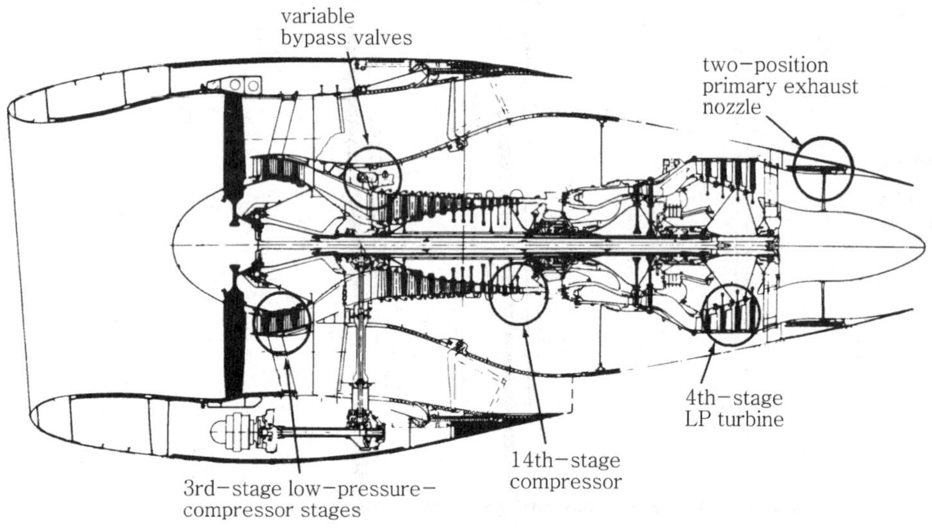

그림 1-14 Cutaway drawing of the CF6 engine

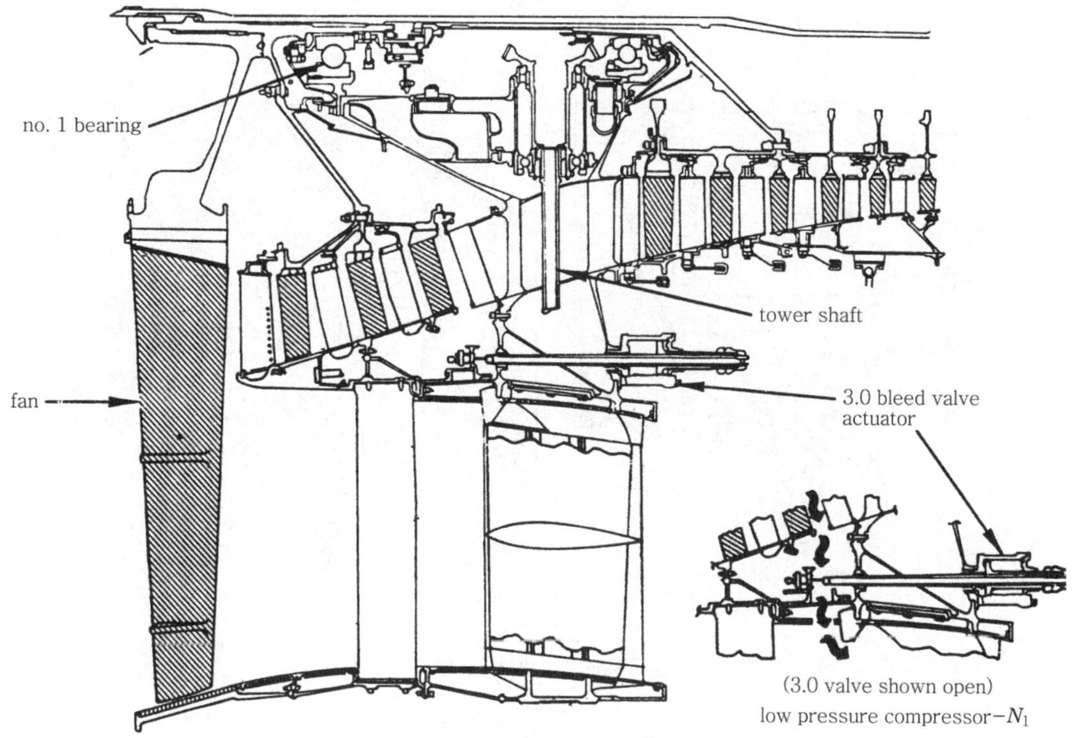

그림 1-15 JT9D 3.0 Bleed valve

2 3.5 블리드 밸브(start bleed valve)

(1) 개념

이 밸브는 3개이며, N_2 압축기 케이스 주위에 장착되어 있으며 밸브가 열려 있을 때는 9단계(STA 3.5) 압축공기를 배출시킨다.

(2) 작동

이 밸브는 시동 시에는 열려 있으며, No.1과 No.3 밸브는 N_2 rpm 0~52%까지 열려 있다. 이것은 주 연료장치(FCU : Fuel Control Unit)에서 조정한다(그림 1-16).

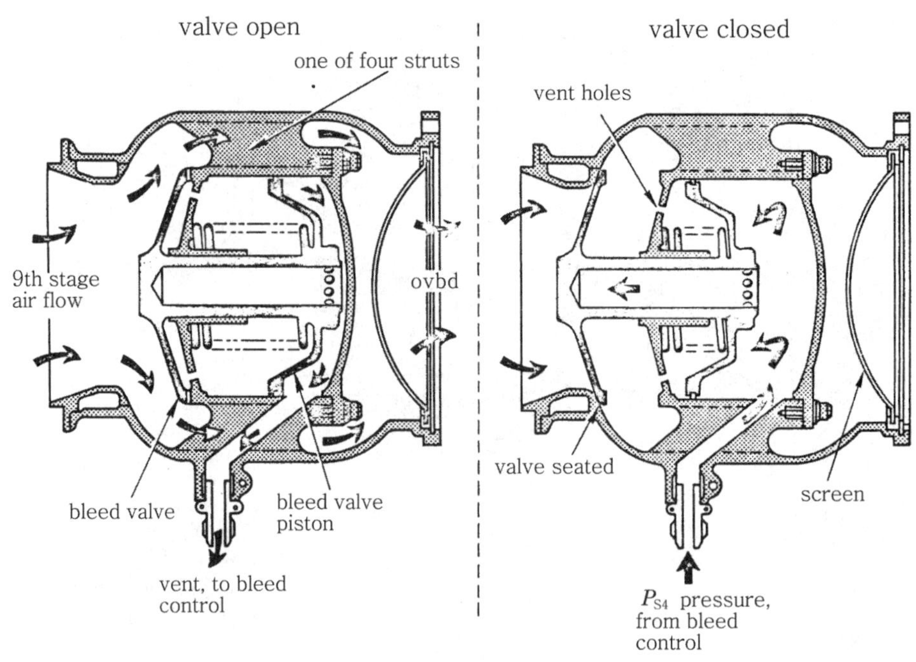

그림 1-16 3.5 Bleed valve

③ 가변정익(VSV : Variable Stator Vane)

가변정익은 공기의 압력과 속도가 변할 때 서지(surge)나 실속(stall)을 피하며 저 rpm시 압축기 후부에서의 역압(back pressure)을 조절하기 위하여 필요한 피치(pitch)를 변경하여 적당한 영각(angle of attack)이 되게 하며 저 rpm(close position)에서 고 rpm(open position)까지의 행정은 41°이다. 가변정익은 N_2 rpm 40%에서부터 전개되기 시작하며 고도, 온도, rpm에 따라 가변된다.

JT9D 엔진은 N_2(high pressure compressor) 처음 4단계까지 가변정익이나 CF6-50 엔진은 6단계까지 가변정익이다(그림 1-17).

가변정익의 조정은 JT9D 엔진인 경우에는 엔진 베인 조정(EVC : Engine Vane Control)기로 조정되며, CF-50인 경우는 주 연료장치(MEC : Main Engine Control)가 직접 조정을 한다. EVC의 조절 압력으로는 N_2 압축기 압력, P_{t3}, P_{s3}가 있다.

> **참고**
>
> 블리드 밸브(bleed valve)가 열리면 고속의 고온·고압의 가스가 배출된다. 특히 엔진 감속 시는 인명에 손상을 줄 수도 있다.

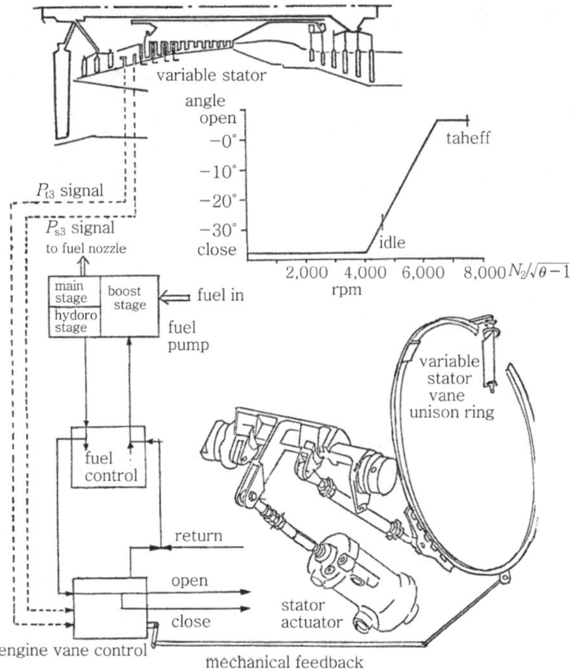

그림 1-17 (a) Variable stator vane

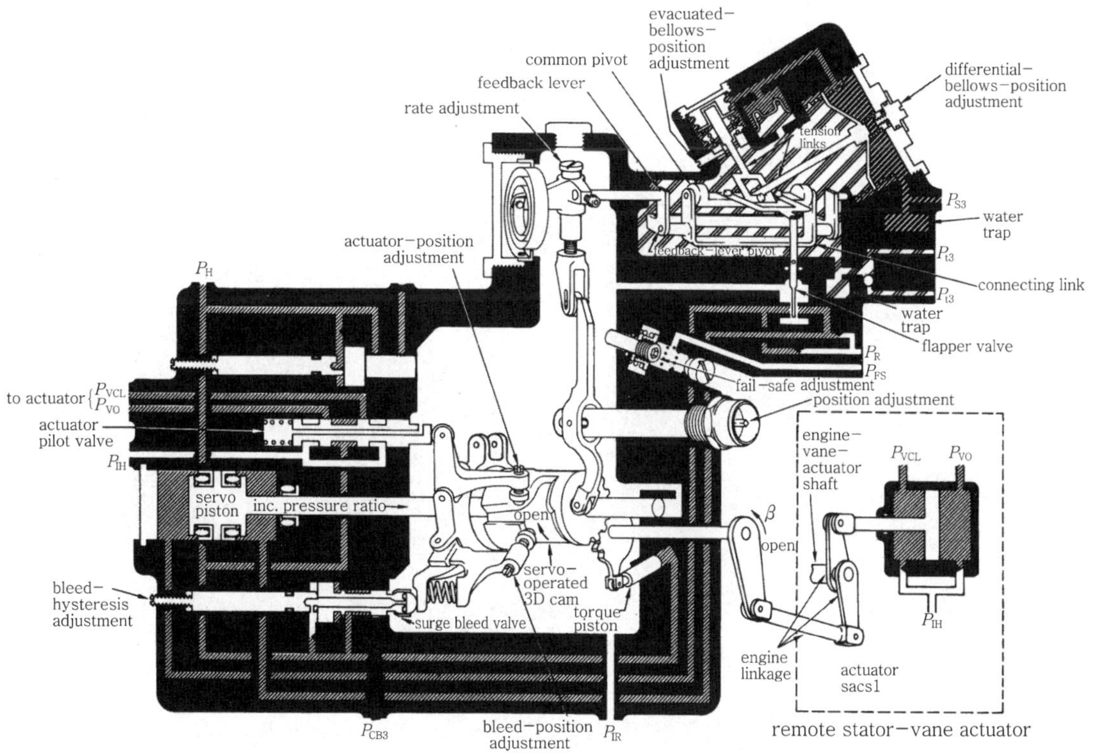

그림 1-17 (b) The EVC3 engine vane control(Pratt & Whitney)

4 JT9D 엔진 압축기 실속 시 조치 사항(run-up 시)

① 빠른 시간 내에 저속 위치로 스로틀을 줄이고 연료를 차단한다.

② 배기가스 온도가 100℃ 이하로 내려 갈 때까지 모터링(motoring)을 한다.

③ 로터(rotor)가 자유로운가를 점검한다.

④ 재시동을 한다(연료 차단 후 15분 이후에 실시).

CHAPTER 02

가스 터빈 엔진의 분류

Gas turbine engine classification

Section 01 가스 터빈 엔진의 분류형식

가스 터빈 엔진(gas turbine engine)은 사용하는 압축기의 형식, 엔진으로 통하는 공기의 통로, 동력의 인출 및 사용구분에 따라 분류한다(그림 2-1).

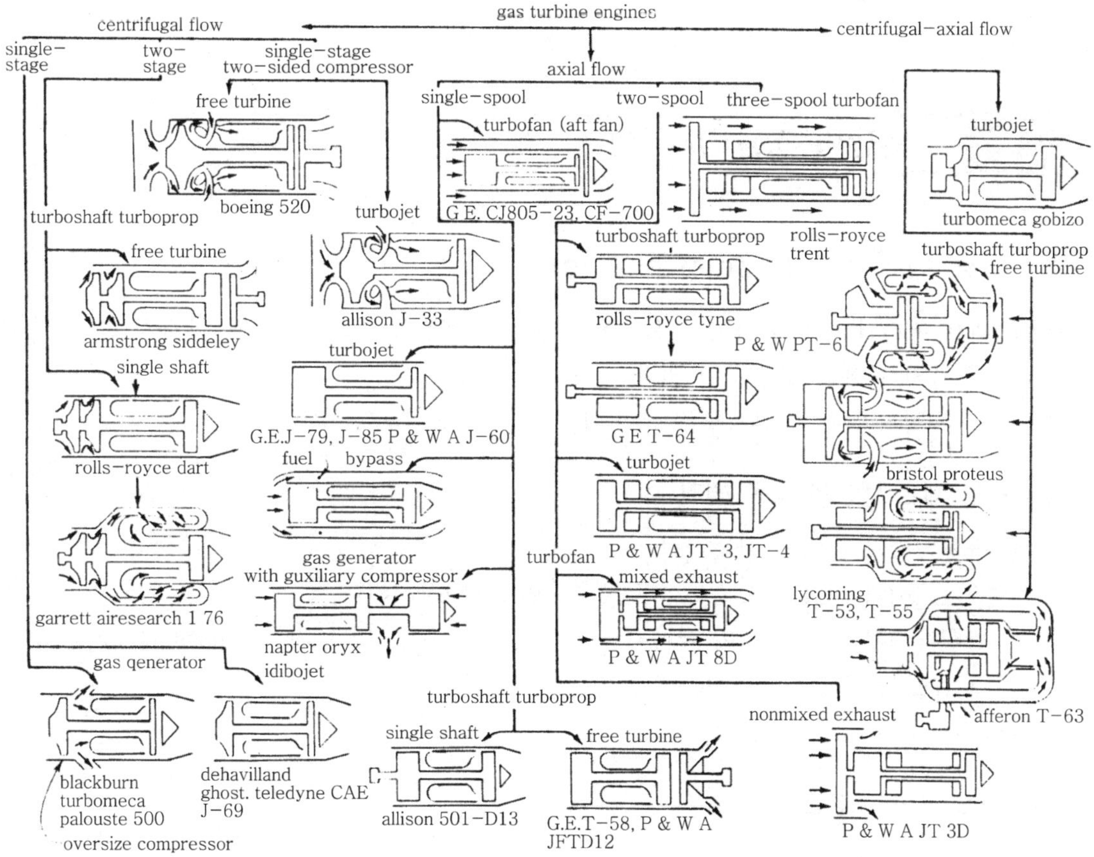

그림 2-1 The family tree. Note : The fronts of all the engines are to the reader's left

압축기 형식에 따른 분류는 3가지로 분류된다.

① 원심형(centrifugal type)

② 축류형(axial-flow type)

③ 원심 축류형(centrifugal-axial flow type)

Section 02 — 동력 사용에 따른 분류

① 터보 제트 엔진(turbojet engine)

② 터보 팬 엔진(turbofan engine)

③ 터보 프롭 엔진(turboprop engine)

④ 터보 샤프트 엔진(turboshaft engine)

⑤ 램 제트(ram jet)

⑥ 펄스 제트(pulse jet)

Section 03 — 엔진의 사용 및 특성

1 터보 제트 엔진(turbojet engine)

터보 제트 엔진의 종류가 다양하기 때문에 일일이 엔진의 주요부를 연구하기는 힘들다. 그러나 여러 가지 중에 공통점들이 있다.

이 공통점만을 알고 있다면 엔진 원리의 이해에 많은 도움이 된다.

(1) 터보 제트 엔진의 작동 원리

① 압축기에서 공기를 압축한다.

② 연소실에서 연료와 압축공기를 혼합, 연소, 팽창시킨다.

③ 터빈부에서 연소 가스의 에너지를 받아 압축기 구동 및 보기부(accessory section)를 구동한다.

④ 대기 중에 방출한다.

(2) 가스 터빈의 주요부

① 압축기부(compressor)

② 연소실부(combustion chamber)

③ 터빈부(turbine)

부과해서 3가지의 주요부는 하나의 주 기능부에서 끝까지를 나타내고 있다.

(3) 자세한 구분(그림 2-2)

① 전방 프레임(front frame)

② 압축기(compressor)

③ 디퓨저(diffuser)

④ 연소실(combustion chamber)

⑤ 노즐 다이어프램(nozzle diaphragm)

⑥ 터빈(turbine)

⑦ 디퓨저(diffuser)

⑧ 후기 연소기(after burner)

위에 나열한 순서는 모든 엔진에 적용되는 것은 아니며, 다만 일반적인 배열순서를 도시한 것이다.

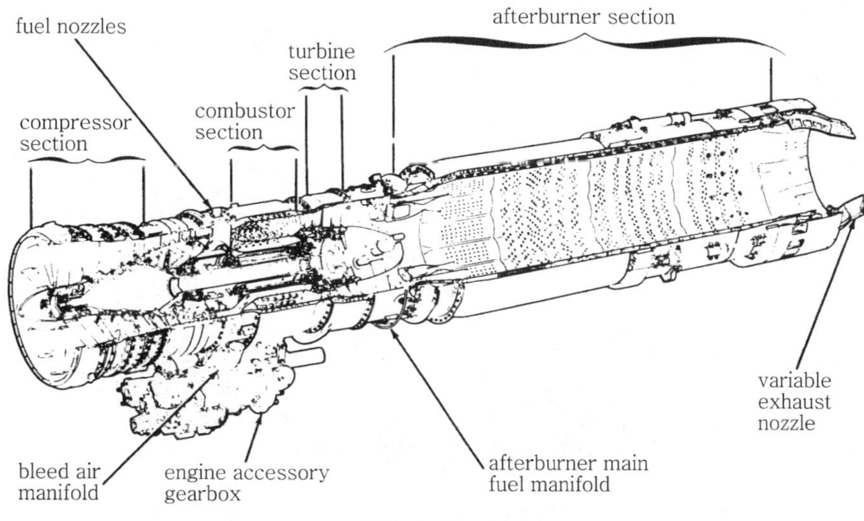

그림 2-2 J85-GE-21

2 터보 제트 엔진의 특성 및 사용

① 전면부의 저속에서 저추력

② 저고도, 저속도에서 연료 소비율의 증대

③ 이륙 거리의 증대

④ 중량대 추력비가 낮음

⑤ 후기 연소기를 사용하므로 추력 증대

터보 제트 엔진은 현재의 여객기로는 영·불 합작인 Concorde기에 사용되고 있으며 그 외 거의 대부분이 전투기 등에 사용되고 있다(그림 2-3).

엔진에 후기 연소기를 부착하여 약 1.4~1.6배 가량의 추력을 향상시키고 있으나 후기 연소기를 사용할 때는 연료소비량이 MIL 추력 시 보다 약 2배가량이 더 소비된다. 그림 2-4는 J85 엔진 후기 연소기 연료계통도이다.

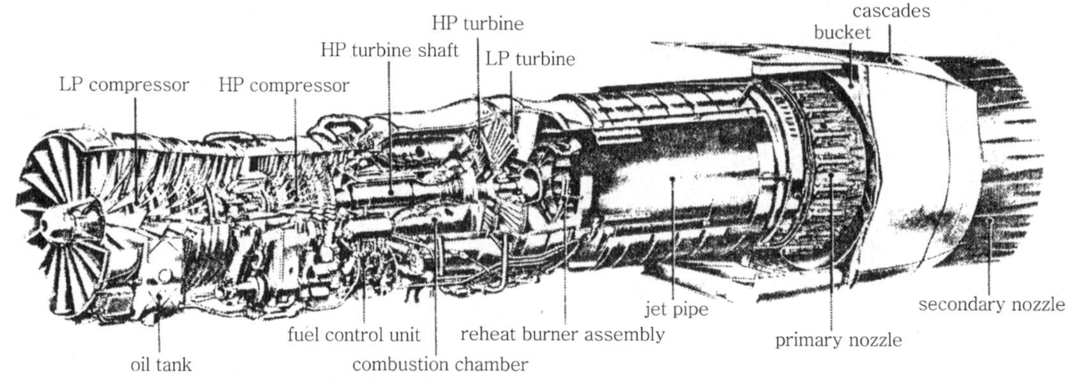

그림 2-3 Olympus turbojet engine(by courtesy of Rolls-Royce(1971) Ltd)

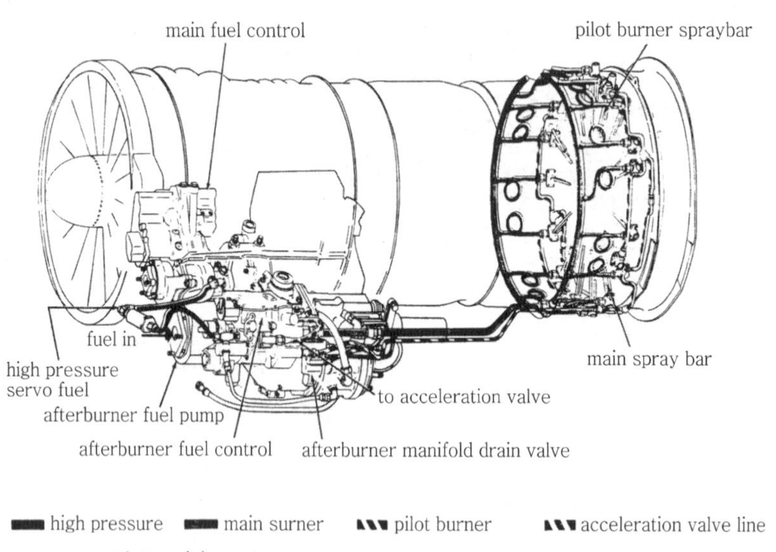

그림 2-4 (a) Afterburner fuel system components

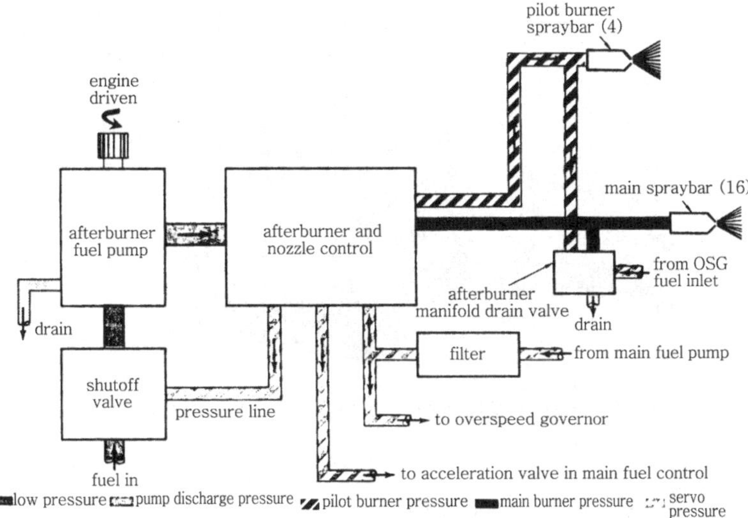

그림 2-4 (b) Fuel system

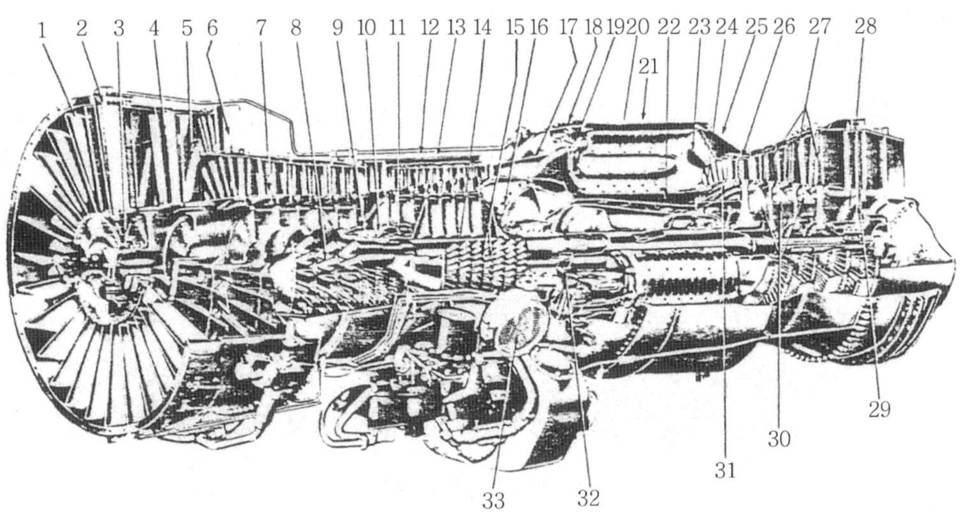

1. inlet guide vanes
2. breather tube
3. No.1 bearing
4. No.1 stator vane
5. fan second-stage rotor blade
6. fan-outlet guide vane
7. compressor-stator-vane shroud
8. forward compressor rotor
9. No. 2 bearing
10. No. 2½ bearing
11. No. 3 bearing
12. compressor-intermediate case
13. rear compressor case
14. rear compressor rotor
15. No. 4 bearing
16. diffuser section
17. fuel manifold
18. front-combustion-chamber outer case
19. combustion chamber
20. combustion chamber inner liner
21. rear-combustion-chamber outer case
22. combustion-chamber inner case
23. combustion-chamber outlet duct
24. No. 5 bearing
25. turbine nozzle case
26. rear-compressor-drive turbine
27. forward-compressor-drive turbine
28. No. 6 bearing
29. support rod
30. knife-edge seals
31. turbine inner case
32. main accessory drive gears
33. air-bleed port

그림 2-5 (a) The Pratt & Whitney JT3D turbofan engine(front fan)

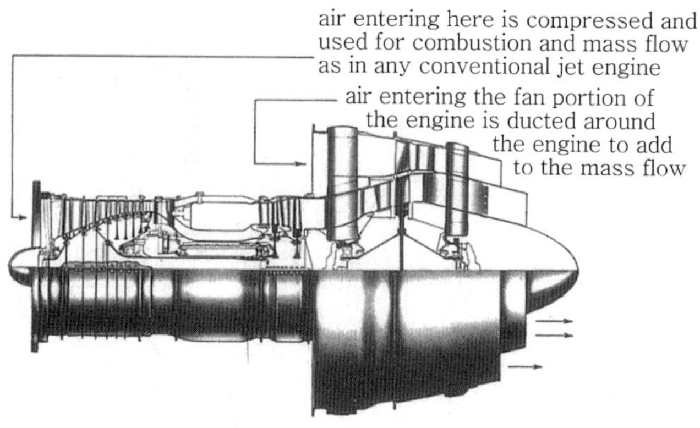

그림 2-5 (b) Cutaway of a General Electric CF 700 turbofan engine(rear fan)

3 터보 팬 엔진(turbofan engine)

터보 팬 엔진은 크게 전방 팬 엔진(front fan engine), 후방 팬 엔진(after fan engine) 2가지로 분류된다.

현재에는 주로 전방 팬 엔진이 많이 사용되고 있다. 후방 팬 엔진은 J79 엔진의 개량형인 CJ805-23 엔진이 대표적이다.

터보 팬 엔진은 터보 제트 엔진 고속성능의 우수성과 터보 프롭 엔진의 중속성을 결합하여 제작된 것이며 주로 여객기에 사용되어 왔으나 근래에는 전투기 등에도 사용하고 있다(그림 2-6).

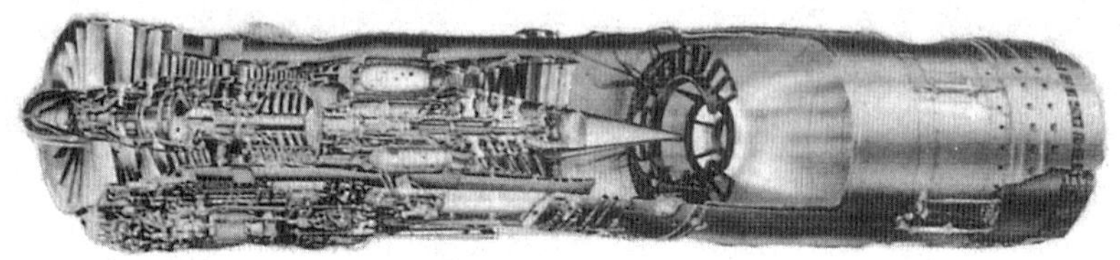

그림 2-6 Turbofan engine

터보 팬 엔진은 다음과 같은 특성을 갖는다.
   ① 이·착륙거리의 단축 및 추력 증가
   ② 무게가 경량
   ③ 경제성 향상
   ④ 소음의 감소
   ⑤ 날씨 변화에 영향이 적음

터보 팬 엔진에서 팬으로 공기를 흡입하여 일부는 덕트를 통해 대기로 방출되며, 나머지는 N_2 고압축기부로 간다.

218

4 고 바이패스 터보 팬 엔진

최근에 고 바이패스 터보 팬 엔진은 대형 군수송기 및 여객기에 사용한다.

ENG	항공기	회 사
TF39	C-5A	General
CF6	DC-10, B747, A300	Electric
JT9D	B747	Pratt & Whitney
RB211B	L-1011, B747	Rolls-Royce

위의 표는 현재 가장 많이 사용하고 있는 고 바이패스 엔진의 대표적인 것들이다. 고 바이패스 엔진의 장점은 효율증대 및 소음감소이다. 전투기에 사용하고 있는 터보 팬 엔진에는 후기 연소기를 장착하여 추력증대를 하고 있다(그림 2-6).

다음은 CF6 엔진의 공기흐름에 대하여 간략히 설명하겠다.

엔진의 공기 흐름은 다음과 같다.

  ① 팬(fan)

  ② 저압축기(LPC : Low Pressure Compressor)

  ③ 고압축기(HPC : High Pressure Compressor)

  ④ 연소실(combustion chamber)

  ⑤ 터빈 노즐(turbine nozzle)

  ⑥ 고압 터빈(HPT : High Pressure Turbine)

  ⑦ 저압 터빈(LPT : Low Pressure Turbine)(그림 2-7)

CF6 엔진은 고 바이패스, 2축 로터, 축류식 터보 팬 엔진이다. 엔진의 4단계 팬은 4단계 저압 터빈에 의해서 구동되며 14단계 고 압축기는 2단계 고압 터빈에 의해서 구동된다.

팬은 1단계 팬과 3단계 부스터 스테이지(booster stage)로 구성되어 있고 고 압축기는 가이드 베인(IGV : Inlet Guide Vane)과 6단계 가변정익(VSV : Variable Stator Vane)으로 구성되어 있으며 베인의 각도는 압축기의 최적 효율 상태를 유지시켜 준다.

또 12개의 가변 바이패스 밸브(VBV : Variable Bypass Valve)는 엔진의 팬케이스 부분에 있으며 이것은 엔진의 작동 범위 내에서 가·감속 시 실속의 범위를 축소시켜 준다.

가변 바이패스 밸브는 2개의 액추에이터(actuator)에 의해서 작동되며 이 액추에이터는 주 연료 장치(MEC : Main Engine Control)에 의해서 작동이 이루어진다(그림 2-8).

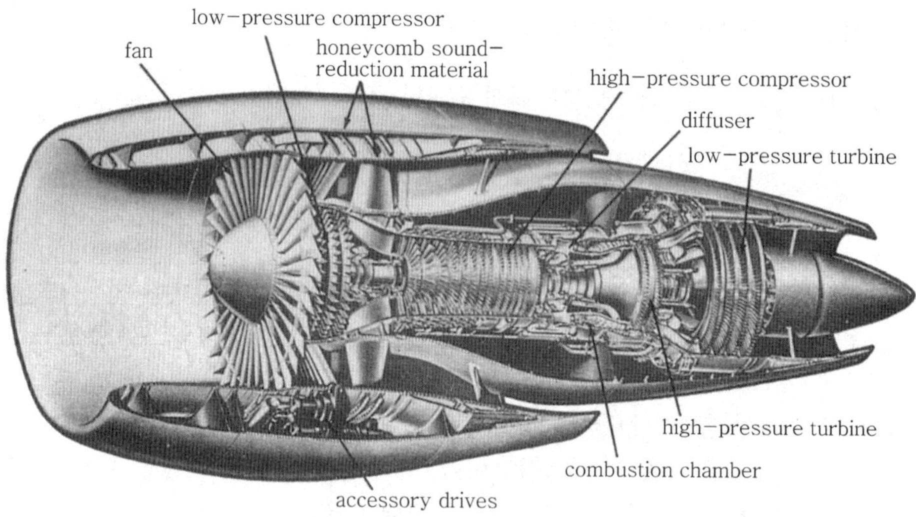

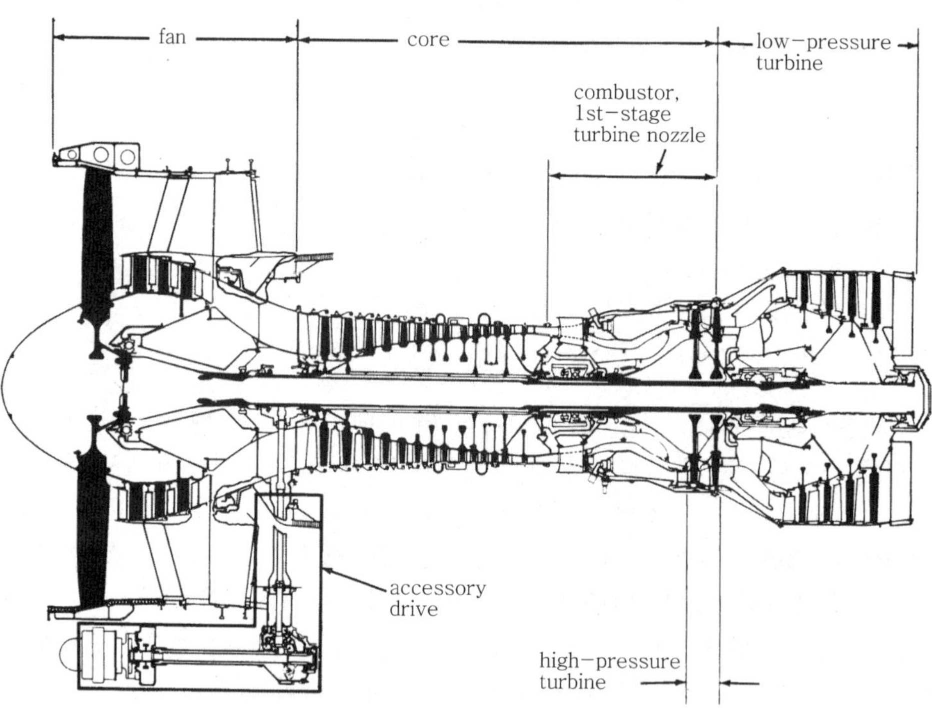

그림 2-7 The General Electric CF6-50 turbofan engine

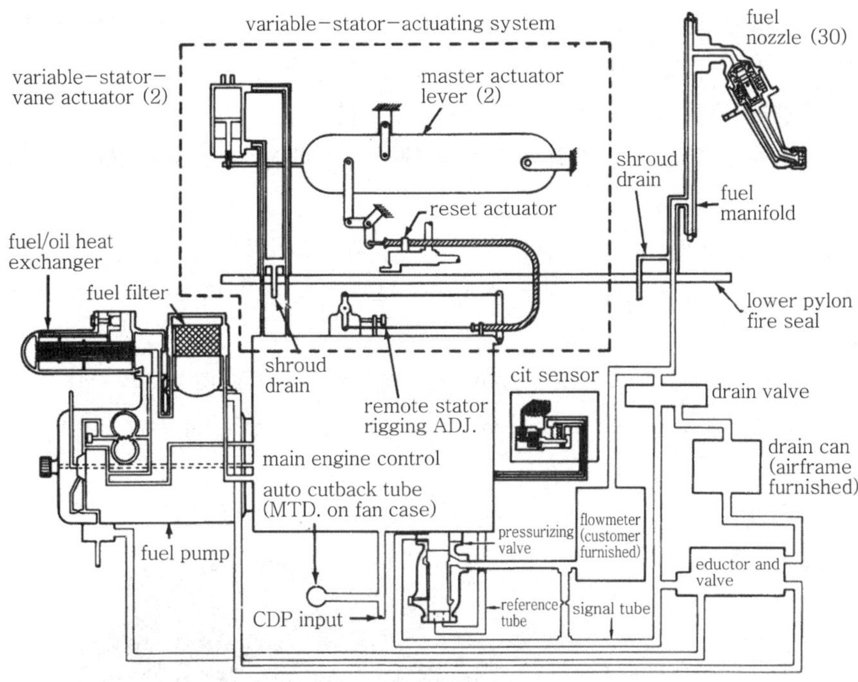

그림 2-8 The CF6 fuel system

5 터보 프롭 및 터보 샤프트(turboprop & turboshaft)

터보 프롭은 엔진의 압축기부에서 축을 내어 감속 기어에 연결하여 프로펠러를 구동하는 것이다.

이 엔진의 사용 범위는 항공기속도가 300~500mph 정도인 항공기에 주로 사용하며, 다른 엔진에 비해 연료 소비율이 낮다. 일반적으로 터보 프롭을 프롭 제트라 부른다(그림 2-9).

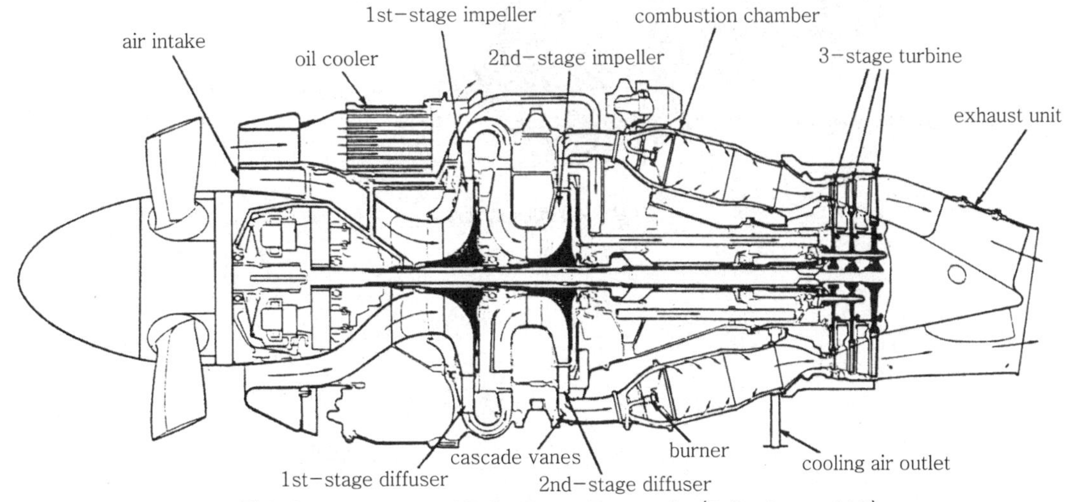

그림 2-9 Arrangement of Rolls-Royce Dart engine(Rolls-Royce, Ltd.)

터보 프롭 엔진의 동력부는 터보 제트 엔진과 유사하나 중요부는 터빈부이다. 터보 제트의 터빈부는 배출 가스에서 압축기와 보기부의 구동에 충분한 에너지를 받지만 터보 프롭의 경우 터빈은 프로펠러 구동에 충분한 에너지를 흡수한다.

예를 들어 Allison 모델 501 엔진의 경우 프로펠러 구동에 3,460shp가 쓰이며 추력은 726lb 정도이다.

앨리슨 250 터보 샤프트 엔진은 제너럴 모터스의 디트로이트 디젤 엔진회사(detroit diesel allison div.general motors corp)에서 제작한 것으로, 다종의 터보 샤프트와 터보 프롭 엔진이 있다.

여기서는 Allison 250-C20과 250-C20B 모델에 대하여 간단히 설명하겠다.

이 엔진은 MD 500 헬리콥터와 Jetranger 헬리콥터용으로 주로 사용하고 있다(그림 2-10).

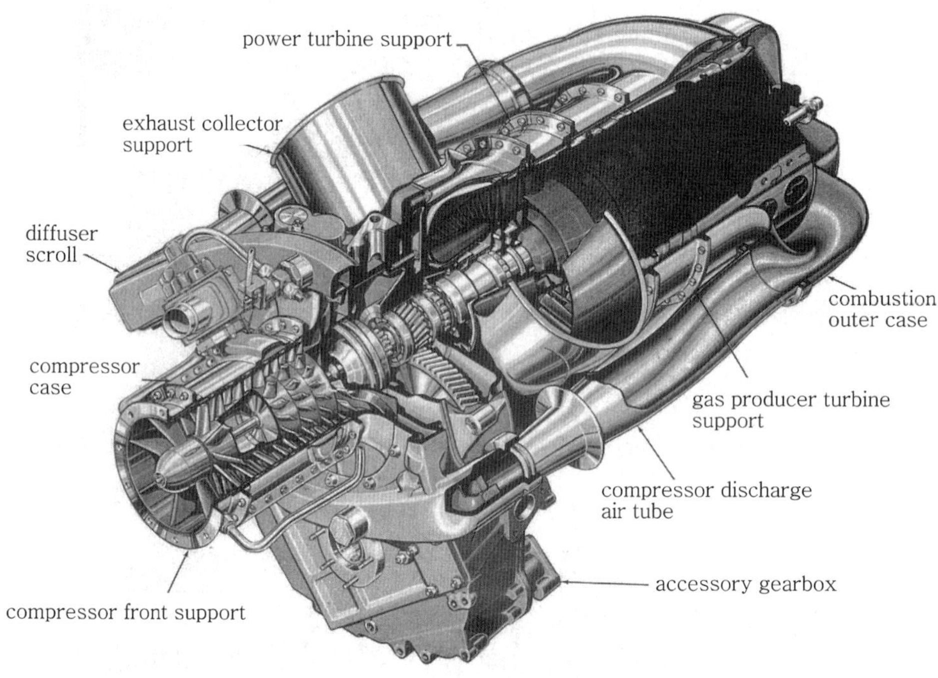

그림 2-10 Allison 250

표 2-1 성능과 제원

제 원 \ Type	250-C20	250-C20B
이륙 출력(hp)	400	420
추력(lb)	40	42
gas-producer(rpm)	52,000	53,000
출력축(rpm)	6,016	6,016
무게(lb)	155	155
연료 소비량(SFC)	0.630	0.650
길이(mm)	1,034	1,034
높이(mm)	589	589
폭(mm)	483	483

Allison 250 터보 샤프트 엔진은 크게 4개 부분으로 구분된다.

① 압축기부(compressor section)

② 보기부(accessory gearbox section)

③ 터빈부(turbine section)

④ 연소실부(combustion section)

(1) 압축기부(compressor section)

엔진의 압축기 부분은 압축기 전방지지, 케이스 어셈블리, 로터 휠(rotor wheel), 원심력식 임펠러(centrifugal type impeller), 전방 디퓨저 어셈블리(front diffuser assembly), 후방 디퓨저 어셈블리(rear diffuser assembly), 디퓨저 베인(diffuser vane) 과 디퓨저 스크롤(diffuser scroll)로 구성되어 있다. 압축기 입구를 통하여 흡입된 공기는 축류형과 원심형 압축기에 의해서 압축이 되며 스크롤형 디퓨저(scroll-type diffuser)를 통한 압축공기는 2개의 외부 덕트를 통하여 엔진의 후부에 위치한 연소실로 들어간다. 압축기는 GPT(Gas Producer Turbine)에 의해서 50,000rpm 이상으로 구동된다.

(2) 연소실(combustion chamber)

연소실은 엔진의 후부에 있으며, 바깥 연소실 케이스와 연소실 라이너로 구성되어 있으며 연료노즐(fuel nozzle)과 이그나이터(igniter)는 외부 연소실 케이스의 후부에 고정되어 있다. 2개의 외부 덕트를 통해 들어온 압축된 공기는 라이너 도움(liner dome)과 표면의 구멍을 통해 연소실 라이너로 들어간다. 이 압축공기는 연료노즐에서 분사된 연료와 혼합되어 연소된다.

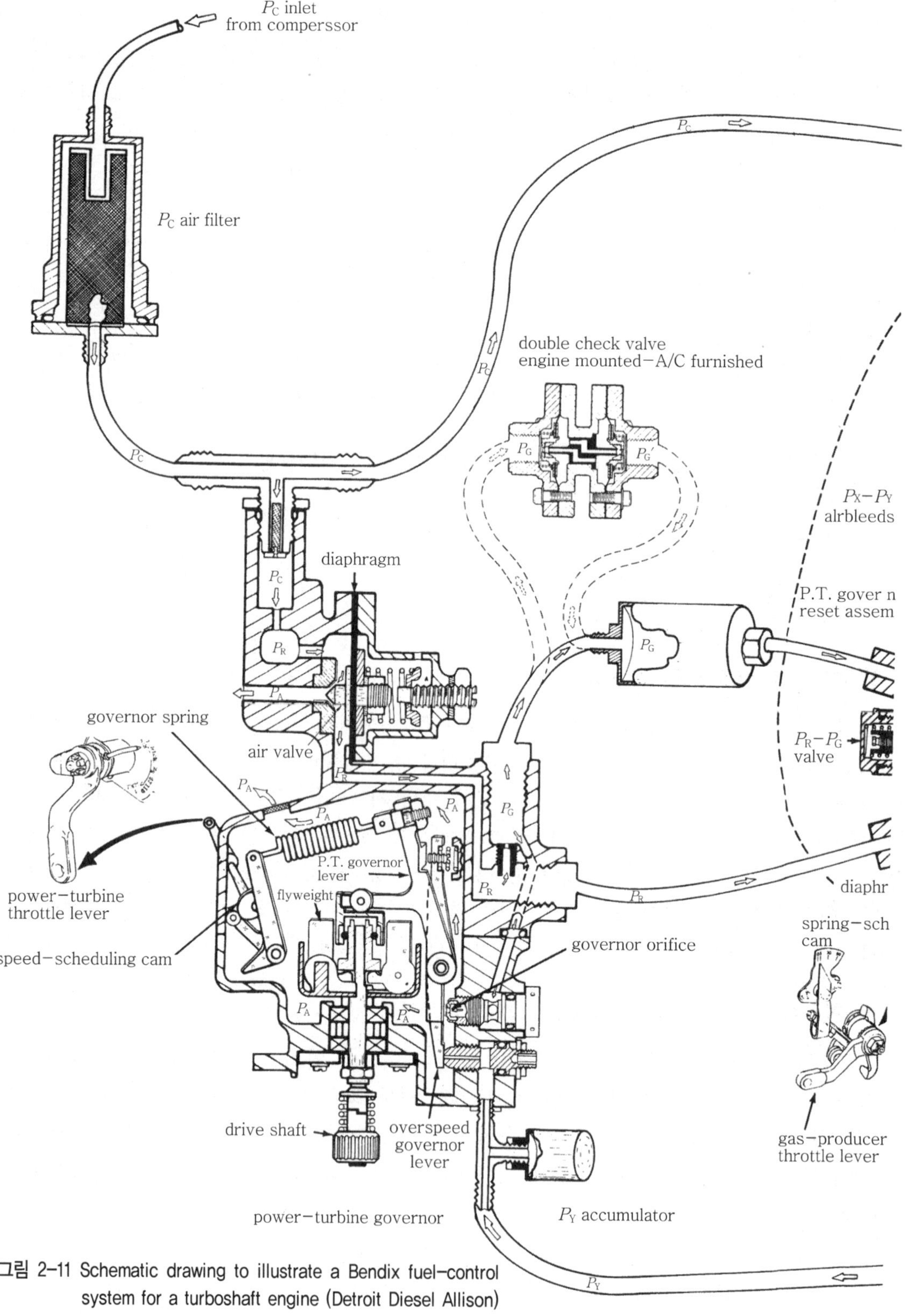

그림 2-11 Schematic drawing to illustrate a Bendix fuel−control
system for a turboshaft engine (Detroit Diesel Allison)

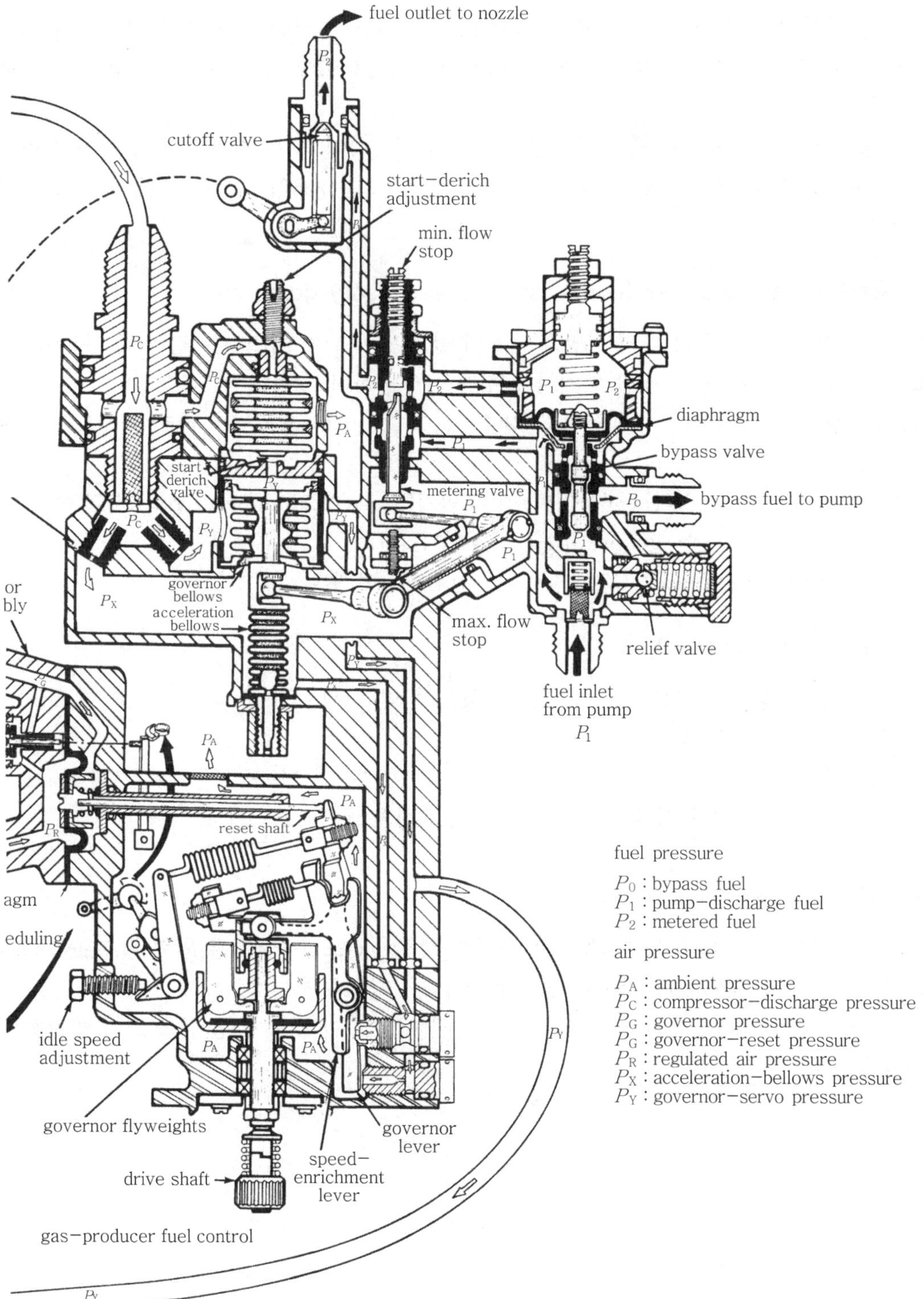
fuel outlet to nozzle
cutoff valve
start−derich adjustment
min. flow stop
diaphragm
bypass valve
P_0
bypass fuel to pump
metering valve
start derich valve
governor bellows
acceleration bellows
max. flow stop
relief valve
fuel inlet from pump P_1
or bly
agm
eduling
reset shaft
idle speed adjustment
governor flyweights
drive shaft
speed−enrichment lever
governor lever
gas−producer fuel control
fuel pressure
P_0 : bypass fuel
P_1 : pump−discharge fuel
P_2 : metered fuel
air pressure
P_A : ambient pressure
P_C : compressor−discharge pressure
P_G : governor pressure
P_G : governor−reset pressure
P_R : regulated air pressure
P_X : acceleration−bellows pressure
P_Y : governor−servo pressure

(3) 터빈부(turbine section)

터빈은 2단계 가스 발생 터빈 로터(gas producer turbine rotor)와 2단계 동력 터빈(power turbine), GP 고정부, PT 고정부, 터빈과 배기관 고정부(exhaust collector support)로 구성되어 있다.

2단계 GP 터빈은 압축기와 액세서리 구동 기어를 구동하며 PT는 감속 기어를 통해서 엔진 출력축(output shaft)을 구동한다. 터빈을 지난 배기가스는 2개의 덕트를 통해 대기 중으로 배출된다.

(4) 출력축과 보기 기어 박스(output shaft & accessory gearbox)

출력축과 액세서리는 하나의 기어 박스 내부에 있으며 이 기어 박스는 엔진의 주 부분(main frame)을 고정해주며, 모든 엔진 액세서리 부품을 구동하며 고정해준다.

2단 헬리컬과 스퍼 기어는 PT에서의 33,290rpm을 6,016rpm으로 감속시켜 출력축으로 전달을 한다.

액세서리 구동은 PT에 의해서 구동되며 PT 조속기(power turbine governor)와 PT속도 발전기(power turbine tacho-generator)를 구동한다.

시동기(stater-generator)는 GP 구동 기어에 접속되어 있다.

(5) 연료장치(fuel system)

벤딕스 주 연료장치는 그림 2-11에 나타내었으며 연료 펌프(fuel pump), GP 연료장치, PT 조속기와 노즐로 구성되어 있다.

주 연료장치와 조속기는 연료 펌프와 노즐 사이에 있으며 이 연료장치는 유압기계식(hydro-mechanical type)으로 작동되며, 연료는 GP 연료장치와 PT 조속기로 들어간다.

(6) 윤활장치(lubrication system)

엔진의 윤활장치는 그림 2-12와 같고, 이 드라이 섬프(dry sump) 계통은 압력 펌프(pressure pump)와 소기 펌프(scavenge pump)를 사용한다.

여기서 2개의 금속 감지기(chip detector)는 엔진 내부의 마모 및 손상 등을 조기 발견하는 데 도움을 준다.

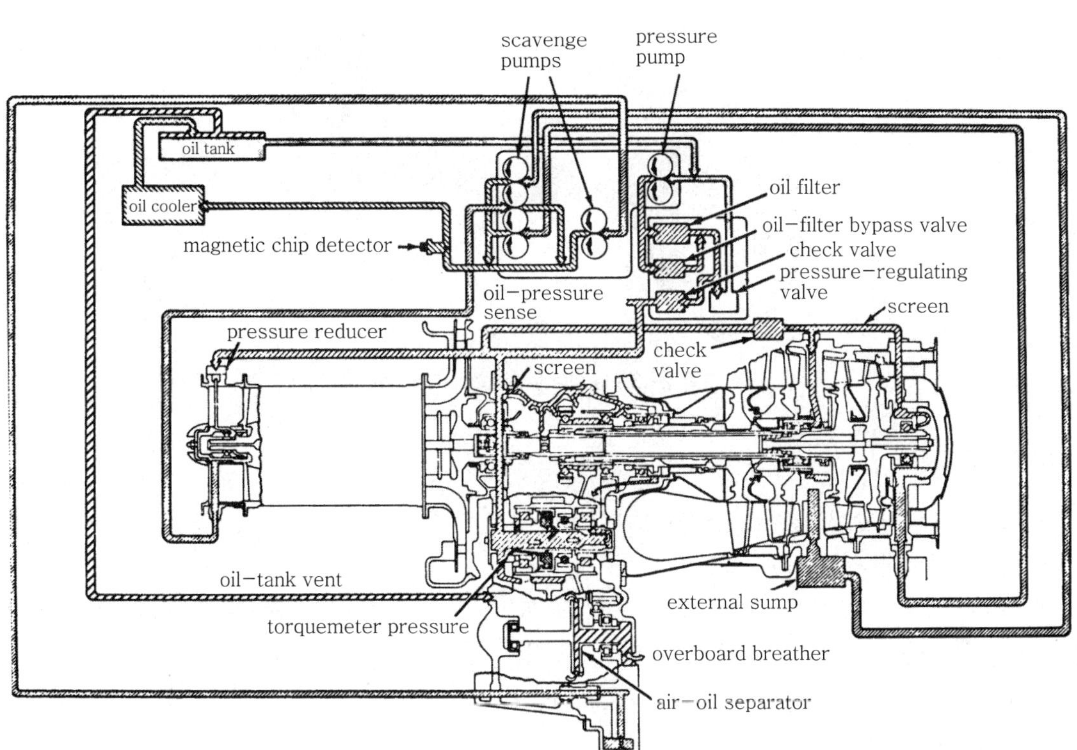

그림 2-12 Lubrication system for the Allison 250-C20 engine

(7) 감속장치(reduction system)

이 감속장치는 앨리슨 엔진에는 사용하지 않으나 Lycoming T53, T55 엔진의 감속장치에 대하여 설명하기로 한다.

현재 사용되고 있는 유성 기어 장치(그림 2-13)에는 여러 가지 형식의 것이 있으나 기본 구조는 모두가 동일하다. 그 주요부는 그림 2-13에 보는 것과 같이 선 기어(sun gear), 유성 기어(planetary gear), 유성 기어 캐리어(planetary gear carrier), 링 기어(ring gear) 4개 의 부품으로 구성되어 있다.

구 분	0	1	2	3	4	5	6
선 기어		고정	고정	구동	수동	수동	구동
캐리어		구동	수동	수동	구동	고정	고정
링 기어		수동	구동	고정	고정	구동	수동
변속 상태	중립	증속	감속	감속	증속	증속역전	감속역전

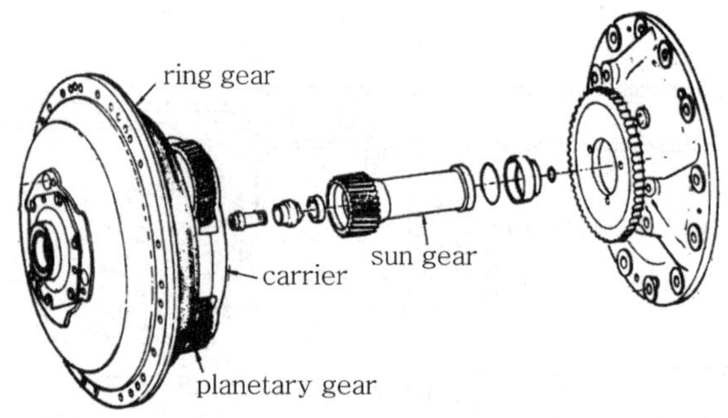

그림 2-13 Planetary reduction system

(8) 감속작용

선 기어를 고정한 채로 링 기어에 입력을 주어 구동하면 출력작용을 하는 유성 기어 캐리어가 링 기어보다 저속도로 회전하게 된다.

즉, 이 작용을 이용하면 피동작용을 하는 유성피니언 캐리어가 구동작용을 하는 링 기어보다 저속 회전하게 되어 큰 회전력을 얻을 수 있게 한다.

또 다른 방법의 감속은 링 기어를 고정하고 선 기어를 구동하면 유성 피니언은 고정되어 있는 축을 중심으로 하여 자전한다.

또 피니언은 링 기어와 물리면서 그 주위를 공전하게 되므로 유성 피니언 캐리어도 같이 주회전을 한다.

이때 피니언 캐리어의 속도는 선 기어의 속도에 미치지 못한다.

이것을 이용한 감속장치는 성형왕복 엔진의 감속장치와 헬리콥터의 주 기어 박스(main transmission)에 사용한다.

6 램 제트와 펄스 제트의 원리

항공기가 순항 시 속도가 음속 이상이 되면 공기흡입구에서 압축기로 들어오는 공기는 대단한 속도로서 많은 에너지를 가지고 있다.

따라서 이것을 갑자기 정지시키면 공기는 압축되며 이와 같은 동압을 이용하여 연소시켜 항공기를 움직이는 엔진을 램 제트 또는 펄스 제트라 한다.

(1) 램 제트(ram jet)

램 제트는 초음속 항공기에도 사용되며 아음속 범위의 항공기에도 사용된다. 아음속 램 제트는 헬리콥터의 주 로터의 끝 부분에 설치하여 사용되며 이 엔진을 사용하므로 테일 로터(tail rotor)가 필요없게 된다. 왜냐하면 항공기 자체에 토크가 발생되지 않기 때문이다. 그림 2-14는 램 제트를 나타낸 것이다.

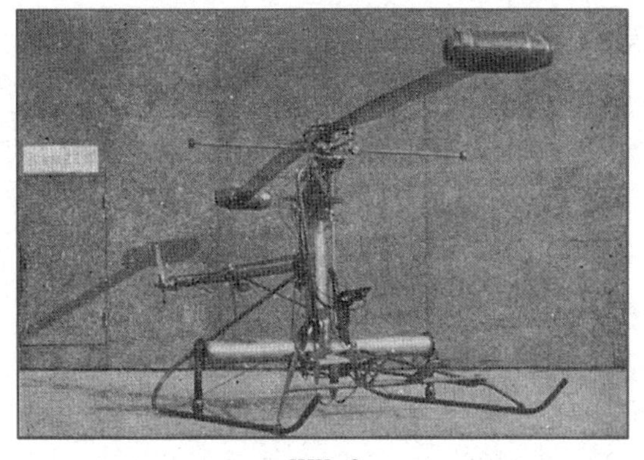

JHX-3

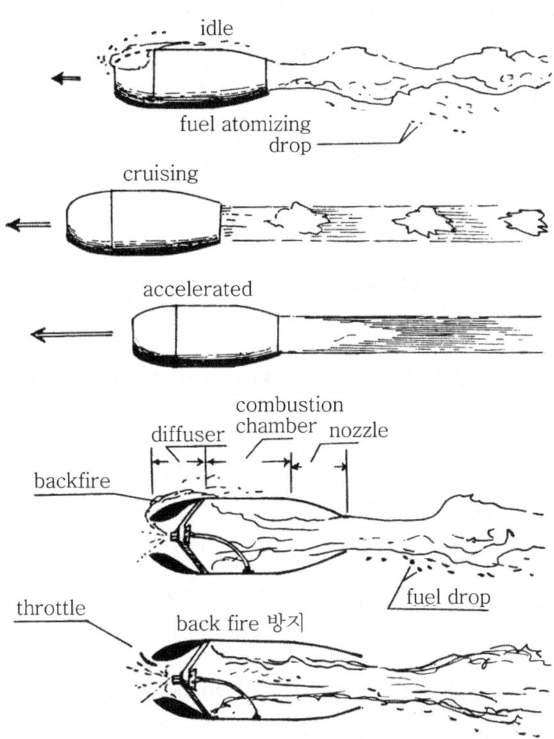

그림 2-14 Ram jet

램 제트의 열역학적 사이클은 터보 제트나 터보 프롭 엔진의 사이클과 같다. 작동은 공기가 흡입 디퓨저에 의해서 압축될 때까지 램 압력에 의해서 들어온 압축된 공기는 고압에서 열에너지가 부가되고 열에너지는 속도에너지로 전환되어 연료를 분사 점화시켜 추력을 발생한다.

램 제트는 기계적인 작동부품 없이도 작동할 수 있다. 램 제트는 작동부품이 필요하지 않으며, 다만 압축에 필요한 유입된 공기의 압력에 의해서 되고, 정지된 상태하에서는 램 압력을 얻을 수 없기 때문에 시동이 불가능하다. 따라서 터보 제트나 로켓에 의해 가속되어 어느 정도의 램 압력이 발생될 때까지 속도를 증가시킨 후 시동을 한다.

예를 들면 수송기의 날개 끝부분에 장착되어 처음에는 터보 프롭으로 이륙 후 램 제트 엔진에 충분한 램 압력이 상승되었을 때 시동하여 터보 프롭 엔진의 부하를 덜어준다.

(2) 펄스 제트(pulse jet)

펄스 제트는 그림 2-15에서 보는 바와 같이 4가지 중요 부분으로 구성되어 있다.

① 디퓨저(diffuser)

② 그릴 어셈블리(grill assembly), 압축공기 밸브, 인젝터

③ 연소실(combustion camber)

④ 테일 파이프(tail pipe)

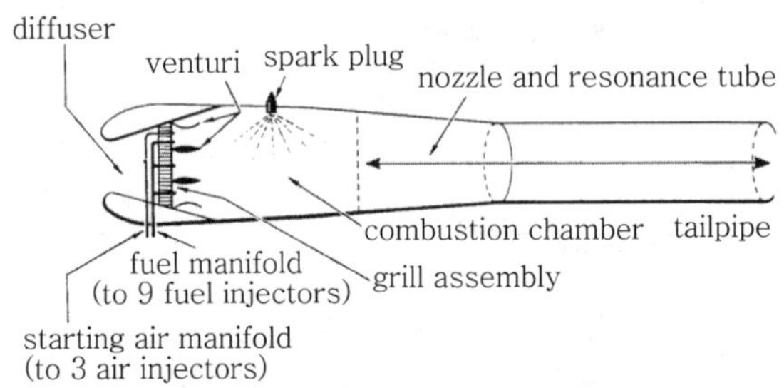

그림 2-15 The pulsejet engine and its major parts

디퓨저는 흡입된 공기의 속도를 감소시키며 압축시킨다.

그릴은 디퓨저의 압력이 연소실의 압력보다 더 커졌을 때 연소실로 공기가 들어갈 수 있도록 허니콤(honey comb) 구조의 공기 밸브로 되어 있다.

펄스 제트 엔진의 시동은 연소에 충분한 외부의 공기가 공급되어야 시동이 가능하며 점화 계통은 일반 제트 엔진과 유사하다. 혼합기의 연소압력은 모든 방향에서 증가되며 공기 밸브의 압력은 밸브 자체를 닫는 역할을 하며 추력의 중요 구성원이 된다.

그리고 여분의 압력은 고속에서 테일 파이프를 통하여 배기된다.

여기서 공기 밸브는 유압계통의 체크 밸브(check valve)와 원리상 비슷하다. 초기 시동 후 충진 사이클은 자동으로 된다. 배출된 가스는 공기 밸브를 닫으며 연소실부에 부분진공을 형성시킨다.

연료는 분무화된 상태에서 연소실에 분사되며 점화 플러그에 의해서 점화가 된다. 보통 점화 사이클은 50~200time/sec로 반복되며 이것은 테일 파이프의 길이에 따라 결정된다. 펄스 제트의 장점은 가격이 저렴하고, 정지추력을 쉽게 얻을 수 있으며 구조가 간단하다는 것이다. 이것은 램 제트와 마찬가지로 헬리콥터 주 블레이드 끝부분에 설치하여 사용하거나 저속 단거리 미사일 등에 사용된다. 특히 2차 세계대전 중 독일의 V-1호의 미사일에 사용함으로써 유명해졌다.

단점은 저속인 점과 Mach 0.6 이상의 속도에서는 공기 밸브의 작동이 원활하지 못하며, 또 소음이 크다는 점이다(그림 2-16).

그림 2-16 Pulse jet

기본구조

Basic components

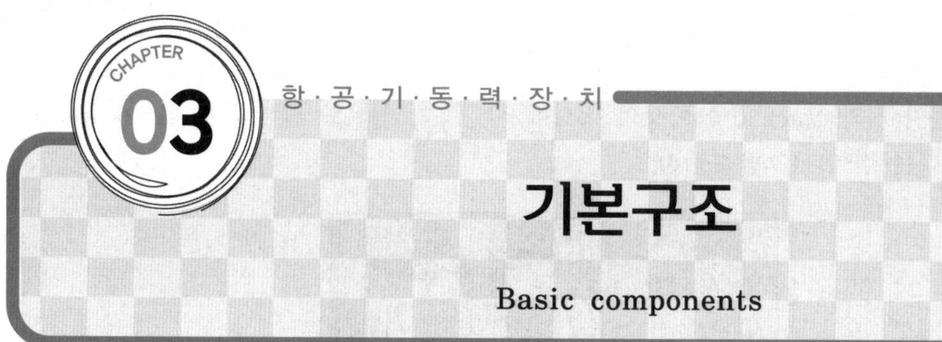

---

1 원심력식 압축기 엔진(centrifugal type compressor engine)

이 형식의 압축기는 1단계, 2단계 또는 1단계 양면 흡입 압축기 등으로 구분되어 있다(그림 3-1).

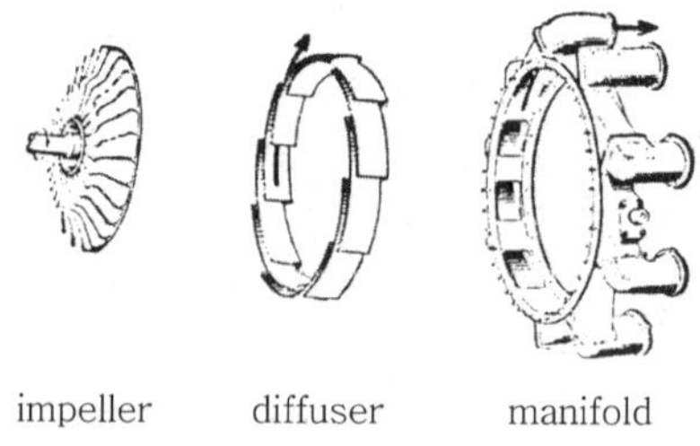

그림 3-1 Centrifugal type comp.

원심력식 압축기는 전면 면적이 크므로 항력을 많이 받게 되며, 흡입효율이 그다지 좋지 않으므로 근래에는 거의 사용하고 있지 않다.

원심력식 압축기의 장점을 살펴보면 다음 사항들이 있다.

① 경량이다.
② FOD(Foreign Object Damage)에 대한 저항력이 있다.
③ 구조가 간단하다.
④ 제작비가 저렴하다.
⑤ 스테이지당 압축비가 크다(스테이지에 대한 한계가 있다).

그림 3-2는 겹 원심력식 압축기를 보인다. 공기는 양쪽면에서 압축기 임펠러에 유입되어 임펠러의 원심력에 의하여 유입된 공기가 원주 방향으로 분산 가속된다. 여기서 속도가 증가된 공기는 디퓨저(diffuser)에 의하여 속도 에너지가 압력에너지로 전환되어 압축공기를 발

생시킨다. 1단 원심형 압축기는 보통 4~5 : 1의 압축비를 형성시키며 고성능을 요할 시에는 그림 3-3에 보이는 바와 같이 다단의 압축기를 형성하여야 한다.

그림 3-2 Double-entry comp.

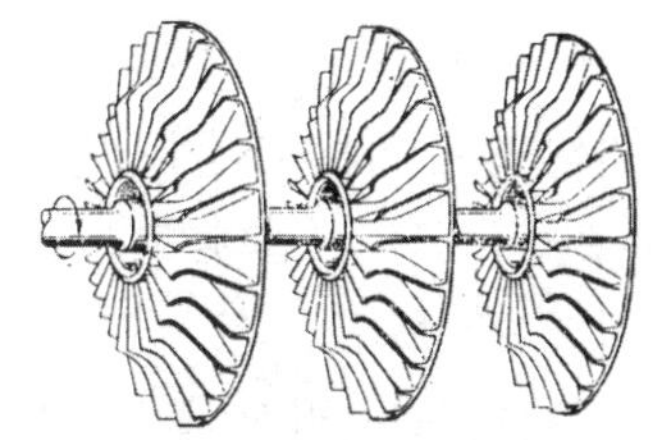

그림 3-3 Multistage centrifugal comp.

일반적으로 원심력식 압축기를 사용하였던 엔진은 1950년대에 주로 사용하였던 Lockhead 사의 T-33 항공기에 이용된 Allison J33 엔진이며, 이 엔진은 1단 겹흡입 압축기(double-entry centrifugal compressor)를 사용했다(그림 3-4).

그리고 다단 압축기를 사용하였던 엔진은 Fair-child사의 F-27 항공기에 장착한 Rolls-Royce Dart 712 엔진이다(그림 3-5).

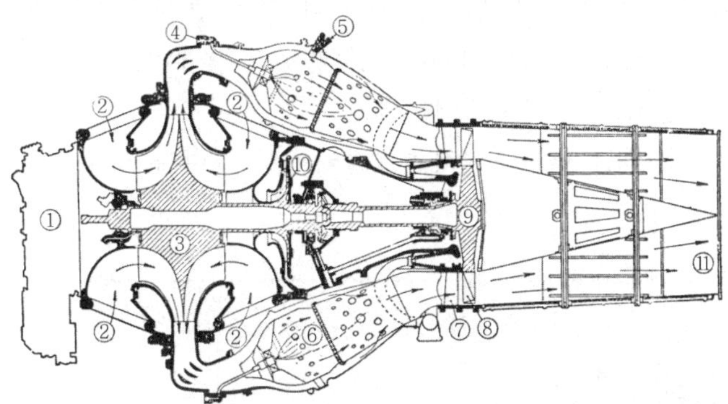

그림 3-4 Centrifugal type comp.

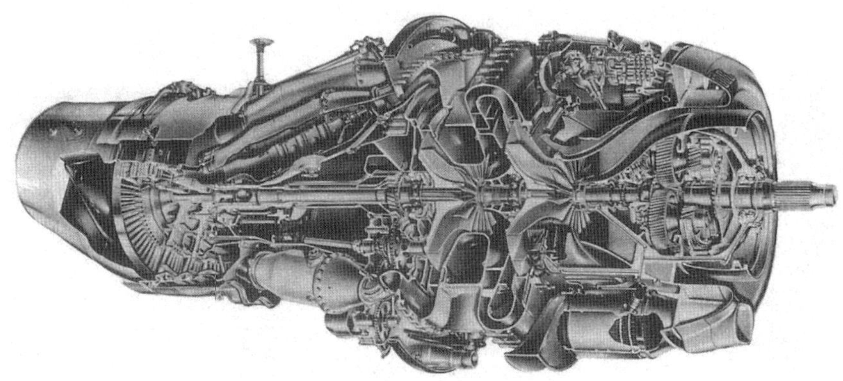

그림 3-5 Cutaway view of Dart engine(Rolls-Royce, Ltd.)

② 축류형 압축기 엔진(axial-flow compressor engine)

현재 사용하고 있는 대부분의 가스 터빈 엔진은 축류형 압축기를 주로 사용한다. 최근에 사용되는 엔진의 압축비는 20 : 1 이상이며 대량 체적의 공기를 흡입, 압축을 할 수 있기 때문에 고성능 엔진에 사용된다.

축류형 압축기의 단점에는 다음 사항들이 있다.

① FOD의 손상을 입기 쉽다.

② 제작비가 고가이다.

③ 동일 압축비의 원심력식 압축기에 비해 무게가 무겁다.

④ OFF design 작동에 보다 능동적이다.

축류형 압축기는 그림 3-6이고 공기는 유도 덕트에서 유입되어 압축기의 로터 블레이드(rotor blade)와 고정 블레이드(stator blade)를 통과하므로 압축이 된다.

로터 블레이드는 마치 작은 날개와 같으며, 압축기부 로터 스풀(rotor spool)에 고정되어 있다(그림 3-7).

이것은 마치 하나의 프로펠러와 같이 되어 있으며 이 프로펠러(1단의 로터 블레이드)는 공기를 흡입하여 스테이터 베인에서 공기의 유입 방향을 바꾸어 다음 단계로 보낸다.

베인은 압축기 케이스에 고정되어 있으며(그림 3-8), 1단의 로터 블레이드와 다음 단계 로터 블레이드 사이에 아주 근소한 간격으로 장착되어 있다.

로터 블레이드의 1열과 스테이터 베인 1열을 합하여 1스테이지라 한다. 축류형 압축기의 압축비는 약 12~14 : 1 정도이다.

참고

스풀(spool)
• 압축기 스테이지의 그룹
• 압축기와 연동되어 동축으로 작동되는 터빈과의 단일체 그룹

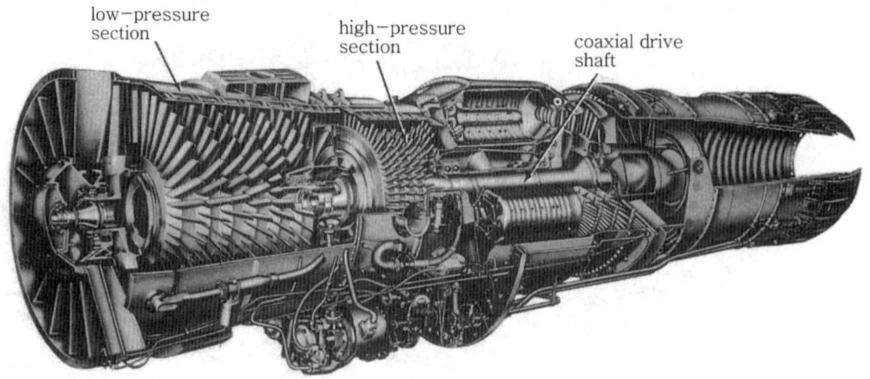

그림 3-6 Arrangement of a dual-axial compressor(Pratt & Whitney)

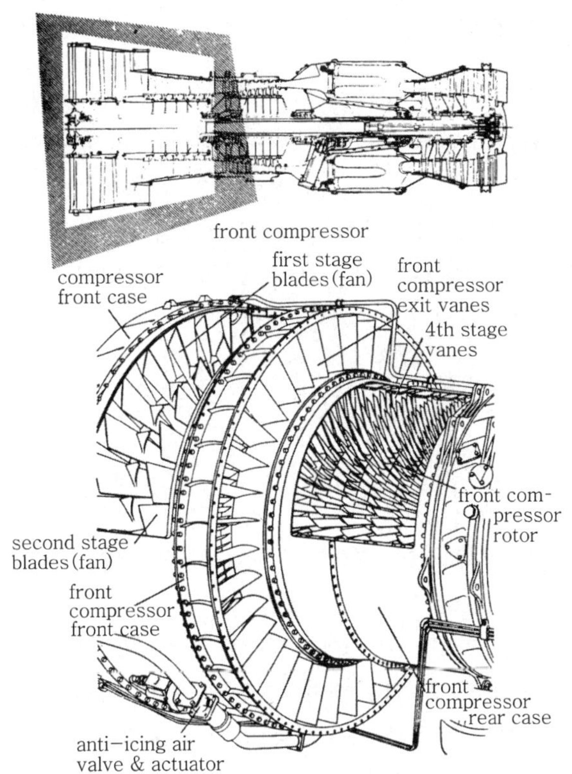

그림 3-7 Rotor blade

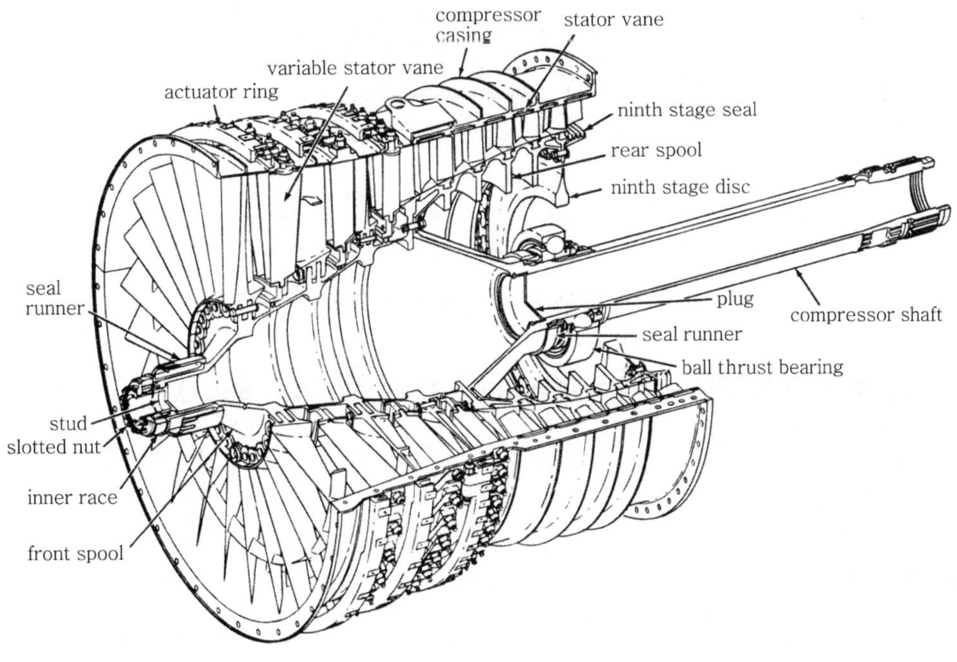

그림 3-8 Compressor section

3 다축식 축류형 압축기

단축식 압축기는 압축량에 따라 스테이지의 수가 제한이 된다. 이유는 압축비를 높이기 위해서 스테이지수를 증가시키면 점차로 안전 운전 범위가 작아지며 시동성이나 가감속성이 저하되고 빈번히 압축기 실속(compressor stall)현상이 발생되기 때문이다. 이러한 난점을 보완하기 위해서 다축식 압축기를 사용하여 압축기 전체에 걸리는 하중을 덜어준다.

다축식 압축기는 저압 로터(N_1)와 고압 로터(N_2)로 구성되어 있으며 어떤 엔진의 경우에는 N_1, N_2, N_3 로터로 구성되어 있는 것도 있다.

2축식 압축기의 장점은 다음과 같다.

① N_2는 엔진 속도를 제어한다.

② N_1는 자체 속도를 유지한다.

③ 시동기에 부하가 적게 걸린다.

고압축기는 고압 터빈에 연결되어 있으며, 저압축기는 저압 터빈에 연결되어 있다(그림 3-9).

여기서 터빈의 속도는 스로틀(throttle)에 의해서 결정되며, 저압 터빈은 자체가 최대 속도 또는 일정속도에서 자유롭게 독립 회전하며, 이것을 자유 터빈(free turbine)이라 부른다. 2축식 압축기는 고공이나 어느 영역에서도 성능의 변화가 작으며, 단축식으로 다단을 사용함으로써 발생되었던 실속 등을 줄여준다.

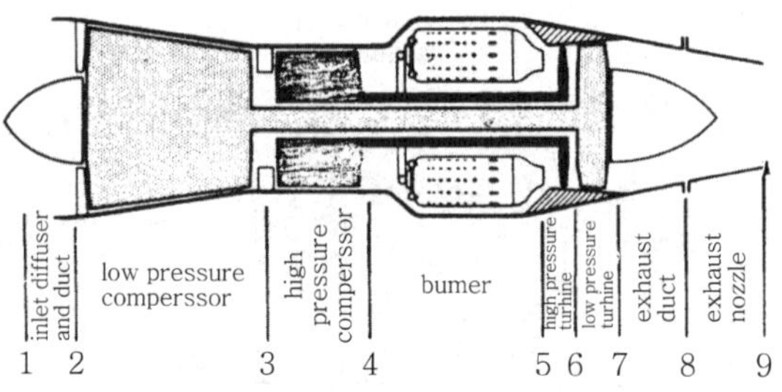

그림 3-9 Dual-compressor turbojet without afterburner

4 원심 축류형 엔진(centrifugal-axial flow compressor)

원심 축류형 엔진은 일반적으로 소형 항공기 및 헬리콥터 엔진 등에 사용하며, 다른 형식에 비하여 연소실 위치 및 배열 등이 특이하다(그림 3-10). 대표적인 원심 축류형 엔진은 MD500 헬리콥터 또는 Jetranger 헬리콥터에 사용하는 Allison 250 엔진, 또 UH-IH 헬리콥터에 사용하는 Lycoming T53, T55 엔진 등이 있다(그림 3-11).

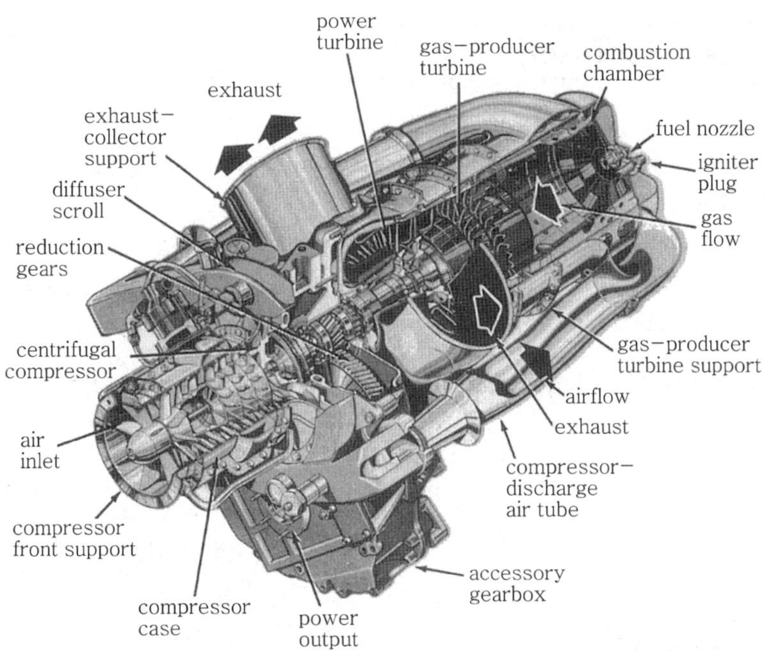

그림 3-10 Cutaway view of the Allison 250-C20 turboshaft engine(Detroit Diesel Allison Div., General Motors Comp.)

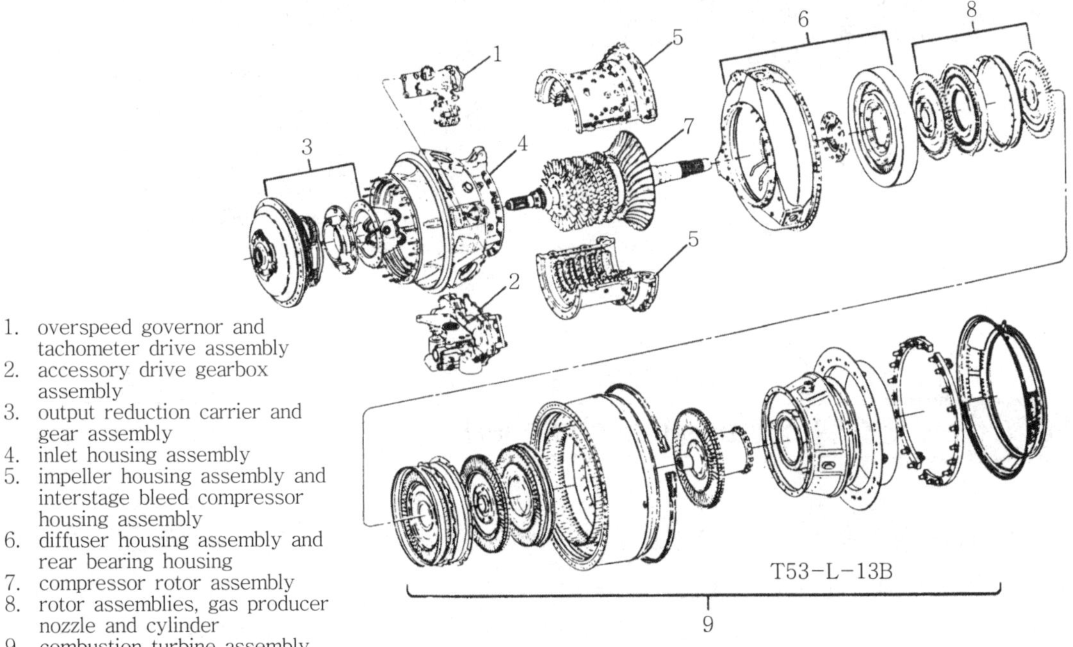

1. overspeed governor and tachometer drive assembly
2. accessory drive gearbox assembly
3. output reduction carrier and gear assembly
4. inlet housing assembly
5. impeller housing assembly and interstage bleed compressor housing assembly
6. diffuser housing assembly and rear bearing housing
7. compressor rotor assembly
8. rotor assemblies, gas producer nozzle and cylinder
9. combustion turbine assembly

그림 3-11 Centrifugal-axial flow compressor

Section 02 — 디퓨저(diffuser)

디퓨저는 왕복 엔진에 사용되는 터보 차저(turbocharger)에도 있지만 이것의 기능은 속도 에너지를 압력 에너지로 전환시키는 것이다.

예를 들어 원심형 압축기일 경우 흡입되어 임펠러에 들어와서 공기의 속도는 가속되었지만 압력은 증가되어 있지 않기 때문에 유입 방향을 바꾸어 속도에너지를 압력에너지로 바꾸어 연소실로 보낸다.

그림 3-12는 축류형 압축기의 디퓨저이다.

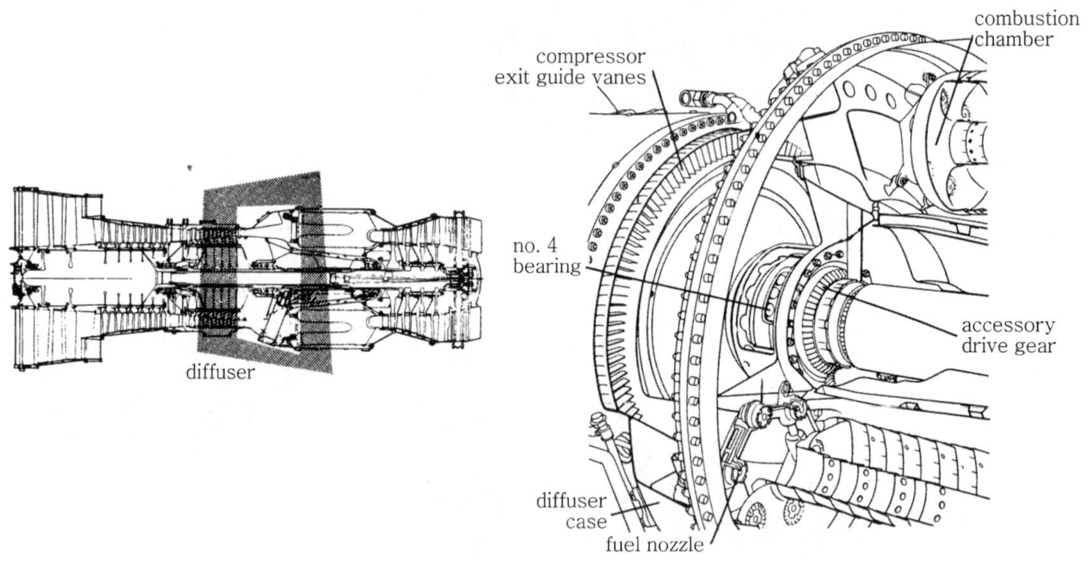

그림 3-12 Diffuser

Section 03 — 연소실(combustion chamber)

압축기에서 압축된 공기는 연소실로 들어가며 연소실에서 노즐로부터 분사된 연료와 혼합되어 혼합기 상태에서 점화되어 연소가 된다.

그림 3-13은 일반적으로 연소실로 유입된 공기의 25% 정도는 연소에 이용되며 나머지 75% 정도의 공기는 냉각에 이용된다. 이 냉각공기는 버너(burner) 내부면의 수명을 연장시키며 아울러 연소화염을 연소실의 중앙부로 몰아준다.

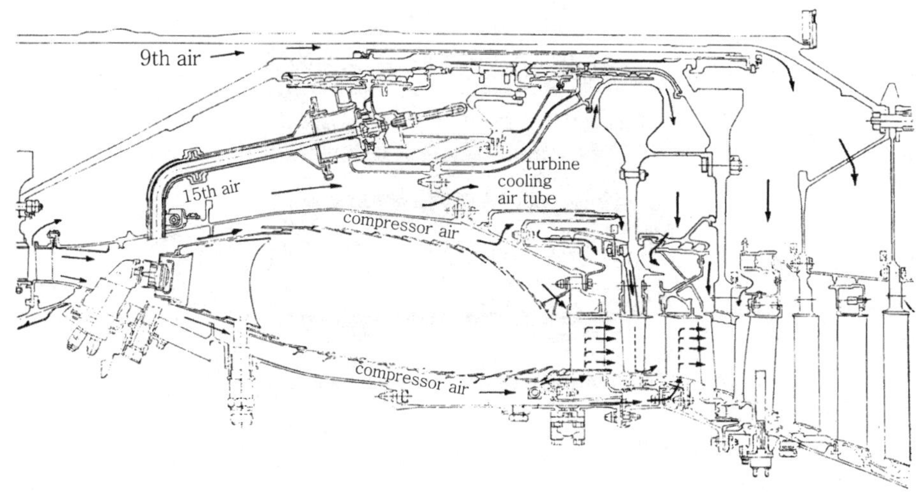

그림 3-13 Turbine cooling air

연소실은 일반적으로 3가지로 분류된다.

① 캔형(can-type)
② 애뉼러형(annular type)
　㉠ through-flow 애뉼러형
　㉡ side-entry 애뉼러형
　㉢ reverse-flow 애뉼러형
③ 캔애뉼러형(can annular type)

1 캔형(can type)

캔형 연소실을 그림 3-14에 나타내었다. 캔형 연소실은 고공에서는 연소가 불안정하며, 시동 시 과열(hot start)을 일으키기가 쉽다.

근래에는 캔형 연소실은 거의 사용하고 있지 않다.

이 연소실은 Allison250 터보 샤프트 엔진에 사용하며, 그 구조를 보면 다음과 같다.

① 연소실 바깥 케이스(combustion chamber outer case)
③ 연소실 라이너(combustion liner)

연소실의 바깥 케이스부는 연료노즐, 이그나이터 등이 장착되도록 되어 있으며, 연료노즐은 연소실 라이너 중심부에 나와 있다. 연소실의 바깥 케이스는 가스 발생 터빈(GPT : Gas Produce Turbine)부에 고정된다.

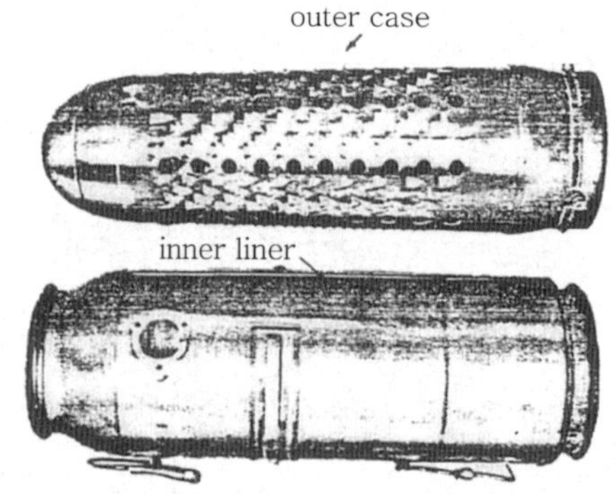

그림 3-14 (a) A single can-type combustor

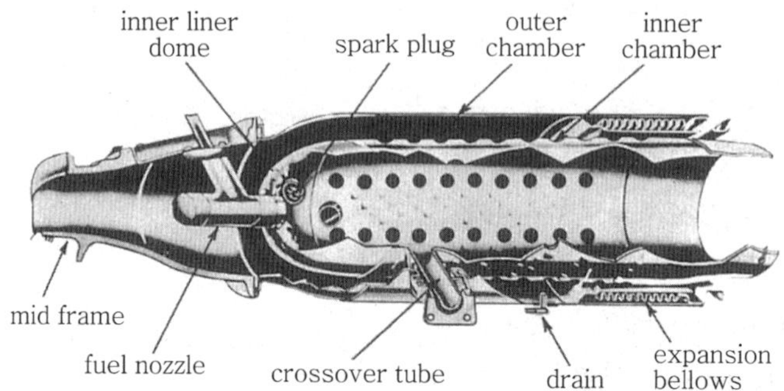

그림 3-14 (b) This illustration shows the arrangement of the can-type combustion chamber

2 애뉼러형(annular type)

구조가 간단하고, 전장이 짧으며 연소가 안정되어 출구온도(outlet temperature) 분포가 균일하다.

이러한 장점으로 최근 JT9D, CF6, RB211 엔진 등은 물론 대소에 관계없이 이형의 연소실을 사용하고 있다.

일반적인 through-flow 애뉼러 연소실은 그림 3-15와 같고 reverse-flow 애뉼러 연소실은 그림 3-16에 나타내었다.

그리고 side-entry 애뉼러 연소실은 teledyne CAE 시리즈와 williams research corp. WR 시리즈에 쓰인다.

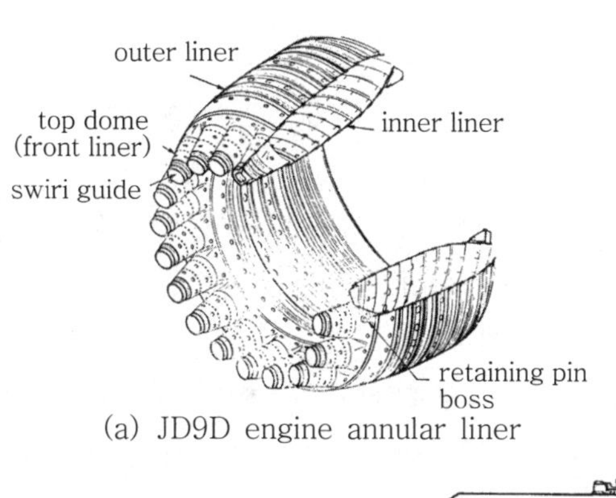

(a) JD9D engine annular liner

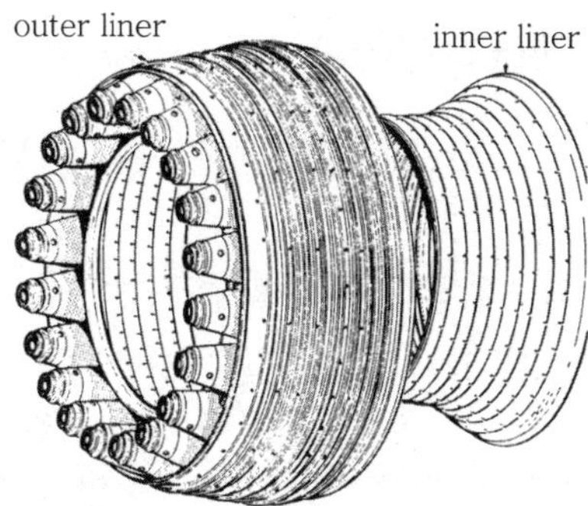

(b) annular liner disassemble

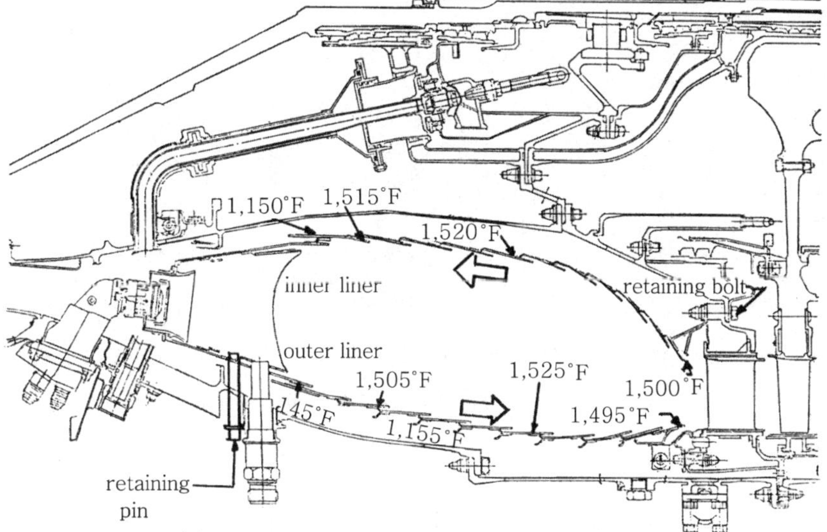

(c) combustion liner skin temp. & liner growth

그림 3-15 Through-flow 애뉼러 연소실

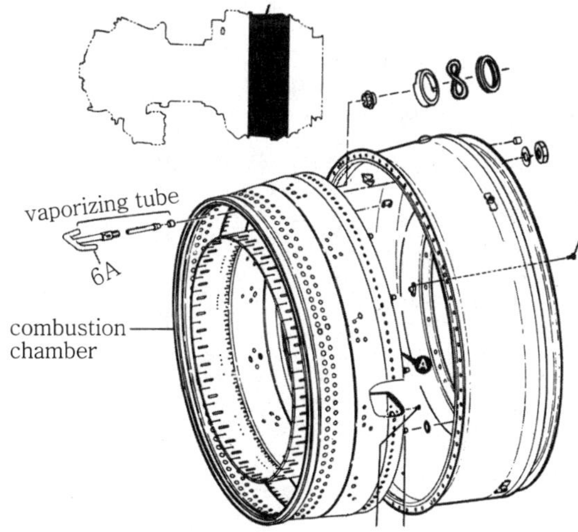

그림 3-16 Lycoming T53 reverse-flow annular type combustion chamber

③ 캔 애뉼러형(can-annular type)

캔 애뉼러 연소실은 그림 3-17에 보이고 있으며 이 연소실은 캔형과 애뉼러형의 중간 특성을 가지고 있다.

근대의 대부분의 엔진은 애뉼러형 연소실을 주로 사용하고 있으며, 캔형은 주로 터보 샤프트 엔진에 사용하고 있다. 연소실의 이그나이터는 보통 2개를 사용하며 엔진 초기 시동 시에만 전원을 필요로 한다. 이그나이터는 연소실 내의 혼합기를 연소시키며 이그나이터의 사용은 엔진 시동 시에만 전원이 공급되었다가 분리된다. 왜냐하면 연소실 내부에서 계속적으로 연소가 되기 때문이다. 이 점화장치는 축류식 압축기 엔진이나 원심식 압축기 엔진에서나 다 같은 목적으로 사용된다.

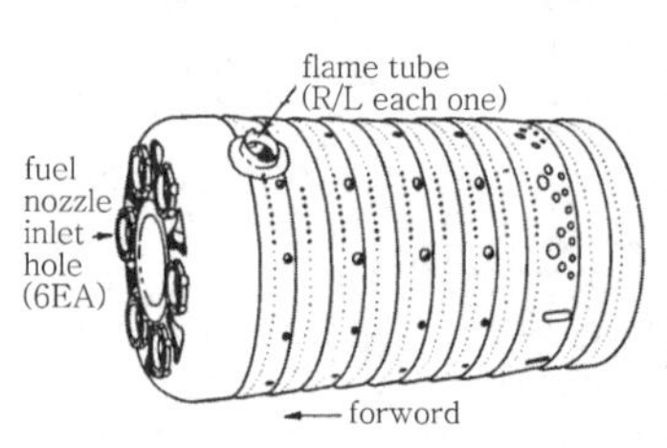

(a) combustion chamber

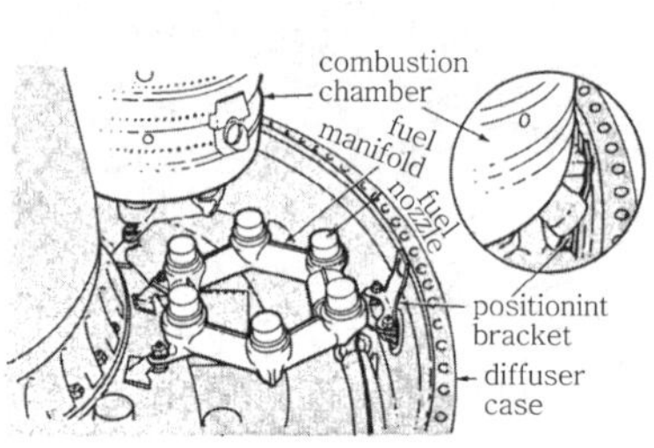

(b) C/C positioning bracket

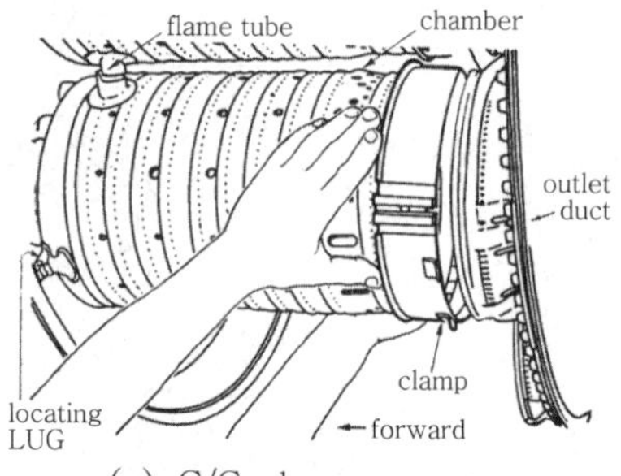

(c) C/C clamp

그림 3-17 Can-annular type

Section 04 — 연소실의 구비조건

① 높은 연소효율(high combustion efficiency)

② 연소의 안정적인 작동(stable operation)

③ 압력 손실이 적을 것(low-pressure loss)

④ 일정한 온도분산(uniform temperature distribution)

⑤ 시동의 용이성(easy starting)

⑥ 소형 및 경량일 것(small size)

⑦ 낮은 매연연소(low smokey burner)

⑧ 낮은 탄소형성(low carbon formation)

1 1차 연소부

제트 엔진의 연소에 필요한 이론상 공연비는 약 15 : 1 정도이다. 그러나 실제로 연소실로 들어오는 체적비는 보통 60~130 : 1의 비율이며, 이대로는 혼합기가 희박하여 연소되지 않는다. 따라서 1차 연소부에서는 직접 연소되는 1차 공기향이 최적 공연비인 14~18 : 1이 되게끔 공기량을 제한한다.

연소실 전면부에 스월 가이드 베인(swirl guide vane)을 두어 1차 유입공기에 강한 선회를 주어 공기에 적당한 와류를 발생시켜 압축공기의 연소실로 유입되는 속도를 감소시키며, 화염전파속도를 증가시킨다. 1차 공기량의 비율은 연소실을 통과하는 총 공기량의 20~30% 정도이다.

2 2차 연소부

2차 연소부는 주로 냉각작용을 하며 70~80%의 2차 공기로 하여금 연소가스의 출구온도를 허용 터빈 입구온도까지 감온시킴과 동시에 연소실의 내부 라이너(inner liner)을 냉각시켜 표면재료를 보호하고, 연소실 내구성 및 수명을 연장시켜 준다.

3 연소실의 작동원리

연소실은 압축기에서 압축된 고온·고압의 공기에 연료를 혼합하는 장치로서, 연소실의 전면부에 붙어 있는 연료분사 노즐로부터 고압이 연료를 연속적으로 분사하여 고온·고압 공기와 무화된 연료와 혼합기를 형성시키고 여기에 이그나이터에 의한 점화로써 계속적인 연소를 하게 하는 것이며 1차 연소부와 2차 연소부로 분류할 수 있다.

그림 3-18, 3-19는 CF6 엔진의 연소실을 나타낸 것이다.

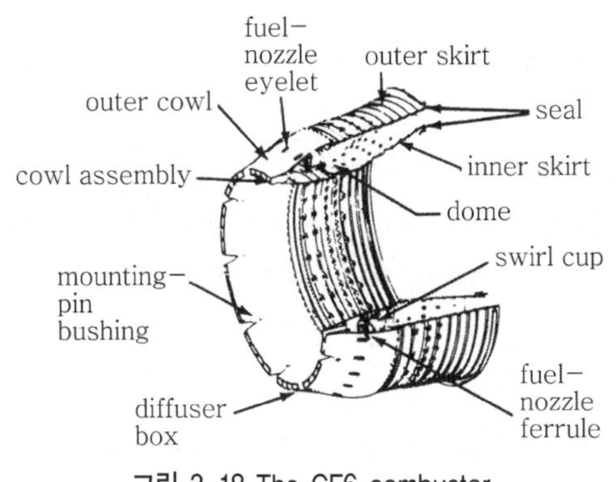

그림 3-18 The CF6 combustor

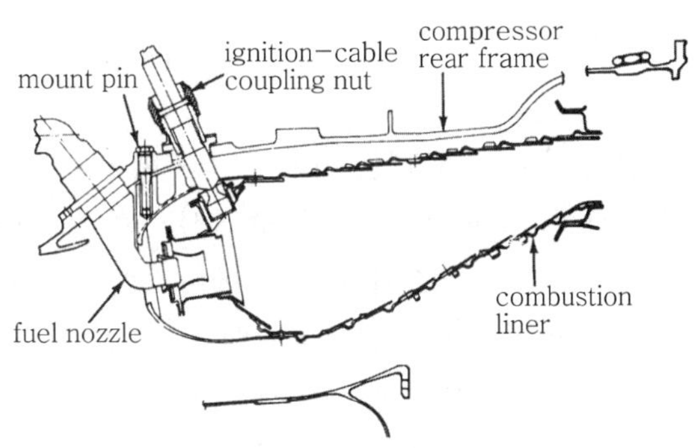

그림 3-19 Cross section of the combustor

CF6 엔진의 연소실은 압축기 후부 프레임(CRF : Compressor Rear Frame)의 후부에 있으며, 애뉼러형으로 필림(film) 형식의 냉각방식을 채택하고 있다. 이 연소실은 연소기 도움(combustor dome), 2개의 이그나이터와 액슬 와류컵(axial swirlercups), 30개의 연료 노즐로 구성되어 있다.

액슬 와류컵은 엔진의 전 작동범위에서 연료와 공기가 일정하게 혼합할 수 있게 해준다. 연료노즐과 이그나이터는 압축기 후부 프레임에 고정되어 있으며 연소실 라이너 내부로 나와 있다.

Section 05 — 터빈 노즐 다이어프램(turbine nozzle diaphragm)

터빈 노즐 다이어프램은 연소실의 후부에 장착되어 있으며(그림 3-20), 노즐 다이어프램의 베인은 터빈으로 가는 고온 가스의 압력과 방향, 속도 등을 조종한다.

그러므로 터빈에 가장 효율적으로 고온·고압·고속의 가스를 조정 방출할 수 있는 날개모양으로 되어 있다.

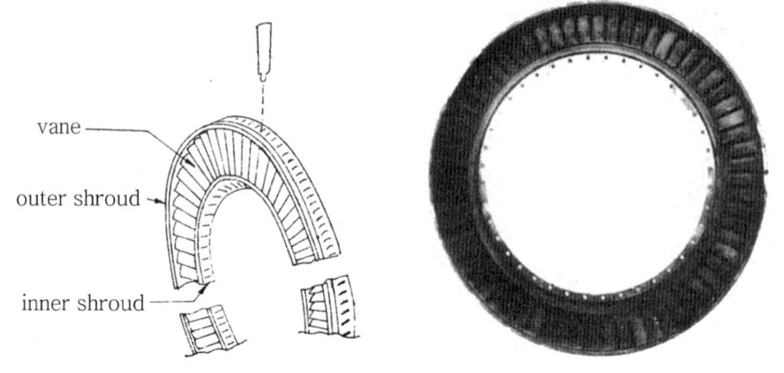

그림 3-20 A nozzle diaphragm

노즐 링이 설치되었을 때 베인과 베인 사이는 수축통로를 형성하며 이것은 가스의 흐름 방향을 바꾸며 가스의 속도를 증가시키고 압력과 온도를 감소시킨다. 이 과정에서 가스의 열과 압력 에너지는 감소되고 속도 에너지는 증가된다. 여기서 노즐 다이어프램의 면적이 크면 엔진은 가속이 빨리 되고 실속이 적게 발생되는 경향이 있으나 연료 소모율(SFC : Specific Fuel Consumption)이 크다.

또 노즐 다이어프램의 면적이 작으면 가속이 늦어진다. 왜냐하면 압축기부에 역압(back pressure)이 걸리기 때문이다.

Section 06 — 터빈(turbine)

터보 제트 엔진은 1단계 터빈이나 다단계 터빈을 사용하고 있다. 터빈의 기능은 연소실에서 연소된 고속 가스에서 운동 에너지를 흡수한다.

이 에너지는 압축기 구동에 필요한 힘을 흡수하여 축에 전달시켜 준다. 연소가스 에너지의 75%는 압축기 구동에 사용한다(그림 3-21).

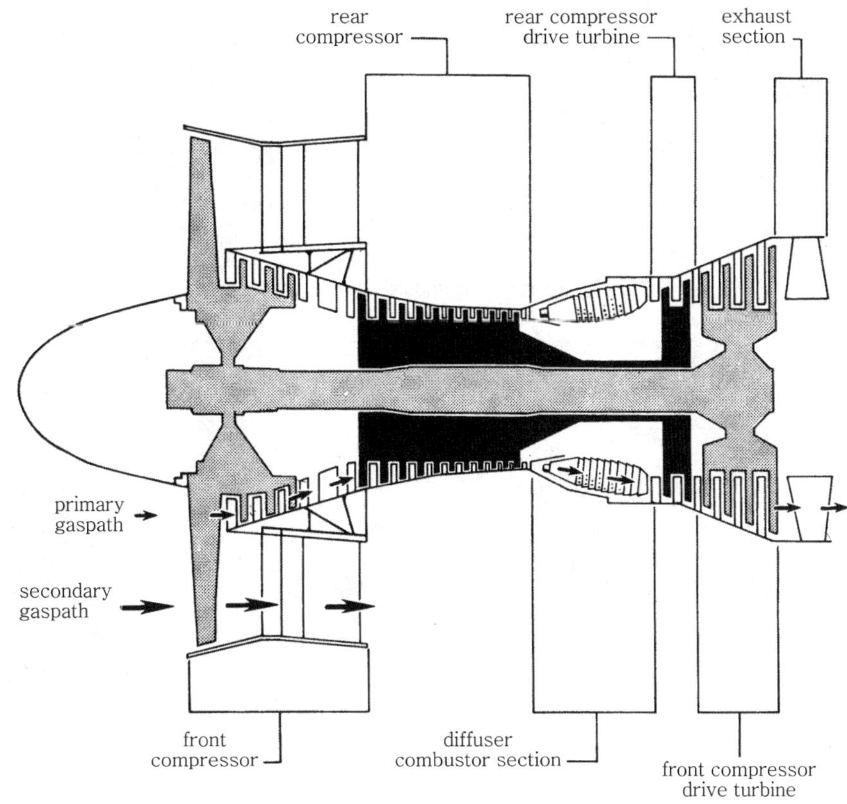

그림 3-21 터보 제트 엔진

엔진이 프로펠러를 구동하거나 출력축을 사용할 때는 터빈부에서 약 90%의 에너지를 흡수한다.

터빈은 3가지 형식으로 분류한다.

① 충동 터빈(impulse turbine)

② 반동 터어빈(reaction turbine)

③ 반동-충동 터빈(reaction-impulse turbine)

현용 터보 제트 엔진은 주로 반동-충동 터빈을 사용한다. 충동 터빈과 반동 터빈의 차이점을 그림 3-22에 나타내었다.

충동 터빈을 지나는 가스의 압력과 속도는 변하지 않고 흐름 방향만 바뀐다. 반동 터빈은 가스의 속도와 압력을 변화시켜 준다. 터빈 블레이드 사이로 지나는 가스는 단면이 감소되면 가스의 압력도 감소된다. 속도가 증가되면 베르누이의 정리(Bernoulli's principle)에 따라 압력이 감소된다.

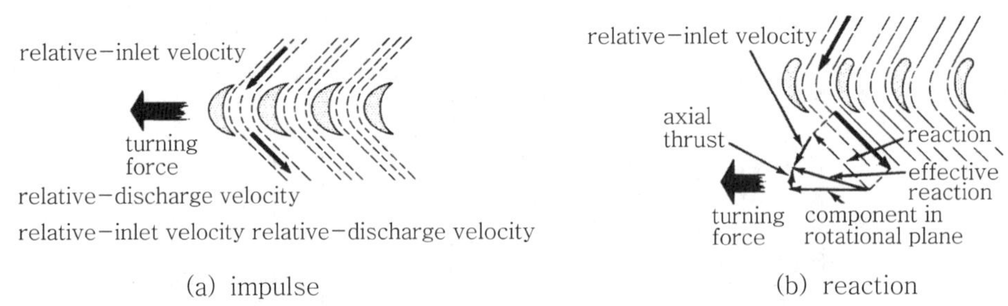

그림 3-22 Comparison of impulse and reaction turbines

일반적인 터빈은 그림 3-23과 같다.

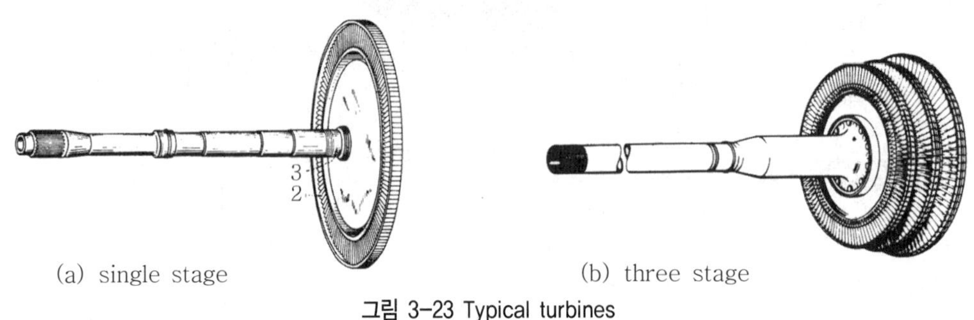

그림 3-23 Typical turbines

가스 터빈 엔진의 터빈 블레이드와 노즐 베인은 고온의 가스에 접한다. 그러므로 고온도 합금으로 만들어지거나 특수 냉각방식을 채택하고 있다. 버너의 출구 가스의 온도가 증가되면 엔진의 효율이 증대된다. 고온도 합금은 코발트, 콜럼븀(columbium), 니켈 등이며, 가능한 엔진의 작동온도를 상승시킴으로써 동력의 향상을 꾀한다. 그러나 터빈 블레이드 및 베인 등이 작동온도에 견디기가 어렵다. 그래서 특수 공기 냉각법 등을 대형 엔진 및 소형 엔진에 주로 사용하고 있다.

1단계 터빈 블레이드(turbine balde) 내부가 비어 있어 그 공간부로 엔진 블리드 공기를 공급하여 냉각을 한다. 그림 3-24는 일반적인 터빈 블레이드의 단면과 냉각방식을 보여주고 있다.

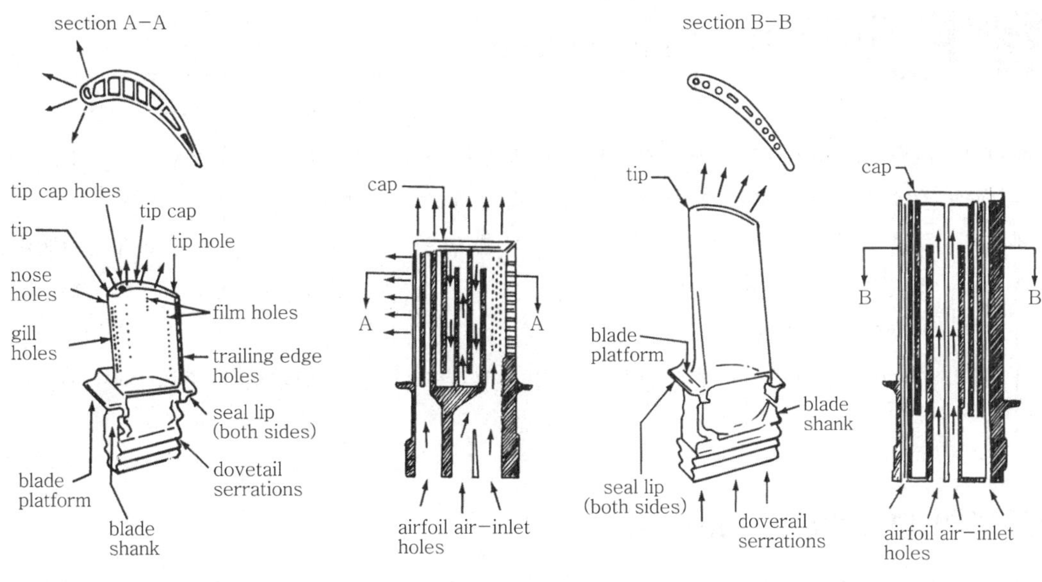

그림 3-24 Air-cooled turbine blades

Rolls-Royce RB211 엔진의 터빈 블레이드의 냉각은 그림 3-25와 같으며, 냉각공기는 엔진의 고압축기에서 나온 블리드 공기를 사용한다. 터빈 디스크에 터빈 블레이드의 부착법은 firtree 방식을 이용하고 있다

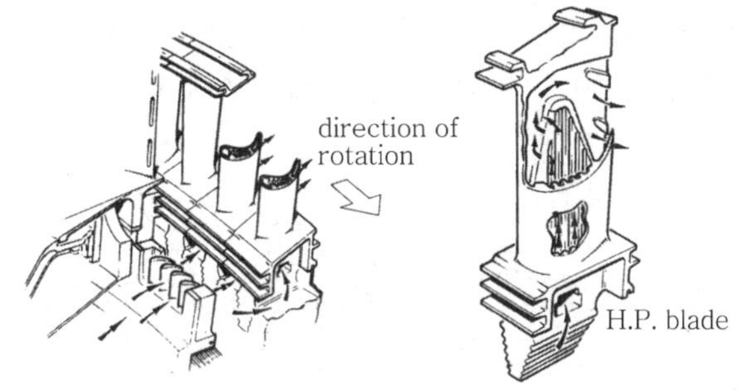

그림 3-25 Cooling of turbine blades on the RB211 turbofan engine(Rolls-Royce, Ltd.)

또 터빈 휠의 평형은 엔진이 고속으로 작동하기 때문에 극히 중요하다. 터빈 휠이 평형되어 있지 않다면 엔진 전체에 진동을 주어 위험한 상태에 이르게 된다. 그러므로 정비사가 정비 시 터빈의 평형에 대하여 주의를 하여야 한다.

Section 07 — 배기 노즐(exhaust nozzle)

배기 노즐 또는 콘(cone)은 배기가스의 속도와 온도를 조정한다. 배기 노즐이 없다면 추력은 비교적 감소되며 배기가스의 흐름은 적당히 조정되지 못한다.

엔진 노즐 출구의 단면은 가장 위험한 부분이며 만일 노즐 출구의 단면이 너무 크다면 엔진은 최대 추력을 내지 못하며 또 너무 작은 경우 최대 출력상태에서 배기가스의 온도가 초과하므로 엔진에 손상을 일으킨다.

과거의 가스 터빈은 배기 노즐부를 'mice'라 부르는 작은 조절장치로 노즐의 단면적을 조절하였다.

1 후기 연소기(after burner)

엔진에 흡입된 공기량의 25%만이 연소에 이용되며 나머지 75%는 엔진의 냉각에 이용되어 대기 중으로 방출된다. 이 방출된 배기가스는 재연소를 위한 에너지를 얻을 수가 있다. 후기 연소기를 사용할 때의 추력증가는 총 추력의 50% 정도이나 그 반면에 연료 소비율은 2배가량 증가된다.

후기 연소기는 스로틀을 MIL에서 AB로 작동시키므로 작동이 된다. 후기 연소계통은 연료 펌프와 차단 밸브(shut off valve)로 구성되어 있으며 이 펌프는 1단계 원심력식 펌프이며 후기 연소기 작동 시 후기 연소기 연료 장치에 연료를 공급한다.

후기 연소기 차단 밸브는 주 연료장치(MFC : Main Fuel Control)의 연료 압력에 의해서 작동된다. 이 밸브는 스로틀이 MIL 위치에 있을 때는 연료를 차단시켜 준다(그림 3-26).

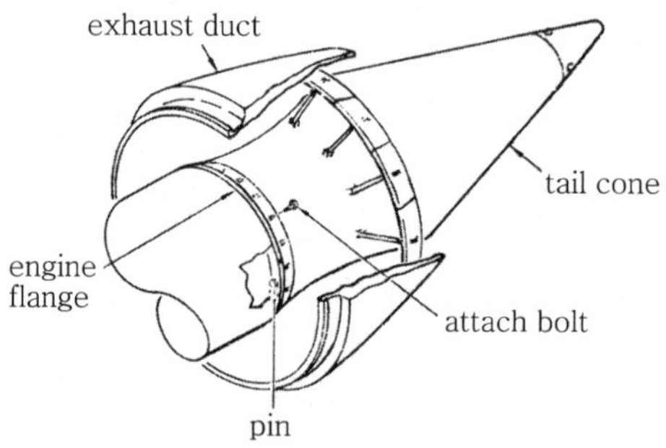

그림 3-26 (a) B747(JT9D) engine exhaust duct

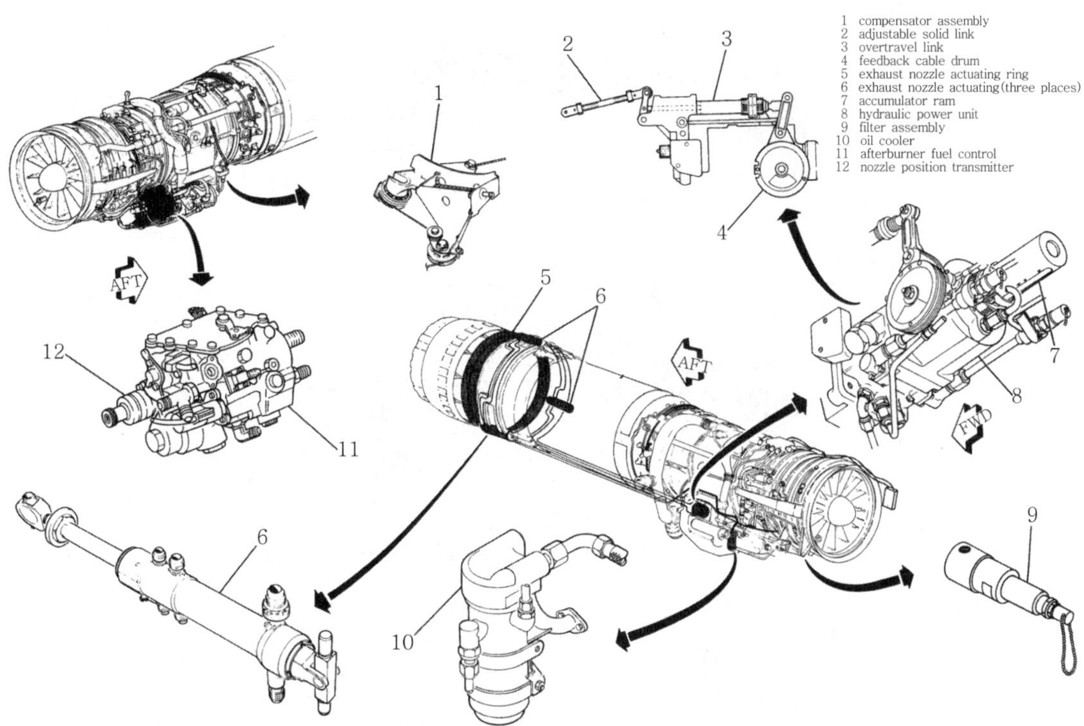

그림 3-26 (b) Locator-variable exhaust nozzle actuating system

2 역 추력장치(reverse thrust system)

현재 여객기 엔진에는 거의가 역 추력장치와 소음 감소기(noise suppressors)가 장착되어 있다.

역 추력장치는 조종석에 스로틀을 통하여 조정되며 배기가스의 방향을 엔진 전방으로 보내주는 베인(vane)과 디플렉터(deflector)로 구성되어 있다. 항공기가 착륙 후 조종사는 스로틀을 저속위치로 해서 역 추력장치를 작동시킨다. 이와 동시에 엔진의 연료흐름은 스로틀 레버에 따라 점진적으로 증가된다.

그림 3-27은 역 추력장치의 작동을 나타낸 것이다.

그림 3-27과 같은 역 추력장치는 항공 역학적인 차단방식(aerodynamic blockage type)이며 이 역 추력장치는 뉴매틱 모터(pneumatic drive motor), 블로커 도어(blocker door), 베인(vane) 등으로 구성되어 있다. 역 추력 레버는 조종석의 페스틸(control pedestal)에 스로틀 레버와 같은 클러치에 장착되어 있다. 역 추력장치는 스로틀이 저속 위치에 있지 않으면 작동이 안 되게 되어 있다.

그림 3-28은 기계적 차단방식(mechanical blockage type) 역 추력장치이다.

이 역 추력장치는 2개의 블로커 도어와 클램셸로 구성되어 있다. 이것은 유압식이나 전기적으로 되며 이 역 추력기는 엔진 rpm이 65% 이하일 때에만 작동되도록 되어 있다.

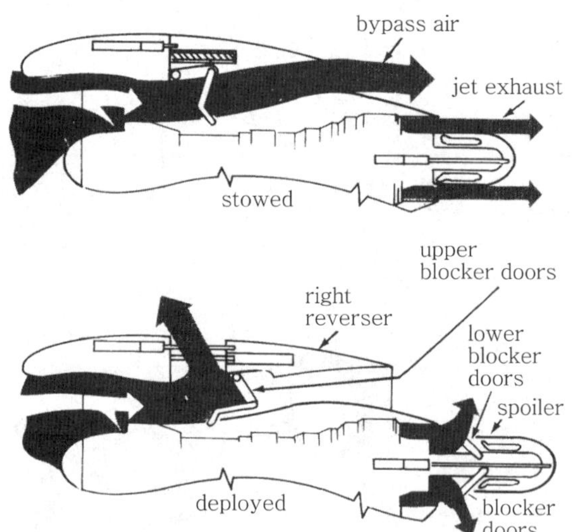

그림 3-27 Thrust reverser for the DC10 airplane(McDonnell-Douglas Corp.)

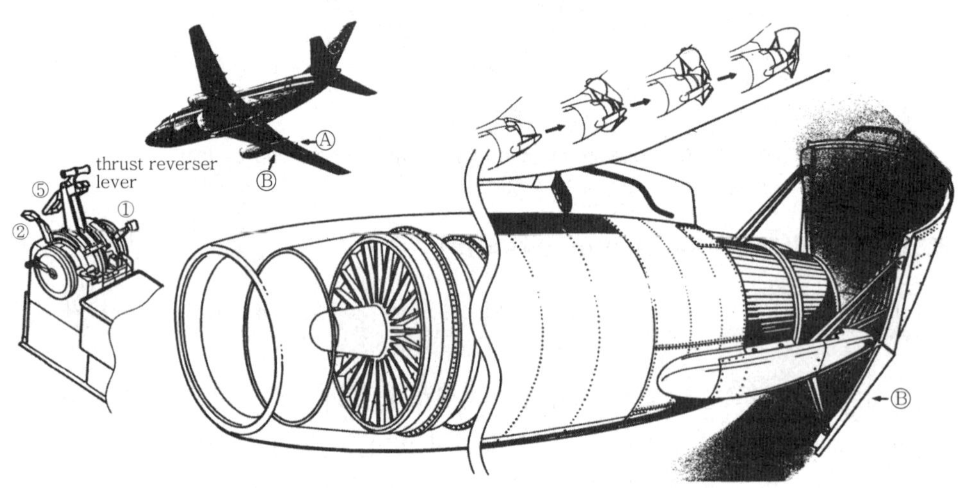

그림 3-28 B737 airplane thrust reverser

3 CF6 엔진 역 추력장치

이 계통은 배기가스의 방출방향을 바꾸는 것, 즉 역 추력에 대한 것으로서 팬 리버서(fan thrust reverser)와 터빈 리버서(turbine thrust reverser)로 구성되어 있다(그림 3-29).

2개 계통은 조종사의 조작에 의하여 동시에 작동되는데, 양쪽 레버에서 계통은 압축기 14 단계 블리드 공기로 작동되는 1개의 공기 모터(pneumatic motor)에 의해 작동된다.

이 모터는 플렉시블 축(flexible shaft)을 구동시켜 볼 스크루 액추에이터(ball screw actuator) 를 작동시켜 작동한다.

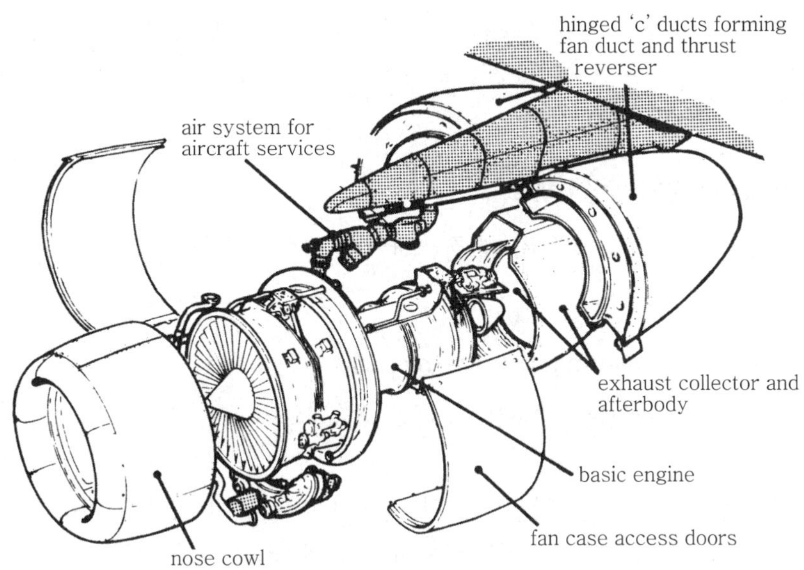

그림 3-29 역 추력장치

4 노즐(nozzle)

노즐은 중심체(centerbody)와 트랜스레이팅 카울(translating cowl)에 고정된 터빈 리버서로 구성되어 있으며 1차 노즐을 형성한다.

노즐은 비행 시 코어 엔진의 배기를 원활히 해준다.

5 팬 리버서와 터빈 리버서 계통(fan thrust reverser & turbine reverser)

(1) 뉴매틱 체크 밸브(pneumatic check valve)

이 밸브는 2개의 흡입구가 있으며 밸브의 형식은 wye-type이다. 하나의 구멍은 방출구멍이며 힌지핀(hinge pin)에 장착된 플래퍼형(flapper type)이다.

그리고 이 밸브는 뉴매틱 구동 모터에 연결되어 있으며 엔진의 14단계 블리드 공기를 받아서 모터에 연결해 주는 역할을 한다. 또 밸브는 지상점검을 위해 ECS(Environmental Control System) 블리드 공기를 제어하며 엔진이 정상 작동 시에는 14단계 블리드 공기가 ECS를 여압시키는 것을 방지한다.

(2) 역추진 압력조절 밸브(reverser pressure regulating valve)

이 밸브는 버터플라이형(butterfly type)이며 스프링의 힘에 의해 닫혀 있다. 작동은 솔레노이드 밸브(solenoid valve) 조정과 동시에 뉴매틱으로도 작동한다.

wrenching판은 밸브를 수동으로도 작동할 수 있게 되어 있고, 이 부분에 밸브 위치 지시계가 설치되어 있다.

밸브는 코어 엔진 앞부분 장비 내부의 14단계 공기 덕트에 설치되어 있다.

밸브의 기능은 역 추진 시 뉴매틱 구동 모터 압력을 50~60psi로 제한하고 순항 시 블리드 공기가 누설되는 것을 방지한다.

(3) Overpressure 입구 차단 밸브

이것은 덕트 압력이 140psi 이상일 때 작동하며 리버서가 작동하지 않을 때는 공기 흐름을 막는다.

(4) 뉴매틱 구동 모터(pneumatic drive motor)

뉴매틱 구동 모터는 플렉시블 케이블(flexible cable)을 구동시켜 팬 및 터빈 리버서를 작동시킨다.

구동 모터의 앞부분에는 3부분의 구동부가 있으며 하나와 그 맞은편 것은 팬 리버서 구동 케이블을 작동시키고 나머지 것은 터빈 리버서부의 케이블을 작동시킨다.

모터와 기어 박스는 기어로 구성되어 있기 때문에 4온스의 오일을 주입해 주어야 한다. 주유캡은 우측 후부에 있으며 자석식 배출 플러그(magnet chip detector)는 터빈 리버서 구동부의 후부 아래 쪽에 있다.

이 2개의 플러그는 푸른색을 띠고 있다.

만일 오일 주입 시 오일이 넘쳤을 경우 약 5분 경과 후 다시 주입하여야 한다.

(5) Directional 파일럿 밸브

파일럿 밸브는 시그널부와 같이 플런저형 밸브에 기계적으로 작동되며 정상작동 시에는 열려 있다.

밸브는 각 날개 엔진 스로틀 드럼의 리버서 작동 크랭크에 연결되어 있다. 밸브는 날개 파일론(pylon)부에 있으며 역 추진 레버의 요구에 따라 모터에 개폐 신호를 보낸다.

(6) Directional 조종 스위치

directional 조종 스위치는 후방 엔진 스로틀 드럼의 리버서 작동 크랭크의 기계적인 링키지(linkage)로 연결되어 있다.

스위치는 directional 조종 솔레노이드 밸브에 전기적 에너지를 공급한다.

(7) Directional 조종 솔레노이드 밸브

평상시에는 열려 있고 단일구멍과 같이 closed 밸브에 작동된다.

밸브는 역 추진 레버의 요구를 받아 뉴매틱 구동 모터에 개폐 신호를 보낸다.

(8) 뉴매틱 제한 스위치

이 스위치는 포핏형 방출 밸브이며 평상시에는 닫혀 있고, 기계적으로 작동하게 되어 있다.

스위치는 좌측 팬 리버서에 설치된 하우징 내부에 장착되어 있으며 개폐 사이클 동안 공기구동 모터(pneumatic drive motor)가 고속 혹은 저속으로 가·감속(acc-elerate or decelerate)을 하게 신호를 보내는 역할을 한다.

(9) 스로틀 내부 고정 밸브

이 밸브는 2단 선택 밸브이며, 기계적으로 작동된다.

밸브는 오른쪽 팬 리버서에 설치되어 있으며, 역할은 역 추력 내부 고정 액추에이터에 뉴매틱 신호를 보내는 기능을 한다.

(10) 역 추력 내부 고정 액추에이터

이 액추에이터는 내부 고정위치에 스프링으로 고정되어 있으며 고정위치가 아닐 때는 압력으로 작동한다.

  ① interlock : 스프링고정, 수축위치

  ② unlock : 압력작동, 팽창위치

폴기구는 수축위치에서는 고정되나 압력과 함께 공급된다.

폴은 unlock 위치에서 작동된다.

DC-10 항공기에서는 #1, #3 엔진은 파일론 내부에 설치되어 있으며 #2 엔진은 후부 동체 내부에 설치되어 있다.

액추에이터(actuator)는 팬 리버서가 약 95% 개도 시까지 최대 역 추력 사용을 방지시켜 준다.

(11) 팬 리버서

팬 리버서와 팬 배기출구 사이에 팬 공기의 흐름통로를 형성시켜 주며 2개의 덕트와 2개의 halves로 되어 있다.

각 리버서의 반쪽은 파일론부의 상부 힌지(hinge)에 고정되어 있으며 팬 케이스의 후부 바깥 플랜지에 클램프(clamp)로 고정되어 있다. 그리고 하부의 고정을 위해서 리버서의 반쪽은 서로 대칭으로 고정할 수 있게 되어 있다.

팬 리버서 덕트는 팬 배기출구의 팬 프레임의 내부와 외부 공기흐름면을 형성하여 준다.

각각의 리버서 반쪽부는 고정구조부와 이동 카울의 tee track에 고정되어 있으며 블록도어(block door)의 내면에는 팬 방출공기의 소음 감소를 위해 소음 완충판이 설치되어 있다.

(12) 디플렉터(deflector)

이것은 상하 빔(beam) 사이에 각 리버서의 바깥부 주위에 볼트로 장착되어 있으며 리버서가 작동되었을 때 이동 카울에 의해서 커버링(covering)된다.

이동 카울이 구동되었을 때 블록도어는 내부로 작동되어 디플렉터를 통하여 배기가스가 외부로 방출된다.

(13) 블로커 도어(blocker door)

이것은 각 팬 리버서의 반쪽 부분에 6개씩 있으며 도어는 이동 카울의 앞전에서 블로커 도어의 앞전과 연결, 힌지(hinge)로 되어 있으며 블로커 도어는 보청금속을 가지고 있는 보강 리브로 구성되어 있다.

블로커 도어는 5개의 다른 모양을 하고 있으며 팬 리버서 반쪽의 2개는 상하 좌우가 있고 다른 모든 것은 동일하다.

(14) 이동 카울(translating cowl)

이것은 팬 방출 노즐의 바깥 벽과 같이 외형을 형성해준다.

재질은 허니콤(honeycomb) 구조와 방음화이버 재질로 되어 있다. 여기서 자체의 돌출부에 블로커 도어의 힌지가 장착된다.

카울의 작동은 3개의 볼 스크루 액추에이터(ball screw actuator)에 의해서 작동된다.

(15) 블로커 링크(blocker link)

각 블로커 도어는 링크와 핀 구성품에 의해서 작동된다.

링크는 도어가 작동하지 않을 때 오버 센터(over center)되어 있으며 링의 이동에 의해서 작동된다.

링크는 링크의 바깥 끝부에서 블로커 도어와 연결되어 있으며 링크의 안쪽 끝은 고정기체 면의 내부 흐름통로부의 내부에 고정되어 있다.

스프링은 각 블로커 도어부에 약 100lbs의 힘을 주며 리버서가 작동하지 않을 때 도어가 흔들리거나 손상되는 것을 막는다.

(16) 볼 스크루 액추에이터 플렉시블 축

각 리버서의 한쪽마다 3개의 플렉시블 축이 있고 이 중에 하나의 축은 뉴매틱 구동 모터에서 중심 볼 스크루 액추에이터 기어 박스에 동력을 전달하는 데 사용하며 나머지 2개는 중심 볼 스크루 액추에이터 기어 박스에서 상하 앵글 볼 스크루 액추에이터 기어 박스로 동력을 전달하는 데 사용한다.

(17) 중앙과 앵글 볼 스크루 액추에이터(center & angle ball screw actuator)

각 팬 리버서부의 앞면에 3개의 볼 스크루 액추에이터가 있다.

액추에이터는 고정구조부의 짐발고정부의 내부에 장착되어 있으며 액추에이터의 작동부 끝은 self-aligning spherical 베어링에 의해 이동 카울에 장착되어 있다.

중앙 볼 스크루 액추에이터 기어 박스는 뉴매틱 구동 모터에서 상하 앵글 볼 스크루 액추에이터 기어 박스로 동력을 전달한다.

기어 박스와 액추에이터는 하나의 구조로 되어 있으며 작업 시에는 기어 박스와 액추에이터를 같이 분리·조립해야 한다.

액추에이터는 이동 카울(translating cowl)을 작동과 비작동 위치로 작동시킨다.

(18) 작동(operation)

항공기가 착륙 후 스로틀을 저속에서 역 추진 레버를 올려 뒤로 당기면 작동되는데, 이것은 엔진에 있는 뉴매틱 구동 모터를 작동시켜 플렉시블 구동축을 구동하여 팬 리버서 이동 카울(fan reverser translating cowl)을 뒤로 움직이게 한다.

그러면 카울이 후부로 이동되면서 12개의 블로커 도어(blocker door)의 링크(link)에 의해 팬의 공기흐름방향으로 하강시킨다. 이 도어는 팬 방출구를 막으므로 방출공기는 디플렉터(deflector)를 통해 대기 중에 공기를 방출시킨다.

리버서 레버를 작동 후 몇 초 이내에 카울은 완전히 열려지며 12개의 블로커 도어는 90°로 서게 되고 팬 방출공기를 99% 정도 차단한다. 리버서의 카울이 최대 리버서 상태가 되면 리버서 레버는 언로크(unlock)가 되며 연료흐름을 증가시키는 최대 리버서 추력위치로 상승시킬 수 있다.

항공기의 속도가 줄어든 후 더 이상 필요하지 않을 때는 리버서 레버를 작동시켜 원위치시키며 이것은 뉴매틱 구동 모터 신호를 주어 카울을 원위치시킨다.

리버서 추력이 작동되어 카울이 작동될 때 리버서 레버(reverser lever)를 다시 원위치시킨다면 카울은 중간에서 정지하지 않으며 일단 완전히 리버서 추력상태로 되었다가 원위치로 된다.

리버서 계통의 급격한 역 조작은 계통의 기어 부분을 손상시키기 때문에 리버서 계통의 지시 등으로서 사이클이 완전히 되는 것을 주시하면서 작동하여야 한다.

6 소음의 감소(reduction of noise)

제트 엔진의 소음을 감소시키기 위하여 오랫동안 노력을 계속하고 있으며 그 첫째 장치의 하나는 군용기에 사용되는 단식 배기 노즐(single exhaust nozzle) 대신에 상업용 제트기(commercial jet aircraft)를 위한 그림 3-30과 같은 다수 튜브 제트 노즐(multiple-tube jet nozzle)이다.

이 형의 노즐 효과는 개개의 제트 흐름의 크기를 감소시키고 소리의 주파수를 증대시킨다. 고주파음은 소리원으로부터 거리가 증대될 때 급격히 감소된다. 그러므로 항공기로부터 500 or 1,000ft에서의 소리는 단식 노즐 엔진만큼 강하지 않다.

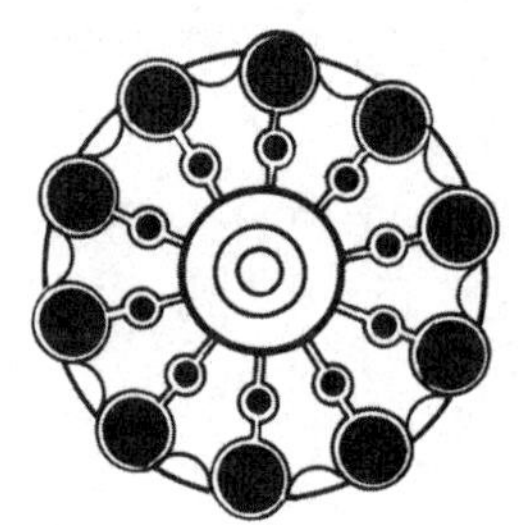

그림 3-30 Multiple-tube type end view

또 다른 하나는 배기 노즐이 그림 3-31과 같이 주위를 주름살 잡은 형(corrugated-perimeter type), 즉 꽃모양형이다. 이 노즐은 다수 튜브형 노즐과 같은 효과를 갖고 있다.

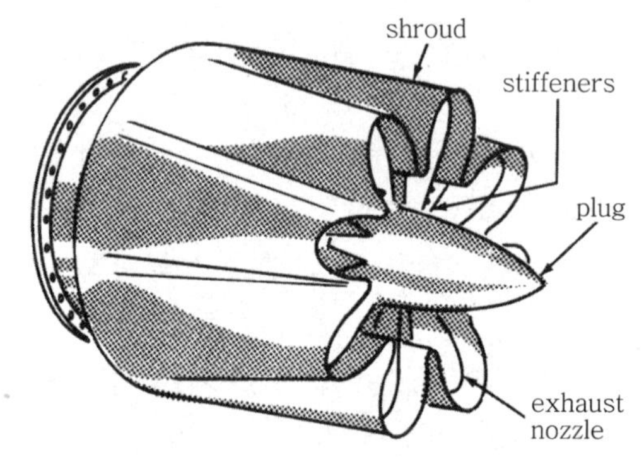

그림 3-31 Noise suppressors

모든 개선된 노즐에 있어서는 전체 배출면적(total outlet area)은 최대 제트 효율을 내기 위하여 유지되는 것이 사실이다.

즉, 노즐 전체면적을 감소하지 않고 지름만을 짧게 하여 노즐로부터 분할되는 배기가스 분류를 가느다란 분류로 하여 대기와 용이하게 혼합함으로써 고주파음을 발생하도록 하는 것이다.

터보 팬 엔진(turbofan engine)의 발달은 엔진 소음의 부가적인 감소를 허용하게 되었다. 터보 팬 엔진에서 일차 공기흐름(Pa) 혹은 이차 공기흐름(secondary)은 터보 제트(turbojet)와 비교할 때 속도에서는 감소되었으며 앞에서 설명한 것과 같이 감소된 공기속도는 소음강도에 있어서 감소의 결과가 된다.

제너럴 일렉트릭(General electric)사의 CF6와 프랫 앤드 휘트니(Pratt & Whitney)사의 JT9D, 롤스-로이스(Rolls-Royce)사의 RB211과 같은 고 바이패스 엔진(high-bypass turbofan engine)은 여러 가지 이유로 터보 제트나 혹은 저 바이패스 터보 팬 엔진(low-bypass turbofan engine)보다도 소음이 작다.

즉, 공기 방출속도(air discharge velocity)는 다른 엔진의 공기 방출속도와 비교하여 낮으며 팬부분(fan section)의 앞에 인렛 가이드 베인(inlet guide vane)이 없고 엔진은 팬 덕트 (fan duct)와 배기 노즐(exhaust nozzle)내부에 소음 흡수 라이너(sound-absorbing liners) 가 있다. 그림 3-32는 롤스-로이스(Rolls-Royce) RB211 엔진에 소음 흡수라이닝(noise-absorbent linnings)의 배열을 보인다.

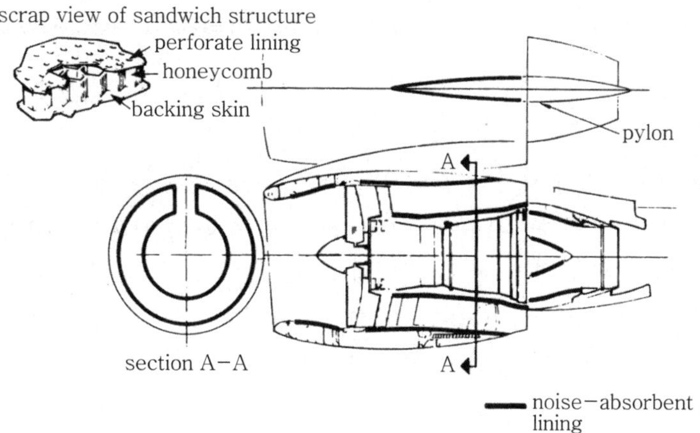

그림 3-32 Noise-absorbent linings in a turbofan engine

연료장치

Fuel system

연료는 원유를 가열·분해시켜 얻으며, 버블탑(bubble tower)에서 분해시킨다(그림 4-1). 원유를 펌프로 계속 압송하면서 용광로(furnace)를 통하여 고온으로 가열시키면 원유의 거의 모두가 기화되며, 이 기화된 원유를 버블탑으로 보내어 위로 올라가면서 액화되도록 한다. 이때 끓는점(boiling point)이 높은 것부터 액화되어 맨 아래칸에 고이게 되고, 끓는점이 낮은 것은 마지막에 액화되어 윗칸에 고이게 된다.

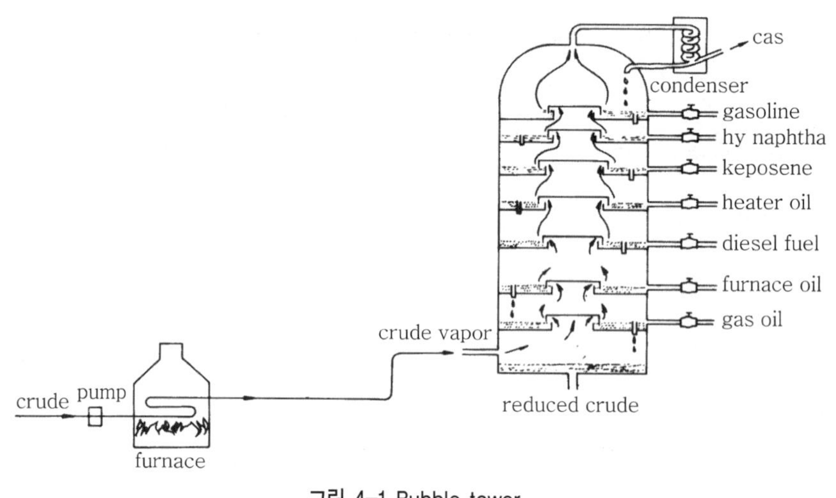

그림 4-1 Bubble tower

Section 01 — 연료의 특성

가스 터빈 엔진이 산업분야에 쓰여질 때 이점이 될 수 있는 것은 어떤 종류의 연료도 사용 가능하다는 점이라고 흔히들 말한다. 이론상 이것은 사실이나 실제로 연료조정계통(fuel control unit)에서는 낮은 점성과 깨끗하고 균질의 연료를 필요로 하므로 불가능하다. 대략 1,000psi 이상의 고압으로 작동되는 이 계통은 아주 작은 정밀공차로 제작되는 펌프, 밸브 및 조절장치 등으로 구성되어 있다. 따라서 위에서 서술한 연료특성이 요구되는 것이다.

모든 연료의 선택은 몇 가지 바탕을 두고 있다.

첫째는 연료의 유용도(availability), 둘째는 연소실효율, 고도한계, 엔진 rpm 한계, 탄소 찌꺼기 및 연소실과 후기연소기의 air start 등의 엔진 성능, 셋째는 항공기 연료 계통의 증기 및 액체손실, 베이퍼 로크, 연료정결성 및 탱크 내의 폭발성 혼합물 등이다. 이들 모든 요소를 고려한다면 터보 제트 엔진이 벙커C유나 이와 유사한 연료로 작동될 수 없는 이유를 쉽게 이해할 수 있을 것이다.

그림 4-2는 원유 1배럴(barrel)로부터 가공되는 대표적인 생성물을 나타낸다.

원유 1배럴로부터 나오는 케로신(kerosene)은 소량에 불과하다. 이와같은 이유로 케로신은 오늘날과 같이 수요가 많을 때에는 터보 제트 엔진에 사용될 수가 없다. 케로신을 소규모로 사용하는 것은 가능하다. 케로신의 이 제한성은 원유 1배럴로부터 더 많은 양을 생산할 수 있는 적당한 가스 터빈 연료의 개발을 촉진하였다. 그림 4-2에서 보는 바와 같이 적합한 연료로 개발된 것은 원유 1배럴의 약 50%에 해당된다. 이 연료를 JP-3라 명명하며, 항공 가솔린(aviation gasoline), 케로신 및 디젤유의 혼합물로 구성되어 있다.

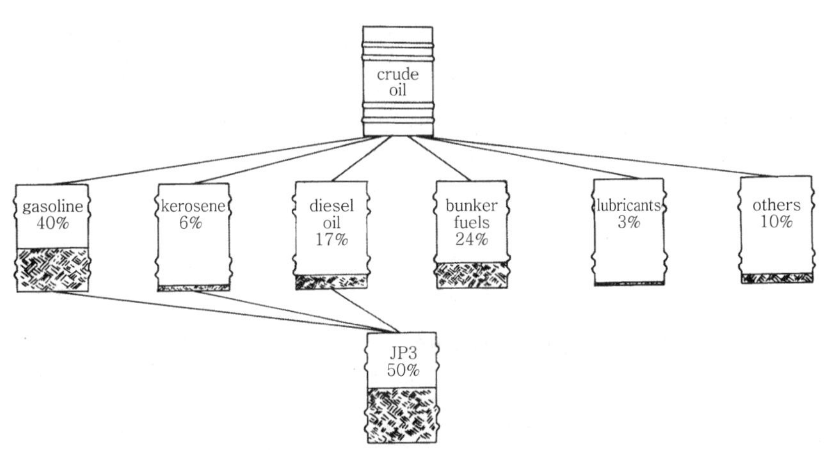

그림 4-2 원유 1배럴로부터 가공되는 대표적인 생성물

(1) JP-1

이것은 케로신을 말하며, 증기압력이 낮으므로 작동상 연료증발 손실이 적고 화재 위험성이 별로 없음을 뜻하나 'air start'가 곤란하다.

케로신은 다른 제트 연료보다 더 많은 에너지를 저장시킬 수 있으며 가솔린보다 단위용적당 발열량이 약 10% 높고 윤활성이 좋다.

(2) 항공 가솔린(AV.gas.)

이 연료는 고가이고 터보 제트 엔진에 별로 가치가 없는 내폭성을 구비하여 초기의 터보 제트 항공기의 주 연료로 사용되었었다. 제트 엔진에서 가솔린은 비상 연료로도 사용하나 장시간 사용은 금하고 있다.

제트 연료로서의 가솔린은 케로신과 다르며, 그 주 차이점은 증기압력이 높다는 것이다. 이는 연료의 증기화가 용이하다는 것을 의미하고, 고공에서 엔진 재시동을 용이하게는 하나, 반면에 연료의 화재 위험성이 크고 연료가 탱크와 연료 계통으로부터 증발하는 단점을 가지고 있다. 이와 같은 연료의 증발 손실을 방지하기 위하여 항공기 연료 계통을 여압(pressurized)시킨다. 왜냐하면 연료의 증발 손실은 특히 상승 시에 크기 때문이다. 여압되지 않는 연료 계통을 가진 항공기가 여름에 지상에서부터 40,000ft까지 급상승하면 20% 이상의 연료 손실을 가져온다. 가솔린에 포함된 내폭재는 또 하나의 단점이 된다. 이들 함유물의 납이 산화연을 형성하여 엔진의 고온작동부(hot section)에 퇴적물로 남기 때문이다.

(3) JP-3

이것은 케로신, 항공 가솔린 및 디젤유의 혼합물로 되어 있으며 케로신과 항공 가솔린 사이의 중간특성을 가지고 있다. 이미 서술한 바와같이 이 연료는 비교적 값이 저렴하고 생산성이 높은 연료를 생산하기 위하여 개발되었다.

(4) JP-4

케로신과 낮은 증기압 가솔린과의 합성물이다. 이 연료는 JP-3 대신 주 제트연료로 등장한 것이다.

(5) JP-5

이 연료는 높은 인화점(flash point)의 케로신유로서 이 높은 인화특성 때문에 연료의 폭발 위험성이 거의 없어 항공모함의 벙커탱크(bunker tank) 내에 저장시키기 위하여 특별히 개발된 연료이다. 이 연료는 근본적으로 높은 인화점, 낮은 증기압을 가진 케로신형의 연료, 즉 고급 벙커 오일이다. 이 연료는 항공역학적인 열로 인하여 연료가 뜨거워질 수 있는 초음속 항공기를 위하여 만들어진 것이기 때문에 증기압이 대단히 낮다(JP-4의 증기압 보다도 낮다). 처음에 JP-5는 JP-4에 유사한 연료를 생산하기 위하여 등급 115/145인 항공 가솔린과 2~3 : 1의 비율로 혼합되었다.

(6) JP-6

이 연료는 현대의 초음속 항공기로 부터의 고온도 요구에 부응하기 위하여 개발된 것이다. 따라서 이 연료는 저휘발성 및 JP-4보다 더 높은 열적 안정성을 가지고 있으며 JP-5보다 더 낮은 빙점(freezing point)을 가지고 있다.

(7) 민간 터빈 엔진 연료

이 연료는 ASTM(American Society for Testing Materials)에 의하여 규정된 제원을 가지고 있다. A형과 A-1형은 JP-5와 유사하나 빙점이 다른 케로신형 연료이다. B형은 JP-4와 유사한 연료이다.

표 4-1에서 모든 연료는 방향족 함유량의 한계값이 있다. 이들 한계는 방향족이 연소 시 연기를 일으키고, 연소실에서 코크스화하기 쉬우며, 고무 개스킷(rubber gasket)에 결함을 일으키며, 또한 비교적 높은 빙점을 가지고 있기 때문에 정하여지는 것이다. 올레핀(olefin)도 불안정성으로 인하여 저장 중 검(gum) 또는 수지(resin)를 형성하는 경향이 있기 때문에 함유량에 한계를 두고 있다.

표 4-1 터빈 엔진 연료의 제원

구 분	Military						Commercial		
	JP-1	Av.gas 115/145	JP-3	JP-4	JP-5	JP-6	Type A	Type A-1	Type B
Reid vapor pressure, psi, max.	−	7.0	7.0	3.0	−	−	−	−	3.0
Reid vapor pressure, psi, min.	−	5.5	5.0	2.0	−	−	−	−	−
Freezing point, °F, max.	−76	−76	−76	−76	−55	−65	−40		−60
Specific gravity, min.	0.850	0.732	0.780	0.802	0.845	0.840	0.830	0.830	0.802
Specific gravity, min.	−	0.721	0.739	0.751	0.788	0.780	0.776	0.776	0.751
Heating value (lower) Btu/lb, min.	−	18,900	18,400	18,400	18,300	18,400	18,400	18,400	18,400
Aromatics, vol%, max.	−	−	25.0	25.0	25.0	25.0	20.0	20.0	20.0
Olefins, vol%, max.	−	−	5.0	5.0	5.0	5.0	−	−	5.0

Section 02 — 연료 계통

가스 터빈 연료 계통은 미국계 엔진과 영국계 엔진의 경우가 크게 다르며, 또한 엔진 메이커나 엔진의 대·소 종류에 따라 차이가 있다.

여기서는 주로 미국계 대형 엔진을 중심으로 설명하고자 한다. 연료는 기체의 연료 탱크로부터 부스터 펌프(booster pump)에 의해 가압되어 연료 개폐 밸브를 거쳐 연료 파이프(또는 호스)에 의해 엔진 연료 계통으로 공급된다. 기본적인 엔진 연료 계통은 연료 펌프 → 연료 필터 → 연료조정장치 → 피 및 디 밸브(P & D valve) → 연료 매니폴드(fuel manifold) → 연료노즐로 구성되어 있다.

Section 03 ── 연료장치 일반

제트 엔진의 연료장치는 승압 펌프(booster pump), 엔진 구동 펌프(engine driven pump), 연료 흐름 계기, 차단 밸브(shutoff valve), 연료 빙결 계기(fuel icing instrument), 배출 밸브(drain valve), 연료 히터(fuel heater), 주 연료 조정기(fuel control unit), 연료노즐과 후기 연소기를 구비한 엔진은 후기 연소기 연료 조정장치(A/B/C : afterburner fuel control) 등이 주요부를 이루고 있다(그림 4-3).

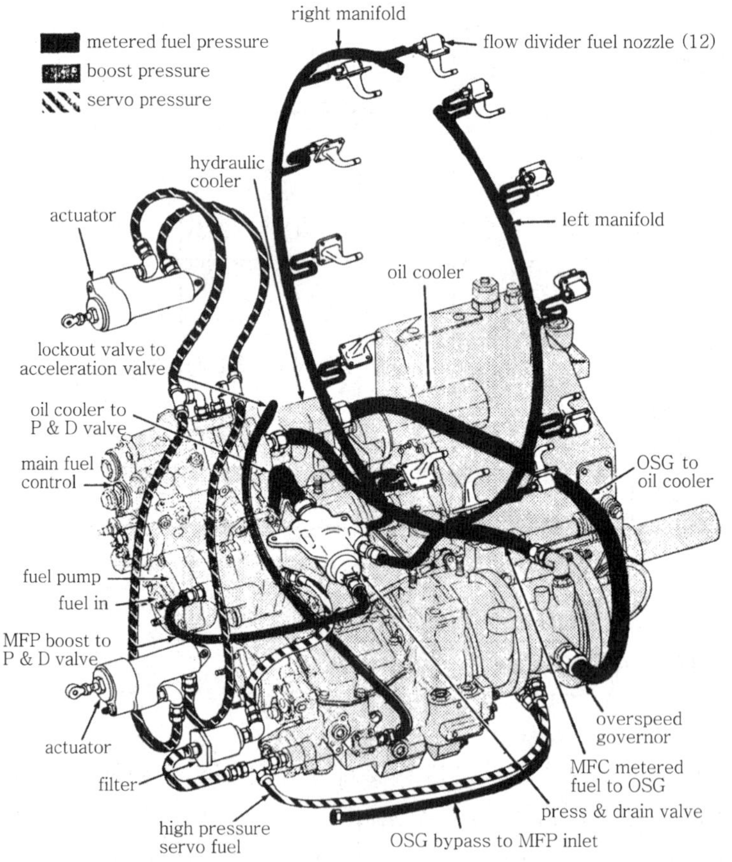

그림 4-3 (a) Main Fuel System Components

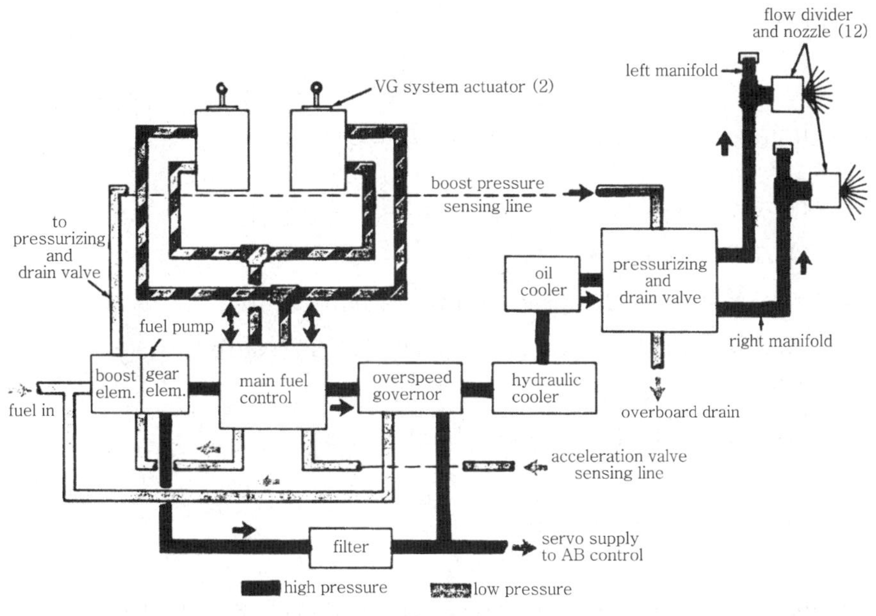

그림 4-3 (b) Main Fuel System

연료장치의 가장 중요한 부분은 주 연료장치이다. 이 주 연료장치에서 받는 파라미터(parameter)의 측정값과 트랜스미터(transmitter)는 스로틀의 위치, 압축기 입구온도(CIT : Compressor Inlet Temperature), 엔진 rpm, 압축기 출구 압력(CDP : Compressor Discharge Pressure), 연소압력(burner pressure), 배기가스 온도(EGT : Exhaust Gas Temperature) 등이다.

주 연료장치에는 파라미터의 감지신호(sensing signal)가 전달되며, 이것은 연료 미터링 오리피스(fuel metering orifice)를 조절한다. 연료 분사 노즐의 연료 흐름량은 엔진의 작동 상태에 따라 조정되기 때문에 스로틀의 위치에 관계없이 과도한 연료가 엔진으로 분사되지 않는다. 엔진의 속도나 공기 흐름량이 증가하면 연료의 분사량은 엔진이 과열이나 블로 아웃(blow-out)을 발생시키지 않는 범위에서 적당한 가속비로 연료의 흐름량을 증가시켜 준다.

Section 04 — 주 연료장치(FCU : Fuel Control Unit)

일반적으로 엔진의 형식과 성능에 따라 주 연료장치는 단순한 몇 개의 구성품에서부터 복잡한 자동 커플링(automatically coupling) 장치까지 사용하고 있다. 엄격히 구분한다면 가스 터빈 항공기의 엔진 조정은 왕복 엔진 항공기와 같이 조종사가 일일이 분담하는 것은 아니다(그림 4-4(a)).

1 조정 형식

현재 가스 터빈 엔진에 사용하고 있는 주 연료장치는 크게 유압 기계식(hydromechanical type)과 전자식(electronic type) 2가지 형식으로 구분한다.

이와 같은 연료장치는 다음과 같은 것을 감지하여 작동된다.
① 조종사의 요구(pilots demands)
② 압축기 입구온도(CIT : Compressor Inlet Temperature)
③ 압축기 방출압력(CDP : Compressor Discharge Pressure)
④ 연소압력(burner pressure)
⑤ 압축기 입구압력(CIP : Compressor Inlet Pressure)
⑥ 엔진 rpm
⑦ 터빈 온도(turbine temperature)

연료조정장치에는 여러 가지 형식이 있으며, 제작회사마다 종류가 다양하다. 그러나 이들 연료장치들을 그 나름대로의 특성이 있다. 오늘날 가장 많이 사용되고 있는 유압 기계식에 대하여 논하기로 하자.

현재 가장 많이 사용하고 있는 주 연료장치는 속도 조속기(speed governor), 서보 장치(servo unit), 피드 백 밸브(feed back valve), 미터링 장치(metering unit) 그리고 여러 가지의 감지 기구(sensing mechanism)로 구성되어 있다.

전자식 주 연료조정장치는 열전대(thermocouple), 앰프(amplifier), 릴레이(relay), 전기 서보 장치(electrocity servo unit), 솔레노이드(solenoid), 기구로 구성되어 있다.

2 작동원리

가장 간단한 연료조정장치는 엔진의 연료흐름만을 조정하여 주는 미터링 밸브(metering valve)로 구성되어 있다(그림 4-4).

이 연료조정장치는 초기의 가스 터빈 엔진에 설치했었으나 이 연료조정장치는 왕복 엔진과 같이 일일이 조종사가 작동을 해야 하기 때문에 불편할 뿐만 아니라 엔진으로 하여금 만족한 추력을 얻을 수 없기 때문에 다음과 같은 것을 더 보강하였다.
① 연료 펌프(fuel pump)
② 연료 정지 차단 밸브(fuel stop-shut-off valve)
③ 차단 밸브가 작동되었을 때 조정되는 것을 방지해 주는 릴리프 밸브(relief valve)
④ 미터링 밸브에 의해 연료의 완전한 정지를 방지해 주는 최소 연료조정장치(minimizing fuel control unit)

여기서 연료흐름 제어방식으로 구분하면 다음과 같다.

연료흐름을 압력 강하와 미터링 밸브를 지나는 차압을 유지해 주는 밸브(valve) 장치, 오리피스(orifice)의 일정한 간격을 유지해 주며 차압을 변화시키는 장치 등으로 구분된다. 일반적으로 연료조정 미터링 계통은 앞의 방식을 채택한다. 연료의 방출량은 흡입공기의 상태의 변화와 rpm에 따라 변한다.

예를 들어 겨울보다는 여름이 연료소비율(SFC : Specific Fuel Consumption)이 적다.

스로틀(turottle)의 재작동을 덜어주기 위해 속도조속기(speed governor)는 간단한 연료조정을 도와준다.

조속기는 스프링(spring)에 의해 평형되는 원심추로 구성되어 있다(그림 4-4 (a)의 (d)).

엔진이 무부하로 작동 시 미터링 밸브는 가장 연료가 적게 들어가게 한다. 부하가 걸리면 속도는 감소된다. 이 결과 원심추는 스프링의 힘을 이기지 못하기 때문에 연료 밸브가 열리게 되어 더 많은 연료가 들어간다. 여기서 부과된 연료는 엔진을 다시 원래의 속도로 상승시킨다.

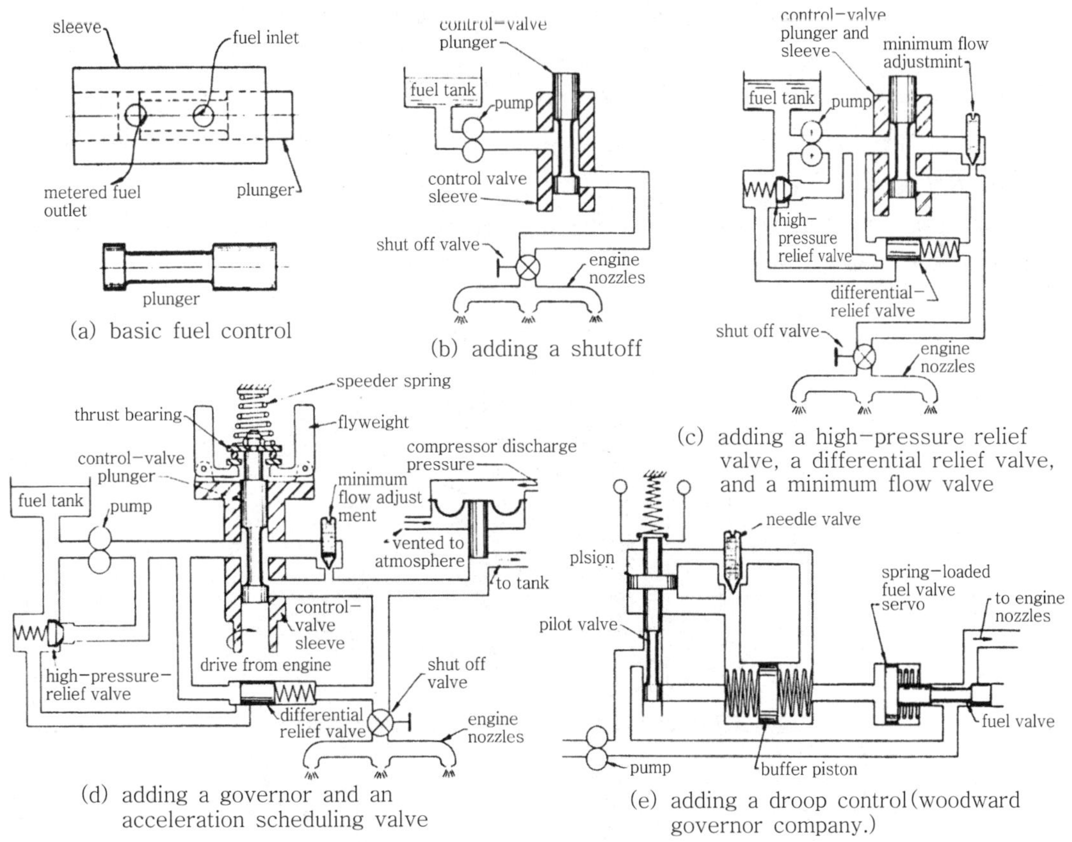

그림 4-4 (a) Some steps in the development of one type of hydromechanical fuel control

- A_B : bleed area
- N_h : high spool speed
- N_1 : low spool speed
- P_C : compressor discharge pressure
- PLA : power lever angle
- P_{t2} : inlet total pressure
- T_{t2} : inlet total temperature
- W_f : fuel flow
- T_{t5} : interstage-turbine temperature

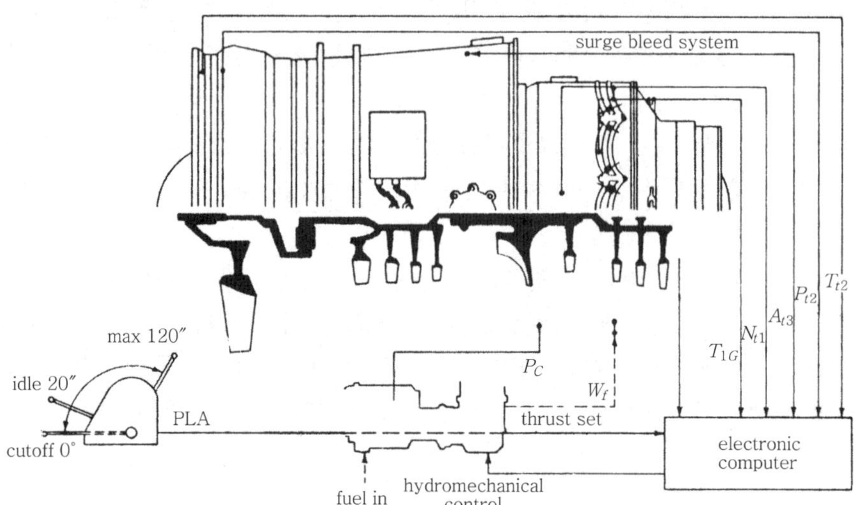

그림 4-4 (b) The Garrett airesearch TFE731 fuel control

엔진 속도가 고정위치, 즉 처음속도에 도달하면 원심추(flyweight)는 연료가 정상값으로 될 때까지 닫히는 방향으로 연료 밸브를 움직여 준다. 그러므로 엔진에 하중이 걸리게 되면 더 많은 연료가 소모된다(그림 4-4(a)의 (e)).

그림 4-5는 일반적인 주 연료장치의 스로틀(throttle) 위치, 공기온도 및 압력과 엔진 상태에 따른 작동상태도이다.

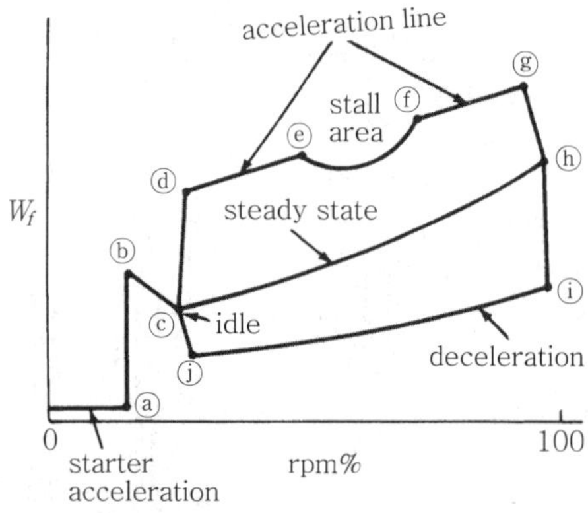

그림 4-5 Curves to show poeration of a fuel-control unit

① 엔진은 시동기(starter)에 의해서 정확한 엔진 시동 rpm이 유지될 때까지 가속된다.
② 스로틀이 저속위치로 되면서 연료가 곡선 ⓐ~ⓑ를 표시
③ rpm이 증가될 때 가속위치에서 엔진이 정확한 저속위치 곡선 ⓒ까지 연료가 감소

④ 스로틀은 최대 출력위치로 되며 곡선 ⓓ의 위치가 지시한 것 만큼 연료흐름량이 증가

⑤ rpm이 증가되었을 때 연료흐름량은 곡선 ⓔ로 증가되며, 여기서 엔진내부의 실속 및 서지(surge) 범위를 피하기 위해 연료흐름량을 감소시킨다.

곡선 ⓔ~ⓕ 사이의 속도범위는 연료량의 계속적인 증가로 인해 압축기부에 실속(stall), 서지(surge)의 원인이 되는 연소실로부터 과도히 걸리는 역압력(back pressure)을 방지하기 위해 연료량을 감소시켜 준다.

⑥ 곡선 ⓕ에서 연료흐름량은 다시 정상 최대 가속상태 곡선 ⓖ에 도달할 때까지 공급된다.

⑦ 최대 속도에 도달하기 전 조속기(governor), 즉 N_2 조속기는 엔진이 과속상태가 되는 것을 막기 위해 연료량을 감소시켜 준다.

다음 연료흐름은 그림에서 보는 바와 같이 곡선 ⓗ까지 감소되며, 엔진 rpm을 100% 유지시켜 준다.

⑧ 스로틀이 저속위치로 되었을 때 엔진 rpm이 감소된다.

연료흐름은 즉시 곡선 ⓘ가 지시한 것만큼 감소된다. 이 위치가 희박 연소장치(lean dieout)가 일어날 수 있는 비율까지 연료와 공기혼합(fuel-airmixture)이 떨어지지 않는 최대 감속 허용값이다.

⑨ 곡선 ⓘ~ⓙ에 지시된 것과 같이 rpm이 감소되면 연료흐름량도 점차적으로 감소된다.

⑩ 엔진 rpm이 저속상태에 도달하면 연료흐름은 증가되어 정확한 저속상태를 유지한다(곡선 ⓒ~ⓙ).

3 CF6-50 엔진의 주 연료장치

Woodward 3034 이것은 Woodward 조속기 회사에서 대형 터보 팬(turbofan) 엔진에 적합하게 연료 조정 및 가변정익 베인(VSV : Variable Stator Vane)의 사용 및 조정에 알맞게 설계되어 있다. 그림 4-6은 이 연료장치를 나타낸 것이며, 이것은 연료장치의 기능과 구성품의 기본 원리를 나타내는 것이다.

이 계통은 유압 기계식(hydro-mechanical)이며 다음 4가지 요소에 의해서 조정된다.

① 엔진 rpm
② 압축기 입구 온도
③ 압축기 출구 압력
④ 스로틀의 위치

가변정익 베인의 조정장치는 JT9D 엔진의 연료장치인 JFC68과 EVC3 엔진 베인 조정 장치와 유사하다.

이것은 JFC68 계열과 형태와 위치는 다르지만 사용 목적은 다같이 동일하다. 3034 연료장치는 가변정익 베인의 조정을 주 연료장치 내에서 직접 조절을 한다.

여기서 JT9D 연료장치를 보면서 비교하기를 바란다(그림 4-7).

1. P_c pressure−regulating port
2. P_c pilot−valve plunger
3. P_c spring
4. P_{cr} regulating port
5. P_{cr} spring
6. P_{cr} pilot−valve plunger
7. govemor flyweight
8. govemor pilot−valve plunger
9. govemor speeder spring
10. throttle cam
11. governor pilot−valve control port
12. buffer piston
13. governor servo piston
14. fuel valve rotor
15. buffer sprint
16. governor compensating land
17. fuel metering port
18. differential pilot−valve sensing land
19. differential pilot−valve plunger
20. differential pilot−valve spring
21. bypass valve plunger
22. differential pilot−valve control land
23. bypass valve spring
24. specific gravity adjusting screw
25. CDP sensor
26. CDP sensing bellows
27. CDP sensor lever
28. P_5 sensing bellows
29. P_5 regulating valve
30. P_5 orifice
31. CDP plunger sensing land
32. CDP pilot−valve control port
33. CDP restoring spring
34. CDP plunger
35. CDP servo piston
36. CDP cam
37. CIT pilot−valve sensing land
38. CIT servo piston
39. CIT feedback linkage
40. CIT pilot−valve sensing land
41. CIT reference spring
42. CIT pilot−valve plunger
43. 3D cam
44. tachometer flyweight
45. tachometer reference spring
46. tachometer pilot−valve plunger
47. tachometer feedback cam

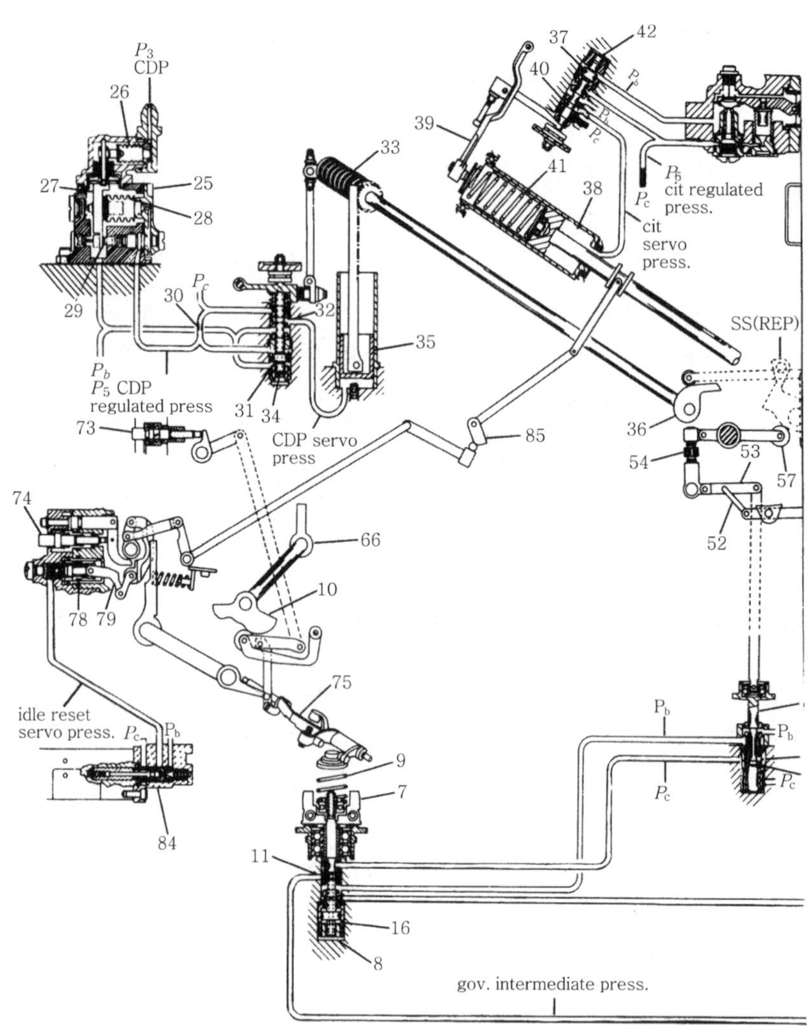

그림 4−6 Schematic drawing of a Woodward fuel−control unit(Woodward Govenor Co.)

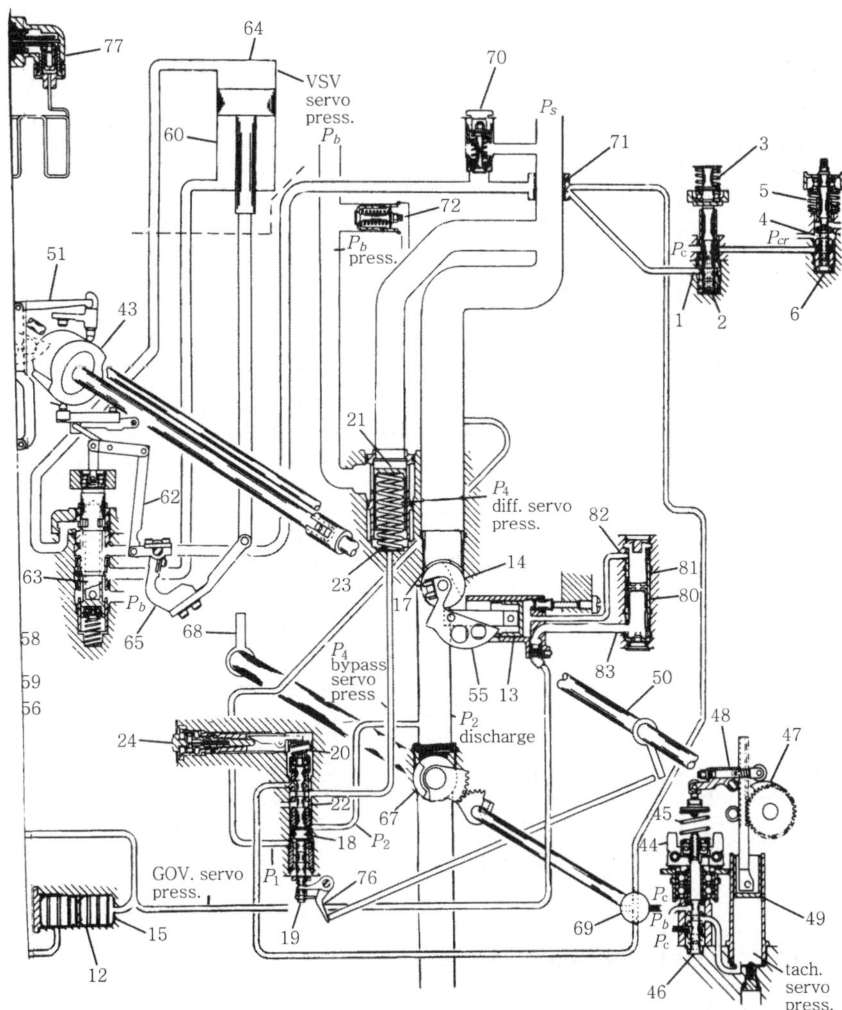

48. tachometer feedback kever
49. tachometer servo piston
50. 3D camshaft
51. computer summing lever
52. computer summing point
53. limit pilot−valve floating lever
54. cam summing link
55. fuel cam
56. limit pilot−valve acceleration port
57. fuel cam follower
58. limit pilot−valve plunger
59. limit pilot−valve deceleration port
60. VSV servo
61. VSV follower
62. VSV restoring link
63. VSV plunger
64. VSV servo piston
65. VSV restoring arm
66. throttle lever
67. shutdown valve rotor
68. shutoff lever
69. pump unloading rotor
70. P_f relief valve
71. P_f filter
72. P_{cr} relief valve
73. maximum−speed adjustment screw
74. ground idle adjust−ment screw
75. speed−setting shaft
76. overspeed trip lever
77. CIT sensor
78. speed−setting servo piston
79. idle speed stop(flight)
80. jump and rate limiter
81. piston
82. port
83. port
84. solenoid
85. cam

P_s : supply pressure
P_2 : outlet pressure
P_c : control pressure
P_2 : compressor discharge pressure
P_b : bypass pressure
P_4 : differential servo pressure
P_5, P_3 : regulated pressure
P_3 : servo pressure
P_6 : CIT regulated pressure
P_{cr} : regulated case pressure
P_f : filtered P_s

269

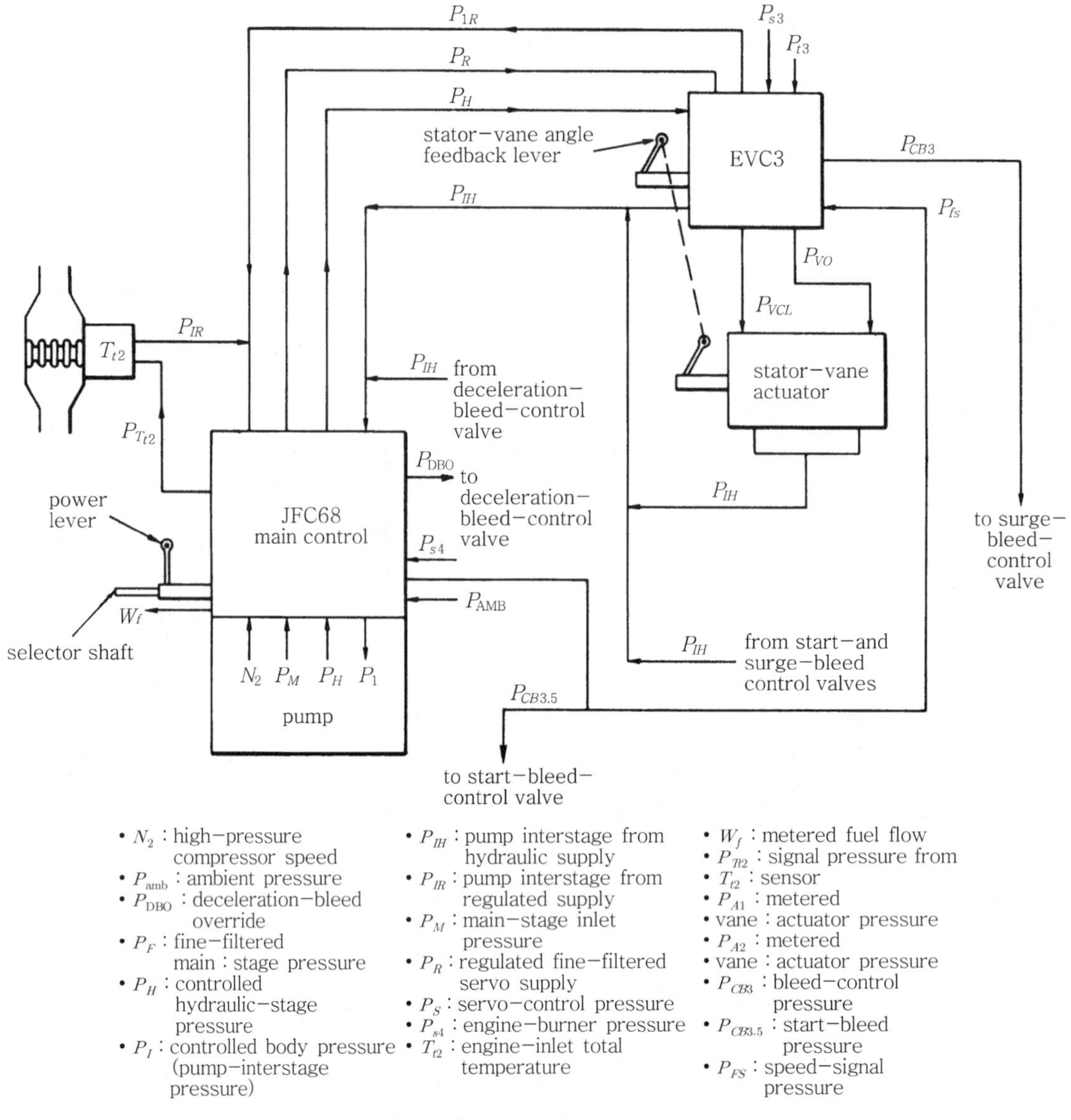

- N_2 : high-pressure compressor speed
- P_{amb} : ambient pressure
- P_{DBO} : deceleration-bleed override
- P_F : fine-filtered main : stage pressure
- P_H : controlled hydraulic-stage pressure
- P_I : controlled body pressure (pump-interstage pressure)
- P_{IH} : pump interstage from hydraulic supply
- P_{IR} : pump interstage from regulated supply
- P_M : main-stage inlet pressure
- P_R : regulated fine-filtered servo supply
- P_S : servo-control pressure
- P_{s4} : engine-burner pressure
- T_{t2} : engine-inlet total temperature
- W_f : metered fuel flow
- P_{Tt2} : signal pressure from
- T_{t2} : sensor
- P_{A1} : metered
- vane : actuator pressure
- P_{A2} : metered
- vane : actuator pressure
- P_{CB3} : bleed-control pressure
- $P_{CB3.5}$: start-bleed pressure
- P_{FS} : speed-signal pressure

그림 4-7 JT9D 연료장치

(1) Woodward 3034 연료 미터링 계통(metering unit)

연료 조정장치의 미터링 계통은 가변연료 미터링 장치(variable fuel metering unit)를 연료가 통과함으로써 일정한 압력차를 유지하게 된다. 이 계통의 기능은 어느 연료장치의 미터링 계통이나 유사하다. 연료 미터링 구멍이 열렸을 때, 즉 스로틀 밸브가 열리는 것은 컴퓨팅부(computing section)의 작용에 의해서 결정된다. 연료는 주 연료 펌프에서 조정기(EMC : Main Engine Control)로 직접 들어가며 이 연료의 양은 엔진이 어떠한 작동 상태하에서도 요구되는 연료의 양보다 많게 공급이 된다. 여기서 연료 미터링 구멍을 통과하는 연료의 차압에 의해서 바이패스 밸브(bypass valve)가 작동되며, 과도한 연료의 공급은 바이패스 밸브에 의해서 다시 주 연료 펌프의 입구로 보내진다.

그림 4-6은 연료장치의 여러 구성품과 내부구조를 보이며, 연료 미터링 구멍의 상부 압력 감지선은 감지부의 하부에서 차압 파일럿 밸브(differential pressure pilot valve)에 엔진펌프 압력을 준다. 다른 감지선(sensing line)은 감지부의 상부에 연료 미터링부의 하부압력을 준다. 감지부에서의 차압은 밸브의 상부에서 차압 파일럿 밸브 스프링에 의해서 평형이 된다.

스프링 힘과 차압이 평형되었을 때 파일럿 밸브는 중립위치에 있으며 차압이 과도할 경우 파일럿밸브는 위로 움직이고, 바이패스 밸브에서 차압 서보 압력을 배출하게 되어 바이패스부를 개방한다. 이 밸브를 개방하므로서 펌프의 압력을 감소시켜 준다. 차압이 다시 정상으로 되었을 때 파일럿 밸브는 다시 원래의 상태로 되돌아온다.

차압이 너무 작게 되었다면 파일럿 밸브는 하부로 움직이며 바이패스 밸브에 차압이 상승되어 펌프에 압력이 많이 걸린다.

이것은 바이패스 밸브를 닫고 연료의 바이패스를 감소시킨다.

그래서 펌프의 압력이 증가하며 연료 미터링 구멍을 통과하는 차압이 상승된다.

(2) 속도조속기와 감지(speed governor & sensing)

① 속도조속기(speed governor)

속도조속기는 원심추(flyweight) 작동으로 작동되며, 스로틀 레버는 스로틀 캠(throttle cam)과 속도 고정축을 통해 조속기 스피더 스프링(governor speeder spring)에 힘을 준다.

원심추의 원심력과 스피더 스프링의 힘이 평형될 내 엔진은 정상 속도상내이나. 엔진 속도가 규정값 이상일 때 조속기는 조속기 서보 피스톤에서 또는 피스톤(piston)으로 직접 연료 미터링 구멍의 변화를 주기 위하여 압력을 준다. 그림에서 스피더 스프링의 장력조절은 스로틀에 의해서 되며 보정은 저속 서보 장치와 압축기 입구온도(CIT : Compressor Inlet Temperature)에 의해서 된다.

속도조속기의 역할은 엔진 속도가 정확하지 않을 때 엔진 속도와 요구되는 속도를 비교 조정한다.

속도감지는 속도계에 의해서 되며 이것 또한 엔진 구동 원심추 작동장치에 속한다. 속도계는 엔진 N_2에서 감지받으며, 3D캠 축에 연결된(geared) 서보 피스톤(servo piston)에 의해서 3D캠이 회전한다. 3D캠은 연료 스케줄과 가변정익 베인(VSV) 조정캠이라고도 한다.

② 압축기 입구 온도감지기(CIT sensor)

압축기 입구 온도감지기는 엔진 팬 프레임(fan frame)에 위치하고 있으며 이것은 주 연료장치 내부에 고정된 CIT 파일럿 밸브 (CIT pilot valve) 에 입력을 준다. 즉, 이 밸브는 3D캠을 작동시킨다.

③ **압축기 출구 압력 감지기(CDP sensor)**

압축기 출구 압력은 벨로스(bellows)형 장치에 의해서 감지된다. CDP의 기능은 유압을 조절하고, CDP 파일럿 밸브를 조정한다. 파일럿 밸브는 CDP캠 축에 연결된 CDP 서보에 유압을 조절한다. 이것은 CDP캠 축을 구동시켜 컴퓨터 판단 레버(computer summing lever)에 CDP 입력을 공급한다.

④ **컴퓨터 작용**

여기서 3개의 캠작동에 대하여 설명하면 3D캠, 연료캠 그리고 CDP캠은 제어 파일럿 밸브(limit pilot valve)에 감지 힘(sensing force)을 감지 레버에 보낸다.

제어 밸브는 조속기 파일럿 밸브까지 공급되는 유압과 조속기 파일럿 밸브에서 배출되는 유압을 조절하며, 조속기의 작동은 캠의 위치에 따라 제어된다.

⑤ **가변 정익 조정(VSV control)**

그림에서 보는 것과 같이 VSV 파일럿 밸브는 3D캠에서 받는 것에 따라 영향이 있다. 그래서 VSV 서보의 유압은 3D캠의 위치에 따라 조정된다. 이 서보는 압축기를 통해 흐르는 공기에 정확한 영각의 필요에 따라 가변정익을 움직이게 하는 액추에이터(actuators)이며 이 두 VSV 액추에이터는 압축기에 장치되어 있다.

⑥ **저속 계통(idle unit)**

저속장치는 비행시나 또는 지상에서 정확한 저속을 위해서 고안된 장치로서 이 장치는 FE(Flight Engineer)나 조종사로부터 전기신호에 의해서 작동되는 솔레노이드(solenoid)이다.

솔레노이드가 작동되면 솔레노이드 밸브는 저속 또는 지상 저속 위치에 저속장치(idle stop)를 이동시켜 저속 고정 서보 피스톤에 파일럿 연료 압력을 준다. 솔레노이드가 작동이 안되면 솔레노이드 밸브 구멍은 저속 리셋트(idle reset) 서보 피스톤에 압력을 조절하며 이것은 비행상태의 고 저속 위치에 정지시켜 준다.

⑦ **연료차단 레버(fuel-shutoff lever)**

연료차단 레버축은 스로틀과 동축이며 연료 차단 밸브를 열거나 닫는다. 이와 동시에 레버는 연료 펌프 무부하 로터 밸브를 회전시켜 연료압과 스프링 힘의 차압이 파일럿 밸브 플런저를 밑으로 내린다. 이것은 바이패스 밸브에 연료압을 조절한다.

바이패스 밸브 스프링과 조정 압력은 초과된 연료압을 바이패스시키고, 이와 동시에 엔진이 풍압에 의해서 구동될 때 주 연료장치(MEC : Main Engine Control) 내에 작동 압력을 유지시켜 준다.

⑧ **작동**

엔진 연소실의 연료 분사량의 증가와 감소의 조정은 주 연료장치에서 조절하며, N_2(core engine speed or high pressure compressor) 또한 주 연료장치에서 제어한다. 여기서 N_1(fan speed)은 N_2 rpm에 따라 결정된다.

다음은 지금까지 서술하였던 연료장치의 연료흐름상태를 설명하기로 한다.

> 연료 탱크 → 튜브, 라인 → 엔진 구동 연료 펌프의 1단계부 → 여과기 → 열교환기 → 2단
> 계 기어 펌프 → 주 연료장치 → 다기관 → P & D밸브 → 노즐 → 연소실

Section 05 — 연료 펌프(fuel pump)

엔진 구동 연료 펌프는 일반적으로 원심력 펌프(centrifugal pump), 기어 펌프(gear pump), 플런저 펌프(plunger pump)가 사용된다. 여기서 원심식 펌프의 배출압력은 50~60psi 정도이며 기어 펌프의 배출 압력은 700~1,000psi정도이다.

1 원심력식 승압 펌프를 가진 1단 기어 펌프

연료는 연료 입구에서 원심력 승압 펌프를 지나 기어 펌프로 들어간다.

연료 제빙 열교환기(deicing heat exchanger)의 바깥부로 연료가 나가며 연료는 입구망을 통해산다. 여기서 주 기어 스테이지는 엔신의 주 연료 조성기로 간다(그림 4-8).

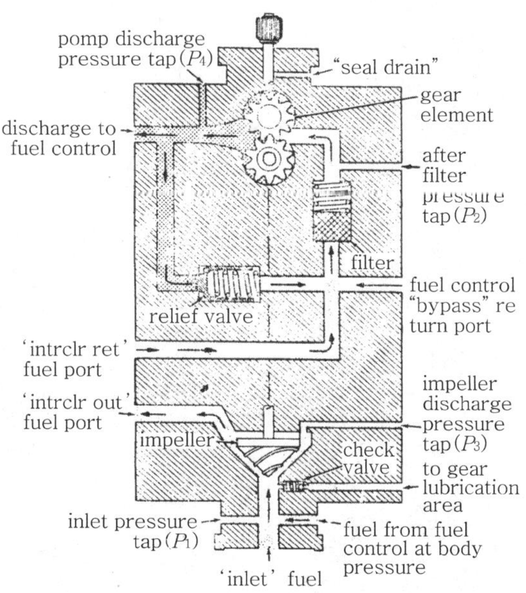

그림 4-8 원심력식 승압 펌프를 가진 1단 기어 펌프

바이패스 밸브는 임펠러(impeller)와 입구 스크린(inlet screen) 어셈블리 사이에 있다. 주 연료장치에서 연료의 누설은 저압 귀송구(low return line)를 통해 펌프로 귀송된다.

연료는 입구에서 펌프로 들어가고 원심력 펌프에 의해 승압시킨다. 압력은 원심력 승압 펌프를 지나므로 승압되며 약 3,710rpm에서 약 70psi까지 승압이 된다. 연료 압력은 기어 펌

프를 지나므로 더욱 증가가 된다. 연료의 주 압력은 주 연료 펌프에서 조정된다.

(1) 고압 릴리프 밸브(high pressure relief valve)

피스톤형 스프링 로드 밸브는 주 기어 펌프를 지나는 압력을 제어하며 대략 825psi까지 제어하고 이 밸브는 90psi 이상 초과되지 않게 한다.

(2) 슬립 체크 밸브(slip check valve)

스프링 로드 볼 체크 밸브는 탱크 펌프 고장 시 부의 입구 압력이 작동할 경우 고고도에서 정의 압이 되도록 한다.

2 2열 기어 펌프

(1) 이 펌프는 다음과 같은 기본 구성품으로 되어 있다(그림 4-9).

① 릴리프 밸브를 구비한 연료여과기　　② 2개의 포지티브(positive) 기어 펌프
③ 2개의 릴리프 밸브　　　　　　　　④ 1개의 체크 밸브
⑤ 1개의 조정 밸브　　　　　　　　　⑥ 1개의 구동축

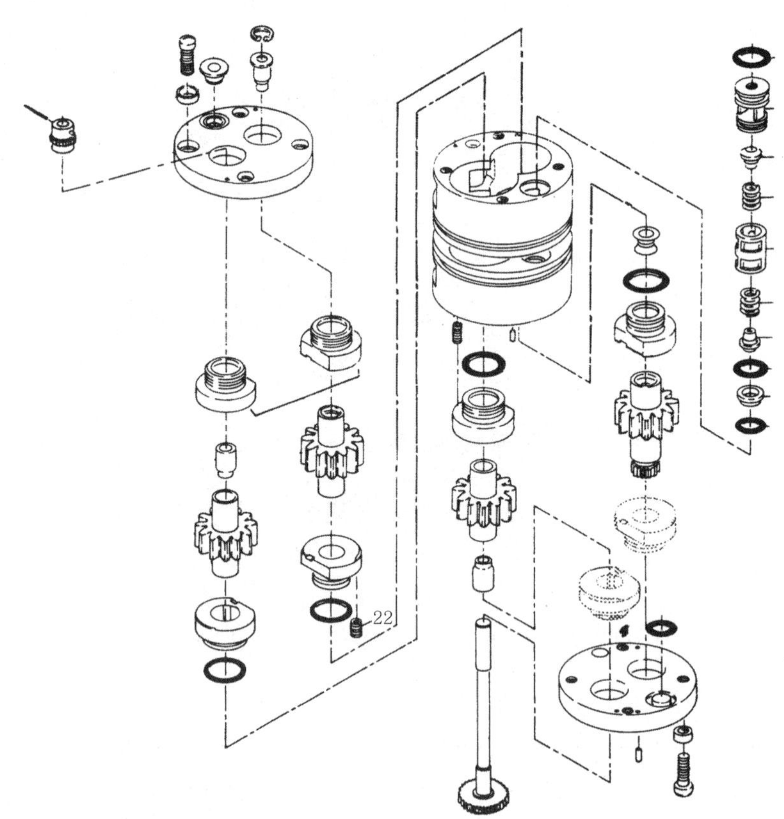

그림 4-9 펌프의 기본 구성품

여기서 2개의 포지티브 기어 펌프는 주 연료장치에 연료를 공급해 준다.

(2) 승압 스테이지(booster stage)는 주 스테이지(main stage)의 공급압력을 올려준다.

내부 연료압과 스테이지 방출압력은 3개의 밸브에 의해서 일정하게 유지된다.

펌프는 엔진의 액세서리 기어 박스에 장착되며 엔진 액세서리 구동축에 의해서 구동된다.
그 계통은 다음과 같다.

① 입구에서 연료를 흡입한다.

② 엔진 연료조정기(fuel regulator)에서 연료 초과압 시 바이패스시킨다.

③ 엔진 연료는 주 스테이지(main stage), 귀유구에서 주 바이패스 연료를 조정한다.

④ 승압 스테이지(booster stage)에서 연료는 승압 스테이지 귀유구에서 엔진 연료 방빙
장치를 통해 방출한다.

⑤ 주 스테이지 방출구에서 연료는 주 조정기에 공급 정상 작동 시 연료 입구와 승압 스
테이지 릴리프 밸브에서 펌프로 흐른다.

3 원심력 승압 펌프를 구비한 2중 기어 펌프

이 연료 펌프는 엔진 구동형이며 액세서리 케이스의 후부에 장착되어 있다. 이 펌프는 1개
의 원심력 승압 펌프에 의해서 공급되는 2개의 기어 펌프로 구성되어 있다. 이 펌프는 1차 기
어 펌프의 용량이 2차 기어 펌프의 용량보다 10% 정도 더 크다. 이것은 정상 작동 시 1차 펌
프에 최대 부하가 2차 펌프 블리드 밸브 바이패스없이 1차 펌프를 직렬 운전시키기 위해서
이다(그림 4-10).

엔진 시동 시 펌프는 병렬로 작동되며 연료여과기의 병렬 밸브를 작동시킨다. 연료여과기
에 압력 스위치가 닫히면 조종석에 2차 작동이 되는 것을 지시하는 등이 점등한다.

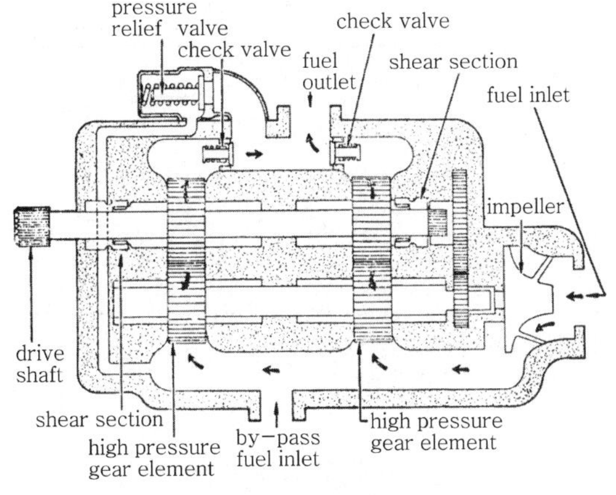

그림 4-10 Two stage boost

Section 06 — CF6-50 엔진의 연료 펌프

　주 연료 펌프는 고압의 연료를 주 연료장치(MEC : Main Engine Control)에 공급하며, 이 연료는 가변정익 베인(VSV : Variable Stator Vane)과 가변 바이패스 밸브(VBV : Variable Bypass Valve)계통의 액추에이터(actuator)의 작동 유체로 사용되기도 한다. 펌프는 원심 펌프(centrifugal pump), 증기 분리기(vapor eductor) 포지티브 고압 펌프(positive high pressure pump)로 구성되어 있다.

　30×30메시(mesh)·여과망과 내부 바이패스 밸브는 펌프 내부에 위치하고 있으며, 고압 릴리프 밸브는 펌프의 압력이 과도히 상승되는 것을 막아준다(그림 4-11).

　펌프 하우징은 고정 패드(mounting pad)가 있으며 여기에 주 연료장치, 연료 오일 히터 등이 장착된다.

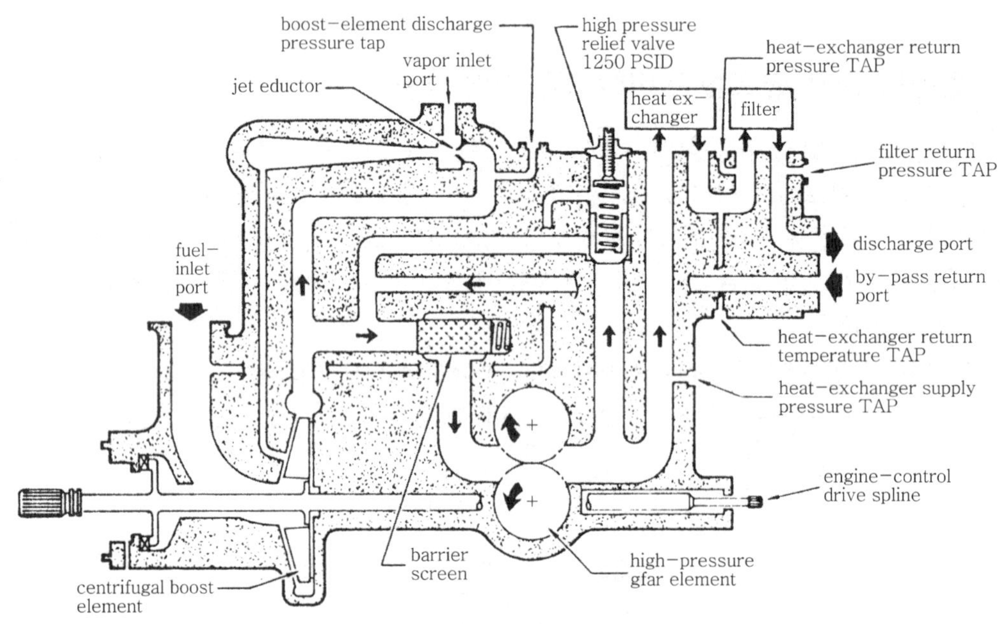

그림 4-11 Fuel pump schematic

Section 07 — 연료 노즐(fuel nozzle)

　모든 가스 터빈 엔진은 연료 노즐을 통해 연소실로 들어가며 이것은 1차 공기와 혼합이 잘 되게 하기 위하여 고압으로 연료를 무화분사시켜 주며(그림 4-12) 대부분의 엔진에는 단식 또는 복식 노즐을 사용한다.

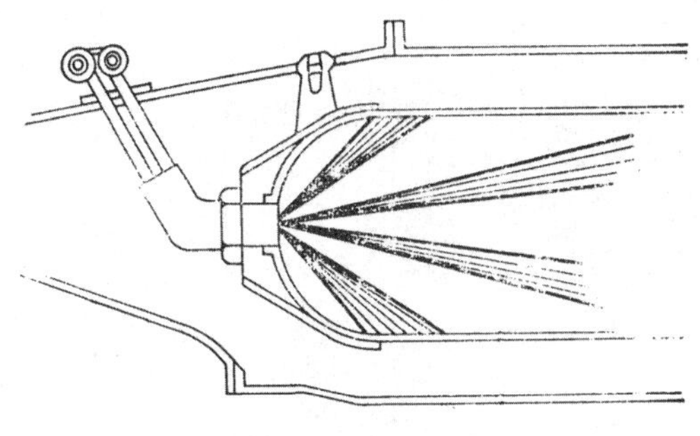

그림 4-12 연료 노즐

1 단식 노즐(simplex nozzle)

이 노즐은 복식 노즐보다는 간단하다는 이점이 있다. 그러나 대형 엔진이나 연료압이 높은 곳에서는 사용할 수가 없다.

2 복식 노즐(duplex nozzle)

시동 시나 저속 시 연료 분사각은 공기와 연료가 잘 혼합이 되게 하기 위하여 분사각도가 커야 한다. 그러나 고 rpm 시나 고속 시에는 연소실의 벽에서 연소 화염이 분사되지 않도록 분무각이 적어야 한다(그림 4-13).

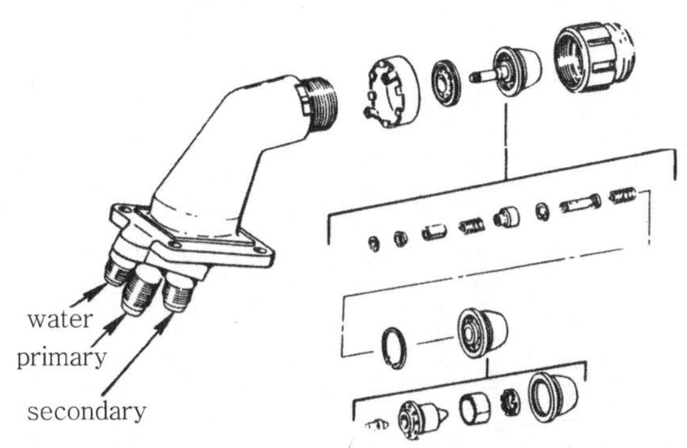

그림 4-13 Dual orifice with water injector

적은 연료흐름은 저속시에 사용하고 1차구의 바깥 구를 통한 힘에 의해서 분무가 균일해진다. 복식 노즐의 장점은 어떠한 조건하에서도 효율적인 무화와 일정한 분무각을 유지한다. 복식 노즐의 기능은 1차와 2차 연료 공급구로 분리되어 있다.

연료 분할기(divider)는 각 노즐 내부에 있으며, 연료 노즐은 2개의 연료 다기관(fuel manifold)이 필요하다(그림 4-14).

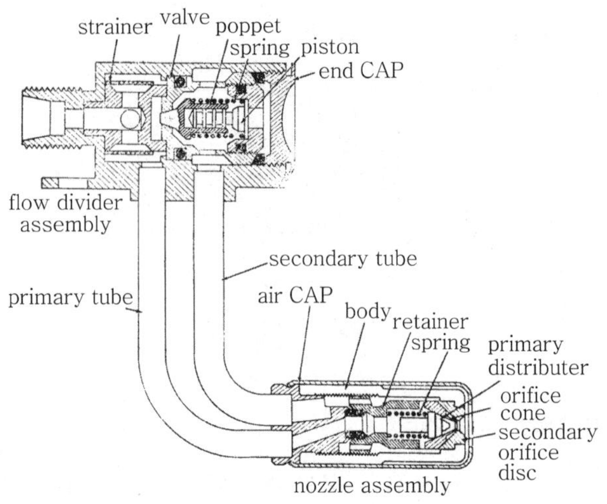

그림 4-14 Dual orifice

연료 분할기는 각 노즐 내부에 있는 것도 있으며 다기관 내에 있는 것도 있다. 이 연료 분할기는 조절연료압력(setting fuel pressure)에 도달하면 열리게 되어 있다.

연료압력이 조질압력 이하일 때 연료 분할기는 직접 1차 다기관에 연료를 보낸다. 이 입력 이상이면 2차 밸브가 열리므로 양 다기관에 연료를 다 보낸다.

현용 노즐은 나선형(spiral)으로 드릴 구멍이 나 있기 때문에 저축류 속도나 고 불꽃 속도에 따라 와류형으로 분사시켜 준다. 부과해서 공기 슈라우드(shroud)는 노즐을 냉각시키고 노즐면에 카본 형성을 막아준다.

Lycoming T53과 T55형 엔진은 증기 튜브(vaporizing tube) 장치를 사용하고 있으며 이것은 노즐 대신에 사용한다.

증기 튜브는 U-모양의 파이프가 필요하며 압축기 공기흐름의 상부면에 노출되어 있어 연료와 공기의 가장 효율적인 혼합 배열을 형성해 준다.

3 CF6-50 엔진의 연료 노즐

30개의 valve-in-head 와류 무화 노즐은 압축기 후부 프레임(CRF : Compressor Rear Frame)부에 장착되어 있다(그림 4-15).

나사로 된 연결부(connector)는 2개의 연료 공급 튜브가 연결되도록 되어 있고, 연료 튜브는 슈라우드로 둘러싸여 있다.

117 마이크론 스크린은 각 노즐의 내부에 있다.

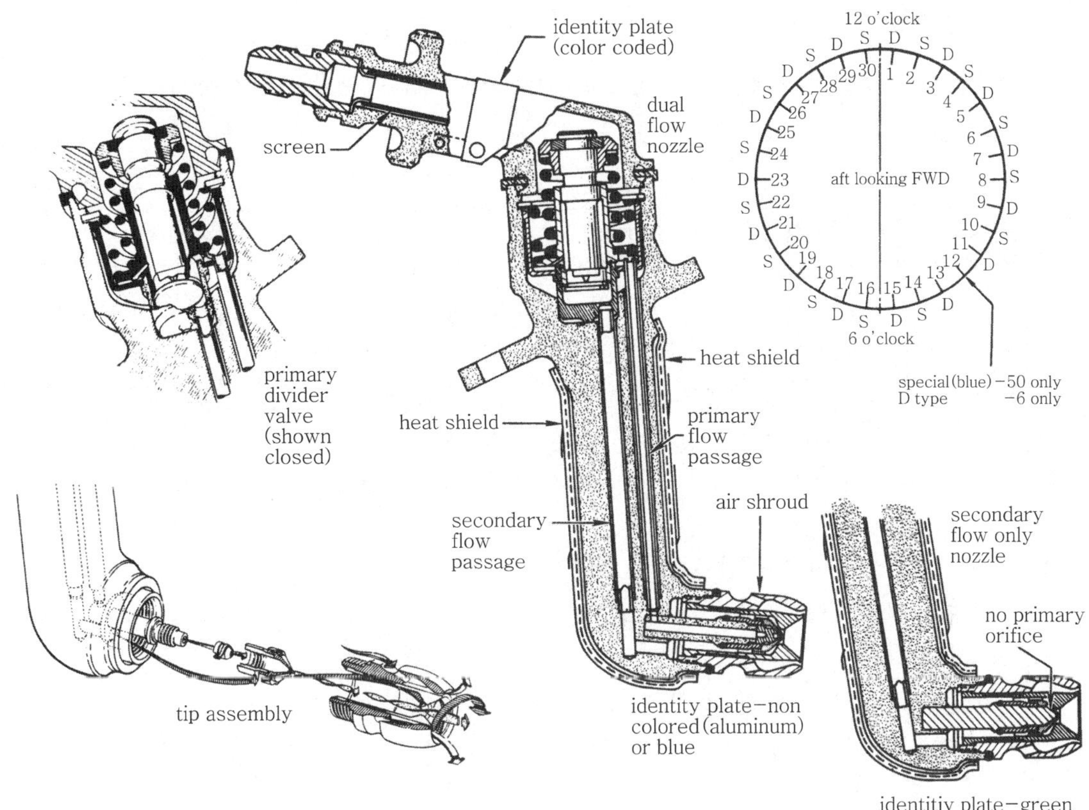

그림 4-15 CF6 Fuel nozzles

4 작 동

30개의 노즐 중 16개는 1차와 2차 노즐이며 14개의 노즐은 2차 연료흐름만 되도록 되어 있다.

(1) 1·2차 연료노즐

노즐에 연료압이 걸렸을 때 1차 연료는 노즐 몸체(nozzle body)의 구멍으로 들어가며 1차 스핀 체임버(spin chamber)를 통하여 연소실로 분사가 된다. 노즐의 연료압력이 제작 시 조절해 놓은 압력을 초과하면 연료 분할기(fuel divider)가 열려서 2차 부분에도 연료가 흐르도록 되어 있다. 연료 분할기를 지난 2차 연료는 노즐 스템(nozzle stem)으로 흐르며 2차 연료 스핀 체임버로 들어가 1차 연료와 같이 연소실로 분사된다. 2개의 점화전(igniter plugs) 사이에 위치한 노즐은 더 높은 컷인점(cut-in point)으로 특별히 조절되어 있어서 다른 모든 노즐이 2차 흐름이 공급될 때까지 2차 흐름을 시작하지 않는다.

(2) 2차 연료노즐

이 노즐은 1차 흐름부가 없으며 2차 연료압에 도달하기 전까지는 분사하지 않는다.

Section 08 — 연료여과기(fuel filter)

모든 가스 터빈 엔진은 여러 가지의 연료여과기가 있다. 여과기는 펌프 입구 전에 1개나 그 이상이 있다. 여과기는 펌프 입구 전에 1개나 그 이상이 있다. 여과기는 연료 내에 섞여 있는 이물질 등을 여과하므로 계통의 마모 및 손상을 막아준다.

모든 여과기에는 여과기가 막혔을 경우 연료를 계속 흐르게 할 수 있는 바이패스 밸브(bypass valve)가 있다.

여과기의 형식에는 다음과 같은 것이 있다.

① 종이 카트리지형(paper cartridge type)
② 스크린형(screen type)
③ 콘벌류트 스그린 형(convoluted screen type)
④ 스크린 디스크형(screen disk type)

1 종이 카트리지형

이 형식의 여과기는 저압 계통에 사용한다. 이 여과기는 교환을 할 수 있으며 여과 능력은 $50 \sim 100\mu$ 보다 큰 이물질을 여과한다.

> 참고
>
> 1micron=0.000039″
> 1inch=25,400micron

2 스크린형(screen type)

이것은 보통 저압 계통의 여과기에 사용된다. 이 여과기는 강철망으로 구성되어 있으며 여과 능력은 40μ 이상을 여과한다(그림 4-16).

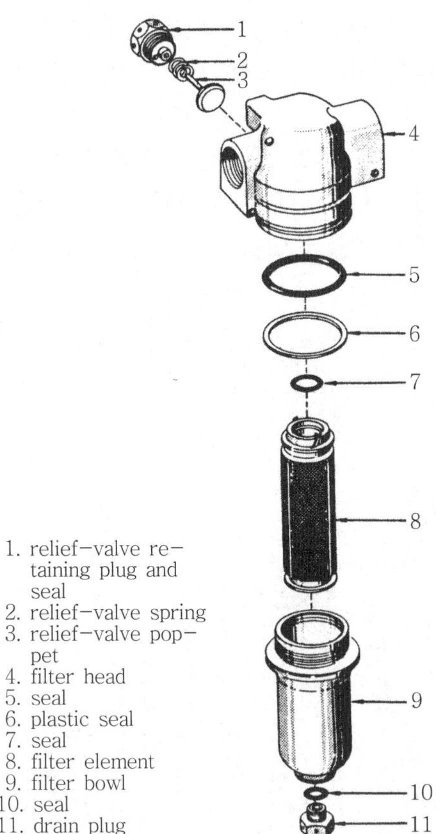

그림 4-16 A screen-type filter with a bypass(relief) valve

3 convoluted 스크린형

이 여과기는 연료를 여과기 주위에 선회시켜 여과를 한다.

4 스크린 디스크형(screen disk type)

이 여과기는 펌프의 출구에 있으며 디스크로 구성되어 있다. 여과기는 주기적으로 분해하여 솔벤트로 세척하여 재사용한다. 주 연료 라인에 여과기는 연료 탱크, 연료 조정기, 연료 노즐 그리고 다른 부품 등 제작자가 필요로 하는 곳에 설치한다.

Section 09 — P & D 밸브(pressurizing and dump valve)

P & D 밸브의 목적은 연료의 작동 범위 내에서 산출되는 서보 어셈블리에 주 연료장치의

충분한 압력이 걸릴 때까지 연료가 흐르는 것을 막아주며, 엔진 차단 후 연료 다기관에 잔류 연료가 흘러나와서 화재가 발생되는 것을 막아주며 계통의 압력을 주어 시동 시 원활한 연료 흐름이 되도록 해준다.

그림 4-17은 JT3 엔진에 사용하는 P & D 밸브를 설명한 것이다.

시동 시 연료는 주 연료장치에서 P & D 밸브로 들어가며 이 연료압이 P & D 밸브의 연료 배출구(dump valve)를 막아주면서 다기관에 연료를 흐르게 해준다. 또 엔진 차단 후 연료 흐름은 주 연료조정기의 밸브에 의해서 즉시 연료가 차단이 된다.

연료 압력이 떨어지면 P & D 밸브의 배출 밸브(dump valve)는 스프링의 힘에 의하여 열리면서 다기관 내의 잔류 연료를 배출시킨다.

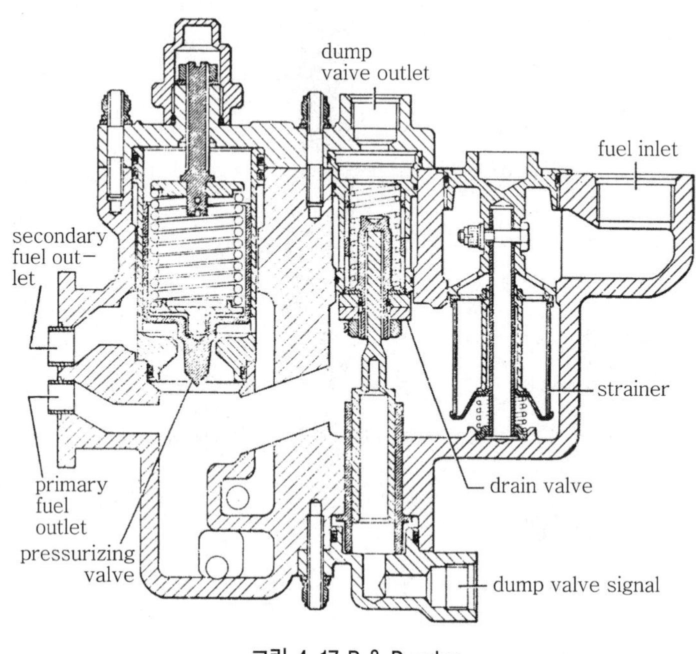

그림 4-17 P & D valve

Section 10 — 연료흐름 미터(Fuel flow meter)

모든 연료장치는 lb/hr의 연료 소비량을 측정할 수 있는 흐름 미터를 가지고 있다.

Section 11 — 연료 오일 냉각기(fuel-oil cooler)

연료를 이용하여 오일을 냉각하며, 더불어 연료를 데워주기 때문에 연료 계통 내의 빙결을 막아준다(그림 4-18).

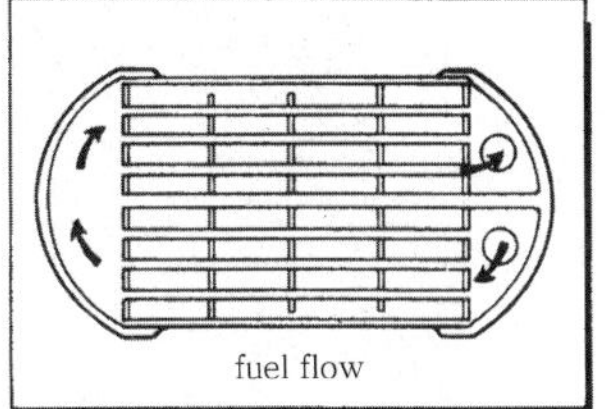

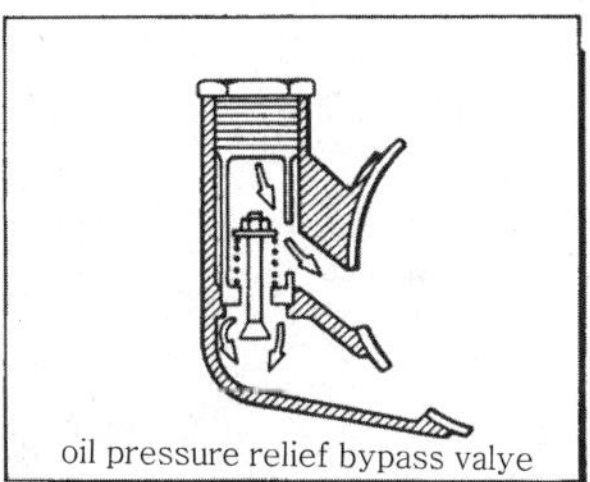

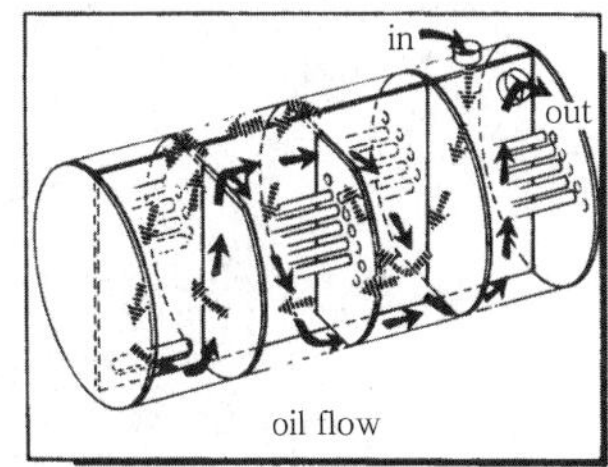

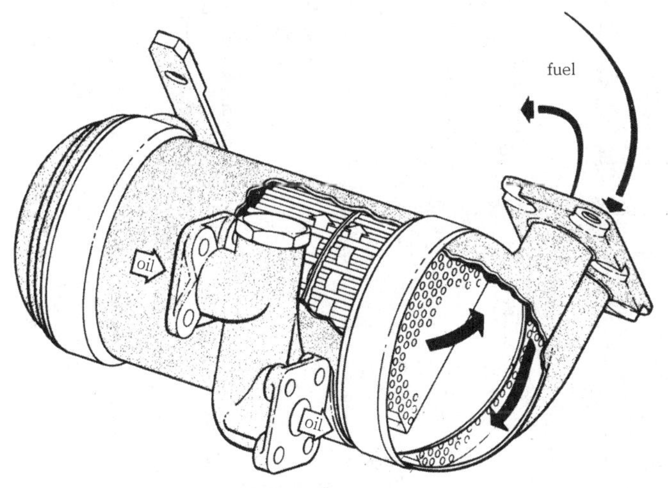

그림 4-18 Heat Exchanger

Section 12 — Pratt & Whitney JT9D 엔진의 연료장치

JT9D 엔진의 연료장치는 다음과 같이 구성되어 있다(그림 4-19).

① 연료 펌프(fuel pump)

② 연료 조정기(FCU : Fuel Control Unit)

③ 흐름 미터(fuel flow meter)

④ 연료-오일 열교환기(fuel-oil heat exchanger)

⑤ P & D 밸브(pressurizing & dump valve)

⑥ 제빙과 지시계통

⑦ 분배계통(distribution unit)

⑧ 연료노즐(fuel nozzle)

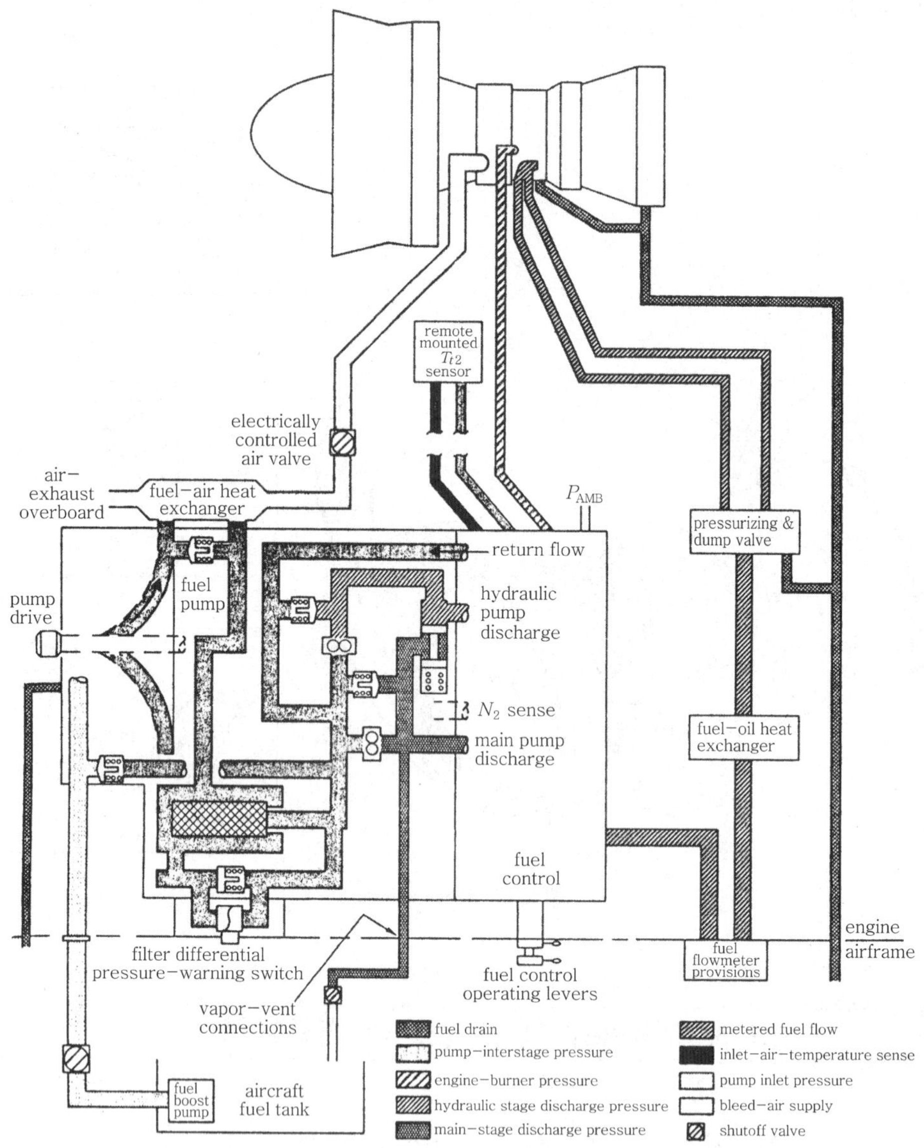

그림 4-19 The Pratt & Whitney Aircraft JT9D basic fuel system

1 연료 펌프

연료 펌프는 엔진 주 기어 박스의 전면에 있으며 3단계 펌프이다. 이 펌프는 크게 3가지부로 구분된다(그림 4-20).

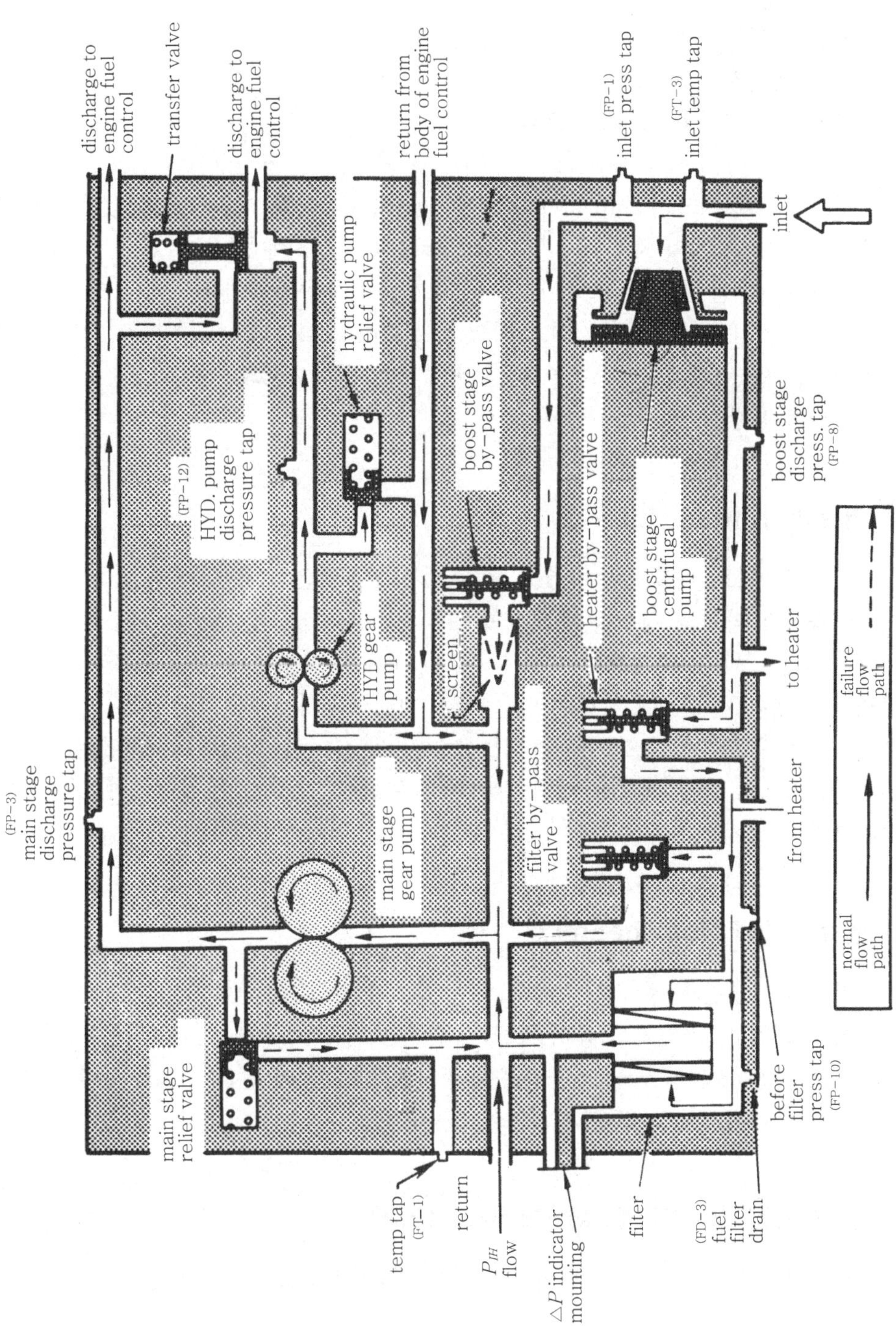

그림 4-20 Main, Hydraulic & Boost stage flow Schematic

① 승압 스테이지(booster stage)
② 주 스테이지(main stage)
③ 유압 스테이지(hydraulic stage)

연료 펌프 하우징(fuel pump housing)에는 연료여과기와 제빙장치가 있다. 이 펌프의 유압 스테이지는 가변 정익 베인과 같은 고압을 요하는 장치에 사용이 된다. 연료 차단밸브가 열리면 첫 번째로 엔진 승압 스테이지로 연료가 가며 승압 스테이지에서 연료 압력을 올려 주 스테이지로 보내준다. 연료는 연료 가열기로 가며 가열기와 여과기에는 각각 바이패스 밸브가 있어서 승압 스테이지가 고장시에는 바이패스 밸브가 열려서 주 스테이지와 유압 스테이지에 연료를 보낸다.

2 연료여과기(fuel filter)

연료여과기는 연료 펌프 내부에 있으며 여과기 하우징은 연료 펌프에 장착되어 있다. 여과기에는 여과기가 막혔을 경우를 대비하여 바이패스 밸브가 장착되어 있다. 여과기 하우징에는 여과기 차압 스위치가 있으며 여과기의 빙결상태의 여부는 여과기를 지나는 연료의 차압에 의해서 알 수가 있다. 이 압력은 얼음이나 기타 여과기에 축적된 이물질에 의해서 나타난다. 이 장치가 작동되면 바로 기관사 패널에 호박색등(amber light)이 들어온다. 이 등이 들어오면 일반적으로 연료 계통에 히터 장치가 요구된다. 연료가 빙결상태이면 제빙은 엔진의 15단계 블리드 공기를 이용한다.

3 연료 가열기(fuel heater)

연료 가열기는 엔진의 우측 연료 펌프부에 있으며 가열기는 펌프의 승압과 주 스테이지 사이에 위치하고 있다. 가열기는 공기 튜브의 코어와 배플(baffle)로 구성되어 있다. 코어 공기 튜브를 지난 엔진 15단계 블리드 공기는 배출되며 연료는 이 튜브 사이를 순환하므로 연료가 가열된다. 항공기는 연료온도 측정계통이 있다.

4 주 연료장치(FCU : Fuel Control Unit)

주 연료장치는 펌프 하우징에 붙어 있으며 엔진의 추력 및 가변정익을 조정하여 추력을 조정한다.

주 연료장치에 사용되는 입력은 다음 사항으로 구성되어 있다.

① N_2 속도(N_2rpm)
② 대기압(P_{amb})
③ P_{S4}(버너 압력)
④ T_{t2}(총 온도)
⑤ 스로틀 위치

5 연료흐름 미터(fuel transmitter)

연료흐름 미터는 연료흐름 계기부의 트랜스미터(transmitter)이다.

이것은 엔진 우측의 연료 오일 냉각기 하부에 위치하고 있으며 연료 흐름비를 측정하여 전기적 신호로 바꾸어 주 장비부로 보내어 조종석의 계기로 전달한다.

6 연료-오일 냉각기

흐름 미디에서 냉가기를 통해 언료가 흐른다.

이것의 1차적인 기능은 연료로 엔진의 오일 온도를 낮추는 데 있다.

7 P & D 밸브

연료-오일 냉각기에서 연료는 P & D 밸브로 간다. 엔진 작동 시 P & D 밸브는 1·2차 노즐에 연료를 분배하는 기능도 한다.

배출 밸브는 엔진 정지 후 배출 탱크(drain tank)로 다기관 내의 잔류 연료를 배출시킨다.

8 연료 노즐

2개의 다기관을 지난 연료는 P & D 밸브에서 20개의 노즐로 간다. 이 연료는 노즐을 통해 연소실로 분사가 된다.

이 연료는 노즐을 통해 연소실로 분사가 된다. 20개의 복식(duplex)연료노즐은 연소실 전면부의 디퓨저 케이스에 있다.

이 노즐은 1·2차 노즐이 하나의 하우징에 있으며 수분사(water injection) 작동할 때에는 연료 분사 노즐에서 함께 분사된다(그림 4-21).

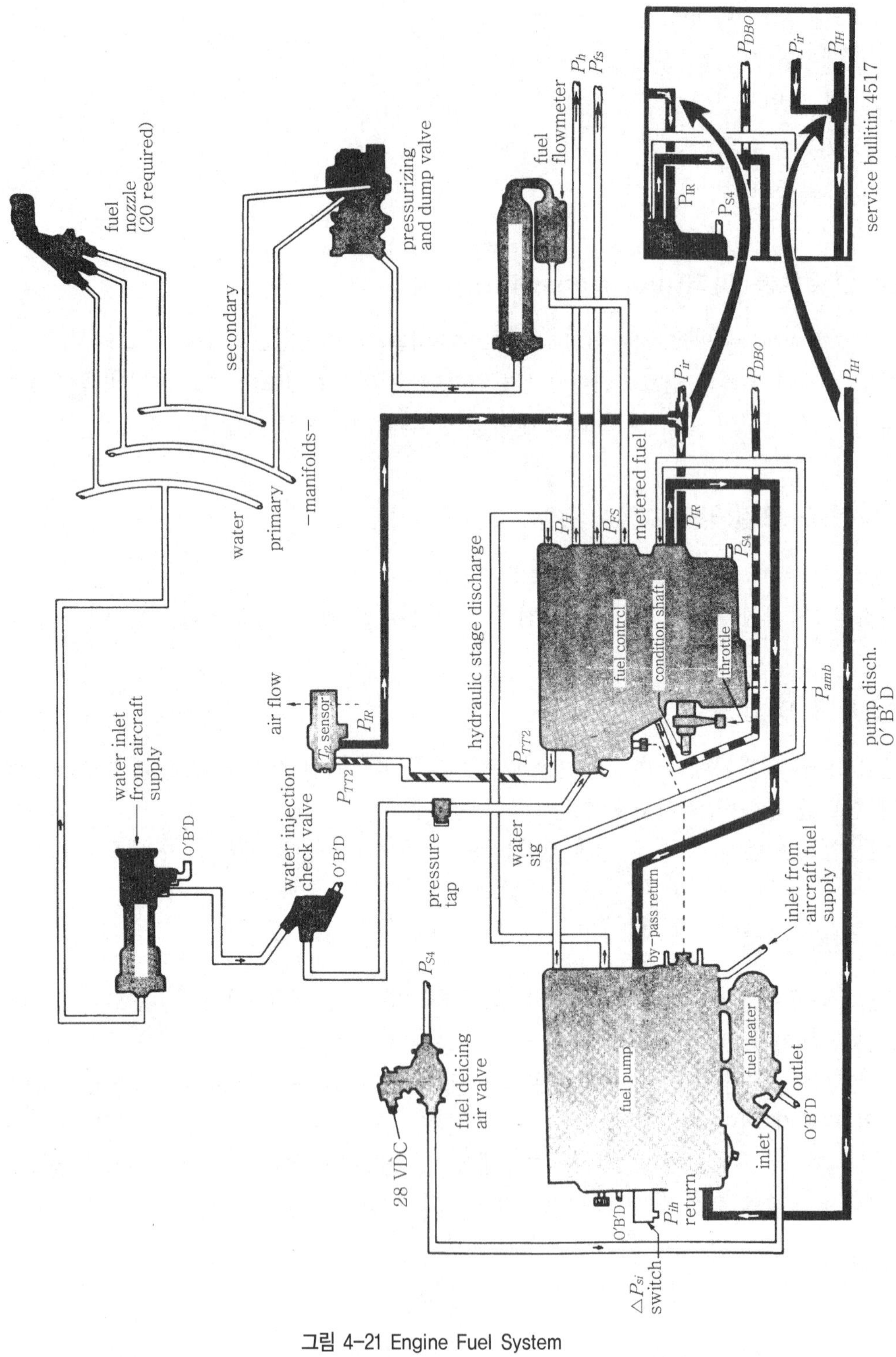

그림 4-21 Engine Fuel System

Section 13 — **CF6 엔진 연료장치(fuel system)**

1 엔진 연료장치의 역할

엔진의 연료장치는 연소실에 들어가는 연료의 양을 조절하며, 로터 속도, 압축기 출구압력(CDP ; Compressor Discharge Pressyre), 터빈 온도한계 범위에서 엔진이 최대의 성능을 발휘할 수 있게 가변 스테이터 베인(VSV ; Variable Stator Vane)의 위치를 조절하는 역할도 한다.

고압축기 로터(N_2) 속도는 연료 장치에 의해서 조절되며, 팬 로터(N_1) 속도는 N_2rpm에 의해서 결정된다.

연료장치에 자동 차단계통(automatic cutback system)은 팬 블리드부가 고장 시 자동적으로 엔진 rpm을 차단시켜 준다.

2 엔진 연료장치의 작동

항공기 연료 탱크로부터 유입된 연료는 엔진 구동 펌프의 1단계로 들어간다. 여기서 압송된 연료는 2단계 펌프와 열교환기(fuel-oil exchanger)로 간다(그림 4-22).

열교환기에서 가열된 고압의 연료는 연료여과기(fuel filter)로 들어가며, 여과된 연료는 엔진 주 연료장치(MEC : Main Engine Control)로 들어간다.

여기서 여과기가 막혔을 경우, 즉 여과기의 입구압력과 출구압력의 차압이 30psi이면 바이패스 릴리프 밸브(bypass relief valve)가 열리기 시작하며 이 차압이 40psi에 달하게 되면 완전히 열려 여과되지 않은 연료가 바로 주 연료장치(MEC : Main Engine Control)로 들어가게 된다.

여과기에서 차압 스위치는 평상시에는 OFF되어 있으며, 여과기가 이물질과 불순물로 인해 막히면 스위치는 ON되며 조종실의 기관사 계기판에는 호박색등(amber light)이 켜진다.

연료여과기의 차압이 19.5psi로 감소되면 스위치는 OFF가 되고 호박색등은 꺼지게 된다.

주 연료장치에 들어온 연료는 미터링 밸브에 의해서 연료량을 조절하며 과잉의 연료는 바이패스 밸브를 통해서 연료 펌프로 다시 보낸다.

연료량의 제어는 압축기 입구온도(CIT)와 압축기 출구압력(CDP) 감지기(sensor)에서 압력을 받아 작동된다.

주 연료장치에서 조절된 연료는 P & D(pressurizing & dump(drain)) 밸브를 통하여 연료흐름지시기(fuel flow transmitter)로 간다.

연료흐름 지시기를 통과한 연료는 연료다기관으로 들어가며, 연료다기관에서는 연료 노즐로 연료를 공급, 연소실로 분사된다.

이 경로를 다시 정리하면 다음과 같다.

엔진 정지 후 P & D밸브는 닫혀 있는 위치에 있으며 주 연료장치의 차단 밸브도 닫혀 있다.

그러나 이 밸브가 닫힘으로써 연료다기관(fuel mainifold)에 남아 있는 연료는 배출구를 통해서 배출 체임버로 가서 배출된다.

연료부족으로 인해서 엔진 연소정지 후 재 시동 시 증기배출 솔레노이드 스위치(vapor vent solenoid switch)는 엔진 연료장치로부터 증기(vapor)를 제거시켜 준다.

또 블리드부가 고장 시 주 연료장치는 압축기 출구압력의 감소로 인해서 연료배출량을 저속상태 이하로 감소시킨다.

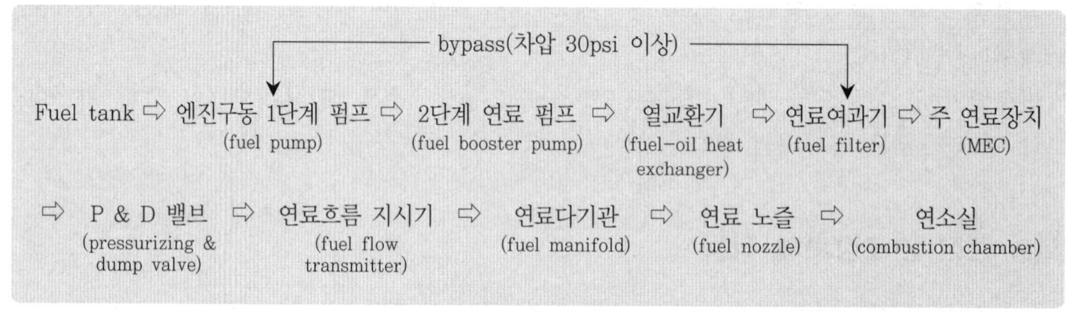

그림 4-22 엔진 연료장치의 작동

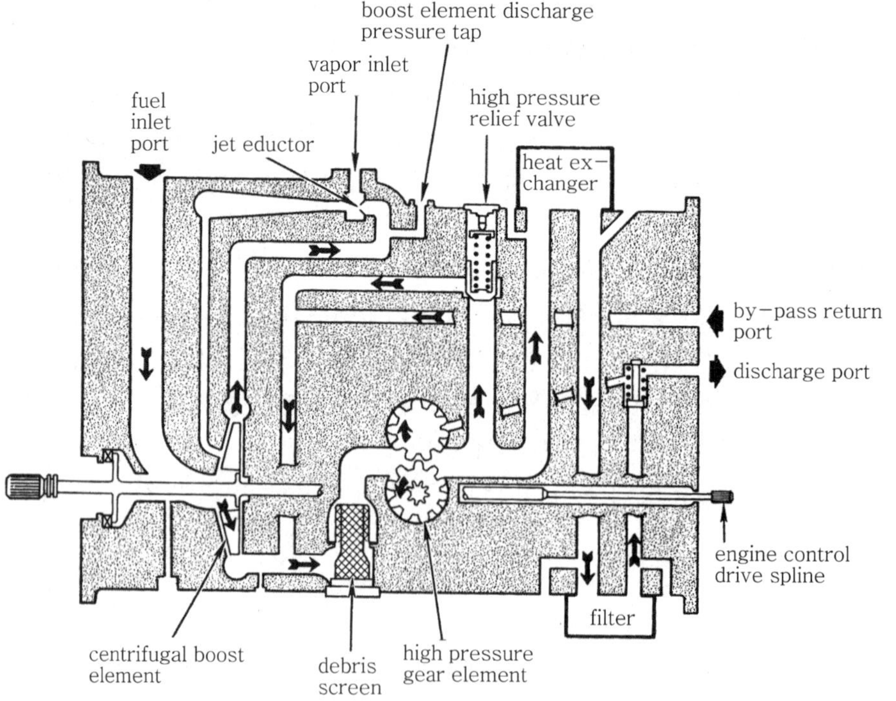

그림 4-23 CF6 Fuel Pump Schematic

CHAPTER 05

윤활장치

Lubrication system

Section 01 ─ 가스 터빈 오일

초기에는 왕복 엔진의 오일과 마찬가지로 광물성유(mineral oil)를 사용하였으나 오일의 구비조건에 부적합하므로 그 후 우수한 합성유(systhetic oil)가 개발되어 현재 거의 이 종류의 오일이 사용되고 있다.

합성유는 일종의 에스테르(ester)유에 여러 가지 첨가제를 가한 것으로, type I 오일과 type II 오일로 크게 나뉜다. type I 오일(MIL-L-7808)은 1960년대 전반까지 세계적으로 사용되어온 초기의 합성유이며 그 후 보다 가혹한 사용조건에 적응시키기 위하여 새로이 type II 오일(MIL-L-23699)이 개발되어 현재 거의 이 type II 오일이 사용되고 있다. 표 5-1은 type II 오일의 규격 특성을 요약한 것이다.

표 5-1 type Ⅱ oil의 규격

	MIL-L-23699A
점도 :	
210°F(98.9℃), Centistoke	5.0~5.5
100°F(37.8℃), Centistoke	최소 25.0
−40°F(−40℃), Centistoke	최대 13,000
비중 :	
60/60°F	0.995~1.005
유동점, °F(℃)	최대 −65(−54)
인화점, °F(℃)	최소 450(232.2)
증발손실, 400°F(204.4℃)	6.5시간 %중량 최대 10

주) stoke란 동점성계수의 $[cm^2/sec]$를 의미한다.

Section 02 — 가스 터빈 오일의 구비조건

가스 터빈 엔진 오일은 여러 가지 악조건에서 작동되기 때문에 다음과 같은 요건을 갖추어야 된다.

① 낮은 점성(viscosity)과 유동점(pour point) : 고고도에서는 엔진 온도가 −60°F까지 내려갈 수 있으므로 이러한 조건하에서도 빠른 재시동과 윤활부의 신속한 오일 공급을 가능하게 하기 위한 필요 조건이다.

② 높은 점도 : 오일의 점도지수가 너무 낮으면 엔진이 작동온도에 달하였을 때 유막의 두께가 너무 얇아져서 베어링이나 기어의 부하를 지탱하지 못하고 유막이 파괴되므로 점성이 높아야 한다.

③ 높은 인화점 : 고온작동부분(hot section)에 접하였을 경우 오일이 연소되지 않기 위하여 인화점(flash point)이 충분히 높아야 한다.

④ 큰 산화안정성 : 이것이 크면 산화작용으로 인한 부식, 침전물 형성 등을 최소로 할 수 있다.

⑤ 큰 거품저항성(resistance to foaming) : 제트 엔진의 경우에는 오일 펌프 또는 베어링 펌프에서의 오일과 공기와의 혼합현상이 심하고 이에 따라 다량의 공기가 오일 탱크로 유입되므로 오일−공기의 분리성이 양호하여야 대기로의 오일 누설을 감소시킬 수 있게 된다.

Section 03 — 가스 터빈 윤활장치 일반

가스 터빈의 윤활계통은 왕복 엔진의 윤활장치와 유사한 점이 많다. 오일 저장 탱크는 엔진 근처나 엔진에 부착되어 있고, 오일은 주 압력 펌프에서의 배출압력으로 엔진의 기어나 베어링 등 회전부를 윤활한다.

윤활계통은 라인(line)에 압력이 과도하게 상승되는 것을 방지하는 릴리프 밸브와 윤활유에서 이물질을 걸러내는 여과기를 가지고 있다. 엔진 내부의 오일은 한 개 또는 그 이상의 섬프(sump)로 윤활 후 배출되며, 배출된 오일은 섬프에서 소기 펌프(scavenge pump)에 의해서 오일 탱크로 돌아온다. 엔진부를 윤활한 오일은 온도가 어느 정도 상승되어 있기 때문에 오일을 냉각시키며, 연료를 가열시켜 주는 오일 냉각기(fuel−oil cooler)가 있다.

엔진 내에서 귀송(return)되는 모든 오일은 이 냉각기를 통하여 돌아온다. 냉각기에서 뜨거운 오일은 파이프를 통해서 흐르며 연료는 그 주위를 흘러가기 때문에 오일은 냉각되고, 연료는 가열된다.

현재 대부분의 고성능 엔진에 사용하고 있는 오일은 고열에 견딜 수 있는 광물성유를 사용하며 주로 사용하고 있는 광물성 오일은 MIL-L-7808과 MIL-L-23699이다.

가스 터빈 엔진의 오일 소모량은 동일출력 시 왕복 엔진에 비하여 낮다. 예를 들어 J79 엔진의 최대 오일 소모량은 2.0lb/hr이며, 이에 상당하는 R3350 엔진은 약 50lb/hr 정도이다.

가스 터빈 엔진의 오일 소모량은 실(seal)의 효율에 따른다. 그러므로 오일은 내부 누설을 통하여 소모된다. 어떤 경우에는 여압이나 환기(vent)계통의 고장으로 인하여 먼지나 오일이 축적되며, 이것이 엔진 공기흐름에 큰 저항을 줌으로써 엔진 효율의 감소를 나타내며 아울러 연료소비율(SFC : Specific Fuel Consumption)이 증가된다. 오일 소모량이 적을 때는 오일 탱크의 용량이 엔진 크기에 비해 너무 작을 경우에도 일어난다.

탱크의 용량은 1/2~8gal까지이며, 계통 내의 압력은 저속에서 18psi 냉간시동 시 200psi까지이다.

정상적인 압력과 온도는 약 50~100psi, 200°F 정도이다. 일반적으로 주 베어링과 액세서리 구동 기어와 프로펠러 기어 등에는 냉각과 윤활계통이 같이 되어 있다.

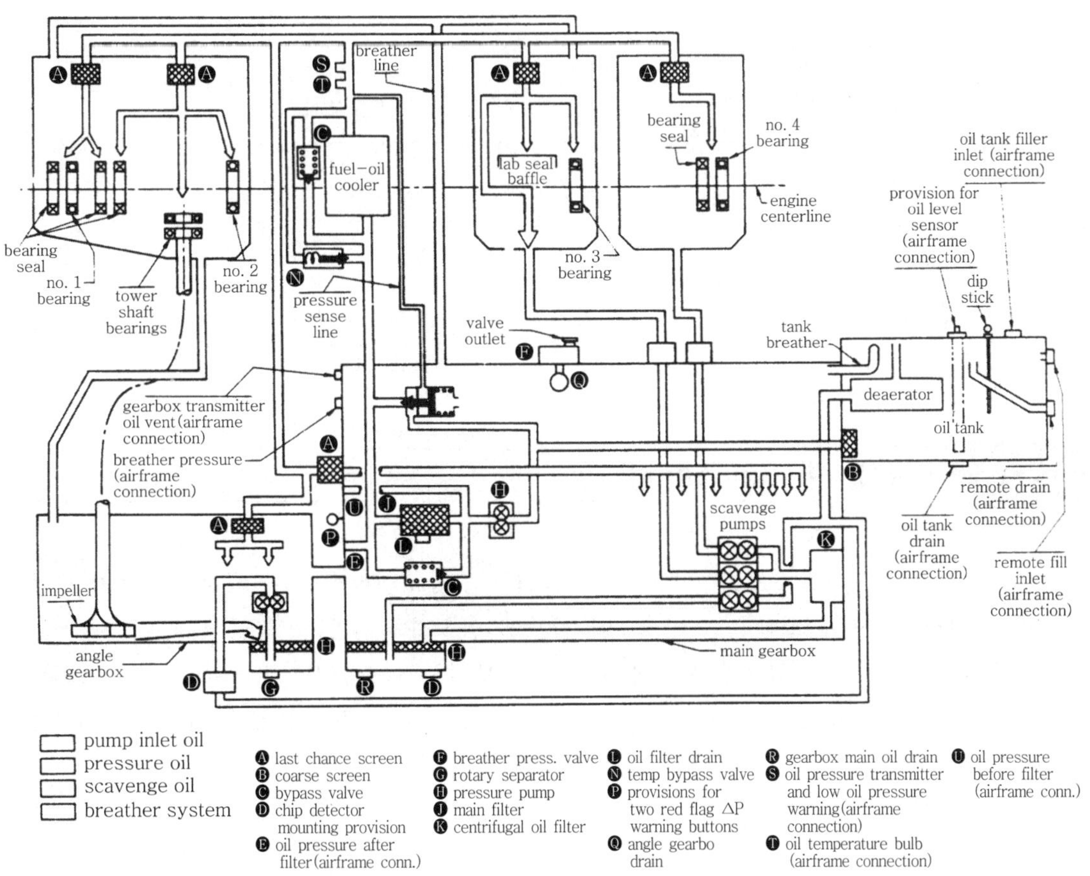

pump inlet oil	Ⓐ last chance screen	Ⓕ breather press. valve	Ⓛ oil filter drain	Ⓡ gearbox main oil drain
pressure oil	Ⓑ coarse screen	Ⓖ rotary separator	Ⓝ temp bypass valve	Ⓢ oil pressure transmitter and low oil pressure warning(airframe connection)
scavenge oil	Ⓒ bypass valve	Ⓗ pressure pump	Ⓟ provisions for two red flag ΔP warning buttons	Ⓤ oil pressure before filter (airframe conn.)
breather system	Ⓓ chip detector mounting provision	Ⓙ main filter	Ⓠ angle gearbo drain	Ⓣ oil temperature bulb (airframe connection)
	Ⓔ oil pressure after filter(airframe conn.)	Ⓚ centrifugal oil filter		

그림 5-1 Oil System schematic

현대의 항공기에는 드라이 섬프(dry sump) 계통을 사용하며 이 계통은 오일 탱크가 기체나 엔진에서 분리된 탱크에서 공급받는다(그림 5-1).

이에 상반되는 웨트 섬프(wet sump) 계통은 오일을 엔진 내부에서 자체 흡입 사용하고 있다. 웨트 섬프는 J33 엔진에 사용했다.

Section 04 ─ 오일 장치의 구성품

가스 터빈에 사용되고 있는 오일 장치의 구성품은 다음과 같다.

① 탱크(tank)
② 압력 펌프(pressure pump)
③ 소기 펌프(scavenge pump)
④ 여과기(filter)
⑤ 오일 냉각기(oil cooler)
⑥ 릴리프 밸브(relief valve)
⑦ 브리더와 압력계통(breathers & pressurizing components)
⑧ 압력과 온도 게이지(pressure & temperature gage)
⑨ 온도 조정기 밸브(temperature regulating valve)
⑩ 오일 제트 노즐(oil jet nozzle)
⑪ 피팅(fitting), 밸브(valve)
⑫ 실(seal)

Section 05 ─ 오일 탱크(oil tank)

탱크는 기체나 엔진에 장착되어 있으며 일반적으로 알루미늄이나 강을 용접하여 만들었고 오일을 저장할 수 있게 되어 있으며, 오일 펌프에 일정하게 오일을 공급해 준다.

탱크에는 vent 장치가 있으며 오일에서 공기를 분리시키는 분리기(deaerator), 오일량 측정계(oil level transmitter), 여과기(coarse mesh screen), 오일 흡입과 출구 등으로 되어 있다(그림 5-2).

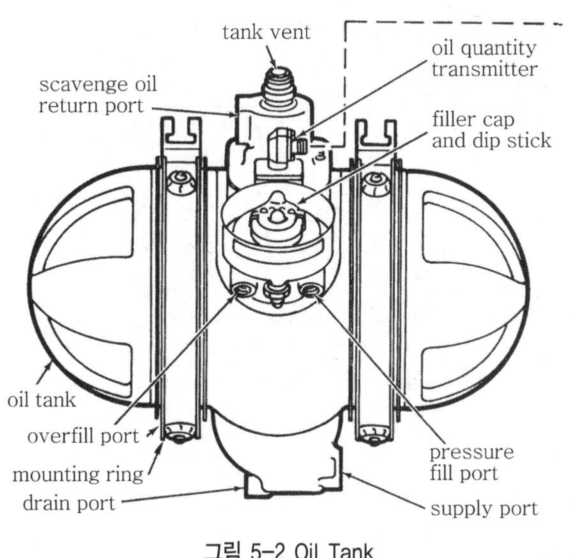

그림 5-2 Oil Tank

Section 06   오일 펌프(oil pump)

기어와 제로터(gerotor) 펌프는 가스 터빈 엔진의 윤활계통에 주로 사용한다. 기어 펌프는 구동과 피동 기어로 되어 있으며 펌프가 회전하면 기어 이와 펌프 케이스 사이에 형성되는 홈 사이로 유입된다.

압력의 상승은 엔진 rpm에 비례하며 릴리프 밸브가 열려 있는 시간에 관계가 있다.

그림 5-3에서 보는 바와 같이 펌프 하우징의 내부 양면에 릴리프 밸브가 있으며 지로터 펌프는 2개의 내부 로터와 외부 로터로 되어 있으며 내부 로터 이(teeth)는 외부 로터의 이(teeth)보다 1개가 적다.

한 개의 작은 이 사이로 오일이 들어와 배출된다.

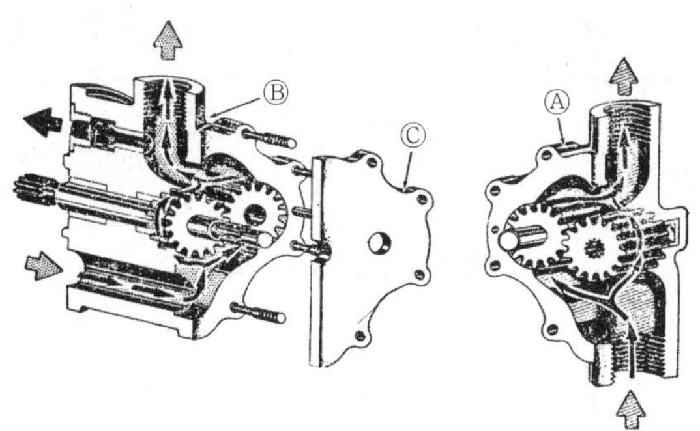

그림 5-3 (a) Gear type pump

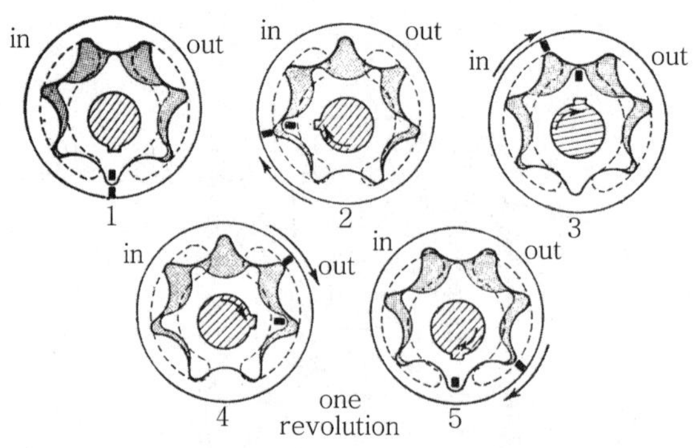

그림 5-3 (b) Gerotor type pump

Section 07 — 소기 펌프(scavenge pump)

이 펌프는 압력 펌프와 같으나 총 용량은 압력 펌프보다 크다. 엔진은 여러 부분에서 오일을 배출하려고 여러 개의 소기 펌프를 가지고 있다(그림 5-4).

다른 용량이 같은 속도에서 발생되나 펌프 기어의 크기가 다르다.

소기 펌프는 주로 베인형(vane type)만 사용한다.

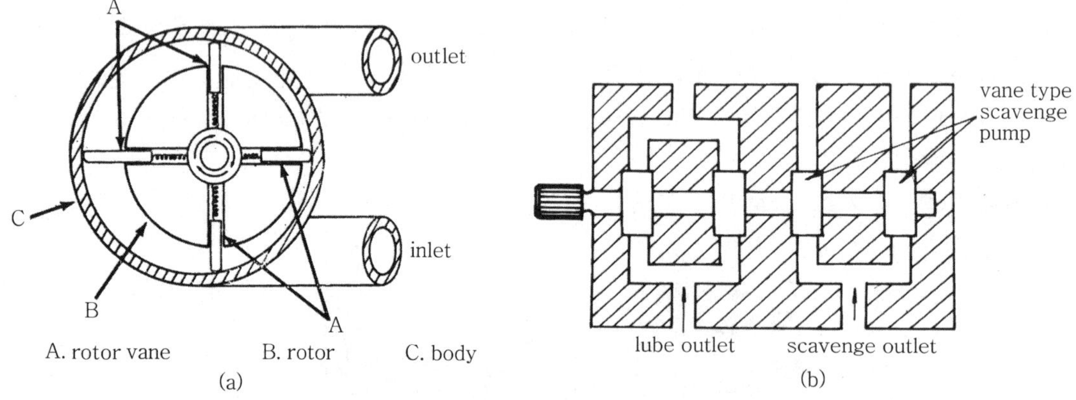

그림 5-4 Vane type pump

Section 08 — 여과기(filter)

제트 엔진에 사용되는 여과기는 크게 3가지로 분류한다.

① 카트리지형(cartridge type)

② 스크린형(screen type)

③ 스크린디스크형(screen disk type)

카트리지 여과기는 주기적으로 교환하여야 한다.

그러나 나머지 형은 세척하여 다시 사용할 수 있다. 스크린 디스크형 여과기는 그림 5-5에 나타내었고 모든 여과기는 바이패스와 릴리프 밸브가 있다.

이것은 여과기 내부나 계통의 중간에 있으며 여과기가 막혔을 경우 오일을 바로 여과하지 않고 계통으로 흐르게 해 준다.

이 밸브는 계통의 차압이 약 15~20psi 정도되면 밸브가 열린다.

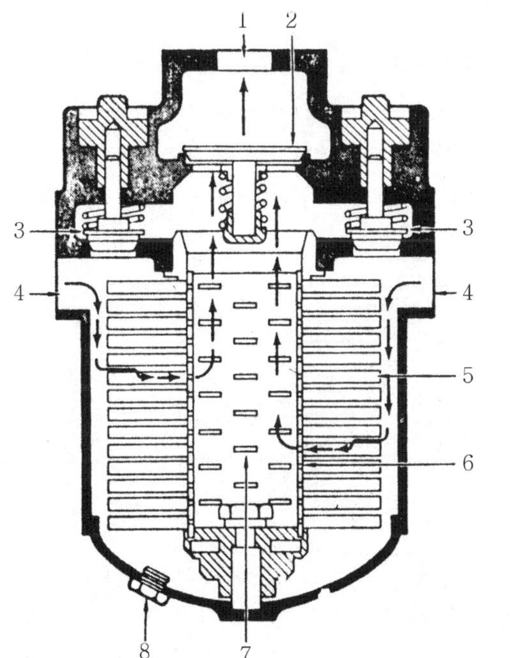

그림 5-5 Oil flow through a typical screen disk filter

Section 09 — 브리더와 가압장치(breather & pressurizing system)

현용 엔진의 내부오일 누설은 엔진 압축기 블리드 공기를 베어링 섬프부에 가압하여 누설을 최소로 하여준다.

섬프 내의 공기흐름은 실(seal)의 반대방향에서 가압하기 때문에 누설을 줄여준다. 오일 소기 펌프는 압력 펌프보다 용량이 크며, 그리고 베어링 섬프와 기어 박스에서 나오는 양보다 더 많은 오일을 흡입한다. 왜냐하면 펌프는 일정배출형이고, 섬프에서 배출공기에 의해서 오일의 결핍을 보상해 준다.

섬프나 탱크의 압력은 2개의 연결된 라인(line)에 의해서도 밀폐 유지되며, 섬프의 압력이 탱크의 압력보다 클 때 섬프의 체크 밸브가 열리며 섬프의 초과된 압력을 탱크에 보낸다. 밸브는 탱크 부분으로만 흐르게 되어 있다. 오일이나 탱크의 증기는 섬프부에 차 있지 못한다. 탱크압은 대기압보다 조금 적게 유지된다. 소기 펌프와 섬프 체크 밸브의 기능은 섬프나 기어 박스에 저압이 걸렸을 경우에 작동이 된다.

내부 섬프의 압력은 섬프 내에 오일 실을 지난다. 이유는 섬프 내에서 실 공기누설을 시키며 섬프 내의 저압을 유지시켜 준다.

실의 누설이 내부압력을 일정하게 하나 압력을 유지해주는 데 충분하지 않다면 섬프 내부의 체크 밸브는 탱크압 밸브를 열어 계통 내에 외부공기가 들어가게 해준다. 실 누설이 섬프와 기어 박스 내부의 적당한 압력을 초과할 때 대기압과 같이 된다.

탱크 압력은 항상 섬프와 탱크압 밸브에 의해 대기압보다 조금 높게 유지된다(그림 5-6).

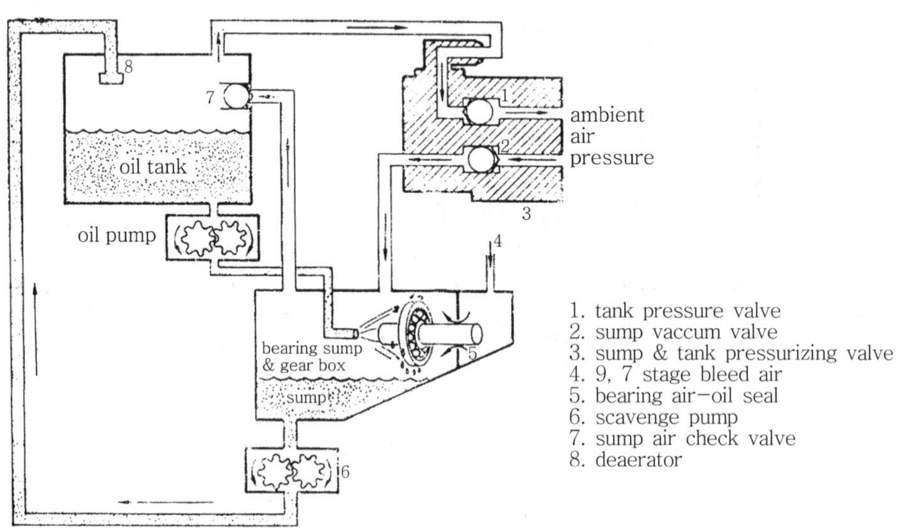

그림 5-6 Breather & pressurizing system

Section 10 — 실(seal)

가스 터빈에 사용하는 다이내믹(running) 실은 크게 2개의 그룹으로 나누어진다.

1 접촉 실(rubbing or contact seal)

이것은 주로 카본(carbon)이나 고무합성물로 되어 있다(그림 5-7).

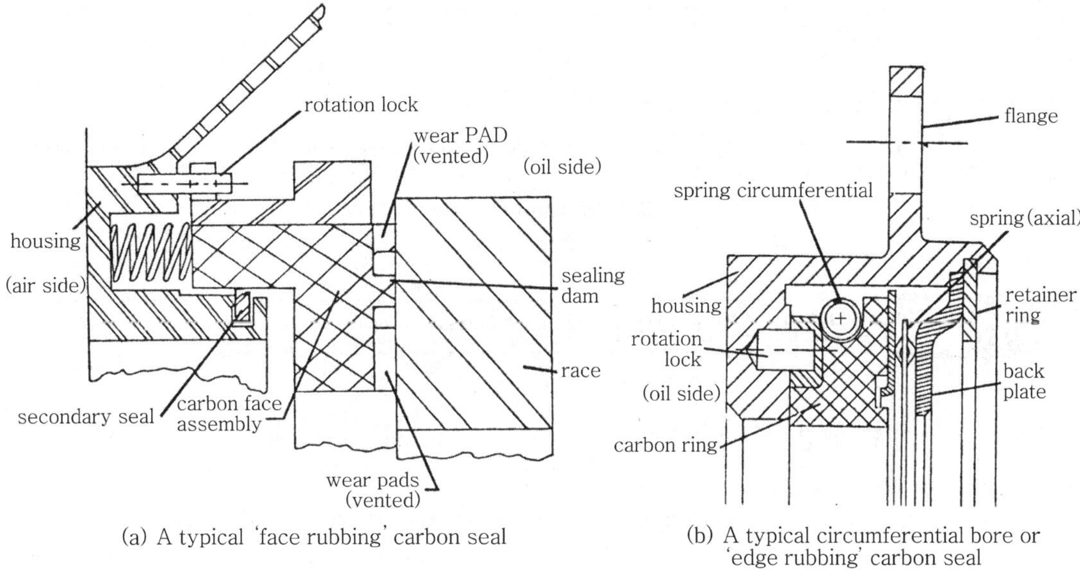

(a) A typical 'face rubbing' carbon seal　　(b) A typical circumferential bore or 'edge rubbing' carbon seal

그림 5-7 Rubbing seal

2 비접촉 실(nonrubbing labyrinth or clearance seal)

양 실은 압력, 온도, 속도에 따라 실 물질이 결정된다.

접촉 실은 최소한의 누설을 허용하는 곳에 사용한다.

예를 들어 액세서리 구동축 등에 사용하며 이것은 hot section에는 사용금지이다. 비접촉 실은 주로 엔진 주요부에 사용된다(그림 5-8).

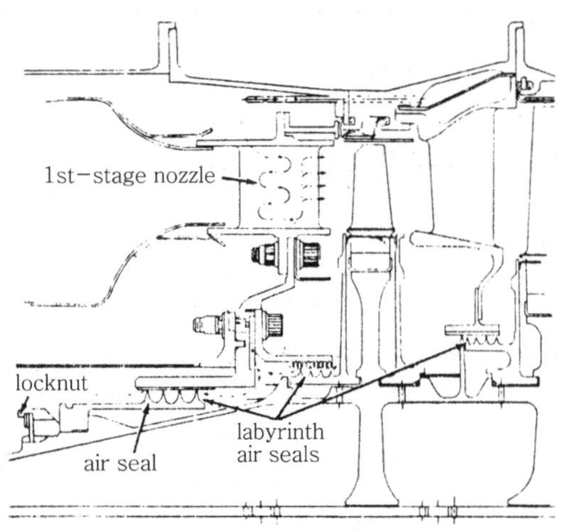

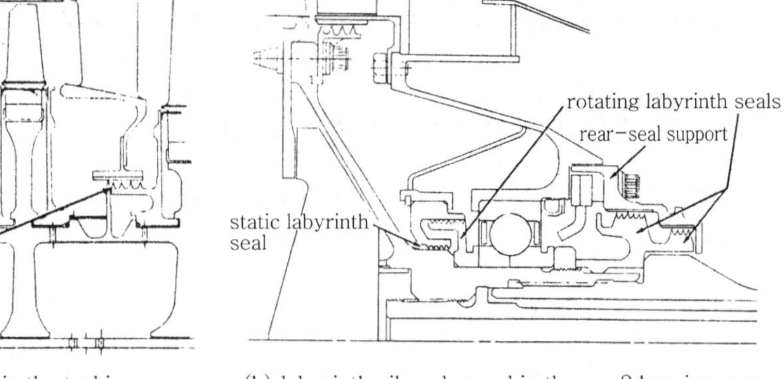

(a) labyrinth air seals used in the turbine area of the general electric T58 engine

(b) labyrinth oil seals used in the no. 2 bearing area of the general electric T58 engine

그림 5-8 Labyrinth seal

Section 11 — CF6 엔진 오일 장치(oil system)

엔진 오일 장치는 엔진 내부에 있으며, 중앙 벤트(vent)식이며 액세서리 구동과 엔진 베어링부에 고압의 윤활유를 공급한다.

소기장치(scavenge system)는 액세서리부와 베어링부에서 오일을 분리하여 오일 탱크에 오일을 귀송시킨다.

여과기(oil filter)는 규정된 범위 내에서 오일 내부의 함유된 오물을 분리시키고, 연료-오일 열교환기(fuel-oil heat exchanger)에서는 오일의 온도를 냉각·유지시킨다.

오일 계통은 다음과 같은 것으로 구성되어 있다.

① 오일 공급장치

주축 지지베어링과 기어 박스 내부의 기어 및 베어링부에 오일을 공급하여 윤활한다.

② 오일 소기장치

소기, 여과기, 냉각계통은 재순환된 오일을 사용한다.

③ 오일 실과 압력 장치

압력 섬프 오일 실은 공기와 같이 섬프 실의 누설을 조절하기 위해 차압을 만든다.

④ 섬프 벤트 장치

일정한 차압을 유지하기 위해 오일 실(seal)을 통해서 섬프로 들어가는 공기를 배출시킨다.

⑤ 오일 실 배출장치

오일 실 외부누설을 배출시킨다.

1 작동원리

CF6 엔진의 윤활장치는 드라이 섬프식, 재순환식이며 윤활 및 베어링, 스플라인과 섬프 등을 윤활한다.

이 계통에 사용하는 오일은 D50TF, ESSO2380, Mobile Jet Ⅱ, Texaco SATA7730 등을 주로 사용한다.

엔진의 오일 소요량은 대략 0.7lb/h 정도이며 1/2quart/h 이하이다.

그림 5-9는 오일 공급 및 소기장치의 기능 및 조종석계기 등을 나타낸 것이다.

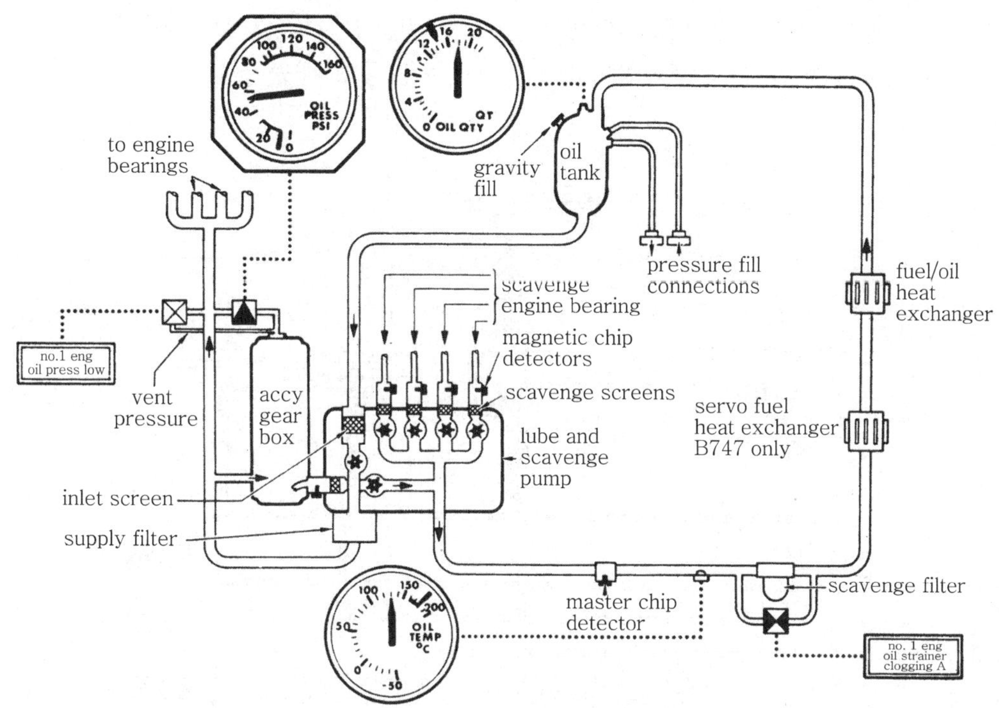

그림 5-9 Engine oil system functional diagram

오일은 오일 탱크에서 중력에 의해서 윤활유 펌프나 소기 펌프로 유입되며 펌프에서 가압된 오일은 각 부분으로 공급된다.

조종석에는 오일량 게이지, 오일 압력 게이지, 저압 경고등 같은 오일계기가 있다.

오일은 5개의 섬프(sump)의 소기 라인(scavenge line)에서 소기 펌프(scavenge pump)를 통해 귀송(return)된다.

이 엔진에는 A, B, C, D 섬프가 있으며 이 섬프의 역할은 다음과 같다(그림 5-10).

  ① A섬프 : NO.1, 2, 3 엔진 베어링, 기어 박스 베어링, 기어 또는 스플라인부의 윤활 및 냉각

  ② B섬프 : NO.4R, 4B 엔진 베어링 윤활

  ③ C섬프 : NO.5, 6 엔진 베어링 윤활

  ④ D섬프 : NO.7 베어링 및 섬프 후부 냉각

A, B, C 섬프의 오일 실은 저압 압축기(LPG) 방출 공기에 의해서 가압된다.

D섬프의 오일 실은 팬 중간축공기, 터빈 후부 프레임 벤트 공기에 의해 가압된다.

A섬프의 배출은 NO.1 베어링 전방 6시 방향위치에서 배출된다.

B섬프의 배출은 압축기 후부 프레임의 NO.5 스트럿(strut)을 통해서 배출된다.

C섬프의 배출은 터빈 중간 프레임의 NO.7 스트럿을 통해 배출된다.

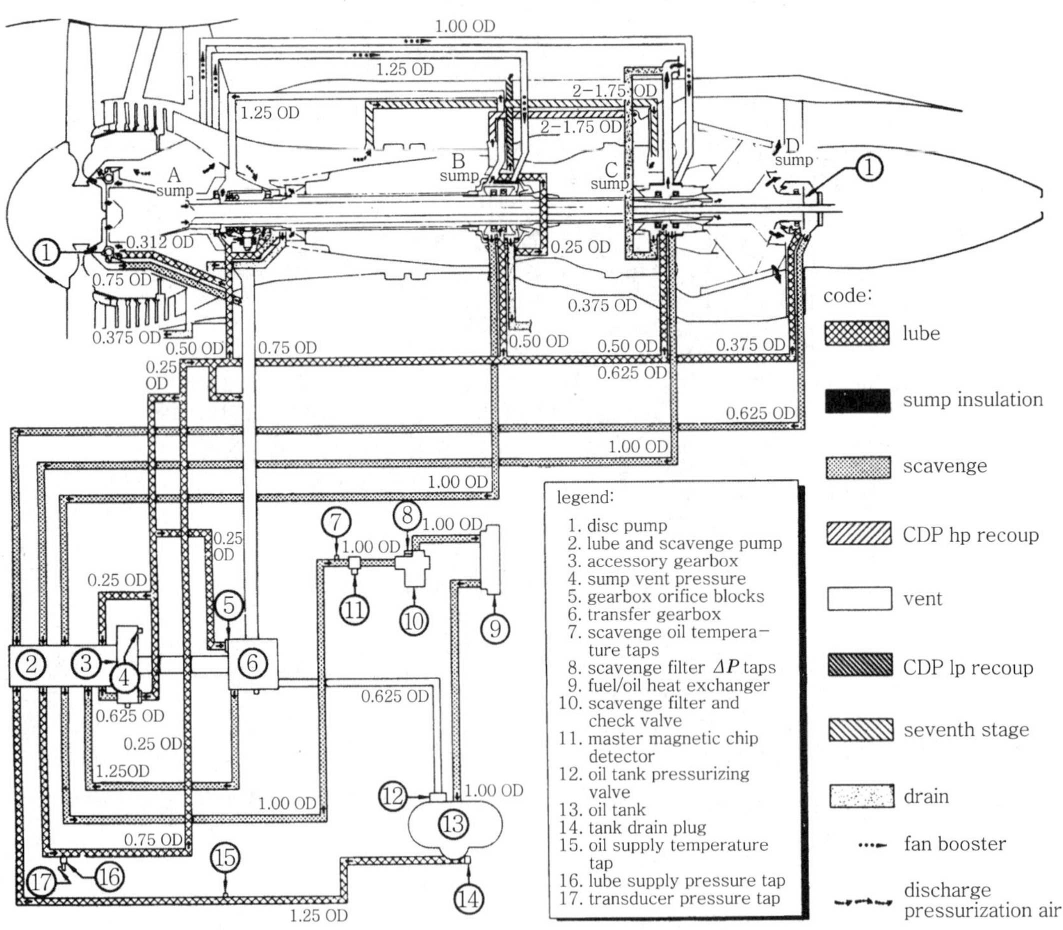

그림 5-10 CF 6-50/DC10/A 300B Lube system Schematic

2 오일 탱크(oil tank)

오일 탱크는 원형모양의 알루미늄으로 만들어져 있으며 나셀(nacelle)의 열영향 및 오일부식을 방지하기 위해 실리콘 고무로 입혀져 있다. 엔진 팬부분의 4 : 30 방향에 완충 고정되어 있다.

오일 탱크의 여압계통은 왕복 엔진의 여압계통과 유사하다.

3 윤활 및 소기 펌프

펌프는 베인형으로 70psi의 방출압력을 내며 용량은 14.5gpm이다. 5개의 베인형 펌프는 섬프에서 소기 오일을 펌프질하며 다른 하나는 공급다기관에서 펌핑한다.

트랜스퍼 기어 박스는 60psi의 방출압력하에서 14.5gpm으로 윤활되며

액세서리 기어 박스	3.9gpm
B섬프(sump)	8.9gpm
C섬프	5.9gpm
D섬프	5.0gpm

60psi의 압력으로 작동한다.

윤활 및 소기 펌프의 각 입구에는 정비(교환, 세척) 가능한 여과기(0.030×0.030)가 있다.

필터 바이패스 밸브는 차압이 40~50psi 이상일 때 오일이 필터 주위로 흐르게 하며 압력 감지부는 여과기의 차압을 측정할 수 있으며 조종석에서는 바이패스되는 것을 알 수 없다.

4 열교환기(heat exchanger)

이것은 소기 오일을 이용하여 연료를 가열시키며, 또한 오일을 냉각시키는 역할을 한다.

여기서 압력 릴리프 밸브는 체임버(chamber) 내의 오일이 저온·저압이 되었을 때까지 소기오일을 바이패스시킨다(그림 4-18).

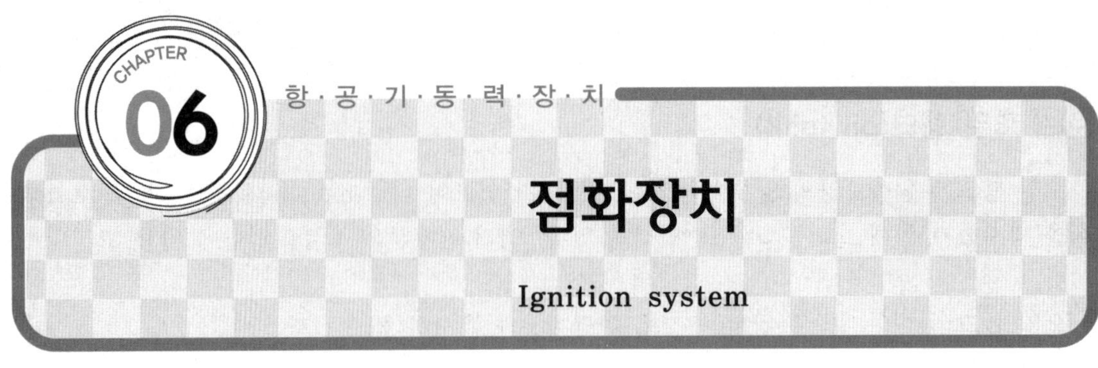

점화장치

Ignition system

제트 엔진의 점화장치는 왕복 엔진의 점화장치와 같이, 사용목적은 동일하나 왕복 엔진의 점화장치와 같이 계속해서 작동이 되는 것이 아니라 시동 시 몇 초 동안에만 점화장치가 요구된다.

항공기가 비행 중 시동이 꺼졌을 경우 재시동을 할 경우에는 점화계통을 이용할 수 있도록 되어 있다. 일반적으로 제트 엔진의 혼합가스를 점화시키는 것은 연소실 내의 와류현상과 빠른 공기속도 때문에 왕복 엔진의 경우보다 난점이 많다. 또 제트 엔진의 연료는 왕복 엔진의 연료보다 휘발성이 낮고 기화가 잘 안되므로 연소하기가 어려운 점이 있다.

그래서 제트 엔진의 점화계통은 고압, 고에너지 계통의 점화장치를 요한다.

전기회로 상의 동력과 에너지의 관계는 다음과 같이 구분할 수 있다.

동력은 시간당 일의 양이다. 일반적으로 동력의 측정은 마력으로 나타낸다. 이것의 비율은 1마력은 33,000ft-lb/min로 나타내며 전력으로는 Watt로 나타낸다. 1W는 1J/s로 나타낸다.

에너지는 한 일의 능력으로 나타내며 동력과 시간의 합은 에너지로 나타낸다. 전기적 에너지는 전력과 시간의 곱이다. 전기적 에너지는 킬로와트 시간(kWatt-four)으로 표시한다.

1kWatt-hour는 아래와 같다.

$$1\text{kW} - \text{hr} \times \frac{1{,}000\text{Watts}}{1\text{kW}} \times \frac{3{,}600\text{sec}}{1\text{hr}} = 3{,}600{,}000\text{Watt} - \text{sec}$$

1J은 1Watt-sec와 같다. 그러므로 1kW는 3,600,000J과 같다. J은 매우 작은 양의 에너지이다. 그래서 동력의 큰 양을 얻을 수 있다. 에너지를 나타내면 다음과 같다.

$$W = Pt \quad \text{(a)}$$

여기서, W : 줄의 에너지
  P : Watt의 힘
  t : 시간(sec)

(a)식으로부터 압력을 구하면 다음과 같다.

$$P = \frac{W}{t} \quad \text{(b)}$$

(b)에서 줄에너지는 시간의 변화에 따라 증폭이 된다.

t(sec)	P(Watt)
100	0.02
10	0.20
1	2.00
10^4	200.00
10^5	2,000.00
10^7	20,000.00

● 예제

점화장치는 1.4J로 만들어진다. 그러므로 점화 이그나이터에는 0.5J이 사용된다. 이것의 방전시간이 약 25마이크로초이면 일의 양은?

$$P = \frac{W}{t} = \frac{0.5}{25 \times 10^{-6}} = 0.02 \times 10^6$$
$$\therefore \ P = 20,000\text{Watt}$$

주 엔진 점화장치와 후기 연소기 점화장치는 2중 출력 충방전식에 의해서 되며, 혼합기의 연소는 하나의 이그나이터에 의해서 된다. 엔진 이그나이터 플러그는 연소기 내부에 설치되어 있으며 후기연소기 이그나이터는 디퓨저에 고정되어 플레임홀더(flame-holder)부에 돌출되어 있다(그림 6-1).

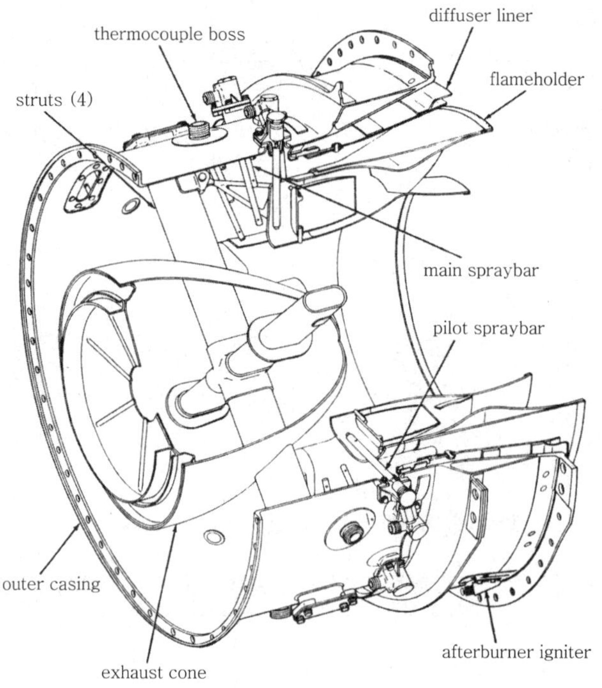

그림 6-1 (a) Afterburner diffuser

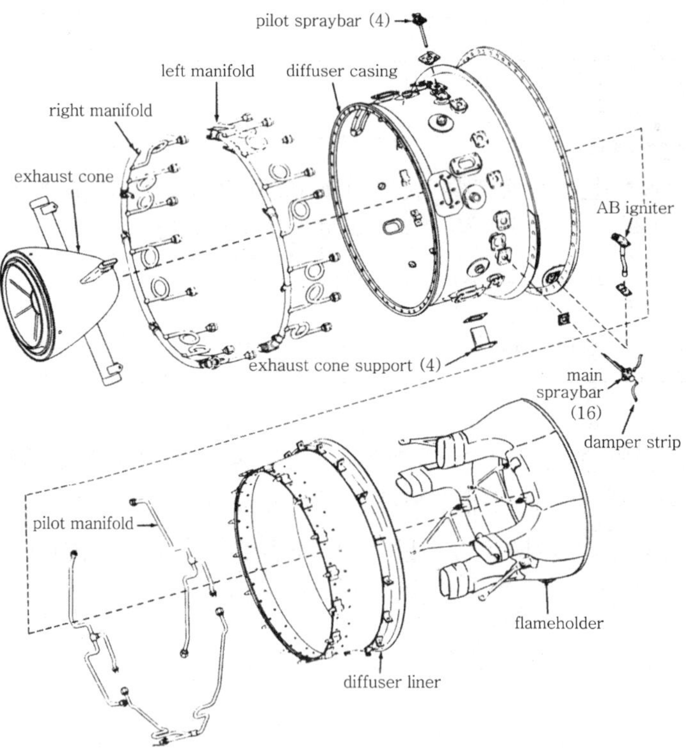

그림 6-1 (b) Diffuser components

전원을 받아 일차적으로 트랜스포머(power transformer)에 보내며 유도기(inductor)는 전원을 거르며 입력전압과 주파수를 방전–전압까지 제어한다. 여기서 축전기는 라디오 잡음을 감소시켜 준다. 트랜스포머는 전압을 승압시켜 주며 이 전압은 축전지(storage capacitor)에 충전이 되며 이 전압이 이그나이터의 캡 사이를 완전히 이온화시킬 때까지 에너지를 축적하였다가 방전한다(그림 6-2, 3).

캔형(can type)의 연소실 엔진은 이그나이터의 불꽃이 플레임튜브(flame-tube)를 통해 각 캔에 화염이 전달된다.

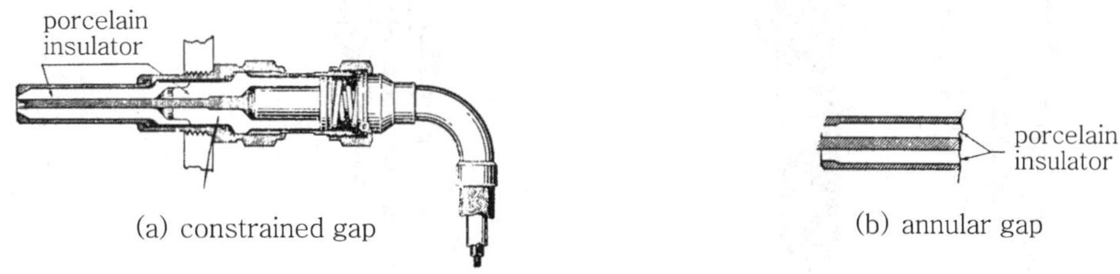

그림 6-2 Two type of sparkplug gap

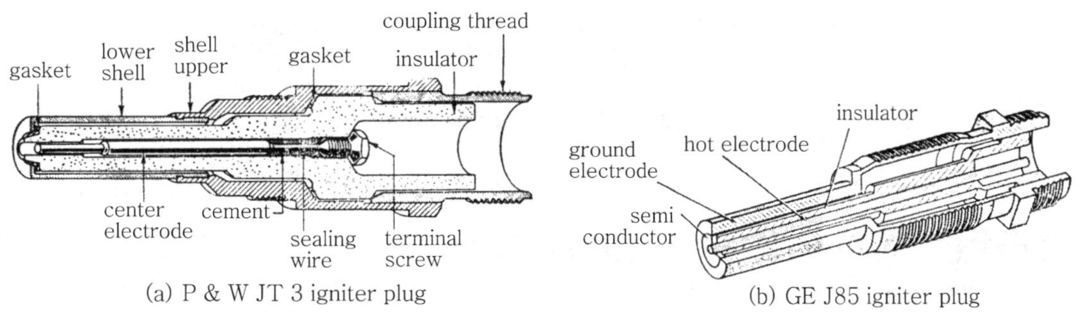

그림 6-3 Igniter plug

Section 02 — 이그나이터(igniter)

가스 터빈 엔진의 이그나이터(igniter)는 왕복 엔진에 사용하는 점화 플러그(spark plug)와 목적은 동일하나 모양과 구조는 다르다.

이그나이터는 크기와 모양이 표준화되어 있지 않으므로 검사나 정비시는 반드시 해당 정비지침서(maintence manual)를 준수하여야 한다.

그림 6-4는 이그나이터 플러그의 각기 다른 형을 보이고 있다.

이그나이터는 점화 플러그 보다는 낮은 작동압력에서 작동된다. 그러나 전극사이의 간격은 점화 플러그보다는 크다.

이그나이터의 주 전원은 대단히 큰 에너지를 공급받는다. 불꽃은 백색 고열 불꽃과 고압이 형성된다. 이 불꽃은 이그나이터의 중심 전극과 바깥 셀(outer cell)부분을 방전한다. 즉, 전기적 에너지가 극 사이를 통하며 이것은 극 사이의 공기 간격이 완전히 이온화될 때까지 전류를 증가시키며 극 사이가 완전 이온화되었을 때 방전이 되어 점화된다.

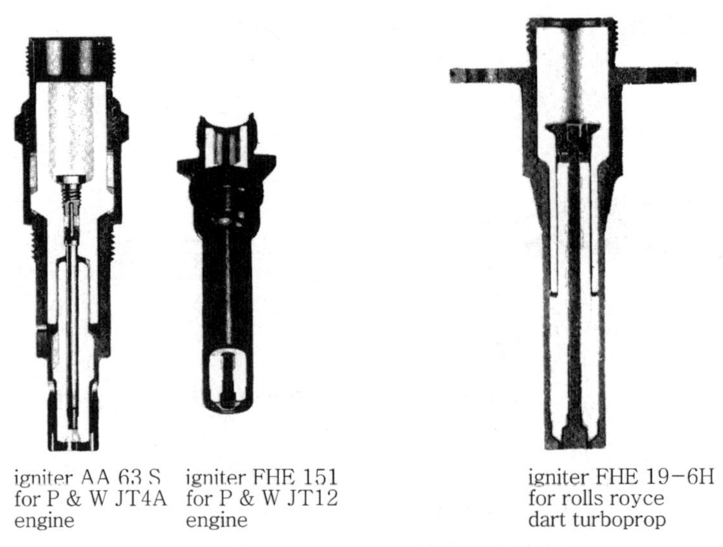

그림 6-4 Turbine igniter plugs

Section 03 — 대형 항공기의 점화장치

대형 항공기의 엔진의 점화계통은 엔진에 2개가 있다. 이 회로는 고출력 회로와 연속 출력 회로 구분되어 있다.

(1) 고출력 시동회로

고출력 시동회로는 엑사이터 박스(exciter box)에 28VDC가 공급되며, 이 전압은 2개의 이그나이터에 고압 맥류전류를 보내준다.

(2) 저출력 연속회로

저출력 연속회로는 엑사이터 박스에 115VAC 전압을 사용하며 이 출력은 이그나이터 플러그 하나에만 전류를 보내준다. 순항 시에나 이·착륙 시에 난류나 악조건일 때는 이 계통을 작동시키며 이것은 엔진에 연소정지가 되는 것을 막아준다(그림 6-5).

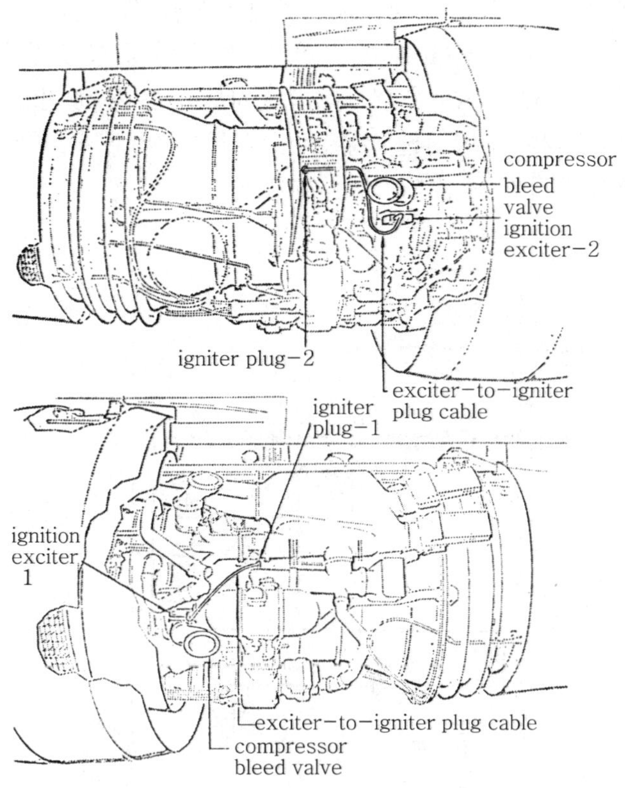

그림 6-5 Ignition system location

현재 가장 많이 사용되고 있는 엔진은 B747과 그밖의 다른 항공기에 사용하고 있는 JT9D 엔진이다. 이 엔진의 점화장치는 현용가스 터빈 엔진 점화장치의 좋은 예가 된다.

이 장치의 회로는 그림 6-6에 보이고 있다.

JT9D 엔진의 점화장치는 General laboratory associates inc에서 제작한 GLA 43035형 이다.

이 점화 계통의 완전한 계통은 2개의 독립된 히트 실드(heat shield)와 완충 마운트(shock mounted) 엑사이터로 구성되어 있다. 각 엑사이터는 점화 에너지를 고압 리드(high tension lead)를 통하여 recess- gap 이그나이터에 공급한다. 엔진팬 공기의 적은 양은 직접 고압 리드와 엑사이터 박스, 이그나이터 등을 냉각시켜 준다. 점화 엑사이터의 입력 전원은 115V, 400Hz, 2.5A를 초과하지 않은 전원으로 공급된다. 엑사이터의 축적 에너지는 4J 정도이며 1J은 1초 동안에 1Ω의 저항에 1A의 전류를 흐르게 하는 일의 양이다. 즉, 0.73732ft-1b와 동등하다. 엑사이터 회로에서 먼저 알 수 있는 것은 회로의 입력으로 항공기 통신장비나 계기와 동일한 전원을 사용하기 때문에 통신장해나 그밖의 오차를 유발시킬 수 있게 그것을 방지하기 위하여 회로 내부에 필터 회로를 사용한다. 이 필터 회로는 reactor와 feed-through 축전지로 구성되어 있다. 필터 회로부터 동력 변압기(power transformer) 1차선을 거쳐 접지되며 변압기의 2차 회로에 승압을 시킨다. 첫 반사이클 동안에 전류는 더블러 축전지(doubler capacitor)를 거쳐 충전된다. 나머지 반사이클 동안 극성이 반대로 되어 접지선 저장 축전지(storage capacitor), 저항 및 더블러 축전지를 통해 동력 변압기에 연결되어 폐회로를 형성한다. 저장 축전지에서 충전된 전류는 이그나이터의 극과 극 사이를 뛰어 넘는다. 즉, 이것이 연소실 내의 혼합기를 점화시키는 것이다.

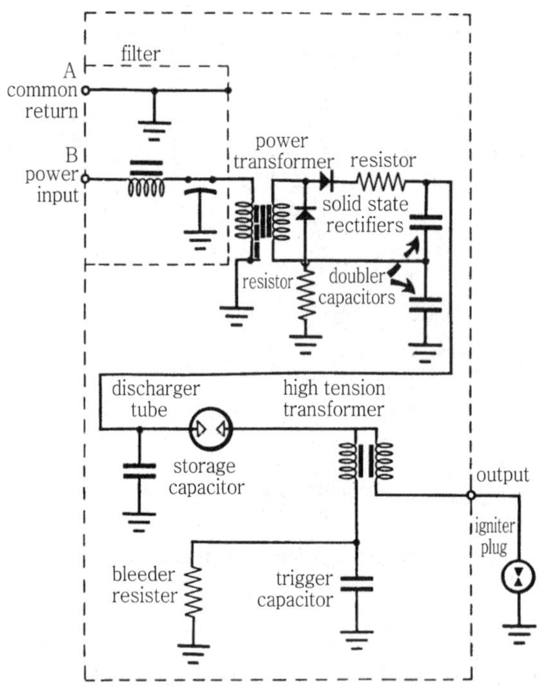

그림 6-6 Ignition exciter wiring schematic

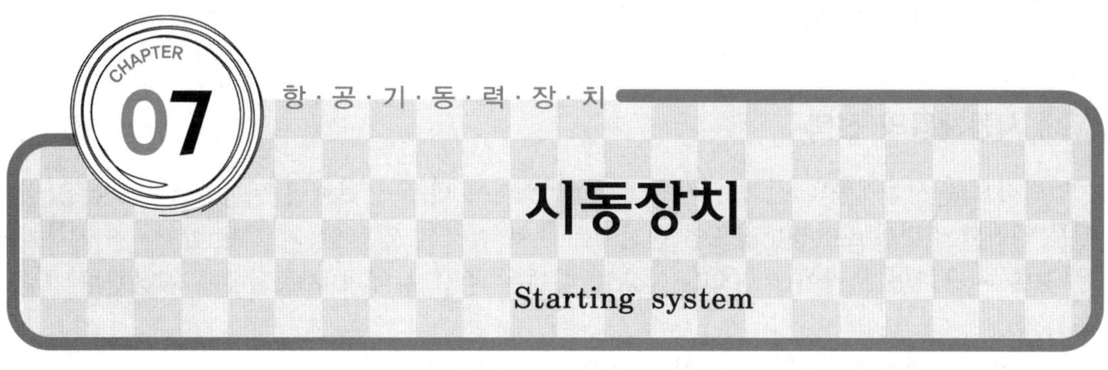

시동장치

Starting system

가스 터빈 엔진의 시동장치는 크게 다음과 같이 분류한다.
① 뉴매틱 시동계통(pneumatic starting system)
② 전기식 시동계통(eletrocity motor starting system)
③ 터빈 구동식 시동계통(turbine drive starting system)
④ 시동 발전기식 시동계통(starter-generator starting system)

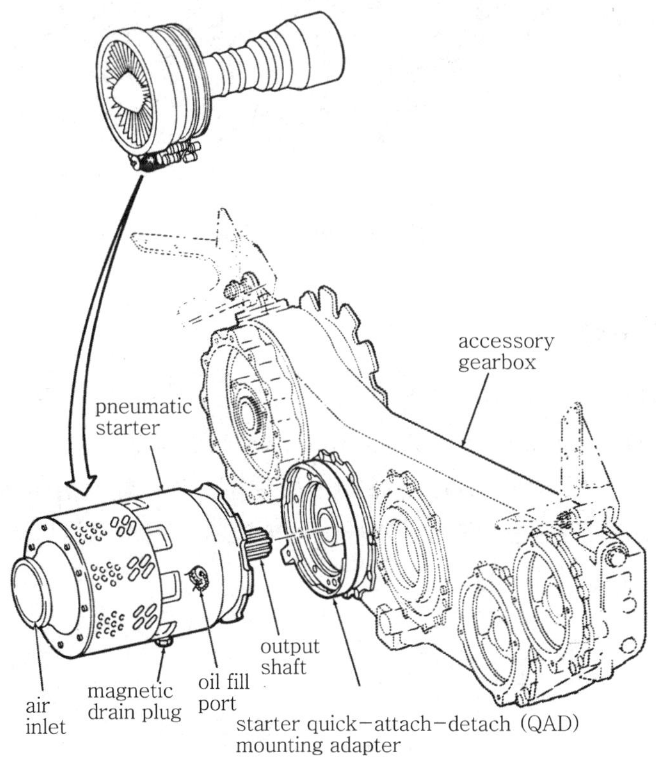

그림 7-1 Engine pneumatic starter

1 시동계통의 선택

일반적으로 시동계통의 선택은 사용 엔진의 추력에 맞추어 선택이 된다. 보통 구분을 할 때는 엔진의 추력이 6,000lb 정도인 엔진에는 주로 전기식 시동계통과 시동 발전기식 시동계통 등을 사용하며 추력이 6,000lb 이상일 때에는 주로 뉴매틱 시동계통을 사용한다(그림 7-1, 2).

J85 엔진의 경우에는 터빈 구동식 시동계통을 사용하였다.

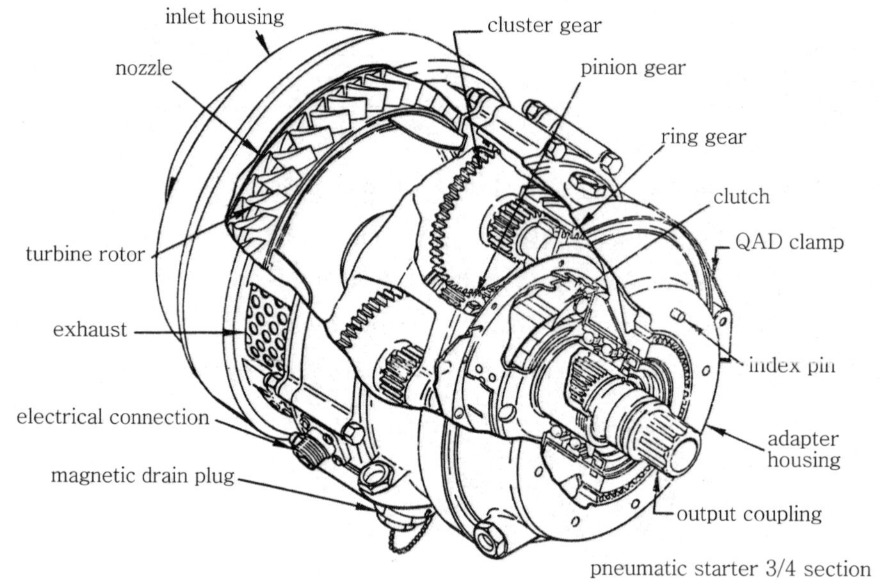

그림 7-2 뉴매틱 시동계통

2 시동계통의 구성

각 시동계통은 일반적으로 뉴매틱 시동기(pneu matic starter), 시동기 압력 조절 및 차단 밸브(starter pressure regulating and shutoff valve), 덕트(duct), 크로스 블리드 밸브(cross bleed valve)로 구성되어 있다. 뉴매틱 시동장치는 조종석 패널(panel)의 시동 스위치에 의해서 조절이 된다. 엔진은 N_2 압축기를 구동시키는 뉴매틱 다기관에서 저압의 블리드 공기를 받아 작동한다(그림 7-3).

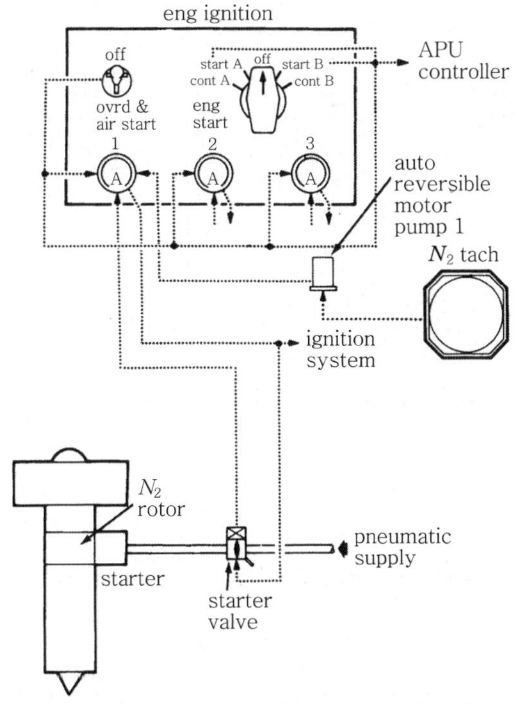

그림 7-3 Schematic drawing of the starter system for the Douglas DC-10 airplane(McDonnell Douglas Corp.)

엔진은 APU에 블리드 공기를 받아 시동이 되거나 GPU 또는 다른 시동된 엔진의 블리드 공기에 의해서 작동된다. 뉴매틱 다기관에서 시동까지의 저압의 공기는 조정 밸브와 차단 밸브에 의해서 제어된다. 이 밸브는 평시에는 전기로 작동이 되며 비상시에는 수동으로도 작동이 된다.

③ 터빈 구동식 시동계통

터빈 구동식 시동계통은 엔진의 터빈부에 스크롤(scroll)을 만들어 그곳에 직접 GPU의 공기를 공급하여 터빈을 구동하여 시동을 건다. 이것은 카트리지(cartridge) 시동은 불가능하며 외부의 동력원이 있어야 시동이 가능하다.

일부 대형 엔진은 작은 가스 터빈을 장착하여 먼저 작은 가스 터빈을 시동 후 기어링(gearing)을 하여 시동을 하는 것도 있다.

시동 발전기는 주로 구형 가스 터빈에 사용했으나 요사이는 소형 터보 샤프트 및 터보 프롭 엔진에 많이 사용한다(그림 7-4).

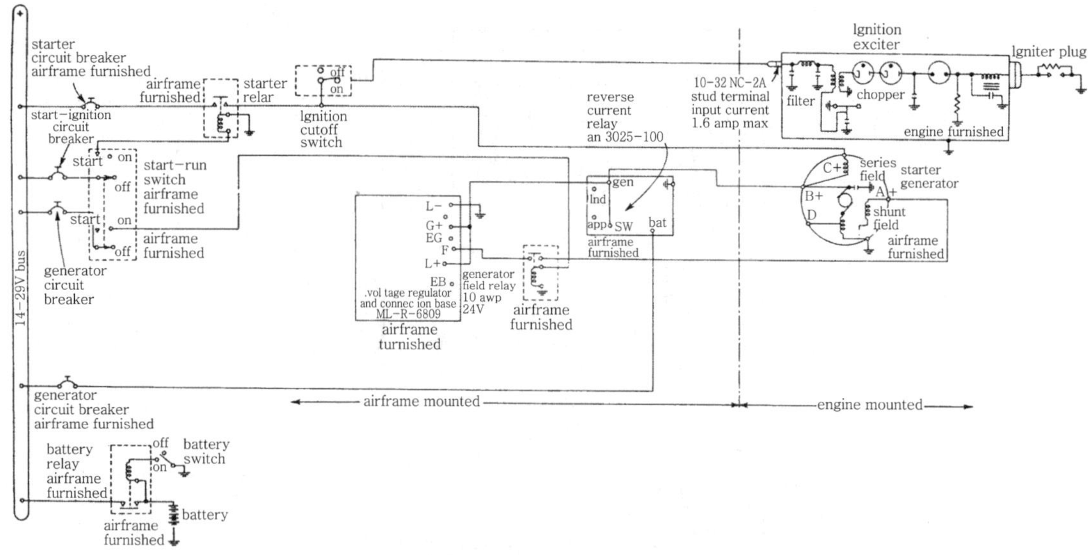

그림 7-4 A simple starter-generator system used on the Detroit Diesel Allison

Section 02 — CF6-50 엔진의 시동장치

시동기(pneumatic starter)는 조종석의 점화조정판에서 원격으로 조정되는 시동기 공기 밸브(air valve)에 의해서 조종 공급된 공기를 받아 작동하는 뉴매틱 시동기이다.

시동기는 등(light)이 꺼질 때까지 코어 엔진(N_2 : core engine)을 구동시키며, 엔진의 가속을 도와준다.

또 시동기로 엔진 모터링(motoring)을 시키며 엔진계통을 점검하기도 한다. 시동기에 공급되는 뉴매틱 동력원은 다음과 같은 곳에서 얻어진다.

① GPU(ground power unit)

② APU(auxiliary power unit)

③ 다른 엔진에서 연결(cross feed)하여 사용한다.

일반적으로 시동기에 요구되는 공기량은 180lb/min 정도이다.

Section 03 — 시동기(pneumatic starter)

시동기는 액세서리 기어 박스(AGB : Accessory Gear Box)의 전면부에 위치하고 있으며 분해 및 조립을 용이하게 하기 위하여 기어 박스부에 QAD(Quick Attach Detach) 링이 설치되어 있으며 이 링은 정비작업을 보다 편리하게 하기 위하여 장착되어 있다.

시동기의 윤활유는 엔진과 동일한 오일을 주입하며 약 1,000cc 정도를 주입한다. 윤활유의 주입구는 간단히 조작할 수 있게 되어 있다.

윤활유 배출구는 시동기의 하부에 있으며 배출 플러그(drain plug)는 그 자체가 마그네틱 칩 디텍터(magnetic chip detector)이며 검사나 배유를 하기 위해서 플러그를 풀었을 때 오일의 누설을 막기 위해 체크 밸브(check valve)식으로 되어 있다.

시동기는 연속 시동을 피해야 하며, 한 번 시동 후에는 약 30초간 냉각을 시켜야 하고, 두 번째 시동에 실패하였을 때는 그 주기를 약 10분 정도 유지하여야 한다.

시동기의 터빈 속도 대 엔진 기어 박스 구동비는 약 3.5 : 1의 감속비를 가지고 있으며, 여기에서는 코어 엔진 속도가 약 35% 정도 도달하였을 때 시동기 출력축의 회전을 공회전시키는 폴(pawl)장치가 되어 있다.

시동기의 출력축은 전단형(shear section)으로 되어 있어 엔진에 계속 물려서 시동기가 작동할 경우, 즉 92~93%의 rpm과 1,400~1,600ft/lb의 하중이 출력축에 가해졌을 때 전단이 되어 터빈 휠(turbine wheel)이 과속되는 것을 방지한다(그림 7-5).

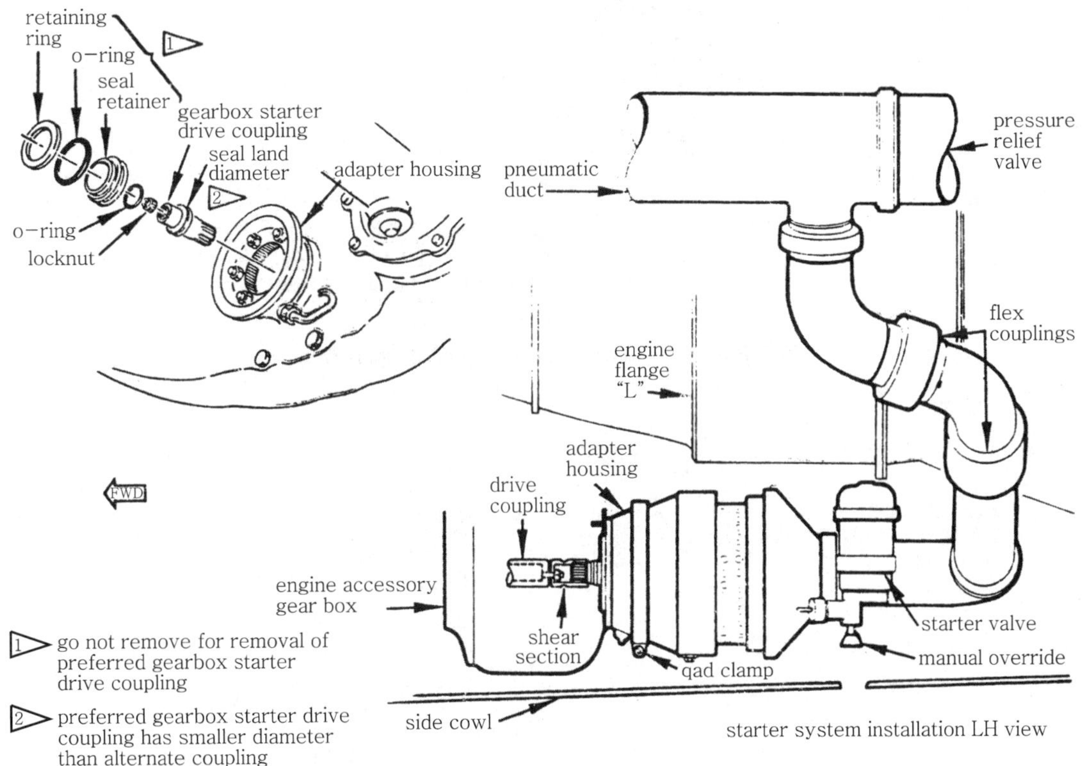

그림 7-5 Starter system installation-L. H view

Section 04 — 시동기 공기 밸브(starter air valve)

밸브의 위치는 흡기 카울(inlet cowl)의 브레이켓(braket)부에 고정되어 있다. 이 밸브는 시동기에 공기를 차단하는 역할을 한다.

밸브의 개·폐 위치는 시동 버튼에 호박색등(amber light)이 점멸되도록 되어 있다.

만약에 밸브부가 전기적으로 작동이 안 될 경우 수동으로서 작동시킬 수 있다. 밸브의 측면에는 T핸들이 있으며 이 핸들을 잡아당겨 시계 방향으로 회전시키면 작동이 된다(그림 7-6).

그러나 이 핸들을 작동시킬 경우 열로부터 보호할 수 있는 장갑을 착용하여 밸브 작동 후 시동기에서 배출되는 고온으로부터 팔을 보호할 수 있는 것을 착용하여야 한다.

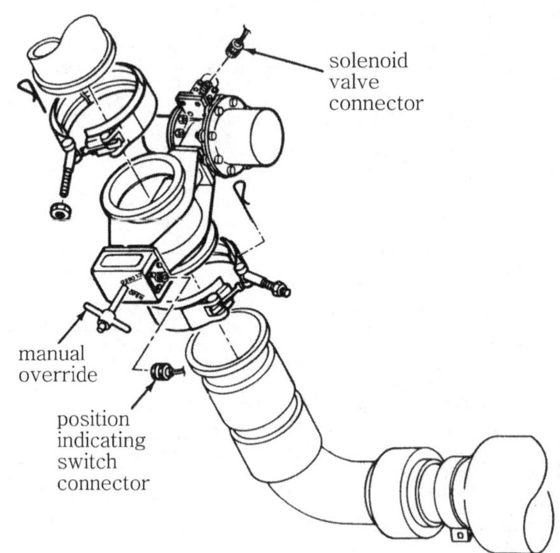

그림 7-6 Starter shutoff valve(McDonnell Douglas Corp.)

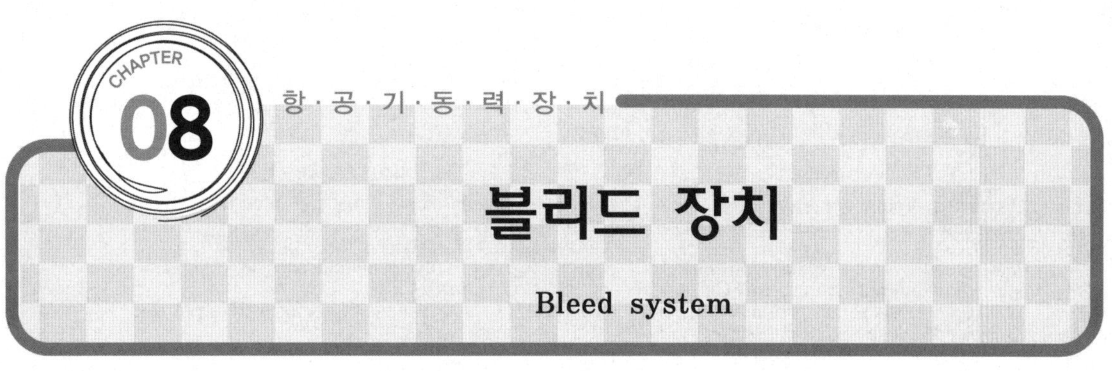

블리드 장치

Bleed system

Section 01 — 개 요

제트 엔진의 압축기부에서 압축된 공기는 여러 가지 목적에 이용이 된다. 흡입이 되어 압축기를 통과한 압축공기는 온도가 상승이 된다.

예를 들어 압축기의 마지막 단계에서 압축되어 나오는 공기의 온도는 약 650°F 이상된다.

이 압축기의 고온·고압의 공기는 블리드 밸브(bleed valve)를 통하여 엔진 흡입구로 유도되어 압축기 흡입부의 방빙장치에 이용되며 또 연료 가열기(fuel heater), 항공기 여압, 항공기 제빙 및 방빙계통에 쓰인다(그림 8-1).

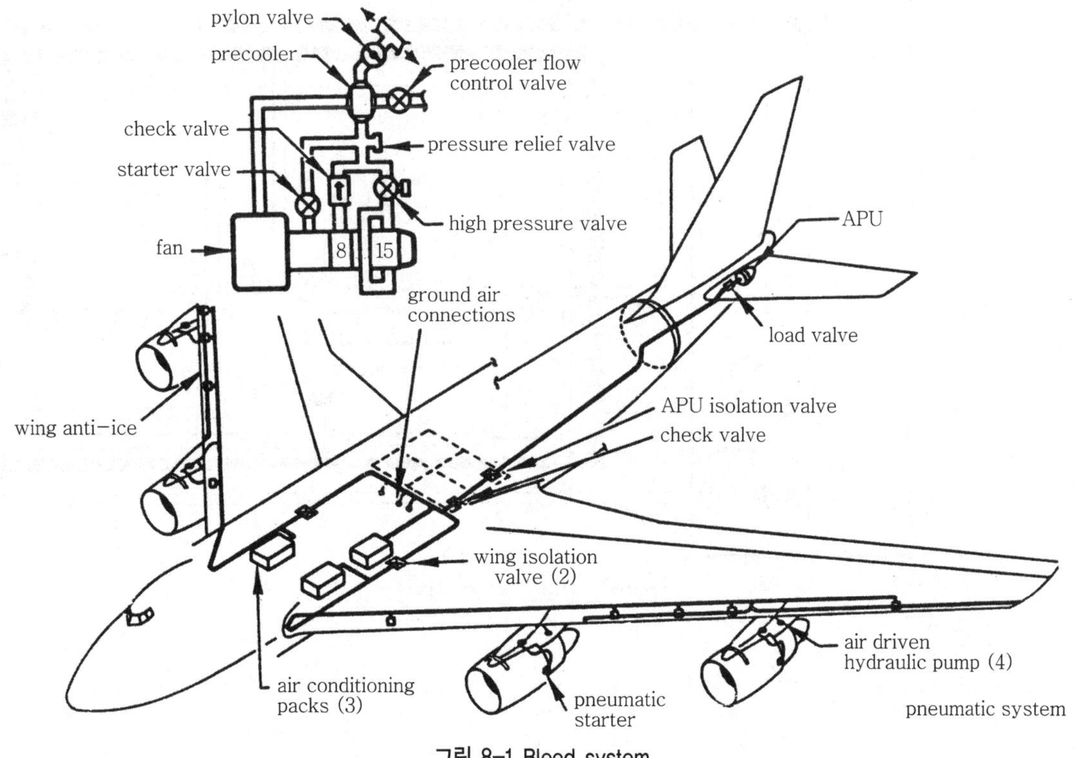

그림 8-1 Bleed system

legend

fuel pressures

P_H : fuel pump hydraulic stage pressure
P_{FS} : EVC failsafe and 3.5 bleed close signal from FCU
P_{DBO} : decel bleed override signal from FCU
P_{IH} : cooling flow/by-pass return to FCU
$P_{CB3.0}$: 3.0 bleed close signal pressure
$P_{CB3.5}$: 3.5 bleeds close signal pressure

air pressures

P_{BC} : 3.0 bleeds close signal to converter valve
P_{S4} : diffuser case static pressure
P_{S4} (P_{PRBC}) : P_{S4} reduced for prbc sense=$P_{S4/6}$
P_{BV} : 3.5 bleed valve manifold pressure (closing force)
*P_{FS} & P_{CB} same value but perform different functions.

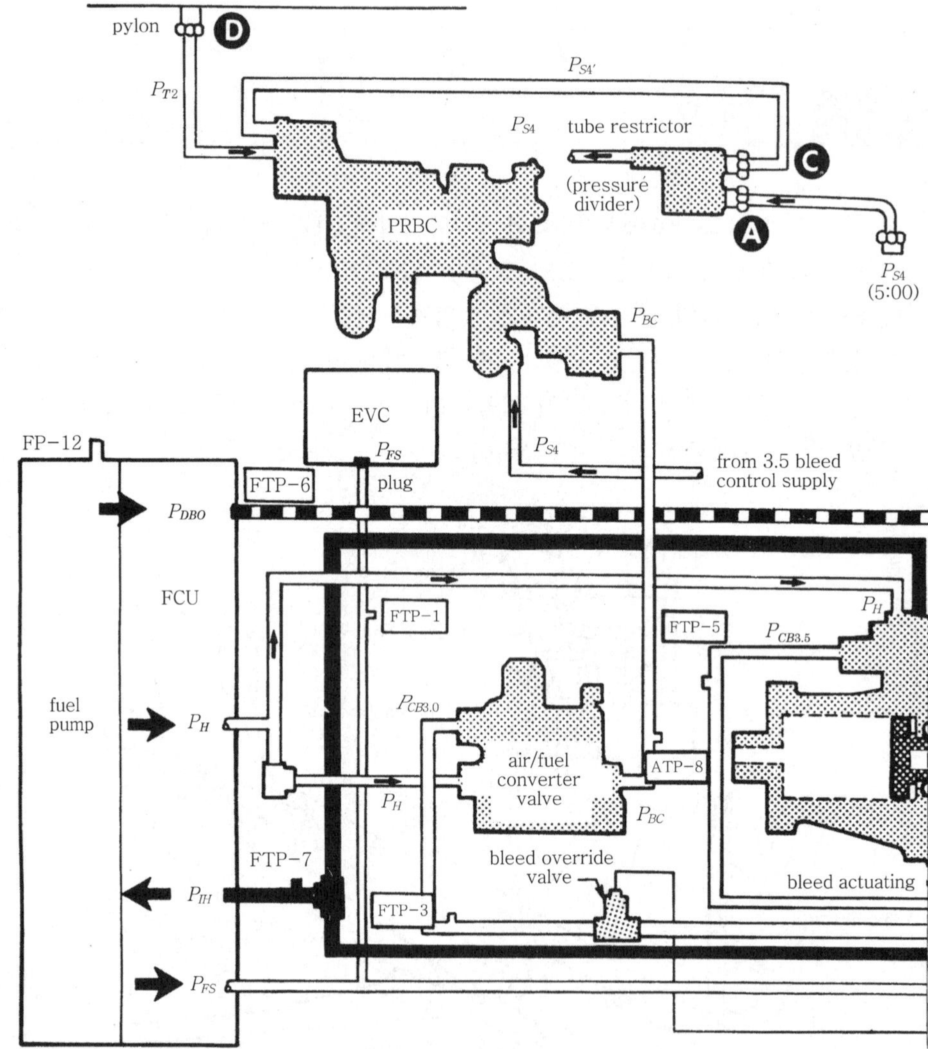

그림 8-2 블리드 공기의 사용

JT9D−7A/7F
compressor bleed system
(with bleed module)

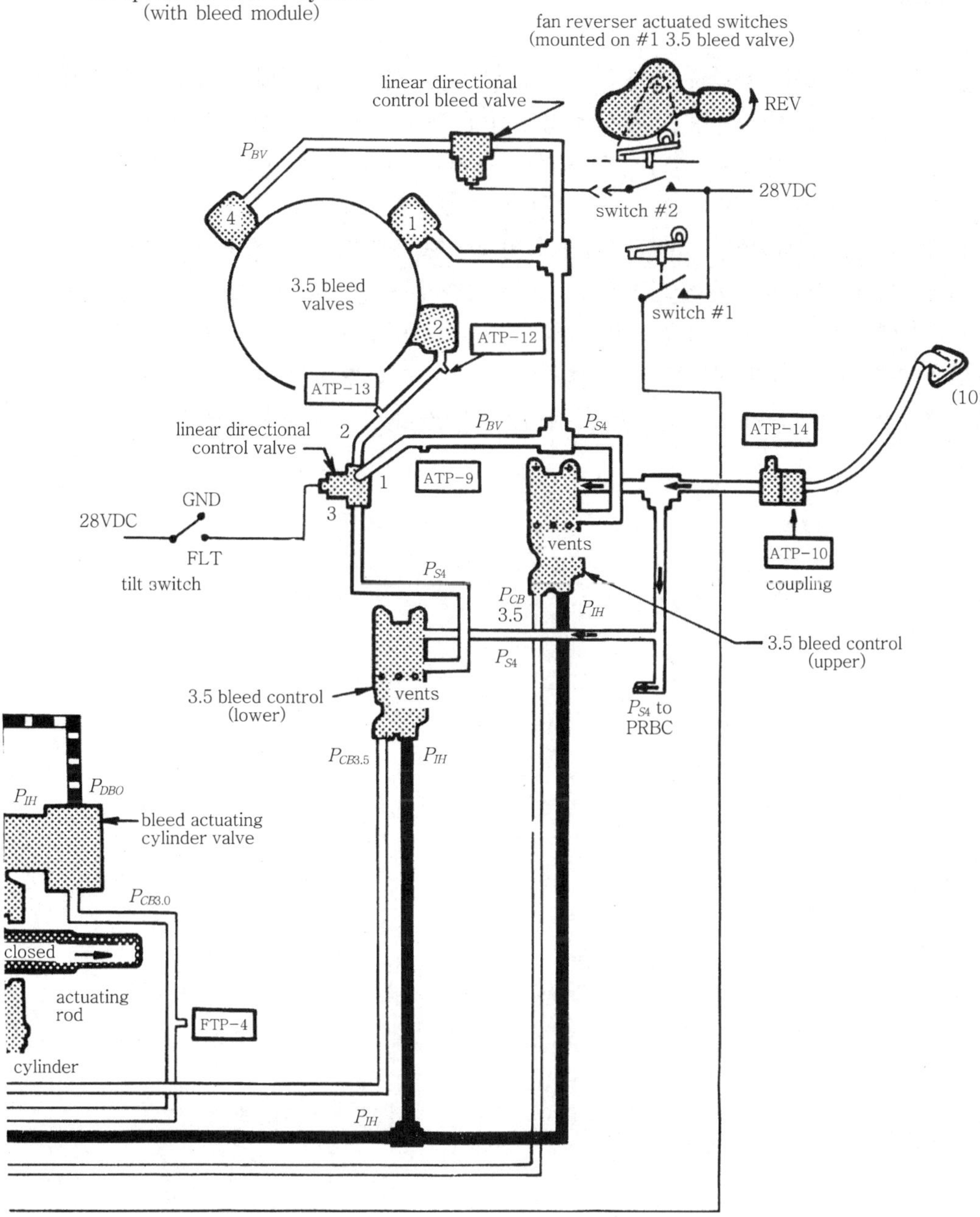

Section 02 — 블리드 공기

어떤 엔진은 자동공기 블리드를 갖추고 있으며 엔진 시동 시 압축기 고압부에서 실속이 되는 것을 방지하며 또 초기 시동 시 시동을 용이하게 하고, 압축기의 실속을 방지 또는 엔진의 가속을 원활히 할 수 있도록 한다. 또 블리드 공기는 엔진 내부 냉각에도 사용된다. 그림 8-2에 보는 바와 같이 블리드 공기로 엔진 터빈부를 냉각하는데 터빈 노즐 주위가 하나의 막을 이루고 있으며 이 막 사이에 블리드 공기가 유입되어 냉각시킨다. 여기서 압축되어 나온 블리드 공기는 고온이지만 배기가스의 온도보다는 낮으므로 터빈 부분의 냉각 공기에 이용된다.

또 압축기에서의 공기의 흐름은 래버린스 실(labyrinth or knife seal)과 베어링을 윤활하는 오일을 조정하며, 엔진 내부를 가압한다. 그리고 이 블리드 공기는 항공기 내부의 여압계통에도 사용한다. 이 공기를 일반적으로 서비스 공기(service air)라 부른다.

흡입공기계통

Air inlet system

제트 엔진의 공기계통 즉 흡입계통은 엔진 추력에 영향을 주므로 매우 중요하다. 엔진의 흡입계통은 항상 일정하고, 계속적인 공기의 흐름이 형성되도록 함으로써 정상적인 추력을 얻게 하고 또 압축기 실속이나 과도한 터빈 온도상승을 방지하는 역할도 한다. 항공기가 지상 운전으로부터 초음속 비행까지 운행하며 고도, 자세, 속도 등의 어떠한 변화에서도 흡입계통의 효율이 커야 한다(그림 9-1).

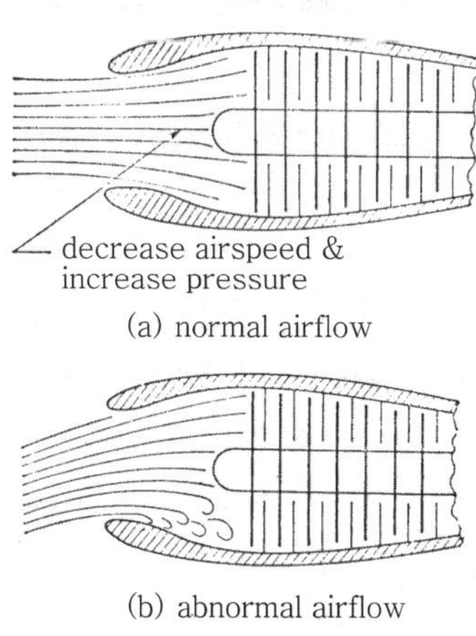

그림 9-1 Inlet duct

흡입계통은 공기의 경계층이 아주 얇아서 공기의 유동이 잘 되도록 똑바르고, 내부표면이 매끄럽게 설계되어야 한다. 엔진의 장착위치에 따라 덕트의 길이 및 모양이 결정된다. 덕트는 비행시 흡입되는 공기흐름의 운동에너지를 덕트 내에서 램압력(ram pressure)으로 변화시킨다. 흡입 덕트의 모양은 대체로 다음과 같은 것이 있다(그림 9-2).

① nose inlet
② pod inlet
③ wing inlet
④ scoop inlet
⑤ annilar inlet

(a) nose inlet

(b) annular inlet

(c) scoop inlet

(d) pod inlet

(e) wing inlet

그림 9-2 Subsonic & Supersonic inlet duct

공기 흡입구(inlet duct)에서 공기흐름의 상태는 속도가 음속보다 클 때와 작을 때 아주 판이하게 변화한다. 흡입효율을 높이기 위해서는 항공기의 속도가 아음속일 때와 초음속일 때의 공기 흡입구의 모양을 다르게 해주지 않으면 안 된다. 아음속인 경우에는 확산형(divergent) 흡입구가 좋지만 초음속일 때에는 흡입구에 수직 충격파가 발생하여 흡입 효율이 급격히 감소된다. 그래서 가변 흡입구나 노즈콘(nose cone)을 설치하여 엔진 전방부에서 경사충격파가 발생하도록 하여 흡입효율을 증대시켜 준다.

Section 01 ─▶ 확산형 흡입 덕트(divergent inlet duct)

엔진 압축기로 흡입하는 공기속도는 비행속도에 관계없이 항상 압축 가능한 최고 속도 이하로 유지되는 것이 필요하며 그 속도는 마하 0.5 이하이다.

확산 덕트는 디퓨저(diffuer) 역할을 하며 흡입공기를 확산시켜, 속도에너지를 압력에너지로 변환시키며 필요한 정압력을 얻고 있다.

확산형 흡입 덕트는 주로 아음속 항공기에 사용한다(그림 9-3).

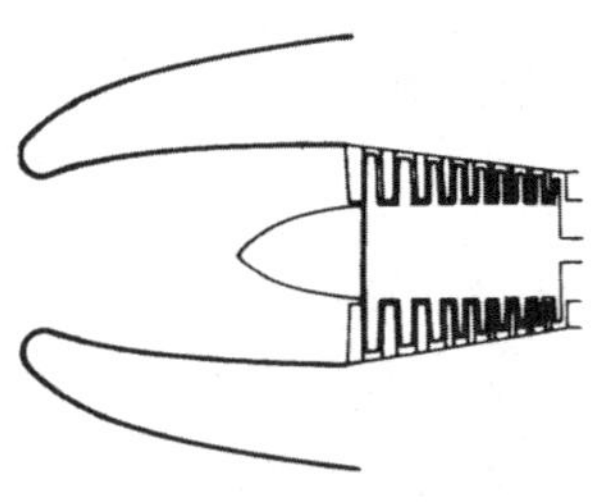

그림 9-3 Divergent inlet duct

Section 02 ─ 수축-확산형 흡입 덕트(convergent-divergent inlet duct)

이 덕트는 덕트 내경이 마치 벤투리관과 같으며 이것은 초음속 기류의 특성이 아음속 기류의 경우와 반대가 되기 때문이다. 즉, 초음속 기류의 속도는 수축 덕트부에서는 증가하게 된다.

따라서 초음속 기류를 수축 덕트 내에서 마하 1.0 이하로 감소시킨 후 아음속 기류가 된 것을 다시 확산 덕트 내에서 마하 0.5 이하로 감소시켜 정압을 증가시킨다. 수축 확산 덕트는 초음속 항공기에 사용하고 있다(그림 9-4).

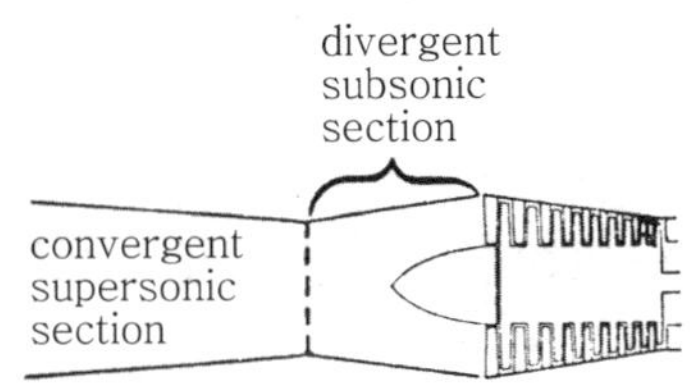

그림 9-4 Convergent-divergent inlet duct

그러나 초음속기는 이륙에서 착륙까지 비행속도는 비행속도에 관계없이 마하 0.5 이하의 아음속인 것이 요구된다. 따라서 초음속기의 공기흡입 덕트는 초음속 순항 중에는 수축-확산형 덕트가 되고 이·착륙 시에는 아음속 비행을 하게 되므로 확산 덕트가 요구되는 것이다. 이때문에 초음속 항공기에서는 공기흡입 덕트의 모양이나 단면적이 비행 속도나 엔진 출력에 따라 자동적으로 변화할 수 있는 가변공기 흡입 덕트(variable-geometry air inlet duct)가 사용되고 있다. 초음속기의 흡입공기속도를 느리게 하는 방법에는 공기흡입 덕트의 단면적을 변화시켜 얻는 방법과 충격파(shock wave)를 이용하는 방법이 있지만, 보통 두 가지 방법을 병용하는 것이 채택되고 있다. 충격파 방법은 공기흡입구에 충격파를 발생시켜 초음속 공기류가 충격파를 통과할 때의 속도가 아음속으로 떨어지고 동시에 압력이 상승하는 현상을 이용한 것이다.

Section 03 — 노즈 카울(nose cowl)

엔진이 주익의 파이론(pylon)에 달려 있는 항공기는 공기흡입 덕트부에 노즈 카울이라는 길이가 짧은 덕트가 장착되어 있다. 이 덕트는 엔진의 전방프레임에 장착이 되며 공기흡입 덕트부에는 방빙용 고온의 엔진 블리드 공기가 흐르도록 되어 있다. 엔진의 흡입공기량은 엔진 출력 및 비행속도에 의해 크게 변동되므로 모든 경우에 최적 성능이 얻어지게끔 노즈 카울을 설계해야 한다(그림 9-5).

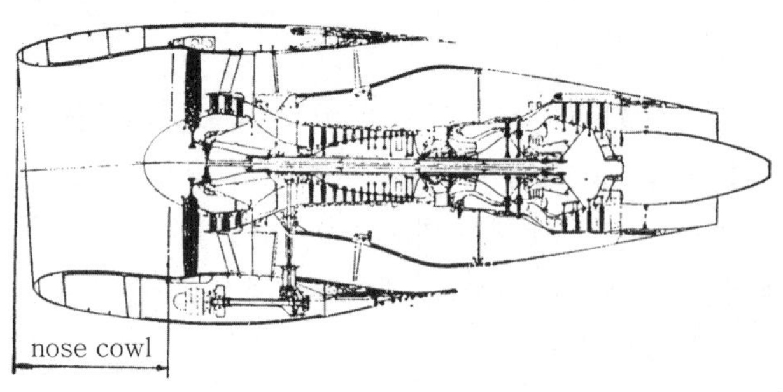

그림 9-5 Nose cowl

Section 04 — 터보 프롭(turbo-prop) 및 터보 샤프트(turboshaft) 엔진의 흡입 덕트

터보 프롭 엔진은 프로펠러를 구동시키기 위한 감속장치(reduction system)가 있어 전면부에서 흡입하기가 곤란하므로 전면 감속 기어 원주 상에 공기를 흡입하게 되어 있다. 엔진 바깥 지름에 비해 감속장치가 크며 그 바깥에 프로펠러 허브(propeller hub)와 이를 덮는 스피너(spinner)가 있기 때문에 공기흡입통로가 좁고 복잡하게 되어 있다.

그러나 allison 501D-13 엔진의 경우는 엔진 전면부에 축을 내어 감속 기어를 따로 장착하고 있기 때문에 흡입에 큰 문제는 없다.

터보 샤프트 엔진의 경우에는 출력축이 보통 하부 기어 박스에서 나가기 때문에 그다지 큰 문제는 없으나 lycoming T53 엔진은 일반 터보 프롭과 같다(그림 9-6).

그림 9-6 Turbo prop & turbo shaft air inlet duct

Section 05 방빙계통(anti-icing system)

가스 터빈 엔진의 방빙에는 압축기의 고온·고압의 블리드 공기가 이용되고 있다. 이 공기는 블리드 밸브를 통해 파이프를 통하여 흡입 덕트 립부분이나 흡입 가이드 베인(engine inlet guide vane)에 뜨거운 공기를 보냄으로써 방빙 역할을 하도록 되어 있다.

또한, 600°F 정도되는 공기는 N_2 압축기 블리드 밸브를 통하여 직접 방빙계통으로 가든지 객실 여압 매니폴드(cabin-pressurization manifold)를 통하여 전달되는 방법이 이용되고 있다(그림 9-7).

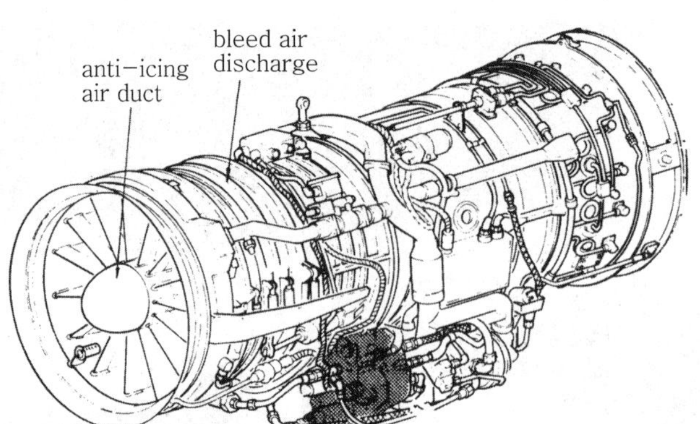

그림 9-7 Anti-icing unit

 공기계통(air system)

엔진의 공기계통은 냉각공기를 나셀(nacelle)부로 유도시켜서 엔진 및 엔진 장비 등을 냉각시켜 제한범위 내에서 작동시킨다.

가변정익 베인(VSV)과 가변 바이패스 밸브(VBV)는 엔진의 작동범위 내에서 유입되는 공기를 조절하여 엔진 효율 유지에 큰 역할을 한다.

 액세서리 냉각

램(ram)이나 팬 방출공기는 비행시에는 직접 냉각시키며 엔진 차단 후에는 대류에 의해 냉각시켜 준다.

주로 냉각부분은 발전기(generator)와 나셀(nacelle) 부분인데, 발전기 냉각은 후부 팬케이스에서 공기를 뽑아 냉각하며, CSD(Constant Speed Drive)는 램(ram)과 팬 방출 공기로 한다.

 압축기 조종

이 계통은 엔진의 효율증대를 위한 장치이다.

팬공기와 압축기를 통과하는 공기는 가변 정익 베인(VSV)과 가변 바이패스 밸브(VBV)를 조절하여 제어한다.

(1) 가변 바이패스 밸브, 가변 정익 베인

가변 바이패스 밸브(VBV)는 고압축기(N_2, core engine)에 유입되는 공기의 흐름을 제어하며, 가변 정익 베인(VSV)은 정확한 엔진 속도와 기능상태를 조절하고, 이것은 압축기 입구온도(CIT)와 압축기를 통해 흐르는 공기의 양에 의해서 조절이 된다.

(2) 가변 바이패스 밸브의 작동

가변 바이패스 밸브(VBV)는 엔진의 작동범위 내에서 실속 없이 급가감속을 원활하게 해 주는 장치이다.

팬 부스터(fan booster discharge)부와 코어 엔진 압축기 사이의 팬부분에 장착되어 있으며 정상작동 시, 즉 이·착륙 및 순항 시는 닫혀 있으며, 가속이나 감속 시에는 밸브가 열리어 고압축기와 팬 사이의 공기 흐름 상태를 원활히 하여 실속을 방지한다.

 10 항·공·기·동·력·장·치

엔진계기계통

Engine instrument group

엔진의 주요 계기는 그림 10-1과 같다.

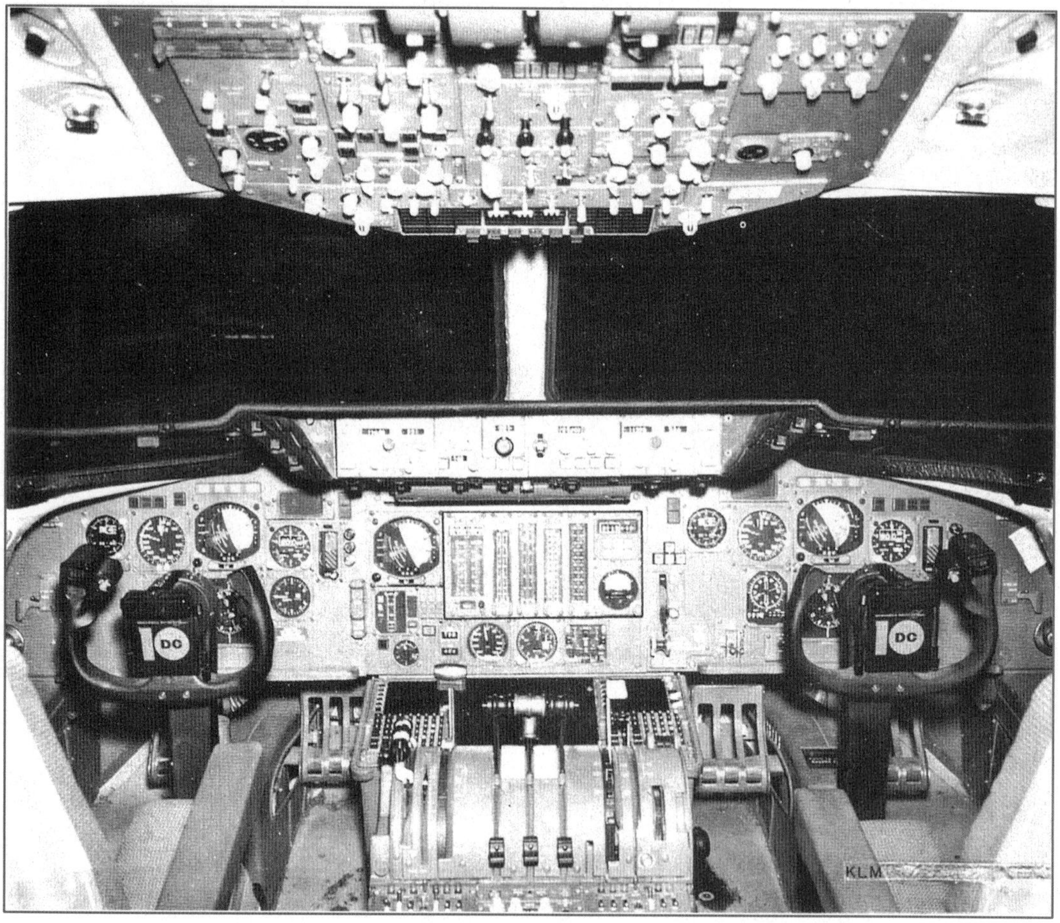

그림 10-1 Major instruments of DC-10 Aircraft

좌측에서 오른쪽으로 처음 계기는 배기가스 온도(EGT), 엔진 압축비(EPR : Engine Compressor Ratio), N_2rpm, 시간당 연료흐름(PPH : Pounds Per Hour)을 나타낸다.

이 계기는 지금 DC-10 항공기에 사용되고 있는 것이며 종전의 다이얼식 계기의 복잡성을 감소시켜 준 것이다.

그림에서 계기의 눈금은 수직으로 움직이는 테이프를 보며, 그 옆에 표시된 수치로서 판독할 수 있다.

그림 10-2는 이 계기와 종전의 다이얼식 계기를 비교할 수 있도록 한 것이다.

이 수직 계기에서 테이프는 roll-up 기구에 의해서 작동되며, 이 계기는 백래시(back-lash)와 기어부의 마모가 적다.

테이프와 스케일(scale)은 시차를 없애기 위해 같은 위치에 있으며 테이프는 뒷부분에서 투시하게 되어 있다.

투시방법은 바깥부로 새어나가는 빛을 최소로 평형시켜서 한다.

1차 등이 고장났을 경우 백업 등(backup light)이 작동하도록 되어 있다.

각 지시 테이프는 그 자체 작동이 원활하지 못할 때는 자체에서 경고등이 비친다.

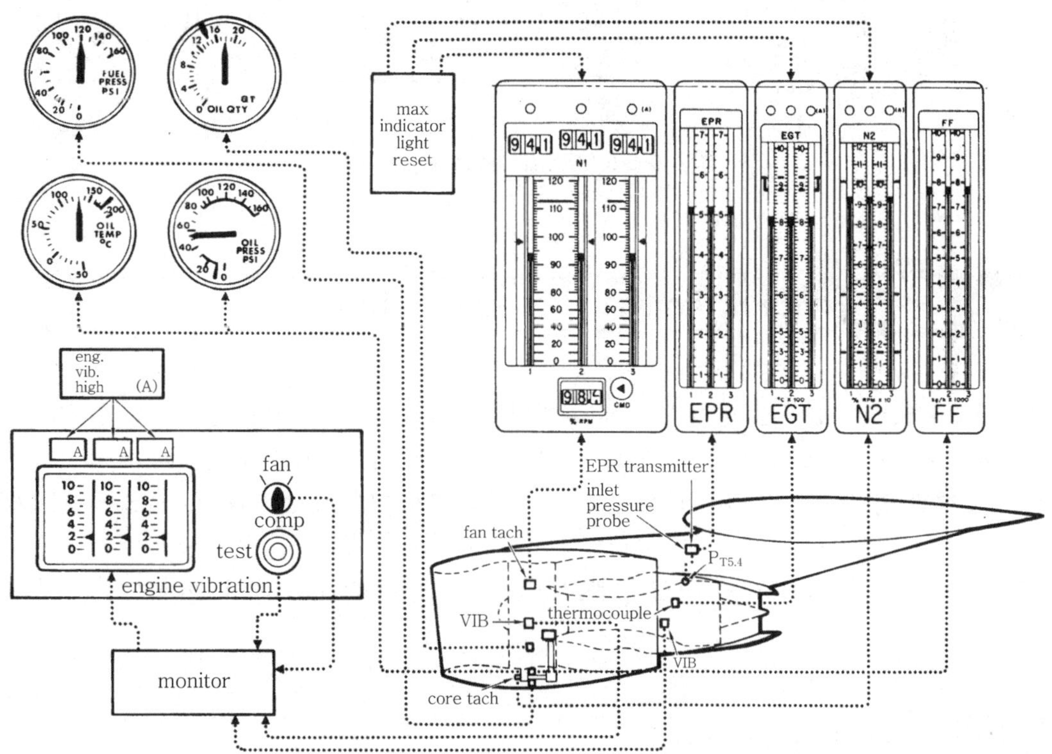

그림 10-2 (a) CF6-50 Engine indicating functional diagram

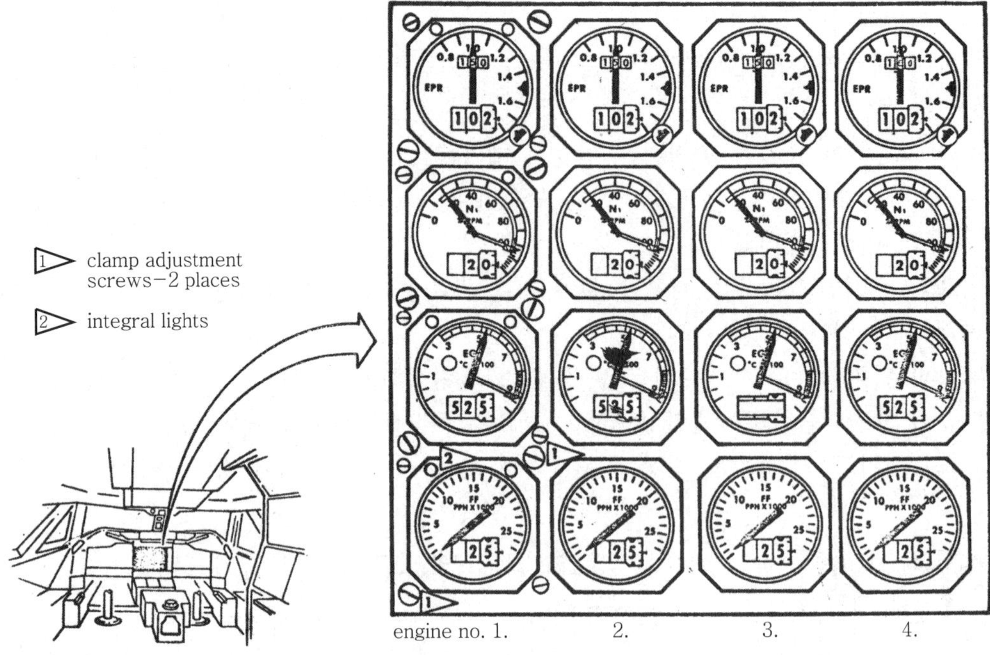

그림 10-2 (b) Radial dial indicators-p2

Section 01 — 압축비(EPR ; Engine Pressure Ratio)

이것은 대기압과 터빈 입구 가스 압력의 차압을 측정하는 계기이며, 이 시그널(signal)은 전자 모듈부(electric module section)로 가서 변조되어 계기상으로 표시된다.

여기서 터빈 입구 가스 압력은 터빈 중간 프레임의 11시 방향에 설치된 프롭(probe)에 의해 감지된다.

그리고 대기압은 얼터네이터 파일럿 튜브(alternator pilot tube)에서 받는다.

Section 02 — N_1(fan speed)

이것은 팬 케이스의 2시 방향에 설치된 자석형 속도감지기에 의해서 감지가 된다.

Section 03 — N_2(core speed)

코어 엔진 속도는 코어 엔진 속도감지기(sensor)에 의해서 감지되며 감지발전기 주파신호는 N_2 지시기로 신호를 보낸다.

Section 04 — 배기가스 온도(EGT ; Exhaust Gas Temperature)

배기가스 온도측정은 저압 터빈 입구에서 열전대(thermocouple)로 수감한다.

배기가스 온도계통은 EGT 계기, 11쌍의 열전대 프롭과 선으로 되어 있으며 전원은 115V AC를 사용한다.

이 계통은 열전쌍에서 발생된 전기적 신호를 EGT 계기로 보낸다.

Section 05 — 열전대(thermocouple)

열전대는 열팽창계수가 서로 다른 두 개의 금속부를 이용한 것으로 주로 고열이 작동되는 부분에 사용된다.

그림 10-3은 열전대에 대하여 설명하기 위해 바이메탈을 적용시킨 것이다.

바이메탈은 열팽창계수가 서로 다른 두 개의 금속재료를 접합한 것으로 한 부분을 가열하게 되면 구부러지는 성질을 이용한 것이다.

옆의 그래프는 온도에 대하여 바이메탈이 구부러지는 양 A와 온도와의 관계를 나타낸 것이다.

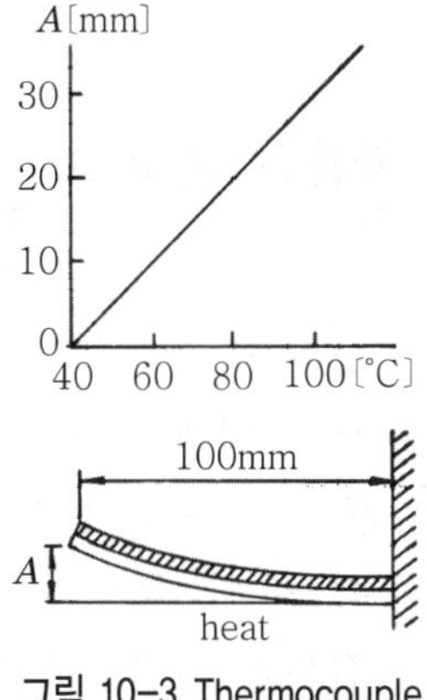

그림 10-3 Thermocouple

바이메탈의 재료로는 저팽창재로 일반합금이 사용되고, 고팽창재료는 황동, Al합금, Fe, Ni, Cr합금 등이 사용된다.

열전대를 볼 때 2개의 금속을 접합한 점에서 열을 가하면 접합점의 온도 차이로 인하여 열기전력이 발생한다.

이것을 이용하여 온도를 측정할 수 있다.

엔진이 작동하면 열전대가 가열되므로 22개의 열전대에 소량의 전류가 발생된다. 열전대에 의해서 각각의 온도가 감지되나 회로가 병렬로 되어 있기 때문에 실질적으로는 평균값이 산출되어 조종석의 EGT 계기부로 가게 된다.

EGT가 885℃(1,625°F) 초과 시 지시기에는 경고등(warning light)이 켜진다.

Section 06 — 엔진 진동 계기

엔진의 진동부 감지는 팬 베어링부와 터빈 중간 프레임부에 설치되어 있다. 참고로 그림 10-4는 B747 진동 계기를 보이고 있다.

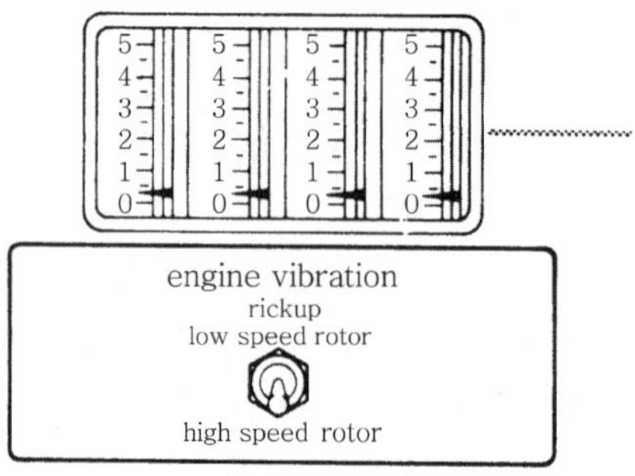

그림 10-4 CF6/B747 engine indicators

Section 07 — 비행 중 진동감지계통(airborne vibration monitor)

이 계통은 N_1과 N_2 로터를 감지하기 위해 2개의 픽업(pickup)이 엔진에 장착되어 있다.

이 픽업은 원주 방향의 엔진 가감속으로 인한 엔진 진동을 감지한다.

1개의 픽업은 팬 부분에 있으며, 다른 하나는 터빈 케이스부에 있다. 픽업 계통의 냉각은 팬공기로 하며 JT9D-7Q형은 픽업이 팬 케이스부에만 있다.

일시적이나 계속적인 진동현상은 엔진부의 결합을 나타낸다.

계속적인 진동현상은 압축기, 터빈부의 블레이드의 파손 및 평형상태 불량, 베어링 파손 등으로 간주할 수 있으며, 진동이 작은 것을 사전에 발견하면 엔진의 큰 손상을 예방할 수 있다.

그리고 진동계의 단위는 inch/sec이며, 2.0in/sec 상태하에서는 주의를 나타내며 3.0in/sec 까지 상승한다면 즉시 스로틀을 감소시켜야 한다.

가스 터빈 엔진의 작동, 검사 및 정비

Operation, inspection & maintenance of gas turbine engine

Section 01 → 시동과 작동

엔진의 시동은 모든 상태가 안전하게 되었을 때 행한다.

엔진 패드(pad)나 나셀(nacelle)은 연결부분의 결합상태를 점검하며 이물질에 의한 엔진 파손(FOD : Foreign Object Demage) 등을 방지하기 위해서 반드시 엔진 흡입구를 점검하여야 한다.

다음은 JT9D 엔진의 후부에 나타나는 배기의 속도와 온도를 나타낸다.

그림 11-1에서처럼 저속상태에서 온도와 가스의 속도는 상당히 위험하게 나타나고 있다.

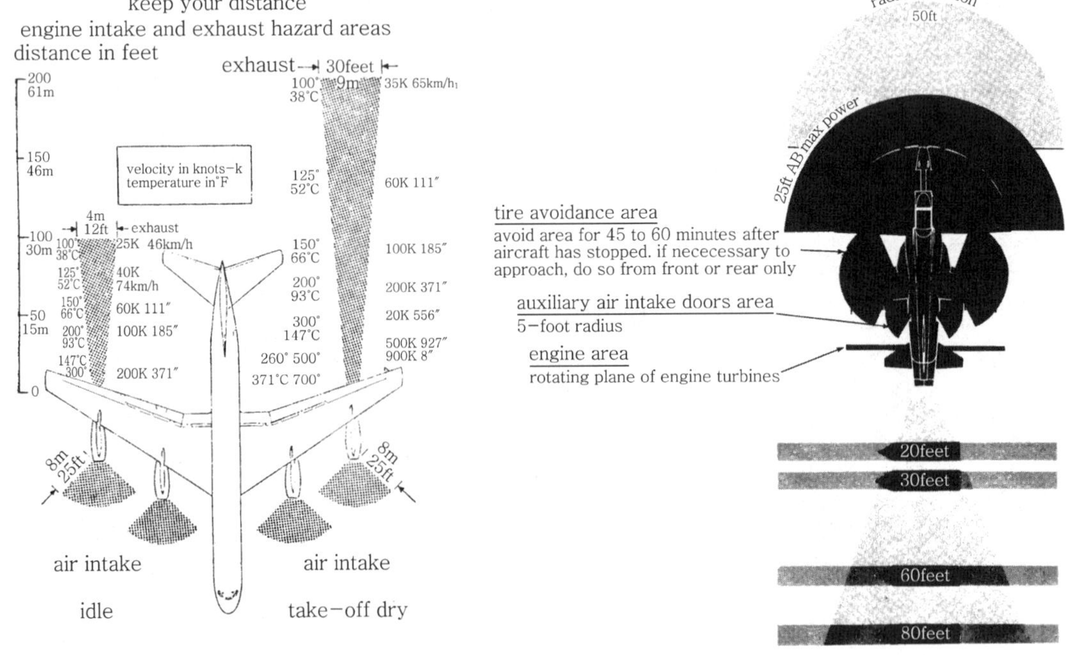

그림 11-1 JT9D 엔진 후부에 나타나는 배기 속도와 온도

이륙 출력 상태하에서 엔진의 제트 노즐의 후부에서 200ft(60.96m) 이상 고온·고속 가스를 방출한다(그림 11-1).

그리고 엔진 전방부의 25ft 반경은 엔진 흡입공기의 흐름으로 인해서 위험범위에 속한다. 엔진의 흡입부는 엔진의 FOD가 되는 것을 막기 위해서 청결을 유지하여야 한다.

최근에 소형 가스 터빈 엔진에서는 주로 시동-발전기(starter-generator)를 장착하고 있다.

이 시동발전기는 엔진 시동 시에 시동 토크를 주고 엔진 rpm이 어느 수준으로 유지되면 항공기 전기계통에 전기를 공급한다.

앞에서도 소개한 바 있지만 추력 6,000lbs 이하인 엔진에 주로 이 시동발전기를 사용한다.

시동발전기의 모터 계통은 고용량, 직렬 코일형이며 시동기는 엔진을 구동하는 데 쓰이고 병렬 또는 션트코일(shunt coil)은 발전 작용 시에만 사용된다. 시동발전기는 엔진 부분이 표시된 책자에 규정된 것보다 더 과도히 사용되면 안 된다.

시동기가 시동 시에 급속히 열이 상승되면 이것을 상환점이라 보면 된다. 작동 시 시간간격을 규정대로 하지 않을 경우 과열을 일으켜 장비를 훼손하는 경우가 있다.

근래 이 시동발전기는 헬기 계통 및 터보 경항공기에 주로 쓰인다. 다음은 MD500 헬기의 시동발전기의 회로를 보고 참고하기로 한다(그림 11-2).

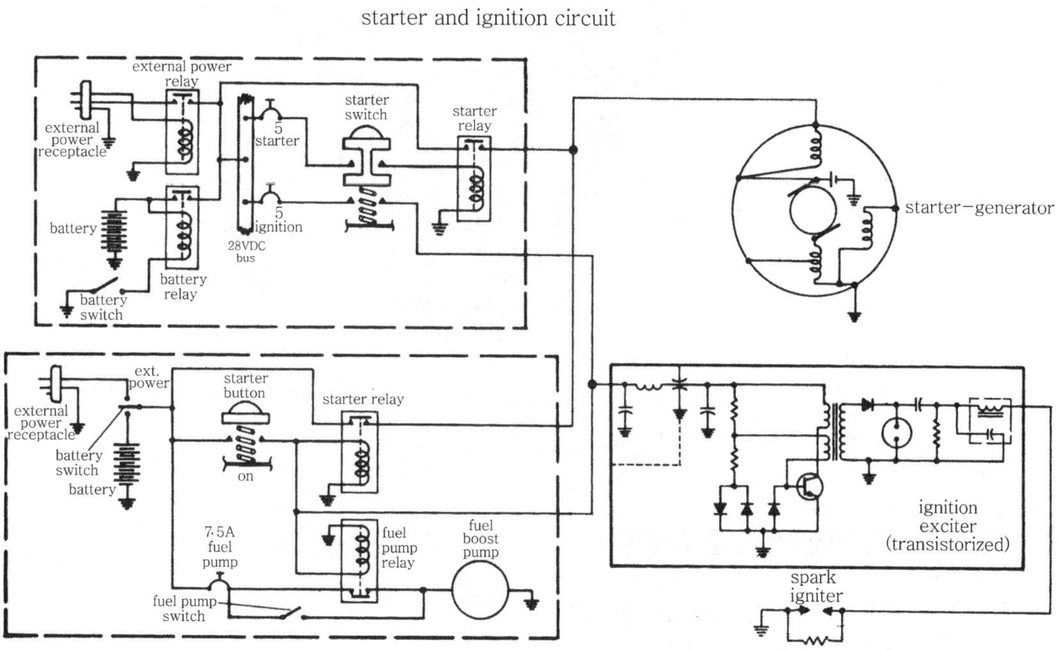

그림 11-2 MD500 헬기의 시동발전기 회로

대형 가스 터빈 엔진은 뉴매틱 시동기(pneumatic starter)를 장비하고 있으며 뉴매틱의 공급은 지상장비(GPU : Ground Power Unit)와 항공기에 장착된 보조장비(APU : Auxiliary Power Unit)로부터 공급받는다.

시동계통의 또 다른 형식은 소형 엔진을 구동시켜 변속기를 통하여 대형 엔진을 시동하거나 뉴매틱을 공급하지 않고 보조기(explosive cartridge)를 사용하는 방법도 있다.

J85-GE-13D나 21A 엔진의 경우에는 시동기가 없으며, 터빈의 스테이터 하우징부의 일부를 스크롤(scroll)로 만들어 뉴매틱으로 직접 터빈을 구동하여 시동을 한다(그림 11-3).

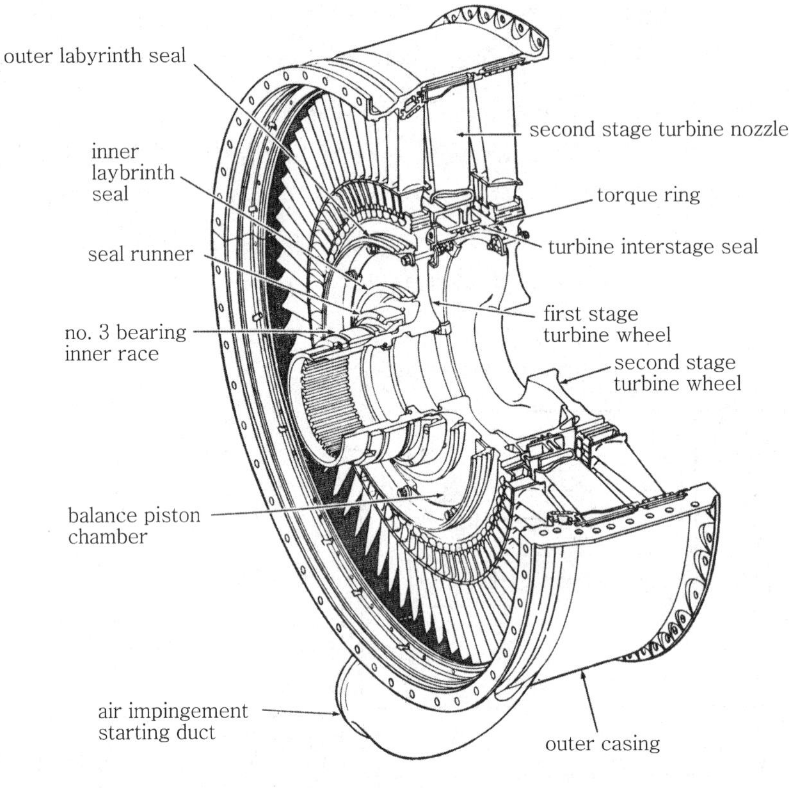

그림 11-3 Turbine section

1 가스 터빈 엔진의 수동시동법

가스 터빈 엔진의 수동시동법은 보통 다음과 같은 순서에 의해서 행한다.

① 항공기에 시동동력 연결

② 마스터 스위치(master switch) 작동

③ 연료 부스터 스위치(fuel booster switch) 작동

④ 점화 스위치(ignition switch) 작동

⑤ 시동 스위치(staeter button) 작동, 엔진이 가속되어 최고 rpm의 10%될 때까지 작동

⑥ 천천히 스로틀(throttle)을 전진시키며, 배기가스 온도(EGT : Exhaust Gas Temperature) 계기의 온도가 상승될 때까지 지시계를 주시한다. 온도가 어느 정도 안정되기 전에는 스로틀을 전진시켜서는 안 된다. 이때 엔진 EGT가 허용범위를 벗어나서는 안 된다.

⑦ EGT가 어느 정도 상승되었을 때, 엔진 rpm이 증가되면 EGT는 감소된다. 스로틀을 엔진 rpm이 저속에 도달할 때까지 천천히 전진시킨다. 이때 EGT를 초과시켜서는 안 된다.

⑧ 엔진이 시동되었을 때 시동 스위치를 끈다.

▨ 2 가스 터빈 엔진의 자동시동법

자동장치를 갖춘 가스 터빈의 시동은 다음 순서에 준해서 한다.

① 공기를 공급한다(지상장비나 보조장비 또는 항공기에 시동되어 있는 엔진의 블리드(bleed) 공기를 받는다).

② 항공기의 전기동력을 ON시킨다.

③ 연료 펌프 스위치를 ON시킨다.

④ 저속 위치에 스로틀 고정한다.

⑤ 엔진 신택 스위치(engine selector switch)를 엔진 시동위치에 고정한나.

⑥ 시동 스위치를 누른다.

이 스위치는 유지 코일(hoiling coil)로 되어 있어서 엔진이 시동될 때까지 스위치를 잡아준다. 유지 코일에 전류가 차단되면 스위치는 OFF된다.

▨ 3 일반적인 여객기의 시동절차

이것은 Boeing727에 장착된 JT8D 엔진의 시동절차를 나타낸다.

① 점검표(check list)에 따라 항공기 주위를 검사

② 점검표에 따라 조종석에서 시동 전 점검 수행

③ 보조장비(APU : Auxiliary Power Unit) 시동

　㉠ 선택 스위치(bus selector switch)를 APU에 둔다.

　㉡ 교류 미터 스위치(AC meter switch)를 APU에 둔다.

　㉢ 자동 소화차단 스위치 작동한다.

　㉣ APU 화기 감지장치(auxiliary power unit fire detector)작동한다.

　㉤ 마스터 스위치(master switch)를 ON한다.

　㉥ 10초후 마스터 스위치를 시동위치에 둔다.

　㉦ crank 등을 주시, 시동 스위치를 ON한다.

　㉧ APU 발전기 주파수와 전압을 확인(408Hz/115V AC)한다.

④ all clear 신호를 확인한다.

⑤ 뉴매틱 압력 점검(35psi/min)한다.

⑥ 엔진 시동 스위치를 ground start에 둔다.

⑦ N_2rpm이 20%일 때 시동 레버를 저속 위치에 둔다.

⑧ EGT를 관찰, 외기온도가 15℃ 이하일 때 EGT는 350℃를 초과해서는 안 된다. 또 외기온도가 15℃ 이상일 때는 420℃를 초과하면 안 된다.

⑨ N_2rpm이 40%에서 시동 스위치를 풀어준다.

⑩ 저속 rpm이 안정이 되면 엔진 파라미터(parameter)를 점검한다.

　　㉠ EGT : 300~420℃

　　　　　공기 블리드나 동력 사용 시 480℃

　　㉡ N_2 rpm : 54~59.4%

　　㉢ 오일 압력 : 40~55psi

　　㉣ 오일 온도 : 40~60℃, 최대 120℃

　　㉤ 연료흐름 : 약 1,000lb/hr

Section 02 — 엔진 트림 및 조절(engine trim & adjust)

1 엔진 트림

작동 중인 엔진은 자주 엔진의 상태, 즉 주 연료 장치의 조정불량, VSV리깅(rigging) 불량, 블레이드의 긁힘, 파손, 휨 등과 진동 등 일정 추력범위를 벗어났을 경우 이것을 조정하여야 한다.

이러한 과정을 트림(trim)이라 한다.

또 다른 정의는 엔진의 정해진 rpm에서 정격추력을 내도록 연료 조정장치를 조정하는 것으로도 정의된다.

추력은 압력비(EPR : Engine Pressure Ratio)에 따라 결정되며, 압력비는 다음과 같다.

$$압력비 = \frac{터빈\ 방출압력(P_{t7})}{엔진\ 입구압력(P_{t2})}$$

가변정익(VSV : Variable Stator Vane) 압축기의 엔진은 엔진 베인 조정(EVC : Engine Vane Control) 작동과 베인의 각도를 필요에 따라 조절해야 한다.

Pratt & Whitney 회사에서 제작한 가스 터빈 엔진은 공장에서 시험하고 정격 추력을 낼 수 있도록 조절을 한다. 정격추력을 내기 위하여 엔진에 요구되는 엔진 속도(N_2)를 엔진 데

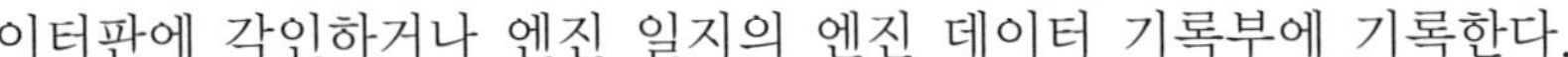

이터판에 각인하거나 엔진 일지의 엔진 데이터 기록부에 기록한다.

엔진 제작 중 일어날 수 있는 제작공차와 경미한 진동으로 같은 모델의 엔진이 똑같은 rpm에서 같은 정격추력을 내는 것은 대단히 힘들다. 그러므로 데이터판에 각인된 정격추력을 내기 위한 rpm은 엔진마다 다르다.

먼지나 그밖의 물질이 압축기 로터 블레이드(rotor blade)나 스테이터 베인(stator vane) 등에 고착되면, 공기의 흐름에 저항을 준다.

이것은 블레이드의 앞 전부분에 부식을 일으키며 압축기 성능 및 특성을 변화시킨다. 터빈 블레이드와 베인은 고온의 가스를 받고 있어 부식 및 파손을 일으킬 가능성이 크다.

앞에서 서술한 모든 요소는 엔진의 추력을 감소시키는 요소가 된다. 그러므로 트림은 엔진의 성능을 회복시키는 데 필요하다.

2 트림 방법

일반적인 트림방법은 다음과 같다.

① 항공기의 기수를 바람방향의 반대방향으로 하여 풍속은 20MPH를 초과하지 않는 것이 최적의 상태이다. 그리고 엔진 작동 시 엔진으로 들어가는 이물질이 없도록 주위를 깨끗이 한다.

② 트림에 필요한 계기를 설치한다. 터빈 방출압력이나 엔진 압력비(EPR)를 읽을 수 있는 계기와 N_2 rpm을 읽을 수 있는 계기를 설치한다.

③ 부분적으로 스로틀을 정지시킬 수 있는 것과 트림 지시서의 규정 내에서 연료조정 트림 정지를 할 수 있는 것을 설치한다.

④ 대기 온도나 대기압을 기록한다. 이것은 해면 상의 상태에서 정확한 성능을 읽는 데 필요하다. 압력과 온도지시는 엔진의 트림 곡선에 의해서 EPR이나 터빈 방출압력을 결정하는 데 사용한다.

⑤ 저속에서 엔진의 모든 파라미터(parameter)는 안정 시에 약 5분간 연료조정의 트림 정지에 의해서 엔진이 트림 속도(trim speed)로 작동된다. 공기 블리드 밸브는 닫혀 있고 모든 보기 공기 블리드가 닫혀 있어야 한다.

⑥ 트림이 얼마나 되었느냐에 따라 EPR 또는 P_{t7}을 주시하여 기록한다. 트림이 필요하다면 요구되는 P_{t7}이나 EPR에 연료조정장치(FCU : Fuel Control Unit)를 조절한다. 이것이 수행되었다면 엔진 rpm, EGT, 연료흐름량을 기록한다.

⑦ 표준상태의 정확한 %에서 새로운 엔진 트림 rpm을 관찰한다. 모든 엔진의 트림 목적은 동일하나 rpm 및 온도의 제한범위에서 초과됨이 없이 엔진을 정상화시키는 것이다.

표 11-1 일반적인 Test log

J85-GE-21 Engine test log

ENG MODEL	ENG S/N	ENG TSN/TSO	MFC P/N	TEST DATE	ACCEPTED	REJECTED
J85-GE-21A	226-290		6011T 60G16	81, 5, 8	V	

PURPOSE OF RUN:	TYPE OF TEST	☐ FUNCTIONAL	☐ PERFORMANCE	☐ SPECIAL
		TIME INSTALLED	TIME REMOVED	

START DATA

TIME TO FIRE	1,62
STARTING FUEL FLOW	225
PEAK EGT	925
TIME TO IDLE	10,13

VARIABLE GEOMETRY

	CIT	RPM	IGVA
N_1	69	11110	42,3
N_2	69	14106	16,5
N_3	69	16051	-0,9

OVERSPEED GOVERNOR

STEADY STATE RPM	%	91
RPM OVERSHOOT	%	4
CROSS BLEED VALVE CHECK		
ANTI-ICING VALVE CHECK		OK
P_3 DUMP SYSTEM CHECK		OK

VEN SCHEDULE

CRUISE FLAT NPI	%	18
NOZZLE BREAK PT. PLA		76,5
AB LITE PLA		97,7
AB CUTOFF PLA		94,5
A_8/P_3 RESET−MIN NPI	%	11

ACCELERATION CHECK

IDLE TO MIL	SEC	3,25
PEAK EGT	°F	1372
RPM ROLLBACK	%	1
ACCEL AREA NPI	%	51
MIN AREA NPI	%	0
MIL TO MAX	SEC	3,12
PEAK EGT	°F	1465
RPM ROLLBACK	%	1%
CDR VALVE CHECK		4%

MFC GROUP NO.

	DRS	IDLE	MIL	MAX
P. L. A	°	12	91,5	115
RPM	RPM	8330	16598	16604
CIT	°F	64	64	63
TRUE BAROMETER	IN−Hg	29,68	29,56	29,55
CELL DEPRESSION	$IN−H_2O$			
TARGET FUEL FLOW	PPH		3420	10720
FUEL FLOW	PPH	387	3365	10350
T_{5H}	°F	732	1320	1320
T_{5B}	°F	668	1240	1240
THRUST	LBS	79	3434	4874
NPI	%	79	8	73
IGVA	°	46,3	-1,9	-1,9
CDP	IN−Hg	14	196	196
OIL SUMP PRESS.	PSI	0,8	20	20
OIL TANK PRESS.	PSI	3,5	4,0	4,0
OIL PRESS.	PSI	14,2	30	30
OIL PRESS. DIRECT	PSI	15	50	50
OIL TEMP.	°F	146	237	250
VIB−COMP. FWD	Mils	0,9	1,5	1,4
VIB−COMP. AFT	Mils	0,7	1,5	1,4
VIB−TURBINE	Mils	0,8	2,3	2,3
NOTE1				

PRE RUN CHECK

FOD INSPECTION	OK
OIL TANK LEVEL	OK
VEN RAM POSITION	OK
POSITIVE FUEL FLOW	OK
POSITIVE F/F SHUTOFF	OK
ENGINE PURGED	OK

THRUST

	MIL	MAX
THRUST READING	3434	4874
CELL CORRECTION	1,013	1,012
TARE	0	0
ACTUAL THRUST	3478	4932
MIN REQUIRED	3380	4840
VARIATION		

POST RUN CHECK

FOD INSPECTION	OK
OIL TANK LEVEL	OK
VEN RAM POSITION	OK
ENGINE PRESERVED	OK
TRIM TAG	1320°F
COAST DOWN	30,86 SEC

OPERATOR	AUTH.	Q. C. INSP.	A. C. O. INSP.

300×210mm

Section 03 — 부적당한 시동상태

1 과열시동(hot start)

시동 시 EGT가 규정한계값 이상으로 증가하는 현상으로서, 보통 연료조정장치(fuel control unit)의 고장, 연료 라인의 빙결, 압축기 입구부에서 공기흐름의 제한 등의 원인으로 발생된다. 대부분의 제작회사는 초과온도 상태를 어느 특정온도를 기준으로 하는 것이 아니라 시간과 온도의 상호관계에서 판단하는 것이 보통이다. 그림 11-4는 시동 시 온도와 시간의 상호관계를 나타낸 것이다.

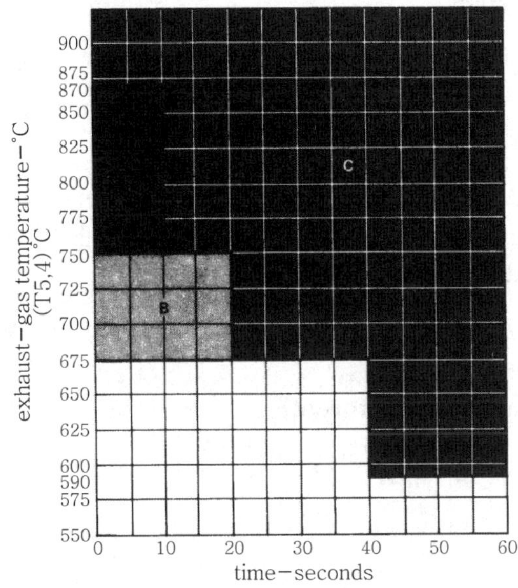

note: any operation in areas 'A', 'B' or 'C' must be verified and indication system calibrated

Starts in area A must be recorded and immediate corrective action must be taken prior to further start attempts. A borescope inspection must be performed, prior to further start attempts.

Starts in area B must be recorded. Persistent starts in this area are cause for corrective action.

Any operation in area C requires removal of engine to overhaul.

그림 11-4 Temperature-limit chart for starting

2 결핍시동(false or hung start)

시동이 걸린 후 IDLE rpm으로 증가되지 않고, 이보다 낮은 rpm에 있는 현상을 말한다. 이때 EGT는 계속 상승하기 때문에 온도한계를 초과하기 전에 작동을 중지하여야 한다. 결핍시동은 주로 시동기(starter)에 공급되는 동력이 불충분할 때 발생한다.

3 시동불능(no start)

엔진이 시간 내에 시동되지 않는 것을 말하며 rpm이나 EGT가 증가하지 않는 것으로 판단할 수 있다. 이것은 엔진부의 주 연료 장치나 그밖의 부분의 고장으로 인하여 발생된다.

Section 04 — 엔진정격(engine rating)

엔진의 정격출력은 다음과 같다.

(1) 이륙 추력(take-off thrust)

항공기의 이륙에 사용되는 최대 추력으로, 사용시간 제한(보통, 최대 5분)이 있다.

(2) 최대 연속추력(maximum continuous thrust)

시간제한 없이 연속으로 작동할 수 있는 최대 추력으로 이륙 추력의 90% 내외이다.

(3) 최대 상승추력(maximum climb thrust)

항공기 상승을 위해 사용되는 추력으로 최대 연속추력과 같을 때가 많다.

(4) 최대 순항추력(maximum cruise thrust)

순항에 요구되는 최대 추력으로 보통 이륙 추력의 80% 내외이다.

(5) 저속추력(idle thrust)

작동 중의 최소 추력으로 이륙의 5~6% 정도이다.

Section 05 — 작동점검

가스 터빈 엔진의 완전한 작동상태를 확실하게 하기 위해서 엔진 및 항공기 제작자는 정비사를 통하여 점검을 실시한다.

CF6-50 엔진의 점검 예를 들기로 한다.

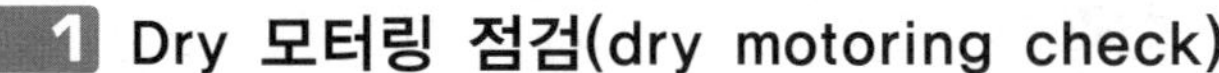

1 Dry 모터링 점검(dry motoring check)

이 점검방법은 엔진 회전이 원활한지 여부를 검사 혹은 정비 후에 수행한다.

이 검사는 정비나 부품을 교환했을 때 윤활계통의 누설점검 및 기능점검을 하기 위해서 사용된다.

dry motoring 점검을 행할 때는 다음과 같은 순서에 입각해서 한다.

① 정상적인 시동을 위한 모든 상태를 점검한다. 이 상태는 정상적인 시동 전 점검에서 수행한다.

② 엔진 조정 및 스위치는 다음과 같이 한다.
  ㉠ 점화 OFF
  ㉡ 연료 차단레버 OFF
  ㉢ 스로틀 저속
  ㉣ 연료 부스터펌프 ON

③ 시동기를 작동, 엔진 회전과 오일 압력의 정상지시를 위해 점검에 필요한 만큼 구동을 한다.

④ 시동기를 끄고 다음과 같은 점검을 한다.
  ㉠ 엔진의 소음을 듣는다. 거친 음은 점검하고 정상적인 소음은 압축기와 터빈 블레이드의 소리, 기어소음, 실(seal) 닿는 소리만 난다.
  ㉡ 윤활계통의 피팅(fitting) 및 액세서리 부의 오일 누설을 점검한다.
  ㉢ 오일 탱크의 오일량을 점검한다.

2 Wet 모터링 점검(wet motoring check)

이 점검방법은 연료 계통의 점검이나 분해 또는 교환시에 필요한 점검이다. wet 모터링 점검은 다음과 같이 한다.

① 엔진 조정과 스위치는 dry 모터링의 위치와 같이 한다.

② 시동기를 작동한다.

③ 코어 엔진(core engine) rpm이 10%까지 상승되었을 때 연료차단 레버를 ON하고 오일 압력을 점검한다.

④ 연료흐름이 500~600lb/hr 혹은 최대 60초 까지 엔진을 계속 모터링하며, 시동기 작동범위를 주시한다.

⑤ 연료차단 레버를 OFF위치로 하고 연소실에서 연료가 증발될 때까지 최소 30초 이상 엔진을 모터링한다.
  연료흐름이 '0'으로 떨어지는 것을 관찰한다.

⑥ 시동기를 끈다. dry motoring 점검과 같이 색다른 소리가 나는가 점검한다.

⑦ 연료 라인과 액세서리부의 누설 점검한다.

⑧ 연료 슈라우드(fuel shroud)를 점검한다.

⑨ 윤활계통의 누설 점검한다.

⑩ 오일 탱크의 오일량을 점검한다.

Section 06 — CF6 엔진 작동도표

1 연료 계통

(1) 팬 속도(fan speed N_1)

엔진 100% rpm → 3,432.5rpm

최대 116% rpm → 3,982rpm

  ① 이륙 시 요구되는 최대 추력

     CF6-50A   112%   3,844rpm

     CF6-50C   113.2% 3,885rpm

     CF6-50C$_1$ 113.8% 3,905rpm

     CF6-50E   113.3% 3,890rpm

  ② 과속상태

     CF6-50A, C, E는 116~125.3%(3,982~4,300rpm)

     CF6-50C$_1$은 최대 3,999rpm(116.5~125.3%)이 상태에서는 엔진을 검사하여야 한다.

     125.3%(4,300rpm) 이상 과속되었을 때는 엔진 오버홀(overhaul)을 하여야 한다.

  ③ 저속

     비행-40.2%(1,380rpm)

     지상-24%(825rpm)

(2) 코어 속도(high compressor speed N_2)

엔진 100% rpm → 9,827rpm

최대 108% rpm → 10,613rpm

  ① 과속

     N_2가 108.5%(10,662rpm)일 때는 검사를 요함

     N_2가 108.5%(10,662rpm) 이상일 때는 오버홀(overhaul)을 요함

② 저속

비행 시 → 78.2%(7,685rpm)

지상 → 65.2%(6,407rpm)

(3) 연료압력(fuel pressure)

100% N_2 에서 80psi

저속에서는 20psi 이상

시동 시 펌프 입구는 12psi 이상

(4) 연료여과기 압력강하

23±2psi 이상 경고등 동반 시

(5) 연료흐름량

① 시동 : 550pph

② 저속 : 1,490pph

③ 이륙 : 20,200pph(CF6-50E)

(6) 배기가스 온도(EGT)

① 저속 : 385~470℃

② 이륙

㉠ 최대 2분 A형-930℃ C, E형-950℃

㉡ 최대 5분 A형-915℃ C, E형-935℃

㉢ 최대 순항(시간제한 없음) : 875℃

㉣ 최대 시동시간 40초에서 750℃

(7) 가속시간

① 비행저속에서 95% 이륙추력까지 5초

② 지상저속에서 95% 이륙추력까지 10초

③ 엔진 연료차단 냉각시간, 저속에서 3분 가량

(8) 엔진 진동

① 팬 로터 : 3.5mils

② 코어 로터 : 3.0mils

2 윤활 계통

① 비행 시 30~90psi

② 오일 온도는 65~160℃

③ 오일여과기 차압이 28~32psi 초과 시 경고등 점등

④ 35~40psi에서 바이패스(bypass) 오일 소모량 0.7lbs/hr

Section 07 ― 항공기 엔진 점검

주기검사(periodic inspection)는 작동시간과 비행 사이클의 수에 따라 결정된다. 여기서 비행 사이클이라 함은 항공기의 이·착륙을 나타낸다.

주기검사는 주로 A점검과 B점검으로 구분된다.

A는 100시간 B는 100시간 이상일 때 수행한다.

표 11-2 Pratt & Whitney JT9D-7Q 엔진의 점검사항

점 검	주 기
(1) 엔진 오일 계통(engine oil system)	
① 오일양 점검	비행 전
② 드레인 마스터(drain master)와 드레인 점검	비행 전
③ 배기부의 오일점검	비행 전
④ 등(strong light)으로 주 오일 여과기 점검	500HRs(2A CHK′)
⑤ # 3, 4 베어링부의 철분 검사(magnatic chip detector insp′)	1,000HRs(4A CHK′)
⑥ 오일 탱크 균열 및 파손검사	3,000HRs(C CHK′)
⑦ 모터링시키며 오일 누설검사	500HRs
⑧ 주기어 박스 철분검사(MGB magnatic chip detector insp′)	1,000HRs(4A CHK′)
⑨ 엔진 기어 박스 오일검사	500HRs(2A CHK′)
⑩ 오일 계통의 누설 시계검사	250HRs(A CHK′)
⑪ 튜브 및 크램프(cramp)의 상태 및 안전도 검사	3,000HRs(C CHK′)
(2) 블리드 계통(bleed system)	
① 튜브, 크램프의 안전도 및 상태검사	3,000HRs(C CHK′)
② 3.5 블리드 밸브 점검	비행 전
③ 13단계 냉각공기 차단밸브의 작동점검	500HRs(2A CHK′)
(3) 팬 부분(fan section)	
① FOD 점검	비행 전
② 스피더(speeder section)부의 부식 및 과도히 마모된 것을 검사	250HRs
③ 팬 블레이드 점검(strong light 사용) 작은 파손도 점검	500HRs
④ 팬 배기 안내 베인(fan discharge guide vane)의 FOD 손상 점검	250HRs

점 검	주 기
⑤ 팬 배기부와 스트럿(strut)의 부분검사	3,000HRs
⑥ 팬 블레이드 부의 떨어져 나간 부분을 점검	500HRs
⑦ 팬 블레이드부의 스팬(span)에 윤활	250HRs
⑧ 팬 블레이드 팁 간격(tip clearances)점검	로터나 팬 케이스 교환 시
(4) **고압 터빈**(HPT : High Pressure Turbine)	
보어 스코프 점검(borescope insp')	1,000HRs
※ 보어 스코프(그림 11-5(a), (b), (c))	
보어 스코프는 과거에는 왕복 엔진의 실린더 내부를 점검하는 데 사용했었다. 엔진 내부의 피스톤 링이나 그 밖의 부분 등의 고장을 엔진을 분해하지 않아도 검사를 할 수 있는 점이 편리하게 되어 있다.	
그림에서 보는 것과 같이 튜브를 엔진의 보어 스코프 점검부에 삽입을 하여 점검을 한다.	
① 연소실 라이너(combustion liner)	1,000HRs
② 1단계 노즐 안내 베인(1st nozzle guide vane)	1,000HRs
③ 1단계 터빈 블레이드	1,000HRs
(5) **저압 터빈**(LPT : Low Pressure Turbine)	
① 6단계 블레이드의 FOD 시계점검, 테일 파이프(tail pipe)의 금속상태	비행 전
② 터빈 배기 케이스의 후방 내부 플랜지 부의 시계섬섬	1,000HRs
③ 스트럿(strut)의 FOD, 균열, 휨, 시계점검	3,000HRs
④ 6단계 블레이드 FOD와 P_{t7} 프롭(probe)의 FOD	3,000HRs
⑤ EPR 지시장치 점검	3,000HRs
⑥ 열전대(thermocouple)의 정크션 박스(junction box)의 점검, 선(harness), 연결기(connector)의 상태 점검	3,000HRs
⑦ P_{t7} 프롭(probe)의 점검	1,000HRs
(6) **연료장치**(fuel system)	
① 주 연료장치(FCU : Fuel Control Unit)의 주 여과기 청결상태 점검	1,000HRs
② 주 연료장치의 유압 여과기(hydraulic filter)의 청결상태 점검	1,000HRs
③ 연료 펌프 여과기 교환	1,000HRs
④ 연료 펌프의 QAD(guick attacch detach) 너트의 상태 및 토크 수행	500~1,000HRs
⑤ 우측 하부 3.5 블리드의 연료누설 점검	비행 전과 3,000HRs
⑥ 가열기(heater) 배출 플러그의 연료누설 점검	250HRs
⑦ P & D 밸브 여과기 청결 및 검사	3,000HRs
⑧ 연료 계통의 라인과 구성품 누설 점검	3,000HRs
⑨ 엔진을 모터링하여 연료장치 누설 점검	500HRs
⑩ 연료장치 라인의 시계점검과 장비의 누설 점검	250HRs
⑪ 드레인 마스터와 드레인 연료누설 점검	비행 전
⑫ 연료 가열기(fuel heater)의 공기 밸브 검사	500HRs
(7) **방빙 계통**(anti-ice system)	
① 방빙 여과기 청결 및 검사	1,000HRs
② 스테이터 베인(stator vane)의 방빙 밸브 검사	500HRs
③ 튜브 및 크램프와 장비의 보존상태 점검	3,000HRs

점 검	주 기
(8) 점화 계통(ignition system)	

① 엑사이터 리드(exciter lead)와 커넥터(connector)에서 플래시오버
    (flashover)되는 것을 검사
    ※ 플래시오버~엑사이터의 전류가 이그나이터로 들어가는 것이 아니라 리드
      에서 바로 이그나이터 몸체부로 접지되는 것
	500HRs

② 2중 점화 장치의 점검	100HRs
③ 이그나이터 세라믹의 균열, 부식 및 일반적인 상태 점검	500HRs
④ 엑사이터, 리드, 공기 재킷(airjacket)의 보존 상태 점검	5,000HRs
(9) 가변 베인(variable vane system)	
① 엔진 베인과 블리드 조절과 후부 압축기 스테이터 베인 액추에이터 점검	3,000HRs
② 가변 베인의 상태 점검	3,000HRs

Section 08 — 엔진의 고장점검

여기에서는 CF6-50 엔진과 JT9D-7Q 엔진의 고장 점검 및 대책 등을 설명하기로 한다.

(1) 시동을 하였으나 엔진이 회전하지 않을 때

① 공기 밸브(air valve)의 결함
② 압축기 로터(compressor rotor), 시동기(pneumatic stater), 기어 박스 등이 고착
③ 오일 또는 소기 펌프의 고착
④ FOD에 의한 손상

(2) 시동 시 엔진이 저속회전

① 시동기의 공압(pneumatic pressure)이 낮을 때
② 공기 밸브의 고장
③ 압축기, 팬 블레이드 공기 실의 마찰 손상
④ 엔진 내부 손상
⑤ 공기 누설

(3) 시동 후 가속이 늦음

위 (2) 사항과 동일 증상

(4) 엔진은 회전하나 등(ignition light)이 꺼지지 않음

① 점화가 안 된다. → 이그나이터 또는 회로의 결함

② 노즐(fuel nozzle)에 연료가 흐르지 않는다. → FCU의 결함

(5) 등이 꺼진 후 가속이 늦음

① FCU 결함
② 공기 블리드가 정상 작동을 못함
③ 2번 사항과 동일

(6) 시동 연료가 흐르지 않음

① 연료 라인에 베퍼 로크(vapor lock)현상
② 연료차단 계통의 고장
③ 연료차단 밸브가 열리지 않음
④ 연료 펌프의 고장

(7) 시동 연료흐름이 낮음

① 연료 라인의 베퍼 로크 현상
② 연료차단 밸브의 위치가 잘못됨
③ 항공기 부스터 압력이 낮음
④ 연료차단 계통의 리깅(rigging)이 적당하지 않음
⑤ 연료흐름 지시계통의 결함
⑥ 압축기 출구압력(CDP : Compressor Discharge Pressure) 계통이 정상적인 기능을 못할 때
⑦ 압축기 입구 온도계통(CIT : Compressor Inlet Temperature)의 기능이 정확하지 못할 때
⑧ 주 연료 장치의 정확하지 못한 작동
⑨ 연료 펌프의 고장

(8) 과도한 시동 연료흐름

① 연료흐름 지시기의 고장
② 주 연료장치의 고장
③ 압축기 입구 온도감지기의 고장

(9) 연료흐름과 점화는 정상이나 등이 꺼지지 않을 때

① 다기관 배출 밸브(manifold dump valve)가 열려 있음
② 이그나이터 부근의 연료노즐의 분사가 정확하지 않을 때

(10) 시동 시 EGT가 너무 높을 때 : hot start

① EGT 계기의 결함
② 낮은 최대 모터링 속도
③ 가변정익 계통의 리깅 불량
④ 가변 바이패스 밸브(VBV : Variable Bypass Valve)가 정확하게 작동하지 않을 때
⑤ 블레이드나 베인의 파손
⑥ FCU의 고장-과도한 연료흐름
⑦ CIT 감지기 고장

(11) 팬 부분이 전혀 회전하지 않을 때

① 팬 로터나 저압 터빈 고착
② 지시계통의 고장

(12) 코어 엔진(core engine)의 저속이 너무 낮을 때

① 계기 계통의 고장
② 연료차단 밸브(fuel-shutoff-valve)의 리깅(rigging) 불량
③ 압축기 출구 압력계통의 고장
④ FCU의 고장
⑤ CIT의 고장

(13) 코어 엔진의 저속이 너무 높을 때

① 스로틀(throttle)의 리깅 불량
② 저속 솔레노이드의 고장
③ 주 연료장치의 고장

(14) rpm의 변화가 심할 때(fluctuating rpm)

① 연료 부스터 압력이 불안정
② 가변정익 베인의 리깅 불량
③ 가변정익 베인의 스케줄이 부정확
④ 가변 바이패스 밸브의 스케줄이 부정확
⑤ FCU의 고장

(15) 스로틀에 따라 엔진의 감응이 늦을 때

① VSV의 리깅 불량
② VSV의 스케줄 불량

③ VBV의 스케줄 조정의 고장

④ FCU로 가는 CDP 튜브의 누설

⑤ 블레이드, 베인의 파손

⑥ FCU 고장 및 조절불량

(16) 가속 시 압축기 실속

위 (15) 사항과 동일

(17) 동력(full power) 위치에서 팬 속도가 낮을 때

① 스로틀의 리깅 불량

② 연료차단 레버 리깅 불량

③ 연료누설

④ FCU의 CDP 라인 누설

⑤ VSV의 스케줄의 조정불량

⑥ VSV의 리깅 불량

⑦ VBV의 리깅 불량

⑧ VBV의 스케줄의 조정불량

(18) 팬의 진동이 심함

① 픽업(pick-up) 계통의 고장

② 팬이나 터빈 블레이드의 고장

③ 팬 로터의 평형 불량

(19) EPR이 부정확

① 계기나 트랜스미터(transmitter)의 고장

② EPR 프롭(probe)의 파손

③ 팬 속도 계기의 고장

④ 엔진 내부손상

(20) 등이 꺼진 후 낮은 EGT 또는 가속 안 됨

① 노즐이 막힘, 연소실 고장

② CDP 누설

③ FCU 고장

(21) VSV의 위치가 틀릴 때

① VSV 액추에이터의 고장
② FCU 고장
③ 리깅(rigging) 불량

(22) 오일 압력이 높을 때

① AGB(Accessory Gear Box)의 압력 보상 라인이 느슨함
② 공급 라인이 막힘

(23) 낮은 엔진 오일 압력

① 펌프의 고장
② 펌프 공급계통의 저항이 큼
③ 공급라인의 느슨함

다음은 고장 점검에 대한 CF6-50E 엔진의 윤활계통 및 다른 계통을 원문대로 기재하였으니 참고하기를 바란다.

(1) symptoms : high oil quantity or increase in indicated quantity during operation
  ① cause
    ㉠ oil foaming
    ㉡ Fuel-oil heat exchanger leak
  ② Trouble-shooting
    ㉠ low oil pressure check AGB reference pressure oil tank cap per 79-00-00
    ㉡ oil degradation change oil and send sample to lube for analysis
    ㉢ Smell oil for evidence of fuel replace heat exchanger and flash/refill lube system

(2) symptoms : low or no oil quantity
  ① cause
    ㉠ indication
    ㉡ oil tank not serviced
    ㉢ high oil consumption
  ② Trouble-shooting
    ㉠ check tank level(dipstick) verify/correlate tank guantity and indicator
    ㉡ service tank-review engine records&confirm oil consumption rate is acceptable
    ㉢ trouble-shooting for HOC

(3) symptoms : High Oil Consumption(HOC)

① cause

㉠ indication system

㉡ AGB : reference pressure line loose or blocked

㉢ crimped or blocked oil supply tubes

㉣ clogged oil nozzles or internal supply lines

② trouble-shooting

㉠ check scavenge pump inlet screens and replace engine if indicated

㉡ replace or remove pump/check for peration

㉢ disassemble Gamah fittings and check '0' ring

㉣ replace engine

㉤ check pump pressurization tube connections for blockage/leakage

(4) symptoms : low/fluctuating oil pressure

① cause

㉠ indication system

㉡ oil quantity low

㉢ high gearbox reference pressure

② trouble-shooting

㉠ replace or exchange indicator sensor to isolate defective components

㉡ assure tank is properly serviced(check or HOC)

㉢ confirm by measurement at AGB reference pressure port. remove 'A'sump vent manifold and check manifold/shaft vent ports for blockage

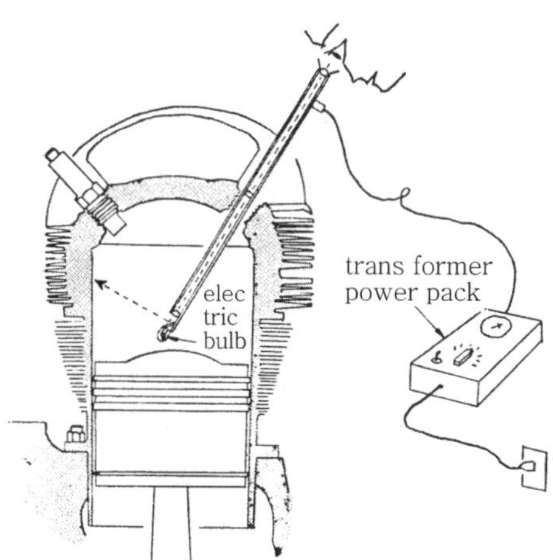

그림 11-5 (a) Inspection the inner cylinder with a bore scope

그림 11-5 (b) Inspection the turbine blade of Boeing 707(JT 3 D)

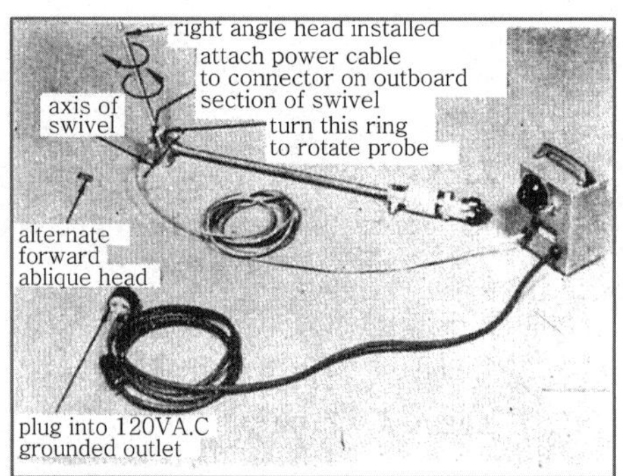

그림 11-5 (c) Airwheel · inspection · bores

부 록

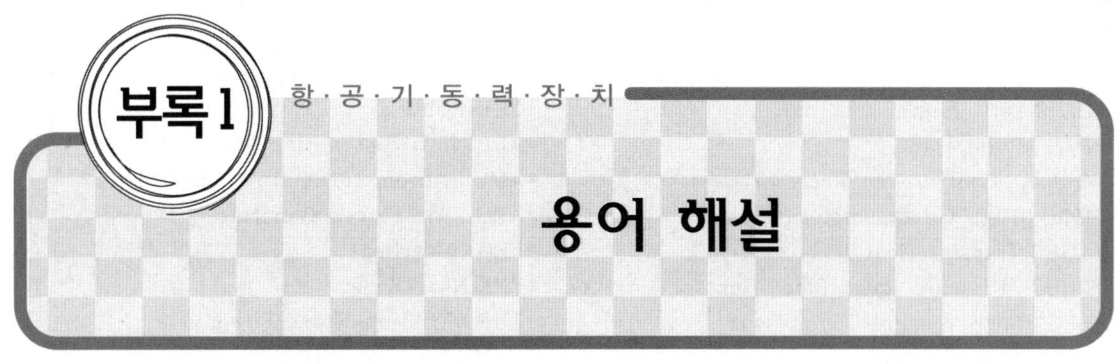

용어 해설

다음에 서술하는 용어는 우리가 manual이나 기타 서적 등을 볼 때 나오는 약자로서 그 원뜻을 정확히 파악하게 하기 위해 나타낸 것이다.

*P_{amb} : ambient air pressure
*CIT : Compressor Inlet Air Temperature
*CIP(P_{t2}) : Compressor Inlet Air Pressure
*CDP(P_{s4}) : Compressor Discharge Pressure
*T_{t5} : burner pressure, turbine inlet temperature
*N_2 : high pressure compressor rotor speed
*N_1 : low pressure compressor rotor speed
*P_{DBO} : deceleration bleed override
*P_F : fine-filtered main stage pressure
*P_H : controlled hydraulic-stage pressure
*P_1 : controlled body pressure
*P_{IH} : pump inter stage from hydraulic supply
*P_{IR} : pump inter stage from regulated supply
*P_R : regulated fine filtered servo supply
*P_H : main-stage inlet pressure
*P_S : servo-control pressure
*W_f : metered fuel flow
*P_{Tt2} : signal pressure from
*T_{t2} : sensor
*P_{A1} : metered vane-actuator pressure
*P_{A2} : metered vane-actuator pressure
*P_{CB3} : bleed-control pressure
*$P_{CB3.5}$: start-bleed pressure
*P_{PS} : speed-signal pressure
*P_S : supply pressure

*P_2 : outlet pressure
*P_C : control pressure
*P_2 : compressor discharge pressure
*P_b : bypass pressure
*P_4 : differential servo pressure
*P_5, P_3 : regulated pressure
*P_3 : servo pressure
*P_6 : CIT regulated pressure
*P_{cr} : regulated case pressure
*P_f : filtered ps
*TIT : Turbine Inlet Temperature
*TOT : Turbine Outlet Temperature
*EVC : Engine Vane Control
*FCU : Fuel Control Unit
*MEC : Main Engine Control
*AGB : Accessory Gear Box
*IGV : Inlet Guide Vane
*VSV : Variable Stator Valve
*VBV : Variable Bypass Valve
*INSP : Inspection
*MPDM : Maintenance Planning Data Manual
*RPM : Revolution Per Minute
*PDM : Pneumatic Drive Motor
*AVM : Airborne Vibration Monitor
*PPH : Pounds Per Hour
*OEW : Operation Empty Weight
*CDT : Controled Differential Transmitter
*HPCR : High Pressure Compressor Rotor
*TMF : Turbine Mid Frame
*LPTR : Low Pressure Turbine Rotor
*HPTR : High Pressure Turbine Rotor
*IGB : Inlet Gear Box

*L/H : Left Hand
*R/H : Right Hand
*C & A : Control And Accessories
*HOC : High Oil Consumption
*TGB : Transfer Gear Box
*PRBC : Pressure Ratio Bleed Control
*LPC : Low Pressure Compressor
*HPC : High Pressure Compressor
*THP : Thrust Horse Power
*TSFC : Thrust Specific Fuel Consumption
*LPT : Low Pressure Turbine
*HPT : High Pressure Turbine
*CRF : Compressor Rear Frame
*TRF : Turbine Rear Frame
*MGB : Main Gear Box
*EGT : Exhaust Gas Temperature
*APU : Auxiliary Power Unit
*QAD : Quick Attach Detach
*CF : Commercial Fan
*EPR : Engine Pressure Ratio
*FOD : Foreign Object Damage
*FE : Flight Environment
*TAFI : Turn Around Fault Isolation
*CSD : Constant Speed Drive
*QEC : Quick Engine Change
*GPU : Ground Power Unit
*A/C : Aircraft
*ACT : Actuator
*HYD : Hydraulic
*LUB : Lubricate
*GEN : Generator
*C/B : Circuit Breaker
*BMM : Boeing Maintenance Manual
*FAA : Federal Aviation Agency
*OM : Organization Maintenance
*FM : Field Maintenance
*OXY : Oxygen
*ID : Inside Diameter
*OD : Outside Diameter
*SW : Switch
*PH : Hydraulic Pressure
*G/B : Gear Box
*P & D : Pressurizing And Dump
*TEMP : Temperature

*CHK : Check
*ADI : Anti−Detonation Injection
*AMC : Automatic Mixture Control
*ADG : Air Driven Generator
*BRG : Bearing
*FN : Net Thrust
*FHP : Friction Horse Power
*GPM : Gal Per Minute
*MAP : Manifold Absolute Pressure
*SFC : Specific Fuel Consumption
*IGE : In−Ground Effect
*ESHP : Effective Shaft Horse Power
*BPR : By Pass Ratio
*MTG : Mounting
*NAC : Nacelle
*PPH : Pounds Per Hours
*PL : Parting Line
*QTY : Quantity
*QC : Quality Control
*REF : Reference
*SOAP : Spectrometric Oil Analysis Program
*SCHG : Supercharger
*T/C : Thermocouple
*T/R : Turbine reverser
*TACH : Tachometer
*P_{t7} : turbine outlet pressure(two spool eng)
*P_{t5} : turbine outlet pressure

■ The Metric System and Equivalents

〈Linear Measure〉

1centimeter＝10millimeters＝.39inch
1decimeter＝10centimeters＝3.94inches
1meter＝10decimeters＝39.37inches
1dekameter＝10meters＝32.8feet
1hectometer＝10dekameters＝328.08feet
1kilometer＝10hectometers＝3,280.8feet

〈Weights〉

1centigram＝10milligrams＝.15grain
1decigram＝10centigrams＝1.54grains
1gram＝10decigrams＝.035ounce
1dekagram＝10grams＝.35ounce

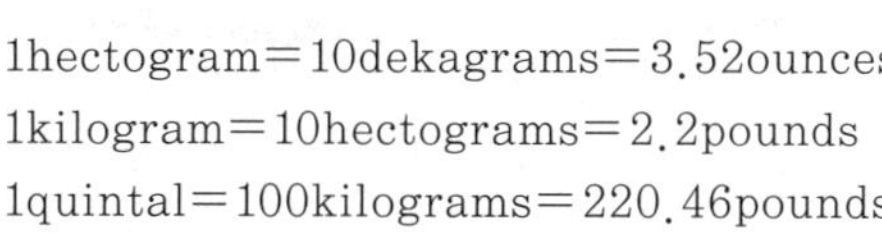

1hectogram＝10dekagrams＝3.52ounces
1kilogram＝10hectograms＝2.2pounds
1quintal＝100kilograms＝220.46pounds
1netric ton＝10quintals＝1.1short tons

⟨Liquid Measure⟩

1centiliter＝10milliliters＝.34fl.ounce
1deciliter＝10centiliters＝3.38fl.ounces
1liter＝10deciliters＝38.82fl.ounces
1dekaliter＝10liters＝2.64gallons
1hectoliter＝10dekaliters＝26.42gallons
1kiloliter＝10hectoliters＝264.18gallons

⟨Square Measure⟩

1sq. centimeter＝100sq. milliveters＝.155sq. inch
1sq. decimeter＝100sq. centimeters＝15.5sq. inches

1sq. meter(centare)＝100sq. decimeters＝10.76 sq. feet
1sq. dekameter(are)＝100sq. meters＝1,076.4 sq. feet
1sq. hectometer(hectare)100sq. dekameters ＝2.47acres
1sq.kilometer＝100sq. hectometers＝.386sq. mile

⟨Cubic Measure⟩

1cu. centimeter＝1000cu. millimeters ＝.06cu. inch
1cu. decimeter＝1000cu. centimeters＝61.02cu. inches
1cu. meter＝1000cu. decimeters＝35.31cu. feet

Approximate conversion factors

to change	to	mltiply by	to change	to	mltiply by
inches	centimeters	2.540	ounce−inches	newton−meters	.007062
feet	meters	.305	centimeters	inches	.394
yards	meters	.914	meters	feet	3.280
miles	kilometers	1.609	meters	yards	1.094
square inches	square centimeters	6.451	kilometers	miles	.621
square feet	square meters	.093	square centimeters	square inches	.155
square yards	square meters	.836	square meters	square feet	10.764
square miles	square kilometers	2.590	square meters	square yards	1.196
acres	square hectometers	.405	square kilometers	square miles	.386
cubic feet	cubic meters	.028	square hectometers	acres	2.471
cubic yards	cubic meters	.765	cubic meters	cubic feet	35.315
fluid ounces	milliliters	29.573	cubic meters	cubic yards	1.308
pints	liters	.473	milliliters	fluid ounces	.034
quarts	liters	.946	liters	pints	2.113
gallons	liters	3.785	liters	quarts	1.057
ounces	grams	28.349	liters	gallons	.264
pounds	kilograms	.454	grams	ounces	.035
short tons	metric tons	.907	kilograms	pounds	2.205
pound−feet	newton−meters	1.365	metric tons	short tons	1.102
pound−inches	newton−meters	.11375			

제1회
동력장치 이론과 정비 문제

01 피스톤 링(piston ring)의 간격(gap)은 어떻게 측정하는가?

㉮ 만일 적당한 링이 장착되어 있으면 측정할 필요가 없다.

㉯ 링이 피스톤에 장착되어 있을 때 뎁스 게이지(depth gage)로 측정한다.

㉰ 링이 실린더 내부에 장착되어 있을 때 시크니스 게이지(thickness gage)로 측정한다.

㉱ 링을 정당하게 장착하여 놓고 고-노-고 게이지(go-no-go gage)로 측정한다.

02 오일 조종 링(oil control ring)에 의하여 모아진 오일은 어떻게 하여 섬프(sump)로 돌아가는가?

㉮ 피스톤 스카트의 홈(groove)으로

㉯ 링 홈(ring groove)에 드릴로 뚫은 오일 구멍을 통하여

㉰ 피스톤 핀(piston pin)의 구멍을 통하여

㉱ 오일 스크레이퍼 링(oil scraper ring) 사이에 떨어져 고여서

03 다음 설명 중 크랭크 축(crankshaft)과 관계되는 것은?

㉮ 평형추(counter weights)는 정적 평형(static balance)을 준다.

㉯ 평형추는 비틀림 진동(torsional vibration)을 감소시킨다.

㉰ 댐퍼너(dampeners)는 원심력 하중(cen-trifugal loads)을 감소시킨다.

㉱ 댐퍼너는 정적 평형(static balance)을 준다.

04 다이내믹 댐퍼(dynamic damper)의 목적은?

㉮ 진동(vibration)을 감소시킨다.

㉯ 크랭크 축의 원심력 하중(centrifugal loads)을 감소시킨다.

㉰ 허브 응력(hub stress)을 감소시킨다.

㉱ 프로펠러 블레이드(propeller blade)의 응력하중(stress loads)을 감소시킨다.

05 다음 중 어느 것이 제일 단단한 밀착을 요하는가?

㉮ 밸브 가이드(valve guides)

㉯ 로커 암 부싱(rocker arm bushing)

㉰ 스파크 플러그 부싱(spark plug bushing)

㉱ 밸브 시트(valve seats)

06 왕복 엔진(reciprocating engine)에서 연료 압력(fuel pressure)은 어느 곳의 압력을 측정하는가?

㉮ 승압 펌프(boost pump)

㉯ 엔진 구동 펌프 입구(inlet to the engine-driven pump)

㉰ 기화기(carburetor)

㉱ 노즐(nozzle)

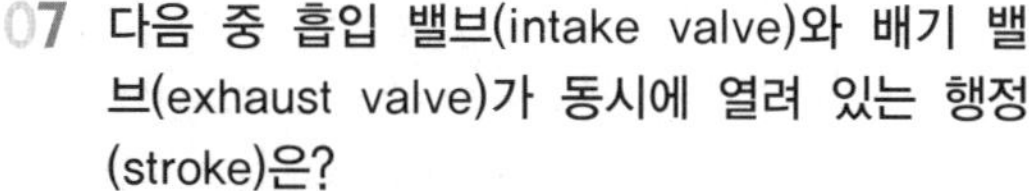

07 다음 중 흡입 밸브(intake valve)와 배기 밸브(exhaust valve)가 동시에 열려 있는 행정(stroke)은?

㉮ 흡입(intake)

㉯ 압축(compression)

㉰ 배기와 흡입(exhaust and intake)

㉱ 출력과 배기(power and exhaust)

08 14기통 성형 엔진에서 배전기 로터 핑거(distributor rotor finger)가 제7번 전극을 지시할 때 몇 번 기통이 점화되겠는가?

㉮ #6　　　　㉯ #7

㉰ #10　　　㉱ #13

09 9기통 성형 엔진(radial engine)의 배전판 점화순서(distributor sparking order)는?

㉮ 1 3 5 7 9 2 4 6 8

㉯ 1 2 3 4 5 6 7 8 9

㉰ 1 4 7 2 6 9 3 8 5

㉱ 1 5 9 4 8 3 7 2 6

10 완전 연료분사 장치(full fuel injection system)에서 연료는 어디로 분사되는가?

㉮ 임펠러(impeller)에 흡입 매니폴드(intake manifold) 속으로 분사된다.

㉯ 계속적으로 실린더(cylinder) 속으로 분사된다.

㉰ 계속적으로 매니폴드(manifold) 속으로 분사된다.

㉱ 흡입행정(intake stroke)에서 실린더 속으로 분사된다.

11 엔진의 코발트 염화물 수분제거기(cobalt chloride dehydrator)는 색깔이 어떻게 변할 때 교환하여야 하는가?

㉮ 청색 혹은 핑크색(blue or pink)

㉯ 백색 혹은 핑크색(white or pink)

㉰ 청색 혹은 백색(blue or white)

㉱ 정답이 없다.

12 아티큘레이팅 로드(articulating rod)를 가진 18기통 복렬성형 엔진(double row radial engine)이 가지고 있는 로드는?

㉮ 9개의 아티큘레이팅 로드(articulating rod)를 가지고 있다.

㉯ 18개의 아티큘레이팅 로드(articulating rod)를 가지고 있다.

㉰ 하나의 마스트 로드(mast rod)를 가지고 있다.

㉱ 두 개의 마스트 로드(mast rod)를 가지고 있다.

13 오늘날 가장 보편적으로 사용하는 제트 엔진의 두 가지 형식은?

㉮ 축류식과 원심력식(axial and centrifugal flow)

㉯ 레이디얼과 세로형(radial and longitudinal flow)

㉰ 축류식과 방사상형(axial and radial flow)

㉱ 수평식과 방사상형(horizontal and radial flow)

14 제트 엔진(jet engine)에서 스테이터 베인(stator vanes)의 목적은?

㉮ 배기가스의 압력을 증가시킨다.

㉯ 공기흐름의 속도를 감소시킨다.

㉰ 배기가스의 속도를 증가시킨다.

㉱ 공기흐름의 압력을 감소시킨다.

15 제트 엔진에서 연소실(combustion chambers)의 냉각은?

㉮ 흡입으로부터 블리드 공기(bleed air)

㉯ 2차 공기흐름(secondary air flow)

㉰ 노즐 다이어프램(nozzle diaphragm)

㉱ 압축기 블리드 공기(compressor bleed air)

16 제트 엔진에서 물분사(water injection)는 어느 곳에 분사하는가?

㉮ 압축기 혹은 터빈 입구에(compressor or turbine inlet)

㉯ 압축기 입구나 혹은 디퓨저 케이스(compressor inlet or diffuser case)

㉰ 터빈 입구(turbine inlet)

㉱ 직접 연소실(combustion chambers)에만 분사

17 터보 프로펠러(turbo-propeller)는 추력의 몇 %를 내는가?

㉮ 15~25%   ㉯ 약 50%

㉰ 75~85%   ㉱ 100%

18 터보 제트 엔진(turbo-jet engine)에서 가스 압력이 가장 높은 곳은?

㉮ 테일 파이프의 출구(exit of the tail pipe)

㉯ 테일 파이프의 입구(inlet of the tail pipe)

㉰ 연소실의 입구(inlet of the burners)

㉱ 연소실의 출구(exit of the burners)

19 터보 제트 엔진(turbo-jet engine)에서 배기콘 (exhaust cone)의 목적은?

㉮ 속도를 증가시키기 위하여(to increase velocity)

㉯ 추력을 증가시키기 위하여(to increase thrust)

㉰ 축방향으로 가스 흐름을 일직선되게 하기 위하여

㉱ 전부가 정답이다.

20 축류형 2축 압축기 팬 엔진(axial flow dual compressor fan engine)에서 팬(fan)은 다음 어느 것과 같은 속도로 회전하는가?

㉮ 고압 압축기(high pressure compressor)

㉯ 저압 압축기(low pressure compressor)

㉰ 전방 터빈 휠(forward turbine wheel)

㉱ 충동 터빈(impulse turbine)

21 터빈 엔진(turbine engine)의 인렛 가이드 베인(inlet guide vane)의 목적은?

㉮ 엔진 속으로 들어오는 공기의 속도를 증가시키며 공기흐름의 소용돌이를 방지한다.

㉯ 공기의 압력을 증대시키고 공기흐름의 소용돌이를 방지한다.

㉰ 압축기 서지나 스톨(compressor surge or stall)을 방지한다.

㉱ 입구면적을 증대시킨다(increase the inlet area).

22 흡기압력 계기(manifold pressure gage)는 무슨 원리에 의하여 작동되는가?

㉮ 다이어프램(diaphragm)

㉯ 벨로스(bellows)

㉰ 버덴 튜브(burden tube)

㉱ 아네로이드(aneroid)

23 다음 중 흡기압력 계기(manifold pressure gage)의 블리드 밸브(bleed valve)의 목적은?

㉮ 과도한 흡기압력을 배출시킨다.

㉯ 물분사(water injection)을 사용할 때 과도한 흡기압력(excess manifold pressure)을 허용하기 위하여

㉰ 엔진의 오버 부스트(over-boost)를 방지하기 위하여

㉱ 라인으로부터 습기나 혹은 응축물을 배출하기 위하여

16 ㉯ 17 ㉰ 18 ㉰ 19 ㉱ 20 ㉯ 21 ㉰ 22 ㉱ 23 ㉱

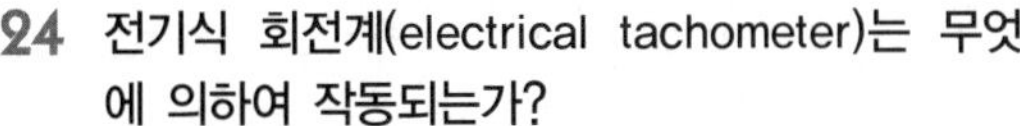

24 전기식 회전계(electrical tachometer)는 무엇에 의하여 작동되는가?

㉮ 시리즈 와운드 모터(series wound motor)

㉯ 션트 와운드 모터(shunt wound motor)

㉰ 싱크로너스 모터(synchronous motor)

㉱ 마그네틱 리노미터(magnetic renometer)

25 직류 발전기(DC generator)의 출력(output)은 rpm이 변할 때 무엇이 조종하는가?

㉮ 전류 리미터(current limiter)

㉯ 역전류 릴레이(reverse current relay)

㉰ 전압 조종기(voltage regulator)

㉱ 출력은 rpm으로 변한다.

26 대형 항공기의 엔진 나셀(engine nacelle)에 가장 보편적으로 사용되는 화재탐지기의 종류는?

㉮ 탄소 탐지기(CO detector)

㉯ 연기 탐지기(smoke detector)

㉰ 가연성 혼합기 탐지기(combustible mixture detector)

㉱ 온도상승률을 이용한 탐지기(rate of temperature rise detector)

27 루프(loop) 화재탐지장치(fire detection system)는 무엇에 의하여 작동되는가?

㉮ 이금속끼리의 팽창(expansion of dissimilar metals)

㉯ 서모커플(thermocouples)

㉰ 열이 감지됐을 때 방전에 의하여

㉱ 정상온도에서 전류가 전도되지 않는 철심에 의하여

28 커뮤테이터(commutators)와 슬립 링(slip ring)은 무엇으로 깨끗이 하여야 하는가?

㉮ 크로커스 클로스(crocus cloth) 혹은 고운 오일 스톤(fine oil stone)

㉯ 거친 샌드 페이퍼(coarse sand paper)

㉰ 금강사로 된 사포(ennery cloth)

㉱ 미세한 샌드 페이퍼(fine sand paper)

29 알터네터(alternator)는 일정한 속도로 구동되어진다. 무엇 때문인가?

㉮ 일정한 전압을 유지하기 위하여

㉯ 베어링의 마모를 감소시키기 위하여

㉰ 주파수(frequency)나 혹은 초당 사이클을 유지하기 위하여

㉱ 가능한 한 과열(overheating)을 감소시키기 위하여

30 헬리콥터(helicopter)의 이중 회전계(dual tachometers)의 지침은 무엇을 지시하는가?

㉮ 주 로터(main rotor)와 테일 로터(tail rotor)의 rpm

㉯ 엔진과 테일 로터(tail rotor)의 rpm

㉰ 엔진과 트랜스미션(transmission)의 rpm

㉱ 엔진과 주로터(main rotor)의 rpm

31 직류 발전기의 출력은 무엇에 의하여 조종되는가?

㉮ 크랭크 축의 rpm

㉯ 2차 코일의 부가된 권선(additional windings)

㉰ 정자계(stationary field)에 입력(input)

㉱ 역전류 릴레이(reverse current relay)

32 저압 출력의 직류발전기(DC generator)를 검사할 때 커버를 제거하여 보니 납땜 부스러기가 발견되었다. 가능한 원인은?

㉮ 아마추어의 쇼트(shorted armature)

㉯ 자계의 접지(grounded field)

㉰ 자계가 레귤레이터(regulator)에 접지되었다.

㉱ 자계가 릴레이(relay)에 접지되었다.

33 제트 엔진에 가장 보편적으로 사용되는 오일 펌프 형식은?

㉮ 피스톤식(piston type)

㉯ 베인식(vane type)

㉰ 기어식(gear type)

㉱ 원심력식(centrifugal type)

34 다음 중 오일 점성(oil viscosity)을 나타내는 고점성 지수(high viscosity index)의 특성으로 옳은 것은?

㉮ 온도변화에 따라 대단히 변화가 잘 될 것이다.

㉯ 온도변화에 따라 변화가 잘 안 될 것이다.

㉰ 높은 유동점(high pour point)을 가지고 있다.

㉱ 큰 SAE수를 가지고 있다.

35 엔진으로부터 기체에 본딩 와이어(bonding wire)를 연결하기 위해 어떻게 하여야 하는가?

㉮ 전기적으로나 기계적으로 안전하게 하기 위하여 양쪽 끝을 납땜한다.

㉯ 부식을 방지하기 위하여 황동 볼트를 사용한다.

㉰ 양쪽 끝에 셀프 태핑 시트 메탈 스크루(self-tapping sheet metal screw)를 사용한다.

㉱ 금속 클램프(metal clamp)로 튜브로 된 구조에 클램프한다.

36 새 엔진(new engine)을 정착한 뒤 충분히 프리 오일(pre-oiled)되었다고 할 때는?

㉮ 엔진을 시동하여 오일 온도가 정상이 될 때

㉯ 오일 압력과 온도(oil pressure and temperature)가 정상이 될 때

㉰ 오일이 오일 리턴 라인(oil return line)으로부터 흘러 나올 때

㉱ 정답이 없다.

37 다음 설명 중 오일희석(oil dilution)에 정확히 관계되는 것은?

㉮ 엔진을 시동하기 바로 전에 오일을 희석시킨다.

㉯ 차가운 날에 시동을 용이하게 하기 위하여 이용된다.

㉰ 엔진을 순항 rpm으로 운전한 뒤 오일을 희석시킨다.

㉱ 엔진 오일은 오일 희석 후 다음 비행 전에 교환하여야 한다.

38 오일 탱크의 충분한 팽창공간(expansion space)은 무엇에 의하여 보증되는가?

㉮ 오일 탱크에 있는 필러 넥(filler neck)의 위치에 의하여

㉯ 호퍼 탱크(hopper tank)의 위치에 의하여

㉰ 필러 넥(filler neck) 근처에 새겨진 오일의 양에 의하여

㉱ 오일 탱크 배출구에 의하여

39 가스 터빈 엔진(gas turbine engine) 항공기가 장거리 순항 시 36,000ft를 최량 고도로 하는 이유로 옳은 것은?

㉮ 36,000ft 이상부터는 기압이 일정해지고 기온이 강하하기 때문이다.

㉯ 36,000ft 이상부터는 기온이 일정해지고 기압이 강하하기 때문이다.

㉰ 36,000ft가 가스 터빈 엔진 항공기의 비행에 알맞은 jet 기류를 이루고 있기 때문이다.

㉱ 36,000ft 이상부터는 기압과 기온이 급격히 강하하기 때문이다.

33 ㉰　34 ㉯　35 ㉱　36 ㉰　37 ㉯　38 ㉮　39 ㉯

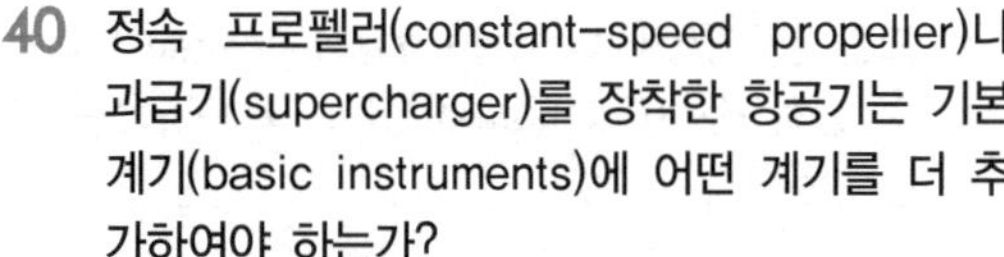

40 정속 프로펠러(constant-speed propeller)나 과급기(supercharger)를 장착한 항공기는 기본 계기(basic instruments)에 어떤 계기를 더 추가하여야 하는가?

㉮ 감지회전계(sensitive tachometer)

㉯ 기화기 공기온도 계기(carburetor-air temperature gage)

㉰ 흡기압 계기(manifold pressure gage)

㉱ 연료공기비 계기(fuel-air ratio indicator)

41 일정 고도에서 속도가 증가한다면 엔진 추력(engine thrust)은?

㉮ 증가한다.

㉯ 감소한다.

㉰ 정지추력으로 복귀한다.

㉱ 영향 없다.

42 기통두 온도(cylinder head temperature)는 항상 어느 곳에서 측정되는가?

㉮ No.1 실린더

㉯ No.7 실린더

㉰ 마스터 로드 실린더(mast-rod cylinder)

㉱ 아무 실린더에서나

43 항공기의 속도가 250MPH로부터 500MPH로 증가하였다. 이 비행상태일 때 엔진 컴프레서(engine compressor)의 인렛 덕트(inlet duct)의 램 압력(ram pressure)은?

㉮ 변화 없다.　　㉯ 4배 증가

㉰ 2배 증가　　㉱ 9배 증가

44 과급기를 장치하지 않은 엔진(unsupercharged engine)의 해면상(sea level)에서 최대 흡기압력(maximum manifold pressure)은?

㉮ 29.92inHg　　㉯ 15inHg

㉰ 39.92inHg　　㉱ 19.92inHg

45 피스톤 링(piston ring)은 연소실(conbustion chamber)의 기밀보지를 하며 다음 역할도 한다. 옳은 것은?

㉮ 피스톤 핀(piston pin)의 윤활

㉯ 방열의 통로

㉰ 연소압력(combustion pressure)의 초과 방지

㉱ 크랭크 케이스의 내압(crank case internal pressure)의 저하

46 배기 밸브(exhaust valve)의 밸브 스템(valve stem)과 헤드(head)에서 금속 소듐(metallic sodium)의 작용은?

㉮ 흡기 밸브(intake valve)의 냉각을 돕는다.

㉯ 배기 밸브(exhaust valve)의 냉각을 돕는다.

㉰ 밸브의 파손을 방지한다.

㉱ 배기 밸브(exhaust valve)의 온도를 일정하게 유지한다.

47 기화기(carburetor)의 흡기온도가 증가하면 정미 평균 유효압력(brake mean effective pressure)은?

㉮ 변화 없다.

㉯ 저하한다.

㉰ 증가한다.

㉱ 저하 후 증가한다.

48 밸브 오버랩(valve overlap)의 장점(advantage)은?

㉮ 배기 밸브의 냉각을 돕고 더 많은 출력을 얻는다.

㉯ 혼합기(mixture gas)를 기통 내에 더 많이 넣어준다.

㉰ 흡기 밸브의 냉각을 돕고 더 많은 연료를 넣어준다.

㉱ 배기가스(exhaust gas)를 속히 배출시킨다.

49 제트 엔진(jet engine)의 점화 플러그(spark plug)는?

㉮ 연소실(combustion chamber)마다 하나씩 있다.

㉯ 1개 있다.

㉰ 2개 있다.

㉱ 연소실수보다 많다.

50 습도(humidity)가 증가하면 엔진 출력(engine power output)에 어떤 영향을 주는가?

㉮ 출력에는 변화가 없다.

㉯ 출력이 모든 고도에서 감소될 것이다.

㉰ 출력이 모든 고도에서 증가될 것이다.

㉱ 해면(sea level)에서는 영향이 없고 고도에서는 출력이 클 것이다.

51 연료 라인(fuel line)이 배기관에 접근된 부분이 많다. 이때 일어나기 쉬운 고장은?

㉮ 증기폐색(vapor lock)

㉯ 조기점화(preignition)

㉰ 희박 혼합기(lean mixture)

㉱ 연료소모율이 많아진다.

52 7기통 성형 엔진(7cylinder radial engine)의 점화순서(firing order)는?

㉮ 1234567 ㉯ 1357246

㉰ 7536421 ㉱ 7531642

53 마그네토(magnetos)의 브레이커 포인트(breaker point)는?

㉮ 열릴(open) 때 2차선에 고압(high voltage)이 발생한다.

㉯ 닫힐(close) 때 2차선에 고압(high voltage)이 발생한다.

㉰ 열릴(open) 때 1차선에 전류가 흐른다.

㉱ 정답이 없다.

54 오일 압력계(oil pressure gage)의 지침(needle)이 심히 진동(fluctuation)된다. 그 원인으로 옳은 것은?

㉮ 오일 온도(oil temperature)가 너무 높기 때문

㉯ 엔진(engine)의 진동이 심하기 때문

㉰ 오일 압력계의 라인이 막혔기 때문

㉱ 오일 압력계의 라인에 기포가 들어 있기 때문

55 왕복 엔진(reciprocating engine)에 물분사(water injection)의 사용은 어떻게 함으로써 고출력으로 작동되게 하는가?

㉮ 혼합기를 농후하게 함으로써(enriching mixture)

㉯ 데토네이션을 억제함으로써(suppress detonation)

㉰ 연료의 옥탄가를 높임으로써

㉱ 흡입다기관으로 통하는 연료와 공기를 냉각함으로써

56 오일 온도(oil temperature)의 감지(sensing)는 어디에서 하는가?

㉮ 탱크(tank)에서 엔진 중간

㉯ 엔진 입구(engine inlet)

㉰ 엔진 출구(engine outlet)

㉱ 오일 탱크 내부

57 성형 엔진(radial engine)을 장탈(disassembly)할 때 가장 마지막에 장탈하는 실린더(cylinder)는?

㉮ No.1 실린더(cylinder)

㉯ 가장 상부에 있는 실린더(upper cylinder)

㉰ 마스트 실린더(mast cylinder)

㉱ 가장 하부에 있는 실린더(bottom cylinder)

58 정속 프로펠러(constant-speed propeller)를 장착한 항공기가 순항할 때 2,300rpm으로 맞추(setting)고 스로틀(throttle)을 앞으로 밀어 보내면 회전계(tachometer)의 지침은?

㉮ 2,300rpm보다 증가한다.

㉯ 2,300rpm보다 감소한다.

㉰ 엔진(engine)에 진동이 온다.

㉱ 2,300rpm 그대로 변하지 않는다.

59 점화전(spark plug)의 간격(gap)이 크면 어떤 결과를 초래하는가?

㉮ 시동이 용이해진다.

㉯ 엔진 작동을 할 수 없게 된다.

㉰ 시동이 곤란하다.

㉱ 연료와 오일의 소모가 많아진다.

60 마그네토(magneto)를 장착할 때는 어느 실린더를 기준으로 하는가?

㉮ No.1 실린더를 기준으로 한다.

㉯ 마스트 실린더(mast cylinder)를 기준으로 한다.

㉰ 제일 전방 실린더(cylinder)를 기준으로 한다.

㉱ 제일 후방 실린더(cylinder)를 기준으로 한다.

61 부자식 기화기(float-type carburetor)의 부자에 바늘구멍이 나면 어떠한 현상이 일어나겠는가?

㉮ 유면이 낮아지며 농후해진다.

㉯ 유면이 높아지며 농후해진다.

㉰ 언제나 유면이 일정하다.

㉱ 아무런 관계가 없다.

62 경항공기가 고공에 있을 때 연료 탱크(fuel tank) 벤트 라인(vent line)에 얼음이 얼었다. 이때 예상되는 현상은?

㉮ 농후 혼합기(rich mixture)가 된다.

㉯ 희박 혼합기(lean mixture)가 된다.

㉰ 엔진이 정지(stop)할 것이다.

㉱ 엔진과는 관계가 없다.

63 수평대향형 엔진(opposed type engine)의 실린더(cylinder)가 전부 한 번씩 폭발하면 크랭크 축(crankshaft)의 회전은?

㉮ 360° 회전한다.　㉯ 720° 회전한다.

㉰ 760° 회전한다.　㉱ 180° 회전한다.

64 부자식 기화기(float-type carburetor)에 완속 조절(idle speed adjustment)을 하기 위하여 보통 사용하는 방법은?

㉮ 스로틀 스톱(throttle stop)이나 혹은 링키지(linkage)를 조절하는 것

㉯ 부자실(float chamber)과 기화기 벤투리(carburetor venturi)의 공기공간과 연결되어 있는 통로를 막게 한다.

㉰ 구멍(orifice)과 조절할 수 있는 경사진 니들 밸브(needle valve)

㉱ 완속장치에 연료공급을 막게 하는 것

65 정속 프로펠러(constant speed propeller)를 단항공기가 순항마력에서 rpm과 MAP(Manifold Pressure) 쌍방을 높여서 METO 출력(METO power)을 증가시킬 경우 어떻게 하는가?

㉮ 믹스처 레버(mixture lever)로 혼합비를 농후하게 한 후 스로틀(throttle)을 높인다.

㉯ 프로펠러 레버(propeller lever)로써 rpm을 증가시킨 후 스로틀 레버로써 MAP를 높인다.

㉰ 스로틀로 흡입압력을 높인 뒤 프로펠러 레버로써 rpm을 높인다.

㉱ 어느 것을 먼저 높게 하여도 상관 없다.

66 데토네이션(detoation)이 일어날 때 제일 먼저 감지할 수 있는 사항은?

㉮ 연료 소모량(fuel consumption)이 많아진다.

㉯ 연료 소모량(fuel consumption)이 적어진다.

㉰ 실린더 온도(cylinder temperature)가 내려간다.

㉱ 심한 진동(vibration)이 생긴다.

67 다음 중 압력 분사식 기화기(pressure injection carburetor)의 A실(A chamber) 압력은?

㉮ 스로틀(throttle)의 부스트 벤투리(boost venturi)의 공기압(air pressure)

㉯ 주 벤투리(main venturi)의 공기압력률 AMC를 통과한 것

㉰ 임팩트 튜브(impact tube)의 공기압력

㉱ 임팩트 튜브를 통하여 AMC에 의하여 미터링(metering)된 공기압력

68 9기통 성형 엔진(9cylinder radial engine)에서 밸브의 간격(valve clearance)이 너무 크면 어떠한 현상이 일어날까?

㉮ 밸브(valve)가 빨리 열리고 늦게 닫힌다.

㉯ 밸브(valve)가 빨리 열리고 빨리 닫힌다.

㉰ 밸브(valve)가 늦게 열리고 늦게 닫힌다.

㉱ 밸브(valve)가 늦게 열리고 빨리 닫힌다.

69 ADI(Anti-Detonant Injection)에 사용되는 액체는?

㉮ 순수한 물을 사용한다.

㉯ 물과 알코올의 혼합액

㉰ 물과 가솔린

㉱ 에틸렌글리콜

70 Pratt & Whitney재의 JT9D 엔진의 주 베어링(main bearing)의 수는?

㉮ 4개　　　　　㉯ 6개

㉰ 8개　　　　　㉱ 10개

71 항공기 엔진의 소기 펌프(scavenger pump)가 압력 펌프(pressure pump)보다 용량이 크다. 그 이유는?

㉮ 소기 펌프가 파괴되기 쉬우므로

㉯ 윤활유가 고온이 되어 팽창하므로

㉰ 소기되는 윤활유에는 공기가 혼합되어 체적이 증대하므로

㉱ 압력 펌프보다도 압력이 낮으므로

72 연소실(combustion chamber)의 형식이 아닌 것은?

㉮ 캔형(can type)

㉯ 애뉼러형(annular type)

㉰ 액슬형(axial type)

㉱ 캔애뉼러형(can-annular type)

73 노즐 다이어프램(nozzle diaphragm)의 기능은?

㉮ 터빈으로 들어가는 고온·고압의 속도, 방향, 압력을 조정한다.

㉯ 압축기로 들어오는 공기의 흐름을 조정한다.

㉰ 고압축기로 들어가는 공기의 속도를 줄이고 압력을 높인다.

㉱ 연소실의 온도를 조정한다.

74 어떤 엔진의 체적효율(volumetric efficiency)을 증대시키려면?

㉮ 엔진의 압축비(compression ratio)를 증대시킨다.

㉯ 흡입·배기 밸브(intake, exhaust valve)의 개·폐 시기를 적당히 한다.

㉰ 흡입 밸브(intake valve)의 개폐의 각도를 크게 한다.

㉱ 흡입관 내의 혼합기를 가열시키다.

66 ㉱　67 ㉰　68 ㉱　69 ㉯　70 ㉮　71 ㉰　72 ㉰　73 ㉮　74 ㉯

75 과급기(supercharger)의 확산실(diffuser)의 목적은?

㉮ 압축된 공기에 와류를 준다.

㉯ 온도를 상승(temperature increase)시킨다.

㉰ 속도에너지를 열에너지로 변화시킨다.

㉱ 속도에너지의 일부를 압력에너지로 변화시킨다.

76 제트 엔진(jet engine)의 오일 냉각방법은?

㉮ air-oil cooler

㉯ radiator evaporator cooler

㉰ fuel-oil cooler

㉱ radiator

77 METO 출력(power)은?

㉮ 연속시용이 가능한 허용 최대 출력

㉯ 30분만 허용되는 최대 출력

㉰ 상승비행시만 허용되는 최대 출력

㉱ 순항 시에 사용되는 비상 출력

78 엔진 오일(engine oil)의 압력 조절은?

㉮ 엔진 오일을 정상작동온도까지 상승시켜서 행한다.

㉯ 시동 후 바로 조절한다.

㉰ 혼합비를 농후하게 한 후 행한다.

㉱ 조속기를 사용하여 프로펠러 피치각을 크게 하여 행한다.

79 엔진 오일(engine oil) 압력(pressure)은?

㉮ 엔진 속도가 높으면 높게 지시한다.

㉯ 엔진 속도에는 관계없이 일정하다.

㉰ 조속기를 사용하면 높게 지시한다.

㉱ 엔진 속도가 낮으면 압력은 높아지지 않는다.

80 엔진 성능 점검(engine performance check)

시 'carb. heater'를 작동하면?

㉮ rpm이 급격히 증가한다.

㉯ 엔진이 정지할 것이다.

㉰ rpm과는 관계없다.

㉱ rpm이 조금 떨어진다.

81 기화기(carburetor)의 이코노마이저 장치(economizer system)의 작동하는 시기는?

㉮ 저속(idle rpm)에서 고속(max rpm)까지 작동한다.

㉯ 순항속도(cruising speed) 이상의 모든 속도에서 작동한다.

㉰ 저속(idle rpm)에서만 작동한다.

㉱ 저속과 순항에서 작동한다.

82 다음 중 부자식 기화기(float type carburetor)의 이코노마이저(economizer) 형식이 아닌 것은?

㉮ needle-valve type

㉯ piston type

㉰ manifold-pressure operated type

㉱ poppet type

83 마그네토 타이밍(magneto timing)을 완전히 실시한 후 브레이커 포인트(breaker point)를 완전히 넓혀 주면 어떤 현상이 일어나는가?

㉮ 전압이 증가한다. ㉯ 전압이 감소한다.

㉰ 점화가 빨라진다. ㉱ 점화가 늦어진다.

84 마그네토(magnetos)가 저속과 중속에서의 기능은 정상이나 고속에서 실화현상이 일어난다. 그 원인은?

㉮ 콘덴서(condenser)의 기능이 나쁘다.

㉯ 단속기(breaker point)의 스프링(spring)이 약하다.

㉰ 단속기의 접점이 더럽다.

㉱ p-lead가 고속에서 끊어지지 않는다.

85 밸브의 오버랩(overlap)을 주는 목적은?

㉮ 배기 밸브(exhaust valve)의 냉각을 돕는다.

㉯ 압축비(compression ratio)를 높인다.

㉰ 체적효율(volumetric efficiency)을 증대시킨다.

㉱ 킥백(kick back)을 방지한다.

86 자동혼합 조종장치(automatic mixture control unit)가 작동하는 시기는?

㉮ 항공기가 상승 또는 하강할 때와 각 비행고도에 적당한 혼합기(mixture gas)를 공급하도록 작동하며 지상 작동점검(ground run up) 때는 작동하지 않는다.

㉯ 순항고도에서 적당한 혼합 가스(mixture gas)를 공급한다.

㉰ 고도의 증감은 물론 지상 작동점검 (ground run-up) 때도 대기상태에 따라 적당한 혼합 가스(mixture gas)를 공급한다.

㉱ 에어 스쿠프(air-scoop)의 램 공기(ram air)의 압력에 의하여 작동된다.

87 마그네토(magneto)의 브레이커 포인트(breaker point)는 보통 다음의 어떤 재료로 만드는가?

㉮ silve

㉯ copper

㉰ platinum iridium

㉱ cobalt

88 마그네토 케이스(magneto case) 내부를 공기로 환기(ventilation)하는 목적은?

㉮ 습도를 제거한다.

㉯ 산화질소를 제거하여 방전을 방지한다.

㉰ 외기 압력과 마그네토 내부와 동일하게 하여 방전을 방지한다.

㉱ 마그네토 내부를 냉각하여 화재의 원인을 제거한다.

89 엔진의 역화(back fire)의 원인은?

㉮ 농후혼합기(rich mixture)

㉯ 푸시 로드 절손

㉰ 피스톤 링의 절손

㉱ 희박 혼합기(lean mixture)

90 오일 탱크(oil tank)를 수리한 뒤 내부압력 (internal pressure)을 검사할 때 주입하는 공기압력(air pressure)은?

㉮ 3psi ㉯ 5psi

㉰ 7psi ㉱ 9psi

91 오일 탱크(oil tank)의 hopper의 주요 기능은?

㉮ 배면 비행 시 오일의 유출을 방지하는 역할

㉯ 여분의 오일을 저장하는 역할

㉰ 오일의 점도를 희석시키는 역할

㉱ 시운전 시 유온을 촉진시키는 역할

92 드라이 모터링 점검(dry motoring check)을 할 때는 다음과 같이 한다. 틀린 것은?

㉮ 점화 스위치(switch) OFF

㉯ 연료차단레버 OFF

㉰ 연료 부스터 ON

㉱ 점화 스위치 ON

93 드라이 모터링 점검(dry motoring check)은 다음을 위하여 점검한다. 옳은 것은?

㉮ 윤활계통의 누설점검 및 기능점검을 위하여

㉯ 연료 계통의 연료 누설점검을 위하여

㉰ 방빙계통의 원활한 작동점검을 위하여

㉱ 터빈 방출압력을 알기 위하여

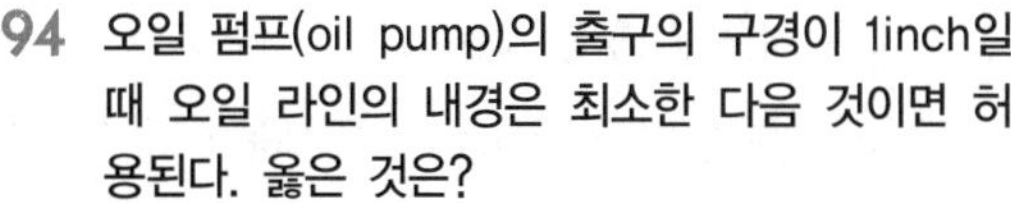

94 오일 펌프(oil pump)의 출구의 구경이 1inch일 때 오일 라인의 내경은 최소한 다음 것이면 허용된다. 옳은 것은?

㉮ 1inch

㉯ 1.5inch

㉰ 3/4inch

㉭ 0.5inch

95 마그네토(magneto)의 스위치를 ON하면 스위치 회로상으로는?

㉮ 1차 회로가 접지된다.

㉯ 2차 회로가 접지된다.

㉰ 1차 회로가 열린다.

㉭ 2차 회로가 열린다.

96 터보 제트 엔진(turbo-jet engine)의 터빈(turbine) 형식이 아닌 것은?

㉮ reverse turbine

㉯ impulse turbine

㉰ reaction turbine

㉭ reaction-impulse turbine

97 원심력식 압축기(centrifugal flow compressor)의 장점(advantage)이 아닌 것은?

㉮ 경량이다.

㉯ FOD(Foreign Object Damage)에 대한 저항력이 없다.

㉰ 구조가 간단하다.

㉭ 제작비가 저렴하다.

98 제트 엔진(jet engine)의 압축기 실속(compressor stall)을 줄이기 위한 방법이 아닌 것은?

㉮ 압축기 블레이드(blade)의 청결을 유지한다.

㉯ 터빈 노즐(turbine nozzle)의 한계값을 유지한다.

㉰ 가변정익(VSV : Variable Stator Vane)의 한계값을 유지한다.

㉭ 터빈 노즐 다이어프램(turbine nozzle diaphragm)을 냉각시켜준다.

99 고 바이패스 엔진(high bypass engine)의 연소실의 형식은?

㉮ 축류형(axle type)

㉯ 원심력형(cetrifugal type)

㉰ 캔형(can type)

㉭ 애뉴러형(annula type)

100 VSV와 VBV를 장치한 엔진에서 N_2(core speed)가 증가되면 VSV와 VBV는 어떤 위치에 있는가?

㉮ VSV는 열리고 VBV는 닫힌다.

㉯ VBV는 열리고 VSV는 닫힌다.

㉰ VSV는 닫히고 VBV는 열린다.

㉭ VSV는 열리고 VBV는 닫힌다.

101 오일 냉각기(oil cooler)의 바이패스(bypass) 밸브의 목적은?

㉮ 고온 오일(hot oil)은 직접 hopper tank로 흐르게 한다.

㉯ 저온 오일(cold oil)은 오일 필터(oil filter)로 흐르게 한다.

㉰ 고온 오일(hot oil)은 'Y' 배출구를 지나 흐르게 한다.

㉭ 저온 오일은 직접 hopper tank로 흐르게 한다.

102 propeller blade face는?

㉮ 프로펠러 깃(propeller blade)의 뿌리 끝

㉯ 프로펠러 깃의 평평한 쪽(flat side)

㉰ 프로펠러 깃의 캠버드 면(cambered side)

㉭ 프로펠러 깃의 끝부분

103 hydrometic propeller가 high pitch로 되는 힘은 다음 중 어느 것인가?

㉮ 조속기 오일 펌프(governor oil pump)의 오일이 프로펠러 실린더(propeller cylinder)의 내측에서 압축하여 피스톤을 외측으로 움직인다.

㉯ 상기 1번과 정반대이다.

㉰ 회전 중 블레이드(blade)의 원심력과 비틀림 모멘트

㉱ 프로펠러 실린더의 오일을 방출시키고, 평형추의 원심력과 비틀림 모멘트로 피치(pitch) 각도가 변한다.

104 엔진(engine)이 시동(starting)되면 제일 먼저 점검하여야 할 계기는?

㉮ 실린더 온도 계기(cylinder head temp gage)

㉯ 흡기압 계기(manifold pressure gage)

㉰ 오일 압력 계기(oil pressure gage)

㉱ 연료압 계기(fuel pressure gage)

105 제트 엔진(jet engine)에서 압축기 실속(compressor stall)이 일어나면 다음과 같은 현상이 일어난다. 옳은 것은?

㉮ EGT(Exhaust Gas Temperature)가 감소한다.

㉯ 엔진의 소음이 낮아진다.

㉰ EGT가 급상승하고 회전수가 올라가지 못한다.

㉱ EGT가 급상승하여 회전수가 올라간다.

106 엔진이 가장 많이 마모되는 때는 다음 중 어느 때인가?

㉮ 이륙출력(take-off power) 시

㉯ 순항속도(cruising speed) 시

㉰ 시동 및 난기운전(starting warm up) 시

㉱ 지상활주(ground taxing) 시

107 다음 서술 중 틀린 것은?

㉮ 이륙출력(T/O power)은 1분에서 5분까지 제한시간이 정해져 있다.

㉯ 최대 연속출력은 이륙출력 이외의 최대 출력이면, METO라는 약자로 표시한다.

㉰ 이륙출력은 허용 최대 연속출력의 약 10% 이상이다.

㉱ 표준 대기압은 29.92psi이다.

108 엔진 실린더(engine cylinder)의 데토네이션(detonation)은 어떤 현상으로 탐지되는가?

㉮ 연료의 소모 과다

㉯ 오일의 소모 과다

㉰ 실린더의 온도의 상승

㉱ 기화기를 통한 역화

109 엔진 타이밍(engine timing)이 IO 15° BTC, EO 55° BBC, IC 60° ABC, EC 15° ATC 이면 밸브 오버랩(valve overlap)은 얼마인가?

㉮ 45° 　　　㉯ 55°

㉰ 60° 　　　㉱ 30°

110 수평대향형 엔진(opposed engine)에 사용하는 hydraulic valve lifer는 어떤 이점이 있는가?

㉮ 밸브 간격(valve clearance)을 항상 0으로 하여 운전할 수 있다.

㉯ 오버홀(overhaul)때만 밸브 간격을 맞추면 된다.

㉰ 밸브의 작동이 유연하다.

㉱ 연료의 흐름량을 가장 경제적으로 조절한다.

111 오일 탱크(oil tank)는 팽창공간(expansion space)이 얼마인가?

㉮ 1.5% 　　　㉯ 2%

㉰ 10% 　　　㉱ 15%

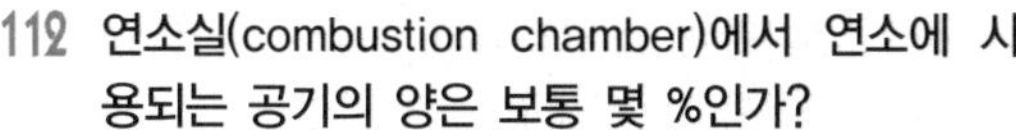

112 연소실(combustion chamber)에서 연소에 사용되는 공기의 양은 보통 몇 %인가?

㉮ 25 ㉯ 40
㉰ 50 ㉱ 75

113 연소실(combustion chamber)의 냉각에 이용되는 공기의 양은 보통 몇 %인가?

㉮ 25 ㉯ 40
㉰ 50 ㉱ 75

114 점화 후 화염전파속도가 가장 느린 혼합기는?

㉮ 농후 혼합기(rich mixture)
㉯ 희박 혼합기(lean mixture)
㉰ 이상 혼합기(ideal mixture)
㉱ 동일하다.

115 크랭크 축(crankshaft)이 1회전할 때 캠 축(cam shaft)은 몇 회전할 것인가? (단, 수평대향형 엔진일 때)

㉮ 2회전한다.
㉯ 1회전한다.
㉰ 1/2회전한다.
㉱ 3회전한다.

116 연료분사장치(fuel injection system)에서 연료다기관(fuel manifold)으로부터 연료 라인은?

㉮ 실린더(cylinder)에 따라 길이가 틀리다.
㉯ 모두가 똑같은 길이이다.
㉰ 길이가 같은 것도 있고 틀린 것도 있다.
㉱ 전부가 정답이다.

117 연료분사장치(fuel injection system)에서 공기 스로틀 몸체(air throttle body)는?

㉮ 벤투리(venturi)가 있다.
㉯ 벤투리(venturi)가 없다.
㉰ 벤투리(venturi)가 있는 것도 있고 없는 것도 있다.
㉱ 정답이 없다.

118 연료분사장치(fuel injection system)에서 연료여과망(fuel screen)은 어디에 있는가?

㉮ 연료조종장치(fuel control unit)
㉯ 연료다기관(fuel manifold)
㉰ 연료 노즐(fuel nozzle)
㉱ ㉮와 ㉯가 정답이다.

119 모든 엔진 속도에 일정한 오일 압력(oil pressure)을 유지하는 것은 다음 무엇에 의하여 이루어지는가?

㉮ 오일 펌프의 속도가 변화함으로써
㉯ 오일 필터(oil filter)에 의해
㉰ 압력 릴리프 밸브(pressure−relief valve)에 의해
㉱ 오일라인의 서모스탯(thermostat)에 의해

120 흡입 밸브(intake valve)가 상사점 전에 열리는 것을 무엇이라고 하는가?

㉮ 밸브 랩(valve lap)
㉯ 밸브 리드(valve lead)
㉰ 밸브 랙(valve lag)
㉱ 밸브 간격(valve clearance)

121 다이네모미터(dynamometer)는 다음을 측정하는 데 사용하는 계기(instrument)이다. 옳은 것은?

㉮ 다이너모(dynamo)에 의한 출력전압
㉯ 엔진의 지시마력(indicated horse power of the engine)
㉰ 배터리액의 비중(specific gravity of battery acid)
㉱ 엔진의 정미마력(brake horse power of an engine)

122 수평대향형 엔진(opposed engine)에서 우측 마그네토(right magneto)는 실린더의 어느 쪽 점화전에 불꽃을 튀기게 하는가?

㉮ 우측 실린더의 상부 쪽, 좌측 실린더의 하부 쪽 점화전

㉯ 우측 실린더의 상부 쪽, 좌측 실린더의 상부 쪽 점화전

㉰ 우측 실린더의 하부 쪽, 좌측 실린더의 상부 쪽 점화전

㉱ 우측 실린더의 하부 쪽, 좌측 실린더의 하부 쪽 점화전

123 다음 설명 중 틀린 것은?

㉮ 고온으로 작동하는 엔진은 'cold type' 스파크 플러그(spark plug)를 사용한다.

㉯ 저온으로 작동하는 엔진은 'hot type' 스파크 플러그(spark plug)를 사용한다.

㉰ 고온으로 작동하는 엔진에 'hot' 형을 장착하면 끝이 과열되어 조기점화(preignition)의 원인이 된다.

㉱ 고온으로 작동하는 엔진에 'hot'형을 장착하면 스파크 플러그의 'fouling' 원인이 된다.

124 모든 스파크 플러그(spark plugs)가 다 점화하려면 캠 축(camshaft)이 몇 회전하여야 하는가?

㉮ 2회전

㉯ 3회전

㉰ 1회전

㉱ 4회전

125 기화기 빙결(carburetor icing)이 일어나면 어떤 현상이 나타나는가?

㉮ CHT(Cylinder Head Temperature)에 이상이 온다.

㉯ 흡기압력(manifold pressure)이 증가한다.

㉰ 흡기압력(manifold pressure)이 강하한다.

㉱ rpm이 증가한다.

126 연료분사장치(fuel injection system)에서 노즐(nozzles)의 세척은?

㉮ 세이프티 와이어(safety wire)

㉯ 공기와 솔벤트(air and solvent)

㉰ 세척이 필요없다.

㉱ 정답이 없다.

127 9기통 성형 엔진(9 cylinder radial engine)에서 같은 방향으로 회전하는 캠 플레이트(cam plate)의 캠 로브(cam lobe)의 수는?

㉮ 4개

㉯ 6개

㉰ 4개 혹은 6개

㉱ 5개

128 엔진의 임계고도(critical altitude)란?

㉮ 최고 마력(max horsepower)을 얻을 수 있는 고도

㉯ 엔진이 정상적으로 운전되는 최고 고도

㉰ 더 이상 최대 출력(full power)을 낼 수 없는 그 이상의 고도

㉱ 혼합조종(mixture control)을 사용할 필요가 생기는 고도

129 다음 서술 중 틀린 것은?

㉮ 역화(backfire)는 과도하게 희박한 혼합비에서 일어난다.

㉯ 희박혼합기는 화염전파속도가 느리다.

㉰ 희박혼합기는 농혼합기보다 기통두 온도를 더 높인다.

㉱ 역화(backfire)는 과농혼합기에서 일어난다.

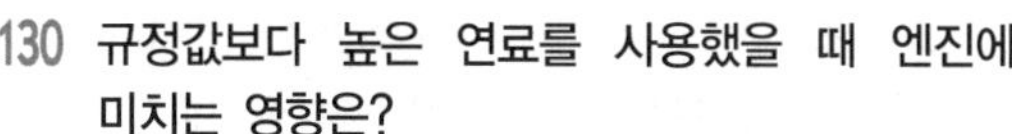

130 규정값보다 높은 연료를 사용했을 때 엔진에 미치는 영향은?

㉮ 데토네이션(detonation)의 우려가 크다.

㉯ 마력의 향상을 기할 수 있다.

㉰ 폭발압력이 커서 실린더에 무리를 가져온다.

㉱ 엔진의 내부 부식을 촉진시킨다.

131 프로펠러 감속 기어(propeller reduction gear)의 감속비가 다음과 같을 때 가장 빠른 프로펠러 rpm은? (단, 엔진 rpm은 일정함)

㉮ 5 : 5

㉯ 16 : 9

㉰ 20 : 7

㉱ 16 : 7

132 터보 프로펠러 깃(turbo-propeller blade)의 피치(pitch)는 무엇에 의하여 조종되는가?

㉮ 스로틀(throttle power control lever)

㉯ 조속기(governor)

㉰ MAP lever

㉱ rpm 조종 레버(control lever)

133 왕복 엔진(reciprocating engine)의 고압 점화장치(high tension ignition system)에 관해서 틀린 것은?

㉮ 2차선이 끊어지면 엔진이 정지한다.

㉯ 콘덴서(condenser)가 나쁘면 브레이커 접점(breaker point)이 탄다.

㉰ 피-리드(p-lead)가 끊어지면 엔진이 꺼지지 않는다.

㉱ 고공비행에 적합한 점화장치이다.

134 오일흐름 밸브(oil flow valve)의 목적은?

㉮ 오일의 흐름을 엔진의 여러 부분으로 향하게 하기 위하여

㉯ 오일의 흐름을 오일 냉각기(oil cooler)속으로 혹은 냉각기 주위를 향하게 하기 위하여

㉰ 오일 탱크(oil tank)의 압력을 균일하게 하기 위하여

㉱ 엔진이 정지한 후 오일이 엔진 속으로 떨어지는 것을 방지하기 위하여

135 오일을 직접 오일 탱크(oil tank)로 혹은 오일 냉각기(oil cooler)로 통하게 결정하는 감지기(sensing element)는 어느 곳에 위치하는가?

㉮ 엔진의 입구 라인 속에

㉯ 오일 냉각기 입구

㉰ 오일 냉각기 출구

㉱ 오일 섬프 속

136 오일 냉각기(oil cooler) 바이패스 밸브(by-pass valve)가 열려 있을 때는?

㉮ 엔진으로부터 나오는 오일이 더울 때

㉯ 엔진으로 가는 오일이 더울 때

㉰ 엔진으로부터 나오는 오일이 차가울 때

㉱ 엔진으로 가는 오일이 차가울 때

137 다발항공기(multi-engine aircraft)에서 한 엔진이 기통온도(cylinder head temperature)가 높아지면서 출력감소, 오일 압력감소로 인하여 브리더(breather)에서 오일이 나오지 않는다. 원인은?

㉮ 섬프(sump)에 과도한 오일

㉯ 소기 펌프(scavenger pump)의 고장

㉰ 엔진 공급 오일 펌프(supply oil pump)의 고장

㉱ 엔진 출구 라인으로부터 탱크까지의 오일 라인이 막힘

138 유도 바이브레이터(induction vibrator)로부터 나온 전류는 직접 어디까지 가는가?

㉮ 스파크 플러그(spark plug)

㉯ 2차 코일(secondary coil)

㉰ 배전판(distributor)

㉱ 1차 코일(primary coil)

139 시동 스위치(starter switch)를 ON할 때 솔레노이드(solenoid)가 달각달각 소리나는 원인은 무엇인가?

㉮ 솔레노이드 결함(defective solenoid)

㉯ 과도한 전압(excessive voltage)

㉰ 스위치의 쇼트(short in switch)

㉱ 부적당한 전압공급(inadequate voltage supply)

140 'hot tank' 제트윤활장치는?

㉮ 오일 냉각기가 없다.

㉯ 오일 탱크 내에 열을 내는 기구가 있다.

㉰ 오일 열은 연료에 전달된다.

㉱ 오일은 엔진으로부터 탱크에 직접 돌아간다.

141 마그네토(magneto)에서 1차 콘덴서(primary condenser)의 전기적인 위치는?

㉮ 접점(point)과 직렬

㉯ 1차 코일(primary coil) 근처

㉰ 접점(point)과 병렬

㉱ 스위치(switch)와 직렬

142 마그네토(magneto)의 안전간격(safety gap)은?

㉮ 접점(point)이 열렸을 때 최대 허용간격(max allowable gap)이다.

㉯ 2차 회로(secondary circuit)가 열리면 고압을 위하여 리턴 접지(return ground)를 마련하기 위한 것이다.

㉰ 마그네토를 접지시키기 위한 것이다.

㉱ 1차와 2차 코일 사이의 공간이다.

143 점화 와이어(ignition wires)가 매니폴드(manifold) 속으로 지날 때는 플라스틱 물질을 자주 사용하는데 이것은 다음 무엇을 방지하기 위함인가?

㉮ 플래시 오버(flash over)

㉯ 진동(vibration)

㉰ 팽창(expansion)

㉱ 상호유도(mutual induction)

144 마그네토 접점(magneto points)의 간격(gap)이 너무 크면 어떤 결과가 일어날 것인가?

㉮ 늦어진 점화와 출력감소(loss of power)

㉯ 늦어진 점화와 출력증가(gain of power)

㉰ 앞당겨진 점화와 출력증가(gain of power)

㉱ 앞당겨진 점화와 출력감소(loss of power)

145 타이밍 라이트(timing light)를 가지고 엔진 타이밍(timing)을 맞출 때 1차 코일(primary coil)을 끊어야 하는 이유는?

㉮ 콘덴서의 작동이 타이밍(timing)과 간섭(interfere)하는 것을 방지하기 위하여

㉯ 영구자석(permanent magnet)의 자력의 손실을 방지하기 위하여

㉰ 타이밍할 동안 1차 코일(primary coil)이 타는 것을 방지하기 위하여

㉱ 접점을 보호하기 위하여

146 출력점검(power check)을 수행할 때 무엇을 점검하여야 하는가?

㉮ 마그네토의 낙차(magneto drop) 점검

㉯ 프로펠러 조속기(propeller governor) 점검

㉰ 연료공기비 점검

㉱ 정답이 없다.

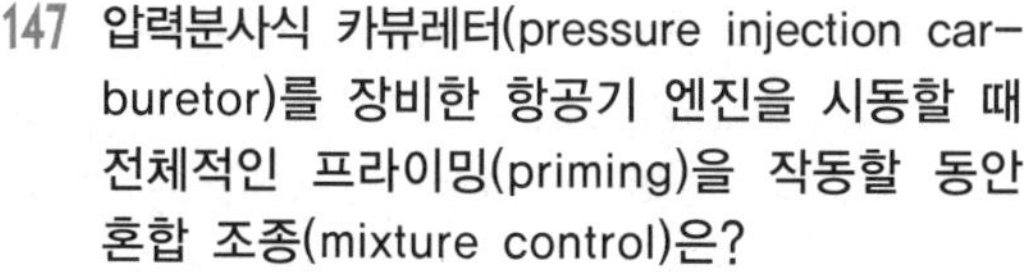

147 압력분사식 카뷰레터(pressure injection carburetor)를 장비한 항공기 엔진을 시동할 때 전체적인 프라이밍(priming)을 작동할 동안 혼합 조종(mixture control)은?

㉮ autolean　　　㉯ idle cut off

㉰ full rich　　　㉱ auto rich

148 이중 마그네토 저압 점화장치(dual magneto low tension ignition system)를 장착한 복렬성형 엔진(double row rodial engine)에 있어서 하나의 2차 코일(a secondary coil)이 나쁘면 어떤 현상이 일어날 것인가?

㉮ 점화전(spark plug) 전부가 점화하지 않을 것이다.

㉯ 한 개의 점화전(one plug)이 점화하지 않을 것이다.

㉰ 가 실린더의 한 개의 점화전이 점회히지 않을 것이다.

㉱ 뒤쪽 점화전 전부가 점화하지 않을 것이다.

149 고압 점화장치(high tension ignition system)를 장비한 복렬성형 엔진에서 만일 하나의 마그네토(a magneto)가 작동하지 않으면?

㉮ 한 열의 모든 점화전이 점화하지 않을 것이다.

㉯ 한 열의 모든 전방 점화전이 점화하지 않을 것이다.

㉰ 두 열에 후방 점화전 전부가 점화하지 않을 것이다.

㉱ 한 열에 후방 점화전 전부가 점화하지 않을 것이다.

150 압력분사식 기화기(pressure-injection carburetor)에서 포핏 밸브(poppet valve)는 무엇에 의하여 작동되는가?

㉮ 연료 미터링 힘(fuel metering force)에 의해서만

㉯ 공기 미터링 힘(air metering force)에 의해서만

㉰ 벤투리 흡입(venturi suction)과 외부공기압 사이의 차압(differential pressure)에 의하여

㉱ 공기 미터링 힘(air metering force)과 연료 미터링 힘(fuel metering force) 사이의 차압(differential pressure)에 의하여

151 부자식 기화기(float type carburetor)에서 이코노마이저(economizer)는?

㉮ 고출력 세팅(high power setting) 시 연료를 더 추가하고, 순항 시에는 혼합기를 희박하게 한다.

㉯ 모든 속도에서 희박 최량 출력 혼합비로 한다.

㉰ 공기 미터링 힘(air metering force)에 의하여 작동되며 순항 시에 최고 경제 혼합비를 취한다.

㉱ 이중 다이어프램(double diaphragm) 기구를 사용하는 엔진 진공에 의하여 작동된다.

152 제트 엔진(jet engine)에 가장 보편적으로 사용되는 연료 펌프의 형식은?

㉮ relon piston type

㉯ geared vane type

㉰ gear type

㉱ centrifugal type

153 점화전(spark plug) 작동온도(operating temperature)는 다음 무엇에 의하여 조종는가?

㉮ 화염에 노출된 점화전의 면적

㉯ 외부 공기에 노출된 점화전의 면적

㉰ 점화전의 열 전도율(rate of heat conductivity)

㉱ 전부 옳다.

154 압력식 기화기(pressure carburetor)에서 엔리치먼트 밸브(enrichment valve)는 다음 중 어느 압력에 의하여 열리는가?

㉮ 공기압(air pressure)

㉯ 연료압(fuel pressure)

㉰ 수압(water pressure)

㉱ 벤투리 진공압(venturi suction)

155 연속흐름 연료분사장치(continuous-flow fuel injection system)에서 연료는?

㉮ 실린더 속으로 직접 분사된다.

㉯ 임펠러(impeller)에 흡입다기관 속으로 분사된다.

㉰ 실린더 속으로 계속적으로 분사된다.

㉱ 계속적으로 흡입구(intake port)에 방출된다.

156 엔진 구동 연료 펌프(engine driven fuel pump)에서 다이어프램(diaphragm)의 형식은?

㉮ balanced type　　㉯ pressurized type

㉰ thermal type　　㉱ expansion type

157 엔진 구동 연료 펌프 바이패스(engine driven fuel pump by-pass)가 완전히 열릴 때는?

㉮ 연료 펌프의 출력이 기화기의 요구량보다 클 때

㉯ 승압 펌프 압력(boost pump pressure)이 엔진 펌프 압력(engine pump pressure)보다 클 때

㉰ 엔진 펌프 압력이 과도할 때

㉱ 엔진이 작동할 때는 언제나

158 저속(idle) 시 어떻게 함으로써 정확한 혼합기라고 말할 수 있는가?

㉮ 배기가스(exhaust gas)의 색깔로

㉯ 분당 연료흐름의 기록으로

㉰ 혼합조종(mixture control)을 아이들 컷-오프(idle cut-off) 위치로 움직일 때 rpm이 약간 증가하였다가 바로 감소하는 것으로

㉱ 혼합조종(mixture control)을 아이들 컷-오프(idle cut-off)로 움직일 때 바로 rpm이 감소되는 것으로

159 혼합조종(mixture control)을 아이들 컷-오프(idle cut-off) 위치로 할 때 엔진이 즉시 정지하지 않는다. 이것은 어떤 징후인가?

㉮ 과도한 농혼합(rich mixture)

㉯ 혼합기가 너무 희박하다.

㉰ 프리머 솔레노이드(primer solenoid)의 누설

㉱ 연료 승압 펌프(fuel boost pump)가 내부적으로 새는 것이다.

160 물(water) 혹은 물과 알코올(water-alcohol) 사용의 1차적인 목적은?

㉮ 체적효율증대(increase volumetric efficiency)

㉯ 엔리치먼트 밸브(enrichment valve)를 닫히게 함

㉰ 데토네이션을 방지(suppress detonation)

㉱ 연료공기 혼합기의 압력감소

161 만약 엔진의 저 rpm에서 흡입다기관(intake manifold)을 통하여 역화(backfire)가 일어나면 가장 가능한 원인은?

㉮ 농혼합(rich mixture)

㉯ 희박 혼합(lean mixture)

㉰ 디리치먼트 밸브(derichment valve)의 작동불능

㉱ 기화기 다이어프램(carburetor diaphragm) 파열

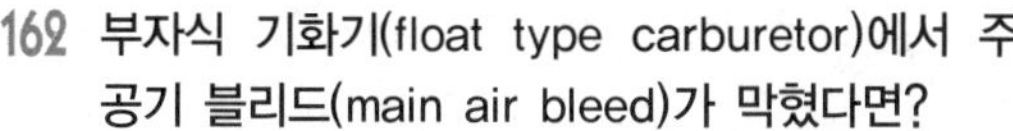

162 부자식 기화기(float type carburetor)에서 주 공기 블리드(main air bleed)가 막혔다면?

㉮ 저속 혼합(dile mixture)은 농후할 것이다.

㉯ 저속 혼합(idle mixture)은 정상이 될 것이다.

㉰ 저속 혼합(idle mixture)은 희박하게 될 것이다.

㉱ 혼합기(mixture)는 모든 출력맞춤(power setting)에 농후하게 될 것이다.

163 터보 제트 엔진(turbo-jet engine)에 자동연료 조종장치(automatic fuel control unit)의 작동요소는?

㉮ 스로틀 위치와 디퓨저 압력(diffuser pressure)

㉯ 스로틀 위치와 공기밀도(air density)

㉰ 스로틀 위치와 연료온도(fuel temperature)

㉱ EGT 온도와 2차 스테이지 압력(second stage pressure)

164 부자식 기화기(float type carburetor)에 주 공기 블리드(main air bleed)가 막혔다면?

㉮ 저속 혼합(idle mixture)은 농후하게 될 것이다.

㉯ 저속 혼합(idle mixture)은 희박하게 될 것이다.

㉰ 혼합기는 고 rpm에서 희박하게 될 것이다.

㉱ 혼합기는 고 rpm에서 농후하게 될 것이다.

165 어떤 형의 터보 과급기(turbo-super charger)가 인터쿨러(inter-cooler)를 활용하는가?

㉮ single stage, single speed

㉯ single stage, two speed

㉰ variable speed, two stage

㉱ sea level supercharger

166 two speed, single stage super charger를 지상 작동점검할 때 스위치를 하이 블로어(high blower)에 두었다. 이때 나타나는 현상은?

㉮ 오일 압력은 순간적으로 떨어지고, 흡기압(manifold pressure)은 떨어지지 않으며, rpm도 변하지 않는다.

㉯ 오일 압력이 순간적으로 떨어지고, 흡기압(manifold pressure)이 조금 상승하며, rpm이 증가한다.

㉰ 오일 압력은 떨어지지 않고, 흡기압도 떨어지지 않으며, rpm만 증가한다.

㉱ 오일 압력은 떨어지지 않고 흡기압은 조금 떨어지며 rpm도 감소된다.

167 배기장치(exhaust system)에서 아규먼터 튜브(augmentor tube)의 주 목적은?

㉮ 실린더 헤드(cylinder head)의 냉각

㉯ 공기 조절장치의 연장

㉰ 엔진의 냉각을 더 효율적으로 하기 위함

㉱ 추력의 증가

168 엔진의 냉각(cooling engine)에 부가하여 아규먼터 튜브(augmentor tube)는 때때로 다음 어느 경우에 이용되는가?

㉮ 추력의 증가를 가지기 위하여

㉯ 기통두(cylinder head)를 냉각하기 위하여

㉰ 공기 조절장치의 연장

㉱ 캐빈 히터(cabin heater) 혹은 앤티-아이싱(anti-icing)의 원천으로

169 실린더 냉각 배플(cylinder cooling baffle)의 목적은?

㉮ 실린더의 열을 제거하기 위함

㉯ 실린더 냉각 핀(cooling fin)의 필요성을 제거하기 위함

㉰ 열을 방출하기 위하여 냉각 핀과 엔진 카울링을 돕기 위함

㉱ 실린더 위로 공기흐름을 똑바르게 하기 위하여

170 배기배압(exhaust back pressure)은 엔진 출력(engine power)에 어떤 영향을 미치는가?

㉮ 전혀 영향이 없다.

㉯ 고고도(high altitude)에서 출력증가, 저고도(low altitude)에서 출력감소

㉰ 모든 고도에서 출력증가

㉱ 모든 고도에서 출력감소

171 저고도에서 최대 엔진 출력(maximum engine power)을 내며 고고도에서도 과급하는 과급기(supercharger)는?

㉮ altitude supercharger

㉯ two stage, two speed supercharger

㉰ internal-reaction supercharger

㉱ single stage 'ground boost blower' or sea level supercharger

172 왕복 엔진(reciprocation engine)에서 과급기(supercharger)의 임펠러(impeller)부의 디퓨저 베인(diffuser vane)의 목적은 무엇인가?

㉮ 연료-공기 혼합기(fuel-air mixture)의 속도를 증가시키기 위하여

㉯ 연료-공기 혼합기(fuel-air mixture)의 압력을 증가시키기 위하여

㉰ 연료-공기 혼합기(fuel-air mixture)의 속도를 감소시키기 위하여

㉱ 연료-공기 혼합기(fuel-air mixture)의 압력을 감소시키기 위하여

173 정속 프로펠러(constant-speed propeller)를 장착한 엔진의 순항 rpm(cruise prm)에서의 스로틀(throttle)에 관한 설명 중 맞는 것은?

㉮ 스로틀(throttle)을 닫으면 블레이드 각(blade angle)이 증가할 것이다.

㉯ 스로틀(throttle)을 전개하면(열면) 블레이드 각(blade angle)이 증가할 것이다.

㉰ 스로틀 움직임은 프로펠러 블레이드 각(propeller blade angle)에는 영향이 없다.

㉱ 정답이 없다.

174 페더링이 안 되는 정속 프로펠러가 고피치(high pitch)이고 스피더 스프링(speeder spring)이 부러졌다. 출력이 증가하면 블레이드(blade)는 어떻게 되겠는가?

㉮ 저피치(low pitch)로 된다.

㉯ 변하지 않고 그대로 유지한다.

㉰ 출력 맞춤에 따라 변한다.

㉱ 정답이 없다.

175 정속 프로펠러(constant-speed propeller)가 순항 rpm으로 작동할 때 출력을 증가하면?

㉮ 블레이드 피치가 감소한다.

㉯ 블레이드 피치가 증가한다.

㉰ rpm이 감소한다.

㉱ rpm이 증가한다.

176 정속 프로펠러(constant-speed propeller)에서 피치 변경(pitch change)은 보통 다음의 어느 것에 의하여 이루어지는가?

㉮ 조속기 펌프(governor pump)

㉯ 엔진 오일(engine oil)

㉰ 블레이드(blade)에 작용하는 공기압력

㉱ 평형 스프링

177 프로펠러 블레이드 위치(propeller blade station)는 어디서부터 측정되는가?

㉮ 블레이드 섕크(blade shank)로부터 팁(tip)까지

㉯ 허브의 중앙에서부터 블레이드 팁(blade tip)까지

㉰ 블레이드 팁(blade tip)에서부터 허브까지

㉱ 아무렇게나 하여도 상관 없다.

178 정속 프로펠러(constant-speed propeller)를 장비한 항공기에 기화기 아이싱(carburetor icing)이 일어나면?

㉮ MAP(manifold pressure) 혹은 rpm의 변화없이 출력이 감소한다.

㉯ MAP와 rpm이 증가한다.

㉰ MAP가 감소, rpm은 변화가 없다.

㉱ rpm이 감소한다.

179 고정 피치 목재 프로펠러(fixed pitch wood propeller)의 허브(hub)에 가장 큰 힘은?

㉮ air impact

㉯ bending force

㉰ twisting force

㉱ centrifugal force

180 순항 rpm에서 프로펠러에 작용하는 공기 역학적 힘(aerodynamic force)은?

㉮ 블레이드를 후방으로 만곡하려고 한다.

㉯ 블레이드를 저피치(low pitch)로 돌리려고 한다.

㉰ 블레이드를 고피치(high pitch)로 돌리려고 한다.

㉱ 블레이드를 허브(hub)로부터 전단하려고 한다.

181 터보 프롭 엔진(turbo-prop engine)의 프로펠러(propeller)에 관한 것은?

㉮ 고정된 피치 장치이다.

㉯ 프롭 속도(prop speed)는 스로틀 증가에 따라 증가한다.

㉰ 엔진에 대해서 보통 독립적으로 조종된다.

㉱ 엔진 속도의 변화에 의하여 작동된다.

182 터보 제트 엔진(turbo-jet engine)에 관하여 적합한 것은?

㉮ 고 rpm 세팅에서 큰 추력변경을 하기 위하여 조그마한 스로틀 움직임이 요구된다.

㉯ 저 rpm 세팅에서 큰 추력변경을 하기 위하여 조그마한 스로틀 움직임이 요구된다.

㉰ 터보 제트 엔진은 고고도에서는 온도가 저하되기 때문에 효율이 좋지 않다.

㉱ 터보 제트 엔진은 공기밀도 때문에 저고도에서 효율이 좋다.

183 제트 엔진(jet engine)에서 역추력(thrust reverse)은 다음 어느 것에 의하여 작동되는가?

㉮ 플랩(flaps)을 내리는 데 작용되는 정미압력의 양에 의하여

㉯ 출력 감속 레버(power decelleration lever)

㉰ 추력 레버(thrust lever)

㉱ 착륙 후 속도제동을 올림으로써

184 부자식 기화기(float type carburetor)의 엔진에 있어서 연료공급은 어느 것에 의하여 변하는가?

㉮ 유입공기속도   ㉯ 혼합기의 유입량

㉰ 공기의 압력   ㉱ 연료의 공급압력

185 엔진 시동 중 카브 에어 히터(carb air heater)는 어느 위치에 두는가?

㉮ hot ㉯ neutral
㉰ cracked ㉱ cold

186 엔진 시동 중 흡입계통에 불이 나면 어떻게 하여야 하는가?

㉮ 즉시 엔진 흡입계통 속으로 드라이 케미컬(dry chemical)을 방출한다.
㉯ 엔진을 계속 작동한다.
㉰ 즉시 엔진에 CO_2를 방출한다.
㉱ 전부 정답이다.

187 밸브 시트(valve seats)를 실린더(cylinder)에 장착하는 방법은?

㉮ shrinking ㉯ sweating
㉰ welding ㉱ peening

188 실린더에서 가장 마모가 심한 곳은?

㉮ 중앙(center)
㉯ 상부(top)
㉰ 하부 근처 중앙(center near bottom)
㉱ 경사진 실린더의 하부

189 플로팅 캠 링(floating cam ring)을 가진 성형 엔진(radial engine)의 밸브를 조절할 때 하여야 할 것은?

㉮ 밸브 간격(valve clearance)을 맞추기 전에 캠 플로트(cam float)를 제거한다.
㉯ 배기 밸브(exhaust valve)를 먼저 맞춘다.
㉰ 흡입 밸브(intake valve)를 먼저 맞춘다.
㉱ 엔진 주위를 돌면서 흡입과 배기 밸브를 맞춘다.

190 실린더 배럴(cylinder barrel)의 내부를 표면경화(surface-hardened)하는 방법은?

㉮ age hardening ㉯ chromium plating
㉰ nitriding ㉱ emac process

191 밸브 가이드(valve guides)는 실린더 헤드(cylinder head)에 다음과 같은 방법에 의하여 장착된다. 옳은 것은?

㉮ evets press ㉯ threading
㉰ sweating ㉱ shrinking

192 피스톤 링(piston ring)은 다음의 어느 방법으로 장착하여야 하는가?

㉮ 모든 링 조인트(ring joint)는 일직선이 되게 한다.
㉯ 모든 링 조인트(ring joint)는 서로 엇물리게 한다.
㉰ 링 조인트(ring joint)의 간격을 없게 한다.
㉱ 링과 링홈(ring groove) 사이의 간격이 없게 한다.

193 실린더의 어느 부분이 냉각 핀 면적(cooling fin area)이 가장 큰가?

㉮ 배기구 근처(around exhaust port)
㉯ 실린더와 실린더 헤드의 결합부분
㉰ 밸브를 둘러싼 부분
㉱ 실린더 하우징(cylinder housing) 근처

194 흡입과 배기 밸브(intake, exhaust valve)의 스트레치(stretch)를 점검할 때 사용하는 정확한 방법은?

㉮ 평평한 면 위에 밸브를 놓고 버니어 하이트 게이지(vernier height gage)로 스템(stem)을 측정한다.
㉯ 마이크로미터 캘리퍼(micrometer caliper)로 스템 길이(stem length)를 측정한다.
㉰ 콘투어(contour)나 혹은 스트레치 게이지(stretch gage)를 사용
㉱ 밸브 깊이 게이지(valve depth gage)를 사용

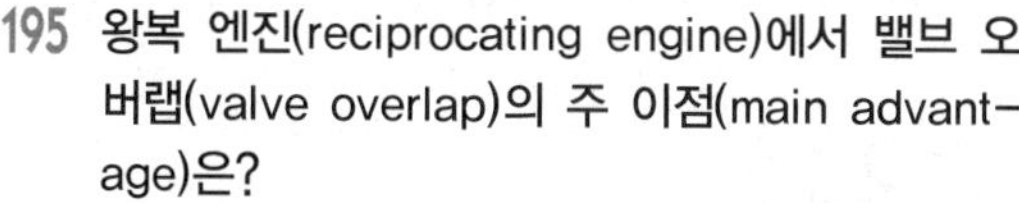

195 왕복 엔진(reciprocating engine)에서 밸브 오버랩(valve overlap)의 주 이점(main advantage)은?

㉮ 엔진 밸브의 정비를 간단하게 한다.

㉯ 엔진이 고 rpm으로 작동할 수 있게 한다.

㉰ 밸브의 블로 바이(blow-by)를 방지한다.

㉱ 체적효율(volumetric efficiency)을 증대시킨다.

196 추력(thrust)과 방사상 하중(radial loads)의 양쪽에 사용되는 베어링의 형식은?

㉮ ball bearing

㉯ roller bearing

㉰ friction bearing

㉱ 전부가 정답이다.

197 다음 중 성형 엔진(radial engine)에 사용되는 가장 보편적인 스러스트 베어링(thrust bearing)의 형식은?

㉮ 테이퍼드 롤러 베어링(tapered roller bearing)

㉯ 볼 베어링(ball bearing)

㉰ 평평한 마찰 베어링(plain friction bearing)

㉱ 별 모양으로 된 롤러 베어링(stelated roller bearing)

198 14기통 성형 엔진(14cylinder radial engine)에서 좌측 마그네토(left magneto)의 #8 배전기 와이어(distributor wire)는 어느 점화전에 연결되는가?

㉮ 8번 실린더의 후방 플러그(plug)

㉯ 8번 실린더의 전방 플러그(plug)

㉰ 6번 실린더의 후방 플러그(plug)

㉱ 6번 실린더의 전방 플러그(plug)

199 7기통 엔진에서 배전기 로터 핑거(distributor rotor finger)가 배전기 블록(distributor block)의 제 6번 전극에 향할 때 어느 실린더가 점화될 것인가?

㉮ #4 실린더   ㉯ #6 실린더

㉰ #7 실린더   ㉱ #5 실린더

200 4행징 사이클(4stroke cycle) 엔진에서 점화는 어느 때 일어나는가?

㉮ 피스톤(piston)이 출력행정(power stroke)에 하향으로 움직이기 시작한 바로 뒤

㉯ 피스톤(piston)이 압축행정(compression stroke) 상사점(top center)에 도달하기 전

㉰ 압축행정(compression stroke)의 상사점에서

㉱ 출력행정(power stroke)의 시작에서

제2회
동력장치 이론과 정비 문제

01 4행정 사이클 왕복 엔진(four stroke cycle reciprocating engine)에서 배기 밸브(exhaust valve)가 닫혀 있고 흡입 밸브(intake valve)가 닫히기 시작한다. 무슨 행정에 피스톤이 놓여 있는가?

㉮ 흡입(intake)
㉯ 압축(compression)
㉰ 출력(power)
㉱ 배기(exhaust)

02 하이드롤릭 로크(hydraulic lock)를 가진 엔진의 시동을 시도하였다. 어떤 결과가 일어나는가?

㉮ 엔진 오일 압력이 낮아진다.
㉯ 엔진에 큰 손상이 온다.
㉰ 과도한 하이드롤릭 압력(excessive hydraulic pressure)이 생긴다.
㉱ 오일 라인이 파열된다.

03 다음 중 항공기 오일 탱크(oil tank)에 관한 설명 중 가장 타당한 것은?

㉮ 최고 15psi의 압력에 견디게 제조되었다.
㉯ 모든 출구(outlets)에는 핑거 스크린(finger screen)이 있어야 한다.
㉰ 필러 캡(filler cap)이나 캡 근처에 오일의 종류와 탱크량이 적혀져 있다.
㉱ 공급 라인(supply line)의 직경 2배 또는 적어도 같은 크기의 출구 스크린(outlet screen)을 포함하여야 한다.

04 드라이 섬프(dry sump) 오일 계통에서 가장 높은 압력이 걸리는 곳은?

㉮ 소기 펌프(scavenger pump) 출구로부터 냉각기까지
㉯ 공급 탱크로부터 Y 드레인(drain)까지
㉰ 오일 라디에이터(oil radiator)로부터 오일 탱크까지
㉱ Y 드레인으로부터 압력 펌프(pressure pump)까지

05 어떤 왕복 엔진(reciprocating engine)에 드라이 섬프 계통(dry sump system)에서 오일 소기 펌프(oil scavenger pump)는 오일 압력 펌프(oil pressure pump)보다도 더 큰 용량이다. 이것은 무엇 때문인가?

㉮ 소기 펌프가 압력 펌프의 속도에 2배로 구동된다.
㉯ 리턴 라인(return line)이 더 길다.
㉰ 정압(positive pressure)이 오일 냉각기까지 유지되어야 한다.
㉱ 소기 펌프는 압력 펌프보다도 많은 체적의 오일을 펌핑하여야 한다.

06 고출력 항공기 왕복 엔진에 가장 보편적으로 사용하는 윤활장치의 형식은?

㉮ gravity fed, dry sump
㉯ pressure fed, dry sump
㉰ pressure fed, wet sump
㉱ gravity fed, wet sump

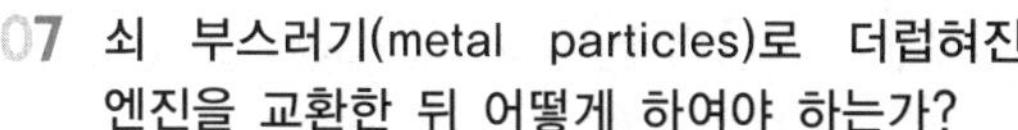

07 쇠 부스러기(metal particles)로 더럽혀진 엔진을 교환한 뒤 어떻게 하여야 하는가?

㉮ 압력 오일 펌프를 버린다.
㉯ 오일 소기 펌프를 버린다.
㉰ 외부 오일 장치의 부분을 세척한 뒤 다시 장착한다.
㉱ 압력·소기 펌프 둘다 버린다.

08 엔진이 작동할 때 흡입압력 계기(manifold pressure gage)는?

㉮ 흡입다기관 (intake manifold)의 절대압력(absolute pressure)을 측정한다.
㉯ 흡입다기관과 대기압의 차압(differential pressure)을 측정한다.
㉰ 대기압보다는 결코 적게 지시하지는 않는다.
㉱ 과급되는 엔진에서 대기압보다 많이 지시하지 않는다.

09 항공기 전기계통이 고장이면 실린더 온도계기 (cylinder head temperature gage)의 지시에 어떤 영향을 미치겠는가?

㉮ 계기가 높게 지시한다.
㉯ 계기가 낮게 지시한다.
㉰ 계기 지시에는 영향이 없다.
㉱ 계기가 떨린다.

10 실린더 온도계기의 지시가 떨린다. 원인은 무엇인가?

㉮ 와이어(wire)가 서모커플(thermocouple)에서 반대로 되었다.
㉯ 서모커플(thermocouple)이 잘못 장착되었다.
㉰ 점화 스위치가 나쁘다.
㉱ 서모커플 리드(thermocouple leads)가 느슨하다.

11 다음 어느 장치에 서킷 브레이커(circuit breaker)가 없는가?

㉮ 제너레이터 회로(generator circuit)
㉯ 스타터 회로(starter circuit)
㉰ 강착장치 회로(landing gear circuit)
㉱ 객실등 회로(cabin lighting circuit)

12 오일 탱크의 최소 허용 팽창공간(expansion space)은?

㉮ 10%(그러나 적어도 1/2갈론)
㉯ 23%(만약 탱크가 2.5갈론이나 그 이상의 용량이면)
㉰ 25%(어떤 크기의 탱크에도)
㉱ 10%(탱크 용량이 2.5갈론이 넘으면 그러나 이것보다 적으면 아님)

13 엔진 오일(engine oil)은 언제 희석(dilute)하는가?

㉮ 엔진을 끄고 난 직후 ㉯ 엔진 시동 전
㉰ 엔진 끄기 직전　㉱ 엔진 시동 후

14 오일 계통에서 압력 릴리프 밸브(pressure relief valve)의 위치는?

㉮ 오일 펌프 입구와 출구 사이
㉯ 오일 펌프 입구와 오일 탱크 사이
㉰ 오일 펌프 뒤 필터(filter) 앞
㉱ 소기 펌프(scavenger pump)와 냉각기(cooler) 사이

15 오일 온도(oil temperature)는 오일 계통의 어느 점의 온도를 측정하는가?

㉮ 소기 펌프 출구(scavenger pump outlet) 다음에
㉯ 오일 탱크와 엔진 압력 펌프 사이
㉰ 릴리프 밸브(relief valve)
㉱ 오일 압력 조절기(oil pressure regulator)

16 오일 압력 릴리프 밸브(oil pressure relief valve)로부터 오일이 어디로 되돌아가는가?

㉮ 압력 펌프(pressure pump) 입구 쪽까지

㉯ 소기 펌프(scavenger pump) 입구 쪽까지

㉰ 소기 펌프(scavenger pump) 출구 쪽까지

㉱ 정답이 없다.

17 성형 엔진(radial engine)의 하부 실린더(bottom cylinders)와 도립 직렬형 엔진(inverted in-line engine)의 실린더 속으로 과도한 오일이 흘러들어가는 것을 방지함으로써 오일 소모(oil consumption)를 감소하는 데 사용하는 방법은?

㉮ 여분의 오일 링을 더 끼운다.

㉯ 소기 펌프를 실린더마다 사용한다.

㉰ 오일 와이퍼 링(oil wiper ring)을 거꾸로 끼운다.

㉱ 실린더 스커트(sylinder skirt)의 길이를 증대시킨다.

18 대표적인 웨트 섬프 엔진(wet sump engine)은 정상압력에 있다. 그러나 과도한 오일이 크랭크케이스 브리더(crankcase breather)의 밖으로 나온다. 원인은?

㉮ 섬프에 과도한 오일이 보급되었다.

㉯ 밸브가 탄다.

㉰ 피스톤 링이 마모되었다.

㉱ 피스톤 링이 고착되었다.

19 엔진이 정지된 뒤 오일이 오일 탱크로부터 엔진까지 흘러 들어가는 것을 방지하는 것은?

㉮ pressure regulator

㉯ shuttle valve

㉰ solenoid valve

㉱ spring loaded check valve

20 왕복 엔진을 시동한 뒤 즉시 참고하여야 할 첫 번째 계기는?

㉮ 연료압력계기(fuel pressure gage)

㉯ 오일 압력계기(oil pressure gage)

㉰ 연료흐름계기(fuel flow indicator)

㉱ 기통두 온도계기(cylinder head temp gage)

21 고성능 엔진(high performance engine)에서 점화장치(ignition system)는?

㉮ 저압뿐이다(low tension only).

㉯ 고압뿐이다(high tension only).

㉰ 실린더의 각 열(row)에 하나의 캠(cam)을 가지고 있다.

㉱ 1/2크랭크 축 속도(crankshaft speed)로 마그네토가 회전한다.

22 만약 접점(points)이 계속 닫혀 있으면 마그네토에는 무슨 일이 일어나겠는가?

㉮ 전압이 1차 코일에 너무 커질 것이다.

㉯ 전압이 2차 코일에 너무 커질 것이다.

㉰ 마그네토가 점화를 하지 않을 것이다.

㉱ 점화전에 전압이 필요한 것보다 커질 것이다.

23 저압 점화장치(low tension ignition system)인 왕복 엔진은 다음 중 어느 것을 요하는가?

㉮ 각 점화 플러그(spark plug)를 위하여 하나의 2차 변압 코일(secondary transformer coil)

㉯ 마그네토로부터 각 점화 플러그(spark plug)까지 고압 리드(high tension lead)

㉰ 각 실린더(cylinder)를 위하여 하나의 2차 변압 코일(secondary transformer coil)

㉱ 각 변압 코일(transformer coil)로부터 각 점화 플러그(spark plug)가지 저압 리드(low tension lead)

16 ㉮ 17 ㉱ 18 ㉮ 19 ㉱ 20 ㉯ 21 ㉱ 22 ㉰ 23 ㉮

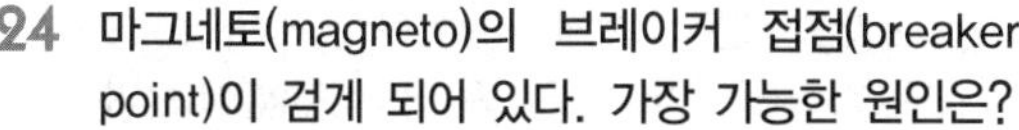

24 마그네토(magneto)의 브레이커 접점(breaker point)이 검게 되어 있다. 가장 가능한 원인은?

㉮ 콘덴서(condenser)가 나쁘다.

㉯ 브레이커부(breaker compartment)에 윤활(excessive lubrication)이 과도하게 되었다.

㉰ 마그네토가 너무 느리게 맞추어졌다.

㉱ 1차 코일(primary coil)이 접지되었다.

25 마그네토 브레이커 접점(magneto breaker point)이 탔거나 움푹 들어간 것은?

㉮ 1차 콘덴서(primary condenser)가 결함이다.

㉯ 부적합한 연료를 사용하였다.

㉰ 윤활(lubrication)이 결핍되었다.

㉱ 점화전 리드(spark plug lead)가 쇼트되었다.

26 콘덴서(condenser)의 용량이 너무 적은 것이 마그네토(magneto) 브레이커 접점(breaker point)에 연결되었다면 어떻게 되겠는가?

㉮ 접점이 탄다.

㉯ 점화전(spark plug)이 탄다.

㉰ 2차 권선(secondary winding)에 고전류가 생긴다.

㉱ 엔진 시동이 잘 되지 않는다.

27 마그네토(magneto) 브레이커 포인트(breaker point)에 너무 큰 용량의 콘덴서(condenser)가 연결되었다면 어떻게 되겠는가?

㉮ 접점(point)이 탄다.

㉯ 전압이 감소되어 불꽃이 약화된다.

㉰ 점화전(spark plug)에 강한 점화가 생긴다.

㉱ 정답이 없다.

28 복렬성형 엔진(double row radial engine)에서 점화 스위치(ignition switch)가 'left' 위치에 있을 때 점화되는 점화전(spark plugs)은?

㉮ 두 열의 모든 전방 점화전(front spark plugs)

㉯ 두 열의 모든 후방 점화전(rear spark plugs)

㉰ 전방 열의 실린더 점화전에만

㉱ 후방 열(row)의 실린더 점화전에만

29 자동혼합조종(automatic mixture control)이 장치되어 있지 않은 엔진에 카뷰레터 히터(carburetor heater)를 작동하면 어떠한 현상이 일어나겠는가?

㉮ MAP(MAnifold Pressure)가 증가할 것이다.

㉯ rpm(revolution per minute)이 증가할 것이다.

㉰ 연료 혼합이 농후해질 것이다.

㉱ rpm이 변하지 않을 것이다.

30 근래 기화기(carburetor)의 자동 연료흐름 미터링 기구(automatic fuel flow metering mechanism)는 다음 어느 것에 의하여 작동되는가?

㉮ 기화기(carburetor)를 통과하는 공기의 속도

㉯ 기화기를 통과하는 공기의 질량과 속도(mass, velocity)

㉰ 스로틀 위치

㉱ 기화기를 통하여 움직이는 공기의 질량

31 AMC(Automatic Mixture Control)에 벨로스(bellows)가 고공에서 파열되었다면 그 결과는?

㉮ 혼합기가 더 희박해진다.

㉯ 혼합기가 더 농후하게 될 것이다.

㉰ A체임버에는 당장 영향이 없다.

㉱ 희박 혼합기가 된다. 그러나 하강함으로써 농후하게 된다.

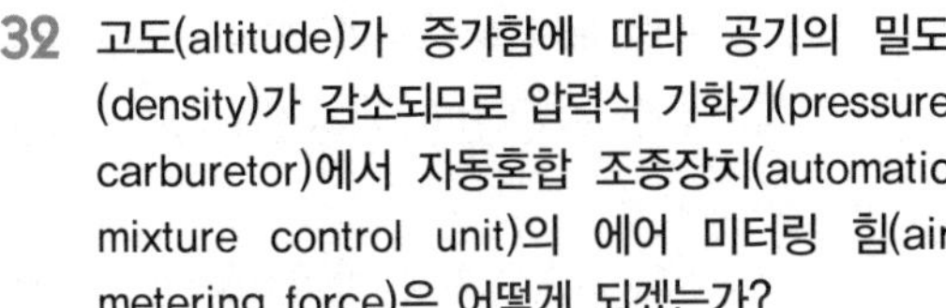

32 고도(altitude)가 증가함에 따라 공기의 밀도 (density)가 감소되므로 압력식 기화기(pressure carburetor)에서 자동혼합 조종장치(automatic mixture control unit)의 에어 미터링 힘(air metering force)은 어떻게 되겠는가?

㉮ 체임버 B(boost venturi suction)로부터 공기의 흐름을 제한하므로 증가할 것이다.

㉯ 체임버 A(impactpressure)까지 공기흐름의 제한을 적게 하므로 증가할 것이다.

㉰ 체임버 B(impact pressure)로부터 공기흐름의 제한을 적게 하므로 감소될 것이다.

㉱ 체임버 A(impct pressure)로 가는 공기의 흐름을 제한하므로 감소될 것이다.

33 압력식 기화기(pressure carburetor)의 AMC (Automatic Mixture Control)는 다음을 변화시킴으로써 고도에 대한 보상을 한다. 옳은 것은?

㉮ A 체임버의 충돌압력(impact pressure A chamber)

㉯ A 체임버의 벤투리 압력(venturi pressure in A chamber)

㉰ B 체임버의 충돌압력(impact pressure in B chamber)

㉱ B 체임버의 벤투리 압력(venturi pressure in B chamber)

34 압력식 기화기의 A와 B 체임버 사이의 다이어프램(diaphragm)이 파열되었다면 어떤 일이 일어나겠는가?

㉮ AMC는 압력변화를 보상할 것이며, 혼합기(mixture)는 정상이 될 것이다.

㉯ 고 rpm에서만 농후 혼합기가 된다.

㉰ 모든 출력에서 희박 혼합기가 된다.

㉱ 모든 출력에서 농후 혼합기가 된다.

35 스로틀 완전 전개 상태에서 기화기를 통하는 공기의 흐름은 다음 중 어느 것에 의하여 조종되는가?

㉮ throttle butterfly valve

㉯ venturi

㉰ air screen

㉱ discharge nozzle

36 압력식 기화기의 디리치먼트 밸브(derichment valve)의 목적(purpose)은?

㉮ 순항출력범위(cruise power range)에서 엔진이 작동할 때 연료공기비를 감소

㉯ 엔진이 희박 경제 순항으로 작동할 때 연료흐름을 감소

㉰ 물분사를 사용할 때 최량 출력(best power)을 위하여 연료공기비를 감소

㉱ 고출력으로 작동하기 위하여 부가적인 연료공급

37 기화기 디리치먼트 밸브(carburetor derichment valve)는 다음 어느 상태일 때 닫혀지는가?

㉮ at idle power

㉯ at takeoff power

㉰ during water injection

㉱ at high altitude

38 왕복 엔진(reciprocating engine)의 흡입장치 (intake system)에서 빙결(icing)은 다음 어느 것에 의하여 조종되는가?

㉮ 기화기 공기 히터(carburetor air heater)

㉯ 뜨거운 배기가스를 흡입다기관 속으로 보낸다.

㉰ 공기 스쿠프(air scoop)에 히터 링(heat ring)

㉱ 전기적으로 작동되는 가열 장치

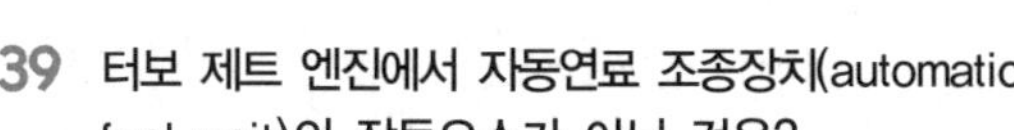

39 터보 제트 엔진에서 자동연료 조종장치(automatic fuel unit)의 작동요소가 아닌 것은?

㉠ 혼합조종 위치(mixture control position)

㉡ 압축기 입구 공기밀도(compressor inlet air density)

㉢ 압축기 rpm

㉣ 스로틀 위치(throttle position)

40 압력식 기화기(pressure carburetor)의 증기 분리기(vapor separator)의 기능은 연료가 기화기의 연료 미터링부를 통과하기 전에 증기를 배출시킨다. 만약 증기 분리기(vapor separator)가 닫혀진 상태에서 고착되었다면 어떤 일이 일어나겠는가?

㉠ 연료의 흐름이 계속적으로 주 탱크(main tank)로 돌아간다.

㉡ 과도한 연료 미터링 압력(fuel metering pressure)에 의한 많은 연료흐름

㉢ 연료가 엔진 구동연료 펌프 입구 쪽으로 계속하여 되돌아간다.

㉣ 엔진 작동이 불규칙적이고 혹은 역화가 일어난다.

41 연료압력은 어디에서 감지하는가?

㉠ 연료여과기 전에(before fuel strainer)

㉡ 연료 펌프 전에(before fuel pump)

㉢ 기화기 입구(at carburetor inlet)

㉣ 각 연료 탱크의 출구

42 전기로 작동되는 프리머(primer)의 경우 연료 공급(fuel supply)은 다음 어느 곳에서 얻어지는가?

㉠ 엔진 구동 연료 펌프(engine driven fuel pump)

㉡ 승압펌프(boost pump)

㉢ 기화기(carburetor)

㉣ 연료 탱크(fuel tank)

43 엔진의 프리머 라인(primer line)이 샌다면 어떻게 되겠는가?

㉠ 고속에서 농혼합(rich mixture at high speed)

㉡ 완속에서 희박혼합(lean mixture at idle speed)

㉢ 역화(backfiring)

㉣ 과도한 연료 소모(excessive fuel consumption)

44 이코노마이저(economizer)의 목적은?

㉠ 순항속도에서는 가장 희박하게 하고, 고출력 시에는 필요한 만큼 농후하게 혼합기를 만든다.

㉡ 임펠러 부분에서 소비되는 연료를 감소시킨다.

㉢ 순항출력에서 희박 혼합기가 된다.

㉣ 정답이 없다.

45 흡입장치에서 빙결은 다음 어느 것에 의하여 알 수 있는가?

㉠ 기화기 온도계기(carburetor temperature gage)

㉡ 연료압력의 동요

㉢ 저연료압력

㉣ 출력손실과 흡기압의 감소(loss of power, decrease in manifold pressure)

46 엔진이 작동하지 않을 때 물분사를 하려고 하면 무슨 일이 일어나겠는가?

㉠ 물이 블로어 드레인(blower drain)으로부터 흐를 것이다.

㉡ 작동 스위치가 오일 압력에 의하여 작동되는 이상 아무 일도 일어나지 않는다.

㉢ 램 압력 스위치(ram pressure switch)가 물 펌프(water pump)의 작동을 방해하는 이상 아무일도 없다.

㉣ 전부가 정답이다.

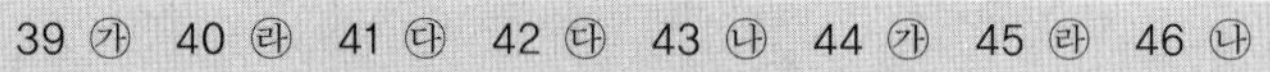

47 물분사(water injection)는 물과 알코올의 혼합액을 흡입장치(induction system) 속으로 분사함으로써 엔진이 주어진 rpm과 흡입압력(manifold pressure)에서 더 많은 출력을 낼 수 있게 한다. 물분사는 어느 것과 같이 함으로써 효과를 내는가?

㉮ 연료와 공기충진을 냉각하여 충진밀도를 증대시킴
㉯ 실린더와 피스톤의 직접냉각
㉰ 희박 최량 출력 혼합비를 허용
㉱ 전부가 정답이다.

48 엔진이 이륙 최대 출력(full power on take off)을 낼 수 없었다. 가장 가능한 원인은?

㉮ 과도한 농혼합(too rich mixture)
㉯ 과도한 희박 혼합(too lean mixture)
㉰ 카뷰레터 히터 도어 링키지(carburetor heater door linkage)가 잘못 조절되었다.
㉱ 기화기 공기 스크린(air screen)이 장착되지 않았다.

49 물 혹은 물과 알코올 혼합액을 엔진의 공기 흡입장치 속으로 분사하면 어떤 현상이 일어나겠는가?

㉮ 체적효율(volumetric efficiency)이 증대된다.
㉯ MAP가 자동적으로 증대되어진다.
㉰ 목적은 과급기 임펠러(supercharger im-peller)를 냉각하는 것이다.
㉱ 연료 공기혼합을 증대시킨다.

50 슬립 조인트(slip joint) 배기 컬렉터 링(exhaust collector ring)의 이점은 무엇인가?

㉮ 진동(vibration)을 줄이고 냉각(cooling)을 돕는다.
㉯ 일직선과 팽창(alignment, expansion)을 돕는다.

㉰ 컬렉터 링(collector ring)의 안정(stability)을 돕는다.
㉱ 전부가 정답이다.

51 헬리콥터(helicopter)의 왕복 엔진(reciprocating engine)은 다음 어느 것에 의하여 냉각되는가?

㉮ 냉각 팬(cooling fan)
㉯ 엔진 주위의 공기 배플(air baffle)
㉰ 주 회전익(main rotor blade)에 의한 하향공기
㉱ 블라스트 튜브(blast tube)

52 스플라인 축(splined shaft)으로 엔진에 장착되어 있는 프로펠러(propeller)를 사용할 때 프로펠러 콘(propeller cone)의 1차적인 목적은?

㉮ 축 스플라인(shaft spline)과 프로펠러 허브 스플라인(propeller hub spline) 사이의 접촉을 방지하기 위하여
㉯ 공기 역학적인 프로펠러 평형을 위하여
㉰ 축 스플라인에 가속하중을 줄이기 위하여
㉱ 프로펠러를 축(shaft)의 중심에 두기 위하여

53 프로펠러 조속기(propeller governor)의 회전방향은 어떻게 결정하는가?

㉮ 모델 넘버(model number)의 마지막 대시 넘버(dash number)에 의하여
㉯ 조속기의 장착되는 면에 있는 오일 조종 플러그(oil control plug)의 위치에 의하여
㉰ 모델 넘버(model number)의 문자지침에 의하여
㉱ 압력 릴리프 밸브(pressure relief valve)의 방향을 점검함으로써

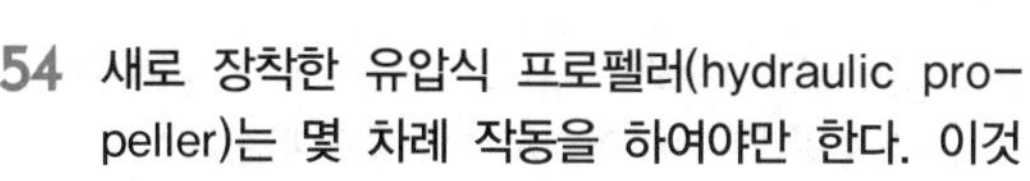

54 새로 장착한 유압식 프로펠러(hydraulic pro-peller)는 몇 차례 작동을 하여야만 한다. 이것의 목적은 무엇인가?

㉮ 페더링 레저브와(feathering reservoir)를 채우기 위하여
㉯ 모든 부품의 전체적인 윤활을 위하여
㉰ 블레이드 각도의 점검을 위하여
㉱ 라인 속에 숨어 있는 공기를 배출시키기 위하여

55 프로펠러 블레이드(propeller blade)의 각도는 다음 어느 것으로부터 측정되는가?

㉮ geometical pitch
㉯ rotational plane
㉰ relative wind
㉱ effective pitch angle

56 프로펠러 프로트랙터(propeller protractor)의 목적은?

㉮ 블레이드 트랙(blade track)을 점검하기 위하여
㉯ 블레이드 영각(blade angle of attack)을 점검하기 위하여
㉰ 블레이드 각도(blade angle)를 점검하기 위하여
㉱ 블레이드 위치(blade stations)를 점검하기 위하여

57 제빙 장치의 유체(deicer fluid)는 다음 어느 것에 의하여 프로펠러에 슬링거 링(slinger ring)으로부터 분배되는가?

㉮ pressure
㉯ centrifugal force
㉰ spray nozzles
㉱ centripetal force

58 프로펠러(propeller)는 다음 중 어떤 목적을 위하여 'etching' 하는가?

㉮ 에맥 막(emac film)을 제거하기 위하여
㉯ FAA 명세서의 수를 새기기 위하여
㉰ 블레이드(blade)의 부식을 방지하기 위하여
㉱ 균열(cracking) 위치를 위하여

59 어떤 엔진은 회전계(tachometer)에 임계회전범위(critical rpm range)가 표시되어 있는 것이 있다. 이것은 무엇 때문인가?

㉮ 과도한 연료 소모를 방지하기 위하여
㉯ 과도한 진동과 응력(excessive vibration and stresses)을 방지하기 위하여
㉰ 이 범위에서는 점화전이 잘 더러워지므로
㉱ 엔진마모(engine wear)를 줄이기 위하여

60 화재차단 밸브(fire shutoff valve)는 어느 곳에 위치하고 있는가?

㉮ 방화벽(firewall)의 뒤쪽
㉯ 방화벽(firewall)의 앞쪽
㉰ 주륜 호일 웰(well) 속
㉱ 위치에 관계없다.

61 터보 제트 엔진(turbo jet engine)에서 터빈 입구에 있는 가이드 베인(guide vanes)의 목적은 무엇인가?

㉮ 속도와 압력을 증가시킨다.
㉯ 속도(velocity)를 증가시키고 압력(pressure)을 감소시킨다.
㉰ 속도와 압력을 감소시킨다.
㉱ 속도를 감소시키고 압력을 증가시킨다(decrease velocity and increase pressure).

62 역추력장치(thrust reverser)는 다음 중 어느 것을 역으로 함으로써 작동되는가?

㉮ 터빈(turbine)

㉯ 압축기와 터빈(compressor, turbine)

㉰ 배기가스(exhaust gases)

㉱ 인렛 가이드 베인(inlet guide vanes)

63 부자식 기화기(float type carburetor)의 유면 (fuel level)에 관계하여 노즐 출구(nozzle outlet)의 위치는 어떠한가?

㉮ 유면 아래(below fuel level)

㉯ 유면과 같은 높이

㉰ 유면(fuel level) 위

㉱ 하향 기화기의 유면 아래

64 가스 터빈 엔진(gas turbine engine)의 3개의 주요 부분은?

㉮ diffuser, compressor, combustion sections

㉯ turbine, diffuser, compressor sections

㉰ diffuser, combustion, turbine section

㉱ compressor, combustion, turbine sections

65 노즐 다이어프램(nozzle diaphragm)의 목적은?

㉮ 속도를 증대시키고 공기흐름의 방향을 결정한다.

㉯ 속도를 감소시키고 공기흐름의 방향을 결정한다.

㉰ 압축기 버킷(compressor buckets) 의 코어(core) 속으로 공기가 흐르게 한다.

㉱ 배기 콘(exhaust cone)의 압력을 감소시킨다.

66 전기로 작동되는 프리머(primer)를 사용할 때 연료의 압력은 어디서부터 얻어지는가?

㉮ 엔진 구동 펌프(engine driven pump)

㉯ 승압 펌프(boost pump)

㉰ 기화기(carburetor)

㉱ 중력공급(gravity feed)

67 정속 프로펠러(constant-speed propeller)를 장비한 엔진의 출력(power output)을 증대시키기 위한 올바른 작동 순서는?

㉮ MAP 증대, RPM 증대, 혼합기 농후

㉯ RPM 증대, 혼합기 농후, MAP 증대

㉰ 혼합기 농후, RPM 증대, MAP 증대

㉱ 혼합기 농후, MAP 증대, RPM 증대

68 데토네이션(detonation)의 증기는 다음 어느 원인에 의하는가?

㉮ 기통두 온도의 상승(rise cylinder head temp)

㉯ 흡입압력의 증대(increase manifold pressure)

㉰ 연료와 공기 혼합기의 온도 상승

㉱ 모두가 정답이다.

69 파워 리커버리 터빈(power recovery turbine)의 작동 원리는?

㉮ 배기가스의 속도가 크랭크 축에 연결되어 있는 터빈 휠(turbine wheel)을 돌린다.

㉯ 작동에 있어서 터보-슈퍼차저(turbo-supercharger)와 같다.

㉰ 4번째 압축기 스테이지(stage)로부터 블리드 공기(bleed air)를 이용한다.

㉱ 배기가스가 객실여압을 위하여 압축기를 구동하는 터빈 휠을 돌린다.

70 비행 중 프로펠러(propeller)가 1회전하여 앞으로 움직인 실제 거리를 무엇이라고 하는가?

㉮ geometric pitch
㉯ root pitch
㉰ rotational pitch
㉱ effective pitch

71 프로펠러(propeller)가 평형상태를 벗어났을 때 가장 현저하게 나타나는 것은?

㉮ high RPM
㉯ low RPM
㉰ cruising RPM
㉱ critical sange RPM

72 일정한 엔진 RPM에서 프로펠러 감속기어비가 프로펠러를 가장 고속으로 회전하게 하는 비율은?

㉮ 3 : 2
㉯ 16 : 7
㉰ 16 : 9
㉱ 20 : 9

73 다발 항공기(multi-engine aircraft)에서 마스터 엔진(master engine)은?

㉮ 스텝모터(step motor)로 조종하는 신호를 보낸다.
㉯ 다른 엔진에 대하여 RPM을 참고한다.
㉰ 자동 페더링(auto-feathering)에 의하여 RPM을 참고한다.
㉱ 위 모두가 정답이다.

74 다음 중 열전달 방법이 아닌 것은?

㉮ convection
㉯ diffusion
㉰ conduction
㉱ radiation

75 터빈 엔진(turbine engine)의 디퓨저 부분(diffuser section)의 목적은?

㉮ 압력을 감소하고 속도를 증대한다.
㉯ 압력을 증대하고 속도를 감소한다.
㉰ 디퓨저(diffuser) 내의 압력을 균일하게 한다.
㉱ 위치 에너지(potential energy)를 운동 에너지(kinetic energy)로 바꾼다.

76 가스 터빈 엔진(gas turbine engine)에서 압력이 가장 높은 곳은?

㉮ 압축기부의 출구
㉯ 연소실부의 내부
㉰ 터빈 블레이드의 바로 앞
㉱ 테일콘 안

77 터보팬 엔진(turbofan engine)은 다음 어느 경우일 때 엔진 트리밍(engine trimming)을 하여야 하는가?

㉮ 테일 파이프(tail pipe)를 교환하였을 때
㉯ 엔진을 교환하였을 때
㉰ 연료조종장치(fuel control unit)를 교환하였을 때
㉱ 위 전부가 정답이다.

78 제트 엔진(jet engine)의 역추력(reverse thrust)은 다음 어느 것에 의하여 조종되어지는가?

㉮ 랜딩 기어 스위치(landing gear switch)
㉯ 스러스트 레버(thrust lever)
㉰ 플랩 스위치(flap switch)
㉱ 스로틀 스위치(throttle switch)

79 2축 축류형 압축기(dual axial flow compressor)는 어떻게 하여 더 많은 출력을 낼 수 있는가?

㉮ 더 많은 터빈 휠(more turbine wheels)
㉯ 더 높은 압축비(higher compressor ratio)
㉰ 더 낮은 디퓨저 압력
㉱ 연소실(combustion chamber)에 들어오는 더 많은 속도(more velocity)

80 터보 제트 엔진(turbo jet engine)에서 터빈 블레이드(turbine blade)의 주 기능은?

㉮ 압축기와 보기(compressor, accessories)를 구동하기 위하여 축마력(shaft horse-power)으로 전환하는 고속 가스(high velocity gas)로부터 운동 에너지를 뽑아낸다.

㉯ 배기가스의 속도를 증대시키고 똑바로 나가게 한다.

㉰ 배기가스의 압력과 속도를 증대시킨다.

㉱ 배기가스의 속도와 온도를 조종한다.

81 터빈 휠 블레이드(turbine wheel blade)의 원리는 무엇인가?

㉮ tangential-reaction

㉯ reaction-impulse

㉰ concave-reaction

㉱ convex-impulse

82 연소실(combustion chamber) 내부 라이너 (liner)는 다음 어느 것에 의하여 냉각되는가?

㉮ 블리드 공기(bleed air)

㉯ 2차 공기와 구멍들과 연소실 내부 라이너의 공기흡입구

㉰ 램 공기(ram air)

㉱ 연소되는 연료혼합기

83 인코넬 강(inconel steel)이 터빈 엔진의 배기장치에 사용되는 것은 무엇 때문인가?

㉮ 높은 내부식성(high corrosion resistance)과 높은 열전도성(high heat conductivity)

㉯ 저침투성(low permeability)과 높은 열전도성(high heat conductivity)

㉰ 높은 내부식성(high corrosion resistance)과 낮은 열전도성(low heat conductivity)

㉱ 높은 팽창계수(high coefficient of expansion)와 높은 열전도성(high heat conductivity)

84 흡기압력 계기(manifold pressure gage)의 라인(line)이 압력원으로부터 완전히 절단되었다면 압력 계기의 지시는?

㉮ 0(zero)

㉯ 낮은 흡기압(low manifold pressure)

㉰ 높은 흡기압(high manifold pressure)

㉱ 기압계 압력(barometric pressure)

85 제트 항공기의 엔진 화재 탐지장치는 다음 어느 원리로 작동되는가?

㉮ thermocouples in parallel

㉯ thermocouples in series

㉰ rate of rise indicator in parallel

㉱ continuous loop insulation break own

86 제트 엔진에 불을 끄는 것은?

㉮ 슬링거 링(slinger ring)과 호스를 통하여 방출된다.

㉯ 슬링거 링(slinger ring)과 분무노즐(spray nozzle)을 통하여 방출된다.

㉰ 호스와 분무 노즐(spray nozzle)을 통하여 방출된다.

㉱ 압력이 걸린 프레온(freon)과 질소(nitrogen)가 분무 노즐(spray nozzle)을 통하여 방출된다.

87 와이어 묶음(wire bundle) 위에 플라스틱 슬리브(sleeve)를 사용하는 것은 무엇으로부터 와이어를 보호하기 위함인가?

㉮ 상호유도(mutual induction)

㉯ 플래시오버(flash over)

㉰ 팽창 (expansion)

㉱ 손상(damage)

88 직접 크랭킹(cranking)하는 시동기(starter)의 시동모터는?

㉮ 션트 와운드(shunt wound)

㉯ 콤파운드 와운드(compound wound)

㉲ 시리즈 와운드(series wound)

㉴ 스플릿 필드(split field), 패럴렐 와운드 (parallel wound)

89 퓨즈(fuse)나 서킷 브레이커(circuit breaker)를 통하여 흐르는 전류의 양은?

㉮ 정상전류의 1.27배

㉯ 보호되어질 장비에 의하여 전도되는 양보다 크다.

㉲ 보호되어질 장비에 의하여 전도되는 양보다 작다.

㉴ 보호되어질 장비를 위하여 같은 양의 전류가 흐른다.

90 카본 파일 전압조종기(carbon pile voltage regulator)에 스프링 장력(spring tension)이 증가하면?

㉮ 저항이 감소하고 전압이 증가한다.

㉯ 저항이 감소하고 전압도 감소한다.

㉲ 전류량이 감소하고 전압이 증가한다.

㉴ 전류량이 증가하고 전압이 감소한다.

91 오일의 윤활성질은 다음 어느 것에 의하여 잘 지시되어지는가?

㉮ bodan test ratio

㉯ flash point

㉲ pour point

㉴ viscosity index

92 전압조종기(voltage regulator)의 접점(contact point)이 부식되었거나 움푹파였으면 결과는 어떻게 되겠는가?

㉮ 고압 출력(high voltage output)

㉯ 저압 출력(low voltage output)

㉲ 잔류전압(residual voltage)

㉴ 전압이 없다(no voltage).

93 항공기에 사용되는 본딩 점퍼(bonding jumper)는?

㉮ 항공기 컴포넌트(component) 사이의 아킹(arcing)을 방지한다.

㉯ 항공기 기체 전반을 통하여 정전기를 동일하게 하거나 또는 없게 한다.

㉲ 정전기(static electricity)에 의한 라디오 간섭(radio interference)을 방지한다.

㉴ 위 모두 정답이다.

94 전압조종기 접점(voltage regulator points)이 함께 용접되었다면 전압은?

㉮ 증가(increase)

㉯ $1\frac{1}{2}$에서 3볼트까지 흔들린다.

㉲ 0(zero)으로 떨어진다.

㉴ 감소(decrease)

95 계기로부터 읽을 수 있는 엔진 오일의 온도는 다음 중 어느 오일의 온도인가?

㉮ 소기 펌프 오일 온도(scavenger pump oil temperature)

㉯ 엔진으로 들어가는 오일 온도(oil into engine temperature)

㉲ 엔진으로부터 나오는 오일 온도(oil from engine temperature)

㉴ 탱크로 들어가는 오일 온도(oil into tank temperature)

96 만약 오일 공급 탱크가 비어 있고, 오일 압력이 0이며, 오일이 브리더(breather) 밖으로 나온다면, 그 원인으로 가장 옳은 것은?

㉮ 과급기 오일 실(supercharger oil seal)이 파열되었다.

㉯ 주 오일 펌프(main oil pump)가 작동을 하지 않는다.

㉰ 소기 펌프(scavenger pump)가 작동을 하지 않는다.

㉱ 크랭크 축 오일 통로(crankshaft oil passage)가 막혔다.

97 다음 중 어떤 것을 하고난 뒤에는 반드시 작동하기 전에 프리 오일 링(pre-oiling)을 하여야 한다. 그것은?

㉮ 엔진 장착(engine installtion)

㉯ 오일 펌프(oil pump)를 장탈하여 교환

㉰ 오일 교환(oil change)

㉱ 오일 냉각기 교환(oil cooler change)

98 프로펠러(propeller) 오일의 희석방법으로 옳은 것은?

㉮ 더 묽은 오일로 프롭 오일을 보충하거나 교환한다.

㉯ 엔진 오일 희석의 마지막 수 분 동안 프로펠러 레버(prop lever)를 작동함으로써

㉰ 프롭 페더링 저장 탱크에 하이드롤릭 플루이드(hydraulic fluid)를 보충함으로써

㉱ 저장 탱크에 소량의 가솔린을 보충함으로써

99 과도한 오일 소모(excessive oil consumption)와 점화전(spark plug)의 'fouling'의 원인으로 옳은 것은?

㉮ 소기 펌프(scavenger pump)로 되돌아간 오일

㉯ 캠 허브 베어링(cam hub bearing)에 과도한 간격

㉰ 더러워진 오일 필터(oil filter)

㉱ 피스톤 링(piston ring)의 마모

100 대부분의 제트 엔진(jet engine)의 베어링과 기어들은 다음 어느 방법에 의하여 윤활되는가?

㉮ splash system

㉯ wet wick system

㉰ pressure jet spray system

㉱ partially submerged in oil

101 왕복 엔진(reciprocating engine)의 볼(ball) 베어링과 롤러(roller) 베어링은 다음 어느 방법에 의하여 윤활되는가?

㉮ splash　　　　㉯ spray

㉰ pressure　　　㉱ dipping

102 왕복 엔진에 점화전압(ignition voltage)이 가장 높을 때는?

㉮ 출력행정 동안(during power stroke)

㉯ 점화전 점화(spark plug firing) 바로 전

㉰ 점화전 점화의 끝 바로 전

㉱ 점화전 점화의 시작에서

103 마그네토의 'E' gap은 다음 어느 방법으로 측정되는가?

㉮ 극의 중립위치(neutral position)와 접촉점이 열려 있는 위치 사이의 마그네토(magneto)의 회전도수로서

㉯ 최대 자속(max flux)의 위치와 접촉점이 열려 있는 위치 사이의 마그네토(magneto)의 회전도수로서

㉰ 극의 중립위치와 접촉점(contact point)이 닫혀 있는 위치 사이의 마그네토의 회전도수로서

㉱ 정답이 없다.

104 마그네토를 타이밍(magneto timing)할 때 눈금표시가 일직선이 되게 한다. 이것은 무엇을 위하여 점검되는가?

㉮ 'E' gap

㉯ points closed

㉰ neutral position of magnet

㉱ full registor position

105 마그네토 브레이커 포인트(magneto breaker points)가 열리도록 조절되어야 하는 경우는?

㉮ 극(poles)이 중립위치(neutral position)에 도달될 때

㉯ 극과 극 슈즈(pole shoes)가 바로 될 때

㉰ 중립위치(neutral position) 전 몇 도 (few degree)

㉱ 중립위치(neutral position) 후 몇 도 (few degree)

106 임펄스 커플링(impulse coupling)은 마그네토 로터(magneto rotor)에 순간적으로 하이 스핀(high spin)을 주며, 또한 무엇을 하는가?

㉮ 시동과정(starting process) 중 미리 정해진 양의 점화를 지연시킨다.

㉯ 트레일링 전극(trailing electrode)을 벗긴다.

㉰ 마그네토의 1차 회로(primary circuit)에 배터리 전류(battery current)를 보낸다.

㉱ 정답이 없다.

107 점화장치(ignition system)는 다음 어느 것을 위하여 실드(shield)되어 있는가?

㉮ 물의 응축을 방지하기 위하여

㉯ 고주파 발산(high frequency radiation)으로부터 무선 간섭(radio interference)을 방지하기 위하여

㉰ 전기적인 누설을 방지하기 위하여

㉱ 마그네토의 접지

108 만약 마그네토의 주 브레이커 접점 스프링(main breaker point spring)이 약하면 마그네토는 어떻게 되겠는가?

㉮ 조기 점화(fire prematurely)할 것이다.

㉯ 고 rpm에서 실화(misfire)될 것이다.

㉰ 저 rpm에서 실화될 것이다.

㉱ 영향이 없다.

109 점화 플러그(spark plug)의 열특성에 견딜 수 없는 것은?

㉮ 공기 중에 노출된 부분

㉯ 절연된 실딩(insulated shielding)

㉰ 스레드의 길이(length of threads)

㉱ 세라믹 절연체의 길이(length of ceramic insulator)

110 점화 플러그(spark plug)의 간격(gap)이 너무 넓게 맞추어지면 어떠한 결과가 일어나는가?

㉮ 시동이 어렵고 고회전에서 작동이 거칠어진다.

㉯ 점화 플러그가 더러워지고 모든 rpm에서 작동이 거칠어진다.

㉰ 순항속도에서만 작동이 거칠어진다.

㉱ 정상작동한다. 그러나 플러그 파울링(fouling)이 자주 일어난다.

111 대부분의 터빈 엔진(turbine engine)에 사용되는 점화장치(ignition system)의 형식으로 옳은 것은?

㉮ battery-coil ignition

㉯ magneto ignition

㉰ glow plug

㉱ high energy capacitor discharge

112 왕복 엔진(reciprocating engine)에서 완속 조절(idle adjustment)은 다음 어느 것을 얻으려고 하는가?

㉮ 최소 흡기압(minimum manifold pressure)으로 최대 rpm
㉯ 최소 MAP로 최소 rpm
㉰ 최대 MAP로 최소 rpm
㉱ 최대 MAP로 최대 rpm

113 부자식 기화기(float type carburetor)의 연료 미터링 힘(fuel metering force)은?

㉮ 연료 펌프 압력과 벤투리 압력 사이의 차
㉯ 순항범위로부터 고 rpm 범위를 통하여 일정
㉰ 부자실(float chamber)과 방출 노즐(discharge nozzle) 사이의 차압
㉱ 연료 펌프 압력(fuel pump pressure)

114 부자식 기화기에서 연료가 넘쳐흐르는 원인은?

㉮ 방출 노즐이 막혔다.
㉯ 주 공기 블리드가 막혔다.
㉰ 부자면이 너무 낮다.
㉱ 니들과 시트(needle and seat)가 새고 있다.

115 부자식 기화기의 주 공기 블리드(main air bleed)가 막혔다면 혼합기는 더 농후해질 것이다. 왜 그런가?

㉮ 적은 유효흡입이 연료에 작용할 것이므로
㉯ 많은 유효흡입이 연료에 작용할 것이므로
㉰ 부자실의 압력이 증가할 것이므로
㉱ 부자실의 압력이 감소할 것이므로

116 부자식 기화기에서 연료의 증대된 기화(vaporization)는 다음 어느 것에 의하여 이루어지는가?

㉮ 스로틀 밸브(throttle valve)를 지나는 연료
㉯ 벤투리(venturi)의 저압 부분에 방출되는 연료
㉰ 주 공기 블리드(main air bleed)
㉱ 병렬(parallel)로 미터링되는 제트(jet)

117 터보 제트 엔진(turbo-jet engine)은 고압 점화장치(high voltage ignition system)를 사용한다. 그 원인은?

㉮ low amperage
㉯ high heat intensity
㉰ long life
㉱ low capacitance

118 엔진 구동 연료 펌프는 릴리프 다이어프램(relief diaphragm)과 같이 작동한다. 그 목적은?

㉮ 연료 누설을 방지하기 위하여
㉯ 연료승압 펌프의 배출압력을 결정하기 위하여
㉰ 공기압력 변화에 대하여 보상의 방법으로
㉱ 승압 펌프 압력이 시동할 동안 엔진 구동 로터를 바이패스(by-pass)하는 것을 허용하기 위하여

119 부자식 기화기에서 부자실의 유면(float level)은 어떠한 방법으로 조절되는가?

㉮ 니들 밸브 시트(needle valve seat) 밑의 심(shim)을 가감함으로써 조절한다.
㉯ 자동적으로(automatically) 조절된다.
㉰ 공장에서 더 이상 조절이 필요없다.
㉱ 부자 조절나사(float adjusting screw)로 조절된다.

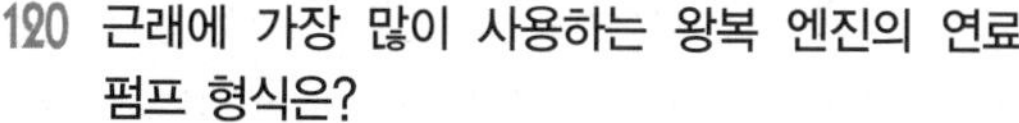

120 근래에 가장 많이 사용하는 왕복 엔진의 연료 펌프 형식은?

㉮ gear type
㉯ piston type
㉰ sliding vane type
㉱ centrifugal type

121 기화기 부자에 구멍이 나면 어떤 현상이 일어나겠는가?

㉮ 유면(fuel level)이 높아지고 기화기에서 연료가 흘러넘친다.
㉯ 연료흐름이 중단된다.
㉰ 연료가 주 공기 블리드(main air bleed)의 밖으로 흘러 나온다.
㉱ 엔진이 고속에서만 작동이 순조롭지 못하다.

122 연료 계통에서 주 스트레이너(main strainer)는 어느 곳에 위치하는가?

㉮ 연료 탱크의 가장 낮은 곳에
㉯ 워블 펌프(wobble pump) 릴리프 밸브(relief valve) 다음에
㉰ 연료 계통에서 가장 낮은 곳에
㉱ 기화기 장치 다음에

123 압력식 기화기의 자동혼합 조종장치(automatic mixture control unit)가 고고도에서 고착되었을 때 일어날 수 있는 결과는?

㉮ 엔진 작동이 거칠다.
㉯ 저고도에서 희박 혼합기 작동의 명확한 징후가 나타나고, 역화(backfiring)가 일어나기 쉬우며, 기통두 온도가 높아진다.
㉰ 순항출력에서 정상작동하며 고출력 시에는 농혼합기가 된다.
㉱ 엔진이 모든 출력과 고도에서 농후하게 작동할 것이다.

124 연료 탱크 속에 있는 서지 박스(surge box)의 목적은?

㉮ 연료가 채워질 동안 탱크에 정압이 일어나는 것을 방지한다.
㉯ 비행 중 탱크에 부압(negative pressure)이 걸리는 것을 방지한다.
㉰ 항공기 자세에 관계없이 엔진에 연료의 공급을 확실히 하기 위함이다.
㉱ 위 전부가 정답이다.

125 연료분사장치(fuel injection system)의 싱크로나이제이션 바(synchronization bar)의 목적은?

㉮ 각 펌프에 워블판(wobble plates)의 속도를 일치시키기 위하여
㉯ 각 실린더에 일정량의 연료를 분배시키기 위하여
㉰ 균일한 연료에 의하여 각 실린더 그룹(group)에 같은 양의 연료를 공급하는 것을 보증하기 위하여
㉱ 플런저(plungers)에 압력을 경감하기 위하여

126 연료분사장치(fuel injection system)의 이점(advantage)이 아닌 것은?

㉮ 연료경제(fuel economy)
㉯ 더 쉬운 시동(easier starting)
㉰ 더 좋은 가속(better acceleration)
㉱ 정비 감소(decreased maintenance)

127 터보 제트 엔진에 가장 보편적으로 사용되는 연료조종(fuel control) 형식은?

㉮ electro-mechanical
㉯ hydro-mechanical
㉰ mechanical
㉱ hydro-electrical

128 흡입계통(induction system)에서 핫 스폿(hot spot)의 목적은?

㉮ 찬 날씨에 엔진 시동을 돕는다.

㉯ 더운 날씨에 엔진 시동을 돕는다.

㉰ 조종석(cockpit)과 윈드실드(windshield)를 덥게 하는 것을 돕는다.

㉱ 연료충진의 기화를 잘 되게 한다.

129 저고도 왕복 엔진에 가장 보편적으로 사용되는 과급기는?

㉮ single stage compressor

㉯ single speed compressor

㉰ two speed, multi-stage compressor

㉱ single speed, multi-stage compressor

130 엔진 실린더 냉각의 한 방법은?

㉮ fusion

㉯ adstrusion

㉰ induction

㉱ conduction

131 정속 프로펠러(constant speed propeller)를 장착한 엔진의 점화장치(ignition system)를 점검할 때 프로펠러 블레이드(propeller blade)는?

㉮ 고 피치 위치(high pitch position)

㉯ 정상순항 범위위치(normal cruise range position)

㉰ 고 rpm 위치(high rpm position)

㉱ 저 rpm 위치(low rpm position)

132 정속 프로펠러 피치 변경장치는 어떻게 윤활되는가?

㉮ 제작회사에 의하여 규정한 특수한 그리스(special grease)로 정기적 간격으로 윤활한다.

㉯ 배럴(barrel)에 장착되어 있는 특수한 윤활 피팅(special lubricator fittings)을 통하여 윤활한다.

㉰ 프로펠러 피치오일에 의하여 윤활한다.

㉱ 엔진이 작동할 때는 엔진 오일에 의하여 계속적으로 윤활된다.

133 정속 프로펠러(constant speed propeller)를 장착한 엔진에 기화기 빙결(carburetor ice)이 생겼다는 것을 무엇에 의하여 판단하는가?

㉮ BMEP의 증가(increase in BMEP)

㉯ MAP의 증가(increase in MAP)

㉰ RPM의 감소(decrease in RPM)

㉱ MAP의 감소(decrease in MAP)

134 프로펠러의 뒤에 있는 콘(rear cone of propeller)에서 오일이 발견되었다. 어느 실(seal)의 결합인가?

㉮ 피스톤 오일 실(piston oil seal)

㉯ 스파이더 축 오일 실(spider shaft oil seal)

㉰ 블레이드 패킹 실(blade packing seals)

㉱ 돔(dome)과 배럴(barrel) 사이의 개스킷(gasket)

135 정속 프로펠러(constant speed propeller)의 조속기 스피드 스프링(governor speed spring)에 압력이 증가하면 어떤 현상이 일어나는가?

㉮ 블레이드각(blade angle)이 감소하여 엔진 rpm이 증가한다.

㉯ 블레이드각이 증가하여 엔진 rpm이 증가한다.

㉰ 엔진 rpm에 변화는 없다.

㉱ 조속기 오일 압력(governor oil pressure)이 증가한다.

136 유압 프로펠러(hydraulic propeller)는 엔진이 난기운전을 한 후에는 피치 변경 사이클(pitch change cycles)을 몇 차례 작동하여야 한다. 이 목적은?

㉮ 링키지(linkage)의 작동을 점검하기 위하여

㉯ 프로펠러 속으로 따뜻한 오일을 보내어 프로펠러 작용을 보증하기 위하여

㉰ 오일 압력을 올리기 위하여

㉱ 프롭 계통의 블리드 공기를 방출하기 위하여

137 유압 프로펠러(hydraulic propeller)의 스피더 스프링(speeder spring)에 작용하는 힘(force)은 무슨 장치가 조절하는가?

㉮ 슬레이브 엔진(slave engine)의 회전계 제너레이터(tachometer generator)

㉯ 조속기 스텝 모터

㉰ 마스터 엔진(master engine)의 회전계 제너레이터(tachometer generator)

㉱ 커뮤테이터 스위치(commutator switch)

138 정속 하이드로매틱 프로펠러(constant hydromatic propeller)의 조속기(governor)의 파일럿 밸브(pilot valve)는 다음 어느 것에 의하여 작동되는가?

㉮ 엔진 오일 압력(engine oil pressure)

㉯ 프로펠러 평형추(propeller counterweight)

㉰ 조속기 플라이웨이트(governor flyweight)

㉱ 프로펠러 카노트램 레버(propeller kanotram lever)

139 프로펠러가 저 rpm으로부터 페더 위치(feather position)까지 변경될 때 순서로 옳은 것은?

㉮ 고피치(high pitch)가 직접 페더 위치(feather position)까지

㉯ 저피치를 통하여 고피치가 페더 위치(feather position)까지

㉰ 저피치(low pitch)가 직접 페더 위치(feather position)까지

㉱ 고피치를 통하여 저피치가 페더 위치(feather position)까지

140 하이드로매틱 프로펠러(hydromatic propeller)의 정상 페더링(feathering) 작동을 한 뒤 프로펠러의 언페더(unfeather)를 할 수 없다. 가장 가능한 원인은?

㉮ 저 엔진 오일 압력

㉯ 저 조속기 오일 압력

㉰ 배전기 밸브(distributor valve)의 고착

㉱ 페더링 모터의 누출

141 공기, 오일 분리기(separator)는 다음 무엇과 같이 잘 사용되는가?

㉮ 오일 펌프(oil pump)

㉯ 진공 펌프(vacuum pump)

㉰ 쿠노필터(cuno filter)

㉱ 카트리지 필터(cartridge filter)

142 하이드로매틱 프로펠러(hydromatic propeller)가 정상적으로 페더링 사이클한 뒤 바로 고피치(high pitch)로 되었다. 가장 가능한 원인은?

㉮ 조속기가 고피치에 고착되었다.

㉯ 압력 컷아웃 스위치(pressure cutout switch)가 닫혀져서 고착되었다.

㉰ 배전기 압력 릴리프 밸브(distributor pressure relief valve)가 닫혀져서 고착되었다.

㉱ 정답이 없다.

143 정속 프로펠러(constant-speed propeller)를 장비한 대부분의 항공기에 있어서 출력 감소를 위한 정상적인 순서는?

㉮ 스로틀로 rpm을 감소하기 전에 프로펠러 조종으로 흡입압력을 감소한다.

㉯ 프로펠러 조종으로 rpm을 감소하기 전에 스로틀로 흡입압력(manifold pressure)을 감소한다.

㉰ 프로펠러 조종으로 흡입압력(MAP)을 감소하기 전에 스로틀로 rpm을 감소시킨다.

㉱ 스로틀로 흡입압력을 감소하기 전에 프로펠러 조종으로 rpm을 감소한다.

144 만약 조속기의 스피더 스프링(speeder spring)에 압력이 감소된다면 블레이드 피치와 엔진 rpm에 미치는 영향은?

㉮ 프로펠러 피치는 감소, 엔진 rpm은 증가할 것이다.

㉯ 프로펠러 피치, 엔진 rpm 둘 다 감소할 것이다.

㉰ 프로펠러 피치 증가, 엔진 rpm도 증가할 것이다.

㉱ 프로펠러 피치 증가, 엔진 rpm은 감소할 것이다.

145 왕복 엔진에서 갑작스런 정지가 일어났다. 어떻게 하여야 하겠는가?

㉮ 크랭크 축의 비틀림(distortion)을 점검한다.

㉯ 원인을 결정하기 위하여 압축점검을 한다.

㉰ 마그네토(magnetos)를 교환한다.

㉱ 추력하중(thrust loads)을 옮기는 모든 베어링을 교환한다.

146 부자식 기화기(float type carburetor)에 가속 펌프(accelerating pump)와 이코노마이저 밸브(economizer valve) 사이의 유사점에 관하여 맞는 것은?

㉮ 둘 다 연료압력하에서 작동하는 것이 유사하다.

㉯ 가속 펌프는 이코노마이저 밸브를 작동한다.

㉰ 둘 사이에는 유사점이 없다. 그들의 기능은 전혀 다르다.

㉱ 둘 다 고 rpm에서 희박 혼합기로 한다.

147 초크 보어(choke bore) 실린더(cylinder)는?

㉮ 실린더 상부(top)가 하부(bottom)보다 내부직경이 더 작다.

㉯ 실린더 중앙에서 더 작다.

㉰ 실린더 하부(bottom)가 상부(top)보다 더 작다.

㉱ 전체 직경을 통하여 똑같다.

148 마그네토 스위치(magneto switch)를 'both'로부터 'left'나 'right'로 돌릴 때 정상적인 지시는?

㉮ rpm에 변화가 없다.

㉯ rpm이 조금 변한다.

㉰ rpm이 많이 변한다.

㉱ 위 전부가 아니다.

149 로커 암(rocker arms)과 밸브 스템(valve stem) 사이의 과도한 간격(excessive)은 밸브가 열려 있는 기간에 무슨 영향을 주는가?

㉮ 밸브가 열려 있는 기간이 흡입과 배기 밸브 둘 다 증가할 것이다.

㉯ 밸브가 열려 있는 기간이 흡입과 배기 밸브 둘 다 감소할 것이다.

㉰ 밸브가 열려 있는 기간이 흡입 밸브는 증가하고 배기 밸브는 감소한다.

㉱ 어떤 밸브에도 영향이 없다.

150 로커 암(rocker arm)과 밸브 스템(valve stem) 사이의 간격(gap)이 난기 운전(warm up)을 하였을 때 증대하였다. 그 원인은?

㉮ 밸브 시트(valve seat)의 팽창(expansion)

㉯ 푸시 로드 암(push-rod arm)의 팽창 (expansion)

㉰ 실린더 어셈블리(cylinder assembly)의 신장(alongation)

㉱ 밸브 스템(valve stem)의 팽창(expansion)

151 왕복 엔진 실린더의 테이퍼(taper), 닳음(wear), 오벌(oval)을 점검할 때 사용하는 계기는?

㉮ 내측 마이크로미터 캘리퍼(inside micro-meter calipers)

㉯ 다이얼 인디케이터(dial indicator)

㉰ 플러그 게이지(plug gage)

㉱ 링 간격 게이지(ring gap gage)

152 제트 엔진(jet engine)의 터빈 입구(turbine inlet)에서 가이드 베인(guide vane)의 목적은?

㉮ 압력증대(increase pressure)

㉯ 속도증대(increase velocity)

㉰ 속도감소(decrease velocity)

㉱ 압력감소(decrease pressure)

153 시동기 브러시(starter brush)는 길이가 어느 정도일 때 보통 교환하는가?

㉮ 1/2인치

㉯ 처음 길이의 1/2

㉰ 1/8인치

㉱ 처음 길이의 1/4

154 프로펠러(propeller)의 원심 비틀림 모멘트 (centrifugal twisting moment)는 다음의 어떤 경향을 가지고 있는가?

㉮ 블레이드를 저피치(low pitch)로 돌리려는

㉯ 블레이드를 고피치(high pitch)로 돌리려는

㉰ 블레이드를 뒤로 구부리려는

㉱ 블레이드를 바깥쪽으로 던지려는

155 터빈 엔진(turbine engine)의 트리밍(trimming)의 목적은?

㉮ 스로틀 레버(throttle lever)를 맞춘다.

㉯ 요구되는 최대 추력(maximum thrust)을 보증한다.

㉰ 압축비를 증대(increase compressor ratio)한다.

㉱ 배기압력을 조절(adjust exhaust pressure)한다.

156 마그네토 점화장치(magneto ignition system)에서 점화 스위치(ignition switch)는 어떻게 장착되어 있는가?

㉮ 브레이커 포인트(breaker point)와 직렬로

㉯ 브레이커 포인트(breaker point)와 병렬로

㉰ 브레이커 포인트(breaker point)와 콘덴서(condenser)와 직렬로

㉱ 브레이커 포인트(breaker point)와 1차 콘덴서(primary condenser)와 병렬로

157 하이드로매틱 프로펠러(hydromatic propeller)를 완전 고피치(full high pitch)로 변할 때 블레이드가 페더링 위치로 되는 것을 방지하는 것은?

㉮ 회전 캠기어(cm gear) 스톱 러그(stop lug)

㉯ 블레이드 각(blade angle)을 제한하는 전기스위치

㉰ 압력 컷아웃 스위치(pressure cutout switch)

㉱ 파일럿 밸브(pilot valve)

158 중력식 연료공급장치에서 연료유량비는 엔진의 이륙 연료 소모의 몇 %인가?

㉮ 100 ㉯ 125

㉰ 150 ㉭ 200

159 내연기관(internal combustion engine)에서 연소에 의하여 생성되는 대부분의 열은?

㉮ 유효 에너지로 바뀐다.

㉯ 오일 장치에 의하여 소산된다.

㉰ 배기장치 밖으로 나간다.

㉭ 실린더 벽과 실린더 헤드(cylinder head)를 통하여 소산된다.

160 프로펠러 다이애미터(propeller diameter)에 가장 중요한 결정 요소는?

㉮ 엔진 속도(engine speed)

㉯ 익단속도(blade tip speed)

㉰ 프로펠러 무게(propeller weight)

㉭ 위의 전부가 정답이다.

161 터빈 엔진을 트림(trim)하기 위하여 가장 이상적인 상태는?

㉮ 습도 90%인 정풍

㉯ 습도 50%인 정풍

㉰ 저습도(low humidity)인 무풍

㉭ 정답이 없다.

162 인덕션 바이브레이터(induction vibrator)에서 릴레이 코일(relay coil)의 기능은?

㉮ 직류전류를 방해한다.

㉯ 2차에서 열릴 때 바이브레이터(vibrator)가 타지 않게 한다.

㉰ 고압 점화를 일으킨다.

㉭ 정답이 없다.

163 마그네토(magneto)의 배전기 블록(distributor block)에 전기누설을 점검할 때 무엇으로 점검하는가?

㉮ high tension harness tester

㉯ high reading ammeter

㉰ volt-ohmmeter

㉭ condenser

164 압력식 기화기(pressure carburetor)에서 디리치먼트 밸브(derichment valve)는 다음 어느 압력에 의하여 작동되는가?

㉮ 연료압력(fuel pressure)

㉯ 오일 압력(oil pressure)

㉰ 공기압력(air pressure)

㉭ 물압력(water pressure)

165 내부과급 엔진(internally supercharged engine)의 임펠러(impeller)에서 디퓨저 베인(diffuser vane)은?

㉮ 속도증대(increase velocity)

㉯ 압력증대(increase pressure)

㉰ 압력감소(decrease pressure)

㉭ 정답이 없다.

166 원심력식 연료 펌프(centrifugal type fuel pump)에 관한 설명 중 맞는 것은?

㉮ 저속에서 작동

㉯ 일정한 배수량

㉰ 연료와 공기, 증기가 펌프를 통하는 것을 방지

㉭ 릴리프 밸브(relief valve)의 필요

167 순항 시 AMC를 장비하지 않은 기화기에 기화기 히터(carburetor heater)를 사용하면 결과는?

㉮ 실린더에 연료와 공기 혼합기의 체적증가

㉯ 흡입다기관(intake manifold)의 연료와 공기 혼합기의 무게 감소

㉰ 흡입다기관(intake manifold)의 연료와 공기 혼합기의 체적 감소

㉭ 흡입다기관(intake manifold)의 연료와 공기 혼합기의 체적 증가

168 섬프(sump)로부터 오는 오일(oil)이 저온도일 때 오일흐름 밸브(oil flow valve)는?

㉮ 오일이 오일 냉각기(oil cooler)로 들어가게 열린다.

㉯ 오일이 오일 냉각기(oil cooler)를 비켜가게(bypass) 닫혀서 공급 탱크로 돌아간다.

㉰ 오일이 오일 냉각기(oil cooler)를 비켜가게(bypass) 열려서 공급 탱크로 돌아간다.

㉱ 오일이 오일 냉각기(oil cooler)로 들어가게 닫힌다.

169 부스터 코일식 점화장치 전류(booster coil type ignition system current)는 다음 어느 것에 의하여 코일에 공급되는가?

㉮ 제너레이터(generator)

㉯ 마그네토 1차선

㉰ 배터리(battery)

㉱ 마그네토 2차선(magneto secondary)

170 대형 성형 엔진을 시동할 동안 과급기의 드레인 라인(drain line)에서 연료가 흘러나온다. 가능한 원인은?

㉮ 혼합조종 레버(mixture control lever)의 위치가 잘못되었다.

㉯ 연료 라인이 파열되었다.

㉰ 부스터 펌프 압력이 과하였다.

㉱ 스로틀 링키지의 조절이 잘못되었다.

171 조속기(governor)에서 프로펠러 폴리 스톱 스크루(propeller pulley stop screw)는 어떤 목적을 위하여 조절되어야 하는가?

㉮ 이륙 시 최소 프로펠러 속도를 제한하기 위하여

㉯ 이륙 시 최대 rpm을 제한하기 위하여

㉰ 이륙 시 최대 프로펠러 피치를 제한하기 위하여

㉱ 상승하기 위하여 최대 엔진 효율속도를 유지하기 위하여

172 여러 프리머 라인(multiple primer lines)을 가진 9기통 성형 엔진에서 어느 실린더가 프라이밍되는가?

㉮ 1 3 5 7 9 2 4 6 8

㉯ 1 2 3 4 5

㉰ 1 3 5 7 9

㉱ 1 2 3 8 9

173 엔진의 연료 소모(fuel consumption)를 가장 정확하게 지시하는 것은?

㉮ fuel flowmeter

㉯ BMEP gage

㉰ fuel quantity indicator

㉱ fuel flow divider

174 프로펠러 블레이드 위치(propeller blade station)는 어느 것을 수행하기 위하여 사용되는가?

㉮ indexing

㉯ balancing

㉰ measuring blade angle

㉱ installation and removal of prop

175 피스톤 핀 플러그(piston pin plug)의 목적은?

㉮ 핀의 열팽창을 허용한다.

㉯ 핀이 실린더 벽(cylinder wall)을 치는 것을 방지한다.

㉰ 냉각을 위하여 오일을 핀 속으로 보낸다.

㉱ 핀이 로드(rod)에 중앙이 되게 한다.

176 대형 성형 엔진에서 스러스트 베어링(thrust bearing)으로 사용하기에 가장 좋은 것은?

㉮ friction   ㉯ roller
㉰ ball   ㉰ plain

177 크랭크 축(crankshaft)에 관하여 바르게 설명한 것은?

㉮ 평형추(counterweight)는 정적 평형(static balance)을 준다.
㉯ 평형추(counterweight)는 비틀림 진동(torsional vibration)을 감소시킨다.
㉰ 댐퍼너(dampeners)는 원심하중(centrifugal loads)을 감소시킨다.
㉰ 댐퍼너(dampeners)는 정적 평형(static balance)을 준다.

178 제트 엔진에서 터빈 블레이드(turbine blade)에 작용하는 계속적이고 과도한 열과 원심력이 원인이 되어 나타나는 현상은?

㉮ galling   ㉯ gouging
㉰ growth   ㉰ profile

179 어떤 형의 과급기(supercharger)가 인터쿨러(inter-cooler)를 요하는가?

㉮ single stage, single speed
㉯ ground boost blower
㉰ two stage, variable speed
㉰ none of above

180 터보 제트 엔진(turbo-jet engine)에 자동연료 조종장치(automatic fuel control unit)의 작동 요소는 다음 중 어느 것인가?

㉮ 스로틀 위치(throttle position), 연료온도(fuel temperature)
㉯ 엔진 속도(engine speed), 혼합조종 위치(mixture control position)

㉰ 버너압력(burner pressure), 배기가스온도(exhaust gas temperature)
㉰ 압축기입구온도(compressor inlet temperature), 항공기속도(aircraft speed)

181 엔진 구동 연료 펌프(engine driven fuel pump)에서 다이어프램(diaphragm) 형식은?

㉮ pressurized type
㉯ balanced type
㉰ thermal type
㉰ expansion type

182 터보 콤파운드 엔진(turbo-compound engine)의 터빈(turbine) 속도는 다음 중 어느 것에 의하여 결정되는가?

㉮ 배기가스의 압력(pressure of exhaust gases)
㉯ 크랭크 축 속도(crankshaft speed)
㉰ 커플링을 돌리는 유체
㉰ 배기가스의 속도(velocity of exhaust gases)

183 고바이패스 터보팬 엔진(high-bypass turbofan engine)이 아닌 것은?

㉮ Pratt & Whitney JT8D
㉯ Pratt & Whitney JT9D
㉰ General Electric CF6
㉰ Rolls-Royce RB211

184 다음 어느 상태에서 터보 제트 엔진(turbo-jet engine)을 트림(trim)하여야 하는가?

㉮ 이륙 전에(prior to take off)
㉯ 연료 펌프 교환 후(after fuel pump change)
㉰ 오랫동안 계류 후 비행 전에
㉰ 연료조종장치(fuel control unit) 교환 후

185 만일 프로펠러가 어떤 물체를 쳐서 엔진이 정지하였다면 다음 무엇을 하여야 하는가?

㉮ 크랭크 축의 뒤틀림(distortion)을 점검하여야 한다.

㉯ 프로펠러를 교환하여야 한다.

㉰ 엔진의 압축을 점검하여야 한다.

㉱ 프로펠러 조속기가 휘어졌나 점검하여야 한다.

186 전기식 회전계(electric tachometer)는 다음 어느 것에 의하여 작동되는가?

㉮ series wound motor

㉯ shunt wound motor

㉰ synchronous motor

㉱ magnetic renometer

187 고 바이패스(high-bypass) 터보팬 엔진(turbofan engine)은 보통 어떤 형식의 연소실을 채택하고 있는가?

㉮ 캔형 연소실(can type combustion chamber)

㉯ 캔-애뉼러형 연소실(can-annular type combustion chamber)

㉰ 애뉼러형 연소실(annular type combustion chamber)

㉱ 액슬-캔형 연소실(axle-can type combustion chamber)

188 무엇이 가속 펌프(accelerating pump)를 작동시키는가?

㉮ fuel pressure

㉯ throttle linkage

㉰ water pressure

㉱ suction

189 오일망(oil screen)이 완전히 막혔다면 엔진은?

㉮ 계통을 통하여 오일이 없다.

㉯ 계통을 통하여 오일이 조금 있다.

㉰ 전 계통을 통하여 75%에서 80%의 오일만 있다.

㉱ 정상적으로 오일 흐름이 흐른다.

190 성형 엔진(radial type engine)에서 오일 탱크 배출구가 엔진까지 연결된 이유는?

㉮ 오일 냉각기(oil cooler)의 기능을 적당하게 허용하기 위하여

㉯ 증발에 의한 오일 소모를 방지하기 위하여

㉰ 고고도에서 열의 손실을 방지하기 위하여

㉱ 오일 탱크에 정압을 허용하기 위하여

191 압력식 기화기의 A와 B실의 다이어프램(diaphragm)이 파열되었다면 무슨 일이 일어나겠는가?

㉮ AMC가 압력변화를 보상하여 혼합기는 정상이 될 것이다.

㉯ 고 rpm일 때만 더 농후 혼합기가 된다.

㉰ 모든 출력에서 더 희박 혼합기가 된다.

㉱ 모든 출력에서 더 농후 혼합기가 된다.

192 마그네토에 2차 콘덴서(secondary condenser)를 사용할 때는 이것을 2차 코일과 어느 것 사이에 장착하는가?

㉮ 배전기(distributor)

㉯ 브레이커 포인트(breaker point)

㉰ 1차 코일(primary coil)

㉱ 마그네토 스위치(magneto switch)

193 마그네토 브레이커 접점(magneto breaker points)은 다음 중 어느 곳에서 열리게 조절되어야 하는가?

㉮ 극이 중립위치에 도달될 때
㉯ 극과 극 슈즈가 바로 될 때
㉰ 중립위치 전 3~4도
㉱ 중립위치 후 3~4도

194 터보 제트 엔진(turbo jet engine)의 고열부분을 점검할 때는 무엇으로 금이나 흠집을 표시하는가?

㉮ chalk
㉯ metallic pencil
㉰ wax
㉱ graphite

195 크랭크 축(crankshaft)의 비틀림(distortion)을 측정하는 데 사용하는 계기는?

㉮ micrometer calipers
㉯ dial indicator
㉰ micrometer
㉱ protractor

196 흡입 밸브(intake valve)가 너무 빨리 열리면 무슨 영향이 오겠는가?

㉮ rich mixture
㉯ lean mixture
㉰ backfiring
㉱ detonation

197 다음 중 어느 것으로 피스톤 상부의 딱딱한 카본(hard carbon)을 제거하는가?

㉮ steel brush
㉯ putty knife
㉰ wooden or aluminum scraper
㉱ scraper made from discarded file

198 왕복 엔진(reciprocation engine)에서 오일이 순환할 때 오일은 다음 어느 곳으로부터 가장 많은 열을 흡수하는가?

㉮ 피스톤과 실린더벽(piston, cylinder walls)
㉯ 주 베어링(main bearing)
㉰ 액세서리 기어(accessory gears)
㉱ 로드 엔드 베어링(rod end bearing)

199 일상 정비 시 케이스와 라이너(liner)를 둘 다 하나의 장치로서 탈거하는 연소실 형식은?

㉮ annular type
㉯ can-annular type
㉰ can type
㉱ variable type

200 축류 압축기(axial flow compressor)의 rpm이 일정하면 깃(blade)의 영각(angle of attack)은 무엇에 의하여 변하는가?

㉮ 압축기 직경의 변화(change in compressor diameter)
㉯ 유입공기속도의 변화(change in incoming air velocity)
㉰ 압축비 증가(increase pressure ratio)
㉱ 압축비 감소(decrease pressure ratio)

제3회
동력장치 이론과 정비 문제

01 스텔라이트(stellite)라 불리는 물질로 배기 밸브(exhaust valve)의 면(face)을 입히는 이유는?

㉮ 무게를 더 가볍게 하기 위하여

㉯ 열을 발산시키기 위하여

㉰ 부식과 마모의 저항력을 크게 하기 위하여

㉱ 냉각을 쉽게 하기 위하여

02 다음 중 데토네이션(detonation)이 가장 잘 일어날 수 있는 원인이 되는 것은?

㉮ 부정확한 타이밍(incorrect timing)

㉯ 높은 옥탄가의 연료(too high octane rating)

㉰ 낮은 옥탄가의 연료(too low octane rating)

㉱ 과도한 점화전 간격(excessive spark plug gap)

03 오일의 점도(viscosity of oil)는 다음 어느 것에 의하여 결정되는가?

㉮ 오일이 수정된 구멍을 통과함으로써

㉯ 열에 의한 저항을 점검함으로써

㉰ 미리 정해진 온도의 유동점에 의하여

㉱ 오일의 인화점에 의하여

04 오일의 점도지수(viscosity index of oil)는 다음 어느 것에 의하여 결정되는가?

㉮ 오일이 수정된 구멍을 통과함으로써

㉯ 온도변화에 따른 점도변화의 비율에 의하여

㉰ 오일의 유동점에 의하여

㉱ 오일의 인화점에 의하여

05 대단히 추운 기후에서 작동되는 항공기에 사용하여야 할 엔진 오일은 어떤 조건을 갖추어야 하는가?

㉮ 저인화점(low flash point)

㉯ 고인화점(high flash point)

㉰ 저점도(low viscosity)

㉱ 고점도(high viscosity)

06 오일 압력 계기가 0으로부터 정상까지 넓은 범위를 파동하는 원인은 무엇인가?

㉮ 서어모스태틱 조종 밸브(thermostatic control valve)가 작용을 못한다.

㉯ 오일 압력 릴리프 밸브의 스프링이 부러졌거나 약화되었다.

㉰ 소기 펌프 입구(scavenger pump inlet)에 공기폐색(air lock)이 되었다.

㉱ 오일을 적게 공급(low oil supply)하였다.

07 다음 중 어느 것이 오일 압력 파동(oil pressure fluctuation)의 원인이 될 수 있는가?

㉮ 사용 오일이 너무 무거운 것

㉯ 사용 오일이 너무 가벼운 것

㉰ 차가운 오일

㉱ 더러운 오일 필터 혹은 망(oil filter or screen)

08 터빈 엔진(turbine engine)에 사용되는 오일 형식은?

㉮ petroleum base

㉯ vegetable

㉰ 10W-30

㉱ synthetic

09 어떤 오일 압력 계기의 입구를 제한(restriction)하는 목적은?

㉮ 갑작스런 압력파동에 의하여 생길 수 있는 버든 튜브(burden tube)의 손상을 방지하기 위해

㉯ 응결된 오일에 의하여 생길 수 있는 계기의 손상을 방지하기 위하여

㉰ 계기로부터 습기를 배출시키기 위하여

㉱ 배출을 가능하게 하기 위하여

10 바이브레이터(vibrator)식 전압조정기(voltage regulator)에서 접점(points)이 부식되었다면 어떠한 결과가 초래되는가?

㉮ 전압 감소 ㉯ 전압 증가

㉰ 잔류 전압 ㉱ 전압이 없다.

11 터빈 엔진의 점화 플러그(ignition plug)의 재질은?

㉮ tungsten

㉯ nickel-chromium

㉰ chromium-molybdenum

㉱ inconel

12 데토네이션(detonation)이 조기점화(pre-ignition)와 다른 점은?

㉮ 데토네이션은 발견하기가 더 어렵다.

㉯ 데토네이션은 보통 몇 개 실린더에만 일어난다.

㉰ 조기 점화는 연료와 공기의 혼합기가 순

간적으로 폭발되는 연소이다.

㉱ 출력손실의 원인이 된다. 그러나 엔진의 손상은 거의 없다.

13 고도(altitude)와 온도(temperature)의 변화에 대한 설비가 없는 기화기(carburetor)를 사용하는 항공기라면, 연료와 공기의 혼합기(mixture)는 어떤 변화를 나타내겠는가?

㉮ 고도 혹은 온도가 증가할 때는 희박해진다.

㉯ 고도 혹은 온도가 증가함에 따라 농후해진다.

㉰ 고도가 증가하면 농후해지고, 온도가 증가하면 희박해진다.

㉱ 고도가 증가하면 희박해지고, 온도가 증가하면 농후해진다.

14 부자식 기화기의 연료 미터링 힘(fuel metering force)은?

㉮ 펌프 압력과 벤투리 흡입(venturi suction) 사이의 차이

㉯ 부자실 압력과 노즐 압력 사이의 차이

㉰ 연료 펌프 압력

㉱ 스로틀 플레이트의 앞뒤 압력 차이

15 만약 임펄스 커플링 스프링(impulse coupling spring)이 부러졌다면 마그네토는?

㉮ 정상 전진위치에서 점화된다.

㉯ 후퇴위치에서 점화된다.

㉰ 한 실린더는 늦게 점화된다.

㉱ 시동 시 이외에는 정상적으로 점화된다.

16 점화 플러그(sparkplug)가 200번 점화하기 위하여 4극 자석(four pole magnet)은 얼마의 rpm으로 회전하여야 하는가?

㉮ 400 ㉯ 200

㉰ 100 ㉱ 50

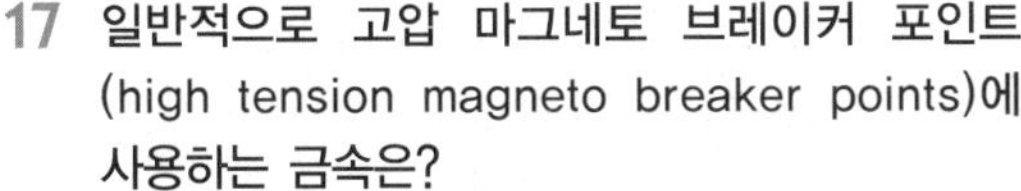

17 일반적으로 고압 마그네토 브레이커 포인트(high tension magneto breaker points)에 사용하는 금속은?

㉮ nickel-chromium steel

㉯ pure tungsten

㉰ platinum-iridium alloy

㉱ silver-nickel alloy

18 점화전(sparkplug)의 'reach'라는 것을 옳게 설명한 것은?

㉮ 개스킷 시트(gasket seat)로부터 쉘 스커트(shell skirt)의 끝까지

㉯ 개스킷 시트(gasket seat)로부터 절연체의 끝까지

㉰ 개스킷 시트(gasket seat)로부터 전극의 끝까지

㉱ 개스킷 시트(gasket seat)로부터 연결 터미널까지

19 실드된 점화전(shielded sparkplug)의 어느 부분이 장탈할 때 가장 손상되기 쉬운가?

㉮ shielding

㉯ electrodes

㉰ shell

㉱ insulator

20 인덕션 바이브레이터(induction vibrator)의 릴레이 코일(relay coil)은 다음 중 어느 시기에 작동되는가?

㉮ 점화 스위치(ignition switch)가 ON될 때

㉯ 점화 스위치(ignition switch)가 ON되고 시동 스위치가 닫힐 때

㉰ 배터리 스위치가 ON될 때

㉱ 배터리 스위치가 ON되자마자 바이브레이터 코일에 의하여

21 조종사가 스로틀을 전개했을 때 연료압력이 최대한계(maximum limit) 위까지 올라갔다가 그 뒤 정상으로 돌아왔다. 그 원인으로 옳은 것은?

㉮ 블리드 밸브(bleed valve)가 막혔다.

㉯ 압력 릴리프 밸브(pressure relief valve)가 막혔다.

㉰ 펌프 베이스(pump base)의 볼트가 풀렸다.

㉱ 릴리프 밸브 다이어프램(relief valve diaphragm)이 파열되었다.

22 대형 터빈 엔진에 통상적으로 사용되는 엔진 연료 펌프의 형식은?

㉮ vane

㉯ diaphragm

㉰ centrifugal

㉱ gear

23 시간당 파운드(lb/hr)로 연료흐름이 전기적 신호로 바뀐다. 이 신호는 다음 어느 곳에 전달되는가?

㉮ 연료계기(fuel gage)

㉯ 연료조종장치(fuel control unit)

㉰ 계기판 수신기(receiver on the instrument panel)

㉱ 연료 압력 계기(fuel pressure gage)

24 터빈 엔진(turbine engine)의 압력낙차 경고 스위치(pressure drop warning switch)는 다음 어느 경우일 때 경고등(warning light)을 밝히는가?

㉮ 연료가 얼음 결정체(ice crystals)로 형성하기 시작할 때

㉯ 연료가 서리얼음이 되기 시작할 때

㉰ 연료가 연소가 정지할 정도로 너무 차가워졌을 때

㉱ 연료가 단단한 얼음이 되기 시작할 때

25 흡입계통(induction system)에 위치한 매니폴드 히터(manifold heater)는 다음 어느 곳으로부터 열을 공급받는가?

㉮ electric heating elements

㉯ cabin heater

㉱ thermocouple

㉲ exhaust gases

26 압력식 기화기(pressure carburetor) 미터링(metering)은 다음 어느 것에 의하여 영향을 받는가?

㉮ velocity and mass

㉯ mass only

㉱ throttle position only

㉲ velocity only

27 압력식 기화기(pressure carburetor)의 AMC는 고도가 상승함에 따라 어떤 변화를 나타내는가?

㉮ 'D' 체임버의 압력이 감소한다.

㉯ 'C' 체임버의 압력이 증대한다.

㉱ 'A' 체임버의 압력이 증대한다.

㉲ 'A' 체임버의 압력이 감소한다.

28 다음 중 어느 것이 터빈 엔진(turbine engine)의 연료조종장치(fuel control system)에 영향을 미치는가?

㉮ 엔진 속도와 혼합기 조종위치

㉯ EGT(Exhaust Gas Temperature)와 버너 압력(burner pressure)

㉱ 스로틀 위치와 터빈 압력

㉲ TIT(Turbine Inlet Temperature)와 배기압력(exhaust pressure)

29 다음 중 터빈 엔진(turbine engine)에 사용되는 자동 연료조종장치의 작동요인이 되지 않는 것은?

㉮ 압축기 회전(compressor rpm)

㉯ 스로틀 위치(throttle position)

㉱ 압축기 입구 공기밀도(compressor inlet air density)

㉲ 혼합기 조종위치(mixture control position

30 터빈 엔진 연료조종장치를 트리밍(trimming)하는 1차적인 목적은 무엇인가?

㉮ 요구할 때 최대 출력 추력을 내기 위해서

㉯ 출력 레버를 적당한 위치로 하기 위해서

㉱ 완속(idle rpm)을 조절하기 위해서

㉲ 새로운 배기가스 온도한계를 얻기 위해서

31 프로펠러를 장탈할 때 콘(cones)과 시트(seats)가 과도하게 닳았거나 흠집이 나 있는 것을 발견하였다. 어떠한 원인인가?

㉮ 뒤콘(rear cone)이 잘 맞지 않았다.

㉯ 앞 또는 뒤콘 중 어느 하나가 자리에 잘 맞지 않았다.

㉱ 풀렸거나 부적당한 토크로 리테이닝 너트를 조였다.

㉲ 돔과 허브(dome, hub) 사이의 간격이 부적당하였다.

32 정속 카운터웨이트 프로펠러(constant speed counterweight propeller)는 엔진이 정지하기 전에 보통 완전 고피치 위치에 두는 원인은 무엇인가?

㉮ 다음 시동 시 엔진의 과열을 방지하기 위하여

㉯ 피치 변경기구의 노출과 부식을 방지하기 위하여

㉱ 더 급속히 엔진 온도를 감소시키기 위하여

㉲ 오일이 냉각할 때 피스톤의 하이드롤릭 로크(hydraulic lock)를 방지하기 위하여

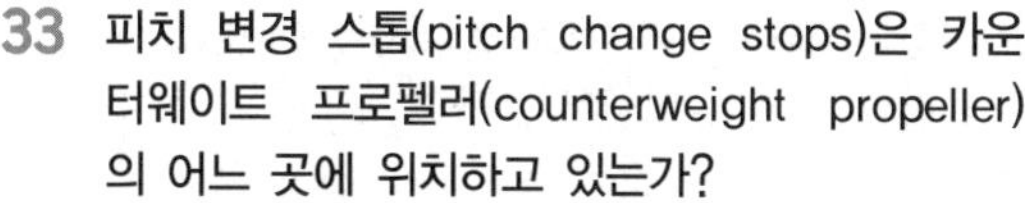

33 피치 변경 스톱(pitch change stops)은 카운터웨이트 프로펠러(counterweight propeller)의 어느 곳에 위치하고 있는가?

㉮ 허브 어셈블리(hub assembly)

㉯ 카운터웨이트 어셈블리(counterweight assembly)

㉰ 조속기 어셈블리(governor assembly)

㉱ 블레이드 어셈블리(blade assembly)

34 터빈 엔진(turbine engine)의 냉각을 돕기 위하여 물을 분사할 때 어느 곳에 분사하는가?

㉮ 압축기 입구나 디퓨저(compressor inlet or diffuser)

㉯ 연료조종장치(fuel control unit)

㉰ 2차 압축기(second compressor)

㉱ 연소캔(burner cans)

35 인코넬(inconel)이 많은 배기장치에 사용되는 이유는?

㉮ 내부식성과 저팽창계수

㉯ 고열전도와 유연성

㉰ 저팽창계수와 고유연성

㉱ 내부식성과 고열전도

36 터보 차저가 달린 엔진에서 웨스트 게이트(waste-gate)가 완전히 닫혀졌을 때 시동을 하면 어떤 일이 일어나겠는가?

㉮ 오버부스트(overboost)와 심각한 손상의 원인이 된다.

㉯ 터빈이 과속(turbine overspeed)되고 피스톤과 링에 심각한 손상이 일어난다.

㉰ 내부냉각기가 손상을 입는다.

㉱ 정답이 없다.

37 터보 콤파운드 엔진(turbo-compound engine)에 터빈(turbine)은 어떠한 공헌을 하는가?

㉮ 과급기의 둘째 스테이지 임펠러(second stage impeller)를 구동한다.

㉯ 모든 고도에서 저압으로 유지하기 위하여 배압(back pressure)의 원인이 된다.

㉰ 과급기를 구동한다. 이렇게 하여 엔진에 하중을 제거한다.

㉱ 커플링(couplings)을 통하여 크랭크 축(crankshaft)을 구동한다.

38 하이드로매틱 프로펠러(hydromatic propeller)에서 저피치 블레이드 스톱(low pitch blade stops)은 다음 어느 것을 위하여 맞추어지는가?

㉮ 최대 흡입압력(maximum manifold pressure)으로 해면에서 이륙 rpm을 허용하기 위하여

㉯ 페더되었을 때 블레이드가 90°를 넘어 가지 못하게 한다.

㉰ 리버스(reversed)되었을 때 블레이드가 0°를 넘지 못하게 한다.

㉱ 순항에서 최대 블레이드 효율을 허용하기 위하여

39 스피더 스프링 장력(speeder spring tension)과 거버너 플라이웨이트(flyweight)가 중립 위치(neutral position)일 때 하이드로매틱 프로펠러(hydromatic propeller)는 어떤 상태에 있는가?

㉮ onspeed condition

㉯ overspeed condition

㉰ underspeed condition

㉱ feathered condition

40 V형 왕복 엔진에서 내경이 5.5″, 행정이 6″인 12기통의 총 배기량은 얼마인가?

㉮ 1,280　　㉯ 1,820

㉰ 1,340　　㉱ 1,710

41 엔진에서 마그네토 타이밍을 맞출 때 다음의 어느 것이 크랭크 축 회전을 각도로 측정하는 데 사용되는가?

㉮ time-rite indicator

㉯ timing disk

㉰ dial indicator

㉱ micrometer

42 왕복 엔진에서 연소열의 대부분은 다음 중 어느 것에 의하여 소산되는가?

㉮ 실린더에 의하여

㉯ 배기에 의하여

㉰ 오일에 의하여

㉱ 피스톤 링에 의하여

43 왕복 엔진에서 흡기압력(manifold pressure)이 증가할 때는 어떤 현상이 나타나는가?

㉮ 충진체적이 증가한다.

㉯ 충진체적이 감소한다.

㉰ 연료-공기 혼합기의 무게가 감소한다.

㉱ 충진밀도가 증가한다.

44 푸시 풀 튜브형(push-pull tube type) 조종장치를 장비한 항공기를 점검할 때 나사산으로 된 로드 끝은?

㉮ 점검구멍(inspection hole) 방법으로 나사 물림의 양을 점검하여야 한다.

㉯ 볼 베어링 끝이 스테인레스강 안전철사(stainless steel safetywire)로 안전하게 되었나를 결정하기 위하여 점검하여야 한다.

㉰ 방수 고압력 그리스로 윤활하여야 한다.

㉱ 제작시에 위치가 맞추어졌기 때문에 조절이 필요하지 않다.

45 4행정 사이클 엔진의 점화가 28° BTC에서 일어나고, 흡기 밸브가 15° BTC에서 열린다. 점

화가 일어난 뒤 크랭크 축이 몇 도를 움직일 때 흡기 밸브가 열리는가?

㉮ 13°

㉯ 347°

㉰ 373°

㉱ 707°

46 터빈 블레이드(turbine blade)의 2가지 기본형식은?

㉮ axial and centrifugal

㉯ impulse and reaction

㉰ radial and tangential

㉱ crescent and airfoil

47 터빈 엔진(turbine engine)에서 디퓨저(diffuser)의 위치는?

㉮ 연소실과 터빈 사이

㉯ 저압 압축기 속

㉰ 두 압축기 사이

㉱ 압축기와 연소실 사이

48 축류식 제트 엔진(axial flow jet engine)에서 터빈(turbine)은 회전하는데 엔진이 시동되지 않는다. 원인은?

㉮ 배터리가 나쁘다.

㉯ 스타터가 나쁘다.

㉰ 스타터 릴레이가 나쁘다.

㉱ 터빈이 너무 빨리 회전한다.

49 왕복 엔진이 고출력으로 오랫동안 고도로 작동하였을 때 갑자기 스로틀을 닫으면 어떻게 되겠는가?

㉮ 섬프로부터 과도한 오일소기

㉯ 섬프에 과도한 오일

㉰ 출력부에 오일로 하중이 걸린다.

㉱ 오일이 링홈(ring groove)에 탄소를 만들거나 혹은 응결된다.

50 도립직렬형 엔진이 작동하지 않을 때 과도한 오일이 실린더로 들어오는 것을 방지하는 것은?

㉮ 오일 와이퍼 링을 도립으로 끼운다.

㉯ 더 긴 실린더 스커트(skirt)를 사용한다.

㉰ 여분의 오일 링을 각 피스톤에 더 끼운다.

㉱ 각 실린더에 소기 펌프를 둔다.

51 왕복 엔진을 연료–공기비 0.08로 2,100rpm으로 작동 중 연료–공기비를 0.11까지 증가시켰다면 어떠한 현상이 일어나겠는가?

㉮ 출력에는 변화가 없다.

㉯ 출력이 조금 증가한다.

㉰ 출력이 크게 증가한다.

㉱ 출력이 감소한다.

52 성형 엔진(radial engine)에서 오일 압력이 항공기가 완속출력 시보다 순항출력 시에 더 높이 지시한다. 무슨 원인일까?

㉮ 압력 릴리프 밸브가 고착되었다.

㉯ 부분적으로 필터가 막혔다.

㉰ 바이패스 밸브가 열린 채 고착되었다.

㉱ 이것은 정상적인 지시이다.

53 피스톤 행정이 6″인 왕복 엔진이 2,000rpm으로 회전할 때 어느 지점에서 피스톤 속도가 가장 빠른가?

㉮ 상사점에서(at top dead center)

㉯ 상사점으로부터 90° 지점(at a point 90° from top dead center)

㉰ 상사점으로부터 180° 지점(at a point 180° from top dead center)

㉱ 피스톤 속도는 실린더의 어느 곳이든 일정하다.

54 플로팅 캠 링(floating cam ring)을 장착한 엔진에 밸브를 조절할 때 사용하는 특별한 방법은 무엇인가?

㉮ 오버 사이즈 캠롤러와 태핏 어셈블리(cam-roller and tappet assembly)를 사용하여야 한다.

㉯ 캠 플로트 보정기는 조절되어진 밸브의 푸시 로드에 장착하여야만 한다.

㉰ 냉간간격을 맞추고 난 뒤 조절 스크루를 완전히 한 바퀴 회전시킨다.

㉱ 캠 플로트(cam float)는 다른 밸브를 조절할 동안 어떤 밸브를 눌림으로 제거하여야 한다.

55 왕복 엔진에 'choke bore'를 사용하는 목적은?

㉮ 연소 가스가 압축 링을 지나가는 것을 방지

㉯ 정상작농온도에서 똑바른 내경을 유지

㉰ 과도한 실린더 벽 마모를 방지

㉱ 오일이 실린더 헤드로 들어오는 것을 방지

56 배플(baffle)은 어느 접촉점으로 공기를 흐르게 설계하여야 하는가?

㉮ 점화 플러그(sparkplug)만

㉯ 실린더 헤드(cylinder head)만

㉰ 점화 플러그와 실린더 헤드(sparkplug cylinder head)

㉱ 정답이 없다.

57 왕복 엔진에 엔진 오일(engine oil)을 주기적으로 갈아 주는 원인은?

㉮ 오일 속에 금속 미립자와 탄소 미립자의 찌꺼기를 제거시킨다.

㉯ 연료증기가 링을 통과하여 오일을 희석시킨다.

㉰ 오일이 닳아 없어진다.

㉱ 오일의 체적효율이 감소된다.

58 왕복 엔진을 100시간 점검할 때 금속 미립자가 발견되었다. 어떻게 하여야 할 것인가?

㉮ 이것은 정상마모 상태이므로 그대로 둔다.

㉯ 만일 미립자가 비철물질이었다면 그대로 둔다.

㉰ 미립자가 어디에서부터 나왔는가를 결정할 때까지 항공기를 그라운드시킨다(운용중지).

㉱ 만약 금속 미립자가 비자성체라면 그대로 둔다.

59 터빈 엔진 축에 터빈 디스크를 장착하는 가장 보편적인 방법은?

㉮ welding   ㉯ splined

㉰ bolting   ㉱ keyed

60 왕복 엔진 웨트 섬프(wet sump) 장치의 오일 온도 감지 벌브(sensing bulb)의 장착위치는?

㉮ 오일 냉각기 안에

㉯ 오일 출구 라인 안에

㉰ 오일 입구 라인 안에

㉱ 소기 펌프 섬프 안에

61 차가운 날 엔진 시동을 돕기 위하여 오일 희석장치는 엔진 오일을 다음 어느 것으로 희석하는가?

㉮ kerosene   ㉯ gasoline

㉰ alcohol   ㉱ propane

62 터빈 엔진의 터빈의 완전함과 모든 작동 상태를 탐지하는 데 사용되는 계기는?

㉮ fuel flowmeter

㉯ oil temperature gage

㉰ TIT indicator

㉱ EPR indicator

63 다음 중 어느 것이 1차적인 엔진 계기인가?

㉮ tachometer

㉯ airspeed indicator

㉰ altimeter

㉱ barometric pressure

64 다음 어느 장치가 항공기에서 퓨즈(fuse)를 포함하지 않는가?

㉮ starter system

㉯ generator system

㉰ exterior lighting system

㉱ air conditioning system

65 흡기압력 계기(manifold pressure gage)에서 블리드 혹은 퍼지 밸브(bleed or purge valve)의 목적은?

㉮ 과도한 흡기압을 배출시키기 위하여

㉯ 물분사를 사용할 때 과도한 흡입압력을 허용하기 위하여

㉰ 엔진의 오버 부스트를 방지하기 위하여

㉱ 라인으로부터 습기나 혹은 응축물을 제거하기 위하여

66 터빈 엔진에 커패시터식 점화장치(capacitor type ignition system)을 사용하는 원인은?

㉮ 고열 강도를 위하여(high heat intensity)

㉯ 플래시오버(flashover)를 제거하기 위하여

㉰ 수명을 길게 하기 위하여

㉱ 저압을 위하여

67 엔진 작동 중 밸브 간격(valve clearance)이 정확해지는 시기는 다음 중 어느 때인가?

㉮ 엔진이 시동되자마자

㉯ 밸브 태핏이 팽창하기 시작할 때

㉰ 오일이 뜨거워지자마자

㉱ 엔진이 정상 작동온도에서

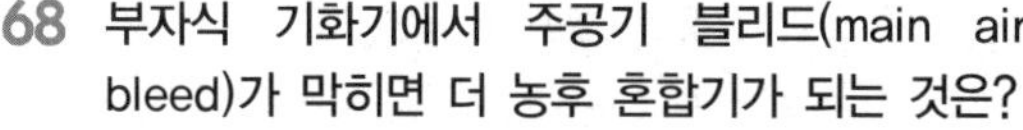

68 부자식 기화기에서 주공기 블리드(main air bleed)가 막히면 더 농후 혼합기가 되는 것은?

㉮ 부자실에 공기압력이 더 커지기 때문에

㉯ 연료의 효과적인 흡입작동이 작아지기 때문에

㉰ 기화기의 압력이 떨어지기 때문에

㉱ 연료의 효과적인 흡입작용이 더 많아지기 때문에

69 부자식 기화기에서 부자가 다운 위치(down position)에서 고착되었다면 무슨 일이 일어나겠는가?

㉮ 희박 혼합기(lean mixture)

㉯ 연료가 흐르지 않는다(no fuel flow).

㉰ 기화기가 넘친다(flooded carburetor).

㉱ 연료흐름이 높은 비율로 탱크로 돌아간다 (high rate of fuel flow back to the tank).

70 충동(impulse) 및 반동(reaction) 터빈을 설명한 것 중 틀린 것은?

㉮ 충동 터빈(impulse turbine)을 통하는 가스의 압력과 속도는 변하지 않고 일정하다.

㉯ 반동 터빈(reaction turbine)은 가스의 압력과 속도가 변한다.

㉰ 충동 터빈은 가스의 압력과 속도는 일정하고 방향만 바꾼다.

㉱ 반동 터빈은 가스의 압력과 속도는 일정하고 방향만 바꾼다.

71 연료승압 펌프(fuel boost pumps)는 다음 어떤 기능을 수행할 수 있는가?

㉮ 항공기의 평형을 돕기 위하여 연료를 옮길 수 있다.

㉯ 어떤 탱크로부터 다른 탱크까지 연료를 공급할 수 있다.

㉰ 엔진 구동 펌프(engine driven pumps)까지 정압(positive pressure)을 공급한다(준비한다).

㉱ 위 전부가 정답이다.

72 터빈 엔진(turbine engine)에 syntheic oil을 사용하는 이유는?

㉮ petroleum보다도 더 낮은 인화점(flash point)을 가지고 있기 때문

㉯ petroleum보다도 더 높은 휘발성(volatility)을 가지고 있기 때문

㉰ petroleum oil은 요구되는 운동 하중을 견딜 수 없기 때문

㉱ petroleum oil은 고온도에서 쉽게 증발(evaporate)하기 때문

73 회전자석(rotating magnet)이 어느 위치일 때 마그네토 코일(magneto coil)이 최대 자속밀도(maximum flux density)가 되겠는가?

㉮ 극슈즈(pole shoes)와 완전히 일직선이 되었을 때

㉯ 중립위치에서(neutral position)

㉰ 중립위치를 바로 지난 z-gap 각도에서

㉱ 접점(points)이 열리는 바로 그 위치

74 마그네토의 회전자석(rotating magneto)은 어느 위치에서 접점이 열리기 시작하는가?

㉮ 중립위치 전 몇 도에서(a few degree before neutral position)

㉯ 중립위치 뒤 몇 도에서(a few degree after neutral position)

㉰ 중립위치에서(in the neutral position)

㉱ 정답은 없다.

75 4극 회전자석(four pole rotating magnet)과 보상되지 않는 브레이커 캠(breaker cams)을 가진 이중 마그네토(dual magnetos)를 장착한 9기통 성형 엔진(nine cylinder radial engine)에서 다음 중 가장 회전이 느린 것은?

㉮ breaker cams ㉯ rotating magnets
㉢ distributor ㉣ crankshaft

76 디스트리뷰터 블록(distributor block)에서 숫자는 무엇을 지시하는가?

㉮ 엔진 속도에 대한 디스트리뷰터(distributor)의 비
㉯ 엔진 점화순서(engine firing order)
㉢ 디스트리뷰터 점화순서(distributor firing order)
㉣ 디스트리뷰터와 엔진 점화순서 사이의 관계

77 왕복 엔진의 점화장치에서 1차 콘덴서(primary condenser)가 약하면 잘 일어나는 현상은?

㉮ 마그네토의 2차 코일이 과도한 전압이 된다.
㉯ 브레이커 포인트(breaker point)가 탄다.
㉢ 점화전 전극이 탄다.
㉣ 1차 코일의 자속이 약화된다.

78 현대 터빈 항공기에 사용하는 연료 유량계(fuel flowmeter)는 어떤 형식의 지시 장치를 사용하는가?

㉮ capacitance
㉯ autosyn
㉢ ratimeter
㉣ special power supply

79 싱크로노즈 연료유량계(synchronous fuel flowmeter)에 있어서 신호(signal)는 다음 어느 것에 의하여 전달되는가?

㉮ 전기적으로(electrically)
㉯ 기계적으로(mechanically)
㉢ 압력에 의하여(by pressure)
㉣ 유체에 의하여(by fluid)

80 모든 항공기가 장비하여야 할 장치는?

㉮ fuel boost pump
㉯ fire detection system
㉢ positive shut off valve
㉣ emergency gear retraction system

81 항공기가 연료를 덤핑하고 난 뒤 연료 덤프 노즐(fuel dump nozzle)을 어떻게 안으로 들어가게 하는가?

㉮ 조종석이나 혹은 연료조종 패널(fuel control panel)에서 스위치로 작동되는 조종에 의하여 들어간다.
㉯ 지상에서만 덤프 노즐 근처의 스위치에 의하여 들어간다.
㉢ 연료를 다 버리고 난 뒤 자동적으로 들어간다.
㉣ 정답이 없다.

82 기화기 빙결(carburetor icing)은 다음 어느 상태에서 가장 심한가?

㉮ 0°F 이하의 온도
㉯ 순항출력의 고고도에서
㉢ 0°F와 30°F 사이의 온도에서
㉣ 30°F와 40°F 사이의 온도에서

83 경사진 축(tapered shaft)에 프로펠러를 장착할 때 적당히 꼭 끼워졌나를 어떻게 점검하는가?

㉮ micrometer
㉯ thickness gage
㉢ blue bearing transfer or prussian blue
㉣ telescopic gage

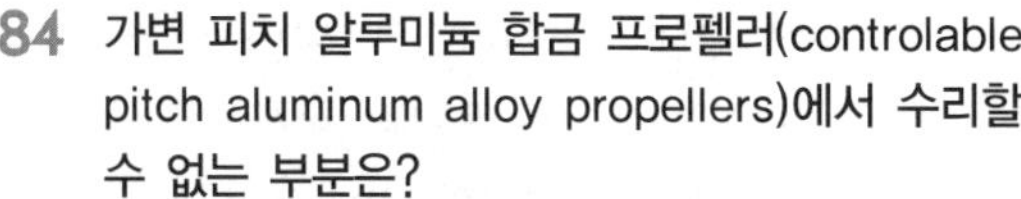

84 가변 피치 알루미늄 합금 프로펠러(controlable pitch aluminum alloy propellers)에서 수리할 수 없는 부분은?

㉮ 후연(trailing edge)

㉯ 전연(leading edge)

㉰ 블레이드 끝(blade tip)

㉱ 블레이드 섕크(blade shank)

85 전기적인 제빙(electrical deicing)을 할 동안 허브(hub)로부터 블레이드(blade)까지 어떻게 전기적 출력(electrical power)을 전달하는가?

㉮ slip rings and brushes

㉯ flexible connectors

㉰ thermal relay

㉱ collector ring and contacts

86 프로펠러 유체 방빙장치(propeller fluid anticing systems)에서 유체로는 일반적으로 어느 것을 사용하는가?

㉮ denatured alcohol

㉯ ethylene glycol

㉰ isopropyl alcohol

㉱ ethyl alcohol

87 조속기 플라이웨이트(governor flyweights)가 스피더 스프링 장력(speeder spring tension)을 이기면 프로펠러는 어느 상태에 있는가?

㉮ overspeed

㉯ under speed

㉰ on speed

㉱ feathered

88 왕복 다발 엔진 항공기의 프로펠러는 무엇이 자동적으로 싱크로나이즈(synchronize) 시키는가?

㉮ throttle levers

㉯ propeller control levers

㉰ propeller governor

㉱ blade switches

89 정속 하이드로매틱 프로펠러(constant speed hydromatic propeller)를 장비한 항공기 엔진에서 어느 때에 프로펠러 블레이드가 가장 큰 피치 위치에 있겠는가?

㉮ 해면에서부터 이륙까지에서(at take off from sea level)

㉯ 이륙 후 상승 동안(during climb after take off)

㉰ 순항출력으로 고고도에서(at high altitude with cruise power)

㉱ 착륙하기 위하여 접근할 때(approach for landing)

90 왕복 엔진 항공기는 지상작동 동안 카울 플랩(cowl flaps)하여야 한다. 어느 정도가 좋은가?

㉮ 1/3 연다(open).

㉯ 2/3 연다(open).

㉰ 닫는다(closed).

㉱ 완전히 연다(open fully).

91 실린더(cylinder)의 냉각 핀(cooling fin)은 어떻게 수리하는가?

㉮ 균열을 스톱 드릴(stop drill the crack)한다.

㉯ 알루미늄 아크 용접(aluminum arc welding)을 한다.

㉰ 납땜(brazing)한다.

㉱ 손상된 곳을 그라인딩(grinding)이나 혹은 허용한도 내에서 파일링(filing)함으로써 제거한다.

92 왕복 엔진 배기장치에서 배기 볼 연결은?

㉮ 움직임을 방지하기 위하여 충분히 단단하게 조여야 한다.

㉯ 조금 움직일 수 있게 충분히 느슨하게 하여야 한다.

㉰ 분해하여 종종 윤활을 하여야 한다.

㉱ AN 표준 볼트로 장착하여야 한다.

93 대부분의 항공기에 터보 슈퍼차저(turbo supercharger)를 구동하기 위한 출력은?

㉮ 크랭크 축으로부터(from the crankshaft)

㉯ 배기가스로부터(from the exhaust gases)

㉰ 보기구동으로부터(from the accessory drive)

㉱ 클러치 기계로부터(clutch mechanism)

94 다단 터빈 어셈블리에서 점검 시 터빈 블레이드의 첫줄에서 전면부의 균열을 발견하였다. 가장 가능한 원인은?

㉮ 공기 실(air seal)이 끊어졌다.

㉯ 과온 상태(over-temperature condition)이다.

㉰ 슈라우드의 뒤틀림(shroud distortion)이 있다.

㉱ 과속 상태(overspeed condition)이다.

95 소금물에 적셔진 프로펠러는 무엇으로 깨끗이 하여야 하는가?

㉮ fresh water

㉯ caustic solution

㉰ steel wool

㉱ steel brush

96 프로펠러(propeller)의 균형을 맞출(balancing) 때 'arbor'의 목적은?

㉮ 균형 스탠드(balance stand)의 칼날(knife edge) 위에 프로펠러를 유지하기 위하여

㉯ 각 블레이드 위치에 블레이드 각을 결정하기 위하여

㉰ 블레이드의 평균 캠버를 결정하기 위하여

㉱ 만약 균형에 필요하면 블레이드에 납땜을 하기 위하여

97 다음 중 더 긴 실린더 스커트(cylinder skirts) 사용의 결과가 아닌 것은?

㉮ 더 짧은 커넥팅로드 사용을 가능하게 만들었다.

㉯ 오일이 하부 실린더로 들어오는 것을 방지하였다.

㉰ 열효율이 더 좋아졌다.

㉱ 외측 엔진 치수를 더 작게 만들 수 있게 되었다.

98 대형 성형 엔진(large radial engine)의 크랭크 축(crankshaft)에 사용되는 베어링 형식은?

㉮ ball bearing

㉯ straight roller bearing

㉰ tapered roller bearing

㉱ plain bearing

99 엔진 타이밍이 다음과 같을 때 배기 밸브(exhaust valve)가 열려 있는 크랭크 축(crankshaft)의 각도는 얼마인가?

• IO 10° BTDC	• EO 50° BBDC
• IC 55° ABDC	• EC 20° ATDC

㉮ 220°

㉯ 70°

㉰ 200°

㉱ 250°

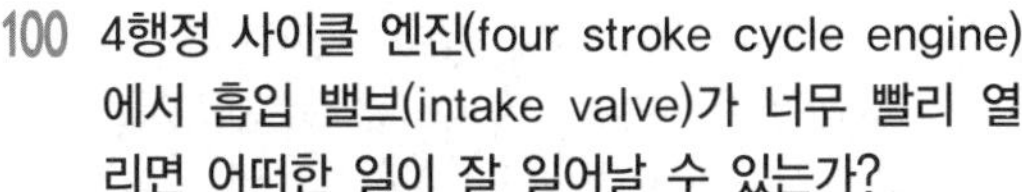

100 4행정 사이클 엔진(four stroke cycle engine)에서 흡입 밸브(intake valve)가 너무 빨리 열리면 어떠한 일이 잘 일어날 수 있는가?

㉮ 실린더의 부적당한 소기(improper scavenging of the cylinder)

㉯ 과도한 실린더 압력(excessive cylinder pressure)

㉱ 낮은 오일 압력(low oil pressure)

㉰ 흡입계통으로 역화(backfire into the induction system)

101 프로펠러 슬링거 링(propeller slinger ring)으로부터 제빙액이 어떻게 분출되는가?

㉮ centrifugal force

㉯ centripetal force

㉱ pump pressure

㉰ ejectors

102 항공기 엔진에 R-985-22가 있다. 여기서 985는 무엇을 가리키는 것인가?

㉮ 엔진이 낼 수 있는 총 마력(total horse-power)

㉯ 한 실린더의 총 피스톤 배기량(total piston displacement)

㉱ 엔진의 총 피스톤 배기량

㉰ 크랭크 축 1회전에 사용되는 용기의 총 체적

103 터빈 노즐 베인(turbine nozzle vane)과 터빈 블레이드(turbine blade)의 고온부식(high-temperature corrosion)을 방지하는 방법은?

㉮ chrome-plating

㉯ jo-coating

㉱ bronze-backing

㉰ carbon-painting

104 원심력식 터빈 엔진(centrifugal flow turbine engine)보다 축류형 엔진(axial flow engine)이 좋은 점은?

㉮ 무게가 가볍다(lighter weight).

㉯ 값이 싸다(lower cost).

㉱ 저 시동출력이 요구된다.

㉰ 전면면적에 대하여 공기유량이 크다.

105 터빈 엔진(turbine engine)에서 2축 압축기(dual axial compressor)를 사용하는 목적은?

㉮ 더 높은 압축비를 얻기 위하여

㉯ 연소속도를 증대시키기 위하여

㉱ 사용되어지는 더 많은 터빈을 허용하기 위하여

㉰ 배리어블 스테이터(variable stator)의 사용을 제거하기 위하여

106 터빈 엔진(turbine engine)의 압축기 출구에서 스테이터 베인(stator vane)의 목적은?

㉮ 공기의 속도를 증대시키기 위하여

㉯ 공기의 압력을 감소시키기 위하여

㉱ 공기에 소용돌이 움직임을 주기 위하여

㉰ 공기의 흐름을 똑바르게 하여 난류를 감소하기 위하여

107 터빈 엔진(turbine engine)의 어느 부분에서 연료와 공기가 혼합되는가?

㉮ accessory section

㉯ compressor section

㉱ combustion section

㉰ exhaust section

108 다음 중 원심력식 엔진(centrifugal flow engine)에서 터빈축은 압축기 로터 허브(compressor rotor hub)에 어떻게 연결되는가?

㉮ welded coupling ㉯ bolted coupling

㉱ keyed coupling ㉰ splined coupling

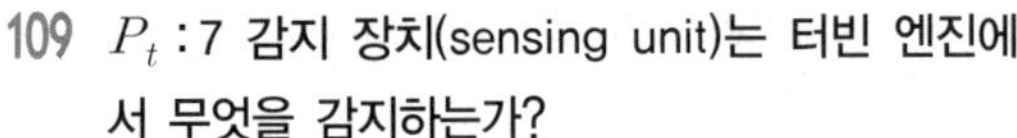

109 P_t : 7 감지 장치(sensing unit)는 터빈 엔진에서 무엇을 감지하는가?

㉮ 압축기의 sta. 7의 압축과 온도

㉯ 엔진의 sta. 7의 압축과 온도

㉰ 엔진의 sta. 7의 총 압력

㉭ 엔진의 sta. 7의 온도

110 9기통 성형 엔진에서 크랭크 축(crankshaft)에 관한 4로브 캠 플레이트(4 lobe cam plate)의 속도는?

㉮ 같은 방향으로 1/2 크랭크 축 속도

㉯ 같은 방향으로 1/8 크랭크 축 속도

㉰ 반대 방향으로 1/2 크랭크 축 속도

㉭ 반대 방향으로 1/8 크랭크 축 속도

111 9기통 성형 엔진의 5로브 캠 플레이트(5lobe cam plate)의 1회 회전하는 데 요하는 크랭크 축의 회전은 얼마인가?

㉮ 5

㉯ 9

㉰ 10

㉭ 18

112 증가된 습도는 엔진 출력에 어떠한 효과를 내는가?

㉮ 엔진 출력에는 별 변화가 없다.

㉯ 출력이 모든 고도에서 감소할 것이다.

㉰ 출력이 모든 고도에서 증가할 것이다.

㉭ 해면에서는 출력에 영향이 없고, 고도에서는 출력이 커진다.

113 왕복 엔진의 섬프에 있는 마그네틱 플러그(magnetic plug)에 금속 미립자가 붙지 않을 때 그 이유로 옳은 것은?

㉮ 마모된 오일 링(worn oil ring)

㉯ 마모된 실린더 벽(worn cylinder walls)

㉰ 평 베어링(plain bearings)과 알루미늄 피스톤(aluminum piston)의 마모

㉭ 보기 기어의 마모

114 쿠노 필터(cuno filter)를 통과하는 미립자의 크기는 다음 중 어느 것에 의하여 결정되는가?

㉮ 필터의 디스크(disks) 수

㉯ 필터의 디스크의 두께(thickness of disks)

㉰ 필터의 디스크의 수와 두께

㉭ 필터의 디스크의 공간(spacing of disks)

115 압력 릴리프 밸브(pressure relief valve)로부터 나온 오일은?

㉮ 섬프로 간다.

㉯ 레귤레이터(regulator)로 돌아간다.

㉰ 소기 펌프로 간다.

㉭ 주 오일 공급(main oil supply)까지 돌아간다.

116 왕복 엔진에서 보기구동장치의 기어들은 어떻게 윤활되는가?

㉮ spray and splash

㉯ bearing housing is dipped in oil

㉰ splash only

㉭ pressure only

117 성형 엔진(radial engine)에서 오일 온도 조절기(oil temperature regulator)는 다음 어느 곳에 위치하고 있는가?

㉮ 엔진 오일 펌프와 엔진 사이

㉯ 오일 탱크와 압력 펌프 사이

㉰ 소기 펌프와 공급 탱크 사이

㉭ 정답이 없다.

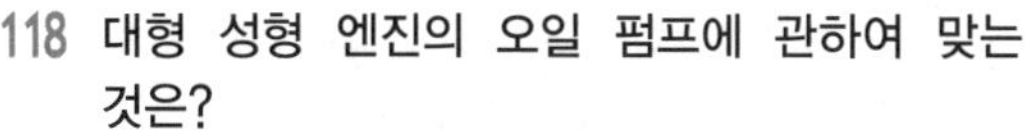

118 대형 성형 엔진의 오일 펌프에 관하여 맞는 것은?

㉮ 소기 펌프(scavenging pump)는 압력 펌프(pressure pump)보다도 용량이 많다.

㉯ 소기 펌프(scavenging pump)는 압력 펌프(pressure pump)보다 용량이 적다.

㉰ 두 펌프가 똑같은 용량이다.

㉱ 두 펌프는 보통 원심력형이다.

119 엔진이 작동하지 않을 때 물분사장치(anti-detonation injection system)를 작용하면 어떤 결과가 나타나겠는가?

㉮ 물은 엔진 속으로 분사될 것이다.

㉯ 오일 압력이 스위치를 작동하는 데 이용되지 않는 이상 아무 일도 일어나지 않는다.

㉰ 연료압력이 스위치를 작동하는 데 이용되지 않은 이상 아무 일도 일어나지 않는다.

㉱ 언리치먼트 밸브(enrichment valve)가 열릴 것이다.

120 과급기가 없는 엔진은 해면에서 흡기압력(manifold pressure)이 기압계 압력(barometer pressure)보다도 작다. rpm의 변화없이 고공으로 상승하면 결과는?

㉮ 공기체적이 감소하므로 출력이 감소한다.

㉯ 공기밀도의 감소로 인하여 출력이 감소한다.

㉰ 출력은 똑같이 유지된다.

㉱ 배기배압이 감소되기 때문에 출력이 증가한다.

121 왕복 엔진에서 과급기 디퓨저(supercharger diffuser)의 하나의 기능은?

㉮ 혼합기 공기의 증대

㉯ 흡입기의 속도 증대

㉰ 연료공기 혼합기의 압력 감소

㉱ 실린더에 연료공기 혼합기의 균일한 분배를 보증

122 정속 프로펠러(constant speed propeller)를 장착한 엔진에 스로틀을 움직이지 않고 카뷰레터 히터를 사용하면 결과는 어떻게 되겠는가?

㉮ rpm과 MAP가 증가

㉯ rpm과 MAP가 감소

㉰ rpm은 감소하고 MAP는 일정하게 유지된다.

㉱ MAP는 감소하고 rpm은 일정하게 유지된다.

123 다음 A, B의 옳고 그름을 나타낸 것으로 맞는 것은?

> A : 오거멘터 튜브(augmentor tube)는 엔진 냉각을 돕는데 사용된다.
>
> B : 오거멘터 튜브(augmentor tube)는 윈드실드 디프로스팅(windshield defrosting), 캐빈 히팅(cabin heating)에 사용된다.

㉮ A, B 모두 옳다.

㉯ A, B 모두 틀리다.

㉰ A는 옳고 B는 틀리다.

㉱ A는 틀리고, B는 옳다.

124 엔진을 냉각할 때 디플렉터(deflectors)와 배플(baffle)의 목적은?

㉮ 실린더의 앞면에 저압력을 형성하기 위하여

㉯ 실린더의 앞면에 고압력을 형성하기 위하여

㉰ 전 실린더에 냉각공기를 분배하기 위하여

㉱ 실린더로부터 더운 공기를 빼내기 위하여

125 엔진구동연료 펌프(engine driven fuel pump)
의 릴리프 밸브(relief valve)가 열릴 때 연료
는?

㉮ 탱크로 돌아간다.
㉯ 펌프 입구로 돌아간다.
㉰ 기화기로 간다.
㉱ 흡기관에 간다.

126 배기가스 분석기(exhaust gas analyzer)의 목
적은?

㉮ 연료공기 혼합기(fuel-air mixture)를
결정하기 위하여
㉯ 체적효율(volumetric efficiency)을 결정
하기 위하여
㉰ 일산화탄소의 양을 결정하기 위하여
㉱ 불꽃의 전파속도를 결정하기 위하여

127 벤투리(venturi)에서 압력과 속도와의 관계로
옳은 것은?

㉮ 압력은 속도에 역비례한다.
㉯ 압력은 속도에 비례한다.
㉰ 압력과 속도는 관계가 없다.
㉱ 압력은 속도의 자승으로 증가한다.

128 대형 성형 엔진에서 주 연료여과기(main fuel
strainer)는 어느 곳에 위치하는가?

㉮ 승압 펌프(boost pump)와 탱크 출구 사이
㉯ 탱크 출구와 연료 미터링 장치(fuel me-
tering device) 사이
㉰ 엔진 구동 펌프와 기화기 사이
㉱ 기화기에 들어가는 곳

129 소형 항공기와 헬리콥터에 많이 사용하는 압축
기의 형식은?

㉮ axial-flow compressor
㉯ centrifugal-axial flow compressor
㉰ centrifugal flow compressor
㉱ radial-axial flow compressor

130 정속 프로펠러(constant speed propeller)의 조
속기 스피더 스프링(governor speeder spring)
에 장력이 증가하면 어떤 결과가 나타나는가?

㉮ rpm에는 아무런 변화가 없다.
㉯ 조속기 오일 압력(governor oil pres-
sure)이 증가한다.
㉰ 블레이드각이 감소하여 rpm이 증가한다.
㉱ 블레이드각이 증가하여 rpm이 증가한다.

131 하이드로매틱 정속 프로펠러(hydromatic con-
stant speed propeller)를 장비한 엔진을 순항
시 스로틀을 변화시키면 어떠한 결과가 일어나
겠는가?

㉮ 흡입압력(manifold pressure)과 rpm이
증대한다.
㉯ 흡입압력(manifold pressure)과 rpm이
감소한다.
㉰ rpm의 변화없이 블레이드 피치가 변한다.
㉱ 블레이드 피치의 변화없이 rpm이 변한다.

132 프로펠러 블레이드(propeller blade)의 캠버로
된 쪽을 무엇이라고 하는가?

㉮ blde face
㉯ blade back
㉰ leading edge
㉱ chord

133 왕복 엔진(reciprocating engine)의 체적효율
(volumetric efficiency)에 관하여 다음 중 옳
은 것은?

㉮ 100% 체적효율은 결코 얻을 수 없다.
㉯ 체적효율은 100%를 초과할 수 없다.
㉰ 과급이 되는 엔진의 체적효율은 100%를
초과할 수 있다.
㉱ 100% 체적효율은 해면에서만 얻을 수 있다.

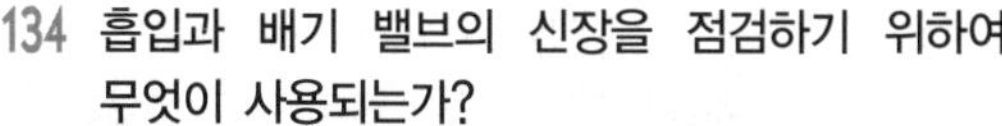

134 흡입과 배기 밸브의 신장을 점검하기 위하여 무엇이 사용되는가?

㉮ contour gage

㉯ valve depth gage

㉰ vernier height gage

㉱ dial indicator

135 프로펠러에서 감속 기어의 이점은 무엇인가?

㉮ 효율좋은 블레이드각으로 더 높은 엔진 출력을 사용할 수 있다.

㉯ 엔진은 높은 프로펠러 rpm으로 더 천천히 운전할 수 있다.

㉰ 더 짧은 프로펠러를 사용할 수 있으며, 따라서 효율이 더 좋다.

㉱ 체적효율이 더 좋아진다.

136 'split spline'과 'split clmp'는 다음 중 어느 것과 관계되는 말인가?

㉮ camshafts

㉯ piston rings

㉰ connecting rods

㉱ crankshafts

137 볼 베어링(ball bearing)과 롤러 베어링(roller bearing) 사이의 가장 큰 차이는?

㉮ 볼 베어링은 롤러 베어링보다 마찰이 작다.

㉯ 롤러 베어링은 볼 베어링보다 마찰이 작다.

㉰ 롤러 베어링은 압축윤활을 요한다.

㉱ 볼 베어링은 압축윤활을 요한다.

138 왕복 엔진 실린더에서 가장 마모가 큰 곳은?

㉮ 상부(at the top)

㉯ 하부(at the bottom)

㉰ 배기구 근처(around exhaust port)

㉱ 중앙(at the center)

139 왕복 엔진에서 흡입계통이 조금 샌다면 어느 때 가장 현저할까?

㉮ 고 rpm에서

㉯ 시동할 동안

㉰ 저 rpm에서

㉱ 순항 rpm에서

140 어떤 엔진은 화재탐지장치(fire detection system)에 'spot detectors'를 사용하는데 그것은 다음 어느 것에 의하여 작동되는가?

㉮ thermocouples

㉯ gas expansion

㉰ thermal fuses

㉱ thermoswitches

141 카본 파일 전압 조정기(carbon pile voltage regulator)에서 카본 파일의 저항을 어떻게 조절하는가?

㉮ 전기자석(electromagnet)에 의하여

㉯ 정류기(rectifier)에 의하여

㉰ 접점의 열고 닫힘에 의하여

㉱ 정답이 없다.

142 기통두 온도장치(cylinder head temperature system)의 열점과 냉점(hot, cold junctions) 접속은 어느 곳에 위치하고 있는가?

㉮ 두 접속이 무두 실린더에 위치하고 있다.

㉯ 두 접속이 모두 계기에 위치하고 있다.

㉰ 열점접속(hot junction)은 실린더에 있고, 냉점접속은 계기에 있다.

㉱ 냉점접속은 실린더에 있고, 열점접속은 계기에 있다.

143 교류발전기(AC generator)의 출력주파수는 무엇이 결정하는가?

㉮ 자장강도와 코일 권수

㉯ 자장강도와 rpm

㉰ 극수와 rpm

㉱ 극수와 자장강도와 rpm

144 엔진 진동(engine vibration)의 가장 보편적인 원인 중 하나는 프로펠러의 균형이 잡히지 않는 것이다. 이것은 어느 때 가장 현저히 나타나는가?

㉮ low rpm 　㉯ high rpm

㉰ cruise rpm 　㉱ idle rpm

145 작동한계를 고려하여 터빈 엔진의 무엇이 최대 임계요소이며 최대 한계를 결정하는가?

㉮ 터빈 입구온도(turbine inlet temper-ature : TIT)

㉯ 엔진 압축비(engine pressure ratio : EPR)

㉰ 압축기 입구온도(compressor inlet tem-perature : CIT)

㉱ 연소실 압력(burner pressure)

146 터빈 엔진의 압축기 블레이드의 격심한 마찰은 다음 어떤 결과를 초래하겠는가?

㉮ galling 　㉯ cracking

㉰ bowling 　㉱ burning

147 다음 A, B의 옳고 그름에 대해 맞는 것은?

> A : 터빈 엔진은 오일을 냉각시키기 위하여 램 에어(ram air)를 사용한다.
> B : 터빈 엔진은 오일을 냉각시키기 위하여 연료(fuel)를 사용한다.

㉮ A만 맞다.

㉯ B만 맞다.

㉰ A, B 둘 다 맞다.

㉱ A, B 둘 다 틀리다.

148 제트 엔진(jet engine)에 합성윤활제(synthetic lubricant)를 사용하는 이유는?

㉮ 더 낮은 인화점(flash point) 때문에

㉯ 특별히 고속 베어링이기 때문에

㉰ 저점도지수 때문에

㉱ 석유류 윤활제는 인화점이 더 낮으므로

149 핫 탱크 제트 엔진 윤활장치(hot tank jet en-gine lubricating system)에 관한 설명으로 옳은 것은?

㉮ 오일·탱크는 호퍼(hopper)를 가지고 있다.

㉯ 더운 블리드 공기가 오일 탱크로 향한다.

㉰ 오일 탱크 내에 열을 내는 기구가 있다.

㉱ 오일은 소기 펌프(scavenging pump)로부터 탱크까지 직접 간다.

150 직류발전기(DC generator)에서 정지자장(sta-tionary field)의 강도는 다음 어느 것에 의하여 조종되는가?

㉮ 조속기 속도에 의하여

㉯ 요구되는 하중에 의하여

㉰ 아마추어 반작용에 의하여

㉱ 브러시의 위치에 의하여

151 절연된 두 전기선을 항공기에 배선할 때 두 선을 꼬는 이유는?

㉮ 묶을 수 없게 하기 위하여

㉯ 그것을 더 딱딱하게 하기 위하여

㉰ 조그마한 구멍을 쉽게 통과하게 하기 위하여

㉱ 마그네틱 콤파스 근처를 통과할 때 영향을 받지 않게 하기 위하여

152 바이브레이터식(vibrator type) 전압조정기(voltage regulator)의 전압코일(voltage coil)이 열렸다. 이것은 어떤 원인으로부터 비롯되는 결과인가?

㉮ 순항에서 고압

㉯ 순항에서 전압이 없다.

㉰ 순항에서 저압

㉱ 잔여전압

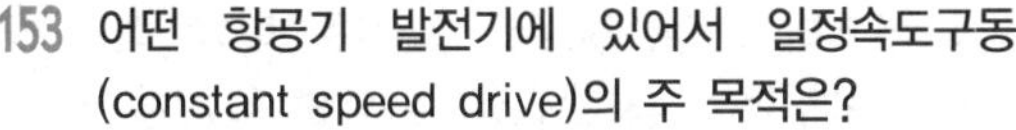

153 어떤 항공기 발전기에 있어서 일정속도구동 (constant speed drive)의 주 목적은?

㉮ 일정한 전압을 유지하기 위하여

㉯ 전류량을 유지하기 위하여

㉰ 전압을 감소하기 위하여

㉱ 일정한 주파수를 유지하기 위하여

154 바이브레이터식 전압조정기(vibrator type voltage regulator)의 접촉점이 부식이 되었거나 흠집이 생겼다면 이것은 어떤 결과를 초래하겠는가?

㉮ 순항에서 고압(high voltage at cruise)

㉯ 전압이 없다(no voltage).

㉰ 잔류전압(residual voltage)

㉱ 저압(low voltage)

155 모든 작동상태하의 항공기 왕복 엔진에 사용하는 가장 이상적인 오일은?

㉮ 저점도지수를 가진 고점도

㉯ 저점도지수

㉰ 금속접촉을 방지할 수 있는 가장 묽은 오일

㉱ 정답이 없다.

156 압력식 기화기(pressure carburetor)의 디리치 먼트 밸브(derichment valve)는 다음 어느 것에 의하여 작동되는가?

㉮ fuel pressure

㉯ oil pressure

㉰ air pressure

㉱ water pressure(ADI)

157 부자식 기화기(float carburetor)에서 유면(fuel level)과 관련하여 노즐(nozzle)의 위치는 어떠한가?

㉮ 유면(fuel level)은 노즐(nozzle)보다 높다.

㉯ 노즐 높이(nozzle level)는 상향 기화기 (up draft carburetor)에서 더 낮다.

㉰ 노즐(nozzle)은 유면(fuel level)보다도 조금 높다.

㉱ 노즐과 유면은 같은 높이이다.

158 부자식 기화기에서 주 공기 블리드가 막혔다면?

㉮ 완속 혼합기는 농후할 것이다.

㉯ 완속 혼합기는 정상일 것이다.

㉰ 혼합기가 출력에서 농후할 것이다.

㉱ 완속 혼합기는 희박할 것이다.

159 부자식 기화기(float type carburetor)의 아이들 제트(idle jet)에 연료가 주입되는 원리로 옳은 것은?

㉮ 스로틀 밸브(throttle valve)와 스로틀 몸체(throttle body) 사이의 흡입효과 (suction effect)로

㉯ 벤투리(venturi)의 흡입효과로

㉰ 충동압력(impact pressure)으로

㉱ 충동압력과 아이들 헤드 스프링 힘으로

160 왕복 엔진(reciprocating engine)에서 연료공기비와 출력 세팅(power setting) 사이에 있어서 어느 것이 진실로 관련된 것인가?

㉮ 혼합기는 순항 시와 정격출력일 때보다도 완속 시에 더 농후하다.

㉯ 혼합기는 순항 시보다도 완속 시에 더 희박하다.

㉰ 혼합기는 정격출력 시보다도 완속 시에 더 희박하다.

㉱ 혼합기는 정격출력 시보다도 순항 시에 더 농후하다.

161 연료 펌프 압력(fuel pump pressure)을 증대시키기 위하여 조절 스크루(adjusting screw)를 어떻게 돌리면 되겠는가?

㉮ clockwise

㉯ counter-clockwise

㉰ 180°

㉱ one full turn

162 부자식 기화기의 가속 펌프(accelerating pump)의 목적은?

㉮ 고출력으로 할 때 추가연료를 공급하기 위하여

㉯ 이륙 동안 엔진 구동 펌프의 속도를 가하기 위하여

㉰ 고고도에서 혼합기를 농후하게 하기 위하여

㉱ 스로틀이 갑자기 열릴 때 추가연료를 공급하기 위하여

163 인덕션 바이브레이터(induction vibrator)로부터 나온 전류는 직접 어느 곳으로 흐르는가?

㉮ 마그네토 1차 코일(magneto primary coil)

㉯ 마그네토 2차 코일(magneto secondary coil)

㉰ 배전기(distributor)

㉱ 접점(points)

164 고압 마그네토(high tension magneto)의 브레이커 포인트(breaker points)가 열려서 고착되었다면 어떤 결과가 나타나겠는가?

㉮ 마그네토 전류가 없어질 것이다.

㉯ 고 rpm에서 단속전류(intermittent current)가 될 것이다.

㉰ 저 rpm에서 단속전류(intermittent current)가 될 것이다.

㉱ 2차 코일이 과열되며 아마 녹을 것이다.

165 부스터 코일(booster coil)은 다음 어느 곳으로부터 그의 충진을 얻을 수 있는가?

㉮ magneto primary

㉯ battery

㉰ magneto secondary

㉱ voltage regulator

166 터보 제트 항공기가 이륙 EPR을 얻기 전에 EGT가 최대 허용온도가 되었기 때문에 이륙을 포기하였다. 이것이 가능한 원인은?

㉮ EGT 열전대(EGT thermocouples)의 부식

㉯ 자동 트리머(automatic trimmer)의 작동불능

㉰ 터빈 방출 압력 라인의 공기누설

㉱ 연료조종이 연소실에 과도한 연료 공급

167 순항 시 자동혼합조종(automatic mixture control)을 장비하지 않은 기화기에 기화기 히터(carburetor heater)를 사용하면 결과는?

㉮ 실린더에 연료-공기 혼합기의 체적이 증대

㉯ 흡입다기관(intake manifold)에 연료-공기 혼합기의 무게가 감소

㉰ 흡입다기관(intake manifold)에 연료-공기 혼합기의 무게가 증대

㉱ 실린더에 연료-공기 혼합기의 체적이 감소

168 지상에서 과급기를 점검할 때 저속비로부터 고속비(high ratio)로 옮기면 다음 어느 것을 알 수 있는가?

㉮ 흡입압력(manifold pressure)은 증대하고 rpm은 일정하다.

㉯ 흡입압력(manifold pressure)과 rpm 둘 다 감소한다.

㉰ rpm은 증가하고 흡입압력은 일정하다.

㉱ 오일 압력이 조금 떨어지고 흡입압력과 rpm 둘 다 증가한다.

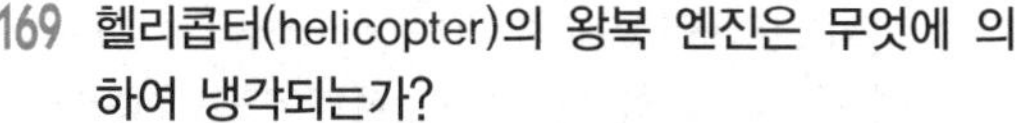

169 헬리콥터(helicopter)의 왕복 엔진은 무엇에 의하여 냉각되는가?

㉮ 냉각 팬(cooling fan)에 의하여

㉯ 주 로터(main rotor)로부터의 하향풍에 의하여

㉰ 엔진 주위의 공기 배플(air baffles)에 의하여

㉱ 정답이 없다.

170 터보 콤파운드 엔진(turbo-compound engine)에서 배기구동 터빈(exhaust driven turbine)은 어떻게 연결되는가?

㉮ 과급기의 둘째 스테이지(to the second stage of the supercharger)에

㉯ 클러치 기계에 의하여 크랭크 축(to the crankshaft by a clutch mechanism)에

㉰ 흡입압력(manifold pressure)을 증대시키기 위하여 직접 흡입다기관에

㉱ 엔진이 그것을 구동하는 힘을 감해주는 과급기에

171 다음 중 배기관의 결함을 표시하는 데 사용할 수 없는 것은?

㉮ chalk

㉯ prussian blue

㉰ lead pencil

㉱ india ink

172 다음 어느 기능이 프로펠러 블레이드 위치(blade stations)의 이용을 요하는가?

㉮ measuring blade angle

㉯ indexing blades

㉰ installing blades

㉱ balancing blades

173 대기압 변화를 보상하는 연료압력 릴리프 밸브(fuel pressure relief valve)는 다음 어떤 형식인가?

㉮ pressurized type

㉯ expansion type

㉰ temperature type

㉱ balance type

174 자동혼합조종(AMC : Automatic Mixture Control) 장치를 장비한 왕복 엔진에 카뷰레터 히터(carburetor heater)를 사용하면 혼합기는 어떻게 되겠는가?

㉮ 혼합기는 AMC가 혼합기를 바로 잡을 때까지 더 농후해진다.

㉯ 혼합기는 AMC가 혼합기를 바로 잡을 수 없어 더 농후해진다.

㉰ 혼합기는 AMC가 혼합기를 바로 잡을 때까지 더 희박하게 된다.

㉱ 혼합기는 AMC가 혼합기를 바로 잡을 수 없어 더 희박하게 된다.

175 압력식 기화기에서 언리치먼트 밸브(enrichment valve)는 어떤 힘에 의하여 열리는가?

㉮ air pressure

㉯ fuel pressure

㉰ water pressure

㉱ venture suction

176 프로펠러 거버너 헤드(governor head)의 풀리 스톱 스크루(pulley stop screw)는 다음 어느 것을 조절하여야 하는가?

㉮ 이륙 동안 엔진 속도 한계

㉯ 이륙 동안 블레이드 피치 한계

㉰ 순항작동 중 프로펠러 피치 한계

㉱ 상승 동안 엔진 속도를 유지

177 하이드로매틱 프로펠러 거버너(hydromatic pro-peller governor)의 회전 방향은 어떻게 점검하는가?

㉮ 데이터판의 대시 넘버(dash number)에 의하여

㉯ 거버너 베이스의 오일 플러그(oil plugs)에 의하여

㉰ 모든 프로펠러 거버너는 시계방향으로 회전한다.

㉱ 프로펠러 명세표를 점검하여

178 프로펠러에 스냅 링(snap ring)이 장착되어 있지 않으면 어떻게 되겠는가?

㉮ 허브 너트가 풀릴 것이다.

㉯ 전방 콘(front cone)이 제자리에 잘 앉지 않을 것이다.

㉰ 프로펠러를 장탈하기가 곤란할 것이다.

㉱ 프로펠러는 장착할 수 없다.

179 정속 하이드로매틱 프로펠러(constant speed hydromatic propeller)는 어떻게 윤활되는가?

㉮ 주기적으로 그리스를 주입한다.

㉯ 프로펠러 피치 변경 오일에 의한다.

㉰ 프로펠러를 제작할 때 주입한다.

㉱ 프로펠러를 오버홀할 때만 그리스를 주입한다.

180 하이드로매틱 정속 프로펠러(hydromatic con-stant speed propeller)가 페더되었다. 그러나 바로 하이피치로 되돌아왔다. 이것은 무엇을 의미하는가?

㉮ 디스트리뷰터 밸브(distributor valve)가 고착되어 있다.

㉯ 파일럿 밸브(pilot valve)가 고착되어 있다.

㉰ 압력 컷아웃 스위치(pressure cutout switch)가 닫힌 채 고착되었다.

㉱ 정답이 없다.

181 하이드로매틱 프로펠러(hydromatic propeller)에 돔(dome)을 장착할 때 블레이드(blade)는?

㉮ high pitch

㉯ low pitch

㉰ feathered position

㉱ reverse

182 디스트리뷰터 밸브(distributor valve)는 프로펠러가 어느 경우일 때 오일 흐름이 프로펠러 통로로 역으로 흐르게 하는가?

㉮ being unfeathered

㉯ being feathered

㉰ in an underspeed condition

㉱ in an overspeed condition

183 하이드로매틱 프로펠러(hydromatic propeller)가 완전히 페더 위치에 도달된 뒤 오일 압력의 작동이 정지되었다. 그 작동은 다음 어느 것에 의하여 이루어지는가?

㉮ 고피치 조종 링

㉯ 페더 버튼을 당김으로써

㉰ 전기압력 컷아웃 스위치(electrical pres-sure cutout switch)

㉱ 캠 기어의 정지 돌출부

184 터빈 디스크(turbine disk)에 터빈 블레이드(turbine blade)를 장착하는 일반적인 방법은?

㉮ dove tail 　㉯ t-plot

㉰ fir-tree 　㉱ welding

185 크롬 도금한 피스톤 링(piston ring)에 대한 설명 중 맞지 않는 것은?

㉮ 고온 연소 가스에 의한 부식을 방지한다.

㉯ 크롬 도금한 실린더에는 사용할 수 없다.

㉰ 고속에 의한 마모를 줄이기 위함이다.

㉱ 피스톤 링과 실린더 벽 사이의 열전도를 감소시킨다.

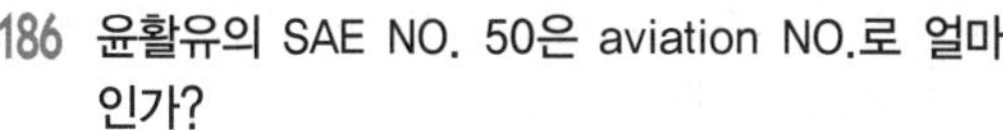

186 윤활유의 SAE NO. 50은 aviation NO.로 얼마인가?

㉮ 65 ㉯ 80
㉰ 100 ㉰ 120

187 부자식 기화기(float carburetor)의 유면이 방출 노즐(discharge nozzle)보다 조금 낮은 이유는?

㉮ 혼합기의 적절한 혼합을 위하여
㉯ 연료와 공기의 혼합을 적합하게 하기 위하여
㉰ 엔진 정지 시 연료가 기화기로 새는 것을 방지하기 위하여
㉰ 성능을 좋게 하기 위하여

188 터빈 엔진을 트림(trim)할 때 항공기의 기수를 바람방향으로 하여 풍속은 얼마를 초과하지 않는 것이 최적의 상태인가?

㉮ 30mph
㉯ 40mph
㉰ 25mph
㉰ 20mph

189 윤활유의 점도측정을 하기 위하여 saybolt universal viscosimeter를 사용할 때 시험온도는?

㉮ 100°, 130°, 210°F
㉯ 80°, 100°, 120°F
㉰ 100°, 150°, 250°F
㉰ 80°, 18°, 210°F

190 제트 엔진에서 블리드 밸브(bleed valve)에 대한 설명 중 틀린 것은?

㉮ 실속(stall)이나 서지(surge)를 방지한다.
㉯ 블리드 밸브를 통하여 나온 고온공기는 방빙장치에 이용된다.
㉰ 블리드 공기로 터빈 노즐 베인(turbine nozzle vane)의 냉각에 사용된다.
㉰ 오일을 가열하며 터빈 노즐 베인은 냉각하지 못한다.

191 Pratt & Whitney JT9D 엔진의 연료 노즐(fuel nozzle)은?

㉮ 20개의 연료 노즐(fuel nozzle)로, 각 노즐은 3개 피팅(fitting)으로 되어 있다.
㉯ 24개의 연료 노즐로, 각 노즐은 1차 연료의 피팅과 2차 연료의 피팅과 물의 피팅으로 구성되어 있다.
㉰ 30개의 연료 노즐로, 각 노즐은 1차 연료와 2차 연료의 피팅으로 구성되어 있다.
㉰ 12개의 연료 노즐로, 각 노즐은 3개의 피팅으로 구성되어 있다.

192 터보 제트 엔진(turbojet engine)에 있어서 터빈의 첫 단계(first stage of turbine)에는 특수한 냉각이 필요한데, 현재 많이 사용하는 방법은?

㉮ 공기냉각(air cool)
㉯ 수냉각(water cool)
㉰ 연료냉각(fuel cool)
㉰ 오일냉각(oil cool)

193 다음 중 추력증가에 이용되는 장치는?

㉮ 애프터버너(afterburner), 역추력장치(revers thrust)
㉯ 애프터버너(afterburner), 물분사(water injection)
㉰ 역추력 장치(reverse thrust), 물분사(water injection)
㉰ 애프터버너(afterburner), 소음장치(noise suppressor)

194 배기가스(exhaust gases)가 초음속(supersonic speed)에 도달되는 터보 제트 엔진에 사용하는 배기 노즐(exhaust nozzle)의 형식은?

㉮ divergent-convergent

㉯ convergent-divergent

㉰ impulse-reaction

㉱ radial-flow

195 터보 제트 엔진에서 역추력장치 조종(thrust reverser controls)은 항공기의 어느 곳에 위치하는가?

㉮ 스로틀 레버(throttle lever)

㉯ 혼합 레버(mixture lever)

㉰ 방화벽(firewall)

㉱ 배기 노즐(exhaust nozzle)

196 민간 항공의 가스 터빈 엔진(gas-turbine engine)에 가장 보편적으로 사용하는 스타터의 형식은?

㉮ starter-generator

㉯ pneumatic-type starter

㉰ cartridge-type starter

㉱ inertia-type starter

197 왕복 엔진에서 피스톤 핀(piston pin)은 어떻게 윤활되는가?

㉮ 크랭크 축과 크랭크 핀의 베어링으로부터 분무되는 오일에 의하여

㉯ 로드에 오일 통로를 통하여 공급되는 힘에 의하여

㉰ 피스톤의 오일 링으로부터 오일에 의하여

㉱ 링 홈에 구멍을 통하여 압축되어진 오일에 의하여

198 소음을 줄이기 위하여 현재 많이 사용하는 방법이 아닌 것은?

㉮ multiple-tube type

㉯ corrugated-perimeter type

㉰ single exhaust nozzle

㉱ sound-absorbing liners

찾아보기

가변 피치 프로펠러(controllable pitch propeller) ·········· 180
가속 웰 ············ 97
가속 펌프 ············ 97
가속장치(accelerating system) ·········· 97
가스 발생 터빈 로터(gas producer turbine rotor) ·········· 226
감속장치(reduction system) ·········· 227
거품저항성 ············ 292
결핍시동(false or hung start) ·········· 341
경제적인 작동(economy of operation) ·········· 19
계기압력(gage pressure) ············ 20
고 도 ············ 200
고압 리드(high-tension lead) ·········· 156
고압 마그네토 장치 ············ 161
고압 점화장치(high-tension ignition system) ·· 154
고압 터빈(HPT:High Pressure Turbine) ········ 219
고압축기(HPC:High Pressure Compressor) ···· 219
고장탐구(trouble shooting) ·········· 105
고정 피치 프로펠러(fixed pitch propeller) ····· 179
공기 덕트(air scoop and ducting) ·········· 126
공기 미터링 힘(air-metering force) ············ 108
공기 블리드(air bleed) ·········· 90
공기 스로틀 어셈블리(air throttle assy) ········ 119
공기 여과기(air filter) ·········· 126
공기 펌프(vaccum pump or air pump) ········ 144
공기밀도(air density) ·········· 23
공랭식(air cooling) ·········· 38
과급기(supercharger) ············ 128
과열(overheating) ············ 127
과열부(hot spot) ············ 21
과열시동(hot start) ·········· 341
구름마찰(rolling friction) ·········· 139

굽힘응력(bending stresses) ·········· 177, 178
금속 나트륨(metallic sodium) ············ 62
기계적 효율(mechanical efficiency) ············ 16
기압 고도(pressure altitude) ·········· 30
기어형 소기 펌프(gear-type scavenge pump) ··· 145
기어형(gear type)의 펌프 ············ 140
기하학적 피치(geometrical pitch) ············ 177
기화기 히터(carb heater) ············ 29
기화기의 빙결(carburetor icing) ·········· 29, 102

나사접합(the threaded joint) ············ 44
내부 타이밍(internal timing) ············ 162
내부형 과급기 ············ 129
냉각 코어(cooling core) ············ 141
냉각 팬(cooling fan) ············ 39
냉각 플랩(cooler flap) ············ 148
냉각 핀(fin) ············ 38
농 최량 출력 ············ 87
농 혼합비(rich mixture) ············ 87
농후 밸브(enrichment valve) ············ 112
뉴매틱 시동기(pneumatic starter) ············ 336
니들형 혼합조종(needle-type mixture control) ············ 100

다속 과급기(multispeed supercharger) ·········· 130
다이내믹 댐퍼너(dynamic dampeners) ············ 19
다이너모미터(dynamometer) ············ 15
다축식 압축기 ············ 236
단식 노즐(simplex nozzle) ············ 277
단열(single row) ············ 33
대단부(large end) ············ 50

Hello
www.hellot.net

항공기 동력장치

2012. 2. 28. 초 판 1쇄 발행
2013. 8. 26. 초 판 2쇄 발행
2016. 2. 24. 초 판 3쇄 발행

지은이 | 임종규 · 한재기
펴낸이 | 이종춘
펴낸곳 | **BM** 주식회사 **성안당**

주소 | 04032 서울시 마포구 양화로 127 첨단빌딩 5층(출판기획 R&D 센터)
　　　 10881 경기도 파주시 문발로 112(제작 및 물류)
전화 | 02) 3142-0036
　　　 031) 950-6300
팩스 | 031) 955-0510
등록 | 1973.2.1 제406-2005-000046호
출판사 홈페이지 | www.cyber.co.kr
ISBN | 978-89-315-0860-4 (13550)
정가 | 20,000원

이 책을 만든 사람들
기획 | 최옥현
진행 | 박경희
교정·교열 | 김혜린
전산편집 | 이지연
표지 디자인 | 박현정
홍보 | 전지혜
국제부 | 이선민, 조혜란, 김해영, 김필호
마케팅 | 구본철, 차정욱, 나진호, 이동후, 강호묵
제작 | 김유석